IFRS Intermediate ACCOUNTING

下　第5版

中級會計學

張仲岳・蔡彥卿・劉啟群

東華書局

國家圖書館出版品預行編目資料

中級會計學 / 張仲岳, 蔡彥卿, 劉啓群著. -- 5 版. -- 臺北市 : 臺灣東華書局股份有限公司, 2022.06
　下冊 ; 19x26 公分
　ISBN 978-626-7130-10-0（下冊：平裝）
　1. CST: 中級會計
495.1　　　　　　　　　　　　　111006851

中級會計學　下冊

著　　者	張仲岳・蔡彥卿・劉啟群
發 行 人	陳錦煌
出 版 者	臺灣東華書局股份有限公司
地　　址	臺北市重慶南路一段一四七號三樓
電　　話	(02) 2311-4027
傳　　眞	(02) 2311-6615
劃撥帳號	00064813
網　　址	www.tunghua.com.tw
讀者服務	service@tunghua.com.tw
門　　市	臺北市重慶南路一段一四七號一樓
電　　話	(02) 2371-9320

2026 25 24 23 22　JW　5 4 3 2 1

ISBN　　978-626-7130-10-0

版權所有・翻印必究　　　　圖片來源：www.shutterstock.com

作者簡介

張仲岳

美國休士頓大學會計博士
現任國立臺北大學會計學系教授

蔡彥卿

美國加州大學（洛杉磯校區）會計博士
現任國立臺灣大學會計學系教授

劉啟群

美國紐約大學會計博士
現任國立臺灣大學會計學系教授

第五版序

IASB 於 2018 年修訂通過新的「財務報導之觀念架構 (Conceptual Framework for Financial Reporting)」，並自 2020 年 1 月 1 日起開始適用。該觀念架構係 IASB 在「制定國際財務報導準則 (IFRSs)」時，所依據觀念上的基礎架構。此次修訂對於財務報表 (資產及負債) 之定義作出了較大幅度的修改，也對財務報表及報導個體、認列及除列、衡量作出了更多的闡述及說明。根據新的觀念架構，IASB 同時也連帶修改相關 IFRS 2, IFRS 3, IFRS 6, IFRS 14, IAS 1, IAS 8, IAS 34, IAS 37, IAS 38 等國際財務報導準則。

同時，另依金管會的規定，我國公開發行公司已於 2018 年開始適用逐號認可版之 IFRSs，會計研究發展基金會就 2020 年適用之逐號認可版 IFRSs 與 2013 年版 IFRSs 間之差異，修訂更新了 IFRSs 釋例範本 (第四版)，以提供臺灣會計教育界及實務界之參考。同時基金會亦發佈最新「國際財務報導準則年度改善計畫」。基於上述的緣由，本書又有改版之需要。本書之下冊，共有 9 章 (第 12 章至第 20 章)，各章之修改內容簡述如下：

第 12 章「長期負債」：修改章首故事，依最新「國際財務報導準則年度改善計畫」加入債務人債務協商時納入 10% 計算範圍更明確之規定，並修改相關釋例，修改部分習題。

第 13 章「權益及股份基礎給付交易」：修改部分習題。

第 14 章「保留盈餘及每股盈餘」：修改章首故事，增加參加特別股對 EPS 計算之說明及釋例，修改部分習題。

第 15 章「收入」：增加內文釋例，並修改文字及格式。

第 16 章「租賃會計」：配合 IFRS 16 準則之修正，新增租賃變動給付之售後租回，以及新增相關習題與題庫。此外，修改文

　　　　字用法及訂正題目解答。

第 17 章「員工福利」：增加附錄 A，企業於年度中提撥及支付確定福利。

第 18 章「所得稅會計」：調整部分內容，修改文字用法及訂正題目解答。

第 19 章「現金流量表」：修改文字及格式。

第 20 章「會計政策、會計估計值變動及錯誤」：配合 IAS 8 準則之修正調整估計值之定義與說明，另亦修改文字用法及增加相關題目。

　　本書能順利付梓，首先要感謝東華書局董事卓劉慶弟女士，她對於後學的照顧與提攜，讓我們深深感受幸福；董事長陳錦煌先生鼎力支持、編輯部鄧秀琴小姐及周曉慧小姐之努力配合，都讓我們銘感於心。也要特別感謝葉淑玲博士、沈維良、鄭馨屏、鄭淞元、李宗曜、杜昇霖及韓愷時等人之協助。

　　學生可透過東華書局網站 http://www.tunghua.com.tw 獲取本書課後之習題解答，包括問答題、選擇題、練習題及應用問題所有解答。

張仲岳　蔡彥卿　謹識
劉啟群

2022 年 05 月

第一版序

　　中級會計學一書經過多年的構思，以及努力不懈的耕耘，終於有機會能夠與讀者作專業的互動與學習。在寫作的過程中，我們所秉持的一個信念就是，希望能夠為國內財務會計環境在面臨採用國際財務報導準則 (IFRS) 的重大挑戰時，提供 IFRS 見解與知識建構的重要平台。透過理性及誠懇的討論過程，我們希望能精準地獲致 IFRS 各種特定議題，在準則制定精神與見解上之掌握。藉由許多清晰的釋例，以及專業的剖析與整理，我們亦謙卑的期待，讀者在學習以原則性規範為基礎的 IFRS 時，不僅能夠知其然，且能知其所以然的學習效益。

　　我國金管會規定，上市、上櫃和興櫃公司從 2013 年開始均應採用 IFRS 作為編製財務報表之依據；考試院亦已宣布國家考試之 IFRS 版本為前一年度年底之最新版「經金管會認可之 IFRS」。雖然我國過去十餘年來係以跟 IFRS 接軌作為制定與修訂準則的方式，然而一旦宣布採用 IFRS 後，企業必須追溯調整財報，使開帳日的餘額像是企業一開始就採用 IFRS 一般，這對企業將是一項大的工程。另外一項挑戰則是心態的調整，IFRS 較為強調原則，較不採用「界線測試」的方式決定會計處理方式，因此，了解 IFRS 的原則與精神比背誦條文與規定更為重要。為此，本書避免將公報規定整段直接引述，並儘量嘗試解釋 IFRS 規定之背景與原因，使讀者能活用 IFRS 原則，作為最高的學習目標。

　　在我國，金管會所頒布的財務報告編製準則，以及金管會及相關單位公告之 IFRS 問答集，其所規範之 IFRS 實務處理準則等，於國內 IFRS 之實施，除了可能有更詳盡的規定外，亦有可能將 IFRS 原則的選項限縮 (例如：我國公司之投資性不動產不得適用公允價值法)。此外，亦有屬於國內特殊的會計處理，但在 IFRS 中並未強

調的議題(例如:公司現金增資時,保留給員工認購之部分、我國員工分紅制度及限制員工權利新股等交易)。上述這些國內在實施 IFRS 過程之特別規定,均會使得 IFRS 的學習更具挑戰性。因此本書特別設計四個小單元,幫助讀者對於 IFRS 在國內實施的全貌,有充足的了解:

① IFRS 一點通

介紹較複雜 IFRS 之規定及背景原因。

② IFRS 實務案例

透過真實公司的財務報導案例,增廣讀者對於 IFRS 原則與實務的知識。

③ 中華民國金融監督暨管理委員會認可之 IFRS

介紹國內對於 IFRS 實施之特別規定。

④ 研究發現

全球的會計學術界對於 IFRS 之研究正在迅速增加,本書亦特別介紹過去及現在相關會計議題研究之發現,這些基礎研究亦將對 IFRS 之長遠發展產生重大影響。

本書之出版共分上、下二冊，分別為 11 章及 9 章之篇幅，每章後面均有實務和理論相關的習題，並附有解答可供讀者檢驗學習成果。針對教師部分，我們亦另行提供教學投影片及題庫，以作為教學的輔助工具。

　　本書能順利付梓，首先要感謝東華書局董事長卓劉慶弟女士，她對於後學的照顧與提攜，讓我們深深感受幸福；陳森煌與謝松沅兩位先生殷切安排作者定期的專業討論，以及鄧秀琴小姐所帶領編輯部同仁之敬業表現與配合，特別是周曉慧和沈瓊英，在在都讓我們銘感於心。我們也要藉這個機會，感謝長久以來一直是我們精神最大支柱的父母及家人；在寫作的過程中，我們也得到許多同仁的關心與協助，特別要感謝陳玲玲、林千惠、葉淑玲、呂昕睿、林君彬、周沛誼、許心燕及韓愷時。真誠的期盼讀者能隨時給予支持與指正，讓我們一起在 IFRS 財務報導工程變革的時代，能夠攜手邁進最有效率的學習。

張仲岳　蔡彥卿
劉啟群　薛富井　謹識
2012 年 6 月

目次

Chapter 12

長期負債　　2

12.1	金融負債之會計處理	4
12.2	應付公司債	5
12.3	長期應付票據	11
12.4	金融負債除列	12
	12.4.1　現金清償	14
	12.4.2　非現金資產清償	15
	12.4.3　發行權益工具清償	16
	12.4.4　債務協商──簽訂新合約或修改條件	17
12.5	金融負債係透過損益按公允價值衡量	25
	12.5.1　持有供交易之金融負債	26
	12.5.2　指定為透過損益按公允價值衡量	26
	12.5.3　重分類	34
12.6	金融資產與金融負債之互抵	34
附錄 A	買回權及提前清償	36
附錄 B	財務保證負債	45
本章習題		47

Chapter 13

權益及股份基礎給付交易　　　　　　　　62

- 13.1　權　益　　64
  - 13.1.1　權益之定義　　64
  - 13.1.2　權益之主要項目　　67
- 13.2　發行權益工具　　68
  - 13.2.1　普通股及特別股　　69
  - 13.2.2　複合金融工具　　71
- 13.3　庫藏股票　　81
- 13.4　股份基礎給付　　83
  - 13.4.1　股份基礎給付交易之定義及範圍　　83
  - 13.4.2　權益交割　　86
  - 13.4.3　現金交割　　106
- 附錄 A　股份基礎給付交易之補充議題　　109
- 本章習題　　123

Chapter 14

保留盈餘及每股盈餘　　　　　　　　140

- 14.1　保留盈餘　　142
- 14.2　股　利　　144
  - 14.2.1　特別股股利　　144
  - 14.2.2　普通股股利　　146

14.3	基本每股盈餘	151
	14.3.1　基本每股盈餘之分子──盈餘	151
	14.3.2　基本每股盈餘之分母──股數	158
14.4	稀釋每股盈餘	164
	14.4.1　稀釋每股盈餘之分子──盈餘	165
	14.4.2　稀釋每股盈餘之分母──股數	165
	14.4.3　選擇權、認股證及其他類似權利	166
	14.4.4　可轉換工具	171
	14.4.5　或有發行股份	176
14.5	每股盈餘之追溯調整	180
附錄 A	每股淨值	181
附錄 B	計算每股盈餘之補充議題	182
本章習題		185

Chapter 15

收　入　　204

15.1	收入認列之五大步驟	206
15.2	辨認客戶合約	209
15.3	辨認履約義務	212
15.4	決定交易價格	214
15.5	將交易價格分攤至合約中之履約義務	222
15.6	於 (或隨) 企業滿足履約義務時認列收入	227
	15.6.1　履約義務是在某一時點滿足	228
	15.6.2　隨時間逐步滿足之履約義務	230
15.7	工程合約之收入認列	234
	15.7.1　工程合約之收入認列	234

	15.7.2　工程合約收入與成本之範圍	234
	15.7.3　建造合約收入與成本之認列	236
15.8	主理人或代理人	251
15.9	「客戶忠誠計畫」之收入認列	252
本章習題		258

Chapter 16

租賃會計　　272

16.1	租賃定義與優點	274
16.2	租約之內容與常見條款	276
16.3	辨認租賃	280
	16.3.1　辨認租賃──已辨認資產	282
	16.3.2　辨認租賃──使用之控制權	284
16.4	租賃期間之評估與重評估	289
16.5	承租人租賃會計	293
	16.5.1　承租人使用權資產及租賃負債之原始衡量	294
	16.5.2　使用權資產與租賃負債之後續衡量	300
	16.5.3　租賃負債之重評估	304
	16.5.4　租期屆滿之處理	306
16.6	出租人租賃會計	309
	16.6.1　出租人融資租賃之判斷指標	310
	16.6.2　融資租賃	314
	16.6.3　融資租賃原始認列	315
	16.6.4　融資租賃後續衡量	318
	16.6.5　營業租賃──出租人	327
16.7	不動產租賃(同時包含土地及建築物租賃)	330

附錄 A　售後租回交易	332
附錄 B　租賃修改	337
附錄 C　轉　租	343
附錄 D　變動租賃給付	345
本章習題	347

Chapter 17

員工福利　　364

17.1	員工福利之相關議題	366
17.2	退職後福利：確定提撥計畫與確定福利計畫	367
	17.2.1　確定提撥計畫	368
	17.2.2　確定福利計畫	368
	17.2.3　確定福利計畫之例釋	376
17.3	其他長期員工福利	386
17.4	離職福利	387
17.5	短期員工福利	389
	17.5.1　短期帶薪假	390
	17.5.2　利潤分享及紅利計畫	392
附錄 A　年中提撥及支付退職後福利、確定福利計畫再衡量數		395
附錄 B　淨確定福利資產上限之會計處理		397
本章習題		401

Chapter 18 所得稅會計　　　　410

18.1	所得稅會計處理之目的	412
18.2	本期所得稅負債及本期所得稅資產之認列	414
	18.2.1　會計利潤與課稅所得差異之來源	414
	18.2.2　本期所得稅之計算	417
18.3	遞延所得稅負債及遞延所得稅資產之認列	417
	18.3.1　帳面金額、課稅基礎與暫時性差異	418
	18.3.2　資產之課稅基礎	419
	18.3.3　負債之課稅基礎	421
	18.3.4　未於資產負債表中認列為資產及負債	422
	18.3.5　計算暫時性差異	423
	18.3.6　所得稅費用衡量之考量因素	427
18.4	本期及遞延所得稅之認列於損益或損益外	433
18.5	我國未分配盈餘加徵所得稅之會計處理	439
18.6	複合金融工具	440
18.7	企業或其股東納稅狀況變動之租稅後果	442
18.8	未使用課稅損失及未使用所得稅抵減	442
18.9	表　達	448
附錄 A	非暫時性差異導致之遞延所得稅資產及負債金額變動	449
附錄 B	資產重估價之所得稅議題	452
附錄 C	投資性不動產採公允價值衡量之所得稅議題	456
附錄 D	辨認暫時性差異例外情況	458
附錄 E	企業合併產生之相關遞延所得稅後果	464
附錄 F	股份基礎給付交易產生之本期及遞延所得稅	469

附錄 G	同期間所得稅分攤	**473**
附錄 H	依照 IAS 12 觀念計算遞延所得稅及從損益表觀點方法計算的差異	**479**
本章習題		**482**

Chapter 19

現金流量表 **498**

19.1	現金流量表之內容與功能	**500**
19.2	編製現金流量表	**505**
	19.2.1 甲公司 ×1 年現金流量表之編製	**507**
	19.2.2 甲公司 ×2 年現金流量表之編製	**516**
	19.2.3 甲公司 ×3 年現金流量表之編製	**526**
19.3	編製現金流量表之進階討論	**535**
	19.3.1 支付利息現金流量之分類	**535**
	19.3.2 支付所得稅現金流量之分類	**535**
	19.3.3 應收款項預期信用減損損失之調整	**536**
	19.3.4 存貨跌價損失之調整	**537**
	19.3.5 特殊之營業活動之現金流量	**539**
	19.3.6 其他綜合損益項目於現金流量表編製時之考量	**542**
	19.3.7 股份基礎給付於現金流量表編製時之考量	**544**
19.4	現金流量表之附註揭露	**546**
	19.4.1 不影響現金流量投資及籌資活動之排除揭露	**546**
	19.4.2 來自籌資活動之負債之變動之要求揭露	**546**
	19.4.3 現金及約當現金之組成部分之要求揭露	**547**
	19.4.4 停業單位現金流量之要求揭露	**547**
	19.4.5 額外資訊之鼓勵揭露	**547**
本章習題		**548**

Chapter 20

會計政策、會計估計值變動及錯誤　　562

20.1	會計政策	564
	20.1.1　會計政策之選擇及適用	564
	20.1.2　會計政策之一致性	566
	20.1.3　會計政策變動	566
	20.1.4　會計政策變動之應用	567
20.2	會計估計值變動	573
20.3	錯　誤	578
	20.3.1　追溯重編之限制	579
	20.3.2　會計錯誤之類型	579
20.4	關於追溯適用及追溯重編之實務上不可行	588
20.5	揭　露	589
本章習題		591

索　引　　604

Chapter 12 長期負債

學習目標

研讀本章後，讀者可以了解：
1. 長期金融負債如何採用攤銷後成本之方法
2. 發行公司債之會計處理
3. 發行長期應付票據之會計處理
4. 除列金融負債之要件
5. 金融負債除列之會計處理
6. 債務協商時之會計處理
7. 金融負債採用公允價值選項之功用及爭議
8. 金融資產與金融負債之互抵目的及條件

本章架構

長期負債

應付公司債
- 公司債種類
- 發行固定利率債券
- 發行利率逐期增加債券
- 兩個付息日之間發行

長期應付票據
- 取得財產、商品或勞務
- 分期清償
- 提前清償及買回權

負債除列（清償）
- 現金清償
- 非現金資產清償
- 發行權益證券清償
- 簽訂新約或修改條件

公允價值之選擇
- 功用
- 爭議

金融資產與金融負債之互抵
- 目的
- 條件

英國知名的總體經濟學家凱因斯 (John M. Keynes)，曾在 1936 年出版的曠世巨著 *General Theory of Employment, Interest and Money* 的序文中提到：「如果你欠英格蘭銀行 (如左圖) 一千英鎊時，你是銀行的奴隸；但是當你欠英格蘭銀行一百萬英鎊時，就換成英格蘭銀行是你的奴隸。」

2007 年在新加坡上市的馬可波羅海業公司 (Marco Polo Marine Limited，股票代號 SGX:5LY，簡稱海業公司) 係由董事長李雲通及執行長李雲峰 (其夫人為台灣知名女星徐若瑄) 所創立，上市股價為星幣 $0.28。該公司係以能源 (如媒礦、原油及天然氣) 運送結合之航運業，有拖船 (tugboat) 及駁船 (barge) 等船隻。上市之後，原本營運平順，但因 2015 年原油價格大幅下跌 50% 以上，馬可波羅公司 2016 年產生財務缺口約星幣 $2.81 億 (約新台幣 $59 億)，12 個月內即將到期的債務約星幣 $2.05 億，因此與債權人協商債務展延。由於公司財務持續惡化，公司於 2017 年向新加坡法院申請破產保護，與債權人 (公司債持有人及銀行) 進行債務整理協商。

海業公司管理階層積極向外尋找資金挹注，前後拜訪了 150 位潛在的投資人，被拒絕了 141 次，只有 9 位投資人願意出來擔任「白衣武士」，共同挹注新資金星幣 $0.60 億，但前提是公司必須和現有債權人先完成債務整理。於是公司於 2017 年 11 月先獲得持有星幣 $0.50 億公司債約 90% 的持有人投票同意，以支付現金星幣 $35,868，及發行 102 萬股 (每股發行價 $0.035) 以債做股的方法，清償此一公司債 (還款率 15%，亦即每 $100 公司債，可獲得償還 $15)。然後，公司以類似的方法，和債權銀行也完成總金額星幣 $2.02 億的債務整理協議。海業公司在 2018 年的綜合損益表認列一次性的債務重整利益星幣 $1.799 億，在財務上也獲得了一個重新出發的機會。但該公司將該重整利益列在營業利益之中 (與台灣的公開發行公司財務報告編製準則規定不同，台灣認列在營業外利益，且須於報表附註中特別說明，此一作法讓投資人對公司的營業利益分析比較不會誤解)。

2021 年 11 月 22 日，馬可波羅公司的股價為星幣 $0.029。

章首故事引發之問題

- 企業如果有長期貸款時，會計處理為何？
- 企業清償貸款時，會計處理為何？
- 企業若向銀行申請債務協商獲得同意時，是否視為舊債務已消滅並同時認列新債務？還是應視為舊債務之延續？判斷依據為何？

12.1 金融負債之會計處理

學習目標 1
長期金融負債如何採用攤銷後成本？

　　企業僅於成為金融負債合約條款的一方時，始應於資產負債表認列該金融負債。例如，企業若發行公司債，則應認列該金融負債。但如果企業僅向供應商下訂單，但供應商尚未供貨，此時企業尚未成為負債合約的一方，不得認列未來可能付款的義務為金融負債。金融負債如須於 12 個月或一個營業循環內清償者，應分類為流動負債；反之，若超過 12 個月才須清償者，則為本章討論之長期負債。

　　關於金融負債認列與衡量，企業通常有兩種方法可供選擇：

1. 攤銷後成本 (amortized cost)

　　企業若採用攤銷後成本法，原始認列時應按公允價值減除可直接歸屬之交易成本後之金額衡量。該公允價值通常為交易價格，亦即所收取對價之公允價值。而交易成本係指直接可歸屬於發行金融負債之增額成本。增額成本係指企業若未發行該金融工具，即不會發生之成本。直接交易成本會減少負債原始認列時之帳面金額。

　　後續衡量時，企業應採有效利息法按攤銷後成本衡量之金融負債。**有效利息法** (effective interest method) 係計算一個金融負債之攤銷後成本並將利息費用分攤於相關期間之一種方法。有效利率係指於金融工具到期期間或預估較短期間 (在可提前還款時)，將估計未來現金支付金額折現後，恰等於該金融負債發行時帳面金額之利

率。計算有效利率時，企業應考量金融工具所有合約條款 (如提前還款、買回權或賣回權) 以估計現金流量。該計算尚應包含合約交易間支付或收取屬整體有效利率之一部分之所有費用、交易成本及所有其他溢價或折價。

2. 透過損益按公允價值衡量 (FVPL)

企業若採用透過損益按公允價值衡量 (FVPL) 法，原始認列時應按公允價值衡量，交易成本可列為當期費用。後續衡量時，原始認列時所產生的折溢價可選擇攤銷或不攤銷亦可，然後將金融負債的帳面金融價值調整至其公允價值，所產生之公允價值變動認列為當期損益。

亦即，金融負債的會計處理與第 10 章有關債券投資其中的兩種會計處理 (攤銷後成本及 FVPL) 方法完全相同，只是第 10 章處理債券金融資產，而本章則討論金融負債。由於金融負債通常採用攤銷後成本法衡量，除非依透過損益按公允價值衡量 (FVPL)，因此本章首先以攤銷後成本法來處理長期負債，然後在第 12.5 節才專門討論以 FVPL 法處理長期負債之相關會計議題及其所產生之爭議。

12.2　應付公司債

公司債 (bond) 係企業在資本市場直接發行債券給投資人，以籌措長期資金，並依公司債發行期間，按期支付利息及本金。發行公司債係企業採用**直接金融** (direct financing) 方式，無須透過中間金融機構 (如銀行)，直接向投資大眾取得資金，因此可降低借款利率，並取得較穩定之長期資金 (較不會受到銀行雨天收傘之影響)。

企業亦可嵌入其他衍生工具 (如轉換權、買回權或賣回權等) 於公司債，以利用這些**複合工具** (compound instrument) 或**混合工具** (hybrid instrument) 所帶來降低資金成本或增加資金彈性之優點。

> 學習目標 2
> 發行公司債之會計處理

公司債之種類

依擔保品之有無
- **有擔保品公司債** (secured bond)：有特定資產如土地或廠房提供擔保，若發行人無法還款，出售擔保品之所得款項須直接支付有擔保品之公司債。因較有保障，所以有擔保品公司債利率較低。
- **無擔保品公司債** (unsecured bond)：沒有特定資產提供擔保，若發行人無法還款，只能與一般債權人分享資產拍賣後之剩餘所得（在支付有擔保債務後）。

依記名之有無
- **有記名公司債** (registered bond)：有記名，必須過戶方能保障債權人之權利。
- **無記名公司債** (unregistered bond)：無記名。

依還本情況
- **一次到期公司債** (term bond)：到期時，如 5 年到期時一次還清本金。
- **分期還本公司債** (serial bond)：分期清償本金，如 5 年到期，但第 3、4 及 5 年底必須分期清償 20%、30% 及 50% 之本金。通常利息較一次到期公司債利息為低，但是資金調度較無彈性。

IFRS 一點通

混合工具及複合工具

依據 IFRS 之定義：

複合工具：係專指對發行人而言，有嵌入權益特性工具於主契約中之金融工具，如可轉換公司債 (對發行人而言)。

混合工具：係指有嵌入衍生工具 (但不包括具權益特性之衍生工具) 於主契約中之金融工具，如可買回公司債及可賣回公司債。可轉換公司債對投資人而言也是混合工具。

- **可買回公司債** (callable bond) 或**可提前清償公司債** (prepayable bond)：允許發行人得依事先約定之買回價格向投資人買回該公司債，因為該債券並不包含具有權益特性之工具，對投資人與發行人而言，均為混合工具。對發行人而言，發行可買回公司債實際上同時產生應付公司債負債及買回權資產，因為對發行人有利、投資人較不利，所以可買回公司債通常發行利率較高。

- **可賣回公司債** (puttable bond)：允許投資人得依事先約定之賣回價格將公司債賣回給發行人，因此對投資人或發行人而言，均為混合工具。對發行人而言，發行可賣回公司債實際上同時產生應付公司債負債及賣回權負債，因為對投資人有利、發行人較不利，所以可賣回公司債通常發行利率較低。

- **可轉換公司債** (convertible bond, CB)：允許投資人得依事先約定之轉換價格，將公司債轉換成發行人之股票 (具權益特性)，因此對發行人而言，係一複合工具；但對投資人而言，則為混合工具。發行人發行可轉換公司債實際上同時產生應付公司債負債及轉換權權益，因為對投資人有利，所以可轉換公司債之票面利率通常得以較低利率，甚至零利率發行。(相關釋例，請參照第 13 章)

釋例 12-1　固定利率公司債（攤銷後成本）

大方公司於 ×0 年 12 月 31 日，發行 3 年期的公司債以籌措資金，面額 $10,000、票面利率 12%，每年 12 月 31 日付息一次，假定與該債券同信用等級的市場利率為 9.9%，則該公司債的公允價值為 $10,523，大方公司為了發行公司債支付直接交易成本 $26，合計淨收取現金 $10,497（= $10,523 – $26）。

試作：大方公司所有相關分錄。

解析

×0 年 12 月 31 日該債券的公允價值等於未來本金及利息按市場利率折現後之現值，計算如下：

$$債券公允價值 = \frac{\$1,200}{(1+9.9\%)} + \frac{\$1,200}{(1+9.9\%)^2} + \frac{\$11,200}{(1+9.9\%)^3} = \$10,523$$

> 債券之公允價值係按市場利率折現

該公司債的公允價值 $10,523 大於面額 $10,000，產生溢價的原因係因市場利率 9.9% 小於票面利率 12% 之緣故。由於大方公司在發行債券時，另外支付了交易成本 $26。大方公司採用攤銷後成本法，原始認列時應按公允價值 $10,523 減除可直接歸屬之交易成本 $26 後之金額衡量，故該債券的原始帳面金額為 $10,497。根據此一帳面金額可以去反推該債券的原始有效利率 (r)：

$$原始帳面金額 = \frac{\$1,200}{(1+r)} + \frac{\$1,200}{(1+r)^2} + \frac{\$11,200}{(1+r)^3} = \$10,497$$

> 原始有效利率應考量交易成本

所以原始有效利率 r = 10%（因交易成本的關係，殖利率由 9.9% 上升到 10%）。即可得下列溢價攤銷表：

溢價攤銷表（原始有效利率 10%）

	支付利息 ＝面額 × 票面利率	利息費用 ＝期初帳面金額 × 有效利率	本期 溢價攤銷	未攤銷溢價	帳面金額
×0/12/31				$497	$10,497
×1/12/31	$1,200	$1,050	$150	347	10,347
×2/12/31	1,200	1,035	165	182	10,182
×3/12/31	1,200	1,018	182	0	10,000

×0 年 12 月 31 日，發行債券之分錄如下：

現金	10,497	
應付公司債		10,000
應付公司債溢價		497

×1 及 ×2 年 12 月 31 日分錄分別如下：

	×1/12/31	×2/12/31
利息費用	1,050	1,035
應付公司債溢價	150	165
現金	1,200	1,200

×3 年 12 月 31 日，應付公司債到期，支付本金及最後一期利息之分錄如下：

應付公司債	10,000	
利息費用	1,018	
應付公司債溢價	182	
現金		11,200

釋例 12-2　利率逐期上升之公司債（註）（攤銷後成本）

加利公司於 ×0 年 12 月 31 日，發行 3 年期的公司債以籌措資金，面額 $10,000、×1 年、×2 年及 ×3 年之票面利率分別為 9%、12% 及 15%，每年 12 月 31 日付息一次，在支付發行公司債之交易成本後，加利公司淨收取現金 $10,450。

試作：加利公司所有相關分錄。

解析

加利公司採用攤銷後成本法，原始認列時應按公允價值減除可直接歸屬之交易成本後之金額衡量，故該債券的原始帳面金額為 $10,450。即使票面利率逐期增加，但根據此一帳面金額仍可反推該債券的單一原始有效利率 (r)：

$$債券公允價值 = \frac{\$900}{(1+r)} + \frac{\$1,200}{(1+r)^2} + \frac{\$11,500}{(1+r)^3} = \$10,450$$

所以原始有效利率 r = 10%。即可得下列溢價攤銷表：

註：本釋例亦適用於向銀行申請房貸，有時銀行會給與寬限期間內免付利息，例如 15 年期房貸，前 2 年免付利息，第 3 年才開始付息。不論是對貸款人或銀行而言，前 2 年的利息費用 (收入) 都不是零，而是依未來可能付款期間內之預期現金流量，來計算原始有效利率，以認列利息費用 (收入)。

溢價攤銷表 (原始有效利率 10%)

	支付利息	利息費用	本期溢價攤銷	未攤銷溢價	帳面金額
×0/12/31				$450	$10,450
×1/12/31	$ 900	$1,045	−$145	595	10,595
×2/12/31	1,200	1,060	140	455	10,455
×3/12/31	1,500	1,045	455	0	10,000

(1) ×0 年 12 月 31 日發行分錄：

　　現金　　　　　　　　　　　　　10,450
　　　應付公司債　　　　　　　　　　　　10,000
　　　應付公司債溢價 ($10,450 – $10,000)　　450

(2) ×1 年 12 月 31 日期末支付利息之分錄 (由於依有效利息法計算之利息費用 $1,045 大於支付之現金利息 $900，故本期應付公司債溢價不但沒有減少，反而增加 $145)：

　　利息費用　　　　　　　　　　　1,045
　　　現金　　　　　　　　　　　　　　　900
　　　應付公司債溢價 ($1,045 – 900)　　　145

(3) ×2 年 12 月 31 日期末支付利息之分錄：

　　利息費用　　　　　　　　　　　1,060
　　應付公司債溢價　　　　　　　　　140
　　　現金　　　　　　　　　　　　　　1,200

(4) ×3 年 12 月 31 日期末支付利息及本金之分錄：

　　利息費用　　　　　　　　　　　1,045
　　應付公司債　　　　　　　　　　10,000
　　應付公司債溢價　　　　　　　　　455
　　　現金　　　　　　　　　　　　　　11,500

兩個付息日之間發行債券

　　企業若於兩個付息日之間發行債券，此時發行所得之價金會包含預收從上個付息日至發行日之已累積應付利息，其餘的款項才是發行該債券之原始入帳金額。

釋例 12-3　兩個付息日之間發行債券

大器公司於 ×1 年 4 月 1 日發行到期日為 ×3 年 12 月 31 日之公司債、面額為 $10,000、票面利率為 8%、每年 12 月 31 日付息，大器公司共收取 $9,732（含應計利息，並扣除發行之直接交易成本），公司採用攤銷後成本法，以有效利息法攤銷債券折溢價。

試作：
(1) 大器公司於 ×1 年 4 月 1 日發行債券之分錄。
(2) ×1 年 12 月 31 日支付利息之分錄。
(3) ×2 年 12 月 31 日支付利息之分錄。

解析

- 先計算 ×1 年 1 月 1 日至 ×1 年 3 月 31 日之應計利息 = $10,000 × 8% × 3/12 = $200。
- 取得債券之原始帳面金額（含交易成本）= $9,732（收取價金減除交易成本）− $200（應計利息）= $9,532。
- 因大器公司從發行公司債共收取 $9,732（含應計利息，並扣除發行之直接交易成本），從發行至到期日的期間為 2.75 年，根據此一帳面金額可以去反推該債券的原始有效利率 (r)：

$$\frac{\$800}{(1+r)^{0.75}} + \frac{\$800}{(1+r)^{1.75}} + \frac{\$10,800}{(1+r)^{2.75}} = \$9,732$$

所以原始有效利率 r = 10%，故大器公司應作下列分錄：

(1) ×1 年 4 月 1 日發行分錄：

現金	9,732	
應付公司債折價 ($10,000 − $9,532)	468	
應付公司債		10,000
應付利息		200

(2) ×1 年 12 月 31 日期末支付利息之分錄：

利息費用 {$9,732 × [(1.1)^{0.75} − 1]}	721	
應付利息	200	
現金 ($10,000 × 8%)		800
應付公司債折價 [$721 − ($800 − $200)]		121

(3) ×2 年 12 月 31 日期末支付利息之分錄：

利息費用 [($9,532 + $121) × 10%]	965	
現金 ($10,000 × 8%)		800
應付公司債折價 ($965 − $800)		165

12.3 長期應付票據

企業若發行長期應付票據，以取得現金、財產、商品或勞務時，若採用攤銷後成本法，原始認列時應按公允價值減除可直接歸屬之交易成本後之金額衡量。該公允價值通常為交易價格，亦即所收取對價(現金、財產、商品及勞務)之公允價值為優先考量，然後再考量交易成本後，得到原始認列之帳面金額去推算該票據之原始有效利率。

惟所收取對價為財產、商品及勞務，且其公允價值不易衡量時，應以用該長期應付票據折現後之現值作為衡量基礎，折現率應為企業發行該票據相同條件及信用等級之市場利率。得到折現值之後，然後再考量交易成本，得到原始認列之帳面金額，再去估計該票據之原始有效利率。

學習目標 3
發行長期應付票據之會計處理

釋例 12-4　分期還本之長期應付票據

合歡公司於 ×0 年 12 月 31 日發行 5 年分期清償、總面額 $100,000、票面利率為 10% 之應付票據，合歡公司每年 12 月 31 日須支付 $26,380，以取得公允價值為 $100,000 之設備。

試作：
(1) 合歡公司 ×0 年 12 月 31 日之分錄。
(2) 合歡公司 ×1 年 12 月 31 日之分錄及該長期應付票據於資產負債表中之表達。

解析

(1) 因所收取設備之對價公允價值為 $100,000，而未來 5 年每年底須支付 $26,380，所以設算利率為 10%，等於票面利率。在交易成本為零的情況下，原始有效利率亦為 10%。可得下列攤銷表，並作分錄：

攤銷表 (原始有效利率 10%)

	每期付款	利息 (10%)	本金減少	帳面金額
×0/12/31				$100,000
×1/12/31	$26,380	$10,000	$16,380	83,620
×2/12/31	26,380	8,362	18,018	65,602
×3/12/31	26,380	6,560	19,819	45,783
×4/12/31	26,380	4,578	21,801	23,982
×5/12/31	26,380	2,398	23,982	0

11

```
×0/12/31   不動產、廠房及設備        100,000
           長期應付票據                        100,000
```

(2) 合歡公司於 ×1 年 12 月 31 日支付第一筆款項 $26,380。其中利息部分為 $10,000，而本金清償部分為 $16,380，分錄如下：

```
×1/12/31   長期應付票據              16,380
           利息費用                  10,000
           現金                               26,380
```

於 ×1 年 12 月 31 日，長期應付票據之帳面金額為 $83,620，其中 $18,018 在未來 12 個月內須清償，故須列為流動負債項下，只有其餘之 $65,602 始能列為非流動負債，列示如下：

資產負債表
×1 年 12 月 31 日

資產	流動負債	
	一年內到期長期應付票據	$18,018
	非流動負債	
	長期應付票據	$65,602

如果債務人有**提前還款** (prepayment) 或**買回** (call) 債務之權利，亦即債務人可較原先預期還款更早地清償相關本金及利息，相關會計處理較為複雜，請參閱本章附錄 A。

12.4 金融負債除列

學習目標 4
除列金融負債之要件

金融負債之除列規定，與金融資產之除列規定有很大的差異。金融資產即使在法律上已符合「出售」之形式要件，仍須考量金融資產之風險與報酬是否已經移轉 (請參照第 5.4 節)，才能決定是否可以除列。但是金融負債之除列規定比較直接，只要金融負債合約所載之義務已經消滅時 (亦即當合約所載之**義務履行**、**取消**或**到期**)，即能自資產負債表除列該負債。

債務人可採用下列方式，將金融負債 (或其部分) 消滅：

1. 藉由償還 (通常以現金、其他金融資產、商品或勞務) 債權人，而解除該負債。債務工具之發行人如買回該工具，則該金融負債已

經消滅，即使發行人為該債務工具之**造市者** (market maker) 或意圖於短期內再出售該債務工具。

2. 藉由法律程序 (如法院同意債務人宣告破產) 或債權人同意，而**法定解除** (legal release) 對負債之主要責任。即使債務人有提供保證，此條件仍可能符合。若債務人付款予第三方使第三方承擔義務，並自債權人取得合法解除，則債務人已消滅該債務。相反地，若債務人未自債權人取得法定解除，即使債務人付款予第三方 (包含信託)。此種安排亦稱**視同清償** (in-substance defeasance)，而使第三方承擔義務，並告知債權人該第三方已承受其債務，債務人仍然不得除列該債務。

雖然合法解除 (不論透過司法程序或由債權人) 可導致金融負債之除列，但若已移轉金融資產不符合金融資產之除列條件，則已移轉資產不得除列，且企業應認列與該已移轉資產相關之新負債。例如，甲公司以移轉其轉投資來清償其負債，但甲公司要求未來有權依約定價格買回該轉投資，即可能屬此一情況 (請參照第 5.4 節)。

金融負債除列損益之計算

除列金融負債時，應將下列兩者之差額，認列為損益：

1. 已消滅或移轉金融負債之帳面金額；
2. 所支付的對價 (包括任何移轉之非現金資產、發行股票或承擔之負債)。

企業若再買回金融負債之一部分，應以再買回日持續認列部分與除列部分之相對公允價值為基礎，將該金融負債買回前之帳面金額分攤給這兩部分。再比較下列兩者之差額，認列為損益：

1. 除列部分金融負債之帳面金額；
2. 對除列部分所支付的對價 (包括任何移轉之非現金資產或承擔之負債)。

企業清償債務之方式，有下列方式可以進行：

> **學習目標 5**
> 金融負債除列之會計處理

清償方式	是否可以除列
1. 現金	可以
2. 非現金資產	可以
3. 發行權益工具	可以
4. 簽訂新約或修改條件	視情況而定： • 有實質差異，應予以除列 • 無實質差異，不得除列

12.4.1 現金清償

企業用現金清償金融負債是最常見的方式。如果金融負債係於到期時清償，且企業採用攤銷後成本法，則在除列該金融負債時，不會有除列損益產生，因為金融負債之折溢價在到期時會攤銷完畢。但是，如果企業在到期前清償，則會產生金融負債除列損益。

釋例 12-5　自公開市場以市價提前買回公司債（發行人在發行時無買回權）

×0 年 12 月 31 日，金鋼公司發行面額 $10,000，票面利率 8%，5 年期之公司債，每年 12 月 31 日付息一次，×2 年 12 月 31 日該公司債之帳面金額 $9,600（發行時之直接成本已納入考量）。

試作：

(1) 金鋼公司於 ×3 年 1 月 1 日，以 $10,300（含交易成本）提前買回全部公司債之分錄。
(2) 金鋼公司於 ×3 年 1 月 1 日，以 $6,180（含交易成本）提前買回面額 $6,000 公司債之分錄。

解析

(1) ×3 年 1 月 1 日，以 $10,300（含交易成本）提前買回全部公司債，故應予除列該負債。

公司債帳面金額	$ 9,600
支付價金	(10,300)
除列金融負債損失	$ 700

分錄如下：

應付公司債	10,000	
除列金融負債損失	700	
現金		10,300
應付公司債折價		400

(2) ×3 年 1 月 1 日，以 $6,180 (含交易成本) 提前買回面額 $6,000 公司債，因為只買回金融負債之一部分，應以再買回日持續認列部分與除列部分之相對公允價值為基礎，將該金融負債買回前之帳面金額分攤給這兩部分。再比較下列兩者之差額，認列為損益：

已買回公司債帳面金額	$ 5,760 (= $9,600 × 6,000/10,000)
支付價金	(6,180)
除列金融負債損失	$ 420

分錄如下：

應付公司債	6,000	
除列金融負債損失	420	
現金		6,180
應付公司債折價		240

12.4.2　非現金資產清償

有時債務人會以非現金資產 (通常在有財務困難時)，去沖抵原先的債務。債權人 (金融機構) 在別無選擇的情況下，也只好被迫接受。若債權人同意接受債務人以非現金資產清償債務，債務人通常視為已處分該非現金資產，先認列其處分損益 (非現金資產帳面金額與公允價值之差額)，然後再認列金融負債之除列利益 (負債帳面金額與非現金資產公允價值之差額)。至於債權人則應以所收取資產之公允價值為入帳基礎，除列金融資產並認列除列損益 (金融資產帳面金額與收取資產之公允價值間之差額)。

釋例 12-6　以非現金資產清償債務

×2 年 12 月 31 日林森建設向中興銀行之銀行借款，其帳面金額為 $10,000，雙方協商之後，林森建設將以其投資性不動產 (帳面金額 $8,000，公允價值 $7,000)，清償該銀

行借款。假定中興銀行協商之前針對此放款已提列備抵損失(備抵呆帳)$500。

試作:林森建設及中興銀行相關之分錄。

解析

(1) 債務人(林森建設),應先認列除列投資性不動產損益,再認列金融負債除列利益。

處分投資性不動產損失 ($8,000 – $7,000)	1,000	
投資性不動產		1,000
銀行借款	10,000	
投資性不動產		7,000
除列金融負債利益		3,000

(2) 債權人(中興銀行),則應除列該放款,並計算除列損益,如下:

放款金額	$10,000	
備抵損失(備抵呆帳)	(500)	
放款之帳面金額	$ 9,500	
收取資產之公允價值	(7,000)	
除列金融資產損失	$ 2,500	
投資性不動產	7,000	
備抵損失(備抵呆帳)	500	
金融資產除列損失	2,500	
放款		10,000

12.4.3　發行權益工具清償

有時債務人會主張「以債作股」,希望債權人接受債務人所發行之新股,去沖抵原先的債務。若債權人同意接受債務人發行新股以清償債務,債務人可除列該金融負債,認列金融負債之除列利益。若所發行股票之公允價值能夠可靠衡量,則其與負債帳面金額之差額,應認列為除列金融負債損益。若股票之公允價值無法可靠衡量,則應以金融負債公允價值與帳面金額間之差額,認列金融負債除列利益。同樣地,債權人應優先考量以所收取股票之公允價值為入帳基礎,除列金融資產並認列除列損益(金融資產帳面金額與收取股票之公允價值間之差額)。在收取股票公允價值無法可靠衡量的情況下,則應採用原金融資產之公允價值作為計算除列之基礎。

釋例 12-7　以發行權益工具清償債務

×5 年 12 月 31 日力捷公司向中興銀行之銀行借款，其帳面金額為 $10,000，雙方協商之後，力捷公司將發行 1,200 股普通股給中興銀行 (每股面額 $10，公允價值 $4)，以清償該銀行借款。假定中興銀行協商之前針對此放款已提列備抵損失 (備抵呆帳) $500，並將收取之股票作為透過損益按公允價值衡量之金融資產。

試作：力捷公司及中興銀行相關之分錄。

解析

(1) 債務人 (力捷公司)，應視為發行新股清償負債，並認列金融負債除列利益。

銀行借款	10,000	
資本公積—普通股股票溢價	7,200	
普通股股本		12,000
除列金融負債利益		5,200

(2) 債權人 (中興銀行)，則應除列該放款，並計算除列損益，如下：

放款金額	$10,000
備抵損失 (備抵呆帳)	(500)
放款之帳面金額	$ 9,500
收取資產之公允價值	(4,800)
除列金融資產損失	$ 4,700

透過損益按公允價值衡量之金融資產—股票	4,800	
備抵損失 (備抵呆帳)	500	
金融資產處分損失	4,700	
放款		10,000

12.4.4　債務協商——簽訂新合約或修改條件

不論債務人是否有陷入財務危機，債務人時常與其債權人協商有關現有債務。例如，企業會利用利率下跌時，與銀行簽訂新借款合約，來償還舊借款合約 (借新還舊) 以降低利息負擔。又例如，台灣高鐵在建造期間向銀行團借款，利率高達 8%，但是在開始營運之後，由於整體利率下跌，經向銀行團積極協商爭取後，銀行團終於同意修改現有借款合約，將借款利率降至 4.5% 以下，減輕了不少利息負擔。當然，如同章首故事所述，力晶公司因虧損多年陷入財

務困難，無力清償到期本金及利息，因此多次向銀行團申請債務協商。

　　陷入財務危機的企業，在債務協商時通常會提出下列條件：

1. 將本金償還期間展延(展期)；

2. 調降借款利率；或

3. 調降本金或積欠利息之金額(打折)。

　　債務人若與債權人協商簽訂新合約以取代原借款合約，且新合約條款與原合約條款具**重大差異**(substantial difference)，債務人應視為原金融負債已消滅，且須認列新金融負債。同樣地，現存金融負債之全部或部分條款若有修改，且修改前後之條款具**重大差異**，債務人亦應按前述方式處理。無論是否涉及債務人有無財務困難，簽訂新借款合約與修改舊借款合約，債務人均應按前述方式處理。

　　因此，不論是簽訂新借款合約，還是舊借款合約條款做修改，債務人都需要判斷是否有產生重大差異，來決定會計處理之方法。所謂「重大差異」，係指新合約條款之未來現金流量(含所收付之手續費[1])依原始有效利率折現後之現值，與原金融負債之剩餘現金流量所計算現值(通常為原帳面金額)間之差異若至少有10%，則其條款具實質差異。若差異小於10%，則應視為原金融負債之延續，不得除列原金融負債，並依新還款條件(此時，不含收付的手續費)按原始有效利率折現計算新的折現值，並將原金融負債之帳面金額調整至該新折現值，且將調整金額認列於損益。債務協商簽訂新合約或條款修改若視為負債消滅，相關手續費應認列為負債消滅之相關損益。若視為原負債之延續，相關手續費應作為負債帳面金額之調整，並於修改後負債之剩餘期間攤銷。圖12-1彙整債務人債務協商之會計處理方法。

學習目標 6
債務協商有無重大差異之會計處理

---

[1] 「國際財務報導準則2018~2022之年度改善」將相關手續費僅限定計入債務人與債權人之間所收付之費用，包括債務人或債權人代替對方所收付之費用。

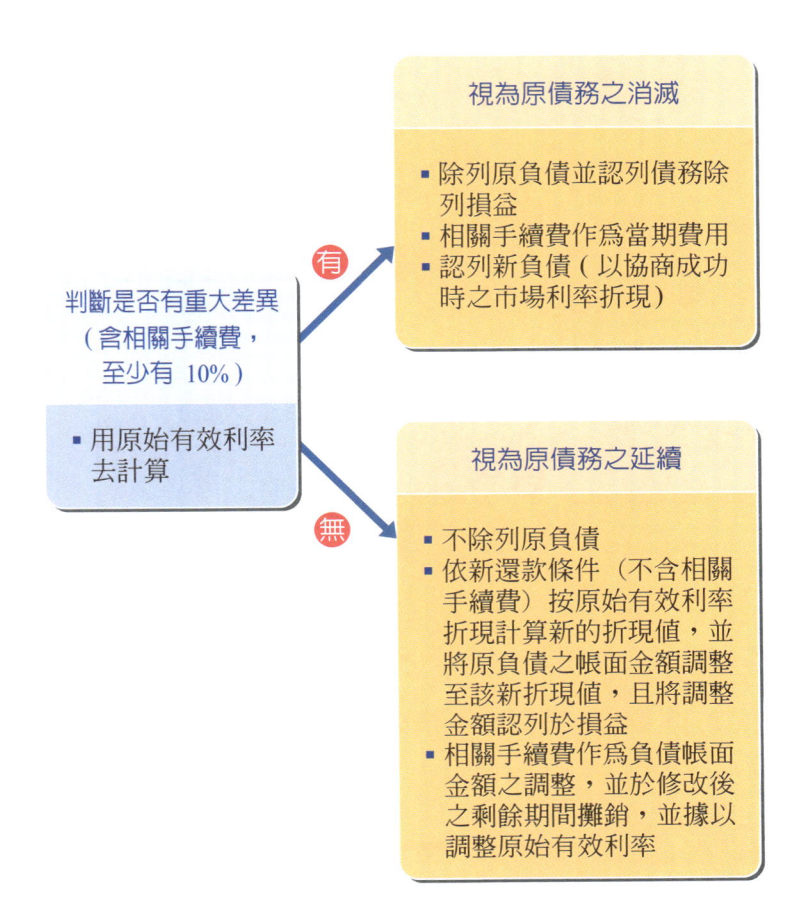

圖 12-1　債務人債務協商之會計處理

判斷是否有重大差異（含相關手續費，至少有 10%）
- 用原始有效利率去計算

有 → 視為原債務之消滅
- 除列原負債並認列債務除列損益
- 相關手續費作為當期費用
- 認列新負債（以協商成功時之市場利率折現）

無 → 視為原債務之延續
- 不除列原負債
- 依新還款條件（不含相關手續費）按原始有效利率折現計算新的折現值，並將原負債之帳面金額調整至該新折現值，且將調整金額認列於損益
- 相關手續費作為負債帳面金額之調整，並於修改後之剩餘期間攤銷，並據以調整原始有效利率

　　至於債權人部分，如果重新協商或修改金融資產的合約條款（例如收取現金流量的權利失效或無法合理預期可回收），而導致符合必須除列（沖銷）整體或部分「原」金融資產時，則必須先除列該金融資產整體或部分，並認列除列損益。

　　然後，該金融資產之未除列部分，此時應視為原金融資產之延續，企業應依原始有效利率重新計算金融資產總帳面金額，並將修改損益認列於損益。企業不得直接認定該未除列金融資產仍屬於低信用風險（只評估 12 個月預期信用損失），而應評估該未除列金融資產信用風險是否已經顯著增加，若有顯著增加者，須評估存續期間預期信用損失。圖 12-2 彙整債權人債權協商之會計處理方法。

視為原資產之除列

- 除列（沖銷）原資產之整體或部分之總帳面金額，並認列債權除列損益

判斷該金額資產整體或部分是否必須除列（沖銷）

- 收取合約現金流量失效
- 無法合理預期可回收

視為原資產之延續

- 不除列原資產
- 依新還款條件按原始有效利率折現計算新總帳面金額，並將調整金額認列債權修改損益

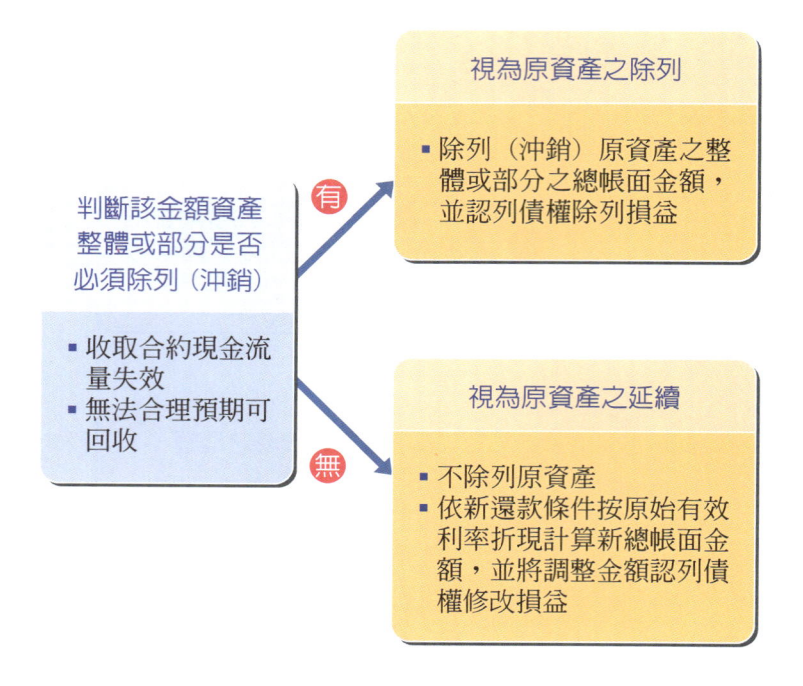

圖 12-2　債權人債權協商之會計處理

釋例 12-8　債務協商（有重大差異）

　　力晶公司於 ×1 年 12 月 31 日向中興銀行借款 $10,000，利率固定為 8%，每年底付息一次，該借款於 ×4 年底到期。力晶公司計算該借款之有效利率為 8%，並將其認列為「長期借款」。

　　隨後，力晶公司 ×2 年因營運情況不佳，財務開始出現困難，在支付 ×2 年利息 $800 之後，向中興銀行申請債務協商。雙方於 ×2 年 12 月 31 日同意未來將借款利率降為 2%，到期日延至 ×5 年底，到期本金只要清償 $9,000。力晶公司支付中興銀行協商手續費 $500（符合 IFRS 9 合約修改所發生之成本之定義）。中興銀行在 ×1 年 12 月 31 日已提列相關備抵損失（備抵呆帳）$300。

試作：

(a) 力晶公司 ×2 年 12 月 31 日債務協商之分錄。假定力晶公司在 ×2 年 12 月 31 日借款之市場利率為 15%。另試作力晶公司 ×3 年認列利息費用之分錄。

(b) 若此一債務修改，其中部分金融資產（總帳面金額 $1,100）因為收取現金流量的權利失效或無法合理預期可回收，符合除列的要件。中興銀行 ×2 年 12 月 31 日債務協商之分錄，及提列備抵損失之分錄（假定中興銀行對此放款所需之備抵損失為 $600）。另試作中興銀行 ×3 年認列利息收入之分錄。

(c) 若此一債務修改，完全不符金融資產除列之要件，中興銀行 ×2 年 12 月 31 日債務協商之分錄，及提列備抵損失之分錄（假定中興銀行對此放款所需之備抵損失為 $1,500）。

另試作中興銀行 ×3 年認列利息收入之分錄。

解析

(a) 力晶公司 (債務人)

首先，先計算債務協商後之現金流量 (含手續費)，按原始有效利率 (8%) 折現後之現值：

$$\$500 + \frac{\$180}{(1.08)} + \frac{\$180}{(1.08)^2} + \frac{\$9,180}{(1.08)^3} = \$8,108$$

再與金融負債之帳面金額 ($10,000) 相比較，計算是否有重大差異：

$$\frac{(\$10,000 - \$8,108)}{\$10,000} = 18.9\% \geq 10\%$$

因此，因差異比率高達 18.9%，故該借款之條款已有重大修改，力晶公司應視為原借款已消滅，並依協商公允價值認列新借款。此時相同條件借款之市場利率為 15%，故新借款之公允價值計算如下：

$$\frac{\$180}{(1.15)} + \frac{\$180}{(1.15)^2} + \frac{\$9,180}{(1.15)^3} = \$6,329$$

原銀行借款帳面金額	$10,000
支付手續費	(500)
新銀行借款之公允價值	(6,329)
債務協商利益	$ 3,171

力晶公司 ×2 年 12 月 31 日，應作下列債務協商分錄：

銀行借款 (原)	10,000	
銀行借款 (新)		6,329
現金		500
債務協商利益		3,171

由於新的長期借款利率為 15%，是新長期借款的原始有效利率，故可得下列折價攤銷表：

折價攤銷表

	(1) 現金	(2) 利息費用	(3) 本期折價攤銷	(4) 未攤銷折價	(5) 帳面金額
×3/1/1				$2,671	$6,329
×3/12/31	$180	$ 949	$ 769	1,902	7,098
×4/12/31	180	1,065	885	1,017	7,983
×5/12/31	180	1,197	1,017	0	9,000

力晶公司×3年12月31日,應作下列利息支出分錄:

利息費用	949	
現金		180
銀行借款		769

從上述釋例可看出,財務困難之債務協商在將金融負債視為除列時,若債務人信用狀況愈差(市場利率愈高),認列之債務協商利益會愈大,看起來是有點奇怪,但是未來每年的利息費用也會愈多。

(b) 中興銀行(債權人)

若此一債務修改,符合除列部分金融資產(金額 $1,100)之要件。中興銀行應先直接減少(沖銷)這一部分金融資產的總帳面金額,除列分錄如下:

債權除列損失(註)	1,100	
放款		1,100

註:亦可使用「備抵損失(備抵呆帳)」項目,惟期末調整預期信用減損損失(呆帳費用)會因此增加 $1,100

剩餘尚未除列原資產 $8,900 (= $10,000 − $1,100),並依新還款條件按原始有效利率折現計算新總帳面金額,並將調整金額認列修改損益。因此,中興銀行先計算債務協商後之現金流量,按原始有效利率 8% 折現後之現值:

$$\$500 + \frac{\$180}{(1.08)} + \frac{\$180}{(1.08)^2} + \frac{\$9,180}{(1.08)^3} = \$8,108$$

根據該現值 $8,108 與剩餘尚未除列放款之總帳面金額 $8,900 做比較,中興銀行必須調降總帳面金額 $792,並認列債權修改損失,中興銀行×2年12月31日,應作下列債務協商分錄:

債權修改損失	792	
放款		792

中興銀行收到協商手續費 $500,相關分錄:

現金	500	
放款		500

中興銀行另須針對此一協商後之放款,提列預期信用減損損失(呆帳費用) $300 (= $600 − $300),分錄如下:

預期信用減損損失(呆帳費用)	300	
備抵損失(備抵呆帳)		300

在作完上述分錄後,放款之總帳面金額 $7,608 (= $8,108 − $500),在原始有效利率為 8% 情況下,可得下列折價攤銷表:

折價攤銷表 (原始有效利率 8%)

	(1) 現金	(2) 利息收入	(3) 本期折價攤銷	(4) 未攤銷折價	(5) 帳面金額
×3/1/1				$1,392[註]	$7,608
×3/12/31	$180	$609	$429	963	8,037
×4/12/31	180	643	463	500	8,500
×5/12/31	180	680	500	0	9,000

註：$9,000 − $7,608 = $1,392。

中興銀行 ×3 年 12 月 31 日，應作下列利息收入分錄：

現金	180	
放款	429	
利息收入		609

(c) 若此一債務修改，完全不符金融資產除列之要件。中興銀行不得除列原資產，須依新還款條件按原始有效利率折現計算新總帳面金額，並將調整金額認列修改損益。因此，中興銀行先計算債務協商後之現金流量，按原始有效利率 8% 折現後之現值 $8,108 與先前放款之總帳面金額 $10,000 做比較，中興銀行必須調降總帳面金額 $1,892，並認列債權修改損失，中興銀行 ×2 年 12 月 31 日，應作下列協商分錄：

| 債權修改損失 | 1,892 | |
| 　放款 | | 1,892 |

中興銀行收到協商手續費 $500，相關分錄：

| 現金 | 500 | |
| 　放款 | | 500 |

中興銀行另須針對此一協商後之放款，提列預期信用減損損失 (呆帳費用) $1,200 (= $1,500 − $300)，分錄如下：

| 預期信用減損損失 (呆帳費用) | 1,200 | |
| 　備抵損失 (備抵呆帳) | | 1,200 |

在作完上述分錄後，×2 年年底放款之總帳面金額 $7,608 (= $8,108 − $500)。因此中興銀行 ×3 年 12 月 31 日，應作下列利息收入分錄：

現金	180	
放款	429	
利息收入		609

釋例 12-9　債務協商（無重大差異）

沿釋例 12-8，假定中興銀行於 ×2 年 12 月 31 日同意將借款利率降為 4%，到期日延至 ×5 年底，到期本金仍須清償 $10,000。力晶公司支付中興銀行協商手續費 $500（符合 IFRS 9 合約修改所發生之成本之定義）。

試作：力晶公司 ×2 年 12 月 31 日債務協商之分錄。假定力晶公司在 ×2 年 12 月 31 日借款之市場利率為 15%。另試作力晶公司 ×3 年認列利息費用之分錄。

解析

力晶公司（債務人）

首先，先計算債務協商後之現金流量（含手續費），按原始有效利率 8% 折現後之現值：

$$\$500 + \frac{\$400}{(1.08)} + \frac{\$400}{(1.08)^2} + \frac{\$10,400}{(1.08)^3} = \$9,469$$

再與金融負債之帳面金額 $10,000 相比較，計算是否有重大差異：

$$\frac{(\$10,000 - \$9,469)}{\$10,000} = 5.31\% < 10\%$$

因此，因差異比率只有 5.31%，故該借款之條款條件並無重大修改，力晶公司應視為原借款之延續，並依新還款條件（不含相關手續費），按原始有效利率 8% 折現計算新的折現值 $8,969，

$$\frac{\$400}{(1.08)} + \frac{\$400}{(1.08)^2} + \frac{\$10,400}{(1.08)^3} = \$8,969$$

並將原金融負債之帳面金額 $10,000 調整至該新折現值，且將調整金額 $1,031（= $10,000 − $8,969) 認列於損益。故力晶公司於 ×2 年 12 月 31 日，應先作下列債務修改分錄：

銀行借款	1,031	
債務修改利益		1,031

由於 ×2 年 12 月 31 日，力晶公司支付手續費 $500，相關手續費應作為負債帳面金額之調整，並於修改後負債之剩餘期間攤銷，同時據以調整原始有效利率，故力晶公司於 ×2 年 12 月 31 日，再作下列分錄：

銀行借款	500	
現金		500

在作完上述分錄後，長期借款的帳面金額 = $10,000 − $1,031 − $500 = $8,469，因此所隱

含新的有效利率 (r) 等於 10.175%，計算如下：

$$\frac{\$400}{(1+r)} + \frac{\$400}{(1+r)^2} + \frac{\$10,400}{(1+r)^3} = \$8,469$$

依新的有效利率 10.175%，可得下列折價攤銷表：

折價攤銷表 (原始有效利率 10.175%)

	(1) 現金	(2) 利息收入	(3) 本期折價攤銷	(4) 未攤銷折價	(5) 帳面金額
×2/12/31				$1,531 *	$ 8,469
×3/12/31	$400	$862	$462	$1,069	8,931
×4/12/31	400	909	509	561	9,439
×5/12/31	400	960	560	0	10,000

* $10,000 − $8,469 = $1,531。

力晶公司 ×3 年 12 月 31 日，應作下列利息支出分錄：

利息費用	862	
現金		400
銀行借款		462

註：中興銀行的作法請比照釋例 12-8 及練習題第 15 題。

12.5 金融負債係透過損益按公允價值衡量

　　金融負債必須在符合下列條件之一時，始能透過損益按公允價值衡量 (FVPL)：

1. 符合**持有供交易** (held-for-trading) 定義者，須強制透過損益按公允價值衡量。
2. 於原始認列時符合第 12.5.2 節條件且被企業自願**指定** (designate) 為透過損益按公允價值衡量者，亦稱為**公允價值之選擇** (fair value option)。

　　金融負債若非透過損益按公允價值衡量，則應依攤銷後成本法處理。

12.5.1　持有供交易之金融負債

前述持有供交易之金融負債，包括：

1. 非作為避險工具處理之衍生負債；
2. 空方(即出售借入且尚未擁有該金融資產之企業)未來交付所借入金融資產之義務；
3. 金融負債於發生時即意圖於短期內將其再買回者(例如，發行人依據其公允價值變動可能於短期內再買回之具報價債務工具)；及
4. 金融負債屬合併管理之可辨認金融工具組合之一部分，且有近期該組合為短期獲利之操作型態之證據。

但是負債用以支應交易之事實，本身並不使該負債成為持有供交易負債。例如，企業融資買進股票，只要該股票非屬持有供交易之投資，則該融資負債仍非屬持有供交易之金融負債。

12.5.2　指定為透過損益按公允價值衡量

金融負債若不符合前述持有供交易之定義時，惟有下列情況之一時，始得指定該金融負債透過損益按公允價值衡量：

學習目標 7
金融負債採用公允價值選項之功用及爭議

1. 係屬混合工具(有包含一個或多個嵌入式衍生工具)，企業通常可指定整體混合工具為透過損益按公允價值衡量之金融負債，除非：
   (1) 嵌入式衍生工具並未重大修改合約原規定之現金流量；或
   (2) 當首次考量類似混合工具時，僅稍加分析或無須分析即明顯可知嵌入式衍生工具之分離係被禁止。例如，嵌入於放款中之提前還款選擇權允許持有人得以幾乎等於該放款之攤銷後成本提前還款者(請參照本章附錄 A 相關釋例)。
2. 一組金融負債或金融資產及金融負債，係依書面之風險管理或投資策略，以公允價值基礎管理並評估其績效，且有關該組資訊有提供給主要管理階層(例如企業之董事會及執行長)；或
3. 該指定可消除或重大減少**會計配比不當** (accounting mismatch)，亦即若不指定將會因採用不同基礎衡量資產或負債，或認列其利益

及損失而產生之衡量或認列之不一致。

可能發生會計配比不當之情況

1. 企業持有同受一種會產生相反方向公允價值變動且其變動會相互抵銷之風險之金融資產、金融負債或兩者，惟僅某些該等工具將透過損益按公允價值衡量。例如，我國證券商發行台積電之認購權證（衍生工具負債）時，因為擔心台積電股價如果大漲，證券商會蒙受巨大損失，因此證券商通常會買入台積電現股，以規避台積電上漲之風險。但是如果證券商所持有之台積電股票，若視為備供出售 (AFS) 之投資，台積電上漲之利益會認列於其他綜合損益，而認購權證之損失則會認列於當期損益中，使得兩者認列損益的時點不一致，因此證券商只有將台積電投資，指定以透過損益按公允價值衡量，才可有效消除會計配比不當。

2. 銀行於資本市場發行債券，以支應一組特定放款，兩者受利率影響之公允價值變動，會同時相互抵銷。若該銀行常態性地買賣該債券（負債），但極少買賣其放款（資產），若將債券及放款兩者均按攤銷後成本衡量，由於債券經常地買回，每次都會認列損益，但由於放款極少買賣，造成兩者認列損益的時點不一致。因此，只有將債券及放款兩者均指定以透過損益按公允價值衡量，才可有效消除會計配比不當。

3. 保險公司之保險負債，若以透過損益按公允價值衡量，但保險公司的金融資產如按攤銷後成本衡量，會造成兩者認列損益的時點不一致。同樣地，如果保險公司的金融資產透過損益按公允價值衡量，但保險負債並未透過損益按公允價值衡量，也會造成兩者認列損益的時點不一致。

當企業在原始認列、將金融負債指定為透過損益按公允價值衡量時，必須決定若將該負債之信用風險變動認列於其他綜合損益時，是否會引發或加劇損益之會計配比不當。若會引發或加劇會計配比不當，企業應將負債之信用風險變動認列於損益中。反之，若不會引發或加劇會計配比不當，企業應將負債之信用風險變動認列於其他綜合損益中，如圖 12-3。該認列於其他綜合損益中之金額後續不得移轉至損益，惟企業可於權益內移轉相關之累積利益或損失。

IFRS 一點通

金融負債採用公允價值之爭議

若企業之金融負債採用公允價值之選項 (fair value option)，將金融負債指定為透過損益按公允價值衡量，在很多情況下，可以消除會計配比不當 (accounting mismatch)，也能中和金融資產及金融負債同時受到無風險利率變動之影響。但是由於計算金融負債公允價值時，必須將企業本身的信用風險 (credit risk) 也一併納入考量，此時就會造成一個很奇怪的現象：假定在無風險利率不變的情況下，金融負債的市場利率若因企業本身信用開始惡化，該金融負債的公允價值會降低，但是金融資產的公允價值卻是不變的，因此造成企業的本期利益變大。由於這種因企業信用狀況變壞，所造成之損益實在不合理，因此會計界及許多國家要求 IASB 必須改善此一規定。

IASB 因應外界之批評，在新發佈 IFRS9 中，已經規定企業金融負債因信用風險變動所造成之公允價值變動，不再強制規定納入損益，而應視其是否會引發或加劇會計配比不當，而分別認列於其他綜合損益，或者認列於當期損益。

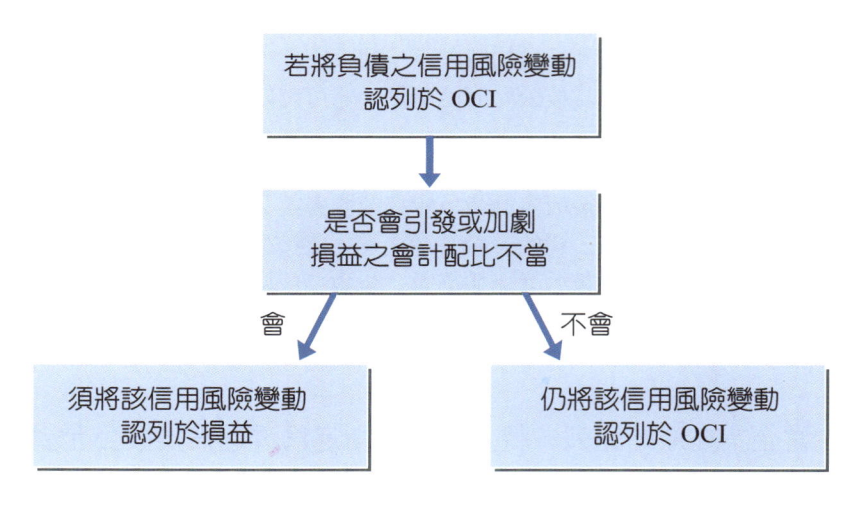

```
        若將負債之信用風險變動
            認列於 OCI
                │
                ▼
        是否會引發或加劇
        損益之會計配比不當
         ┌──────┴──────┐
        會            不會
         │              │
         ▼              ▼
  須將該信用風險變動   仍將該信用風險變動
      認列於損益         認列於 OCI
```

圖 12-3　金融負債信用風險之會計處理

至於該金融負債所有其他剩餘之公允價值變動 (亦即信用風險以外之公允價值變動，例如來自於指標利率或流動性風險等之公允價值變動)，一律應認列於損益中。

在作前述決定時，企業必須評估其是否預期金融負債之信用風險變動，會被另一透過損益按公允價值衡量之金融工具的公允價值變動 (例如包含有相同信用風險之變動) 於損益中抵銷。此種預期

Chapter 12 長期負債

IFRS 實務案例

金融負債信用風險之變動若認列於 OCI，會引發會計配比不當的例子

某丹麥銀行提供房貸放款給客戶，並同時在金融市場中發行債券以籌措該放款之資金。這些債券(金融負債)與放款(金融資產)，不論是流通在外金額、償還組合、期間與幣別均有相互配合的特性。放款之合約條款，允許房貸客戶可在債券市場中，按公允價值購買相應之債券且交付給該銀行，以提前清償該放款。

若該債券之信用品質惡化(亦即金融負債之公允價值下降)，房貸放款之公允價值(亦即金融資產之公允價值)亦同步下降，兩者本來在合約上就有相互連結，會自然在損益中同步抵銷。但是如果該銀行將該金融負債之信用風險變動認列於其他綜合損益時，反而引發損益之會計配比不當，故不得將該金融負債之信用風險變動認列於其他綜合損益。

上述損益之會計配比不當，主要係因金融負債之信用風險變動，有被另一透過損益按公允價值衡量之金融工具之公允價值變動(即包含有相同信用風險之變動)於損益中抵銷。但這是很少數的狀況，一般而言，資產所隱含之信用風險為其他企業之信用風險，負債所隱含之信用風險為企業本身之信用風險，所以將信用風險認列於其他綜合損益是不會引發或加劇會計配比不當。

必須基於該金融負債之特性及其他金融工具特性間之經濟關係。此一決定必須在原始認列時完成，且後續不得再重新評估，亦即後續不得變更對該金融負債信用風險變動之會計處理方法。

IFRS 一點通

信用風險 vs. 資產特定風險

依 IFRS 7 之定義，信用風險 (credit risk) 係指「金融工具之一方因未能履行義務將導致另一方財務損失之風險」。就金融負債之信用風險而言，係指發行人**未能履行** (non-performance) 此一特定負債之風險，例如未能如期支付利息或本金之風險。同一企業所發行之金融負債，亦受其是否有擔保品與否(即使所有其他借款條件都相同)，會有不同之信用風險。有擔保品之金融負債之風險會遠低於無擔保品之負債，甚至會接近於零。

至於**資產特定績效風險** (asset-specific performance risk)，則與信用風險不同。兩種風險雖然都會造成未來負債清償時，給付金額會減少，但是資產特定風險其實與企業未能履行特定義務之風險無關，而是與單一(或一組)標的資產績效不佳之風險有關。例如，我國證券商對投資人發行與台積電公司股價有連結特性之結構式商品，該結構式商品未來支付金額與台積電股價高低有關。此一連結特性對該結構式商品之影響係屬資產特定績效風險，而非信用風險。

企業無須對所有導致衡量或認列不一致之金融資產或金融負債同步交易。倘每一交易均於原始認列時被指定為透過損益按公允價值衡量，且在當時即預期其餘交易短期內將會發生，則允許其餘交易有合理之延遲(時間差)。

企業在指定金融資產或金融負債依透過損益按公允價值衡量(FVPL)時，係以**個別金融工具**為單位(instrument by instrument)進行指定，無須相類似之金融資產或負債同時一起進行指定。但是個別金融資產或負債進行指定時，必須指定其全體個別資產或負債，不得僅指定其一部分。例如，企業發行 2 個單位之公司債，每單位為 $100，企業可以指定其中一個單位公司債透過損益按公允價值衡量，而不指定另一個單位的公司債。相反地，企業不可指定一個單位公司債其中的 70% 透過損益按公允價值衡量，剩下的 30% 公司債按攤銷後成本衡量。

IFRS 一點通

如何決定金融負債之信用風險變動

企業在決定金融負債信用風險變動之金額時，係以辨認非歸因於導致市場風險之市場狀況變動所造成之公允價值變動金額。前述所謂市場狀況變動，包括指標利率(如 LIBOR、無風險利率)、另一企業之金融工具價格(如股價)、商品價格、匯率、價格或費率指數等之變動。換言之，在計算金融負債因信用風險變動所造成之公允價值變動時，首先必須排除市場狀況變動所造成公允價值之變動後，剩下之公允價值變動才算是屬於因信用風險變動所造成之公允價值變動。

若金融負債唯一重大攸關之市場狀況變動，係來自於可觀察到之指標利率(或無風險利率)之變動時，企業可依下列程序，計算因信用風險變動所造成之公允價值變動：

(1) 以金融負債期初之公允價值及合約之現金流量去反推該負債之期初內部報酬率(假定為 10%)，並以此內部報酬率減除期初之指標利率(假定為 6%)，以得到該負債特定信用風險之原始內部報酬率(即信用風險貼水) 4% (= 10% – 6%)。

(2) 其次，假定該負債特定信用風險貼水之內部報酬率不變(維持 4%)，若期末的指標利率變成 7%，則利用前述兩者合計之折現率 11% (= 4% + 7%)，去設算該負債期末有關現金流量之現值(假定為 $90)。

(3) 最後，期末該負債觀察到之公允價值(假定為 $87，係由期末的指標利率 7% 及期末新的信用風險貼水(不等於 4%) 兩者合計之折現率所決定)，減除 (2) 所設算之現值 ($90) 後，即可決定該負債因信用風險變動所造成之公允價值變動(減少 $3)。

Chapter 12 長期負債

企業採用透過損益按公允價值衡量之金融負債時，原始取得之交易成本應列為當期費用。而債券發行時所產生的折溢價有兩種處理方式：第一，完全不攤銷，直接按公允價值衡量，其變動進入損益表中；第二，先攤銷得到攤銷後成本之後，再將其調整至衡量時之公允價值，其變動進入損益表中。不論用哪一種折溢價處理方式，對於損益影響數字是相同的。

釋例 12-10　指定透過損益按公允價值衡量之金融負債

民生公司於×0年12月31日發行3年期的公司債，為消除會計配比不當，民生公司將其指定為透過損益按公允價值衡量之金融負債，面額 $10,000、票面利率 8%，每年12月31日付息一次，發行公司債取得的價金 $9,503，民生公司另外支付了直接交易成本 $100，合計得到現金 $9,403。於原始認列時，民生公司認定將該公司債之信用風險公允價值變動認列於其他綜合損益並不會引發或加劇會計配比不當。此外，民生公司將直接交易成本作為當期費用，該公司債之原始有效利率為 10%，此時指標利率為 6%。(因交易成本已認列為費用，該原始有效利率不考量交易成本)。

×1年12月31日，該債券期末公允價值為 $9,300。此時指標利率為 7%。
×2年12月31日，該債券期末公允價值為 $9,950。此時指標利率為 5%。
×3年1月1日，以 $9,950 買回。
×3年12月31日，該金融負債有關之結帳分錄。

試作：民生公司相關分錄 (假定公司有攤銷債券折溢價)。

解析

(1) ×0年12月31日發行公司債取得的價金 $9,503，民生公司另外支付了直接交易成本 $100，合計得到現金 $9,403。直接交易成本作為當期費用。原始有效利率為 10%，此時指標利率為 6%，所以信用風險之原始風險貼水為 4% (= 10% − 6%)。

現金	9,403	
手續費	100	
指定為透過損益按公允價值衡量之金融負債		9,503

(2) 因交易成本已經列為當期費用，原始有效利率為 10%。×1年12月31日，先作 ×1年折價攤銷之分錄，得到攤銷後成本 $9,653 之後，再將其調整至期末公允價值為 $9,300。「指定為透過損益按公允價值衡量之金融負債評價調整」係負債之評價調整項目。該項目期末需有借方餘額 $353 (= $9,653 − $9,300)，由於期初餘額為 $0，故本期須調整之金額為 $353，其中包括：

(a) 因信用風險變動所造成之公允價值變動,此部分須認列於其他綜合損益(OCI),計算如下:

[($800 ÷ 1.11) + (10,800 ÷ (1.11)^2)] – $9,300 = $9,486 – $9,300
　　= $186 期末累積 OCI (利益)

折現率 11% = 此時之指標利率 7% + 原始信用風險貼水 4%,用 11% 去折現該負債未來 2 年之現金流量。

×1 年 OCI 之變動 = $186 (期末累積 OCI) – $0 (期初累積 OCI)
　　= $186 (信用風險 上升,產生 OCI 利益)

(b) 指標利率變動造成公允價值之變動,此部分須認列於損益中損益,計算如下:

$353 – $186 = $167 當期利益 (基準利率上升,產生利益)

折價攤銷表 (有效利率 10%)

	(1) 利息支出	(2) 利息費用	(3) 本期折價攤銷	(4) 未攤銷折價	(5) 帳面金額
×0/12/31				$497	$9,503
×1/12/31	$800	$950	$150	347	9,653
×2/12/31	800	965	165	182	9,818
×3/12/31	800	982	182	0	10,000

×1/12/31	利息費用	950	
	指定為透過損益按公允價值衡量之金融負債		150
	現金		800
×1/12/31	指定為透過損益按公允價值衡量之金融負債評價調整		
	($9,653 – $9,300)	353	
	其他綜合損益—金融負債信用風險變動		186
	指定透過損益按公允價值衡量金融負債之利益		167
×1/12/31 (結帳分錄)	其他綜合損益—金融負債信用風險變動	186	
	其他權益—金融負債信用風險變動		186

在上述三個分錄後,該金融負債於×1 年 12 月 31 日有關資產負債表之表達如下:

非流動負債:	
指定為透過損益按公允價值衡量之 　金融負債	$9,653
指定為透過損益按公允價值衡量之 　金融負債評價調整	(353)
	$9,300
其他權益—金融負債信用風險變動	$ 186

(3) ×2 年 12 月 31 日，先作 ×2 年折價攤銷之分錄，得到攤銷後成本 $9,818 之後，再將其調整至期末公允價值為 $9,950。負債之評價項目期末須有 $132 貸方餘額 (= $9,950 – $9,818)。由於期初餘額為 $353 借方餘額，故本期須調整之金額為 $485 [= $132 – (–$353)]，其中包括：

(a) 因信用風險變動所造成之公允價值變動，此部分須認列於其他綜合損益 (OCI)，計算如下：

[$10,800 ÷ (1.09)] – $9,950 = $9,908 – $9,950 = –$42 期末累積 OCI (損失)

折現率 9% = 此時之指標利率 5% + 原始信用風險貼水 4%，用 9% 去折現該負債未來一年之現金流量。

×2 年 OCI 之變動 = –$42 (期末累積 OCI) – $186 (期初累積 OCI) = –$228 (信用風險下降，產生 OCI 損失)

(b) 指標利率變動造成公允價值之變動，此部分須認列於損益中損益，計算如下：

$485 – $228 = $257 當期損失 (基準利率上升，產生損失)

×2/12/31	利息費用	965	
	指定為透過損益按公允價值衡量之金融負債		165
	現金		800
×2/12/31	其他綜合損益—金融負債信用風險變動	228	
	指定透過損益按公允價值衡量金融負債之損失	257	
	指定為透過損益按公允價值衡量之金融負債評價調整		485
×2/12/31 (結帳分錄)	其他權益—金融負債信用風險變動	228	
	其他綜合損益—金融負債信用風險變動		228

在上述三個分錄後，該金融負債於 ×1 年 12 月 31 日有關資產負債表之表達如下：

非流動負債：	
指定為透過損益按公允價值衡量之 　金融負債	$9,818
指定為透過損益按公允價值衡量之 　金融負債評價調整	132
	$9,950
其他權益—金融負債信用風險變動	$ (42)

(4) ×3 年 1 月 1 日，以 $9,950 買回。民生公司應作分錄如下：

×3/1/1	指定為透過損益按公允價值衡量之金融負債	9,818	
	指定為透過損益按公允價值衡量之金融負債評價調整	132	
	現金		9,950

(5) ×3/12/31 因該金融負債已消滅，但因認列於其他權益中之金額後續不得重分類至損益，故應移轉至保留盈餘，結帳分錄如下：

保留盈餘　　　　　　　　　　　　　　　　　　　42
　其他權益—金融負債信用風險變動　　　　　　　　　　　　42

12.5.3　重分類

在原始認列之後，金融負債不得進行重分類 (不得取消指定)，亦即採用透過損益按公允價值衡量 (FVPL) 之金融負債不得改用攤銷後成本法。即使當初一起同時指定之金融資產及金融負債，其中有部分已經除列，剩下的部分仍不得取消指定。同樣地，原始認列時採用攤銷後成本法之金融負債，也不得重分類為透過損益按公允價值衡量 (FVPL)。

12.6　金融資產與金融負債之互抵

學習目標 8
金融資產與負債互抵目的及條件

當甲公司與乙公司有業務往來，甲公司向乙公司銷貨 $100 (產生應收帳款 $100)，也向乙公司進貨 $80 (產生應付帳款)，在此情況下，甲公司的資產負債表應分別列示應收帳款 $100、應付帳款 $80；還是用金融資產與金融負債互抵 (offset) 後之金額，應收帳款淨額 $20 列示，較能表達甲公司未來預期之現金流量？

根據 IAS 32，企業只有同時符合下列條件時，始能將金融資產及金融負債互抵，並於資產負債表中以淨額表達：

客觀條件：企業目前有法律上可執行之權利 (legally enforceable right) 將所認列之金額互抵 (客觀條件)，且

主觀條件：企業意圖 (intend) 以淨額基礎交割 (settle on a net basis) 或同時實現資產及清償負債 (主觀條件)。

亦即當企業對兩項以上之金融資產及金融負債，有權且意圖收取或

支付單一淨額時，企業實質上只擁有單一金融資產或單一金融負債。因此用互抵後之金額，較能表達企業未來預期的現金流量。

金融資產與金融負債之**互抵** (offset) 及**除列** (derecognition) 並不相同。互抵只是金融資產和金融負債在資產負債表中，以淨額表達，這些資產及負債依舊存在，互抵也不會產生利益或損失。但是金融資產或金融負債之除列，係表示其已符合自資產負債表中移除（不再繼續認列）之條件，且除列會產生利益或損失。

當可抵銷金融資產及金融負債之可執行權利存在時，會影響相關金融資產及金融負債之權利及義務，也會降低企業之信用及流動性風險。沿上述甲公司的例子，在有**抵銷權** (right to set off) 的情況下，甲公司應收帳款之暴險可由原先 $100 下降到 $20。但是光有抵銷權，並不足以構成互抵之基礎。當企業缺乏意圖執行該權利或不意圖同時交割，將不會影響企業未來現金流量之金額及時點，所以不得互抵，仍應分別列示金融資產及金融負債。但是企業仍須依 IFRS7 之規定，將此一有利之事實於財務報表附註中揭露。

兩項金融工具之同時交割，可透過如金融市場中類似交易所的機構（如臺灣證券交易所、櫃檯買賣中心、期貨交易所）完成。在此情況下，現金流量相當於單一淨額，且無信用風險或流動性風險。但是在其他情況下，企業若以收取及支付個別金額之方式交割兩項以上之金融工具，而同時承擔金融資產總額所暴露之信用風險及金融負債總額所暴露之流動性風險。即使該等暴險時間很短暫，但卻可能有重大影響。因此，僅於金融資產之變現及金融負債之清償於同一時點發生，始能視為同時交割。

企業與同一交易對方進行多項金融工具交易時，有時會與該交易對方簽訂**淨額交割總約定** (master netting arrangement)。亦即，於任一合約發生違約或解約時，該總約定允許對所有涵蓋之金融工具以單一淨額交割。金融機構常使用該等約定以減少破產事件及其他情況導致交易對方無法履行義務所造成之損失。淨額交割總約定通常產生抵銷權，該抵銷權僅於特定違約事件或其他於正常營業過程中預期不會發生之情況發生後，始可執行而影響個別金融資產之變現及個別金融負債之清償。因此，淨額交割總約定之互抵權利只有

在交易對方違約時，方可執行，所以通常不會符合互抵之條件。當淨額交割總約定下之金融資產及金融負債，沒有互抵而分別列示時，該淨額交割總約定對企業信用風險之影響應依 IFRS 7 之規定於財務報表附註中揭露。

除前述淨額交割總約定外，尚有下列交易通常不會符合互抵的兩個條件，因此應於資產負債表分別列示金融資產及金融負債：

1. **合成工具** (synthetic instrument)，合成工具係為模仿另一工具的特性而取得並持有，屬個別金融資產及負債之組合。例如，浮動利率之長期負債若與包含收取浮動利息及支付固定利息之**利率交換** (interest rate swap) 結合，可合成單一固定利率之長期負債。由於構成「合成工具」之每一財務工具，代表各自擁有其條款及條件之合約權利或義務，且每一工具均可單獨移轉或交割，因此所暴露之風險會與其他金融工具不同。因此，「合成工具」中金融資產與金融負債，兩者不得互抵用淨額基礎表達。
2. 有相同之主要暴險（例如，遠期合約或其他衍生工具之投資組合中之資產及負債）但涉及不同之交易對方之金融工具所產生之金融資產及金融負債。
3. 將金融資產或其他資產質押作為無追索權金融負債之擔保品，因該擔保品只有在債務人違約時，債權人才可進行互抵，故不符互抵之條件。
4. 債務人為解除債務將金融資產交付信託，但債權人並未同意以該等資產清償該債務，例如，償債基金之協議未獲債權人同意（實質清償）。
5. 產生損失之事件所發生之義務，預期可憑保險合約向第三人請求保險理賠而回收（請參閱第 11.4 節）。

附錄 A　買回權及提前清償

　　混合工具 (hybrid instrument) 包含**主契約** (host contract) 及**嵌入式衍生工具** (embedded derivatives)。例如，**可買回公司債** (callable bond) 允許發行人得依事先約定之買回價格向投資人買回該公司債，因此係屬混合工具。對發行人而言，發行可買回公司債實際上同時產生應付公司債負債（主契約）及買回權資產（嵌入式衍生工具），如圖 12A-1：

長期負債

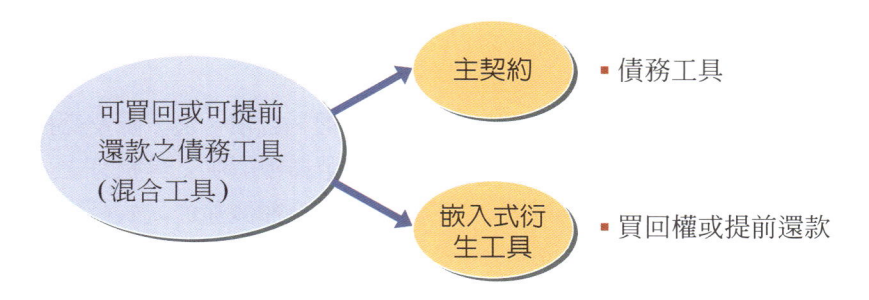

```
可買回或可提前     →   主契約     ▪ 債務工具
還款之債務工具
  （混合工具）    →  嵌入式衍     ▪ 買回權或提前還款
                      生工具
```

▎圖 12A-1　可買回或提前還款債務工具之組成（對發行人而言）

　　企業可以將主契約非屬 IFRS 9 金融資產的混合工具，整體直接指定為透過損益按公允價值衡量，除非該混合工具：

1. 嵌入式衍生工具並未重大修改合約原規定的現金流量；或者
2. 當首次考量該混合工具時，僅稍加分析或無須分析即明顯可以知道分離嵌入式衍生工具是被禁止的。例如，嵌入於放款中的提前還款選擇權允許借款人得以幾乎等於該放款的攤銷後成本提前還款者。

　　否則，嵌入式衍生工具在同時符合下列所有條件時，應與主契約分離並以衍生工具分別認列 (詳見圖 12A-2)。

1.
- 整個混合工具非屬透過損益按公允價值衡量 (FVPL)
- 因為若整個混合工具 (主契約與嵌入式衍生工具) 已按 FVPL 處理，嵌入式衍生工具也按 FVPL 處理，會計應用已經一致，故無須再拆解。

2.
- 嵌入式衍生工具符合衍生工具之定義。
- 這是要單獨認列嵌入式衍生工具的必要條件

3.
- 嵌入式衍生工具之經濟特性 (economic characteristics) 及風險 (risk) 與主契約之經濟特性及風險並非緊密關聯 (not closely related)
- 因為兩者之經濟特性與風險並不相同，故應該拆解分別認列。

▎圖 12A-2　混合工具（主契約非為金融資產）是否須分離之判斷流程

　　嵌入式衍生工具自混合工具分離後，應視為透過損益按公允價值衡量之金融資產或負債，而主契約應按金融工具或非金融工具之性質，依

相關公報之規定處理。

分離嵌入式衍生工具

　　嵌入式選擇權衍生工具（例如嵌入式賣權、買權、上下限及交換選擇權）與主契約分別認列時，應先決定嵌入式選擇權衍生工具應有之公允價值。主契約之原始帳面金額為混合工具之發行金額減除嵌入式衍生工具公允價值後之餘額（詳見圖12A-3）。此乃因為衍生工具原始認列時須採用公允價值入帳，故須先決定其公允價值，剩餘之金額方為主契約之入帳金額。若在原始認列採用兩者之相對公允價值比例來分攤嵌入式衍生工具及主契約之入帳金額，會造成原始認列時，嵌入式衍生工具馬上須認列損益的不合理現象。

主契約入帳金額 ＝ 混合工具公允價值 － 嵌入式選擇權衍生工具公允價值

圖12A-3　嵌入式衍生工具為選擇權

　　嵌入式非選擇權衍生性工具（例如嵌入式遠期合約或交換）與主契約分別認列時，宜以合約明定或隱含之實質條款衡量，而使其原始認列之公允價值為零。此時主契約之入帳金額等於混合工具之發行金額（詳見圖12A-4）。

主契約入帳金額 ＝ 混合工具公允價值 － 嵌入式選擇權衍生工具 $0

圖12A-4　嵌入式衍生工具為非選擇權

　　多項嵌入式衍生工具若共存於單一混合工具中，通常會被視為一個複合嵌入式衍生工具，不必再繼續拆解各單項嵌入式衍生工具。除非分類為權益之嵌入式衍生工具應與分類為金融資產或負債者分別認列；或者前述多項嵌入式衍生工具若各有不同之**暴險** (exposures)、可輕易分離且彼此獨立者，亦應分別認列。

企業若無法依嵌入式衍生工具之條款及條件可靠衡量其公允價值（例如，嵌入式衍生性工具之標的物係無公開報價之權益工具），則其公允價值為混合工具公允價值與主契約公允價值間之差額。企業若無法依前述方法衡量嵌入式衍生工具之公允價值時，應將整體混合工具指定為透過損益按公允價值衡量 (FVPL)。

買權及提前還款

買權 (call option) 及**提前還款** (prepayment) 雖然名稱不同，但是他們的經濟本質是相同的，都是債務人（發行人）得以在債務到期前，選擇提早還清債務之本金及利息，尤其是在固定利率的債務合約中，因為利率下跌，債務人可借新還舊以減輕利息的負擔，所以對債務人而言，買回權及提前還款的權利都是衍生性資產。

但是對債權人（持有人）而言，買權及提前還款都是衍生性負債，因為他們都會讓債權人有義務依不利於己之條件與債務人交易金融資產或金融負債。例如，在 20 年期固定利率 8% 款合約中，3 年後如果利率下跌，固定利率債務工具之公允價值會增加，債權人也可預期在未來 17 年仍可收取高利息收入，即使現在市場利率已經下跌。可是在債務人有買回權及提前還款權利的情況下，債務工具的公允價值無法超過買回價格或提前還款之金額（即使可再另加提前解約之罰金），債權人也無法再繼續收取高額利息收入，因此買權及提前還款，對於債務人有利，對債權人不利。

由於買權及提前還款權利會使得債務工具雖然有**到期期間** (maturity)，但是其**流通在外的期間** (outstanding period) 有可能會短於到期期間，因此債務工具（不論是金融資產或金融負債）如果適用攤銷後成本法計算原始有效利率時，應該採用較長的到期期間之現金流量、還是預計可能流通在外之估計現金流量？

依據有效利息法之定義，原則上應優先採用預計流通在外之估計現金流量，以計算有效利率、但如果估計的現金流量的**時點** (timing) 及**金額** (amount) 有所變動時，企業應調整金融資產或金融負債（或一組金融工具）之帳面金額，以反映實際及修改後之估計現金流量。企業按金融工具之原始有效利率，計算估計未來現金流量之現值，以重新計算帳面金額，其調整數應認列於損益表中做為收益或費損（請參見釋例 12A-2）。

企業若發行混合債務工具，可將整個債務工具，全部**指定透過損益按公允價值衡量** (designated PVPL)。否則，必須依圖 12A-1，先去判斷主契約（應付公司債負債）與嵌入式衍生工具（如買回權資產）兩者間經濟特性與風險是否緊密關聯。IFRS 9 指出：

買權 (call)、**賣權** (put)、或**提前還款** (prepayment) 之選擇權嵌入於

主債務工具，通常與主債務工具並非緊密關聯，除非

(1) 選擇權之執行價格幾乎等於債務工具於每一執行日之攤銷後成本之帳面金額；或
(2) 提前還款選擇權之行使價格補償債權人之金額接近於主契約剩餘期間利息損失之現值。

例如發行人得以 $110 買回面值 $100 的公司債時，必須在可買回期間之每一日攤銷後成本必須都很接近 $110，才能滿足前述條件。否則嵌入式衍生工具 (買權)，應與主契約 (公司債負債) 拆解，分別認列。買權資產視為衍生工具，依「持有供交易之金融資產」之會計處理，而應付公司債，則按攤銷後成本處理。

釋例 12A-1　發行可買回公司債 (混合工具)

品田公司於 ×0 年 12 月 31 日以 $8,900 (不含交易成本 $95) 發行可買回公司債，該可買回公司債之相關條件如下：

- 面額 $10,000、票面利率 8%、×6 年 12 月 31 日到期。
- 每年 12 月 31 日支付利息。
- 品田公司得於 ×2 年 12 月 31 日起，以 $10,500 (另加應計利息) 買回該公司債。

發行時經評價之結果，嵌入式之買回權資產的公允價值為 $300。因買回權之執行價格並不等於每一執行日之攤銷後成本，故品田公司認為買回權與公司債兩者經濟特性及風險並未緊密關聯。品田公司決定分拆此一混合工具，單獨認列嵌入衍生工具，並對公司債採用攤銷後成本法，因主契約和嵌入衍生工具已經分拆，故依公司債之到期期間 (6 年)，而非預計之買回期間去計算原始有效利率，得到原始有效利率為 10.05%。

×1 年 12 月 31 日，嵌入式之買回權公允價值為 $500。

×2 年 12 月 31 日，因利率大幅下跌，嵌入式之買回權公允價值增加為 $1,400。品田公司決定買回該公司債。

解析

(1) 品田公司於 ×0 年 12 月 31 日以 $8,900 (不含交易成本 $95) 發行可買回公司債，此一混合工具包括兩個金融工具：

① 6 年期 8% 公司債之負債；及
② 嵌入式買回權資產。

因兩者經濟特性與風險並未緊密關聯，故應拆解，主契約採用攤銷後成本法，而嵌入式衍生工具則視為持有供交易 (TS)。

因為嵌入式衍生工具係屬選擇權類別，應先決定其公允價值 $300 (借方餘額)，然後

再決定主契約的公允價值 $9,200 [= $8,900 – (–$300)] 貸方餘額。至於交易成本 $95 應依兩者之公允價值之絕對值分攤。採攤銷後成本衡量之公司債所分攤之交易成本 $92 應減少公司債之帳面金額；而持有供交易部分分攤之交易成本 $3 則作為當期費用(註)。

附買回公司債之拆解及認列金額

		採用之會計方法	公允價值	交易成本	帳面金額	附註
主契約	6年期8%公司債負債	攤銷後成本	$(9,200)	$92	$(9,108)	公允價值減除交易成本作為帳面金額。有效利率等於10.05%
嵌入式衍生工具	買回權(call)資產	持有供交易(TS)	300	3	300	交易成本作為當期費用。
	合計		$(8,900)	$95		

品田公司 ×0 年 12 月 31 日應作分錄如下：

現金 ($8,900 – $95)	8,805	
透過損益按公允價值衡量之金融資產—選擇權	300	
手續費	3	
應付公司債折價 ($10,000 – $9,108)	892	
應付公司債		10,000

(2) ×1 年 12 月 31 日，嵌入式之買回權公允價值為 $500。品田公司應先作公司債相關分錄，公司債攤銷表如下。再將買回權調至公允價值並認列利益 $200 (= $500 – $300)。

(原始有效利率 10.05%)

	(1) 支付現金	(2) 利息費用	(3) 本期折價攤銷	(4) 未攤銷折價	(5) 帳面金額
×0/12/31				$892	$ 9,108
×1/12/31	$800	$915	$115	777	9,223
×2/12/31	800	927	127	650	9,350
×3/12/31	800	940	140	510	9,490
×4/12/31	800	954	154	356	9,644
×5/12/31	800	969	169	187	9,813
×6/12/31	800	987	187	0	10,000

註：亦可作為取得成本之一部分。

主契約：

利息費用	915	
現金		800
應付公司債折價		115

嵌入式衍生工具：

透過損益按公允價值衡量之金融資產—選擇權	200	
透過損益按公允價值衡量投資之利益—選擇權		200

(3) ×2年12月31日，因利率大幅下跌，嵌入式之買回權公允價值增加為 $1,400。公司決定買回該公司債。品田公司應先作公司債相關分錄，將買回權調至公允價值並認列利益 $900（= $1,400 – $500），最後再作除列公司債之分錄，並認列除列損益。

主契約：

利息費用	927	
現金		800
應付公司債折價		127

嵌入式衍生工具：

透過損益按公允價值衡量之金融資產—選擇權	900	
透過損益按公允價值衡量投資之利益—選擇權		900

除列負債：

應付公司債	10,000	
除列金融負債損失	2,550	
現金		10,500
應付公司債折價		650
透過損益按公允價值衡量之金融資產—選擇權		1,400

註：除列金融負債損失 = $10,500 + 1,400 –（$10,000 – $650）= $2,550，但品田公司因持有買回權，在 ×1 年及 ×2 年總共認列 $1,100 之「透過損益按公允價值衡量之金融資產—選擇權」之利益，損失及利益應在損益表中分別列示。

釋例 12A-2　可提前清償之銀行借款（屬混合工具）

品田公司於 ×0 年 12 月 31 日向雪山銀行借入以 $10,000（不含交易成本 $43），該借款之相關條件如下：

- 固定利率 10%、×6 年 12 月 31 日到期。
- 每年 12 月 31 日支付利息。
- 品田公司得於 ×2 年 1 月 1 日起，得隨時提前還清尚未清償本金之全部或部分。

發行時經評估之結果，品田公司認為提前還款選擇權之執行價格很明顯幾乎等於債

務工具於每一執行日之攤銷後成本。品田公司不可分拆此一混合工具，並對該長期借款整體採用攤銷後成本法，品田公司不打算提前還款，得到原始有效利率為 10.1%。

×2 年 1 月 1 日，因利率大幅下跌，品田公司打算在 ×2 年底及 ×3 年底分別提前還清本金 $2,000 及 $3,000。

×2 年 12 月 31 日，品田公司提前清償本金 $2,000。

×3 年 12 月 31 日，品田公司提前清償本金 $3,000。

試作：品田公司 ×1 年至 ×3 年所有分錄。

解析

(1) ×0 年 12 月 31 日，品田公司向雪山銀行借款 $10,000，借款之直接交易成本 $43，該借款雖可提前還款，但因符合「提前還款之執行價格幾乎等於債務工具於每一執行日之攤銷後成本」的條件，所以不必分拆該借款之提前還款選擇權。在考量借款之直接成本後，該借款之原始帳面金額等於 $9,957（= $10,000 − $43），原始有效利率等於 10.1%。此時，品田公司並不認為會提前還清借款，故可以得到下列借款帳面金額之攤銷表，並作分錄如下：

折價攤銷表 (原始有效利率 10.1%)

	(1) 支付現金	(2) 利息費用	(3) 本期折價攤銷	(4) 未攤銷折價	(5) 帳面金額
×0/12/31				$43	$ 9,957
×1/12/31	$1,000	$1,006	$6	37	9,963
×2/12/31	1,000	1,006	6	31	9,969
×3/12/31	1,000	1,007	7	24	9,976
×4/12/31	1,000	1,008	8	16	9,984
×5/12/31	1,000	1,008	8	8	9,992
×6/12/31	1,000	1,008	8	0	10,000

現金　　　　　　　　　　　　　9,957
長期借款折價　　　　　　　　　　43
　　長期借款*　　　　　　　　　　　　　10,000
　* 亦可不用「長期借款折價」項目，而作下列分錄：
現金　　　　　　　　　　　　　9,957
　　長期借款　　　　　　　　　　　　　9,957

(2) ×1 年 12 月 31 日，品田公司支付 ×1 年利息。

利息費用	1,006	
現金		1,000
長期借款折價		6

(3) ×2年1月1日，因利率大幅下跌，品田公司打算在×2年底及×3年底分別提前還清本金 $2,000 及 $3,000。因此，品田公司應使用原始有效利率，去重新估計最新預期未來現金流量之現值。如下表，由於第2年底提前還清本金 $2,000，所以第3年的利息現金支出，只有 $800。第3年底提前還清本金 $3,000，所以第4、5及6年的利息現金支出，都只有 $500，最後到期時清償剩餘本金 $5,000。依據前述現金流量，於第×2年1月1日依原始有效利息法去折現之後，應有之期初帳面金額為 $9,974，與原先×1年12月31日之帳面金額 $9,963，淨增加 $11，所以長期借款之帳面金額應該增加 $11，並將其認列於本期損益中（註）。品田公司應作分錄如下：

按攤銷後成本衡量之金融負債損失	11	
長期借款折價		11

帳面金額及利息費用計算表（原始有效利率 10.1%）

	期初帳面金額	利息費用（原始有效利率 10.1%）	年底現金流量（利息+償還本金）	期末帳面金額
×2 年	$9,974	$1,007	$3,000 (= 1,000 + 2,000)	$7,981
×3 年	7,981	806	3,800 (= 800 + 3,000)	4,987
×4 年	4,987	504	500 (= 500 + 0)	4,991
×5 年	4,991	504	500 (= 500 + 0)	4,995
×6 年	4,995	505	5,500 (= 500 + 5,000)	0

用原始有效利率 10.1% 折現後之總額 = $9,974

(4) ×2年12月31日，品田公司提前清償本金 $2,000，並支付×2年利息。

利息費用	1,007	
長期借款	2,000	
現金		3,000
長期借款折價		7

(5) ×3年12月31日，品田公司提前清償本金 $3,000，並支付×3年利息。

註：企業若未將估計提前還款之現值相關變動予以調整，而繼續沿用原先的攤銷表，在到期時將會有折溢價沒有攤銷完畢，有剩餘金額產生的現象。

利息費用	806	
長期借款	3,000	
現金		3,800
長期借款折價		6

附錄 B　財務保證負債

財務保證 (financial guarantee)，係指特定債務人於債務到期無法依原始或修改後之債務工具條款償還債務時，發行人必須支付歸墊持有人所發生損失之合約。對發行人而言，財務保證合約視合約期間長短，可分為流動負債或非流動負債。

財務保證合約有一個重要的特性，必須債務人到期無法清償(已蒙受損失)時，財務保證合約之持有人才能轉而向發行人要求清償。但是有部分與信用相關之保證合約並未有此先決條件，例如只要債務人之信用評等被調降，即使債務人仍如期支付利息及本金，持有人仍可向發行人要求給付，並非財務保證合約，而是**信用衍生工具** (credit derivative)，信用衍生工具應依透過損益按公允價值衡量之金融負債之規定處理 (FVPL)。

依 IFRS 9 的規定，財務保證合約之發行人，於原始認列時應依公允價值認列該金融負債。後續衡量時，財務保證合約得選擇依下列方式之一處理：

1. 透過損益按公允價值衡量 (FVPL)；或
2. 按下列兩者孰高者衡量：
　　(a) 估計預期信用損失所需之備抵損失金額(請參照第 10.3 節)；及
　　(b) 原始認列之金額，減除依 IFRS 15「客戶合約之收入」原則已認列的累積收益(通常用直線法認列保證收益)之後，所得到之帳面金額。

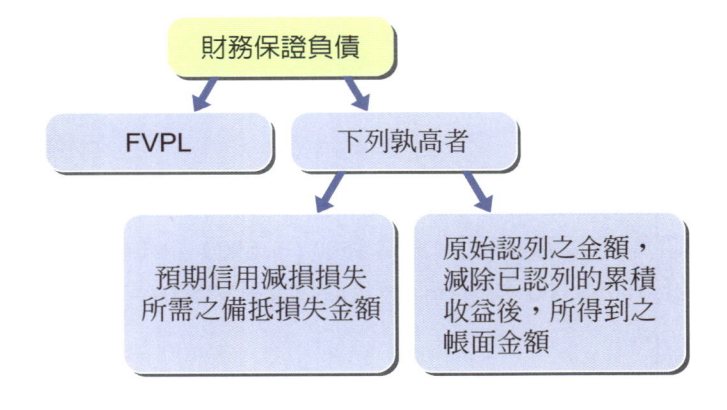

釋例 12B-1　財務保證合約

錦州公司於 ×0 年 12 月 31 日發行 3 年期之公司債，為吸引投資人認購，錦州公司請小眾銀行做財務保證，為期 3 年，錦州公司支付 $1,200 給小眾銀行。

小眾銀行採用 (a) 預期信用減損損失所需之備抵損失金額及 (b) 原始認列之金額，減除已認列累積收益後的帳面金額，兩者孰高者之規定，分別評估各年底應有之預期信用減損損失備抵金額如下：

　　×0 年　　　　$100
　　×1 年　　　　$500
　　×2 年　　　　$900
　　×3 年　　　　$3,000（實際支付）

試作：小眾銀行相關之分錄。

解析

(1) ×0 年 12 月 31 日，小眾銀行發行財務保證合約，得款 $1,200。因為 $1,200 大於應有之預期信用減損損失備抵金額 $100，故無須另作調整。

　　現金　　　　　　　　　　　　　　　　1,200
　　　財務保證負債　　　　　　　　　　　　　　1,200

(2) ×1 年 12 月 31 日，小眾銀行攤銷財務保證負債 $400（= $1,200 × 1/3），並認列財務保證收入，由於財務保證負債之帳面金額為 $800，大於應有之預期信用減損損失備抵金額 $500，故無須另作調整。

　　財務保證負債　　　　　　　　　　　　400
　　　財務保證收入　　　　　　　　　　　　　　400

(3) ×2 年 12 月 31 日，小眾銀行攤銷財務保證負債 $400（= $1,200 × 1/3），並認列財務保證收入，由於財務保證負債之帳面金額為 $400，小於應有之預期信用減損損失備抵金額 $900，故財務保證負債須調高 $500（= $900 – $400）。

　　財務保證負債　　　　　　　　　　　　400
　　　財務保證收入　　　　　　　　　　　　　　400
　　財務保證損失　　　　　　　　　　　　500
　　　財務保證負債　　　　　　　　　　　　　　500

(4) ×3 年 12 月 31 日，小眾銀行攤銷財務保證負債 $400（= $1,200 × 1/3），並認列財務保證收入，由於財務保證負債此時之帳面金額為 $500（= $900 – $400），小於應支付之預期信用減損損失備抵金額 $3,000，故財務保證負債須調高 $2,500（= $3,000 – $500）。

　　財務保證負債（註）　　　　　　　　　　400
　　　財務保證收入　　　　　　　　　　　　　　400

財務保證損失 (註)	2,500	
財務保證負債		2,500
財務保證負債	3,000	
現金		3,000

註：亦可將兩個分錄合併如下：
　財務保證損失　　　2,100
　　　財務保證負債　　　　2,100

本章習題

問答題

1. 金融負債認列與衡量，企業有哪兩種方法可供選擇，試簡述之。
2. 依據 IFRS，說明混合工具及複合工具之定義。
3. 簡要說明除列金融負債之要件與方式。
4. 債務協商時，不論是簽訂新借款合約，還是舊借款合約條款做修改，債務人都需要判斷是否有產生重大差異，來決定會計處理之方法。試說明何謂「重大差異」，並說明債務協商有無重大差異之會計處理為何。
5. 金融負債須符合哪些條件，始能透過損益按公允價值衡量。
6. 若企業之金融負債採用公允價值衡量時，則當公司信用風險增加，可能會造成公司之利益愈大，試說明其中之邏輯為何？
7. 根據 IAS 32，企業如何能將金融資產及金融負債互抵，並於資產負債表中以淨額表達。

選擇題

1. 南風公司 ×6 年 1 月 1 日發行 5 年期公司債，面額 $500,000，附年息 10%，每年 1 月 1 日及 7 月 1 日付息，當年實際利率 8%，採有效利息法攤銷溢價，×6 年 7 月 1 日之付息分錄為借：公司債利息費用 $21,662 及公司債溢價 $3,338，則該公司債售價為：
   (A) $500,000　　　　　　　　　(B) $541,550
   (C) $560,720　　　　　　　　　(D) $625,000　　　　　　　[95 年乙檢]

2. 集集公司於 ×1 年 7 月 1 日以 $99 之價格加計應計利息出售 5 年期的公司債以籌措資金，公司債之發行日期為 ×1 年 4 月 1 日，面額 $500,000、票面利率 10%，每年 4 月 1 日與 10 月 1 日付息，試問出售債券時，集集公司收到的現金為？
   (A) $507,500　　　　　　　　　(B) $500,000
   (C) $495,000　　　　　　　　　(D) $482,500

3. 假設 A、B 二債券之面額與票面利率相同，但 A 債券為 10 年期，B 債券為 20 年期，且

發行時市場利率與票面利率相同，則：
(A) B 債券之發行價格將較 A 債券大
(B) A 債券之發行價格將較 B 債券大
(C) A、B 二債券之發行價格相等
(D) 無足夠的資料比較 A、B 二債券之發行價格

[100 年公務員升等考試]

4. 甲公司採有效利息法攤銷其應付公司債之折溢價，則以下敘述何者正確？
   (A) 折價發行時，所攤銷之折價額逐期遞減，公司債之帳面金額逐期遞增
   (B) 溢價發行時，所攤銷之溢價額逐期遞減，公司債之帳面金額逐期遞增
   (C) 折價發行時，所攤銷之折價額逐期遞增，公司債之帳面金額逐期遞增
   (D) 折價發行時，所攤銷之折價額逐期遞增，公司債之帳面金額逐期遞減   [98 年特考]

5. 甲公司於 100 年 1 月 1 日以 $918,891 發行面額 $1,000,000，5 年期，利率 6%，每年 7 月 1 日即 12 月 31 日付息之公司債，發行時有效利率為 8%，公司債溢折價攤採有效利息法。則此公司債在 104 年 1 月 1 日之帳面金額為若干？
   (A) $981,139
   (B) $975,727
   (C) $973,924
   (D) $972,249   [98 年特考]

6. 甲公司於 ×1 年初發行面額 $100,000，票面利率 10%，有效利率 8%，每年 6 月 30 日及 12 月 31 日付息之五年期公司債。該公司債於 ×4 年底之帳面金額為何？（答案四捨五入至整數）
   (A) $104,452
   (B) $103,630
   (C) $102,775
   (D) $101,886   [108 年稅務特考]

7. 甲公司於 ×1 年初以 $8,648,870 的價格發行面額 $8,000,000，5% 之 10 年期公司債，每年底付息，當時有效利率為 4%。×2 年 4 月 1 日甲公司於公開市場以 $99 的價格加計利息買回面額 $2,000,000 的債券，則償債損益為何？（答案四捨五入至整數）
   (A) 利益 $20,000
   (B) 利益 $165,193
   (C) 損失 $151,001
   (D) $0   [108 年稅務特考]

8. 甲公司 ×1 年初開立面額 5 千萬，票面利率為 10% 之票據向銀行進行 5 年期之借款，利息每年底支付，當時該借款之有效利率為 8%。甲公司於 ×3 年初出現財務困難，因此與銀行進行債務協商並支付協商手續費 30 萬元，銀行同意延長到期日並調降利率為 6%，且免除積欠利息。協商日甲公司借款之市場利率為 15%。經判斷新、舊借款合約不具有重大差異。針對甲公司債務協商，下列敘述何者正確？
   (A) 甲公司 ×3 年度應認列債務協商利益
   (B) 甲公司 ×3 年度損益表應認列協商手續費 30 萬
   (C) 甲公司 ×3 年度以後認列之利息費用，利率將等於 8%
   (D) 甲公司應除列原有負債之所有帳面金額   [110 年會計師]

9. 甲公司於 ×9 年底發行 5 年期之可買回、可轉換公司債，該可買回、可轉換公司債整體公允價值為 $927,000，公司債面額為 $900,000，票面利率 3%，每年年底付息，轉換價

格為 $50。已知發行當日各組成部分單獨之公允價值如下：

組成部分	單獨之公允價值
有買回權無認股權之公司債	$870,000
只有買回權	(45,000)
只有認股權	75,000

則有關甲公司 ×9 年底發行可買回、可轉換公司債之分錄，下列敘述何者正確？
(A) 借記透過損益按公允價值衡量之金融資產－買回權 $45,000
(B) 貸記透過損益按公允價值衡量之金融負債－買回權 $45,000
(C) 借記應付公司債折價 $75,000
(D) 貸記資本公積－認股權 $75,000　　　　　　　　　　　　　　　[108 年高考會計]

10. 甲公司於 ×6 年 1 月 1 日向乙銀行借款 $1,000,000，利率 10%，每年年底付息，×10 年底到期，該借款之有效利率為 10%。甲公司因經營不善，遂於 ×8 年底支付利息後向乙銀行申請債務協商。乙銀行於 ×9 年 1 月 1 日同意未來每年年底支付之利息降為 $60,000，到期日延長至 ×12 年底，到期本金只要清償 $800,000，甲公司支付債務協商費用 $20,000。假設債務協商當時市場利率為 12%，則甲公司 ×9 年度應認列的利息費用為何？（四捨五入計算至整數）

    4 期，利率 10%，$1 普通年金現值 = 3.16987，$1 複利現值 = 0.68301
    4 期，利率 12%，$1 普通年金現值 = 3.03735，$1 複利現值 = 0.63552

    (A) $75,660　　　　　　　　　　　　(B) $80,479
    (C) $82,879　　　　　　　　　　　　(D) $85,279　　　　　　　　[108 年高考會計]

11. 甲公司帳上有開立給丁公司之到期日為 ×9 年 12 月 31 日，面額 $5,000,000 之票據未清償，且甲公司另外積欠丁公司利息 $500,000 尚未償還。因甲公司發生財務困難，於 ×8 年 12 月 31 日進行債務整理，丁公司同意承受甲公司以增發普通股 300,000 股方式抵償全部債權。甲公司普通股每股面額 $10，公允價值每股 $12，股票發行成本 $200,000，則甲公司 ×8 年應認列之債務整理利益金額為何？

    (A) $1,400,000　　　　　　　　　　(B) $1,900,000
    (C) $2,100,000　　　　　　　　　　(D) $2,600,000　　　　　　　[108 年高考會計]

12. 企業若採用攤銷後成本法，則有關發行公司債之發行成本會計處理為：
    (A) 於發生當期作為費用
    (B) 自發行公司債之面額中減除
    (C) 作為公司債發行取得金額之減項，並於公司債剩餘期間攤銷
    (D) 直到公司債到期時，才轉為費用

13. 丙公司 ×1 年底發生財務困難，於該年底與債權人第一公司就下列債務進行協商：應付

票據帳面金額 $1,500,000（等於面額）及積欠一年利息 $150,000。達成債務重整協議之條件如下：

(1) 本金降為 $1,050,000，(2) 免除積欠利息 $150,000，(3) 到期日延至 ×3 年 12 月 31 日，(4) 利率降為 6%，每年底支付。目前相同條件的票據有效利率為 6%，另支付 $10,000 協商支出。試問丙公司 ×2 年度應認列之利息費用應為何？

(A) $0　　　　　　　　　　　　　　　(B) $63,000
(C) $97,711　　　　　　　　　　　　 (D) $105,000　　　　　　　[108 年高考財稅]

14. 天秤公司 ×1 年 1 月 1 日發行 5 年期公司債，面額 $900,000，票面利率 10%，每年 6 月 30 日及 12 月 31 日付息，在支付發行公司債之交易成本後，天秤公司淨收取現金 $833,760（原始有效利率為 12%），公司採有效利息法攤銷折溢價，則 ×1 年有關該公司債之利息費用為：

(A) $99,750　　　　　　　　　　　　 (B) $100,050
(C) $100,353　　　　　　　　　　　　(D) $103,248

15. ×7 年 7 月 1 日甲公司因財務困難，無法清償乙公司及丙公司分別已到期之債務 $1,000,000。乙公司同意甲公司以其所持有列為透過損益按公允價值衡量之 40,000 股丁公司普通股抵償債務；丙公司同意甲公司以其於 ×6 年按每股 $30 買回之庫藏股 40,000 股抵償債務。若甲公司及丁公司 ×6 年底股價均為 $35，×7 年 7 月 1 日股價均為 $22，則甲公司對乙公司及丙公司之債務清償應分別認列多少債務清償損益？

(A) 損失 $400,000 及損失 $200,000　　(B) 損失 $400,000 及 $0
(C) 利益 $120,000 及 $0　　　　　　　(D) 利益 $120,000 及利益 $120,000

[107 年高考會計]

16. ×1 年 1 月 1 日舒豪公司購買一組機器設備，耐用年限估計 8 年，無殘值。但該機器之公允價值不易衡量，舒豪公司開立一張 $315,000 之無息票據，並自 ×1 年 12 月 31 日起，連續 3 年，每年年底支付 $105,000，舒豪公司的借款利率為 8%。假設舒豪公司對該機器採用直線法折舊，則舒豪公司 ×1 年損益表中有關此一長期應付票據與機器設備列示之利息費用與折舊費用分別為：

(A) $21,648、$33,825　　　　　　　　(B) $21,648、$90,198
(C) $25,200、$39,375　　　　　　　　(D) $5,250、$26,250

17. 麗山公司 ×5 年 1 月 1 日以 105 買回公司債，該公司債面額 $300,000，每年 7 月 1 日及 12 月 31 日付息，買回時公司債之帳面金額為 $311,235，則 ×5 年 1 月 1 日買回公司債之分錄應包括：

(A) 借：除列金融負債損失 $3,765　　　(B) 借：應付公司債 $315,000
(C) 貸：除列金融負債利益 $3,765　　　(D) 借：應付公司債 $11,235

18. 慶益公司 ×0 年 1 月 1 日發行 10 年期公司債，面額 $300,000，票面利率 6%，每年 12 月 31 日付息，發行時之原始有效利率為 7%，公司採有效利息法攤銷折溢價，×5 年 1

月 1 日該公司債之帳面金額為 $285,700，×6 年 1 月 1 日公司決定以 $283,000 買回公司債，買回時有關金融負債除列之損益為：

(A) 損失 $701
(B) 損失 $4,699
(C) 利益 $701
(D) 利益 $4,699

19. ×8 年 12 月 31 日若希公司積欠馬爾泰銀行 $300,000 之銀行借款與 $30,000 應計利息，若希公司因經濟衰退導致營運惡化，經與銀行協商後，馬爾泰銀行同意接受若希公司一設備而撤銷全部欠款。該設備成本 $265,000，累計折舊 $65,000，公允價值 $295,000。

   (1) 若希公司應認列之設備處分損益為：
      (A) 0
      (B) 處分利益 $95,000
      (C) 處分利益 $30,000
      (D) 處分損失 $35,000

   (2) 若希公司應認列之金融負債除列利益為：
      (A) 0
      (B) $5,000
      (C) $30,000
      (D) $35,000

20. 佑琳公司 ×2 年 12 月 31 日資產負債表上之應付公司債帳面金額為 $2,840,000，該公司債面額 $3,000,000，×3 年 1 月 1 日佑琳公司以 $1,535,000 買回面額 $1,500,000 之公司債，此交易將產生之金融負債除列損失為：

   (A) 0
   (B) $35,000
   (C) $80,000
   (D) $115,000

21. 甲公司帳上有開立給丁公司之到期日為 ×9 年 12 月 31 日，面額 $5,000,000 之票據未清償，且甲公司另外積欠丁公司利息 $500,000 尚未償還。因甲公司發生財務困難，於 ×8 年 12 月 31 日進行債務整理，丁公司同意承受甲公司以增發普通股 300,000 股方式抵償全部債權。甲公司普通股每股面額 $10，公允價值每股 $12，股票發行成本 $200,000，則甲公司 ×8 年應認列之債務整理利益金額為何？

   (A) $1,400,000
   (B) $1,900,000
   (C) $2,100,000
   (D) $2,600,000   〔108 年高考會計〕

22. 甲公司於 ×7 年 12 月 31 日開立票據一紙向乙銀行借款 $1,000,000，票面利率 8%，每年底付息一次，×10 年 12 月 31 日到期，有效利率為 8%。×8 年甲公司面臨財務危機，在支付 ×8 年利息 $80,000 之後，向乙銀行申請債務協商。雙方於 ×8 年 12 月 31 日同意到期本金降為 $900,000，利率降為 2%，到期日延長至 ×11 年 12 月 31 日，利息每年年底支付。甲公司支付第三方協商手續費 $5,000，假設債務整理當時有效利率為 10%，試問甲公司 ×9 年應認列之利息費用是多少？

   ($1，8%，3 期普通年金現值因子 2.57710；$1，8%，3 期複利現值因子 0.79383；$1，10%，3 期普通年金現值因子 2.48685；$1，10%，3 期複利現值因子 0.75131)

   (A) $0
   (B) $60,867
   (C) $72,094
   (D) $76,084   〔109 高考財稅〕

23. 明憶公司於 ×1 年 1 月 1 日發行 6 年期之公司債，為吸引投資人認購，明憶公司請台中銀行做財務保證，為期 6 年，明憶公司支付 $24,000 給台中銀行。×2 年及 ×3 年 12 月 31 日，財務保證負債應有之預期信用損失備抵金額為 $7,000 及 $9,500，此一保證合約對台中銀行 ×3 年淨利之影響為：

(A) 增加 $4,000　　　　　　　　(B) 增加 $6,500
(C) 減少 $4,000　　　　　　　　(D) 減少 $6,500

24. 花蓮公司於 ×2 年 1 月 1 日按面額發行 500 張可賣回可轉換公司債，並支付 1.2% 之發行成本。可賣回可轉換公司債為 3 年期，每張面額 $1,000，票面附息 4%，每半年付息一次 (付息日為 6 月 30 日及 12 月 31 日)。自發行日後一年起至到期日前二十日止，投資人可按每股 $40 的價格將公司債轉換成花蓮公司的普通股。投資人亦可於 ×3 年 12 月 31 日要求花蓮公司按 109 加應計利息買回公司債，逾期賣回權即失效。公司債發行當日，採用選擇權定價模式評估，賣回權的公允價值為 $18,500，且經分析花蓮公司發行的公司債若不附賣回權及認股權，其有效利率為 6%。假設 ×2 年 12 月 31 日賣回權之公允價值為 $21,200，試問花蓮公司 ×2 年 12 月 31 日資產負債表上，應報導與該可賣回可轉換公司債有關的資本公積－認股權金額為何？

(A) $8,483　　　　　　　　　　(B) $8,528
(C) $8,586　　　　　　　　　　(D) $8,253　　　　　　【109 年地特會計】

25. 仁愛公司於 ×0 年 12 月 31 日發行 2 年期的公司債，仁愛公司將其指定為透過損益按公允價值衡量之金融負債，面額 $10,000、票面利率 10%，每年 12 月 31 日付息一次，發行公司債取得的價金 $10,000。於原始認列時，仁愛公司認定將該公司債之信用風險公允價值變動認列於其他綜合損益並不會引發或加劇會計配比不當。該公司債之原始有效利率為 10%，此時指標利率為 4%。

×1 年 12 月 31 日，該債券期末公允價值為 $9,500。此時指標利率為 5%。

試問：仁愛公司 ×1 年 12 月 31 日有關該公司債本期之公允價值變動，應認列於其他綜合損益之金額為何 (計算至整數元，以下四捨五入)？

(A) $0　　　　　　　　　　　　(B) 利益 $90
(C) 利益 $410　　　　　　　　　(D) 利益 $500

練習題

1. **【應付公司債─攤銷後成本】** 白揚公司於 ×1 年 1 月 1 日，發行 6 年期的公司債以籌措資金，面額 $500,000、票面利率 10%，每年 12 月 31 日付息一次，假定與該債券同信用等級的市場利率為 11.9%，則該公司債的公允價值為 $460,831，白揚公司為了發行公司債支付直接交易成本 $1,945。假設公司採用有效利息法按攤銷後成本衡量之金融負債。

試作：
(1) 白揚公司發行公司債之原始有效利率。
(2) 編製白揚公司公司債折溢價攤銷表。

(3) 完成白揚公司 ×1 年、×2 年有關公司債之分錄。

2. 【應付公司債—分期還本、利率逐期上升】俊益公司於 ×0 年 12 月 31 日，發行 4 年期的公司債以籌措資金，面額 $300,000、第 ×1 年、第 ×2 年、第 ×3 年及第 ×4 年之票面利率分別為 8%、8%、10% 及 12%。此外，於 ×3 年 12 月 31 日公司清償 $100,000 之本金，剩餘本金將於 ×4 年 12 月 31 日還清。該筆公司債每年 12 月 31 日付息一次，在支付發行公司債之交易成本後，俊益公司淨收取現金 $310,643。

  試作：俊益公司所有相關分錄，假設俊益公司採用攤銷後成本法 (原始有效利率亦為 8%)。

3. 【應付公司債—兩個付息日之間發行公司債】飛魚公司於 ×3 年 7 月 1 日發行到期日為 ×6 年 12 月 31 日之公司債、面額為 $200,000、票面利率為 10%、每年 12 月 31 日付息，飛魚公司共收取 $204,176 (含應計利息，並扣除發行之直接交易成本)，原始有效利率為 11%，公司採用攤銷後成本法，並以有效利息法攤銷債券折溢價。此外，×3 年 12 月 31 日之利息費用為 $10,937。

  試作：
  (1) 飛魚公司於 ×3 年 7 月 1 日發行債券之分錄。
  (2) ×3 年 12 月 31 日支付利息之分錄。
  (3) ×4 年 12 月 31 日支付利息之分錄。
  (4) ×5 年 12 月 31 日支付利息之分錄。

4. 【應付公司債—攤銷後成本】下列為三種獨立情況：
  (1) 欣銓公司於 ×0 年 1 月 1 日，發行 10 年期的公司債，面額 $500,000、票面利率 11%，每年 1 月 1 日與 7 月 1 日付息一次，在支付發行公司債之交易成本後，欣銓公司淨收取現金 $531,155 (原始有效利率為 10%)。公司採用攤銷後成本法，並以有效利息法攤銷債券折溢價。則 ×0 年 7 月 1 日之半年報與 ×0 年 12 月 31 日之年度報表中，應認列的利息費用分別多少？
  (2) 達群公司於 ×0 年 6 月 30 日，發行 10 年期的公司債，面額 $900,000、票面利率 9%，每年 6 月 30 日與 12 月 31 日付息一次，在支付發行公司債之交易成本後，達群公司淨收取現金 $843,920 (原始有效利率為 10%)。公司採用攤銷後成本法，並以有效利息法攤銷債券折溢價。則 ×0 年 10 月 31 日之報表中，應認列的利息費用為多少？
  (3) 學勤公司於 ×0 年 10 月 1 日，出售公司債，面額 $400,000、票面利率 12%，每年 12 月 31 日付息一次，發行日為 ×0 年 1 月 1 日，到期日為 ×5 年 1 月 1 日。在支付發行公司債之交易成本後，學勤公司淨收取現金 $466,326 (含應計利息)，原始有效利率為 9.7075%。公司採用攤銷後成本法，並以有效利息法攤銷債券折溢價。試完成學勤公司出售公司債與第一次付息日之分錄。

5. 【應付公司債—攤銷後成本】大成公司於 ×0 年 6 月 30 日，發行 10 年期的公司債，面額 $3,000,000、票面利率 13%，每年 6 月 30 日與 12 月 31 日付息一次，在支付發行公司債之交易成本後，大成公司淨收取現金 $3,172,049 (原始有效利率為 12%)。公司採用攤銷

後成本法，並以有效利息法攤銷債券折溢價。

試作：

(1) 完成下列交易之分錄：
    (a) ×0 年 6 月 30 日公司債的發行。
    (b) ×0 年 12 月 31 日利息支付及折溢價攤銷。
    (c) ×1 年 6 月 30 日利息支付及折溢價攤銷。
    (d) ×1 年 12 月 31 日利息支付及折溢價攤銷。

(2) 列示在 ×0 年 12 月 31 日資產負債表上應付公司債的適當表達。

6. 【應付公司債－攤銷後成本、期中買回】興星公司於 20×1 年 1 月 1 日，以 $1,536,698 發行面額 $1,600,000、票面利率 6%、20×5 年 12 月 31 日到期之公司債，該債券每年 6 月底與 12 月底各付息一次。當時有效利率 7%，公司依有效利息法作攤銷。至 20×3 年 6 月 1 日，興星公司又以 101 價格發行 10 年期、票面利率 6% 的公司債 $1,800,000，新發行的公司債每年 5 月底、11 月底各付息一次，發行新債券所得之現金於 20×3 年 6 月 30 日依 107 市場價格買回舊債券。(利息費用計算至整數，小數點以下四捨五入)

試作：

1. 20×1 年 1 月 1 日發行債券分錄。
2. 20×3 年 6 月 1 日發行債券分錄。
3. 20×3 年 6 月 30 日買回舊債券分錄。　　　　　　　　　　　　　　　　[108 年高考財稅]

7. 【透過損益按公允價值衡量之負債】臺北公司於 11 年 1 月 1 日以 $108,530 發行面額 $100,000，票面利率 8%，有效利率 6%，16 年 1 月 1 日到期之公司債，付息日為每年 1 月 1 日及 7 月 1 日。為減少會計配比不當的問題，臺北公司指定該公司債為透過損益按公允價值衡量。於原始認列時，臺北公司認定將該公司債之信用風險公允價值變動認列於其他綜合損益會引發或加劇會計配比不當。11 年底公司債之市價為 $105,000。

[101 年臺北大學碩士班試題]

試作：

(1) 臺北公司於 11 年 7 月 1 日及 11 年 12 月 31 日對於上述公司債應有的分錄為何？
(2) 由於臺北公司將該公司債指定為透過損益按公允價值衡量，因此，「當公司違約風險增加，有效利率上升，負債公允價值下跌，價值下跌之變動將為公司之利益」。前述說明中違約風險增加導致企業認列會計利益之邏輯為何？請簡要說明。

8. 【長期應付票據】×8 年 1 月 1 日，梅西公司發生了下列兩項交易：

1. 發行了一張 5 年期無息面額 $337,012 的票據以購買一筆公允價值 $200,000 的土地。
2. 發行面額 $250,000，年利率 6%，8 年期的票據購買設備 (每年付息一次)。梅西公司的借款利率為 11%。

試作：

(1) 梅西公司 ×8 年 1 月 1 日兩項購買交易的分錄。

(2) 記錄兩項票據第一年底的利息。

9. 【長期應付票據】清境公司發生以下二項交易：

   (1) ×5 年 1 月 1 日發行 6 年期、總面額 $350,000、票面利率為 8% 之應付票據購買土地，分 6 年清償，清境公司每年 12 月 31 日須支付 $75,710，假定發行該票據之交易成本為零。試完成清境公司 ×5 年、×6 年有關此一長期應付票據之相關分錄。

   (2) ×5 年 12 月 31 日以 4 年期、面額 $300,000 的無息票據向龍林公司借得現金 $220,500，清境公司借款利率為 8%。

   試完成清境公司 ×5 年、×6 年有關上述交易之相關分錄，與列示 ×5 年 12 月 31 日清境公司長期應付票據於資產負債表中之表達。

10. 【負債除列—現金清償】×3 年 1 月 1 日，臺北公司發行面額 $1,500,000，票面利率 10%，10 年期之公司債，每年 12 月 31 日付息一次，發行時扣除發行成本後得款 $1,596,265（原始有效利率 9%）。

    試作：（下列各情況獨立）

    (1) 臺北公司於 ×4 年 12 月 31 日，以 $1,580,000（含交易成本）在公開市場以市價提前買回全部公司債，試完成 ×4 年 12 月 31 日有關分錄。

    (2) 臺北公司於 ×5 年 12 月 31 日，以 $516,000（含交易成本）在公開市場以市價提前買回面額 $500,000 公司債，試完成 ×5 年 12 月 31 日有關分錄。

11. 【負債除列—非現金清償、發行權益證券】×1 年 12 月 31 日永建公司積欠華東銀行 $200,000 之銀行借款與 $18,000 應計利息，永建公司因經濟衰退導致營運惡化，試依下列獨立情況完成永建公司與華東銀行相關分錄：

    (1) 華東銀行同意接受一部機器而撤銷全部欠款。該機器成本 $590,000，累計折舊 $350,000，公允價值 $190,000。假定華東銀行協商之前已提列備抵損失（備抵呆帳）$5,000。

    (2) 永建公司發行 16,000 股普通股給華東銀行（每股面額 $10，公允價值 $12），以清償該銀行借款。假定華東銀行協商之前已提列備抵損失（備抵呆帳）$6,000，並將收取之股票做為透過損益按公允價值衡量之金融資產。

12. 【負債除列—非現金清償、修改債務條件】下列為二件獨立事件：

    (1) 吉諾公司積欠華北公司 $399,600 之借款，吉諾公司因營運惡化陷入財務困難，經與華北公司協商後，華北公司願意接受一機器而撤銷全部欠款。該機器成本 $500,000，累計折舊 $320,000，公允價值 $280,000。試完成吉諾公司清償該負債之分錄。

    (2) 維多公司於 ×1 年 1 月 1 日向中西銀行借款 $500,000，利率固定為 12%，每年底付息一次，該借款於 ×6 年底到期。維多公司計算該借款之原始有效利率為 12%。維多公司因營運情況不佳，財務出現困難，因此向中西銀行申請債務協商。中西銀行於 ×4 年 1 月 1 日同意將未來每年之借款利息由原先之 $60,000 降為 $25,000，到期日延至 ×8 年底，到期本金只要清償 $450,000。維多公司支付第三方協商手續費 $2,000。假定維多公司在 ×4 年 1 月 1 日借款之市場利率為 16%。

試完成維多公司×4年與×5年有關之分錄。

13. 【負債除列—修改債務條件(具重大差異)】良品公司以票面利率等於公平利率之票據，向萬國銀行借款 $6,000,000，每年付息一次，嗣後良品公司發生財務困難情事，無力清償於 20×1 年年底到期之本金，且已積欠一期的利息 $480,000 (原始有效利率為 8%)，遂與萬國銀行商議修改債務條件 (此時市場利率為 10%)，雙方同意將該票據的到期日延至 20×6 年年底，免除已積欠之利息，本金不變，利率降為 3%，良品公司另須於每年年底支付本金 1% 作為手續費，協商時所發生之費用 $100,000 由良品公司負擔。

   試問：
   (1) 前述協商結果是否具有實質差異？
   (2) 試依 (1) 之正確結論，作良品公司 20×1 年 12 月 31 日債務整理及 20×2 年 12 月 31 日支付利息之分錄。
   　　　　　　　　　　　　　　　　　　　　　　　　　　[103 年會計師依 IFRS9 改編]

14. 【負債除列—修改債務條件(具重大差異)】甲公司於 ×0 年 12 月 31 日向乙銀行借款 $10,000，利率固定為 10%，每年底付息一次，該借款於 ×4 年底到期。甲公司計算該借款之有效利率為 10%，並將其認列為「長期借款」。

   隨後，甲公司 ×2 年因營運情況不佳，財務開始出現困難，在支付 ×2 年利息 $1,000 之後，向乙銀行申請債務協商。雙方於 ×2 年 12 月 31 日同意未來將借款利率降為 1%，到期日延至 ×5 年底，到期本金仍要清償 $10,000。甲公司支付乙銀行協商手續費 $200。乙銀行 ×1 年 12 月 31 日已提列相關備抵損失 (備抵呆帳) $300。

   試作：
   (1) 甲公司 ×2 年 12 月 31 日債務協商之分錄。假定甲公司在 ×2 年 12 月 31 日借款之市場利率為 15%。另試作甲公司 ×3 年認列利息費用之分錄。
   (2) 若此一債務修改，其中部分金融資產 (總帳面金額 $900) 因為收取現金流量的權利失效或無法合理預期可回收，符合除列的要件。乙銀行 ×2 年 12 月 31 日債務協商之分錄，及提列備抵損失之分錄 (假定乙銀行對此放款所需之備抵損失為 $500)。另試作乙銀行 ×3 年認列利息收入之分錄。
   (3) 若此一債務修改，完全不符金融資產除列之要件，乙銀行 ×2 年 12 月 31 日債務協商之分錄，及提列備抵損失之分錄 (假定乙銀行對此放款所需之備抵損失為 $1,300)。另試作乙銀行 ×3 年認列利息收入之分錄。

15. 【負債除列—修改債務條件(不具重大差異)】甲公司於 ×0 年 12 月 31 日向乙銀行借款 $10,000，利率固定為 10%，每年底付息一次，該借款於 ×4 年底到期。甲公司計算該借款之有效利率為 10%，並將其認列為「長期借款」。

   隨後，甲公司 ×2 年因營運情況不佳，財務開始出現困難，在支付 ×2 年利息 $1,000 之後，向乙銀行申請債務協商。雙方於 ×2 年 12 月 31 日同意未來將借款利率降為 8%，到期日延至 ×5 年底，到期本金仍要清償 $10,000。甲公司支付乙銀行協商手續費 $200。乙銀行 ×1 年 12 月 31 日已提列相關備抵損失 (備抵呆帳) $300。

試作：

(a) 甲公司×2年12月31日債務協商之分錄。假定甲公司在×2年12月31日借款之市場利率為15%。另試作甲公司×3年認列利息費用之分錄(假定此時新的有效利率是10.84%)。

(b) 若此一債務修改，其中部分金融資產(總帳面金額$100)因為收取現金流量的權利失效或無法合理預期可回收，符合除列的要件。乙銀行×2年12月31日債務協商之分錄，及提列備抵損失之分錄(假定乙銀行對此放款所需之備抵損失為$500)。另試作乙銀行×3年認列利息收入之分錄。

(c) 若此一債務修改，完全不符金融資產除列之要件，乙銀行×2年12月31日債務協商之分錄，及提列備抵損失之分錄(假定乙銀行對此放款所需之備抵損失為$1,300)。另試作乙銀行×3年認列利息收入之分錄。

16. 【負債除列─修改債務條件】甲公司於20×1年1月1日向乙銀行借款$50,000,000，年利率為6%(有效利率亦為6%)，每年年底付息一次，於20×5年12月31日到期。甲公司於前2年之付息正常，但20×3年12月31日因為營運已發生困難致無法支付當年度之利息，乙銀行同意接受甲公司機器一部抵付積欠之利息，該機器成本$10,000,000，已提列累計折舊$9,000,000，於當日該機器之公允價值為$1,500,000。

請分別依下列情況作甲公司於20×3年12月31日、20×4年1月1日、12月31日及20×5年12月31日應有之分錄（計算至元位）：

(1) 情況一：20×4年1月1日乙銀行同意未來2年之利息為零(假設是日相同條件之市場利率為8%)。

(2) 情況二：20×4年1月1日乙銀行同意未來2年之年利率降為3%(假設是日相同條件之市場利率為8%)。

[102年會計師依IFRS 9改編]

17. 【附錄A─可買回公司債】甲公司於20×1年1月1日以公允價值$105,000(忽略交易成本)發行三年期之可轉換公司債100張，每張面額$1,000，票面利率5%，每年12月31日付息一次。該公司債之轉換價格為$20轉換甲公司1股普通股。經客觀評價得知，當甲公司於20×1年1月1日發行不含轉換權之三年期公司債的公允價值為$92,269，市場利率為8%，同時，轉換權之公允價值為$15,000。此外，甲公司在20×2年12月31日付息後，自公開市場以市價$53,000買回上述可轉換公司債之半數(亦即，50張，面額共計$50,000)。直至20×4年1月1日，即可轉換公司債之到期日，持有人將面額$50,000之可轉換公司債以約定之轉換價格轉換為甲公司之2,500股普通股，每股面值$10，當日之每股市價為$25。甲公司之不含轉換權公司債與認股權於各年底之公允價值，列示如下：

	不含轉換權之公司債 (面額$100,000)	認股權
20×1年12月31日	$91,323	$25,000
20×2年12月31日	$96,330	$30,000

試作：

(1) 20×1 年 1 月 1 日之發行日，20×2 年 12 月 31 日及 20×3 年 12 月 31 日之相關分錄。

(2) 20×4 年 1 月 1 日可轉換公司債轉換為甲公司普通股之分錄。　　　　　[109 高考會計]

18. 【附錄 B—財務保證】錦融公司於 ×4 年 12 月 31 日發行 4 年期之公司債，為吸引投資人認購，錦融公司請一林銀行做財務保證，為期 4 年，錦融公司支付 $7,200 給一林銀行。一林銀行依財務保證負債之規定，分別評估各年底應有之預期信用減損損失備抵金額如下：

×4 年	×5 年	×6 年	×7 年	×8 年
$900	$1,500	$2,900	$3,900	$5,000 (實際支付)

試作：

一林銀行 ×4 年至 ×8 年有關財務保證合約之分錄，假定一林銀行採用 (a) 預期信用減損損失及 (b) 原始認列之金額減除已認列累積收益後的帳面金額，兩者孰高者之作法。

應用問題

1. 【應付公司債—攤銷後成本】仲彥公司於 ×2 年 1 月 1 日發行 4 年期，面額 $600,000、票面利率 12% 之公司債，每年 7 月 1 日和 12 月 31 日付息，公司債發行時市場利率低於 12%。假設公司採用攤銷後成本法且對債券折溢價均採用有效利息法攤銷。×3 年 7 月 1 日及 ×3 年 12 月 31 日之攤銷金額分別為 $6,911 及 $7,222。

試作：

(1) 計算該公司債發行時之原始有效利率。
(2) 計算公司債發行所得之金額。
(3) 完成 ×4 年 7 月 1 日有關該公司債之分錄。

2. 【應付公司債—攤銷後成本】揚昌公司於 ×1 年 1 月 1 日，發行 8 年期的公司債以籌措資金，面額 $400,000、票面利率 12%，每年 12 月 31 日付息一次，該公司債的公允價值為 $447,291，另為了發行公司債支付之直接交易成本為 $4,612。

試作：

(1) 完成 ×1 年 1 月 1 日發行公司債之分錄。
(2) 編製揚昌公司公司債折溢價攤銷表。
(3) ×5 年 7 月 1 日揚昌公司以 $212,000 加應計利息買回面額 $200,000 之公司債，完成 ×5 年 7 月 1 日之分錄。

3. 【透過損益按公允價值衡量之負債】長安公司 ×1 年 1 月 1 日發行 6 年期的公司債，為清除會計配比不當，長安公司將該公司債指定為透過損益按公允價值衡量之金融負債，面額 $500,000、票面利率 10%，每年 12 月 31 日付息一次，發行公司債取得的價金 $522,430，

長安公司另外支付了直接交易成本 $1,200，合計得到現金 $521,230。長安公司將直接交易成本作為當期費用，該公司債之原始有效利率為 9%。於原始認列時，長安公司認定將該公司債之信用風險公允價值變動認列於其他綜合損益會引發或加劇會計配比不當。

×1 年 12 月 31 日，該債券期末公允價值為 $522,700。

×2 年 12 月 31 日，該債券期末公允價值為 $515,800。

×3 年 1 月 1 日，以 $515,800（扣除交易成本後）買回。

試作：

長安公司相關分錄（假定公司有攤銷債券折溢價）。

4. 【透過損益按公允價值衡量之負債】忠孝公司於 ×0 年 12 月 31 日發行 2 年期的公司債，忠孝公司將其指定為透過損益按公允價值衡量之金融負債，面額 $10,000、票面利率 10%，每年 12 月 31 日付息一次，發行公司債取得的價金 $10,000。於原始認列時，忠孝公司認定將該公司債之信用風險公允價值變動認列於其他綜合損益並不會引發或加劇會計配比不當。該公司債之原始有效利率為 10%，此時指標利率為 6%。

×1 年 12 月 31 日，該債券期末公允價值為 $10,200。此時指標利率為 3%。

×2 年 1 月 1 日，以 $10,200 買回。

×2 年 12 月 31 日，該金融負債有關之結帳分錄

試作：

忠孝公司相關分錄。

5. 【長期應付票據】至其公司於 ×3 年 12 月 31 日以發行 $400,000，×7 年 12 月 31 日到期之不附息票據購買設備，至其公司的借款利率為 10%，該設備預計有 5 年耐用年限，殘值估計為 $40,000。

試作：

(1) ×3 年 12 月 31 日購買設備的分錄。
(2) ×4 年 12 月 31 日有關折舊（直線法）與攤銷（有效利息法）的必要調整分錄。
(3) ×5 年 12 月 31 日有關折舊（直線法）與攤銷（有效利息法）的必要調整分錄。
(4) 假設至其公司發行 4 年分期清償、總面額 $400,000、票面利率為 10% 之應付票據（公司借款利率亦為 10%），每年 12 月 31 日支付 $126,188，以取得該設備，試作至其公司 ×3 年 12 月 31 日取得設備與 ×4 年 12 月 31 日付款之分錄。

6. 【應付公司債─攤銷後成本】莫納公司於 ×0 年 12 月 31 日，發行 10 年期的公司債以籌措資金，面額 $1,000,000、票面利率 9%，每年 12 月 31 日付息一次，在支付發行公司債之交易成本後，莫納公司淨收取現金 $1,067,101。×6 年 12 月 31 日莫納公司又以 $1,859,528 發行面額 $2,000,000、票面利率 6% 之 10 年期公司債，並於 ×7 年 1 月 1 日在公開市場以 $995,000 買回 ×0 年發行之公司債。

試作：

完成下列日期之分錄：
(1) ×6 年 12 月 31 日公司債發行。
(2) ×7 年 1 月 1 日公司債買回。
(3) ×7 年 12 月 31 日之分錄。

7. 【應付公司債—攤銷後成本】下列為二件獨立事件：
   (1) 火箭公司於 ×1 年 3 月 1 日出售面額 $250,000、票面利率 10%、到期日 ×4 年 9 月 1 日之公司債，每年 9 月 1 日及 3 月 1 日付息，發行時之原始有效利率為 12%，試作火箭公司 ×1 年與 ×2 年有關該公司債之分錄 (含年底之調整分錄)。
   (2) 尼克公司 ×2 年 6 月 1 日出售面額 $600,000、票面利率 12%、到期日 ×6 年 6 月 1 日之公司債，每年 6 月 1 日付息，發行時之原始有效利率為 10%，×3 年 10 月 1 日，尼克公司以 $126,000 (含應計利息) 在公開市場買回面額 $120,000 的公司債。試作 ×2 年與 ×3 年有關該公司債之分錄 (含年底之調整分錄)。

8. 【負債除列】富農公司因陷入財務危機，×6 年 1 月 1 日要求與源東銀行進行有關一長期應付票據之債務協商，該票據面額 $300,000，尚有三年期限，利率 10%，該票據以面額發行。此類貸款目前之市場利率為 12%。

   試作：

   下列為四種獨立狀況，請分別作每一情況下富農公司與源東銀行 ×6 年 1 月 1 日與 ×6 年 12 月 31 日 (第 3、4 小題) 應作之分錄：
   (1) 源東銀行同意接受富農公司普通股公允價值 $220,000 股權，以清償該借款，普通股面額 $100,000。(假定源東銀行協商之前已提列備抵損失 (備抵呆帳) $50,000，並將收取之股票做為持有供交易之投資)
   (2) 源東銀行同意接受富農公司之土地以清償借款，該土地帳面金額 $195,000，公允價值 $240,000。(假定源東銀行協商之前已提列備抵損失 (備抵呆帳) $50,000)
   (3) 源東銀行同意修改債務條件，同意富農公司未來 3 年利率調降至 6%。(假定此協商完全不符合金融資產除列之條件，源東銀行協商之前已提列備抵損失 (備抵呆帳) $15,000，×6 年 12 月 31 日須提列備抵損失 (備抵呆帳) $80,000)
   (4) 源東銀行同意減少本金至 $250,000，且利率調降至 2.4%。(假定此協商符合除列部分金融資產 (其中總帳面金額 $70,000) 之條件，源東銀行協商之前已提列備抵損失 (備抵呆帳) $50,000，×6 年 12 月 31 日須提列備抵損失 (備抵呆帳) $20,000)

9. 【附錄 A—發行可買回公司債】吉林公司於 ×3 年 12 月 31 日以 $273,885 (不含交易成本 $1,474) 發行可買回公司債，面額 $300,000、票面利率 6%、×8 年 12 月 31 日到期，每年 12 月 31 日支付利息。吉林公司得自 ×4 年 12 月 31 日起，以 $315,000 (另加應計利息) 買回該公司債。發行時經評價之結果，嵌入式之買回權資產的公允價值為 $15,215。公司認為買回權與公司債兩者經濟特性及風險並未緊密關聯。因此決定單獨認列嵌入式衍生工具，並對公司債採用攤銷後成本法。原始有效利率為 7%。

   其他資訊如下：

(1) ×4 年 12 月 31 日，嵌入式之買回權公允價值為 $14,500。
(2) ×5 年 12 月 31 日，嵌入式之買回權公允價值為 $16,500。
(3) ×6 年 12 月 31 日，嵌入式之買回權公允價值增加為 $17,400。吉林公司決定買回該公司債。

試作：

吉林公司 ×3 年至 ×6 年有關此一可買回公司債之相關分錄。

10. 【附錄 A—可提前清償之借款】康熙公司 ×2 年 1 月 1 日向康勇銀行借款 $600,000，該借款固定利率 8%、原始有效利率 8.5%，×7 年 12 月 31 日到期，每年 12 月 31 日支付利息。此外，康熙公司於 ×4 年 12 月 31 日起，得隨時提前還清尚未清償之全部或部分本金。發行時康熙公司認為提前清償選擇權之執行價格很明顯幾乎等於債務工具於每一執行日之攤銷後成本，並對該長期借款整體採用攤銷後成本法。

試作：

(1) ×5 年 1 月 1 日該借款之帳面金額為 $592,338，因利率大幅下跌，康熙公司預計在 ×5 年底及 ×6 年底分別提前還清本金 $200,000 及 $200,000，試作 ×5 年 1 月 1 日之分錄。
(2) ×5 年 12 月 31 日，康熙公司提前清償本金 $200,000，並預計 ×6 年底將剩餘借款全部清償，完成 ×5 年 12 月 31 日之分錄。
(3) ×6 年 12 月 31 日，康熙公司提前清償全部本金 $400,000，完成 ×6 年 12 月 31 日之分錄。

11. 【透過損益按公允價值衡量之負債】民生公司於 ×0 年 12 月 31 日發行 3 年期的公司債，民生公司將其指定為透過損益按公允價值衡量之金融負債，面額 $10,000、票面利率 6%，每年 12 月 31 日付息一次，發行公司債取得的價金 $9,005，民生公司另外支付了直接交易成本 $100。於原始認列時，民生公司認定將該公司債之信用風險公允價值變動認列於其他綜合損益並不會引發或加劇會計配比不當。此外，民生公司將直接交易成本作為當期費用，該公司債之原始有效利率為 10%，此時指標利率為 7%。

×1 年 12 月 31 日，該債券期末公允價值為 $9,800。此時指標利率為 9%。
×2 年 12 月 31 日，該債券期末公允價值為 $10,300。此時指標利率為 5%。
×3 年 1 月 1 日，以 $10,300 買回。
×3 年 12 月 31 日，該金融負債有關之結帳分錄

試作：

民生公司相關分錄 (假定公司有攤銷債券折溢價，計算至整數元)。

Chapter 13 權益及股份基礎給付交易

學習目標

研讀本章後，讀者可以了解：

1. 權益之定義及判斷
2. 權益之主要項目
3. 發行普通股及特別股之會計處理
4. 發行複合金融工具（可轉換公司債等）之會計處理
5. 庫藏股票之定義及會計處理
6. 股份基礎給付交易之定義及範圍
7. 權益交割之股份基礎給付交易之會計處理
8. 現金交割之股份基礎給付交易之會計處理
9. 得選擇用現金交割之股份基礎給付交易之會計處理
10. 股份基礎給付協議之修改條件、取消或交割之會計處理

本章架構

權益及股份基礎給付交易

權益
- 定義
- 判斷
- 主要項目

發行權益工具
- 普通股
- 特別股
- 複合金融工具
- 可轉換公司債
- 可轉換特別股
- 其他衍生工具

庫藏股票
- 定義
- 會計處理

股份基礎給付交易
- 定義及範圍
- 權益交割
- 現金交割
- 得選擇用現金交割
- 修改條件、取消或交割

知名的大陸手機公司小米於 2018 年 7 月 9 日以每股發行價港幣 17 元，在香港交易所掛牌上市。小米創辦人雷軍在上市時致辭說：「在 2008 年，我有一個瘋狂的想法，要用互聯網方式做手機，當時幾乎沒有人相信這個瘋狂的想法，」小米開張第一天只有 13 個人，一起喝一碗小米粥就開工了。

從小米公司的上市公開說明書(如下表)可以看出，營業收入從 2015 年的 668 億元，成長至 2017 年的 1,146 億元，同期間營業利業也由 14 億元大幅成長至 122 億元。但是本期稅後損益卻由 2015 年的虧損 88 億元，增加到 2017 年的虧損 439 億元。乍看之下，是很奇怪，但在進一步分析之後，發現造成虧損的主要理由：在於小米公司所發行的可轉換可贖回優先股，公允價值變動所造成的結果。

單位：人民幣億元，每股盈餘除外

	2017 年	2016 年	2015 年
營業收入	$1,146	$684	$668
營業利益	122	38	14
可轉換可贖回優先股公允價值變動*	(541)	(25)	(88)
本期稅後損益	(439)	5	(76)
基本每股盈餘(單位：人民幣元)	(44.91)	0.57	(7.83)
資產負債表之長期負債項下：			
可轉換可贖回優先股公允價值	1,615	1,158	1,059

* 僅包括人民幣公允價值變動，匯率變動部分納入匯兌損益

讀者可能會覺的奇怪，公司發行的優先「股」不是「權益」嗎？為何其公允價值變動會造成公司產生損失？又為何將這些可轉換可贖回的優先股列入長期負債？原來小米公司從創立時及成長時，為了吸引創投基金的入資，自 2010 年起，發行了許多系列的可轉換可贖回的優先股，這些優先股的持有人自 2019 年 12 月 23 日起得以下列兩項較高的金額，要求小米公司買回這些優先股：

(1) 優先股的原始發行價格，加計每年複利 8% 的利息及任何相關應分派但未付股利；或
(2) 優先股當時的公允價值(未來經估價師評價之後)。

另外，同時在轉換價格的計算時，係以美元為計算基礎，而非人民幣，所以未來轉換的股數會因匯率變動而改變。因此，這些優先股被 IFRS 視為金融負債。IFRS 為什麼要把這些特別股視為金融負債？本章借用禪師知名的偈語，回應如下：

「各位在未上本章時，見股是股，見債是債。
及至後來親見知識，有個入處，見股不是股，見債不是債。
而今得個了解處，依前見股祇是股，見債祇是債。」

> **章首故事引發之問題**
> - 權益的本質是什麼？
> - 如何判斷金融工具是金融資產、金融負債或權益？
> - 如何判斷具有某些特性的特別股是權益、負債，還是兩者都有？
> - 如何判斷可轉換公司債是權益、負債，還是兩者都有？

13.1　權　益

13.1.1　權益之定義

學習目標 1　權益之定義及判斷

　　在討論前面金融資產 (第 5 章及第 10 章) 及金融負債 (第 11 章及第 12 章) 之後，接下來要討論的議題就是**權益** (equity)。所謂**權益工具** (equity instrument)，係指表彰企業於資產減除所有負債後剩餘權益之任何合約。亦即，權益等於資產減除負債後剩餘之金額，有時亦稱**淨資產** (net asset)。

　　同樣地，IASB 亦比照前述方式，來分別定義金融資產、金融負債及權益工具：

1. IASB 首先定義金融工具如下：**金融工具** (financial instrument) 係指某一企業產生金融資產，另一企業同時產生金融負債或 (及) 權益工具之任何合約。

2. 然後，IASB 再以正面表列的方式，分別定義金融資產 (請參見第 10.1 節) 及金融負債 (請參見第 11.1 節)。

3. 最後，凡不屬於金融資產，也不屬於金融負債的金融工具，就是權益工具 (如圖 13-1 所顯示之橘黃色區域)。

　　由於過去有不少企業，以發行權益工具之名，行發

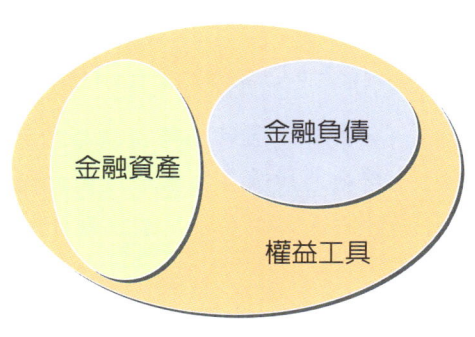

圖 13-1　金融工具之分類

行金融負債之實(如章首故事小米公司所發行之特別股)，造成企業的自有資金比率有虛增之嫌，因此 IASB 基於經濟實質重於法律形式的原則，回到權益工具的本質，要求權益工具必須同時符合下列兩個條件：

條件一：發行人可無條件避免

(1) 交付現金或其他金融資產；或
(2) 按潛在不利於發行人之條件與另一企業交換金融資產或金融負債之合約義務。

說明：
- 重點是發行人可無條件，有自主裁量權的方式決定是否會有現金流出。
- 真正的權益工具不能要求發行人必須定期支付股利或買回該權益工具。凡是讓發行人失去能夠無條件避免現金流出的金融工具，都不是權益工具，而是金融負債。例如，強制贖回特別股或有盈餘即須發放股利之特別股。
- 本書稱此一條件為不可主動抽公司銀根，此條件可確保發行人無支付義務。

條件二：將以或可能以發行人本身之權益工具交割，且該工具係下列二者之一

(1) 發行人無合約義務交付變動數量發行人本身權益工具之非衍生工具。
(2) 發行人僅能以固定金額現金或其他金融資產交換固定數量發行人本身權益工具之方式交割之衍生工具合約。

說明：
- 本書稱此一條件為有福同享、有難同當。此條件使該金融工具持有人之風險和報酬與普通股股東相類似。
- 以(1)之非衍生工具為例，甲企業願意支付乙企業 $100，若甲企業股價為 $25，須支付乙公司 4 股，但如果甲企業股價跌到 $20，則必須支付 5 股。因為無論甲公司股價如何，乙公司都可以實拿價值 $100 甲公司的股票，所以乙公司並無有福同享、有難同當，所以此一合約是金融負債，不是權益工具。
- 以(2)之衍生工具為例，丙公司發行認股權給投資人，投資人得以用每股 $15 執行價格，認購 1 股，丙公司並因此收到 $3。因為此時雙方已約定以固定金額換取固定股數 (fixed for fixed)，已經符合有福同享、有難同當的條件，所以此一認股權合約是權益工具，丙公司所收到之 $3，應作為權益之增加。
- 再以(2)之衍生工具為例，丁公司發行可重設 (reset) 價格之認股權給投資人，投資人原則上得以用每股 $15 執行價格，認購 1 股，但如果丁公司股價跌破 $12，則投資人可改用 $12，認購 1 股，丁公司並因此收到 $5。因為雙方係以約定非以固定金額 ($15 或 $12) 換取固定股數 (not fixed for fixed)，不符合有福同享、有難同當的條件，所以此可重設價格之認股權不是權益工具，丁公司所收到之 $5，應作為(衍生)金融負債之增加。

金融工具發行時，其原始認列之分類(金融資產、金融負債或權益工具)是一個很重要的議題，不但會影響目前財務報表之表達，也會影響後續衡量與表達，如圖 13-2。

```
                        金融工具
                           │
        ┌──────────────────┼──────────────────┐
        ▼                  ▼                  ▼
      金融資產            金融負債           權益工具
```

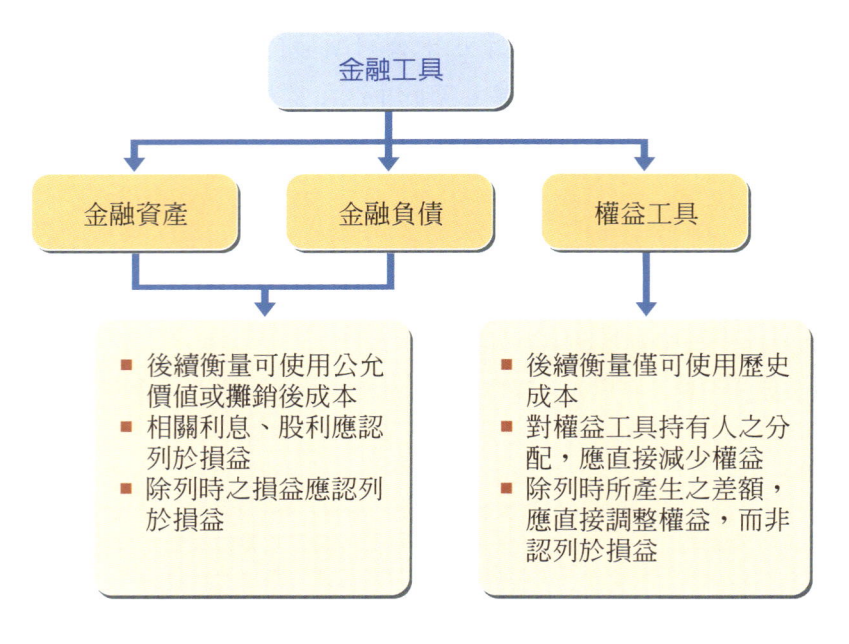

- 後續衡量可使用公允價值或攤銷後成本
- 相關利息、股利應認列於損益
- 除列時之損益應認列於損益

- 後續衡量僅可使用歷史成本
- 對權益工具持有人之分配，應直接減少權益
- 除列時所產生之差額，應直接調整權益，而非認列於損益

圖 13-2　金融工具分類及會計處理

除了上述可重設價格之認股權被視為是金融負債之外，有些**特別股** (preferred share) 因為分別違反前述認定為權益工具之條件如下：

1. 有裁量權、可無條件避免現金流出之條件；或
2. 固定金額換取固定股數之條件。

所以被分類為金融負債，茲例舉下列具有不同特性的特別股，分別討論如下：

中華民國金融監督暨管理委員會認可之 IFRS

具有負債性質之特別股

IASB 原則上規定：法律形式上為權益，但依其經濟實質應重分類為負債之金融工具 (如強制贖回或公司一旦有盈餘必須進行贖回之特別股等)，在採用 IFRS 之後，必須進行重分類，將其由權益重分類為「特別股負債」，且該特別股股利亦應由盈餘分配改列為損益表上之利息費用。但我國金管會規定於 2005 年 12 月 31 日前發行之特別股，只要之後沒有重大修改原發行條件者，還是視為權益，無須進行重分類。台灣高鐵公司是此一規定最明顯的受益者。當然在 2005 年 12 月 31 日之後才發行之特別股，須被視為「特別股負債」。

特別股之特性	說明	判斷
強制贖回 (mandatory redemption)	有到期日，到期時發行人強制贖回。	有負債組成部分，因發行人未來一定有現金流出。
持有人可請求贖回，但發行人有權拒絕	因發行人可自由決定是否接受請求贖回，即使發行人過去的記錄顯示從未拒絕贖回。	仍為權益工具，因發行人仍可主動選擇不將該特別股贖回。
可賣回 (puttable)	持有人可選擇將該特別股賣回給發行人。	有負債組成部分，因發行人已不再可無條件避免現金流出。
可買回 (callable)	發行人可選擇將該特別股買回。	仍為權益工具，因發行人仍可主動選擇不將該特別股買回。
以變動數量之普通股轉換(清償)	發行人約定到期(例如3年)會發行總金額固定，但股數不確定之普通股以轉換(清償)。	有負債組成部分，因為不符合無合約義務交付變動股數之條件。
同時具有可賣回及可買回	持有人可選擇將該特別股賣回給發行人，同時發行人亦可主動選擇將該特別股買回。	有負債組成部分，因發行人已不再可無條件避免現金流出。

13.1.2 權益之主要項目

我國「財務報告編製準則」對於歸屬於母公司業主之權益，要求至少需細分為五個主要項目，分述如下：

1. 股本

股本係股東對發行人所投入之資本，並向公司登記主管機關經濟部申請登記者。可包括普通股股本及特別股股本。

2. 資本公積

資本公積係指發行人發行權益工具，以及發行人與股東間之股本交易所產生之溢價(但有時候也會產生折價)，通常包括超過票面金額發行股票溢價、受領贈與之所得等所產生者等。

3. 保留盈餘

保留盈餘係指營業結果透過損益表之本期損益，所產生之權益增減，可包括：(1) 法定盈餘公積；(2) 特別盈餘公積；(3) 未分配盈

餘。保留盈餘之金額均以稅後金額作為表達。

4. 其他權益

其他權益係指資產或負債因為透過較特殊之會計處理，其變動之金額未透過損益表，而係透過綜合損益表中之「其他綜合損益」之變動，造成其影響數累積在其他權益項下。換個角度來說，其他權益係指尚未認列損益之累積未實現利益或未實現損失（須考量所得稅之影響）。其他權益通常包括下列項目：

① 不動產、廠房及設備與無形資產之重估增值　請參照第 8.2 節
② 透過其他綜合損益按公允價值衡量之金融資產評價損益　請參照第 10.2, 10.3 及 10.4 節
③ 國外營運機構財務報表換算之兌換差額　屬高會範圍
④ 現金流量避險中屬有效避險部分之避險工具利益或損失之累計餘額　屬高會範圍

5. 庫藏股票

庫藏股票係指企業買回其已發行、但尚未註銷之股份。庫藏股票並非企業之投資，而是權益的減項。

13.2　發行權益工具

企業發行權益工具時，應優先考量所取得對價（如現金、商品或非員工所提供之勞務）之公允價值作為衡量基礎。惟有當取得之對價公允價值無法可靠衡量時，始能用所發行權益工具之公允價值作為衡量基礎。後續權益工具之公允價值變動，不得認列於財務報表中，亦即發行之權益工具只能採用歷史成本衡量。

企業於發行或取得其本身之權益工具時，通常會發生各種成本，包括登記費與其他規費、支付予法律會計與其他專業顧問之費用、印刷成本及印花稅。權益工具之交易成本（直接可歸屬於該權益交易之可避免增額成本），應按扣除所有相關所得稅利益後之淨額，作為權益之減少處理。例如企業發行股票的直接成本為 $100，

但因為發行成本在所得稅法上，可作為企業費用扣抵，因此產生所得稅利益 $17，因此企業應將 $83 作為權益之減少處理。至於已取消的權益交易之直接成本則應認列為費用。於當期作為權益減少處理之交易成本，應單獨揭露。

企業若同時發行兩種以上類別之股份（如普通股及特別股）所產生之共同直接交易成本，應以合理且與類似交易一致之分攤基礎（例如，相對公允價值法、差額法等），分攤到這些類別之股份。

將金融工具分類為金融負債或權益工具，將決定該工具相關利息、股利、損失及利益是否於損益中認列為收益或費損。因此，對認列為負債之股份所支付之股利，應比照債券之利息，將其認列為費用。同樣地，有關金融負債之贖回或再融資之利益及損失應認列為損益，權益工具之贖回或再融資則應認列為權益之變動。

13.2.1　普通股及特別股

股份通常可分為**普通股** (common share) 及**特別股** (preferred share)。股份亦可依面額之有無，區分為有面額及無面額兩種。但依我國公司法規定，只能發行有面額之股份，且每股面額為 $10。普通股股東可享有下列權利：

1. 有選舉及被選舉為董事或監察人之權利。
2. 對公司重大議案有表決權。
3. 現金增資時，有優先認股權。
4. 清算時，剩餘財產分配權（分配順位在最後）。

普通股股東不可要求公司定期支付現金股利及到期還本，所以符合權益工具之定義。但是特別股則在某些條件上比較特別，例如在分配盈餘或清算時，可以優先分配特別股股利，也可能會外加一些額外的特性（如強制贖回、買回權、賣回權等），因此特別股未必符合權益工具之定義，也有可能是金融負債，須個別檢視判斷才能決定。有些特別股更加特別，它會同時具有權益組成部分及負債組成部分。

> 學習目標 3
>
> 發行普通股及特別股之會計處理

釋例 13-1　發行普通股取得現金及其他資產

銘傳公司於 ×1 年初開始設立，預計發行 10,000 股普通股，每股面額 $10，每股認購價格為 $11，已認購 10,000 股。×1 年 3 月 1 日，收足股款，並發行股票。銘傳公司另支付股份發行之直接成本 $200。×1 年 6 月 1 日，發行 2,000 股普通股，取得自用不動產，該不動產之公允價值為 $21,000。

試作：銘傳公司相關分錄。

解析

×1/1/1　投資人認購 10,000 股，每股 $11，應作下列分錄，其中「已認購普通股股本」係權益項目。

應收款股 ($11×10,000)	110,000	
已認購普通股股本 ($10×10,000)		100,000
資本公積－普通股股票溢價		10,000

×1/3/1　銘傳公司收足股款，並發行股票，另支付股份發行之直接成本 $200，應作為「資本公積－普通股股票溢價」之減少(註)。

現金	109,800	
資本公積－普通股股票溢價	200	
應收款股		110,000

×1/6/1　發行 2,000 股，取得自用不動產，該不動產之公允價值為 $21,000。

不動產、廠房及設備	21,000	
普通股股本 ($10 × 2,000)		20,000
資本公積－普通股股票溢價		1,000

註：企業若以面額發行但又產生發行成本時，或者企業以低於面額（折價）發行股本時，此時「資本公積－發行溢價」可能會暫時有借方餘額產生或者會減少保留盈餘。

釋例 13-2　發行特別股取得現金

中科公司 ×1 年 1 月 1 日，發行 5,000 股特別股，每股面額 $10，每股認購價格為 $14，該特別股符合權益之定義。

試作：中科公司發行之分錄。

解析

×1/1/1	發行 5,000 股特別股,每股面額 $10,每股認購價格為 $14。	
	現金 ($14 × 5,000)	70,000
	特別股股本 ($10 × 5,000)	50,000
	資本公積—特別股股票溢價	20,000

13.2.2 複合金融工具

學習目標 4
發行複合金融工具之會計處理

在原始認列時,非衍生金融工具發行人應評估該金融工具之條款,以決定其是否同時包含負債及權益組成部分。例如,企業發行可轉換公司債,即為**複合金融工具** (compound financial instrument) 的最佳實例。可轉換公司債包含兩項組成部分:金融負債 (交付現金或另一金融資產之合約協議) 及權益工具 (在一特定期間內,給與持有人有權以固定數量債券轉換為企業固定數量普通股之買權)。發行該金融工具之經濟實質,相當於同時發行具提前清償條款之債務工具及可認購普通股之認股證,或發行一項附可分離認股權證之債務工具。因此,企業應將其於資產負債表分別表達負債組成部分及權益組成部分。

可轉換工具並不因轉換選擇權是否執行之可能性變動,而修正對其負債及權益組成部分之分類,例如,企業股價目前遠大於轉換價格,對於可轉換工具持有人目前看來一定會轉換,因此似乎有將負債組成部分轉列為權益之空間,但是並非所有持有人都會以預期之方式執行選擇權,例如因轉換產生之稅負效果對不同之持有人可能有所差別。再者,轉換之可能性亦將隨時間經過而改變,企業未來支付之合約義務依然存在。該支付義務會等到該轉換選擇權經由轉換、工具之到期或其他交易才會消失。

由於權益工具為表彰某一企業於資產減除所有負債後剩餘權益之工具,因此在分攤複合金融工具之原始帳面金額至其權益及非權益組成部分 (含負債及資產) 時,權益組成部分之金額等於該複合工具整體之公允價值減除經單獨決定之非權益組成部分金額後之剩餘金額。原始分別認列複合工具之組成部分並不會產生利益或損失。作法如下:

整個複合金融工具公允價值 − 非權益（含負債及資產）組成部分公允價值 = 權益組成部分原始衡量金額

然後，若非權益組成部分有包括嵌入式衍生金融資產或衍生金融負債時，還要再依第 10 章附錄 B，拆解混合工具之相關判斷及作法，去拆解非權益組成部分，作法如下：

非權益（含負債及資產）組成部分公允價值 − 嵌入式衍生工具公允價值 = 主契約原始衡量金額

發行複合金融工具之相關交易成本，應按價款分攤比例分攤至該工具之負債及權益組成部分。

釋例 13-3　可轉換公司債──發行人及持有人之會計處理(註)（含交易成本）

實踐公司 (發行人) 於 ×1 年 1 月 1 日發行可轉換公司債給真理公司 (持有人)，該可轉換公司債的公允價值為 $117,000，公司債面額為 $100,000，票面利率為 1%，每年 12 月 31 日付息一次，發行期限為 5 年，轉換價格為 $50。經客觀評價之後，得知：發行時不含轉換權之公司債公允價值為 $90,000，轉換權之公允價值為 $30,000。實踐公司在發行時，發生 $468 直接交易成本 (不考慮所得稅利益之效果)，而真理公司在買入時，發生 $240 直接交易成本。

試問：

(1) 在 ×1 年 1 月 1 日，實踐公司 (發行人) 發行可轉換公司債之分錄為何？
(2) 真理公司於 ×1 年 1 月 1 日之分錄為何？

解析

註：本釋例如果改成發行附分離型認股權之公司債，作法完全相同。IASB 認為發行附分離型認股權之公司債，以及不可分離之可轉換公司債在經濟實質上是相同的。

Chapter 13 權益及股份基礎給付交易

本釋例重點主要在說明：

1. 對於可轉換公司債(複合金融工具)之拆解，發行人與持有人有不同的作法。
2. 在分攤交易成本時，發行人與持有人也有不同作法。

(1) 對於發行人而言，應先決定非權益組成部分之公允價值，然後再去計算權益組成部分之公允價值。至於發行複合金融工具之相關交易成本，應按價款拆解比例分攤至該工具之負債及權益組成部分。計算如下表：

	公允價值	整體公允價值 $117,000 價款之拆解	交易成本之分攤	入帳基礎
非權益組成部分(公司債)	$90,000	①先決定是 $90,000	$360 (= $468 × $90,000/$117,000)	$89,640 (= $90,000 − $360)
權益組成部分(認股權)	30,000	②$117,000 − $90,000 = $27,000	$108 (= $468 × $27,000/$117,000)	$26,892 (= $27,000 − $108)
合計	$120,000	$117,000	$468	$116,532

×1/1/1　所以實踐公司(發行人)於×1年1月1日，應作分錄如下：

現金 ($117,000 − $468)	116,532	
應付公司債折價 ($100,000 − $89,640)	10,360	
應付公司債		100,000
資本公積—認股權		26,892

(2) 對於持有人而言，依第10章附錄B之作法，應先判斷整個可轉換公司債的現金流量是否全部符合利息及本金的定義，由於可轉換公司債的報酬與發行人股票的價值相連結，故不符合全部為本金及利息之定義，整個可轉換公司債應按透過損益按公允價值衡量(FVPL)。

×1/1/1　所以真理公司(持有人)於×1年1月1日，應作分錄如下：

透過損益按公允價值衡量之投資	117,000	
手續費	240	
現金 ($117,000 + $240)		117,240

釋例 13-4　可買回、可轉換公司債——發行人及持有人之會計處理(不考慮交易成本)

中商公司(發行人)於×1年1月1日發行可買回、可轉換公司債給高雄公司(持有人)，該可買回、可轉換公司債整體的公允價值為 $102,000，公司債面額為 $100,000，票面利率為 3%，每年 12 月 31 日付息一次，發行期限為 5 年，轉換價格為 $40。經客觀評價之後，得知各組成部分單獨之公允價值如下表：

組成部分	單獨之公允價值
有買回權但無認股權之公司債	$85,000
只有買回權	(5,000)
只有認股權	20,000

試問：

(1) 在 ×1 年 1 月 1 日，中商公司 (發行人) 於發行此可買回、可轉換公司債之分錄為何？
(2) 高雄公司於 ×1 年 1 月 1 日之分錄為何？

解析

本釋例重點主要在說明：較複雜的可買回、可轉換公司債之拆解，發行人與持有人有不同的作法。

- 對於發行人而言，應先決定非權益組成部分之公允價值 $85,000，然後再去計算權益組成部分之公允價值 $17,000。若非權益組成部分有包括嵌入式衍生金融資產或衍生金融負債時，還要依拆解混合工具之相關判斷及作法，去拆解非權益組成部分。嵌入式衍生工具公允價值 $5,000 應先拆解，剩餘的金額則為主契約 (公司債) $90,000。
- 對於持有人而言，因該可買回可轉換公司債不符合全部為利息及本金之定義，故應整體用透過損益按公允價值 $102,000 衡量。

組成部分	對發行人而言	發行人衡量金額	對持有人而言	持有人衡量金額
公司債 (無買回權、亦無認股權)	負債	③ $85,000 − (−$5,000) = $90,000 貸方	資產	不分拆，整體用公允價值 $102,000 衡量
買回權	資產	② 即為 ($5,000) 借方	負債	
認股權	權益	① $102,000 − $85,000 = $17,000 貸方	資產	
合計		$102,000	合計	$102,000

(1) ×1/1/1 所以中商公司 (發行人) 於 ×1 年 1 月 1 日，應作分錄如下：

現金	102,000	
應付公司債折價 ($100,000 − $90,000)	10,000	
持有供交易投資—買回權	5,000	
應付公司債		100,000
資本公積—認股權		17,000

(2) ×1/1/1　所以高雄公司(持有人)於×1年1月1日,應作分錄如下:

透過損益按公允價值衡量之投資　　　　102,000
　　現金　　　　　　　　　　　　　　　　　　　102,000

可轉換公司債

可轉換公司債提前或到期轉換時,企業應將負債組成部分轉列為權益。原權益組成部分仍為權益(但可自權益的一個類別轉換為另一類別),提前或到期轉換並不會產生利益或損失(亦稱帳面金額法)。

但如果發行人將可轉換公司債買回,該應予以除列。除列公司債(負債組成部分)之利益及損失應認列為損益,但除列認股權(權益組成部分)則應視為權益之變動。

釋例 13-5　可轉換公司債──到期買回、到期轉換、提早轉換、公開市場提早買回

銘傳公司(發行人)於×0年12月31日發行可轉換公司債,該可轉換公司債的公允價值為 $104,000,公司債面額為 $100,000,票面利率為 2%,每年12月31日付息一次,發行期限為 3 年,轉換價格為 $50,亦即可轉換 2,000 股。經客觀評價之後,得知:發行時不含轉換權之公司債公允價值為 $80,105,轉換權之公允價值為 $25,000。公司債的原始有效利率為 10%。

試問銘傳公司:
(1) ×0年12月31日發行之分錄。
(2) ×1年12月31日支付第一期利息之分錄。

以下各情況獨立:
(3) 若於×3年12月31日,到期買回可轉換公司債,持有人並未轉換。
(4) 若於×3年12月31日,持有人到期將可轉換公司債轉換成股票。
(5) 若於×2年1月1日,持有人提早將可轉換公司債轉換成股票。
(6) 若於×2年1月1日,發行人提早將可轉換公司債在公開市場依市價 $110,000 買回,此時公司債(不含轉換權)之公允價值為 $90,000。

解析

對於發行人而言,應先決定非權益組成部分之公允價值,然後再去計算權益組成部分之公允價值。計算如下表:

	公允價值	整體公允價值 $104,000 價款之拆解
非權益組成部分 (公司債)	$80,105	① 先確定是 $80,105
權益組成部分 (認股權)	25,000	② $104,000 − $80,105 = $23,895
合計		$104,000

至於公司債原始有效利率 (r) 之計算如下：

$$\frac{\$2,000}{(1+r)} + \frac{\$2,000}{(1+r)^2} + \frac{\$102,000}{(1+r)^3} = \$80,105$$

所以 r =10%，可得公司債攤銷表如下：

	(1) 利息支出	(2) 利息費用	(3) 本期折價攤銷	(4) 未攤銷折價	(5) 帳面金額
×0/12/31				$19,895	$ 80,105
×1/12/31	$2,000	$8,011	$6,011	13,885	86,115
×2/12/31	2,000	8,612	6,612	7,273	92,727
×3/12/31	2,000	9,273	7,273	0	100,000

所以銘傳公司 (發行人) 應作分錄如下：

(1) ×0/12/31 應作分錄如下：

　　現金　　　　　　　　　　　　　　　　　　104,000
　　應付公司債折價 ($100,000 − $80,105)　　　 19,895
　　　　應付公司債　　　　　　　　　　　　　　　　　100,000
　　　　資本公積—認股權　　　　　　　　　　　　　　 23,895

(2) ×1/12/31 支付第一期利息。至於「資本公積—認股權」係屬權益，無須調整。

　　利息費用　　　　　　　　　　　　　　　　8,011
　　　　現金　　　　　　　　　　　　　　　　　　　　2,000
　　　　應付公司債折價　　　　　　　　　　　　　　　 6,011

(3) ×3/12/31 到期買回可轉換公司債，持有人並未轉換。至於「資本公積—認股權」轉列「資本公積—已失效認股權」。

　　應付公司債　　　　　　　　　　　　　　 100,000
　　　　現金　　　　　　　　　　　　　　　　　　　 100,000
　　資本公積—認股權　　　　　　　　　　　　23,895
　　　　資本公積—已失效認股權　　　　　　　　　　　 23,895

權益及股份基礎給付交易

(4) ×3/12/31　持有人到期將可轉換公司債轉換成股票。轉換不認列損益，亦即用公司債之帳面金額 $100,000 轉換。

應付公司債	100,000	
資本公積—認股權	23,895	
普通股股本 ($10×2,000)		20,000
資本公積—普通股股票溢價		103,895

(5) ×2/1/1　持有人提早將可轉換公司債轉換成股票。轉換不認列損益，亦即用當日公司債之帳面金額 $86,115 轉換。與 (4) 相比較，「資本公積—普通股股票溢價」金額較小。

應付公司債	100,000	
資本公積—認股權	23,895	
應付公司債折價		13,885
普通股股本 ($10×2,000)		20,000
資本公積—普通股股票溢價		90,010

(6) ×2/1/1　發行人提早將可轉換公司債在公開市場依市價 $110,000 買回，此時公司債 (不含轉換權) 之公允價值為 $90,000，所以認股權之公允價值為 $20,000。因為發行人已將可轉換公司債買回，該可轉換公司債應予以除列。除列公司債 (負債組成部分) 之利益及損失應認列為損益，但除列認股權 (權益組成部分) 則視為權益之變動。

	整個 可轉換公司債	公司債 (負債組成部分)	認股權 (權益組成部分)
×2/1/1 之公允價值	$110,000	$90,000	$20,000
×2/1/1 之帳面金額		86,115	23,895
差額		認列損失 $3,885	差額 $3,895 不認列損益，直接 調整權益

×2/1/1　用 $90,000 買回公司債之分錄：差額要認列損失。

應付公司債	100,000	
除列金融負債損失	3,885	
現金		90,000
應付公司債折價		13,885

用 $20,000 買回認股權之分錄：差額直接調整權益，增加「資本公積—庫藏股票交易」$3,895。

資本公積—認股權	23,895	
現金		20,000
資本公積—庫藏股票交易		3,895

誘導轉換

有許多企業為了降低負債比率或降低利息費用，會向可轉換公司債的持有人提出優惠：在限期內(例如 1 個月)轉換者，可以比原先約定的轉換股數更多，此稱為**誘導轉換** (induced conversion)。例如於特定日前轉換，企業會提供更有利之轉換比率或支付其他額外對價。於修改條款之日，持有人依修訂後條款將工具轉換可收取對債之公允價值，與持有人若依原條款可收取對價之公允價值兩者之差額，應於損益表中認列為費損。至於原先約定可轉換之股份仍屬權益。

釋例 13-6　可轉換公司債——誘導轉換

致理公司於 ×0 年 12 月 31 日發行可轉換公司債，公司債面額為 $100,000，可轉換 4,000 股，發行後該可轉換公司債相關之「資本公積—認股權」金額為 $18,000。

於 ×3 年 1 月 1 日，致理公司為了改善財務比率，向持有人提出轉換者，換股數可由 4,000 股增加到 5,000 股。當日公司股價為 $30，公司債之帳面金額為 $97,000。該日持有人全數轉換完畢。

試作：致理公司誘導轉換之相關分錄。

解析

×3/1/1　因誘導轉換而承諾多給的 1,000 股之公允價值 $30,000，必須作為費用。

修改轉換條件費用	30,000	
應付公司債	100,000	
資本公積—認股權	18,000	
應付公司債折價 ($100,000 − $97,000)		3,000
普通股股本 ($10 × 5,000)		50,000
資本公積—普通股股票溢價		95,000

可轉換特別股

可轉換特別股允許持有人得選擇將特別股轉換成普通股，故可轉換特別股也是複合金融工具，它有兩個組成部分：特別股及認股權。此時，只要特別股及認股權均符合權益工具的兩個條件：

1. 有裁量權、可無條件避免現金流出之條件。
2. 固定金額換取固定股數之條件。

可轉換特別股則屬權益工具，認股權不必與特別股分別認列。

釋例 13-7　可轉換特別股

元智公司於 ×0 年 12 月 31 日發行可轉換特別股 3,000 股，每股面額 $10，發行價格為 $14，未來該特別股之持有人得選擇轉換成元智公司的普通股，一股換一股。該特別股及認股權均符合權益工具之條件。

×2 年 12 月 31 日可轉換特別股之持有人全數將特別股轉換成 3,000 股普通股。

試作：元智公司相關分錄。

解析

×0/12/31 發行可轉換特別股 3,000 股。

現金	42,000	
特別股股本 ($10 × 3,000)		30,000
資本公積—特別股股票溢價		12,000

×2/12/31 可轉換特別股之持有人全數將特別股轉換成 3,000 股普通股。

特別股股本 ($10 × 3,000)	30,000	
資本公積—特別股股票溢價	12,000	
普通股股本 ($10 × 3,000)		30,000
資本公積—普通股股票溢價		12,000

強制贖回之特別股

發行人如果發行強制贖回之特別股，因為不能無條件避免現金流出，所以應屬金融負債，而非權益。但有時候，由於某些特殊條款之規定，強制贖回的特別股會同時包含負債組成部分及權益組成部分。

釋例 13-8　強制贖回特別股──但對特別股股利有自主裁量權[註]

育達公司於 ×0 年 12 月 31 日發行 10,000 股特別股，取得價款 $100,000，該特別股 2 年後育達公司會強制贖回，特別股股利率為 5%，每年 12 月 31 日付息一次。但特別股股利非累積，且育達公司有絕對的自主裁量權決定是否要發放特別股股利，但依過去之記錄，育達公司為了讓普通股股東能夠領到股利，所以預期未來每年都會發放特別股股利。發行時，育達公司發行類似品質之 2 年期零息債券之市場利率為 10%。

×1 年底及 ×2 年底，育達公司都有支付特別股股利。

試作：育達公司相關分錄。

解析

因為該特別股有兩種特性：強制贖回及對特別股股利有自主裁量權，所以同時具有負債組成部分及權益組成部分。金額分別計算如下：

該特別股整體公允價值	$100,000
負債組成部分 [$100,000/(1.1)^2]	82,645
權益組成部分	$ 17,355

故育達公司應作分錄如下：

×0/12/31 發行該特別股之分錄，同時有負債組成部分 $82,645 及權益組成部分 $17,355。

現金	100,000	
特別股負債折價 ($100,000 − $82,645)	17,355	
特別股負債		100,000
資本公積─其他		17,355

×1/12/31 支付 ×1 年特別股股利 (盈餘分配)，及認列 ×1 年特別股負債之利息費用 (損益表項目)。

保留盈餘 ($100,000 × 5%)	5,000	
利息費用─特別股負債 ($82,645 × 10%)	8,265	
現金		5,000
特別股負債折價		8,265

×2/12/31 支付 ×2 年特別股股利 (盈餘分配)，及認列 ×2 年特別股負債之利息費用 (損益表項目)。

註：本釋例亦適用於特別股之到期贖回並非強制性而係屬持有人之賣回權，或若該特別股強制轉換成一個約當固定金額或一個基於標的變數 (如商品) 變動之金額的普通股。但是，若任何未支付之股利應加計至贖回金額時，則該工具全部應分類為金融負債，而且所有支付之股利均應分類為利息費用。

保留盈餘 ($100,000 × 5%)	5,000	
利息費用—特別股負債	9,090	
現金		5,000
特別股負債折價 ($17,355 − $8,265)		9,090

×2/12/31　贖回特別股負債。

特別股負債	100,000	
現金		100,000

13.3　庫藏股票

庫藏股票係指企業買回其已發行、但尚未註銷之股份。庫藏股票並非企業之投資，而是權益的減項。基於「股東間交易不得認列損益」之原則，企業本身權益工具之發行、買回、再出售或註銷，均不得於損益中認列利益或損失。庫藏股票可能由企業或合併集團之其他成員取得並持有，所支付或收取之對價應直接認列於權益之減項。

有關庫藏股票之交易，企業應採用**成本法** (cost method)，亦即

> **學習目標 5**
> 庫藏股票之定義及會計處理

研究發現

企業買回庫藏股票

企業可能基於下列原因之一，買回庫藏股票：

1. 依公司法規定，有股東反對併購，因此要求公司買回。
2. 有多餘資金退還股本，以降低股東權益之金額，並提高淨值報酬率。
3. 減少股數，未來每股盈餘可望增加。
4. 因股價低估，故在公開市場買入庫藏股票，放出公司股價低估之訊號 (signaling)。

前述第 2、3 及 4 點，均顯示公司未來前景看好。研究顯示：就短期效果而言，公司宣告買回庫藏股票時，有顯著正向累積異常報酬，其庫藏股票宣告資訊內涵符合訊號假說，導因於公司價值被低估；至庫藏股票執行屆滿日的市場反應，價格變動幅度和實際執行率呈顯著負相關，顯示公司若只宣告買回庫藏股票，但並未認真執行買回時，其股價不會積極反應。至於長期效果而言，有研究顯示：企業買回庫藏股票 3 年內，長期累積超額報酬平均數為 42.94%，顯示在決議買回時，公司股價有超跌之現象。即使扣除極端值之影響，以中位數來考量，仍有 11.01% 的長期超額報酬。

中級會計學 下

企業將買入及賣出庫藏股票視為一個完整交易，買入時即打算將來會再度出售。企業買入庫藏股票時，應先依買回成本入帳。俟後再出售時，如果再出售價格高於買回成本，不得認列利益，而應增加「資本公積—庫藏股票交易」；反之，如果再出售價格低於買回成本，應先沖減原先「資本公積—庫藏股票交易」之貸方餘額，若仍有不足，則應減少「保留盈餘」。

企業在註銷庫藏股票時，應依下列順序進行：

1. 先依比例銷除「資本公積—普通股股票溢價」。
2. 再沖減原先「資本公積—庫藏股票交易」之貸方餘額。
3. 若仍有不足，則應減少「保留盈餘」。

釋例 13-9　庫藏股票

北商公司於×1年1月1日，發行普通股200,000股，每股發行價格$12。

於×3年2月1日，以每股$20，買回30,000股。
於×3年3月1日，以每股$22，再出售10,000股。
於×3年4月1日，以每股$13，再出售8,000股。
於×3年5月1日，以每股$25，再出售5,000股。
於×3年6月1日，將剩餘庫藏股票7,000股，予以註銷。

試作：北商公司相關分錄。

解析

×1/1/1 發行普通股200,000股，每股發行價格$12。

現金 ($12 × 200,000)	2,400,000	
普通股股本 ($10 × 200,000)		2,000,000
資本公積—普通股股票溢價		400,000

×3/2/1 以每股$20，買回30,000股。

庫藏股票 ($20 × 30,000)	600,000	
現金		600,000

×3/3/1 以每股$22，再出售10,000股。

現金 ($22 × 10,000)	220,000	
庫藏股票 ($20 × 10,000)		200,000
資本公積—庫藏股票交易		20,000

×3/4/1 以每股 $13，再出售 8,000 股。因為再出售價格低於買回成本，應先沖減「資本公積—庫藏股票交易」之貸方餘額 $20,000，仍有不足，應減少「保留盈餘」$36,000。

現金 ($13 × 8,000)	104,000	
資本公積—庫藏股票交易	20,000	
保留盈餘	36,000	
庫藏股票 ($20 × 8,000)		160,000

×3/5/1 以每股 $25，再出售 5,000 股。

現金 ($25 × 5,000)	125,000	
庫藏股票 ($20 × 5,000)		100,000
資本公積—庫藏股票交易		25,000

×3/6/1 將剩餘庫藏股票 7,000 股，予以註銷。

普通股股本 ($10 × 7,000)	70,000	
資本公積—普通股股票溢價 ($2 × 7,000)	14,000	
資本公積—庫藏股票交易	25,000	
保留盈餘	31,000	
庫藏股票 ($20 × 7,000)		140,000

＊公司若有多次買回庫藏股票，應以加權平均法決定其持有成本。

13.4 股份基礎給付

13.4.1 股份基礎給付交易之定義及範圍

學習目標 6
股份基礎給付交易之定義及範圍

股份基礎給付 (share-based payment) 交易，係指企業取得商品或勞務之交易，其對價係以本身之權益工具 (含股票或認股權等) 支付或係產生負債，該負債之金額由企業本身之股票或其他權益工具價值所決定。例如，企業為激勵員工，發放認股權給員工，只要員工努力工作讓企業績效蒸蒸日上，股價自然上漲，員工就可以用較低的認購價格買進企業的股票，達到企業與員工雙贏的目標。再例如，除了給與權益工具外，企業也可承諾員工，只要公司的股價超過 $100，就會加發 3 個月獎金。又例如，企業以發行新股的方式，取得存貨或設備等商品。這些交易均屬股份基礎給付交易。

若企業之員工持有該企業之權益工具，且以該權益工具持有者之身分與企業交易時，則此交易非屬股份基礎給付交易。例如，研華電子辦理現金增資，目前其股價每股為 $100，股東得以每股 $90 參與現金增資，另外基於我國公司法之規定，必須保留部分現金增資的機會給員工，如果研華電子的員工本身持有研華電子的股票，因此有得以股東的身分參與認購 900 股，另外亦得以員工的身分參與認購 100 股，即使該認股權可以用低於公允價值之價格，取得研華電子增資之股票，但由於員工基於股東身分所取得的認股權 (900 股)，非屬股份基礎交易之範圍，只有基於員工身分所取得的認股權 (100 股)，才屬股份基礎給付交易之範圍。

企業亦得以股份基礎給付之交易方式取得商品或勞務。前述商品包括存貨、固定資產、無形資產及其他非金融資產。但若因合併交易所取得之商品，符合 IFRS 3「企業合併」中定義之企業合併或業務合併，應適用 IFRS 3 之規定。因此，企業合併發行權益工具以交換對被合併者之控制權，非屬本章所討論的股份基礎給付交易。但權益工具若係給與被合併企業之員工，以換取其繼續提供勞務時，則屬本章討論之範圍。另外，因企業合併或其他企業股權重組所產生之股份基礎給付協議，其取消、重訂或修改，亦屬本章討論之範圍。

股份基礎給付交易包括下列三種交割方式：

1. **權益交割**：企業取得商品或勞務，係以本身權益工具(含認股權)作為對價。
2. **現金交割**：企業取得商品或勞務所產生之負債，係依企業本身之股票或其他權益工具價值決定，並以現金或其他資產償付。
3. **得選擇權益或現金交割**：企業取得商品或勞務之協議，允許企業或交易對方選擇權益交割或現金交割。

以股份基礎給付交易，取得商品或收取勞務時，依交割方式來劃分，其會計處理概述如下：

Chapter 13 權益及股份基礎給付交易

	借方項目	貸方項目
1. 權益交割	資產或費用	權益
2. 現金交割	資產或費用	負債
3. 得選擇權益或現金交割	資產或費用	負債或(及)權益

常見的股份基礎給付交易，包括下列項目：

- 員工認股權
- 現金增資保留給員工認購
- 員工認股計畫
- 以庫藏股票轉讓給員工
- 限制性股票
- 股份增值權

在適用股份基礎給付會計時，有下列重要名詞之定義：

給與日 (grant date)：企業與交易對方(含員工及其他提供類似勞務之人員，以下簡稱員工)同意股份基礎給付協議(含條款及條件)日。於給與日企業同意給與交易對方若符合約定既得條件，則可取得現金、其他資產或企業本身權益工具之權利。若該協議須經核准(如須經董事會通過)，則核准日為給與日。

衡量日 (measurement date)：衡量所給與權益工具公允價值之日。對於與員工之交易而言，衡量日即給與日；對於與非員工之交易而言，衡量日係指企業取得商品或對方提供勞務之日。

既得條件 (vesting condition)：在股份基礎給付協議下，為有權取得現金、其他資產或企業權益工具，交易對方應符合之條件。既得條件包括服務條件及績效條件，其中**服務條件**係要求交易對方完成特定期間服務之條件；**績效條件**則為要求達成特定績效目標之條件，包括**市價條件** (market condition，係指權益工具之履約價格、取得既得權利或執行之依據條件，係與企業權益工具市價有關者。如在特定期間內，企業之股價應上漲30%)；及**非市價條件** (如在特定期間

85

IFRS 一點通

給與日之決定

給與日係指企業與交易對方同意股份基礎給付協議之日。有時，企業向交易對方提出股份基礎交易協議之日不一定是給與日，必須等到交易對方對所有合約條款都同意時，才是給與日。但有時候，員工對於企業提出股份基礎交易協議，並沒有明確表達其同意，反正企業給與員工「好處」，表示同意是多餘的，此時通常以員工開始（或繼續）提供勞務作為同意之證據。

此外，若協議中之部分條款及條件係於某日取得同意，而其餘條款及條件係於較晚之某日取得同意，則給與日為該較晚之日，即最後對全部條款及條件取得同意之日為給與日。例如，企業同意發放認股權予員工，惟該認股權之執行價格須由 3 個月內召開之薪酬委員會決定，則給與日應為薪酬委員會決定執行價格之日。

有時候，給與日會在員工開始提供勞務之後。例如權益工具之給與若須經股東會通過，則給與日可能係於員工開始勞務數月後之某一日。在此情況下，企業為了認列勞務開始日和給與日之間所取得之勞務，應先估計該權益工具給與日之公允價值（例如於報導期間結束日估計該權益工具之公允價值）。給與日一旦確定之後，企業再修正已取得勞務之原估計金額，以使取得之相關勞務最後認列之金額，仍以給與日之權益工具公允價值為基礎。

內，企業之盈餘應成長 30%)。

既得期間 (vesting period)：達成股份基礎給付協議所有既得條件之期間。

13.4.2　權益交割

學習目標 7
權益交割之股份基礎給付交易之會計處理

企業對權益交割之股份基礎給付交易，宜以所取得商品或勞務之公允價值衡量，並據以衡量相對之權益增加。但所取得商品或勞務之公允價值若無法可靠估計，宜依所給與權益工具之公允價值衡量。

由於員工所提供的勞務，其公允價值通常不易衡量，因此通常以所給與權益工具之公允價值為衡量基礎，對於與員工之交易而言，衡量日即給與日。至於由非員工提供之勞務及商品，除非另有反證，則通常以它們的公允價值為衡量基礎，此時衡量日係指企業取得商品或非員工提供勞務之日。

Chapter 13 權益及股份基礎給付交易

IFRS 一點通

衡量所給與權益工具之公允價值

在衡量所給與權益工具之公允價值時，企業於衡量日應優先以可得之市價為基礎，並考量該權益工具給與所依據之條款及條件，衡量所給與權益工具之公允價值。例如企業給與員工限制性股票，要求員工 3 年內不得移轉，若企業的股價於衡量日為 $35，因為限制性股票有移轉限制，所以其公允價值應小於 $35。

若市價不可得，企業應以適當評價技術估計所給與權益工具，在已充分了解並有成交意願雙方間之公平交易中於衡量日之價格，以估計該權益工具之公允價值。前述評價技術須與金融工具定價之一般公認評價技術一致，並應納入已充分了解且有成交意願之市場參與者，於決定價格時所考量之所有因素及假設。

於衡量日估計股份或認股權之公允價值時，不得考量市價條件以外之既得條件 (如服務條件及非市價之績效條件)，這是因為既得條件會藉由調整權益工具數量而納入交易金額衡量之考量，以使最終認列所收取商品或勞務之金額，依實際既得之權益工具數量為基礎，所以無須在估計股份或認股權之公允價值時，予以重複考量。例如，員工未滿服務年限之要求，則其認列金額為零。

但是市價條件 (例如以目標股價 $100 作為既得或可執行性之條件) 於估計所給與權益工具之公允價值時應納入考量。正因為市價條件已經納入公允價值之考量，權益工具之給與附有市價條件者，無論該市價條件是否滿足，企業應認列自滿足所有其他既得條件之對方所收取之商品或勞務 (例如自於特定服務期間仍繼續服務之員工所收取之勞務)，不論未來市價條件是否有達成。

彙整上述討論如下圖：

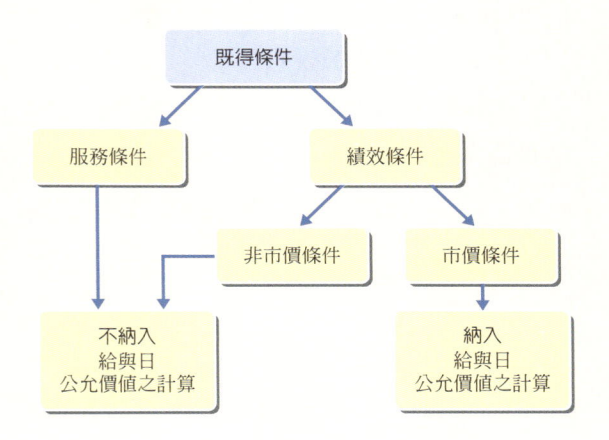

```
                    既得條件
                   /        \
              服務條件      績效條件
                 |         /      \
                 |    非市價條件   市價條件
                 |        |          |
              不納入   不納入      納入
              給與日   給與日      給與日
          公允價值之計算  公允價值之計算  公允價值之計算
```

以權益交割之股份基礎給付交易取得員工勞務時，視權益工具公允價值之有無，有下列兩種不同的會計處理方法：

1. **公允價值法** (fair value method)
2. **內含價值法** (intrinsic value method)

公允價值法會計處理

企業應於既得期間，以預期給與權益工具之最佳估計數，認列相關金額。若後續資訊顯示最佳估計數有所修正，應修正原估計數。

87

IFRS 一點通

員工認股權之評價

員工認股權 (employee stock option) 本質上,是買權 (call option) 的一種。它允許員工未來在未來一定期間內,依約定的價格 (執行價格,exercise price) 認購一定的股數。如果公司的股價未來上漲超過執行價格,員工就會有利可圖;反之,如果公司的股價跌破執行價格,員工放棄認購即可,也不會有損失。

認股權如無市價時,企業常用下列兩種評價模式,直接去估計認股權之公允價值:

1. Black-Scholes-Merton 選擇權評價模式;
2. 二項式選擇權評價模式。

認股權的公允價值可分為兩個部分:內含價值及時間價值。

亦即 員工認股權之評價 = 內含價值 + 時間價值

內含價值 (intrinsic value) 係指該認股權如果目前馬上執行,可以獲得之價值。例如,公司股價為 $35,認股權執行價格為 $20,則內含價值為 $15 (= $35 – $20)。但是,如果公司股價只有 $18,此時員工不會用 $20 去認購,他會放棄認股權之權利,故此時內含價值為零 (亦即內含價值不會是負數)。

時間價值 (time value) 則是等於認股權之公允價值減掉內含價值。

不論用何種選擇權評價模式,通常需要下列六個重要參數:

1. 目前股價
2. 執行價格
3. 預期波動率
4. 預期存續期間 (須考量員工會提早執行)
5. 無風險利率
6. 預期股利

至既得日,應依最後既得之權益工具數,予以調整。惟市價條件是否達成不在此限。市價條件不論是否達成,對於已符合所有其他既得條件者,企業應予以認列。

但於既得日之後,企業依前述規定已經認列所收取之商品或勞務並及權益者,不得對總權益作後續調整。例如,若已既得之權益工具隨後喪失,或在認股權之情況,該認股權未被執行,企業後續不得迴轉已認列自員工所收取勞務之金額,此乃因為給與員工之權益工具符合權益之定義,所以後續已既得的權益工具 (包含股票及認股權) 之公允價值變動,不再予以考量。例如,發行時公司的股價為 $30,認股權之認購價格也是 $30,認股權的公允價值是 $12。如果將來公司上漲至 $100,員工還是用 $30 即可認購一股,表面上

公司少收取了 $70，但是因為認股權符合權益之定義，所以還是用給與日之歷史成本 $12 去認列員工之薪資費用，並不會用續後之公允價值而多認列薪資費用。同樣的道理，如果公司股價後來下跌到認購價值之下 ($30)，員工會放棄認股權，因為直接到市場去買公司股票會比較划算，因此公司並未發行任何新股，表面上公司賺到了，但是公司原先已經認列認股權之薪資費用後續也不得迴轉。

但是企業於既得期間之後，可以將某一類別已經認列之權益項目，移轉至另一類別之權益項目，例如由「資本公積－員工認股權」轉列至「資本公積－已失效認股權」。

下表彙整企業收取勞務時，股份基礎交易之既得時間與不同服務條件、不同績效條件下，於既得期間之相關會計處理：

表 13-1 員工股份基礎交易（公允價值法）之會計處理

既得時間	可能發生之例子	既得期間會計處理
馬上既得	給與時，隨時可行使權利，無須再提供任何服務。	企業應於給與日全數認列所取得之勞務，並增加權益。（釋例 13-15、13-16、13-17）
固定既得時間但無績效條件	須服務滿 3 年。	企業應於未來 3 年既得期間，以最佳估計數逐期認列收取之勞務，並增加權益。（釋例 13-10、13-18）
固定既得時間但有績效條件	市價條件：須服務滿 3 年且股價上漲 50%。	企業應於未來 3 年既得期間，以最佳估計數逐期認列收取之勞務，並增加權益，即使市價條件在既得期間並未達成。（釋例 13-12）
	非市價條件：服務滿 3 年且每股盈餘成長 30%。	企業應於未來 3 年既得期間，每期以有關績效之最佳估計數（可修正原估計數）逐期認列收取之勞務，並增加權益。（釋例 13-11）
不固定既得時間且有績效條件	市價條件：股價上漲 50%，還在職才可行使權利。	企業應於給與日以績效條件最可能之結果為基礎，估計預期既得期間之長度。若績效條件為市價條件，則對於預期既得期間長度之估計，應與用以估計所給與認股權之公允價值之假設一致，且後續不得修正該估計。（釋例 13-13）
	非市價條件：每股盈餘成長 30% 時，還在職才可行使權利。	企業應於給與日以績效條件最可能之結果為基礎，估計預期既得期間之長度。若績效條件並非市價條件，且後續資訊顯示既得期間之長度與先前之估計不同，企業應於必要時依該資訊修正其對既得期間長度之估計。（釋例 13-14）

中級會計學 下

● 員工認股權

釋例 13-10　員工認股權──固定既得期間、無績效條件

德明公司於 ×1 年初給與 20 位員工各 600 股之認股權。給與之條件係員工必須繼續服務滿 3 年，方能取得認股權。德明公司當日的股價為 $40，認股權之認購價格為每股 $50，估計每一個認股權之公允價值為 $15。認股權於 ×5 年 12 月 31 日到期。

試作：下列分錄：

(1) ×1 年 12 月 31 日。在考慮未來離職率後，德明公司估計有 3 位員工將於 ×3 年 12 月 31 日前離職。
(2) ×2 年 12 月 31 日。德明公司估計有 7 位員工將於 ×3 年 12 月 31 日前離職。
(3) ×3 年 12 月 31 日。共有 6 位員工於既得期間前實際離職，其餘 14 位員工各取得 600 單位認列權。
(4) ×4 年 12 月 31 日，公司股價為 $70，員工行使了 5,000 個認股權。
(5) ×5 年 12 月 31 日，公司股價為 $30。剩下的 3,400 個認股權過期失效。

解析

德明公司應於既得期間認列所取得勞務成本，該勞務之衡量，係以給與日認股權公允價值為衡量基礎。各年度員工之勞務成本計算如下：

年度	估計既得期間離職率	認股權既得數量	累積薪資費用	當期薪資費用
×1	3 人	0	$15×(20−3)×600×1/3 = $51,000	$51,000
×2	7 人	0	$15×(20−7)×600×2/3 = $78,000	$27,000
×3	6 人（實際）	14 人 × 600 股 = 8,400 股	$15×(20−6)×600×3/3 = $126,000	$48,000
×4			$126,000	$0
×5			$126,000	$0

於 ×1 年 1 月 1 日，德明公司給與員工認股權，雙方已達成共識，所以當日是給與日，也是衡量日（用 $15 去衡量認股權），但是無須作相關分錄，只須註記相關事項即可。

(1) ×1 年 12 月 31 日，德明公司估計有 3 位員工將於 ×3 年 12 月 31 日前離職。德明公司應用此時員工離職率的最佳估計，去計算應有之薪資費用（認列 1/3）：

　　薪資費用　　　　　　　　　　　　　51,000
　　　資本公積─員工認股權　　　　　　　　　　51,000

(2) ×2 年 12 月 31 日，德明公司估計有 7 位員工將於 ×3 年 12 月 31 日前離職。德明公司應用此時員工離職率的最佳估計，去計算應有之薪資費用（認列 2/3）：

薪資費用	27,000	
資本公積—員工認股權		27,000

(3) ×3 年 12 月 31 日，共有 6 位員工於既得期間前實際離職，其餘 14 位員工各取得 600 單位認列權。德明公司應用最後確定的員工離職率，去計算應有之薪資費用 (認列 3/3)：

薪資費用	48,000	
資本公積—員工認股權		48,000

(4) ×4 年 12 月 31 日，公司股價為 $70，員工以每股 $50，行使了 5,000 個認股權。雖然員工只有支付 $50，但是員工實際支付之對價為：

$$\text{支付現金 (\$50)} + \text{提供 3 年服務的價值 (\$15)} = \$65$$

德明公司應作下列分錄：

現金 ($50 × 5,000)	250,000	
資本公積—員工認股權 ($15 × 5,000)	75,000	
普通股股本 ($10 × 5,000)		50,000
資本公積—普通股股票溢價		275,000

(5) ×5 年 12 月 31 日，公司股價為 $30。剩下的 3,400 個認股權過期失效。德明公司得將「資本公積—員工認股權」中之 $51,000 (= $15 × 3,400) 轉列為「資本公積—已失效認股權」，分錄如下：

資本公積—員工認股權 ($15 × 3,400)	51,000	
資本公積—已失效認股權		51,000

釋例 13-11　員工認股權——固定既得期間、非市價之績效條件

中正公司於 ×1 年初給與 10 位員工認股權。員工未來須服務滿 3 年，可認購股數視未來 EPS 成長幅度而定：

績效條件：×3 年 EPS 成長幅度	每位員工可認購股數
小於 10%	200 股
介於 10% 與 20% 之間	500 股
大於 20%	1,000 股

中正公司當日的股價為 $40，認股權之認購價格為每股 $50，估計每一個認股權之公允價值為 $15。認股權於 ×5 年 12 月 31 日到期。

試作：下列分錄：

(1) ×1 年底，中正公司認為 ×3 年 EPS 應會成長 25%，預計有 3 位員工將於 ×3 年底前離職。
(2) ×2 年底，中正公司認為 ×3 年 EPS 應會成長 25%。估計有 4 位員工將於 ×3 年 12 月 31 日前離職。
(3) ×3 年底，中正公司 ×3 年實際 EPS 成長 8%。共有 5 位員工離職。

解析

中正公司應於既得期間認列所取得勞務成本，該勞務之衡量，係以給與日認股權公允價值為衡量基礎。各年度員工之勞務成本計算如下：

年度	估計既得期間離職率	認股權既得數量	累積薪資費用	當期薪資費用
×1	3 人	0	$15 × (10 − 3) × 1,000 × 1/3 = $35,000	$ 35,000
×2	4 人	0	$15 × (10 − 4) × 1,000 × 2/3 = $60,000	$ 25,000
×3	5 人（實際）	5 人 × 200 股 = 1,000 股	$15 × (10 − 5) × 200 × 3/3 = $15,000	($45,000)

於 ×1 年 1 月 1 日，中正公司給與員工認股權，雙方已達成共識，所以當日是給與日，也是衡量日 (用 $15 去衡量認股權)，但是無須作相關分錄，只須註記相關事項即可。

(1) ×1 年 12 月 31 日，認列 ×1 年薪資費用：

　　薪資費用　　　　　　　　　　　　　　　　　　　　35,000
　　　　資本公積—員工認股權　　　　　　　　　　　　　　　　35,000

(2) ×2 年 12 月 31 日，認列 ×2 年薪資費用：

　　薪資費用　　　　　　　　　　　　　　　　　　　　25,000
　　　　資本公積—員工認股權　　　　　　　　　　　　　　　　25,000

(3) ×3 年 12 月 31 日，因績效不如預期，迴轉 ×3 年薪資費用：

　　資本公積—員工認股權　　　　　　　　　　　　　　45,000
　　　　薪資費用　　　　　　　　　　　　　　　　　　　　　　45,000

釋例 13-12　員工認股權──固定既得期間、市價條件

×1 年初，中正公司給與 10 位主管各 1,000 個認股權，條件為必須在中正公司繼續服務至 ×3 年底。然而，若 ×3 年底之股價未自第 1 年初之 $30，上漲至超過 $50，則該認股權將失效。若 ×3 年底之股價高於 $50，則可於往後 4 年之任何時點執行該認股權。

中正公司採用選擇權評價模式，考慮股價在 ×3 年底超過 $50 (認股權因而可執行)

及未超過 $50（認股權因而失效）之可能性，估計認股權在此市價條件下之公允價值為每單位認股權 $18。

×1 年底時，有 1 位主管離職，中正公司預估至 ×3 年底時，共有 3 位主管離職。

×2 年底時，累計有 2 位主管離職，中正公司預估至 ×3 年底時，共有 4 位主管離職。

(a) ×3 年底時，中正公司股價若為 $70，共有 3 位主管離職。
(b) ×3 年底時，中正公司股價若為 $40，共有 3 位主管離職。

試計算中正公司各年度應認列之薪資費用？

解析

股份基礎交易不論市價條件是否達成，企業應認列自滿足所有其他既得條件之對方所收取之勞務（例如已滿特定服務期間之員工）。因此，不論最後股價是否有超過 $50，並不影響應認列之薪資費用。此乃因在給與日估計認股權之公允價值時，已將無法達到目標股價之可能性納入考量。但是中正公司仍須考量其他非市價條件是否有達成（例如，員工是否仍然在職）。不論中正公司 ×3 年底股價為何 ($70 或 $40)，中正公司都應該分別於 ×1 年至 ×3 年認列下列金額：

年度	估計既得期間離職率	認股權既得數量	累積薪資費用	當期薪資費用
×1	3 人	0	$18 × (10 − 3) × 1,000 × 1/3 = $42,000	$42,000
×2	4 人	0	$18 × (10 − 4) × 1,000 × 2/3 = $72,000	$30,000
×3	3 人（實際）	7 人 × 1,000 股 = 7,000 股	$18 × (10 − 3) × 1,000 × 3/3 = $126,000	$54,000

釋例 13-13　員工認股權──不固定既得期間、市價條件

×1 年初，成功公司給與 10 位主管各 1,000 個認股權，存續期間為 7 年，但條件為股價必須自第 1 年初之 $30，上漲至 $50 以上且仍然在職時，認股權才能既得。

成功公司採用選擇權評價模式，考慮股價在 7 年內超過 $50（認股權因而可執行）及未超過 $50（認股權因而失效）之可能性，估計認股權在此市價條件下之公允價值為每單位認股權 $15。成功公司根據選擇權評價模式，考慮所有可能結果，該市價條件最有可能的結果為股價目標將於 ×3 年底達成。因此，成功公司估計預期既得期間為 3 年。

情況一：

×1 年底時，有 1 位主管離職，成功公司預估至 ×3 年底時，共有 3 位主管離職。

×2 年底時，累計有 2 位主管離職，成功公司預估至 ×3 年底時，共有 4 位主管離職。

×3 年底時，成功公司股價只有 $40，共有 3 位主管離職。

×4 年底時，成功公司股價終於超過 $50，該年度又有 1 位主管離職。

試計算成功公司 ×1 年至 ×4 年度應認列之薪資費用？

解析

由於成功公司在給與日的最佳預期既得期間為 3 年，故應於 ×1 年至 ×3 年認列所取得之勞務，故最後係以 70,000 個認股權 (10,000 單位認股權 × 7 位於 ×3 年底仍繼續服務之主管) 為基礎。雖然另有一位主管於 ×4 年離職，但因其已完成預期既得期間 3 年之服務，故不必進行調整。因此，成功公司於 ×1 年至 ×4 年將認列下列金額：

年度	估計既得期間離職率	認股權既得數量	累積薪資費用	當期薪資費用
×1	3 人	0	$15×(10−3)×1,000×1/3 = $35,000	$35,000
×2	4 人	0	$15×(10−4)×1,000×2/3 = $60,000	$25,000
×3	3 人(實際)	7 人×1,000 股 = 7,000 股(最佳估計)	$15×(10−3)×1,000×3/3 = $105,000	$45,000
×4	4 人(實際)	6,000 股	$105,000	$0 (不調整)

情況二：

×1 年底時，有 1 位主管離職，成功公司預估至 ×3 年底時，共有 3 位主管離職。

×2 年底時，成功公司股價為 $55，認股權已經既得，累計有 2 位主管離職。

試計算成功公司各年度應認列之薪資費用？

解析

由於成功公司在給與日的最佳預期既得期間為 3 年，但在 ×2 年提前達成既得，故最後係以 80,000 個認股權 (10,000 單位認股權 × 8 位於 ×2 年底仍繼續服務之主管) 為基礎。因此，成功公司於 ×1 年至 ×2 年將認列下列金額：

年度	估計既得期間離職率	認股權既得數量	累積薪資費用	當期薪資費用
×1	3 人	0	$15×(10−3)×1,000×1/3 = $35,000	$35,000
×2	2 人(實際)	8 人×1,000 股 = 8,000 股	$15×(10−2)×1,000×2/2 = $120,000	$85,000

Chapter 13 權益及股份基礎給付交易

釋例 13-14　員工認股權──不固定既得期間、非市價之績效條件

東吳公司於 ×1 年初給與 20 位員工各 600 股之認股權。給與認股權有關績效及既得之條件如下：

1. 若 ×1 年每股盈餘成長 30% 以上，則認股權 ×1 年底馬上既得。
2. 若 ×1 年及 ×2 年兩年每股盈餘平均成長 20% 以上，則認股權 ×2 年底既得。
3. 若 ×1 年、×2 年及 ×3 年三年每股盈餘平均成長 10% 以上，則認股權 ×3 年底既得。
4. 若三年後前述條件均未達成，則認股權立即失效。

東吳公司當日的股價為 $40，認股權之認購價格為每股 $50，估計每一個認股權之公允價值為 $15。認股權於 ×5 年 12 月 31 日到期。試作下列分錄：

(1) ×1 年 12 月 31 日。×1 年每股盈餘只有成長 15%，故 ×1 年底並未既得。東吳公司估計認為 ×2 年會大幅成長，將在 ×2 年達成既得目標，預計有 3 位員工將於 ×2 年 12 月 31 日前離職。

(2) ×2 年 12 月 31 日，×1 年及 ×2 年兩年每股盈餘平均只有成長 12%，故 ×2 年底並未既得。東吳公司估計認為將在 ×3 年達成既得目標。東吳公司估計有 8 位員工將於 ×3 年 12 月 31 日前離職。

(3) ×3 年 12 月 31 日，×1 年、×2 年及 ×3 年三年每股盈餘平均成長超過 10% 以上。共有 6 位員工於既得期間前實際離職，其餘 14 位員工各取得 600 單位認股權。

解析

東吳公司應於既得期間認列所取得勞務成本，該勞務之衡量，係以給與日認股權公允價值為衡量基礎。各年度員工之勞務成本計算如下：

年度	估計既得期間離職率	認股權既得數量	累積薪資費用	當期薪資費用
×1	3 人	0	$15 × (20 − 3) × 600 × 1/2 = $76,500	$76,500
×2	8 人	0	$15 × (20 − 8) × 600 × 2/3 = $72,000	($4,500)
×3	6 人（實際）	14 人 × 600 股 = 8,400 股	$15 × (20 − 6) × 600 × 3/3 = $126,000	$54,000

於 ×1 年 1 月 1 日，東吳公司給與員工認股權，雙方已達成共識，所以當日是給與日，也是衡量日（用 $15 去衡量認股權），但是無須作相關分錄，只須註記相關事項即可。

(1) ×1 年 12 月 31 日，×1 年每股盈餘只有成長 15%，故 ×1 年底並未既得。東吳公司估計認為 ×2 年很有機會大幅成長，將在 ×2 年達成既得目標，因此東吳公司用此時最佳估計，去計算應有之薪資費用（認列 1/2）：

　　薪資費用　　　　　　　　　　　　　　76,500
　　　　資本公積─員工認股權　　　　　　　　　　76,500

95

(2) ×2 年 12 月 31 日，×1 年及 ×2 年兩年每股盈餘平均只有成長 12%，故 ×2 年底並未既得。東吳公司估計認為將在 ×3 年達成既得目標。東吳公司估計有 8 位員工將於 ×3 年 12 月 31 日前離職。東吳公司應用修正後的最佳估計，去計算 ×2 年應減少認列之薪資費用 (只能認列 2/3)：

資本公積—員工認股權	4,500	
薪資費用		4,500

(3) ×3 年 12 月 31 日，×1 年、×2 年及 ×3 年三年每股盈餘平均成長超過 10% 以上，順利達成既得目標。共有 6 位員工於既得期間前實際離職，其餘 14 位員工各取得 600 單位認列權。東吳公司應用最後確定發行之認股權股數，去計算應有之薪資費用 (認列 3/3)。

薪資費用	54,000	
資本公積—員工認股權		54,000

● **現金增資保留給員工認購**

　　根據公司法第 267 條規定，公司發行新股時，應保留發行新股總數 10% 至 15% 之股份由公司員工承購。該條之規定主要是未來讓勞方也有機會成為資方，以促進勞資和諧。但是，企業如果在辦理現金增資時，為了吸引現有股東 (有 85% 至 90% 現金增資權利) 及員工繳款，通常認購價格會大約在市價的 9 折左右。現有股東現金增資的認股權利，係按持股比率計算而得，故非屬股份基礎給付交易。但是現金增資保留給員工認股之權利，則是基於員工的身分所取得，故屬股份基礎給付交易。由於該認股權利，沒有任何服務期間之限制，故視為立即既得，在給與日馬上認列為費用。

釋例 13-15　辦理現金增資保留給員工認購

　　淡江公司之董事會於 ×1 年 7 月 1 日決議辦理現金增資，保留供員工認購股數為 10,000 股，當日員工與公司對認購計畫已有共識，股價為每股 $20，認購價格為每股 $18。員工繳款日為 ×1 年 8 月 1 日。由於員工認購價格已確定 ($18)，認購股數也已經確定，員工有 1 個月的時間得以決定是否行使該認股權，所以淡江公司辦理現金增資，保留給員工之認購股數，符合認股權的定義。淡江公司採選擇權評價模式，估計所給與認購新股權利之給與日每單位公允價值為 $3，員工繳款日為 ×1 年 8 月 1 日。發放股票

權益及股份基礎給付交易　Chapter 13

日為 ×1 年 8 月 15 日。

情況一：現金增資順利成功，淡江公司之員工最終認購現金增資發行新股 8,000 股。

情況二：淡江公司之員工雖有認購現金增資 2,000 股，但現金增資失敗，淡江公司退回股款。

試作：淡江公司有關現金增資保留由員工認購之會計分錄。

解析

因為員工於給與日馬上既得，未來無須再提供勞務，故淡江公司應於給與日立即認列費用。即使員工未來因股價下跌而不參與現金增資，仍不得迴轉已認列之薪資費用。

情況一：現金增資順利成功，淡江公司之員工最終認購現金增資發行新股 8,000 股，相關分錄如下。

×1/7/1　給與日立即認列薪資費用。

薪資費用 ($3 × 10,000)	30,000	
資本公積—員工認股權		30,000

×1/8/1　員工繳款日之分錄。

現金 ($18 × 8,000)	144,000	
預收股款		144,000

×1/8/15　發放股票日之分錄。

預收股款	144,000	
資本公積—員工認股權 ($3 × 8,000)	24,000	
普通股股本 ($10 × 8,000)		80,000
資本公積—普通股股票溢價		88,000
資本公積—員工認股權 ($3 × 2,000)	6,000	
資本公積—已失效認股權		6,000

情況二：淡江公司之員工雖有認購現金增資 2,000 股，但現金增資失敗，淡江公司退回股款並沖轉原先認列之薪資費用。有關淡江公司現金增資保留由員工認購之會計分錄如下：

×1/7/1　給與日立即認列薪資費用。

薪資費用 ($3 × 10,000)	30,000	
資本公積—員工認股權		30,000

×1/8/1　員工繳款日之分錄。

現金 ($18×2,000)	36,000	
預收股款		36,000

×1/8/15　退回股款之分錄。

預收股款	36,000	
現金		36,000
資本公積—員工認股權 ($3×10,000)	30,000	
薪資費用		30,000

● **員工認股計畫**

員工認股計畫 (employee share purchase plan) 係國內企業較少用、國外企業較常用之員工獎酬計畫。該計畫允許符合資格之員工得依薪資比例，按企業股價之 8 折或 9 折，認購企業之股份。員工認股計畫通常對於持股期間有一定之限制。員工認股計畫不一定符合認股權之特性，端視員工認股計畫之條款而定。

釋例 13-16　員工認股計畫 (無既得期間、非認股權)

長榮公司於 ×1 年初提供全體 3,000 位員工參加員工認股計畫之機會，員工有 1 個月考慮是否接受該提議。該計畫之條件為每位員工有權購買至多 100 股，購買價格為接受提議日該公司股份市價之 80%，且必須於接受提議當日立即支付。所有員工認購之股份必須交付信託且 5 年內不得出售。員工於該期間內不得退出該計畫。例如，若員工於這 5 年期間內離職，股份仍須保留於計畫中直至 5 年期滿。此外，5 年中所發放之股利亦應為員工交付信託至 5 年期滿。

共有 2,500 位員工接受此提議，平均每人認購 80 股，故員工購買之總股數為 200,000 股。認購日之股份加權平均市價為每股 $50，故加權平均認購價格為每股 $40 (= $50 × 80%)。

由於認購日後 5 年內不得出售。因此，長榮公司應考量該 5 年期間之轉出限制對評價 (流動性較差) 之影響。此須使用評價技術以估計該受限股份在與已充分了解且有成交意願之市場參與者之公平交易中之價格。假設長榮公司估計受限股份之每股公允價值為 $46，未受限股票之每股公允價值為 $50。

試問：
(1) 該認股計畫是否符合認股權之特性？

(2) 該認股計畫之既得期間有多久？
(3) 該認股計畫每一個認股權利之公允價值為何？
(4) 長榮公司 ×1 年因該員工認股計畫，應認列之薪資費用金額為何？

解析

(1) 長榮公司首先必須決定該給與員工權益工具之類型。雖然該計畫被稱為員工認股計畫，但不是所有的員工認股計畫都具有選擇權之特性。要符合選擇權之特性，必須該認股權利的認購價格、認購數量及選擇權存續期間都已經確定。以本例而言，雖然員工有 1 個月的時間考量是否接受該認股計畫，由於在考量期間，認購價格尚未確定。而且接受認購計畫後，當日立即支付價格，沒有退出的機會，因此本例之員工認股計畫與釋例 13-15 不同，非屬選擇權之認購計畫。

釋例 13-15 企業增資保留給員工，員工也有 1 個月的時間考量是否參與現金增加，但是認購價格早已確定，故符合選擇權之認購計畫，員工放棄未認列之認股權，仍應視為薪資費用。

(2) 由於員工未來無須提供勞務，即可取得認購權利，所以本例無既得期間。
(3) 每一個認股權利 (非選擇權、無時間價值) 之公允價值 = 受限股票之公允價值 $46 – 認購價格 $40 = $6。
(4) 因為無既得期間，長榮公司應立即認列薪資費用 $6 × 200,000 = $1,200,000。員工放棄未認列的 100,000 股 (= 3,000 × 100 – 200,000)，無須認列薪資費用，因為該認股權利無選擇權之特性。

● 以庫藏股票轉讓與員工

　　有些企業會趁股價低迷時，買進庫藏股票。由於我國企業目前買進庫藏股票之後，並不能在股票市場公開出售，該庫藏股票只能註銷，或者轉讓給員工，再由員工在股票市場出售。企業以庫藏股票轉讓與員工，通常沒有未來服務期間之限制，因此屬於立刻即得，須馬上認列為費用。另外，轉讓庫藏股票給員工時，應比照第 13.3 節之作法，如果轉讓價格高於庫藏股票買回成本，不得認列利益，而應增加「資本公積─庫藏股票交易」；反之，如果轉讓價格低於庫藏股票買回成本，應先沖減原先「資本公積─庫藏股票交易」之貸方餘額，若仍有不足，則應減少「保留盈餘」。

釋例 13-17　企業以庫藏股票轉讓與員工

亞洲公司於 ×1 年 12 月 31 日經過董事會決議後,買回庫藏股票 10,000 股,每股 $30,準備轉讓給員工作為獎酬。

情況一:轉讓價格不低於實際買回價格。

×2 年 3 月 31 日,經過董事會決議後,將已買回之庫藏股票 10,000 股轉讓員工,當日亞洲公司股價為 $40,員工得以用 $35 認購,採用選擇權評價模式得到此一認股權利之公允價值為 $6。繳款日為 ×2 年 4 月 15 日。

試作:亞洲公司相關分錄。

情況二:轉讓價格低於實際買回價格。

×2 年 3 月 31 日,經過董事會決議後,將已買回之庫藏股票 10,000 股轉讓員工,當日亞洲公司股價為 $25,員工得以用 $21 認購,採用選擇權評價模式得到此一認股權利之公允價值為 $5。繳款日為 ×2 年 4 月 15 日,該日亞洲公司原先帳上「資本公積—庫藏股票交易」有貸方餘額 $15,000。

試作:亞洲公司相關分錄。

解析

情況一:轉讓價格不低於實際買回價格。

×1/12/31　買回庫藏股票之分錄。

庫藏股票 ($30 × 10,000)	300,000	
現金		300,000

×2/3/31　給與員工認股權之分錄。

薪資費用 ($6 × 10,000)	60,000	
資本公積—員工認股權		60,000

×2/4/15　員工繳款並取得股票之分錄。亞洲公司應沖轉「庫藏股票」、「資本公積—員工認股權」之金額,並將其與收取現金之差額 $110,000 (= $350,000 + $60,000 − $300,000),增加「資本公積—庫藏股票交易」。

現金 ($35 × 10,000)	350,000	
資本公積—員工認股權 ($6 × 10,000)	60,000	
庫藏股票 ($30 × 10,000)		300,000
資本公積—庫藏股票交易		110,000

情況二:轉讓價格不低於實際買回價格。

×1/12/31　買回庫藏股票之分錄。

庫藏股票 ($30 × 10,000)	300,000	
現金		300,000

×2/3/31	給與員工認股權之分錄。		
	薪資費用 ($5 × 10,000)	50,000	
	資本公積—員工認股權		50,000
×2/4/15	員工繳款並取得股票之分錄。沖轉「庫藏股票」、「資本公積—員工認股權」之金額，並將其與收取現金之差額 $40,000 (= $300,000 − $210,000 − $50,000)，先沖減先前「資本公積—庫藏股票交易」之貸方餘額 $15,000，剩餘 $25,000 則減少保留盈餘。		
	現金 ($21 × 10,000)	210,000	
	資本公積—員工認股權 ($5 × 10,000)	50,000	
	資本公積—庫藏股票交易	15,000	
	保留盈餘	25,000	
	庫藏股票 ($30 × 10,000)		300,000

● 限制性股票

限制性股票 (restricted stock) 係企業為了獎酬員工，直接發行股份給員工 (但仍會交付信託保管)，但該股票有受到既得條件 (可能包括服務條件及績效條件) 之限制。如果後來員工未能滿足既得條件，企業會將該股票收回。與員工認股權相比較，限制性股票有兩個優點：

1. 員工不必出資，即可成為股東。
2. 對股本稀釋效果較低。

另外，與員工認股權不同之處，在於限制性股票在給與日時已經發行股份，所以當日必須借記「員工未賺得酬勞」，該項目為過渡項目，於資產負債表中作為權益減項，未來並依既得條件轉列薪資費用。

釋例 13-18　企業給與員工限制性股票 (固定既得期間、無績效條件)

德明公司與員工於 ×1 年 1 月 1 日協議以發行限制性股票作為獎酬計畫，雙方約定由 10 位員工各無償取得 1,000 股，限制性股票發放日為 ×1 年 1 月 2 日。既得條件為員工必須服務滿 3 年，×1 年 1 月 1 日至 ×3 年 12 月 31 日閉鎖期內，發放給員工的股票應

由德明公司交付信託，不得轉讓，惟仍享有投票權及股利分配等權利，員工若於既得期間內離職，則應返還該限制性股票。自 ×4 年 1 月 1 日起，可自由轉讓這些股票。德明公司一般沒有受任何限制的股票，於 ×1 年 1 月 1 日每股市價為 $50，但是這些限制性股票因為有閉鎖期，公允價值每股只有 $45。

　　×1 年底及 ×2 年底，德明公司估計將有 3 位員工於 3 年內離職，×2 年底有 2 位員工離職。累計至 ×3 年，德明公司總共有 2 位員工離職。

試作：德明公司限制性股票相關分錄。

解析

　　由於這些限制性股票有服務期間之限制，故應依相關離職率之最佳估計，計算 ×1 年至 ×3 年各期應認列之薪資費用，計算如下：

年度	估計既得期間離職率	認股權既得數量	累積薪資費用	當期薪資費用
×1	3 人	0	$45 × (10 − 3) × 1,000 × 1/3 = $105,000	$105,000
×2	3 人	0	$45 × (10 − 3) × 1,000 × 2/3 = $210,000	$105,000
×3	2 人（實際）	8 人 × 1,000 股 = 8,000 股	$45 × (10 − 2) × 1,000 × 3/3 = $360,000	$150,000

×1/1/1　德明公司與員工雙方同意限制性股票之約定 (給與日)，並依當日限制性股票之公允價值 $45，及離職率之最佳估計，計算「員工未賺得酬勞」$315,000 (= $45 × 7 人 × 1,000 股)，該項目為過渡項目，於資產負債表中作為權益減項，並依時間經過轉列薪資費用。

　　　　員工未賺得酬勞　　　　　　　　　　　　　315,000
　　　　　　資本公積—受限制股票　　　　　　　　　　　　　315,000

×1/1/2　發放限制性股票 10,000 股給員工。若「資本公積—受限制股票」與給與日之貸方餘額互抵為借餘，則保持為借方餘額，無須沖減保留盈餘。

　　　　資本公積—受限制股票　　　　　　　　　　100,000
　　　　　　股本 ($10 × 10,000)　　　　　　　　　　　　　100,000

×1/12/31　認列限制性股票第 1 年薪資費用。

　　　　薪資費用　　　　　　　　　　　　　　　　105,000
　　　　　　員工未賺得酬勞　　　　　　　　　　　　　　　105,000

×2/12/31　認列限制性股票第 2 年薪資費用。

薪資費用	105,000	
員工未賺得酬勞		105,000

×2/12/31 有 2 位員工離職，將其限制性股票收回並註銷。

股本 ($10 × 2,000)	20,000	
資本公積－受限制股票		20,000

×3/12/31 因為估計離職率由 3 人變成 2 人，故應增加「員工未賺得酬勞」及「資本公積－受限制股票」$45,000（＝$45 × 1 人 × 1,000 股）。

員工未賺得酬勞	45,000	
資本公積－受限制股票		45,000

×3/12/31 認列限制性股票第 3 年薪資費用。

薪資費用	150,000	
員工未賺得酬勞		150,000

×3/12/31 因限制性股票已符合既得條件，沖轉相關資本公積。

資本公積－受限制股票	280,000	
資本公積－普通股股票溢價 [($45 − $10) × 8,000]		280,000

內含價值法（無法可靠估計權益工具之公允價值）

在罕見之情況下，企業可能無法於衡量日可靠估計所給與權益工具之公允價值。例如企業發行的股票未在活絡市場交易，或與前述股票連動且其清償須交付該等股票之衍生工具（如認股權），若其公允價值合理估計數之變異區間並非很小，且無法合理評估不同估計之機率。企業僅在此等罕見情況下，才能採用**內含價值法** (intrinsic value method) 來處理股份基礎給付交易。

以認股權為例，如果其公允價值（包括內含價值及時間價值）在衡量日能可靠估計，企業以衡量日之公允價值作為衡量基礎，即使衡量日之後，認股權的公允價值不論上漲或下跌，都不予以考量，不會增加或減少未來的薪資費用。但是如果認股權的公允價值在衡量日無法可靠衡量，此時當然無法採用公允價值法，因此 IASB 根據「願賭服輸」的精神，允許企業完全不用考量認股權的時間價值，表面上看起來企業可認列較低的薪資費用，但是未來如果認股權之

內含價值增加,必須增列薪資費用;反之,若內含價值下跌,則可減少認列或甚至完全不必認列薪資費用。此外,企業採用內含價值法之後,即使將來權益工具的公允價值變成能夠可靠衡量(例如,未上市公司後來已經上市上櫃之後),根據「願賭服輸」的精神,亦不得改用公允價值法。

內含價值之作法,如下:

1. 自企業收取商品或勞務之日起、後續每一報導期間結束日、至最終交割日,以內含價值為認列每一單位權益工具之計價(單價)基礎。

   就認股權之給與而言,當認股權執行、喪失(例如於終止聘僱關係時)或失效(例如於認股權存續期間終了)時,即為股份基礎給付協議之最終交割。

2. 以最終交割日之權益工具數量為基礎,認列所收取之商品或勞務。

   以認股權為例,除市價條件外,企業應於既得期間逐期認列所收取之商品或勞務,並以預期既得之認股權數量(最佳估計)為基礎。於既得日時,企業應調整至實際既得數量。在既得日之後,若認股權喪失或於認股權存續期間終了時失效,企業應將所認列之已收取商品或勞務之金額迴轉。

釋例 13-19 內含價值法(無法可靠衡量認股權之公允價值)

×1年初,台中公司以繼續服務3年為條件,給與10位員工各1,000單位之認股權,服務之既得期間為3年,該認股權之存續期間為5年。執行價格為$12,而台中公司於給與日之價值亦為$12。但台中公司於給與日認為其無法可靠估計所給與認股權之公允價值。

下表係台中公司×1年至×5年之股價、認股權執行數量及預期或實際離職人數之資料,假設於某特定年度執行之認股權均係於該年度之年底執行。

試作:台中公司各年度應認列之薪資費用及作相關分錄。

年度	年底價值	年底執行之認股權數量	預期或實際離職人數
×1	$15	0	3
×2	18	0	3
×3	20	0	2
×4	25	6,000	—
×5（情況一）	32	2,000	—
×5（情況二）	9	0	—

解析

台中公司於 ×1 年至 ×5 年應分別認列之薪資費用，計算如下：

年度	估計既得期間離職人數	年底股價	年底流通在外認股權數量	當期薪資費用	累積薪資費用
×1	3	$15	0	($15 − $12) × (10 − 3) × 1,000 × 1/3 = $7,000	$7,000
×2	3	18	0	($18 − $12) × (10 − 3) × 1,000 × 2/3 − $7,000 = $21,000	$28,000
×3	2（實際）	20	(10 − 2) × 1,000 = 8,000	($20 − $12) × (10 − 2) × 1,000 × 3/3 − $28,000 = $36,000	$64,000
×4	—	25	8,000 − 6,000 = 2,000	($25 − $20) × 6,000 + ($25 − $20) × 2,000 = $40,000	$64,000 + $40,000 = $104,000
×5（情況一）	—	32	0	($32 − $25) × 2,000 = $14,000	$104,000 + $14,000 = $118,000
×5（情況二）	—	9	0	($12 − $25) × 2,000 = −$26,000	$104,000 − $26,000 = $78,000

×1/12/31 認列 ×1 年薪資費用。

  薪資費用   7,000
    資本公積—員工認股權   7,000

×2/12/31 認列 ×2 年薪資費用。

  薪資費用   21,000
    資本公積—員工認股權   21,000

×3/12/31 認列 ×3 年薪資費用，最後既得 8,000 單位認股權。

薪資費用	36,000	
資本公積－員工認股權		36,000

×4/12/31 將 ×4 年內含價值增加的部分，於 ×4 年認列薪資費用，可分為兩部分，其中 6,000 單位認股權已經交割並發行新股，應認列 $30,000 [= ($25 − $20) × 6,000] 薪資費用，剩下 2,000 單位認股權，亦應認列薪資費用 $10,000 [= ($25 − $20) × 2,000]，共須認列薪資費用 $40,000。

薪資費用	40,000	
資本公積－員工認股權		40,000
現金 ($12 × 6,000)	72,000	
資本公積－員工認股權 [($25 − $12) × 6,000]	78,000	
普通股股本 ($10 × 6,000)		60,000
資本公積－普通股股票溢價		90,000

×5/12/31（情況一）將 ×5 年內含價值增加之部分，於 ×5 年認列薪資費用，剩餘 2,000 單位認股權，應增加認列薪資費用 $14,000 [= ($32 − $25) × 2,000]，並作發行新股之分錄。

薪資費用	14,000	
資本公積－員工認股權		14,000
現金 ($12 × 2,000)	24,000	
資本公積－員工認股權 [($32 − $12) × 2,000]	40,000	
普通股股本 ($10 × 2,000)		20,000
資本公積－普通股股票溢價		44,000

×5/12/31（情況二）由於 ×5 年時股價大跌，只剩 $9，低於認購價格 $12，所以員工放棄認購，因為此時內含價值為 $0 (不是 $9 − $12 = −$3)，應將 ×5 年內含價值減少之部分，於 ×5 年迴轉減少薪資費用，剩餘 2,000 單位認股權，應減少薪資費用 $26,000 [= ($12 − $25) × 2,000]，並轉列「資本公積－員工認股權」之餘額。

資本公積－員工認股權	26,000	
薪資費用		26,000

13.4.3　現金交割

學習目標 8
現金交割之股份基礎給付交易之會計處理

對於現金交割之股份基礎給付交易，企業應以所承擔負債之公允價值衡量所取得之商品或勞務及負債。企業應於每一報導期間結束日及交割日再衡量負債之公允價值，並將公允價值之任何變動認

列於當期損益直至負債交割。

　　例如，企業可能給與**員工股份增值權** (stock appreciation rights) 以作為激勵員工之用。股份增值權和認股權有點相像，它們都是特定期間內，以企業之股價為履約標的。但它們相同之處，例如股份增值權和認股權的履約價格都是 $20，只要企業的股價 (例如是 $35) 超過 $20，對於股份增值權和認股權都是有利的。但是兩者不同之處，在於對認股權而言，員工須先準備 $20 來認購企業的股份，再予以出售才能獲得該 $15 內含價值的利益，但是對股份增值權而言，員工無須準備 $20 去認股，即可直接要求企業支付 $15，對於員工比較方便。

　　除了股份增值權之外，企業亦可能藉由給與員工可賣回股份 (包括因執行認股權而認購之股份) 的權利，該股份可由企業強制 (例如於終止聘僱關條時) 贖回，或由員工主動要求賣回，而成為現金交割之股份基礎給付交易。

　　現金交割之股份基礎給付交易 (如股份增值權) 若屬立即既得，除有反證外，企業應推定已收取員工所提供之勞務。因此，企業應立即認列所收取之勞務及為支付該勞務之負債。若股份增值權須等到員工已完成特定期間之服務方為既得，企業應於該期間隨著員工勞務之提供，逐期認列所收取之勞務及為支付該勞務之負債。

　　股份增值權負債應藉由運用選擇權評價模式，考量股份增值權給與所依據之條款及條件，以及員工至今已提供勞務之程度，於原始及後續之每一報導期間結束日直至交割止，按股份增值權之公允價值衡量。值得強調的是，股份增值權負債在交割時，係以較低的內含價值交割，而非較高的公允價值交割。亦即，股份增值權若在到期之前行使，會使時間價值變成零，此即財務學上常說的一句名言「*option is more valuable alive than dead*」。提早行使選擇權對於員工不利，但是員工基於個人選擇 (如需要資金、準備跳槽，或看壞公司未來等理由) 還是會提早行使。雖然股份增值權負債係以內含價值實際交割，但 IASB 為了會計衡量的一致性，要求員工認股權或股份增值權負債在原始認列及後續衡量時，都同樣必須使用公允價值。但是企業若提前清償股份增值權負債時，只須依內含價值支

中級會計學 下

付現金,並予以認列。

釋例 13-20　現金交割之股份增值權──固定既得期間

×1 年初,元智公司以繼續服務 3 年為條件,給與 10 位員工各 1,000 單位之股份增值權,服務之既得期間為 3 年,該股份增值權之存續期間為 5 年。執行價格為 $15,而元智公司於給與日之股價亦為 $15。

下表係元智公司 ×1 年至 ×5 年之股份增值權之公允價值、內含價值、股份增值權執行數量及預期或實際離職人數之資料,假設於某特定年度執行之股份增值權均係於該年度之年底執行。試計算元智公司各年度應認列之薪資費用及作相關分錄。

年度	年底股份增值權之公允價值	年底股份增值權之內含價值	年底執行之股份增值權數量	預期或實際離職人數
×1	$9	$5	0	3
×2	3	0	0	3
×3	4	0	0	4
×4	8	7	4,000	─
×5	5	5	2,000	─

解析

元智公司於 ×1 年至 ×5 年應分別認列之薪資費用,計算如下:

年度	估計既得期間離職人數	年底股份增值權之公允價值	年底股份增值權之內含價值	年底流通在外認股權數量	當期薪資費用	年底股份增值權負債
×1	3	$9	$5	0	$9 × (10 − 3) × 1,000 × 1/3 = $21,000	$21,000
×2	3	3	0	0	$3 × (10 − 3) × 1,000 × 2/3 − $21,000 = −$7,000	$21,000 − $7,000 = $14,000
×3	4 (實際)	4	0	(10 − 4) × 1,000 = 6,000	$4 × (10 − 4) × 1,000 × 3/3 − $14,000 = $10,000	$14,000 + $10,000 = $24,000
×4	─	8	7	6,000 − 4,000 = 2,000	流通在外(用公允價值): $8 × 2,000 − $24,000 = −$8,000 已經行使(用內含價值支付現金): $7 × 4,000 = $28,000 本年度薪資費用: −$8,000 + $28,000 = $20,000	$24,000 − $8,000 = $16,000
×5	─	5	5		流通在外(用公允價值): $5 × 0 − $16,000 = −$16,000 已經行使(用內含價值支付現金): $5 × 2,000 = $10,000 本年度薪資費用: −$16,000 + $10,000 = −$6,000	$16,000 − $16,000 = $0

根據上表，應作分錄如下：

×1/12/31 認列 ×1 年薪資費用。

薪資費用	21,000	
股份增值權負債		21,000

×2/12/31 因 ×2 年股份增值權負債金額下降，調降負債金額並迴轉薪資費用。

股份增值權負債	7,000	
薪資費用		7,000

×3/12/31 認列 ×3 年薪資費用，最後既得 6,000 股份增值權。

薪資費用	10,000	
股份增值權負債		10,000

×4/12/31 於 ×4 年認列薪資費用，可分為兩部分，其中 4,000 單位股份增值權已經行使，支付現金及認列薪資費用 \$28,000（= \$7×4,000），剩下 2,000 單位股份增值權負債年底餘額只有 \$16,000（= \$8×2,000），亦應調降股份增值權負債及減少薪資費用 \$8,000（= \$24,000 − \$16,000），因此兩部分合計應認列薪資費用 \$20,000（= \$28,000 − \$8,000）。

薪資費用	20,000	
股份增值權負債	8,000	
現金		28,000

×5/12/31 於 ×5 年認列薪資費用，可分為兩部分，其中 2,000 單位股份增值權已經行使，支付現金及認列薪資費用 \$10,000（= \$5×2,000），剩下 0 單位股份增值權負債年底餘額應該歸零，故調降股份增值權負債及減少薪資費用 \$16,000（= \$0 − \$16,000），因此兩部分合計應減少薪資費用 \$6,000（= \$16,000 − \$10,000）。

股份增值權負債	16,000	
薪資費用		6,000
現金		10,000

附錄 A　股份基礎給付交易之補充議題

附錄 A 論股份基礎給付交易更深入的議題，包括：

1. 得選擇現金交割之股份基礎給付交易。
2. 權益交割股份基礎給付協議之修改條件、取消或交割。
3. 非既得條件。
4. 重填認股權。

學習目標 9

得選擇用現金交割之股份基礎給付交易之會計處理

13.A.1　得選擇現金交割之股份基礎給付交易

有些股份基礎給付交易，會允許企業本身或對方選擇以現金（或其他資產）交割或權益交割。此類交易的基本原則是：

企業若已承擔以現金交割之負債，則該交易（或該交易之組成部分）應在已承擔負債之範圍內，按現金交割之股份基礎給付交易處理；若未承擔此種負債，則在未承擔此種負債之範圍內，按權益交割之股份基礎給付交易處理。

詳細的會計處理，須依照交易對方或者企業本身有選擇現金交割權利，而有所不同作法，分述如下：

■ 允許交易對方選擇現金交割

交易對方若有選擇現金交割之權利，則本質上係企業給與交易對方**複合金融工具** (compound financial instrument)，包含負債組成部分（交易對方有權要求現金交割）及權益組成部分（交易對方有權要求以權益工具交割）。

企業交易之對象非屬員工，且所取得商品或勞務之公允價值可直接衡量時，則宜於取得商品或勞務之日，以該商品或勞務之公允價值與負債組成部分之公允價值之差額，衡量複合金融工具之權益組成部分。

企業交易之對象若屬員工，應於衡量日考量權益工具或現金給與之條件，衡量整個複合金融工具之公允價值。然後，應先衡量負債組成部分之公允價值，再衡量權益組成部分之公允價值（考慮交易對方為收取權益工具而必須放棄取得現金之權利）。複合金融工具之公允價值係負債組成部分及權益組成部分公允價值之總合。交易對方可選擇交割方式之股份基礎給付交易，其交易之設計常使兩種交割方式之公允價值相等。例如交易對方得選擇收取認股權或以現金交割之股票增值權，且兩者之公允價值相等，因此複合金融工具之公允價值等於負債組成部分之公允價值，故在此情況下權益組成部分之公允價值為零。惟若兩種交割方式之公允價值不同時，權益組成部分之公允價值通常大於零，此時複合金融工具之公允價值將大於負債組成部分之公允價值。

整個複合金融工具公允價值 － 負債組成部分公允價值 ＝ 權益組成部分原始認列金額

◎ 圖 13A-1　負債及權益組成部分之決定

前述複合金融工具之每一組成部分應分別處理。第一，對於負債組成

部分，企業應依現金交割之股份基礎給付交易所適用之相關規定，於交易對方提供商品或勞務時，認列取得之商品或勞務及為支付該等商品或勞務之負債。企業應於交割日再衡量負債至其公允價值。企業若於交割時發行權益工具而非支付現金，則該負債應直接轉列為權益，作為所發行權益工具之對價。第二，對於權益組成部分(如有時)，企業應依權益交割之股份基礎給付交易所適用之相關規定，於對方提供商品或勞務時，認列收取之商品或勞務，以及權益之增加。

　　企業若於交割時支付現金而非發行權益工具，該支付應全數用以清償負債，先前已認列之任何權益組成部分仍應列為權益，此乃交易對方因選擇於交割時收取現金而自動放棄收取權益工具之權利。但企業得將已經認列之權益項目，移轉至另一類別之權益項目，例如由「資本公積—員工認股權」轉列至「資本公積—已失效認股權」。

釋例 13A-1　得選擇現金交割之股份基礎給付交易

　　雲林公司於 ×1 年初以完成 3 年服務為條件，給與總經理一項權利，可選擇取得 1,200 股之虛擬股份(即相當於 1,200 股現股價值)之現金或 1,500 股之股份。員工若選擇取得股份，則於既得日後之 2 年內均不得出售。

　　×1 年初給與日雲林公司之股價為 $42.5，而 ×1、×2、×3 年底股價分別為 $52、$55 及 $60。在考慮既得後移轉限制之影響後，雲林公司估計給與日選擇股份之公允價值為每股 $36。

　　×3 年底，總經理之選擇如下：

情況一：選擇領取現金。

情況二：選擇領取股份。

試作：雲林公司 ×1 年至 ×3 年之相關分錄。

解析

　　於 ×1 年初給與日時，選擇領取股份(整個複合金融工具)之公允價值為 $54,000 (= $36 × 1,500)。選擇現金(負債組成部分)之公允價值為 $51,000 (= $42.5 × 1,200)。因此，該複合工具權益組成部分之公允價值為 $3,000 (= $54,000 − $51,000)。

　　雲林公司每年認列之金額計算如下：

年底		薪資費用	股份基礎交易負債	資本公積—選擇權益交易
×1	負債組成部分： (1,200 × $52 × 1/3)	$20,800	$20,800	
	權益組成部分： ($3,000 × 1/3)	1,000		$1,000
×2	負債組成部分： (1,200 × $55 × 2/3) − $20,800	23,200	23,200	
	權益組成部分： ($3,000 × 1/3)	1,000		1,000
×3	負債組成部分： (1,200 × $60 × 3/3) − $44,000	28,000	28,000	
	權益組成部分： ($3,000 × 1/3)	1,000		1,000
×3	情況一：支付現金 $72,000		(72,000)	
	情況一：薪資費用之總額	75,000	0	3,000
	情況二：發行 1,500 股		(72,000)	72,000
	情況二：薪資費用之總額	75,000	0	75,000

根據上表，應作分錄如下：

×1/12/31 認列 ×1 年薪資費用。

薪資費用 ($20,800 + $1,000)　　　　　　　21,800
　　股份基礎交易負債　　　　　　　　　　　　　20,800
　　資本公積—選擇權益交易　　　　　　　　　　 1,000

×2/12/31 認列 ×2 年薪資費用。

薪資費用 ($23,200 + $1,000)　　　　　　　24,200
　　股份基礎交易負債　　　　　　　　　　　　　23,200
　　資本公積—選擇權益交易　　　　　　　　　　 1,000

×3/12/31 認列 ×3 年薪資費用。

薪資費用 ($28,000 + $1,000)　　　　　　　29,000
　　股份基礎交易負債　　　　　　　　　　　　　28,000
　　資本公積—選擇權益交易　　　　　　　　　　 1,000

×3/12/31 總經理選擇領取現金 $72,000 (= $60 × 1,200)，交割「股份基礎交易負債」，並
（情況一） 轉列「資本公積—選擇權益交易」至「資本公積—已失效選擇權益交易」。

股份基礎交易負債	72,000	
資本公積—選擇權益交易	3,000	
現金		72,000
資本公積—已失效選擇權益交易		3,000

×3/12/31 總經理選擇領取股票 1,500 股，雲林公司交割「股份基礎交易負債」、發行新股
（情況二） 並轉列「資本公積—選擇權益交易」至「資本公積—普通股股票溢價」。

股份基礎交易負債	72,000	
資本公積—選擇權益交易	3,000	
普通股股本		15,000
資本公積—普通股股票溢價		60,000

■ 允許企業本身選擇現金交割

　　股份基礎給付協議若允許企業選擇交割方式時，企業應決定是否有現金交割之現時義務。企業負有現金交割義務之情況，包括：

- 企業以權益工具交割實務上不可行（例如因為法律禁止企業發行股票）。
- 企業過去慣例以現金交割。
- 企業有明定政策以現金交割。
- 企業通常應交易對方之請求時，即以現金交割。
- 其他具有現金交割義務者。

　　企業若負有以現金交割之現時義務，應依現金交割之股份基礎給付交易之相關規定處理。

　　若無此種義務存在，企業應依權益交割之股份基礎給付交易之相關規定處理，並於交割時：

1. 若企業選擇以現金交割，應將該現金給付按權益之買回處理，作為權益之減少。
2. 若企業選擇以權益交割，無須進一步之會計處理（但得於必要時自權益之某一組成部分移轉至另一組成部分）。
3. 若企業選擇以交割日公允價值較高之選項交割，則應對所給與之超額價值（即所支付現金與原應發行權益工具公允價值間之差額或所發行權益工具公允價值與原應支付現金間之差額，視何者適用），認列額外費用。

13.A.2　權益交割股份基礎給付協議之修改條件、取消或交割

■ 採用公允價值法時[1]

　　權益交割之股份基礎給付協議，若採用公允價值法時，不論該協議之條款及條件有任何修改，或取消或交割，企業至少應以所給與權益工具於給與日衡量之公允價值認列已收取勞務，除非該等權益工具因未能滿足給與日所約定之既得條件(市價條件除外)而未既得。此外，企業應認列因修改而使股份基礎給付協議之總公允價值增加或對員工有利之影響。

　　前述規定主要目的，在於避免有企業藉由協議之修改、取消或交割，來操縱股份基礎給付交易金額之認列。例如，原先企業給員工認股權，認購價格為$30，3年既得，1年後該企業股價大跌至$12，認股權幾無價值可言，企業此時若在既得前將該認股權計畫取消，因此沒有員工可以獲得認股權，試問在此情況下，已經認列1年之薪資費用是否要迴轉，剩下2年尚未認列之薪資費用是否要繼續認列？如果沒有上述規定，企業可藉由取消認股權計畫，來規避原先應認列之薪資費用。因此，企業至少應以給與日所衡量之公允價值，作為認列已收取勞務之下限。此外，若修改對員工有利，企業還必須另外認列因修改而使股份基礎給付協議之總公允價值增加或對員工有利之影響，其作法如下。

有利之修改

修改條件後，對員工有利之會計處理

1. 每單位公允價值增加	• 如降低履約價格。 • 應認列增額公允價值(修改後權益工具與原始權益工具兩者於修改日公允價值之差額)。
2. 增加給與權益工具之數量	• 如增加給與權益工具之數量。 • 應將所給與額外權益工具於修改日衡量之公允價值納入衡量，與前述 1. 作法一致。
3. 其他有利之修改	• 如縮短既得期間、修改或取消績效條件。 • 除市價條件修改外，與前述 1. 作法一致。

---

[1] 本節有關股份基礎給付交易修改之影響，係以與員工交易為主。惟討論內容亦適用於與非員工之股份基礎給付交易，且該交易所給與權益工具係以公允價值衡量者。在與非員工之情況下，本節所提及之給與日均應以企業取得商品或對方提供勞務之日代替。

Chapter 13 權益及股份基礎給付交易

上述有利之修改，應視修改之時點及有無額外服務期間，作下列處理：

修改之時點及有無額外服務期間	處理方法
1. 既得之前修改、不論有無額外服務期間	除應於剩餘之原既得期間認列以原始權益工具之給與日公允價值為基礎之金額外，應將所給與之總增額權益納入於修改日至修改後既得日間認列（釋例13A-2）。
2. 既得日後才修改、無額外服務期間	應立即認列所給與之增額公允價值。
3. 有額外服務期間	在該新既得期間內認列。

釋例 13A-2　在既得期間內修改合約──價格重設，對員工有利

台東公司於×1年初給與10位主管各1,000單位認股權，必須服務3年始能既得，當日認股權之公允價值每單位$12。

於×1年底，因股價下跌，台東公司重設認購價格以維持該認股權計畫的吸引力，主管仍須服務至×3年才能取得認股權。價格重設之前認股權之公允價值每單位$3，而價格重設之後認股權之公允價值每單位$7。

台東公司於×1年及×2年底，預期分別有3及4位主管會在×3年底前離職。×3年底實際有4位主管離職。

試計算台東公司×1年至×3年之薪資費用。

解析

台東公司於既得期間內修改認股權之條款及條件，除應於剩餘之原既得期間（還有2年）認列以原始權益工具之給與日公允價值為基礎之金額外，應將所給與增額公允價值納入於修改日至修改後權益工具既得日間（也是2年）所收取勞務之認列金額衡量中。

每單位認股權之增額價值為$4（= $7 － $3）。此金額將連同以原始認股權價值$12為基礎之酬勞費用，於剩餘2年之既得期間內認列。

×1年至×3年認列之金額如下：

115

年度	估計既得期間離職人數	當期薪資費用	累積薪資費用
×1	3	$12 × (10 − 3) × 1,000 × 1/3 = $28,000	$28,000
×2	4	($12 × 2/3 + $4 × 1/2) × (10 − 4) × 1,000 − $28,000 = $32,000	$60,000
×3	4（實際）	($12 × 3/3 + $4 × 2/2) × (10 − 4) × 1,000 − $60,000 = $36,000	$96,000

不利之修改

企業若修改股份基礎給付協議之條款或條件，使該協議之總公允價值減少或較不利於員工，企業應視同該修改並未發生，而按原作法繼續處理已收取之勞務(除所給與權益工具全數或部分之取消外)。例如：

修改條件後，對員工不利之會計處理

1. 每單位公允價值下降
   - 如調高履約價格。
   - 不得考量該公允價值之減少，而應繼續以原給與日公允價值為基礎，衡量已取勞務應認列之金額。

2. 減少給與權益工具之數量
   - 該工具減少之數量，應視為「取消」，立即認列。

3. 其他不利之修改
   - 如延長既得期間、增加或提高績效條件。(釋例 13B-3)
   - 只能按原條件處理，不得考量修改後之既得條件。

釋例 13A-3　在既得期間內修改合約──績效目標提高或延長既得期間，對員工不利

逢甲公司於 ×1 年初給與 10 位主管各 1,000 單位認股權，必須服務 3 年且每股盈餘 ×3 年須成長 30% 始能既得，逢甲公司認為該盈餘績效目標應會順利完成，當日認股權之公允價值每單位 $12。

逢甲公司於 ×1 年及 ×2 年底，預期分別有 3 及 4 位主管會在 ×3 年底前離職。×3

Chapter 13 權益及股份基礎給付交易

年底實際有 4 位主管離職，亦即有 6 位主管完成 3 年服務期間。

情況一：逢甲公司於 ×2 年初，將盈餘績效條件，提高到 ×3 年須成長 70% 始能既得。
　　　　逢甲公司 ×3 年每股盈餘成長 45%。

情況二：逢甲公司於 ×2 年初，將服務期間延長至 ×5 年始能既得。

試作：計算在各情況下，逢甲公司 ×1 年至 ×3 年之薪資費用。

解析

情況一：

若企業修改之既得條件在某種程度上對員工不利，則不得考量修改後之既得條件。因此，在情況一，因逢甲公司修改績效條件使認股權既得之可能性降低而不利於員工，逢甲公司認列所取得勞務時，不得考量修改後之績效條件，而應繼續於 3 年期間內以原既得條件為基礎認列所取得之勞務。因此，逢甲公司於此 3 年期間內最終認列之累積酬勞費用為 $72,000（= $12 × 6 位員工 × 1,000 單位認股權）。

×1 年至 ×3 年認列之金額如下：

年度	估計既得期間離職人數	當期薪資費用	累積薪資費用
×1	3	$12 × (10 − 3) × 1,000 × 1/3 = $28,000	$28,000
×2	4	$12 × (10 − 4) × 1,000 × 2/3 − $28,000 = $20,000	$48,000
×3	4（實際）	($12) × (10 − 4) × 1,000 × 3/3 − $48,000 = $24,000	$72,000

情況二：

在情況二，逢甲公司未修改績效目標，而係將認股權既得之服務年數由 3 年增加到 5 年，亦將產生同樣結果。由於此類修改將使認股權既得之可能性降低而不利於員工，該企業於認列所取得勞務時，將不考慮修改後之服務條件，而應於原始 3 年（而非 5 年）之既得期間認列由仍在職之 6 位員工提供之勞務 ($72,000)，計算同上表。

釋例 13A-4　後續增加得選擇現金權利之股份給與

×1 年初，靜宜公司以完成 3 年服務為條件，期滿會給總經理 1,000 股，當時每股公允價值為 $24。×2 年底，股價跌至 $21，靜宜公司當天對該股份給與外加得選擇現金交割之權利，即總經理可選擇領取 1,000 股或 1,000 股於既得日之等值現金。×3 年底既得日當天之股價為 $23，總經理選擇現金交割。

試作：靜宜公司 ×1 年至 ×3 年相關分錄。

解析

只要股份基礎協議條款及合約條件有任何修改，企業至少應以所給與權益工具之給與日公允價值衡量並認列已收取之勞務，除非該等權益工具因未能滿足給與日所約定之既得條件(市價條件除外)而未既得。因此，靜宜公司應以該股份給與日之公允價值為基礎，於 3 年期間內認列所取得之勞務。

此外，×2 年底新增之選擇現金交割權利使靜宜公司產生以現金交割之義務，但並未因修改條件產生任何增額總價值。因此靜宜公司應於修改日，以修改日之股份公允價值為基礎，在已取得之特定服務範圍內認列以現金清償之負債。再者，靜宜公司應於 ×2 年底以後各報導期間結束日及交割日再衡量負債之公允價值，並將公允價值之變動數認列為當期損益。因此，靜宜公司應認列之金額如下：

年度	計算	薪資費用	股份基礎交易負債	資本公積—選擇權益交易
×1	×1 年薪資費用 $24 × 1,000 × 1/3	$8,000		$8,000
×2	×2 年薪資費用 ($24 × 1,000 × 2/3) − $8,000	8,000		8,000
×2	將權益重分類為負債 $21 × 1,000 × 2/3		$14,000	(14,000)
×3	×3 年薪資費用 ($24 × 1,000 × 3/3) − $16,000	8,000	7,000*	1,000*
×3	調整負債至既得日之公允價值 = $23 × 1,000 − ($14,000 + $7,000)	2,000	2,000	
	總金額	$26,000**	$23,000	$3,000

* 因為是複合金融工具，同時有負債及權益組成部分，故先以修改日之股份公允價值為基礎，先分攤之負債及權益組成部分如下：負債為 $21 × 1,000 × 3/3 − $14,000 = $7,000，權益為 $8,000 − $7,000 = $1,000，然後再將負債組成部分調整至既得日之公允價值。

** 因為在 ×2 年底給與員工選擇得以現金交割，所以公允價值由 ×2 年底至 ×3 年底上漲的 $2 (= $23 − $21)，會增加全部的薪資費用。反之，如果公允價值是下跌的，全部的薪資費用也會下降。

故應作分錄如下：

×1/12/31 認列 ×1 年薪資費用。

   薪資費用   8,000
    資本公積—選擇權益交易   8,000

×2/12/31 認列 ×2 年薪資費用，並將「資本公積—選擇權益交易」其中的 $14,000 轉列為「股份基礎交易負債」。

薪資費用	8,000	
資本公積—選擇權益交易		8,000
資本公積—選擇權益交易	14,000	
股份基礎交易負債		14,000

×3/12/31 認列 ×3 年薪資費用。

薪資費用 ($8,000 + $2,000)	10,000	
股份基礎交易負債 ($7,000 + $2,000)		9,000
資本公積—選擇權益交易		1,000

×3/12/31 總經理選擇領取現金 $23,000（= $23 × 1,000），交割「股份基礎交易負債」，並轉列「資本公積—選擇權益交易」至「資本公積—已失效選擇權益交易」。

股份基礎交易負債	23,000	
資本公積—選擇權益交易	3,000	
現金		23,000
資本公積—已失效選擇權益交易		3,000

取消或交割

企業所給與之權益工具若於既得期間取消或交割（非因既得條件未符合），其會計處理如下：

1. 應將取消或交割視為既得權利之提前取得，並立即認列將於剩餘既得期間取得之勞務。

2. 因取消或交割而支付之款項視為權益工具之買回，應沖減權益，但該支付超過買回日權益工具公允價值之部分應認列為費用。

3. 若新給與員工權益工具，以取代被取消之權益工具時，應視為原權益工具給與條款及條件之「修改」，適用前述修改之規定。此時，修改條款所給與之增額公允價值係指於新權益工具給與日，新權益工具之公允價值與被取消權益工具之淨公允價值之差額。被取消權益工具而支付予員工沖減權益之金額。
- 若企業新給與之權益工具，非用以取代被取消之權益工具時，則為新給與之權益工具。

採內含價值法

股份基礎給付協議若採用內含價值法時，因為依該協議條款及條件之任何修改，內含價值法均將已經納入考量，故無須適用前述公允價值法有關修改之會計處理，惟若企業交割已經適用內含價值法之權益工具時，則：

1. 若交割於既得期間發生，企業應將該交割按加速既得處理，並立即認列於剩餘既得期間收取之勞務原應認列之金額。

2. 交割時所作之任何給付應按權益工具之買回處理，亦即作為權益之減少，但該給付超過權益工具於買回日衡量之內含價值之部分，應認列為費用。

13.A.3 非既得條件

前述所討論到的服務條件(如員工必須服務滿一定年限)及績效條件(如盈餘必須達特定指標)，係企業要求員工(或對方)提供勞務，且達成服務條件及績效條件後，員工才能享有收取股份基礎協議之權利，所以是**既得條件** (vesting condition)。

但是，**非既得條件** (non-vesting condition)則有所不同。非既得條件係指既得條件(服務條件及績效條件)以外之條件。非既得條件所要求之條件，與要求員工提供勞務無關。非既得條件也是須滿足後，員工才能享有收取股份基礎協議之權利。非既得條件舉例如下，企業與員工可約定，當臺灣股價指數超過1萬點時，願意給員工認股權。此一條件與員工提供勞務無關，而且企業與員工均無法選擇是否要達成該條件。又例如，英國有一種 SAYE (save as you earn)的員工儲蓄認股計畫，只要員工將每月薪資提撥一定的金額到公司指定的信託基金中，期滿後可選擇將提撥戶頭內之金額加計利息領回，或者用該金額以打8折的方式購買公司股票，此一由員工選擇是否願意每月提撥，與員工提供勞務無關，完全由員工選擇是否要完成該非既得條件。

與市價條件相同，企業在估計所給與權益工具之公允價值時，尚應考量所有非既得條件。通常考量非既得條件之後，權益工具的公允價值會較低。因此，權益工具之給與附有非既得條件者，無論該等非既得條件是否滿足，企業應認列自滿足市價條件以外之所有既得條件之對方所收取之商品或勞務(例如自於特定服務期間仍繼續服務之員工所收取之勞務)。下表歸納非既得條件之相關會計處理：

非既得條件之說明及相關會計處理

	1. 企業或對方均無法選擇是否達成條件	2. 對方可選擇是否達成條件	3. 企業可選擇是否達成條件
條件之舉例	交易所股價指數上萬點	員工願意持續提撥薪資或持有現股	企業決定該計畫是否繼續進行
非既得條件納入給與日公允價值之計算	是	是	是(且假定企業繼續進行計畫之機率為100%)
給與日後,若非既得條件未能於既得期間達成	■ 無須改變會計處理 ■ 應繼續於剩餘既得期間認列費用	■ 視為取消 ■ 立即認列原將於剩餘既得期間認列之費用 (釋例13B-5)	■ 視為取消 ■ 立即認列原將於剩餘既得期間認列之費用

釋例 13A-5　同時有既得及非既得條件之股份基礎給付協議——對方得選擇是否達成非既得條件

東海公司於 ×1 年初給與一位員工參與員工認股權計畫之機會。該員工於計畫中若同意往後 3 年,每年儲蓄其年薪 $1,000,000 之 20% 到公司之帳戶,即可取得認股權。儲蓄之支付係直接由該員工之薪資中扣除,員工可於 ×3 年底以累積提撥金額執行其認股權,或可於 3 年中之任何時點領回已提撥之薪資。在納入考量非既得條件(員工是否願意儲蓄 3 年)後,該股份基礎給付協議預估在給與日之公允價值為 $30,000。

×2 年初,該員工停止對該計畫之提撥,並領回截至當日已提撥之 $200,000。

試作:東海公司相關分錄。

解析

對東海公司而言,該計畫包括三項組成部分:支付之薪資、用以支付儲蓄計畫之薪資扣除,及股份基礎給付。東海公司應認列各組成部分有關之費用以及相對之負債或權益增加。

該計畫有兩個條件:

1. 服務期間(3 年)——既得條件。應按提供服務期間認列。
2. 要求員工提撥薪資至該計畫——非既得條件,且係由員工單方可選擇是否要完成。

因為該員工於 ×2 年初,選擇不完成該非既得條件。因此,該提撥之返還應視為負債之消滅,員工於 ×2 年初停止提撥則視為所給與權益工具之「取消」。故東海公司應作

下列分錄：

×1/12/31 認列 ×1 年薪資費用、薪資儲蓄扣抵負債及資本公積。

薪資費用	1,010,000	
現金		800,000
薪資儲蓄扣抵負債		200,000
資本公積—員工認股權 ($30,000 × 1/3)		10,000

×2/1/1 員工停止對該計畫之提撥，並領回已提撥之 $200,000，因此該負債消滅。東海公司將員工停止提撥則視為所給與權益工具之「取消」，立即認列原將於剩餘既得期間認列之費用 $20,000 (= $30,000 − $10,000)。最後，並轉列全部「資本公積—員工選擇權益交易」$30,000 至「資本公積—已失效認股權」。

薪資儲蓄扣抵負債	200,000	
現金		200,000
薪資費用	20,000	
資本公積—員工認股權		20,000
資本公積—員工認股權	30,000	
資本公積—已失效認股權		30,000

13.A.4　重填認股權

有時企業為了鼓勵員工長期持有依認股權計畫所取得之股份，會允許員工在執行企業先前給與之認股權時，若使用該企業之股份代替現金，以抵付執行價格，企業會自動給與員工額外認股權，此一特性稱之為**重填特性** (reload feature)。而**重填認股權** (reload option)，即員工使用股份抵付先前認股權之執行價格時，企業再度新給與之認股權。

對於具有重填特性之認股權，於衡量日估計 (首次) 所給與認股權之公允價值時，不得考量該重填特性。另外，重填認股權應於後續再給與時，直接按新給與之認股權處理即可。

上述的作法，其實與選擇權之評價理論不一致，但 IASB 為了簡化會計處理起見，採取對重填特性不予以處理的簡單作法。

Chapter 13 權益及股份基礎給付交易

本章習題

問答題

1. 試說明 IASB 基於經濟實質重於法律形式的原則，要求權益工具必須同時符合哪兩個條件？
2. 我國「財務報告編製準則」對於歸屬於母公司業主之權益，要求至少需細分為五個主要項目，試詳述之。
3. 試說明發行人發行可買回、可轉換公司債時，該可買回、可轉換公司債整體的公允價值應如何拆解？
4. 有關誘導轉換而產生之額外對價，應如何處理？
5. 何謂庫藏股票？並說明庫藏股票之會計處理。
6. 何謂股份基礎給付交易？有哪些交割方式？試說明之。
7. 簡述給與日、衡量日、既得條件與既得期間之定義。
8. 既得條件中包括服務條件及績效條件，試說明之。
9. 試說明為何於衡量日估計股份或認股權之公允價值時，不得考量市價條件以外之既得條件。
10. 說明權益交割股份基礎給付公允價值法之會計處理。
11. 說明權益交割股份基礎給付內含價值法之會計處理。
12. 說明現金交割股份基礎給付之會計處理。

選擇題

1. 公司發行股票時發生之各種直接成本（登記費與其他規費等）應
    (A) 扣除所有相關所得稅利益後之淨額，作為權益之減項處理
    (B) 作為發行股票當期之費用
    (C) 列為無形資產
    (D) 作為遞延費用並逐期攤銷

2. 甲公司於 2019 年 10 月 17 日擁有 20,000 股流通在外面值 $10 的普通股，市價每股 $12，2019 年 10 月 24 日該公司以每股 $18 買回 2,000 股流通在外普通股股票，2019 年 11 月 1 日公司以每股 $22 再發行 1,000 股之庫藏股。請問 11 月 1 日公司再發行庫藏股票的分錄包括：
    (A) 貸記資本公積—庫藏股 $4,000
    (B) 貸記保留盈餘 $4,000
    (C) 借記庫藏股 $18,000
    (D) 借記其他權益 $4,000　【108 年地特財稅三等】

3. 清交公司 ×3 年 1 月 1 日有關股東權益之資料如下：

普通股股本─面額 $10，核准發行 200,000 股，
　已發行 180,000 股　　　　　　　　$1,800,000
資本公積─普通股股票溢價　　　　　 1,800,000
保留盈餘　　　　　　　　　　　　　 1,520,000
合計　　　　　　　　　　　　　　　$5,120,000

×3 年公司交易如下：

2 月 1 日，以每股 $60，買回 2,500 股。

3 月 1 日，以每股 $70，再出售 2,000 股。

4 月 1 日，以每股 $40，再出售 500 股。

假設公司 ×3 年沒有其他有關股票之交易，則清交公司 ×3 年底財務報表中資本公積之表達金額為：

(A) $1,790,000　　　　　　　　　　(B) $1,800,000
(C) $1,810,000　　　　　　　　　　(D) $1,830,000

4. 中興公司於 ×3 年 12 月 1 日以 4,000 股庫藏股票購入一機器，該庫藏股票係於 ×2 年以每股 $62 買回，公司 ×3 年 12 月 1 日之股價為每股 $58，該機器之公允價值為 $230,000，此交易對於公司之保留盈餘的影響為：

(A) 增加 $16,000　　　　　　　　　(B) 增加 $18,000
(C) 減少 $16,000　　　　　　　　　(D) 減少 $18,000

5. 某公司成立於 88 年初，普通股每股面額 $10，同年 2 月 1 日按面額發行新股一批。3 月 1 日，該公司委任的律師接受 7,000 股普通股抵付其提供的法律服務公費 $90,000。請問該公司 88 年 2 月 1 日及 3 月 1 日資本公積帳戶餘額是否增加？

(A) 2 月 1 日：增加；3 月 1 日：增加
(B) 2 月 1 日：不會增加；3 月 1 日：增加
(C) 2 月 1 日：增加；3 月 1 日：不會增加
(D) 2 月 1 日：不會增加；3 月 1 日：不會增加　　　　　　　[98 年會計師]

6. 青峰公司於 ×1 年初開始設立，預計發行 300,000 股，每股面額 $10，×1 年公司發生下列交易：

1 月 5 日，以每股 $28，發行 250,000 股。

7 月 1 日，以每股 $25，買回 10,000 股。

11 月 15 日，以每股 $30，再出售 8,000 股。

則公司 ×1 年 12 月 31 日財務報表中資本公積之表達金額為：

(A) $4,460,000　　　　　　　　　　(B) $4,500,000
(C) $4,540,000　　　　　　　　　　(D) $4,590,000

7. 建國公司 ×1 年以每股 $32 買回 20,000 股流通在外股票，並於當年度以每股 $24 再出售

20,000 股庫藏股票，建國公司當年度並無其他有關權益之交易，試問於再出售庫藏股票時對保留盈餘與資本公積有何影響？(假設 ×1 年初公司之「資本公積—庫藏股票交易」有貸方餘額 $100,000)

	保留盈餘	資本公積
(A)	減少	減少
(B)	無影響	減少
(C)	減少	無影響
(D)	無影響	無影響

8. 甲公司成立於 ×1 年年初，核准發行面額 $10 之普通股 1,000,000 股。×1 年 12 月 31 日的資產負債表顯示，普通股股本為 $8,000,000、普通股發行溢價為 $4,800,000 與保留盈餘為 $1,550,000。×2 年期間，甲公司以 $12 收回庫藏股 30,000 股，其後依序將該批庫藏股分別以 $9 出售 8,000 股與 $14 出售 15,000 股。請問 ×2 年 12 月 31 日資產負債表的權益部分顯示之流通在外股數、資本公積餘額合計數與庫藏股餘額為何？

   (A) 770,000 股、$4,788,000 與 $0　　(B) 793,000 股、$4,830,000 與 $84,000
   (C) 800,000 股、$4,830,000 與 $70,000　(D) 793,000 股、$4,788,000 與 $0

   [109 年普考財稅]

9. 庫藏股票之再發行價格超過買回成本的部分，在資產負債表上應列為：

   (A) 股本的一部分　　　　　　　(B) 庫藏股票成本的一部分
   (C) 資本公積的一部分　　　　　(D) 股東權益之減項　　　[95 年普考]

10. 乙公司 ×4 年 3 月 1 日以 $28,000 買進 4,000 股庫藏股票，5 月賣出 1,500 股庫藏股票，售得 $12,000，7 月再將剩下的庫藏股票全數售出，售得 $15,000。此筆庫藏股票交易對乙公司 ×4 年財務報表之影響為何？

    (A) 增加出售庫藏股票損失 $2,500
    (B) 增加出售庫藏股票損失 $1,500
    (C) 增加資本公積—庫藏股票交易 $1,500
    (D) 減少保留盈餘 $1,000　　　　　　　　　　　　　　[101 年特考]

11. 吉利公司 ×0 年 1 月 1 日發行可轉換公司債，該可轉換公司債的公允價值為 $3,020,000，公司債面額為 $3,000,000，票面利率為 8%，每年 12 月 31 日付息一次，發行期限為 5 年，轉換價格為 $60，亦即可轉換 50,000 股。經客觀評價之後，得知：發行時不含轉換權之公司債公允價值為 $2,883,310 (有效利率為 9%)，轉換權之公允價值為 $150,000。

    (1) 發行可轉換公司債時，發行分錄應包括：
       (A) 貸：資本公積—認股權 $149,341　(B) 貸：資本公積—認股權 $136,690
       (C) 貸：公司債溢價 $20,000　　　　(D) 貸：資本公積—認股權 $150,000

    (2) ×3 年 1 月 1 日持有人行使 $1,500,000 可轉換公司債的轉換權，轉換日可轉換公司債

的帳面金額為 $1,462,080，可轉換公司債的市價為 $1,518,000，公司的股價為 $68。則轉換時之分錄應包括：

(A) 貸：資本公積－普通股股票溢價 $1,280,425
(B) 借：公司債轉換損失 $182,000
(C) 借：資本公積－認股權 $55,920
(D) 借：資本公積－認股權 $182,000

12. 甲公司 ×5 年 1 月 1 日以 105 之價格發行面額 $1,000,000、利率 6% 之 5 年期可轉換公司債，該公司於每年 12 月 31 日付息一次，每 $1,000 公司債可轉換為面額 $10 普通股 30 股。發行當時不含轉換權之公司債公允價值為 $1,040,000，甲公司以直線法攤銷折溢價。×6 年 12 月 31 日付息後有面額 $200,000 之公司債行使轉換權，轉換日普通股市價為每股 $50，則甲公司應貸記資本公積若干？

(A) $145,000　　　　　　　　　　　(B) $146,800
(C) $164,000　　　　　　　　　　　(D) $240,000　　　　　　　[100 年特考]

13. 甲公司於 ×5 年初平價發行 $1,000,000 可轉換公司債，轉換價格為 $20。×7 年 12 月 1 日為誘導轉換，將轉換價格降為 $16，當時甲公司股價為 $25。若普通股面額為 $10，×7 年無公司債進行轉換，則甲公司修改轉換價格對 ×7 年度綜合損益之影響為：（不考慮所得稅影響）

(A) 減少 $125,000　　　　　　　　(B) 減少 $312,500
(C) 減少 $562,500　　　　　　　　(D) 無影響　　　　　　　[101 年高考]

14. 試計算甲公司 101 年 12 月 31 日資產負債表中，與下列交易相關之資本公積及公司債折價金額各為何？(1) 公司於 101 年 1 月 1 日發行 5 年期附賣回權可轉換公司債 50 張，每張面額 $100,000，票面利率 0%，收到總現金為 $5,000,000。(2) 賣回權於 101 年 1 月 1 日，以選擇權評價模式計算之公允價值為 $495,000。(3) 發行時，相同條件但不附賣回權及轉換權之公司債公平利率為 4%。

(A) 資本公積為 $495,000；公司債折價為 $890,365
(B) 資本公積為 $890,365；公司債折價為 $164,385
(C) 資本公積為 $99,635；公司債折價為 $4,109,635
(D) 資本公積為 $395,365；公司債折價為 $725,980　　　　　　[100 年會計師]

15. 甲公司於 ×6 年 8 月 1 日以 104 的價格發行利率 6%，每張面額 $1,000 的公司債 5,000 張，每張債券附一張可單獨轉讓的認股證，可認甲公司普通股 10 股。發行當天，不附認股證的公司債市價為 $95，每一認股證市價為 $75，發行所得現金應分攤至公司債者為何？

(A) $4,625,000　　　　　　　　　　(B) $4,750,000
(C) $4,819,512　　　　　　　　　　(D) $5,200,000　　　　　　[100 年會計師]

16. 下列有關附賣回權可轉換公司債及附認股權公司債之敘述，何者正確？① 附賣回權可轉

換公司債之發行對價，須分攤予賣回權、轉換權與公司債時，應採增額法；②附認股權公司債之發行對價，須分攤予認股權與公司債時，應採增額法；③附賣回權可轉換公司債持有人行使轉換權時，轉換權將轉列為股本，賣回權及公司債無須消滅；④附認股權公司債持有人行使認股權時，認股權將轉列為股本，公司債無須消滅。

(A) ①④　　　　　　　　　　　　(B) ②③
(C) ①②④　　　　　　　　　　　(D) ①②③　　　　　　［100年高考］

17. 當可轉換特別股轉換成普通股時，其會計處理之結果（假設該可轉換特別股及認股權均符合權益工具之條件），下列敘述何者正確？
(A) 股東權益總額可能產生變動　　(B) 保留盈餘不可能產生變動
(C) 保留盈餘可能減少　　　　　　(D) 保留盈餘可能增加　　［改編自99年會計師］

18. 企業與員工之股份基礎給付交易（權益交割），應於何時認列所取得之商品或勞務？
(A) 取得商品或勞務時　　　　　　(B) 權益商品之給與日
(C) 權益商品之既得日　　　　　　(D) 權益商品之執行日　　［101年會計師］

19. 丁公司於×1年1月1日與經理人約定：現在給予經理人20,000股普通股的認股權，服務滿2年後，得於×3年1月1日至12月31日按每股$30的價格行使認股權。若普通股的市價在給與日為每股$42，認股權公允價值為每股$10，既得日普通股市價為每股$38，認股權公允價值為每股$8。丁公司估計2年內經理人喪失認股權比率為15%，丁公司×1年度應認列的酬勞成本為若干？
(A) $20,000　　　　　　　　　　(B) $68,000
(C) $85,000　　　　　　　　　　(D) $100,000　　　　　［109年地特財稅三等］

20. 和平公司於99年1月1日給與10位高階經理人員以每股$20認購和平公司普通股之權利，並規定自該日起每位經理人需服務滿3年始能取得該權利。每位經理人可認購之股數決定於未來3年服務期間該公司產品之市場占有率：市場占有率達10%，每位經理人可獲得20,000股認股權；市場占有率達15%，每位經理人可獲得50,000股認股權。給與日當天按選擇權評價模式計算出之每股認股權公允價值為$15。其餘資料如下：

	市場占有率	普通股每股公允價值	預估101年底前離職人數
99年12月31日	12%	$29	0
100年12月31日	14%	$32	3

試問100年和平公司該計畫應認列之酬勞成本為何？
(A) $0　　　　　　　　　　　　　(B) $400,000
(C) $420,000　　　　　　　　　　(D) $520,000　　　　　［改編自101年高考］

21. 以下有關股份基礎給付交易之敘述，何者錯誤？
(A) 若企業取得商品或勞務之交易，其對價係以本身之權益工具（含股票或認股權等）支付，係屬於股份基礎給付交易

(B) 若企業取得商品或勞務之交易，其對價係產生負債，該負債之金額由企業本身之股票或其他權益工具價值所決定，係屬於股份基礎給付交易
(C) 若企業員工持有某企業之權益工具，且以該權益工具持有者之身分與該企業交易，係屬於股份基礎給付交易
(D) 若企業取得商品或勞務之交易，其對價係以本身之權益工具（含股票或認股權等）支付，惟含選擇交割條款，可允許企業或交易對方有權利選擇以權益交割或現金交割時，係屬於股份基礎給付交易　　　　　　　　　　　　　　　　　　　　　　　　　　　　[108年會計師]

22. 甲公司於×1年年初給與25位高階經理人每人1,000股，存續期間5年之認股權，若甲公司每股股價由$20上漲至$40，且高階經理人於達成目標股價時仍繼續服務，則認股權將既得且可立即執行。給與日認股權之公允價值為$18，甲公司估計×3年年底時，最有可能達成每股股價$40的目標。其他相關資料如下：

年度	估計未來尚可能離職人數	實際離職人數	年底認股權公允價值
×1年	2	1	$21
×2年	2	2	$24
×3年	0	1	$27

試就以上資訊，計算甲公司×2年應認列之酬勞成本為何？
(A) $240,000　　　　　　　　　　　　(B) $108,000
(C) $280,000　　　　　　　　　　　　(D) $148,000　　　　[109年地特會計三等]

23. ×1年初，甲公司給予總經理一項權利，既得條件為必須繼續服務至×4年底，滿足既得條件後可選擇相當10,000股之現金或15,000股之普通股，但若選擇股份，則取得股份後三年內不得處分。該公司普通股×1年初股價為$30，×1年至×4年各年底股價分別為$35、$37、$42與$45。甲公司考量所有可能性後，估計×1年初選擇股份方案之每股公允價值為$25。另外，甲公司於×3年初，將服務年限延長至×6年底。試問×3年度甲公司關於該權利應認列之薪資費用？
(A) $37,500　　　　　　　　　　　　(B) $87,500
(C) $148,750　　　　　　　　　　　　(D) $180,000　　　　[109年地特財稅三等]

24. 丁公司於×4年1月1日給與銷售部門經理5,000股之股票增值權，規定該經理於服務滿3年後，得於1年內就預設價格$30與行使權利日股票市價之差額領取現金，若該經理於×7年7月1日行使權利換取現金，丁公司運用選擇權評價模式決定之股票增值權之公允價值如下：

×4年1月1日	$12	×6年12月31日	$12
×4年12月31日	$10	×7年7月1日	$14
×5年12月31日	$15		

128

則丁公司 ×5 年度應認列之酬勞成本為：

(A) $25,000　　　　　　　　　　(B) $33,333

(C) $50,000　　　　　　　　　　(D) $75,000

[改編自 101 年高考]

25. 星光公司於 ×3 年 7 月 15 日決議辦理現金增資，保留員工認股數為 15,000 股，當日員工與公司對認購計畫已有共識。星光公司採用選擇權評價模式，估計所給與認購新股權利之給與日每單位公允價值為 $7，當時公司股價每股 $65，員工認購價每股 $60，星光公司之員工共認購現金增資 5,000 股，但現金增資失敗，星光公司亦退回股款。試問星光公司 ×3 年應認列之薪資費用為：

(A) $0　　　　　　　　　　　　(B) $35,000

(C) $75,000　　　　　　　　　　(D) $105,000

26. 小玲公司於 ×2 年初給與 100 位員工各 600 單位之認股權，給與之條件係員工必須繼續服務 2 年，該認股權之存續期間為 5 年。執行價格為 $20，給與日當日公司的股價亦為 $20。但公司於給與日無法可靠估計所給與認股權之公允價值。×2、×3 年底公司預估 (實際) 離職人數為 15 位與 16 位，×2、×3 與 ×4 年底公司股價分別為 $30、$28 與 $32，同時 ×4 年底有 30,000 股認股權執行。試問小玲公司 ×4 年認列之薪資費用若干？

(A) $0　　　　　　　　　　　　(B) $100,800

(C) $80,640　　　　　　　　　　(D) $201,600

27. 哈霖公司於 ×3 年 12 月 31 日發行 10,000 股非累積特別股，取得價款 $200,000，該特別股 2 年後持有人可要求依面額賣回 (享有賣回權)，特別股股利率為 5%，每年 12 月 31 日付息一次。哈霖公司有絕對的自主裁量權決定是否要發放特別股股利，但公司為了讓普通股股東能夠領到股利，所以預期未來每年都會發放特別股股利。發行時，公司發行類似品質之 2 年期零息債券之市場利率為 6%。發行日對公司資產負債表的影響為：

(A) 權益增加　　　　　　　　　(B) 負債增加、權益減少

(C) 負債增加　　　　　　　　　(D) 負債增加、權益增加

28. 花輪公司於 ×2 年初給與 20 位主管各 500 單位認股權，必須服務 3 年始能既得，當日認股權之公允價值每單位 $12。×2 年底，因股價下跌，公司重設認購價格，既得期間維持不變。價格重設之前認股權之公允價值每單位 $5，而價格重設之後認股權之公允價值每單位 $8。花輪公司 ×2 年、×3 年底，預期之離職人數為 8 人與 9 人，×3 年公司應認列之薪資費用為：

(A) $20,000　　　　　　　　　　(B) $28,250

(C) $33,750　　　　　　　　　　(D) $42,000

練習題

1. 【發行股票取得現金及其他資產】山陽公司於 ×3 年初設立，預計發行 50,000 股普通股

與 10,000 股特別股，該特別股符合權益之定義。普通股與特別股每股面額皆為 $10，普通股每股認購價格為 $25，已認購 50,000 股。特別股每股認購價格為 $30，已認購 10,000 股。×3 年 3 月 31 日，收足股款，並發行股票。山陽公司另支付股份發行之直接成本 $1,500 (其中 $1,000 為普通股之發行成本、$500 為特別股之發行成本)。另公司於 ×3 年 9 月 1 日，發行 5,000 股，取得自用不動產，該不動產之公允價值為 $140,000。

試作：山陽公司 ×3 年相關分錄。

2. 【可買回、可轉換公司債──發行人及持有人之會計處理】清新公司於 ×3 年 12 月 31 日發行可買回、可轉換公司債給福全公司，該可買回、可轉換公司債整體的公允價值為 $618,000，公司債面額為 $600,000，票面利率為 2%，每年 12 月 31 日付息一次，發行期限為 6 年，轉換價格為 $30。經客觀評價之後，得知各組成部分單獨之公允價值如下表：

組成部分	單獨之公允價值
有買回權但無認股權之公司債	$580,000
只有買回權	(30,000)
只有認股權	50,000

試問：

(1) 在 ×3 年 12 月 31 日，清新公司於發行此可轉換公司債之分錄為何？
(2) 福全公司於 ×3 年 12 月 31 日之分錄為何？

3. 【可轉換公司債──發行、提早買回、提早轉換、誘導轉換】智遠公司 2011 年 1 月 1 日按面額發行可轉換公司債 2,000 張，每張面額 $1,000，該債券 3 年到期，合約利率 2%，每年底付息一次。公司債流通期間，持有人得以 $250 的轉換價，轉換為智遠公司面額 $10 的普通股 1 股。該公司債發行時相同條件但不可轉換的公司債，其市場利率為 4%。

試作：

(1) 智遠公司 2011 年 1 月 1 日發行公司債分錄。
(2) 假設 2012 年 1 月 1 日智遠公司按 106 的價格從公開市場買回 500 張可轉換公司債，不可轉換的公司債當日公允價值為 $501,000，請作此分錄。假設買回當日公司帳上之「資本公積—庫藏股票交易」有貸方餘額 $5,000。
(3) 假設 2012 年 1 月 1 日投資人行使 500 張可轉換公司債的轉換權，請作轉換分錄。
(4) 假設智遠公司為誘導轉換，在 2013 年 1 月 1 日宣布將轉換價降為 $200，當日普通股每股市價為 $260。該日持有人全數轉換完畢。請作剩下 1,000 張可轉換公司債的誘導轉換分錄。

[改編自 101 年鐵路特考]

4. 【可轉換公司債──誘導轉換】成功公司於 ×3 年 1 月 1 日發行可轉換公司債，公司債面額為 $300,000，可轉換 6,000 股，發行後該可轉換公司債相關之「資本公積—認股權」金額為 $40,000。×5 年 12 月 31 日，成功公司向持有人提出若轉換者，換股數可由 6,000 股增加到 7,500 股。當日公司股價為 $56，公司債之帳面金額為 $312,000。該日持

有人全數轉換完畢。

試作：成功公司誘導轉換之相關分錄。

5. 【**可轉換特別股**】大元公司於 ×2 年 1 月 1 日發行可轉換特別股 5,000 股，每股面額 $10，發行價格為 $40，未來該特別股之持有人得選擇轉換成大元公司的普通股，一股換一股。該特別股及認股權均符合權益工具之條件。×4 年 1 月 1 日 50% 之可轉換特別股之持有人將特別股轉換成 2,500 股普通股。

試作：大元公司相關分錄。

6. 【**強制贖回特別股——但對特別股股利有自主裁量權**】達利公司於 ×1 年 1 月 1 日發行 30,000 股特別股，取得價款 $320,000，該特別股 4 年後達利公司會依面額強制贖回，特別股股利率為 6%，每年 12 月 31 日付息一次。特別股股利非累積，且達利公司有絕對的自主裁量權決定是否要發放特別股股利，依過去之記錄，達利公司為了讓普通股股東能夠領到股利，所以預期未來每年都會發放特別股股利。發行時，達利公司發行類似品質之 4 年期零息債券之市場利率為 8%。×1 年底至 ×4 年底，達利公司都有支付特別股股利。

試作：達利公司相關分錄。

7. 【**強制贖回特別股**】台北公司於 20×1 年 1 月 1 日以 $6,000,000 發行 5 年期特別股，台北公司可自主裁量股利是否發放，但 5 年期間屆滿時台北公司須以現金 $8,000,000 強制贖回該特別股。台北公司發行類似信用品質之 5 年期零息債券之年利率為 10%。

試求：

(1) 台北公司 20×1 年 1 月 1 日發行該特別股時，應認列負債及權益之金額各為多少元？

(2) 台北公司於 20×2 年度宣告並發給該特別股股利金額 $120,000，台北公司應認列 20×2 年度之利息費用及股利金額各為多少元？　　　　　　　　　　[102 年特考]

8. 【**強制贖回特別股——特別股股利為累積**】德明公司於 ×1 年 1 月 1 日發行 50,000 股特別股，取得價款 $511,666，並支付發行股票成本 $30,000，該特別股 2 年後德明公司會強制贖回，特別股股利率為 4%，每年 12 月 31 日付息一次，且特別股股利為累積。德明公司預期未來每年都會發放特別股股利。德明公司發行類似品質之 2 年期 4% 債券之市場利率為 6%。×1 年底及 ×2 年底，德明公司都有支付特別股股利。

試作：德明公司相關分錄。

9. 【**員工認股權——固定既得期間、無績效條件**】家福公司於 ×5 年 1 月 1 日給與 15 位員工各 1,000 股之認股權。給與之條件係員工必須繼續服務滿 4 年，方能取得認股權。家福公司當日的股價為 $65，認股權之認購價格為每股 $55，估計每一個認股權之公允價值為 $20。認股權於 ×9 年 12 月 31 日到期。

試完成下列分錄：

(1) ×5 年 1 月 1 日分錄。

(2) ×5 年 12 月 31 日，家福公司預估有 2 位員工將於 ×8 年 12 月 31 日前離職。

(3) ×6 年 12 月 31 日，家福公司預估有 5 位員工將於 ×8 年 12 月 31 日前離職。

(4) ×7 年 12 月 31 日，家福公司預估有 4 位員工將於 ×8 年 12 月 31 日前離職。

(5) ×8 年 12 月 31 日。共有 5 位員工於既得期間前實際離職，其餘 10 位員工各取得 1,000 單位認股權。

(6) ×9 年 12 月 31 日，公司股價為 $68，員工行使了 9,000 個認股權，剩下的 1,000 個認股權過期失效。

10. 【員工認股權──固定既得期間、非市價之績效條件】莒光公司於 ×3 年初給與 24 位員工認股權。員工未來須服務滿 3 年，可認購股數視未來 EPS 成長幅度而定：

績效條件：×5 年 EPS 成長幅度	每位員工可認購股數
小於 10%	1,000 股
介於 10% 與 20% 之間	2,000 股
大於 20%	3,000 股

莒光公司當日的股價為 $55，認股權之認購價格為每股 $40，估計每一個認股權之公允價值為 $21。認股權於 ×7 年 12 月 31 日到期。

試依下列資料完成 ×3 年至 ×5 年有關之分錄：

(1) ×3 年底。莒光公司認為 ×5 年 EPS 應會成長 15%，預計有 6 位員工將於 ×5 年底前離職。

(2) ×4 年底，莒光公司認為 ×5 年 EPS 應會成長 21%。估計有 4 位員工將於 ×5 年 12 月 31 日前離職。

(3) ×5 年底，莒光公司 ×5 年實際 EPS 成長 9%，並有 6 位員工離職。

(4) ×6 年 12 月 31 日，公司股價為 $50，員工行使了 12,000 個認股權。

(5) ×7 年 12 月 31 日，公司股價為 $38。剩下的 6,000 個認股權過期失效。

11. 【員工認股權──固定既得期間、市價條件】木柵公司於民國 98 年 1 月 1 日給與三位主管各 500,000 股認股權，條件為必須繼續在公司服務滿 3 年，且公司股票每股股價在民國 100 年底必須超過 80 元，認股權才得執行。符合上述既得條件後，認股權可於其後 5 年內任何時間執行。民國 98 年 1 月 1 日時，木柵公司股價為每股 50 元。給與認股權時，木柵公司預估三位主管均會服務滿三年，但民國 100 年底股價超過 80 元的機率大約為 60%。木柵公司考慮員工離職率及達成既得條件下，認股權評價為每股 20 元。

試問：下列三種情況下，計算木柵公司在民國 98 年、99 年及 100 年度，各應認列員工認股權薪資費用之金額為多少？

(1) 三位主管均實際服務滿 3 年，民國 98 年底、99 年底及 100 年底，木柵公司股票每股市價分別為：70 元、65 元及 95 元。

(2) 有一位主管於民國 100 年中離職，其餘二位主管實際服務滿 3 年，民國 98 年底、99 年底及 100 年底，木柵公司股票每股市價分別為：70 元、65 元及 95 元。

(3) 三位主管均實際服務滿 3 年，民國 98 年底、99 年底及 100 年底，木柵公司股票每股市價分別為：70 元、65 元及 75 元。　　　　　　　　　　　　　【98 年稅務特考】

12. 【員工認股權──固定既得期間、非市價條件】瑞凡公司 ×2 年初給與 20 位主管各 1,000 個認股權，條件必須繼續在公司服務滿 3 年。認股權的履約價格為 $40，但若公司在這 3 年間的平均盈餘成長超過 15%，則認股權的履約價格將降至 $30。瑞凡公司採用選擇權評價模式，考慮員工離職率與達成既得條件之可能性後，估計若履約價格為 $40，則認股權公允價值為每單位認股權 $25，若履約價格為 $30，則認股權公允價值為每單位認股權 $30。×2 年底時公司盈餘成長率為 16%，且公司預期未來 2 年均能維持 15% 以上之盈餘成長率，×2 年有 2 位主管離職，瑞凡公司預估至 ×4 年底時，共有 5 位主管離職。×3 年底時公司平均盈餘成長率為 17%，且公司預期未來 1 年均能維持 15% 以上之盈餘成長率，×3 年累計有 3 位主管離職，瑞凡公司預估至 ×4 年底時，共有 4 位主管離職。×4 年底公司 3 年平均盈餘成長率為 14%，實際有 5 位主管離職。

　　試計算：瑞凡公司 ×2 年至 ×4 年度應認列之薪資費用？

13. 【員工認股權──不固定既得期間、市價條件】仁愛公司於 ×7 年 1 月 1 日給與其 100 位高級主管認股選擇權，依據該計畫，每位主管可以每股 $50 的價格，認購每股面額 $10 的普通股 10,000 股。若公司股價由 $40 上漲至 $60，且主管於股價目標達成時仍繼續服務，則認股權將既得且立即執行。經採用選擇權評價模式估算，每股認股權在給與日的公允價值為 $25，而根據估計，該市價條件最可能的結果為股價目標將於第 4 年底達成，故公司估計既得期間為 4 年。

　　認股權在 ×12 年 1 月 1 日之前不行使即失效。若主管在給與日起 4 年內離職，則註銷其選擇權。依照以往的經驗，在認股權給與日估計其主管的離職率為每年 4%，但 ×8 年底由於實際離職人數增加，故修正 4 年的離職率為每年 6%，但 ×9 年底實際離職的主管為 26 人。假設股價目標於第 3 年底即達成。

試作：

(1) ×7 年至 ×10 年每年 12 月 31 日應認列的薪資費用之分錄。
(2) ×11 年 1 月 1 日公司股價為 $80 時，若有 60 位主管行使認股權之分錄。
(3) 假設公司原有庫藏股票 1,000,000 股，每股成本 $15。試作前項 60 位主管行使認股權時，公司給與庫藏股票之分錄。
(4) 若至 ×12 年 1 月 1 日其餘主管均未行使認股權，認股權逾期失效的分錄。【99 年高考】

14. 【員工認股權──不固定既得期間、非市價之績效條件】甲公司第 1 年初與 500 位員工訂定各給與 100 單位認股權之協議，若甲公司第 1 年獲利增加超過 18%，且員工仍在職服務，則認股權可於第 1 年底既得，若甲公司在第 1、2 年間之獲利增加平均每年超過 13%，且員工仍在職服務，則可於第 2 年底既得，若在第 1 至 3 年間之獲利增加平均每年超過

10%，且員工仍在職服務，則可於第 3 年底既得。第 1 年初之股票市價為每股 $30，估計該給與之認股權公允價值每單位 $15。第 1 年底，甲公司獲利增加 14%，有 30 位員工離職。甲公司預期第 2 年之獲利將維持相同之成長率，仍有 30 位員工將於第 2 年離職，另估計 30 位員工將於第 3 年離職。第 2 年，甲公司獲利僅增加 10%，實際離職員工 28 位。甲公司預期第 3 年會有 25 位員工離職，而甲公司獲利將至少增加 6%，可達成每年平均 10% 之目標。第 3 年底，23 位員工於第 3 年離職，甲公司獲利成長率 3%，因此員工無法取得認股權。

試作： 每年年底與此股份基礎交易有關之分錄。　　　　　　　　　　　　　[97 年會計師]

15. **【辦理現金增資保留給員工認購】** 安新公司之董事會於 ×3 年 8 月 1 日決議辦理現金增資，保留供員工認購股數為 30,000 股，當日員工與公司對認購計畫已有共識，股價為每股 $40，認購價格為每股 $36。員工繳款日為 ×3 年 10 月 1 日。安新公司採選擇權評價模式，估計所給與認購新股權利之給與日每單位公允價值為 $5，員工繳款日為 ×3 年 10 月 1 日。發放股票日為 ×3 年 11 月 1 日。

試分別依下列情況，完成安新公司有關現金增資保留由員工認購之會計分錄。

(1) 情況一：現金增資順利成功，安新公司之員工最終認購現金增資發行新股 25,000 股。

(2) 情況二：安新公司之員工認購現金增資 5,000 股，但現金增資失敗，安新公司退回股款。

16. **【企業以庫藏股票轉讓與員工】** 元廷公司於 ×2 年 10 月 31 日以每股 $40 買回庫藏股票 50,000 股，×2 年 11 月 30 日以每股 $38 出售 10,000 股，×2 年 12 月 23 日又以每股 $45 再出售 20,000 股。×3 年 3 月 31 日，經過董事會決議後，將未出售之庫藏股票 20,000 股轉讓員工，當日公司股價為 $56，員工得以用 $50 認購，採用選擇權評價模式得到此一認股權利之公允價值為 $8。繳款日為 ×3 年 4 月 20 日，當日員工共認購 15,000 股。試完成元廷公司 ×2 年與 ×3 年有關上述交易之相關分錄。

17. **【內含價值法（無法可靠衡量認股權之公允價值）】** 藝翔公司於 ×2 年 1 月 1 日給與公司一位高階主管 5,000 股之認股權，執行價格為 $30。給與之條件係須繼續服務滿 3 年，認股權之存續期間為 5 年。給與日當天藝翔公司無法估計所給與認股權之公允價值，當天藝翔公司股價為 $30。藝翔公司 ×2 年至 ×6 年之股價分別為 $36、$42、$48、$38、$24，假設該主管於 ×5 年底執行 4,000 股之認股權，其餘 1,000 股未執行。

試計算藝翔公司各年度應認列之薪資費用及作相關分錄。

18. **【現金交割之股份增值權——固定既得期間】** 麗山公司於 ×2 年 1 月 1 日給與 12 位員工各 3,000 股之股份增值權。給與之條件係員工必須繼續服務滿 3 年，方能取得認股權。公司當日的股價為 $30，股份增值權之執行價格亦為 $30。認股權於 ×6 年 12 月 31 日到期。麗山公司 ×2 年至 ×6 年底之股價、股份增值權公允價值、執行數量與預期或實際離職人數之資料如下表：(假設於某特定年度執行之股份增值權均係於該年度之年底執行。)

Chapter 13 權益及股份基礎給付交易

年度	年底股份增值權之公允價值	年底股價	年底執行之股份增值權數量	預期或實際離職人數
×2	$16	$38	0	3
×3	20	45	0	2
×4	15	42	0	2
×5	12	40	16,000	—
×6	16	46	14,000	—

試作：麗山公司各年度應認列之薪資費用及作相關分錄。

19. 【企業給員工限制性股票】甲公司於 ×0 年 12 月 31 日之流通在外普通股數為 1,000,000 股，該公司 ×1 年 1 月 1 日與 10 位擔任管理職能之高階主管達成協議，約定每位主管將可無償領取每股面額 $10 之限制型股票 10,000 股作為酬勞計畫，並於同日發放該限制型股票。但激勵計畫之既得條件為員工需於 ×2 年底前仍在職服務，故該限制型股票於 ×2 年底前由甲公司交付信託，不得轉讓，如果員工在閉鎖期間內離職，應返還該限制型股票。自 ×3 年 1 月 1 日起，該批股票則可由員工自由轉讓流通。相關資料如下：

	×1 年 1 月 1 日	×1 年 12 月 31 日	×2 年 12 月 31 日
甲公司無任何限制股票之每股市價	$100	$110	$107
甲公司限制型股票之每股公允價值	$90	$105	$107
估計×2年底前將離職主管之人數	2	3	1
截至該年底前實際離職主管之人數	NA	1	1
當年度之稅後淨利	NA	$17,000,000	$19,620,000
該年度股票之平均市價	NA	$105	$108
限制型股票於該年度期末向須提供勞務每股之公允價值	NA	$80	$0

試作：

甲公司 ×1 年 1 月 1 日、12 月 31 日及 ×2 年 12 月 31 日應有之分錄。　　[108 年高考會計]

20. 【附錄 A：得選擇現金交割之股份基礎給付交易】哈利公司於 ×5 年 1 月 1 日以繼續留在公司服務滿 3 年為條件，給與總經理一項權利，可選擇收取相當於 20,000 股普通股市價的現金，或收取 24,000 股的股票。員工若選擇取得股份，則於既得日後之 2 年內均不得出售。×5 年初給與日哈利公司之股價為 $45，而 ×5、×6、×7 年底股價分別為 $48、$54 及 $57。在考慮既得後移轉限制之影響後，哈利公司估計給與日選擇股份之公允價值為每股 $40。

試作：

(1) 假設 ×7 年底，總經理選擇領取現金，試作哈利公司 ×5 年至 ×7 年之相關分錄。

(2) 假設×7年底，總經理選擇領取股份，試作哈利公司×5年至×7年之相關分錄。

21. 【附錄A：在既得期間內修改合約——價格重設，對員工有利】池上公司於×3年初給與20位主管各500單位認股權，必須服務3年始能既得，當日認股權之公允價值每單位$15。於×3年底，因股價下跌，公司重設認購價格以維持該認股權計畫的吸引力，主管仍須服務至×5年底才能取得認股權。價格重設之前認股權之公允價值每單位$5，而價格重設之後認股權之公允價值每單位$8。池上公司於×3年及×4年底，預期分別有6位及8位主管會在×5年底前離職。×5年底實際有9位主管離職。

試作：池上公司×3年至×5年相關之分錄。

22. 【附錄A：員工認股權——固定既得期間、市價條件及修改條件】信能公司於民國97年1月1日給與20位高階主管每人20,000單位認股權，條件為：(1) 必須在公司繼續服務3年，(2) 公司每股股價於99年12月31日須超過$60。若符合前述兩條件，則主管可於民國105年底前之任何時點執行認股權。該公司為增加激勵效果，又於民國98年12月31日修改合約條件，將每位主管認股權提高至30,000單位。信能公司於各相關日期之估計資料如下：

日期	估計99年12月31日未離職主管人數	當年度實際離職之主管人數	當日估計每單位認股權公允價值	當日每股股價
97/01/01	19	0	$5	$50
97/12/31	18	1	4	$53
98/12/31	16	1	2	$57
99/12/31	15	3	0	$58

試作：信能公司於民國97、98及99年各年12月31日應有之分錄。　　【97年地方特考】

23. 【附錄A：在既得期間內修改合約——績效目標提高或延長既得期間，對員工不利】彥群公司於×3年1月1日給與16位主管各500單位認股權，既得條件為必須服務滿3年且×5底公司盈餘須成長25%始能既得，彥群公司認為該績效目標應會順利完成，當日認股權之公允價值每單位$15。彥群公司×3年至×5年底，預期與實際離職人數如下表：

年度	預期至×5年底之離職人數	當年度實際離職人數
×3	5	1
×4	7	3
×5	6	2

×4年初公司將績效條件提高到×5年須成長50%始能既得。彥群公司×5年底盈餘成長45%。

試計算彥群公司×3年至×5年之薪資費用。

Chapter 13 權益及股份基礎給付交易

24. 【附錄A：後續增加得選擇現金權利之股份給與】保傑公司×5年初以完成3年服務為條件，期滿會給一高階主管3,000股，當時公司股價為$36。×5年底，股價跌至$20，保傑公司當天對該股份給與外加得選擇現金交割之權利，即該主管可選擇領取3,000股股票或3,000股於既得日之等值現金。×7年底既得日當天之股價為$24。

    試作：
    (1) 若該主管選擇現金交割，完成保傑公司×5年至×7年相關分錄。
    (2) 若該主管選擇股份交割，完成保傑公司×7年相關分錄。

25. 【附錄A：同時有既得及非既得條件之股份基礎給付協議——對方得選擇是否達成非既得條件】堅尼公司於×3年初給與3位員工參與員工認股權計畫之機會。員工於計畫中若同意往後3年，每年儲蓄其年薪$600,000之20%到公司之帳戶，即可取得認股權。儲蓄之支付係直接由該員工之薪資中扣除，員工可於×5年底以累積提撥金額執行其認股權，亦可於3年中之任何時點領回已提撥之薪資。在納入考量非既得條件後，該股份基礎給付協議預估在給與日之公允價值為$90,000。×4年初，1位員工停止對該計畫之提撥，並領回截至當日已提撥之$120,000。其餘2位員工則完成該認股權計畫，並於×5年底共取得6,000股公司普通股股票。試作堅尼公司相關分錄。

應用問題

1. 【庫藏股票】松尚公司×1年12月31日帳上之股東權益包括股本$50,000,000(共發行並流通在外普通股5,000,000股，每股面額$10)，其發行溢價之資本公積$15,000,000，保留盈餘$6,000,000。下列為×2年及×3年有關庫藏股票之交易：

    (1) 松尚公司於×2年1月27日股東會通過對大陸轉投資公司之增加投資議案，惟部分股東反對該議案，並要求松尚公司買回其所持有之股份共計300,000股，松尚公司與異議股東協議後，雙方同意以當時市價每股$18之價格買回異議股東所持有之松尚公司股票。
    (2) ×2年2月15日及×2年3月15日松尚公司分別以每股$20及$15賣出庫藏股票各100,000股，續後再於×2年4月18日以每股$19出售50,000股之庫藏股票。
    (3) 松尚公司某普通股股東於×2年5月25日捐贈5,000股之普通股股票給松尚公司，當時該公司普通股股票之公平市價為$17。
    (4) 松尚公司決議以×2年6月30日為減資基準日，將50,000股之庫藏股票註銷，並辦理減資登記。
    (5) 於×2年7月10日松尚公司以每股$19賣出受贈庫藏股票5,000股。
    (6) 松尚公司定有酬勞性員工認股選擇權計畫，故於×2年11月5日以每股$28買回該公司流通在外之普通股股票100,000股，供認股權持有人認購。×2年12月31日計有4,000股認股權流通在外，帳列金額為$48,000，每股認股權之認購價格為$22，×3年2月25日有員工行使2,000股認股權。　　　[改編自國際會計準則32號公報釋例]

2. 【企業給與員工限制性股票（固定既得期間、無績效條件）】美青公司於×5年1月1日協議給與 16 位員工各 1,000 股之限制性股票作為員工獎酬。給與之條件係員工必須繼續服務滿 4 年，方能無償取得該限制性股票，限制性股票發放日為×5年1月3日。×5年1月1日至×8年12月31日閉鎖期內，發放給員工的股票應由公司交付信託，不得轉讓，但仍享有投票權及股利分配等權利，員工若於既得期間內離職，則應返還該限制性股票。自×9年1月1日起，可自由轉讓這些股票。美青公司一般沒有受任何限制的股票，於×5年1月1日每股市價為 $36，這些限制性股票因為有閉鎖期，公允價值每股只有 $32。

試完成下列分錄：

(1) ×5 年底公司預估年將有 5 位員工於既得期間內離職，且×5 年底有 1 位員工離職。完成×5 年之分錄。

(2) ×6 年 12 月 31 日，美青公司預估有 5 位員工將於既得期間內離職，×6 年員工無人離職。完成×6 年之分錄。

(3) ×7 年 12 月 31 日，美青公司預估有 4 位員工將於既得期間內離職，且×7 年底有 2 位員工離職。完成×7 年之分錄。

(4) ×8 年 12 月 31 日，美青公司共有 5 位員工於既得期間內離職，×8 年底有 2 位員工離職。完成×8 年之分錄。

3. 【附錄 A：企業得選擇現金交割之股份基礎給付交易】威廉公司於×1年1月1日與總經理協議一股份基礎給付交易合約，既得條件為須繼續留在公司服務滿 3 年。既得日時，威廉公司可選擇取得支付相當於 3,000 股普通股市價的現金，或交付 3,500 股的股票。威廉公司若選擇交付股份，則員工於既得日後之 2 年內不得出售。×1年初給與日威廉公司之股價為 $45，而×1、×2、×3年底股價分別為 $48、$54 及 $57。在考慮既得後移轉限制之影響後，威廉公司估計給與日選擇股份之公允價值為每股 $36。

試作：分別依下列情況完成威廉公司×1年至×3年之必要分錄。

(1) 假設在給與日威廉公司負有以現金交割之現時義務。

(2) 假設在給與日威廉公司沒有以現金交割之現時義務。但×3年底威廉公司以現金交付。

(3) 假設在給與日威廉公司沒有以現金交割之現時義務。×3年底威廉公司以股份進行交付。

(4) 假設在給與日威廉公司沒有以現金交割之現時義務。×3年底威廉公司選擇以交割日公允價值較高之選項交付。當時該受限制股票之價值為每股 $52。

Chapter 13

權益及股份基礎給付交易

Chapter 14 保留盈餘及每股盈餘

學習目標

研讀本章後，讀者可以了解：
1. 保留盈餘包含之項目
2. 各類股利之會計處理
3. 基本每股盈餘之計算
4. 稀釋每股盈餘之計算
5. 每股盈餘之追溯調整
6. 每股淨值之計算

華碩電腦股份有限公司提供

本章架構

保留盈餘及每股盈餘

保留盈餘
- 法定資本公積
- 特別盈餘公積
- 未分配盈餘

股利
- 特別股股利
- 現金股利
- 股票股利 vs. 股票分割
- 財產股利
- 清算股利

基本每股盈餘
- 定義
- 分子（盈餘）之計算
- 分母（股數）之計算

稀釋每股盈餘
- 定義
- 控制數
- 分子（盈餘）之計算
- 分母（股數）之計算

每股盈餘之追溯調整
- 必要性
- 調整方法
- 每股淨值之計算

華碩公司於 1996 年上市，早期以電腦主機板為主，後來進入桌上型及筆記型電腦產業，1996 年的每股盈餘 (earnings per share, EPS) 高達 $31.73，股價也於 1997 年 4 月最高曾達 $890，是當時的股王。剛上市時，華碩公司在幾乎沒有現金增資的情況下，連續多年大量發放股票股利，股本由 1996 年的 12 億元迅速增加到 $228.2 億，但 EPS 也由 1996 年的 $31.73 到 2003 年下降到 $5.07，表面上「衰退」幅度達 84%，但是若從稅後利益金額來看，卻是由 1996 年的 $38.1 億，增加到 2003 年的 $115.7 億，其實還是大幅成長，這是因為 EPS 沒有因為無償配股而去追溯調整之緣故，造成有些投資人的誤解。

華碩公司為了電腦品牌與代工事業兩者未來之發展，在 2010 年 6 月 1 日將代工業務事業群 (原對和碩公司 100% 之股權投資) 相關之營業分割讓與，華碩公司及其全體股東拿到和碩公司之股票作為財產股利。華碩公司同時辦理減資，分割後持有和碩公司 25% 之股權，華碩公司的股東則按持股比例分配剩餘 75% 的股權。在分割和碩之後，華碩公司的 EPS 也由 2009 年的 $2.94，「大幅增加」到 2020 年的 $35.76，表面上經營績效有大幅提升，但其實主要是靠股本減資 83% 造成股數大幅減少，EPS 才會大幅增加的假象。

華碩公司

年度	期末股本（億）	稅後利益（億）	稅後EPS	現金股利	股票股利	股本變化情形	平均股價
1996	12.0	38.1	31.73	0	15.00		286
⋮	⋮	⋮	⋮	⋮	⋮		⋮
2003	228.2	115.7	5.07	1.50	1.00		81
⋮	⋮	⋮	⋮	⋮	⋮		⋮
2007	372.8	272.8	7.32	2.49	0.99	海外可轉債 $3 億	94
2008	424.6	164.6	3.88	2.00	0.02	庫藏股票 $2.6 億	69
2009	424.7	124.8	2.94	2.10	0		45
2010	62.7	164.9	26.30	14.00	2.20	分割和碩，減資 $362 億	265
⋮	⋮	⋮	⋮	⋮	⋮		⋮
2019	74.3	130.2	16.34	14.00	0		209
2020	74.3	283.9	35.76	26.00	0		250

每股盈餘之主要目的是提供公司每一股普通股於報導期間之營運績效，以使不同企業在同一時間可以做營運績效比較。例如華碩及宏碁在 2020 年基本每股盈餘分別為 $35.76 及 $1.98，而每股股價 (華碩 $279.5、宏碁 $23.90) 也相對反映華碩的績效明顯較佳；該資訊也可以作為使同一企業在不同時間 (過去與現在)，做了適當之追溯調整之後，進行歷史性之績效比較。

中級會計學 下

章首故事引發之問題

● 企業發放各類股利(現金、股票及財產),對於財務報表有何影響?
● 企業的股本(數)如果有增減變動,要如何正確地分析每股盈餘?

14.1 保留盈餘

學習目標 1
保留盈餘包含之項目

保留盈餘係指營業結果透過損益表之本期損益,所產生之權益增減,保留盈餘之金額均以稅後金額作為表達。表 14-1 列示保留盈餘增減變動的可能來源:

表 14-1　保留盈餘變動之可能來源

保留盈餘會減少	保留盈餘會增加
1. 本期淨損	1. 本期淨利
2. 追溯適用及追溯重編之影響數(請參見第 20 章)	2. 追溯適用及追溯重編之影響數(請參見第 20 章)
3. 分派股利	3. 以股本或資本公積彌補虧損
4. 與股東間交易(普通股及特別股庫藏股票)造成淨資產減少	4. 其他
5. 其他	

保留盈餘依其有無限制,可再細分成下列三項,如圖 14-1。

1. 法定盈餘公積[1]

依公司法之規定,企業在完納一切稅捐後,在分派盈餘之前,應先提列稅後淨利的 10% 作為法定盈餘公積直至與實收資本總額相等為止。法定盈餘公積通常僅能彌補虧損。但是,若法定盈餘公積超過實收股本 25% 之部分,得以發給新股或現金。亦即,法定盈餘

---

[1] 「盈餘公積」與「資本公積」不同,資本公積係發行人發行權益工具,以及發行人與股東間之股本交易所產生之溢價(但有時候也會產生折價,因而減少保留盈餘),通常包括超過票面金額發行股票溢價、受領贈與之所得等所產生者等。

公積在實收股本 25% 的範圍內，有受到限制只能用來彌補虧損，超出部分企業才可以運用。

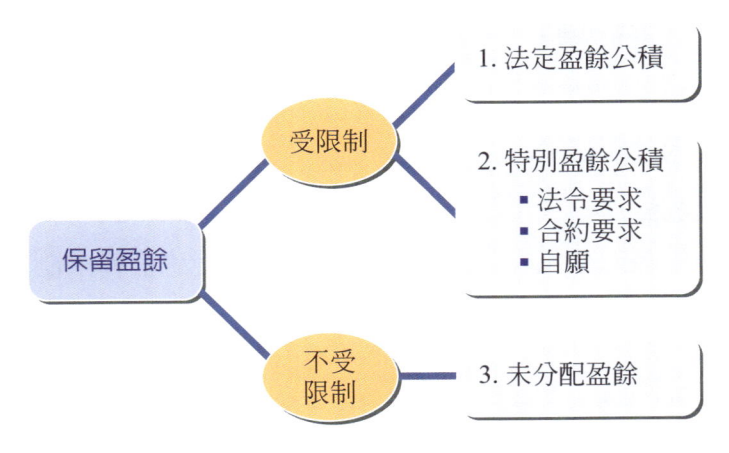

圖 14-1　保留盈餘之圖解細分

- 受限制
  1. 法定盈餘公積
  2. 特別盈餘公積
     - 法令要求
     - 合約要求
     - 自願
- 不受限制
  3. 未分配盈餘

2. 特別盈餘公積

特別盈餘公積係企業依特別之事項，而提列之盈餘公積。企業必須在該特別事項之原因已經解除後，才能將特別盈餘公積轉列為未分配盈餘。前述特別事項可分為三類：

(1) 法令規定。例如，企業有買入「庫藏股票」，已經列為股東權益減項時，或透過其他綜合損益按公允價值衡量之金融資產期末已經產生「透過其他綜合損益按公允價值衡量之金融資產評價損失」，列於其他權益之減項，此時股東權益實際上已經下降，若不要求企業提列特別盈餘公積，會讓企業誤以為有足夠的未分配盈餘可分派給股東。

(2) 合約要求。例如，在簽訂借款合約時，債權人因為擔心企業若將未分配盈餘全數分派出去，未來企業營運如果反轉，債權人會比較沒有保障，因此會要求企業提列足夠之特別盈餘公積。

(3) 自願。例如，企業若有擴充之計畫，董事會可自願通過決議要求將提列特別盈餘公積，因而減少未分配盈餘[2]。例如，成功公司計畫未來有擴充之需求，因此提列 $10,000 特別盈餘公積，分錄如下：

---

[2] 自願提列之特別盈餘公積仍須納入未分配盈餘加徵 10% 之範圍內，較詳細之討論請參照第 18.5 節。

未分配盈餘	10,000	
特別盈餘公積		10,000

擴充計畫結束時,企業應將該特別盈餘公積轉回,分錄如下:

特別盈餘公積	10,000	
未分配盈餘		10,000

3. 未分配盈餘

未分配盈餘係指保留盈餘中,完全沒有受到任何限制或指撥之金額,企業可自由以股利方式分派給股東。

14.2 股　利

學習目標 2
各類股利之會計處理

股利 (dividends) 係指企業對於普通股股東及符合權益定義的特別股股東,按持股比率分派的報酬。企業對於股東之分派,應按稅後淨額直接借記權益,並且列示於權益變動表中。至於屬金融負債之金融工具(如特別股負債)或可轉換債券之負債組成部分,其相關之利息、損失及利益,應於損益中認列為收益或費損。特別股負債所發放之「股利」,應視為「負債性特別股股息」於損益表中認列為費用。

企業如果想發放現金股利,通常有下列三個要件:

1. 有足夠的保留盈餘得以發放股利(但企業減資退還股本,不視為盈餘之分派)。

2. 有足夠的現金發放。企業有保留盈餘不一定表示有足夠的現金發放股利,有可能這些盈餘已經又投入去購買其他資產(如存貨、不動產等)。

3. 經權責單位(如董事會或股東會)**宣告** (declare) 通過。美國的企業發放股利,只須經董事會通過後宣告即可。至於臺灣的企業要發放股利,不但要先經過董事會通過,還要再經股東會確認後,才算是宣告完成。

本章(含釋例及習題)所提到之特別股,除有特別說明之外,均假定符合權益之定義。

14.2.1 特別股股利

普通股股東及符合權益定義之特別股股東都享有分配股利之權

保留盈餘及每股盈餘

利。但是特別股股東會享有優先領取股利的權利，亦即只要特別股股東沒有領到應有之股利，普通股股東一毛錢都分派不到。特別股之發行條款，通常會載明其股利有下列幾種特性：

1. 累積及非累積

特別股於發行時通常會訂定股利分派之金額或股利率，因企業盈餘不足或其他原因而未能發放股利，若可先暫時積欠，但未來仍有發放補足之義務，則稱之為**累積** (cumulative)。反之，若未來沒有補足發放積欠股利之義務，則為**非累積** (non-cumulative)。

2. 完全參加、部分參加及非參加

當普通股股東分配之股利率超過特別股明訂之股利率時，**完全參加** (fully participating) 之特別股股東可再與普通股股東一起分配多餘的利潤，以使雙方所領取的股利率完全相等。至於**部分參加** (partially participating) 之特別股股東雖然可再和普通股股東一起分配多餘的利潤，但有一個參加分配比率的上限，可能會使得特別股股東所領取的股利率會高於原先約定之最小股利率，但還是低於普通股股東可領取的股利率。最後，**非參加** (non-participating) 之特別股股東只能領取原先約定之特別股股利率，不可以和普通股股東一起分配多餘的利潤。

釋例 14-1　特別股股利

屏東公司 ×6 年有下列資料：

- 屏東公司宣告發放 ×6 年股利 $180,000 給特別股及普通股。
- 100,000 股普通股流通在外，每股面額 $10。
- 20,000 股 10% 特別股流通在外，每股面額 $10。

試分別依下列狀況，計算 ×6 年特別股及普通股個別可領到之現金股利總額：

1. 特別股為累積、非參加、積欠股利 1 年。
2. 特別股為非累積、完全參加。
3. 特別股為非累積、可參加至 12%。

解析

1. 特別股為累積、非參加、積欠股利 1 年。

	特別股	普通股
特別股積欠 1 年股利 ($10×10%×20,000)	$20,000	
特別股 ×6 年當年 10% 股利	20,000	
普通股可領取之股利 (因為非參加，剩下 $140,000 全部歸屬普通股)		$140,000
各類股東可領取之金額	$40,000	$140,000
股數	÷20,000 股	÷100,000 股
每股可領取股利之金額	$2.00	$1.40

2. 特別股為非累積、完全參加。

	特別股	普通股
特別股 ×6 年當年 10% 股利	$20,000	
普通股可領取 10% 之股利		$100,000
因特別股完全參加，故將剩餘的 $60,000 依比例分配給特別股及普通股	10,000	50,000
各類股東可領取之金額	$30,000	$150,000
股數	÷20,000 股	÷100,000 股
每股可領取股利之金額	$1.50	$1.50

註：在情況 2，特別股及普通股都領到 15% 的股利。

3. 特別股為非累積、可參加至 12%。

	特別股	普通股
特別股 ×6 年當年 10% 股利	$20,000	
普通股可領取 10% 之股利		$100,000
特別股及普通股都再領到 2% 之股利	4,000	20,000
因為特別股只能參加至 12%，剩下 $36,000 全部歸屬普通股		36,000
各類股東可領取之金額	$24,000	$156,000
股數	÷20,000 股	÷200,000 股
每股可領取股利之金額	$1.20	$1.56

註：在此例中，特別股只能參加至 12%、普通股可領到 15.6% 的股利。

14.2.2 普通股股利

現金股利

企業以現金分派盈餘，是目前最受投資人歡迎的方式，尤其是當企業宣告比過去還要更高的**現金股利** (cash dividends) 後，隱含公司未來獲利會持續增加，因此造成股價的上漲。企業在向未**宣告**

Chapter 14 保留盈餘及每股盈餘

(declare) 發放現金股利之前，無須作任何分錄。一旦公司股東會宣告盈餘後，必須貸記「應付股利」負債項目，俟發放 (distribute) 現金股利之後，才沖銷「應付股利」。

釋例 14-2 現金股利

彰化公司 ×2 年 5 月 31 日於股東會決議發放 ×1 年特別股股利每股 $1、普通股股利每股 $3，彰化公司有特別股 20,000 股、普通股 100,000 股。彰化公司於 ×2 年 6 月 30 日發放現金股利。

試作：彰化公司相關分錄。

解析

×2 年 5 月 31 日宣告現金股利。

保留盈餘	320,000	
應付股利—特別股 ($1 × 20,000)		20,000
應付股利—普通股 ($3 × 100,000)		300,000

×2 年 6 月 30 日發放現金股利。

應付股利—特別股	20,000	
應付股利—普通股	300,000	
現金		320,000

股票股利 vs. 股票分割

企業如果有獲利，想要將企業未來成長所需的資金留在企業內，但又為了滿足股東對股利的需求，此時企業可選擇發放**股票股利** (stock dividends)。發放股票股利不會影響企業的資產及負債，只會增加企業發行的股數而已，也不影響每一股東原先的持股比率。有關股票股利之會計處理，有兩種方法：

(1) **面額法** (par value method)：以面額 ($10) 作為入帳基礎。
(2) **公允價值法** (fair value method)：以宣告時之公允價值作為入帳基礎。

釋例 14-3 股票股利

南華公司 ×2 年 5 月 31 日於股東會決議以股票股利之方式，發放 ×1 年股利，每股 $2，亦即每 1 股普通股可領到 0.2 股，宣告當日股價為 $60。南華公司在除權之前有普通

股 100,000 股。南華公司於 ×2 年 6 月 30 日發放股票股利。

試作：分別依 (1) 面額法及 (2) 公允價值法作南華公司相關分錄。

解析

(1) 面額法

×2 年 5 月 31 日宣告股票股利。

保留盈餘 ($10 × 20% × 100,000)	200,000	
待分配股票股利		200,000

註：「待分配股票股利」係屬股本項下的一個子項目。

×2 年 6 月 30 日發放股票股利。

待分配股票股利	200,000	
普通股股本		200,000

(2) 公允價值法

×2 年 5 月 31 日宣告股票股利。

保留盈餘 ($60 × 20% × 100,000)	1,200,000	
待分配股票股利 ($10 × 20,000)		200,000
資本公積－普通股股票溢價 ($50 × 20,000)		1,000,000

×2 年 6 月 30 日發放股票股利。

待分配股票股利	200,000	
普通股股本		200,000

　　IASB 對於股票股利，究竟應採面額法或市價法並未有明確規範。若依美國 FASB 之規定，小額股票股利 (小於 20% 或小於 25%) 應採用公允價值法，但是大額股票股利 (大於 20% 或大於 25%)，則應採用面額法。至於我國實務一般之作法，則都是採用面額法。

　　至於**股份分割** (share split)，則不是股利之發放，它只是將原先之股數依原先持股比例，一起等比例增加股數，因此無須作任何分錄，只要註記股數增加即可。例如，中山公司有一位股東原先持有 1,000 股，占中山公司 1% 之股份。中山公司因為業績蒸蒸日上，股價不斷上漲，造成股價過高，小額投資人不方便買進，因此中山公司決定 **1 股分割成 3 股** (3-for-1)，該位投資人手上的持股會變成 3,000 股，但是持股比率還是只有 1%。股份分割和股票股利都是會影響企業的普通股總數，但不影響投資人原先的持股比率，也不影響資產及負債的金額。

財產(非現金股利)股利

在少見的情況下，企業會發放**現金以外的財產** (non-cash assets) 給與股東，例如章首故事提到的華碩公司，以發放轉投資和碩公司的股票給華碩的股東 (但華碩公司係以減資、發放財產股利之方式進行)。企業應依 IFRIC 17 之下列規定，處理財產股利之相關議題：

- 企業應按待分配之非現金資產之公允價值，衡量其「應付財產股利」之負債金額。
- 企業應於每一報導期間結束日及發放 (清償) 日，依當時之公允價值調整「應付財產股利」之帳面金額，並將其變動認列於權益，作為該分配金額之調整。
- 最後在發放 (清償) 日時，應將該非現金資之產帳面金額與「應付財產股利」之帳面金額間之差額，認列於本期損益。

釋例 14-4 財產股利

東海公司 ×2 年 11 月 30 日於股東會決議將其採用權益法之投資—南海公司，以財產股利之方式，按股東持股比率全數發放給股東，有關轉投資南海公司之相關資料如下：

	公允價值	帳面金額
×2/11/30	$750,000	
×2/12/31	870,000	
×3/1/31	950,000	$450,000

試作：東海公司有關財產股利之分錄。

解析

×2 年 11 月 30 日應按待分配之非現金資產之公允價值，衡量其「應付財產股利」之負債金額。

保留盈餘	750,000	
應付財產股利		750,000

註：「應付財產股利」係屬負債項目。

×2 年 12 月 31 日於報導期間結束日，依公允價值調整「應付財產股利」之帳面金額，並將其變動認列於權益，作為該分配金額之調整。

保留盈餘 ($870,000 – $750,000)	120,000	
應付財產股利		120,000

×3 年 1 月 31 日於發放日，依當時之公允價值調整「應付財產股利」之帳面金額，並將其變動認列於權益，作為該分配金額之調整。同時應將該非現金資之產帳面金額與「應付財產股利」之帳面金額間之差額，認列於本期損益。

保留盈餘 ($950,000 – $870,000)	80,000	
應付財產股利		80,000
應付財產股利	950,000	
採用權益法之投資		450,000
處分投資利益		500,000

清算股利

有時企業為了淡出營運，或為了提高淨值報酬率，會以來自保留盈餘以外的股本或資本公積[3]，發放現金或財產股利給股東，此種股利稱之為**清算股利** (liquidating dividends)。清算股利通常是**投資成本之收回** (return of investment)，而非**投資報酬** (return on investment)。

釋例 14-5　清算股利

暨南公司 ×2 年 5 月 31 日於股東會決議宣告發放現金股利 $30,000，其中 $20,000 來自保留盈餘，其餘的 $10,000 來自資本公積－普通股股票溢價。暨南公司於 ×2 年 6 月 30 日發放現金股利。

解析

×2 年 5 月 31 日宣告發放股利。

保留盈餘	20,000	
資本公積－普通股股票溢價	10,000	
應付股利		30,000

×2 年 6 月 30 日發放股利。

應付股利	30,000	
現金		30,000

---

[3] 無虧損之企業，得以將下列兩種資本公積發放新股或現金給股東：
　(1) 資本公積－股票溢價。
　(2) 受領贈與之所得。

Chapter 14 保留盈餘及每股盈餘

14.3 基本每股盈餘

> **學習目標 3**
> 基本每股盈餘之計算

企業的資本結構,可分為**簡單資本結構** (simple capital structure) 及**複雜資本結構** (complex capital structure)。兩者之區分在於企業是否有發行**潛在普通股** (potential share),例如可轉換工具及認股證等。這些潛在普通股,雖然目前不是普通股,但未來可能會變成普通股,造成股數有潛在增加的可能,進而使得**每股盈餘** (earnings per share, EPS) 被稀釋掉。簡單資本結構沒有包含潛在普通股,而複雜資本結構則有包含潛在普通股。對於只有簡單資本結構之企業,只要計算基本每股盈餘即已足夠[4],但對於複雜資本結構之企業,則應分別計算基本每股盈餘及稀釋每股盈餘。

基本每股盈餘之計算公式如下:

$$\text{基本每股盈餘} = \frac{\text{分子(盈餘)}}{\text{分母(股數)}} = \frac{\text{歸屬於母公司普通股之損益} - \text{特別股股利稅後金額} \pm \text{買回特別股之差額}}{\text{當期流通在外普通股加權平均股數}}$$

14.3.1 基本每股盈餘之分子──盈餘

在計算基本每股盈餘時,盈餘(分子)有三項,分別討論如後:

1. 歸屬於母公司普通股之損益。
2. 特別股股利稅後金額。
3. 買回特別股之差額。

1. 歸屬於母公司普通股之損益

由於每股盈餘主要係以母公司普通股為考量基礎,因此須將歸屬於非控制股權之稅後損益予以排除,只考量歸屬於母公司普通股權益之稅後損益[5]。如果企業損益表中,有「停業單位損益」時,

---

[4] 但仍須表達稀釋每股盈餘,只是此時稀釋每股盈餘與基本每股盈餘相同。

[5] 如果企業沒有子公司時,一定沒有非控制權益,此時所有損益均歸屬於公司股東所有。本章假設企業沒有非控制權益。

151

企業應分別就「歸屬於母公司之繼續營業單位損益」及「歸屬於母公司之損益」，計算基本每股盈餘。亦即，在綜合損益表應作下列表達：

基本每股盈餘：
　　繼續營業單位淨利(淨損)　　　　×.××
　　停業單位淨利(淨損)　　　　　　×.××
　　歸屬於母公司之損益　　　　　　×.××

2. 特別股股利稅後金額

由於特別股股東所領取之特別股股利不屬於普通股股東，故下列三種特別股股利稅後金額應自本期損益中扣除：

A. 累積特別股股利、非累積但已宣告之特別股股利

(1) 與當期有關之已宣告、非累積特別股股利之稅後金額。

(2) 不論有無宣告發放，當期應付之累積特別股股利之稅後金額。

換言之，非累積特別股如果當期沒有宣告發放股利，因為未來沒有支付義務，所以不必扣除。至於與先前期間有關而於當期支付或宣告之累積特別股股利，當期也不要再扣除，否則會重複扣除。

B. 遞增(或遞減)股利率特別股

有些特別股具有遞增股利率 (increasing rate) 特性，例如企業剛開始時不發放或發放較低之股利，在後續期間才提高到符合市場行情之股利，因此該特別股會以折價發行。反之，有些特別股具有遞減股利率 (decreasing rate) 特性，例如企業剛開始時發行高於市場行情之股利，但在後續期間才降低到符合市場行情之股利，因此該特別股會以溢價發行。遞增(或遞減)股利率特別股於原始發行時之任何折價(或溢價)，基於「股東間交易不認列損益」之原則，應採用有效利息法攤銷至「保留盈餘」，並於計算每股盈餘時，將該折溢價視為特別股股利予以調整。

釋例 14-6　遞增股利率特別股

元智公司於×1年1月1日發行面值$10、無到期日的累積特別股1,000股，該特別股第1及第2年股利率為5.5%，但自第3年起，該特別股每年年底可領取10%股利。該

Chapter 14 保留盈餘及每股盈餘

特別股發行時，其他相同等級特別股的市場股利率為 10%，發行所得之價款為 $9,219。

元智公司 ×1 年的稅後淨利為 $40,000，普通股全年流通在外股數為 20,000 股。

試作：元智公司有關：
(1) 特別股在 ×1 年之相關分錄，假定第 1 年底有發放股利。
(2) ×1 年之基本每股盈餘。

解析

該特別股第 1 及第 2 年股利率低於發行時的市場股利率 10%，自第 3 年起才可領取正常的股利，所以係屬遞增股利率特別股，故該特別股發行時之公允價值為 $9,219，係屬折價發行，其折價攤銷表如下：

年度	特別股 1 月 1 日 帳面金額	實質股利 (10%)	支付股利	特別股 12 月 31 日 帳面金額
×1	$9,219	$922	550	$9,591
×2	$9,591	$959	550	$10,000
×3 及以後	$10,000	$1,000	$1,000	$10,000

(1) 元智公司 ×1 年特別股應作分錄如下：

×1 年 1 月 1 日發行特別股。

現金	9,219	
資本公積—特別股股票溢價	781	
特別股股本		10,000

×1 年 12 月 31 日設算 ×1 年特別股實質股利 $922 ($9,219 × 10%)，該設算股利應減少保留盈餘，並在計算每股盈餘時，視為特別股股利。

保留盈餘	922	
現金		550
資本公積—特別股股票溢價		372

(2) ×1 年之基本每股盈餘 = ($40,000 − $922) ÷ 20,000 = $1.9539

釋例 14-7　遞減股利率特別股

中原公司於 ×1 年 1 月 1 日發行面值 $10、無到期日的累積特別股 600 股，該特別股第 1 及第 2 年股利率為 12.5%，但自第 3 年起，該特別股每年年底只可領取 10% 股利。該特別股發行時，其他相同等級特別股的市場股利率為 10%，發行所得之價款為 $6,260。

中原公司 ×1 年的稅後淨利為 $30,000，普通股全年流通在外股數為 10,000 股。

試作中原公司有關：

(1) 特別股在×1年之相關分錄，假定第1年底有發放股利。
(2) ×1年之基本每股盈餘。

解析

該特別股第1及第2年股利率高於發行時的市場股利率10%，自第3年起才下降至正常的股利，所以係屬遞減股利率特別股，故該特別股發行時之公允價值為 $6,260，係屬溢價發行，其溢價攤銷表如下：

年度	特別股1月1日帳面金額	實質股利(10%)	支付股利	特別股12月31日帳面金額
×1	$6,260	$626	$750	$6,136
×2	$6,136	$614	$750	$6,000
×3及以後	$6,000	$600	$600	$6,000

(1) 中原公司×1年特別股應作分錄如下：

×1年1月1日發行特別股。

現金	6,260	
特別股股本		6,000
資本公積—特別股股票溢價		260

×1年12月31日設算×1年特別股實質股利 $626 ($6,260 × 10%)，該設算股利應減少保留盈餘，並在計算每股盈餘時，視為特別股股利。

保留盈餘	626	
資本公積—特別股股票溢價	124	
現金		750

(2) ×1年之基本每股盈餘 = ($30,000 − $626) ÷ 10,000 = $2.9374

C. 參與特別股(參與權益工具)

無法轉換為普通股之參加特別股(參加權益工具)，應依其對股利之權利或參加未分配盈餘之其他權利，將本期損益分配予普通股與參加特別股。在計算每股盈餘的分子時：

(a) 歸屬於母公司之稅後損益，應先以減少淨利或增加損失的方式，調整當期對各類型股份已宣告的股利金額，及按合約規定應於當期支付的股利金額(例如未支付的累積股利)；

(b) 再將前述剩餘未分配損益分配予普通股及參加特別股，每類權益工具分享盈餘至如同已將本期損益全數分配完畢為止。亦

即,分配至每類權益工具之損益總額,為加總分配股利之金額 (a) 及按參加特性所分配的金額 (b)。

至於可轉換為普通股之參加特別股,在計算基本每股盈餘時,除非該特別股已轉換為普通股,否則不應考量該特別股之轉換,其仍屬上述之參加權益工具。而在計算稀釋每股盈餘時,該特別股若具稀釋效果,則應假設其會轉換。

釋例 14-8 參加特別股 (參加權益工具)

中正公司於 ×1 年初以每股 $15 的價格發行不可轉讓、不可贖回的累積、參加特別股 4,000 股,每股面額 $10。特別股的發行條件為第一及第二年年底各支付 14% 股利,第三年底起則每年支付 10% 股利,特別股 ×1 年初時的市場股利率為 10%。而在中正公司的普通股獲配 $2.0 之後,亦即在第一或第二年特別股及普通股分別獲配 $1.4 及 $2.0 的股利後,或在第三年特別股及普通股分別獲配 $1.0 及 $2.0 的股利之後,特別股依任何支付予普通股每股金額額外的二分之一比率,完全參與額外股利的分配。

中正公司於 ×1 年度稅後淨利為 $110,000,普通股全年流通在外股數為 20,000 股,每股面額 $10。

試作:中正公司 ×1 年度普通股基本每股盈餘為何?

解析

(1) 現金增資認購價格為每股 $30。

×1 年特別股累積部分實質股利 = $15 × 4000 × 10% = $6,000

本期淨利	$110,000
減:特別股股利 $15 × 4,000 × 10% =	($6,000)
普通股股利 $10 × 20,000 × 20% =	($40,000)
尚未分配盈餘	$64,000

尚未分配盈餘之再分配:
假設對普通股每股之分配為 A,
對特別股每股之分配為 B,且 B = (1/2) × A

　　A × 20,000 + (1/2 × A × 4,000) = $64,000
　　A = $64,000 ÷ (20,000 + 4,000 × 1/2)
　　A = $2.91

未分配盈餘分配給普通股 EPS	$2.91
已分配盈餘分配給普通股 EPS	2.00
×1 年普通股基本 EPS =	$4.91

3. 買回特別股之差額

企業如果向持有人公開收購而買回特別股，所支付對價之公允價值高於特別股帳面金額之部分，代表對特別股持有人之報酬，應作為「保留盈餘」之減項，而不是損益表中之損失，因為這屬於普通股股東與特別股股東間之交易。該金額在計算基本每股盈餘之分子時，應予以減除。反之，所支付對價之公允價值如果低於特別股帳面金額之部分，該金額應予以加回。

有時候，企業會比照對可轉換債券誘導轉換之方式，透過對原始轉換條件作有利之變更，或支付額外對價，以誘導可轉換特別股提早轉換。該所給與之普通股或其他對價之公允價值，超過按原始轉換條件可發行普通股公允價值之部分，係普通股股東給與特別股股東之報酬，在計算基本每股盈餘之分子時應予以減除。

釋例 14-9 各類「特別股股利」、買回特別股之差額對計算基本每股盈餘之盈餘(分子)之影響

北商公司 ×3 年度歸屬於母公司之稅後淨利為 $180,000，該公司於 ×3 年度有下列四種在形式上為特別股流通在外，所有特別股均年底支付股利(如有時)：

- 甲特別股，面額 $100,000，票面利率 5% 之**可賣回** (puttable) 且非累積之特別股，×3 年度已宣告支付 5% 股利。
- 乙特別股，面額 $200,000。乙特別股係於 ×1 年 1 月 1 日以折價發行之遞增股利率特別股，不可賣回，前 5 年不得領取股利，自第 6 年起可開始領取股利，股利可累積。×3 年度依據有效利息法計算特別股折價應攤銷之金額為 $14,000。
- 丙特別股，面額 $300,000，票面利率 9%，不可賣回且股利非累積。於 ×3 年 6 月 30 日在公開市場以折價 $8,000 買回面額及帳面金額均為 $150,000 之特別股。北商公司於 ×3 年並未宣告發放丙特別股之股利。
- 丁特別股，面額 $400,000 之累積且可轉換之特別股，票面利率 8%。北商公司於 ×3 年 12 月 31 日誘導投資人轉換，投資人在當日額外多取得公允價值總計 $5,000 的 100 股普通股。北商公司並於 ×3 年 12 月 31 日支付當年度股利。

試作：北商公司 ×3 年在計算基本每股盈餘時，所用分子之金額為何？

解析

北商公司 ×3 年在計算基本每股盈餘時，所用分子之金額計算如下：

Chapter 14 保留盈餘及每股盈餘

歸屬於母公司之稅後淨利	$180,000	
甲特別股負債	不調整	甲特別股因為持有人可賣回，北商公司沒有辦法無條件避免現金流出，所以是金融負債，其股利發放已視為利息費用納入歸屬於公司稅後淨利之計算中，不必另外調整。
乙特別股	−$14,000	乙特別股屬權益工具。遞增股利率特別股×3年度依據有效利息法計算特別股折價應攤銷之金額 $14,000，應視為特別股股利予以減除。
丙特別股	+$8,000	丙特別股屬權益工具。買回丙特別股之折價 $8,000，屬股東間之交易，應該加回（如為溢價則應該減除）。至於特別股股利因為屬非累積，又未宣告發放，故不予以調整。
丁特別股	−$5,000 −$32,000	丁特別股屬權益工具。特別股誘導轉換之代價 $5,000，屬股東間之交易，應該減除。北商公司支付×3年之特別股股利 $32,000 （＝$400,000 × 8%），應該減除。
計算基本每股盈餘所用之分子	$137,000	

IFRS 一點通

特別股權益及特別股負債

　　本章所討論之特別股，通常假定符合第13章有關「權益」之定義，因此才有討論特別股股利是否須自母公司損益予以扣除之必要。符合負債定義之「特別股負債」，因為已視為負債，所以該特別股負債所產生之「負債性質特別股股利」，必須視為利息費用，早已經納入公司損益之計算中，不必再考量是否在計算每股盈餘時必須扣除。

　　同樣的道理，也只有被視為權益之特別股，企業在將其買回或誘導轉換時所產生之差額，才可將其視為股東間之交易，不將該差額認列為損益，而僅須調整權益項目（如保留盈餘）。符合負債定義之「特別股負債」，因為已視為負債，所以買回或誘導轉換時所產生之差額，也已經納入公司損益之計算中，不必再考量是否在計算每股盈餘時必須扣除或加回。

14.3.2　基本每股盈餘之分母──股數

　　計算基本每股盈餘所使用之分母，應為當期之**流通在外普通股加權平均股數** (weighted average number of ordinary shares outstanding)。使用當期流通在外普通股加權平均股數，主要在反映企業在同一期間內股數有增加或減少而導致股本變動，並以股份流通在外期間占當期期間之比率作為權數。

　　下列各事項，會影響到流通在外普通股加權平均股數之計算，故予以分別討論：

1. 企業新發行普通股（有資源流入）或買入庫藏股票（有資源流出）。
2. 股票股利、紅利因子、股份分割及股利反分割（沒有資源變動）。
3. 具強制性之轉換工具。
4. 有選擇性之可轉換工具。
5. 或有發行股份。
6. 或有可退回股份。

1. 企業新發行普通股（有資源流入）或買入庫藏股票（有資源流出）

　　新發行之普通股計入之時點，決定於普通股之發行條款及條件，企業應充分考量與發行有關之任何合約之實質。股份通常自可收取對價之日（通常指股份發行日）起計入加權平均股數，例如：

(1) 以現金發行之普通股，於可收取現金時計入。
(2) 對普通股或特別股自願性股利再投資所發行之普通股，於股利再投資時計入。
(3) 因債務工具轉換為普通股所發行之普通股，自停止計息日起計入。
(4) 為替換其他金融工具之利息或本金所發行之普通股，自停止計息日起計入。
(5) 為清償企業負債所發行之普通股，自清償日起計入。
(6) 作為收購非現金資產之對價所發行的普通股，自收購認列之日起計入。
(7) 因對企業提供服務所發行之普通股，於服務提供時計入。

(8) 作為企業合併移轉對價之一部分所發行之普通股，自收購日起計入加權平均股數，此乃因收購者自收購日起將被收購者之損益列入其綜合損益表中。

前述第 (1) 項至第 (8) 項都是在企業增資時發行新股，同時企業的資源也相對應地增加情況下，使得流通在外的股數增加。相反地，如果企業以現金買回庫藏股票，也會使得企業資源有相對應地減少，使得流通在外的股數減少。

2. 股票股利、紅利因子、股份分割及股份反分割 (沒有資源變動)

下列事項雖會造成股數之增減，但企業資源並沒有因此產生相對應之變動：

(1) **股票股利** (share dividend)。
(2) **紅利因子** (bonus element)，例如給與現有股東得以顯著的低價去認購新股權利中，所含有之紅利因子。
(3) **股份分割** (share split)。
(4) **股份反分割** (reverse share split)，亦稱**股份合併** (share consolidation)。股份反分割與股份分割恰好是相反，股份分割是一股分割成多股，而股份反分割是多股合併成一股。

在股票股利或股份分割下發行普通股給現有股東時，企業並未收取額外對價，因此流通在外普通股股數雖然增加，但資源並未增加。所以，在該事項發生前之流通在外普通股股數，應依流通在外普通股股數變動之比例調整，如同該事項於最早表達期間之期初即已發生。例如，企業決定普通股每 1 股可配發 0.5 股股票股利，發放股票股利之後的流通在外股數已經增加 50%，而且發放股票股利之前的流通在外的股數也應該乘上 1.5，才能得出正確的發行之前的流通在外普通股股數。

企業在現金增資時，現有股東對發行之股份通常都有**股份認購權利** (rights issues)。現金認購之價格通常低於股份之公允價值，因此產生紅利因子。若股份認購權利係提供給所有現有股東，則在計算股份認購權利之前各期的基本及稀釋每股盈餘時所使用之普通股股數，必須乘以下列紅利因子：

$$\text{紅利因子} = \frac{\text{現金增資前之每股公允價值}}{\text{理論上每股權後之公允價值}}$$

$$= \frac{\text{現金增資前之每股公允價值}}{(\text{除權前總市值} + \text{現金增資收到款項}) / (\text{現金增資後之總股數})}$$

現金增資前之每股公允價值係通常採用除權前一天的收盤價。

釋例 14-10 紅利因子之計算

中科公司於 ×1 年 6 月 30 日流通在外普通股股數為 100,000 股。中科公司於該日辦理現金增資 20,000 股，中科公司除權前一天的收盤價為 $60。

試作：下列兩情況下，紅利因子為何？

(1) 現金增資認購價格為每股 $30。
(2) 現金增資認購價格為每股 $0，亦即是股東不用出資即可領取股票，效果等同股票股利。

解析

(1) 現金增資認購價格為每股 $30。

$$\text{紅利因子} = \frac{\text{現金增資前之每股公允價值}}{(\text{除權前總市值} + \text{現金增資收到款項}) / (\text{現金增資後之總股數})}$$

$$= \frac{\$60}{(\$60 \times 100,000 + \$30 \times 20,000) / (100,000 + 20,000)}$$

$$= \frac{\$60}{\$55} = \underline{\underline{1.0909}}$$

(2) 現金增資認購價格為每股 $0。

$$\text{紅利因子} = \frac{\text{現金增資前之每股公允價值}}{(\text{除權前總市值} + \text{現金增資收到款項}) / (\text{現金增資後之總股數})}$$

$$= \frac{\$60}{(\$60 \times 100,000 + \$0 \times 20,000) / (100,000 + 20,000)}$$

$$= \frac{\$60}{\$50} = \underline{\underline{1.2}}$$

從上述之計算可看出：在認購價格為 $0 的情況下，此時紅利因子的調整因子等於 1.2，與中科公司發放 20%（100,000 股發放股票股利 20,000 股）的股票股利效果是相同的。此乃因為 IASB 為使觀念上要一致，既然股票股利須要調整以前的股數，有紅利因子的現金增資也要比照相同方式調整以前的股數。

保留盈餘及每股盈餘

相反地,普通股之股份反分割(例如,企業有累積虧損時,用股本去減資)則會減少流通在外股數,但資源並未減少。因此,若有股份反分割時,以前之流通在外普通股股數,應依流通在外普通股股數變動之比例調整,如同該事項於最早表達期間之期初即已發生。例如,企業決定普通股每 3 股合併成 1 股,減資後股數只剩 1/3,因此減資之前的流通在外的股數也應該乘上 1/3,以得出正確發行之前的流通在外普通股股數。

釋例 14-11　加權平均流通在外股數之計算(發行新股、買回庫藏股票、股票股利及股份反分割)

輔仁公司有關 ×1 年度普通股資料如下:

	股數增減	流通在外股數
1/1		100,000
2/1 現金增資(無紅利因子)	+10,000	110,000
4/1 股票股利 20%	+22,000	132,000
7/1 買回庫藏股票	−20,000	112,000
10/1 股份反分割,5 股合併成 4 股	−22,400	89,600

試作:計算輔仁公司 ×1 年度之加權平均流通在外股數。

解析

現金增資及買回庫藏股票只會影響股數,不必追溯調整。但是,股票股利及股份反分割不但會影響股數,也必須追溯調整以前之股數。計算如下:

	流通在外股數	追溯調整 20% 股票股利	股份合併 (5:4)	流通期間比例	加權股數
1/1	100,000	×1.2	×0.8	1/12	8,000
2/1	110,000	×1.2	×0.8	2/12	17,600
4/1	132,000		×0.8	3/12	26,400
7/1	112,000		×0.8	3/12	22,400
10/1	89,600			3/12	22,400
		×1 年度之加權平均流通在外股數 =			96,800

3. 具強制性之轉換工具

具強制性之轉換工具 (mandatorily convertible instrument)，如到期須強制轉換為普通股之特別股或債券，因為隨著時間經過，到期時必須轉換成普通股，不論是發行人或持有人都沒有選擇的權利，因此視同發行時即已發行普通股，必須自發行簽約日起即納入基本每股盈餘股數之計算。由於已納入基本每股盈餘之計算，自然也同時納入稀釋每股盈餘股數之計算。例如，崑山公司於×1年初發行3年後須強制轉換成普通股之可轉換特別股，未來會轉換1,000股普通股。因此，即使×1年還是處於特別股之狀況，但因為視同於簽約日即已發行普通股，崑山公司在計算×1年計算基本每股盈餘之股數（分母）時，普通股股數須增加1,000股。要強調的是，在計算基本每股盈餘之盈餘（分子）時，×1年特別股股利不得加回[6]。

4. 有選擇性之可轉換工具

至於可由發行人或持有人自由選擇是否要將換成普通股之可轉換工具，須等到這些工具實際轉換時，才開始納入計算基本每股盈餘之股數（分母）中。在未轉換之前，只能納入稀釋每股盈餘考量。（更進一步的討論請參見第14.4.4節。）

5. 或有發行股份

在**企業合併** (business combination) 時，**收購者** (acquirer) 為了讓**被收購者** (acquiree) 在合併之後，有繼續努力的動機，或者為了保護收購者自己不要付出不必要的高價併購被收購者，因此有時雙方會簽署**或有發行股份** (contingently issuable share) 協議。所謂或有發行股份，係指滿足該協議之特定條件（例如未來盈餘或獲利達到條件）時，只收取少量或未收取現金或其他對價，就會發行給被收購者額外的普通股。或有發行股份僅自滿足所有必要特定條件（即事項已發生）之日起，始視為流通在外並計入基本每股盈餘之計算。僅隨時間經過即應發行之股份，非屬或有發行股份，因為時間之經過係屬確定。更詳細的討論在第14.4.4節。

---

[6] 此一作法，與有選擇性之可轉換工具採用如果轉換法（在第14.4節討論）並不相同。

6. 或有退回股份

有些股份，例如給與員工之限制性股票，雖然已實際發行也流通在外，在計算基本每股盈餘時，因為持有限制性股票之員工若在未既得之前離職，企業得將其買回，所以係屬**或有退回股份** (contingently returnable share)，視同未發行，不得作為流通在外股份處理。(詳細的釋例，請參見第 14.4.3 節的釋例 14-14。)

釋例 14-12　基本每股盈餘之計算

實踐公司 ×1 年度相關資料如下：

1. 本期淨利 $180,000（包括繼續營業單位本期淨利 $240,000 及停業單位本期損失 $60,000）。
2. 期初流通在外普通股股數 120,000 股，3 月 1 日現金增資發行新股 60,000 股，7 月 1 日股份分割，每 1 股分割成為 2 股，10 月 1 日購買庫藏股票 50,000 股。
3. ×1 年度有流通在外之累積特別股 50,000 股，股利率 5%，每股面額為 $10。

試作：計算實踐公司 ×1 年之基本每股盈餘。

解析

普通股加權平均流通在外股數計算如下：

	流通在外股數	追溯調整股份分割	流通期間比例	加權股數
1/1 期初股數 120,000 股	120,000	×2	2/12	40,000
3/1 現金增資 60,000 股	180,000	×2	4/12	120,000
7/1 股份 1 股分割成 2 股	360,000		3/12	90,000
10/1 購買庫藏股票 50,000 股	310,000		3/12	77,500
×1 年度之加權平均流通在外股數 =				327,500

特別股股利 = $10 × 50,000 × 5% = $25,000

基本每股盈餘之計算如下：

基本每股盈餘：
繼續營業單位淨利	$0.66	= ($240,000 − $25,000) / 327,500
停業單位淨損	(0.19)	= $0.47 − $0.66
歸屬於母公司之損益	$0.47	= ($180,000 − $25,000) / 327,500

14.4 稀釋每股盈餘

學習目標 4
稀釋每股盈餘之計算

企業若有發行**稀釋性潛在普通股** (potential dilutive ordinary share) 時，只計算企業的基本每股盈餘未必能表達實際的經營績效，因為這些具有稀釋性的潛在普通股 (例如，認股證、員工認股權、可轉換特別股、可轉換債券等) 未來很有可能會造成股數增加，讓基本每股盈餘減少。為考量這些稀釋性潛在普通股對基本每股盈餘的影響，並將其稀釋效果極大化以求得一個很保守的績效衡量指標，因此企業必須計算**稀釋每股盈餘** (dilutive EPS)。

雖然所有的稀釋性潛在普通股都會造成股數增加，但是它們未必都是具有**稀釋性** (dilutive)。所謂「稀釋性」，係指潛在普通股僅當其轉換為普通股會減少繼續營業單位之每股盈餘，或增加繼續營業單位之每股損失時，才算有稀釋性。反之，潛在普通股當其轉換為普通股會增加繼續營業單位之每股盈餘，或減少繼續營業單位之每股損失時，則其具有**反稀釋性** (anti-dilutive)。為達到最大的稀釋效果，在計算稀釋每股盈餘時，不得考量具有反稀釋效果之潛在普通股之轉換、執行或發行。

如果企業損益表中，有「停業單位損益」時，企業應分別就「歸屬於母公司之繼續營業單位損益」及「歸屬於母公司之損益」，計算稀釋每股盈餘。亦即，在綜合損益表應作下列表達：

稀釋每股盈餘：
    繼續營業單位淨利 (淨損)　　　×.××
    停業單位淨利 (淨損)　　　　　×.××
    歸屬於母公司之損益　　　　　　×.××

由於稀釋每股盈餘係假定稀釋性潛在普通股如果轉換時，所計算而得之每股盈餘。因此稀釋性潛在普通股如果真的有轉換，有可能會影響到損益或 / 及股數，所以企業應就所有稀釋性潛在普通股的可能影響數，分別調整：

1. 分子——歸屬於母公司普通股權益持有人之損益。
2. 分母——流通在外加權平均股數。

IFRS 一點通

計算稀釋每股盈餘的控制數

根據稀釋性之定義,企業應該使用歸屬於母公司繼續營業單位之損益,作為確定潛在普通股具有稀釋性與否之**控制數** (control number)。因此有關停業部門相關損益項目並不納入稀釋與否之考量。

因為控制數係根據母公司繼續營業單位之損益,而非歸屬於母公司之損益,來考量潛在普通股的稀釋效果,但如此一來,有可能會造成某一潛在普通股對於繼續營業單位的稀釋每股盈餘是稀釋性,但是對於母公司整體的稀釋每股盈餘是反稀釋性。舉例說明,嶺東公司的損益表資料如下:

繼續營業單位淨利	$12,000
停業單位(淨損)	(18,000)
本期淨損	$(6,000)

嶺東公司有普通股 2,000 股,潛在普通股 1,000 股(如果轉換時),而且潛在普通股不影響損益。嶺東公司基本每股盈餘:

繼續營業 EPS	$ 6.00	(=$12,000/2,000)
停業單位 EPS	(9.00)	(=$18,000/2,000)
基本每股盈餘	$(3.00)	

因為潛在普通股對對於繼續營業單位的稀釋每股盈餘是稀釋性(由 $6 下降至 $4),所以嶺東公司的稀釋每股盈餘:

繼續營業 EPS	$4.00	(=$12,000/3,000)
停業單位 EPS	(6.00)	(=$18,000/3,000)
稀釋每股盈餘	$(2.00)	

但是對於母公司整體的稀釋每股盈餘是反稀釋性(由 –$3 減少至 –$2)。

14.4.1 稀釋每股盈餘之分子——盈餘

為計算稀釋每股盈餘之分子(盈餘),企業應先根據計算基本每股盈餘所採用之分子(盈餘),再調整下列各項之稅後金額:

1. 與稀釋性潛在普通股(如特別股等)有關之股利及買回之差額。
2. 與稀釋性潛在普通股(如可轉換債券等)有關之利息。前述與潛在普通股有關之利息費用,應包括按有效利息法處理之折價及交易成本。
3. 因稀釋性潛在普通股轉換所造成之任何其他收益或費損之變動。例如潛在普通股如果轉換,可能會造成員工分紅費用增加,因此須將此連帶變動一起納入調整。

14.4.2 稀釋每股盈餘之分母——股數

為計算稀釋每股盈餘之分母(股數),企業應先根據計算基本每

股盈餘所採用之分母(股數)，再加上如果具稀釋性的潛在普通股轉換為普通股時，將發行普通股的加權平均股數。為求最大的稀釋效果，稀釋性潛在普通股應視為當期期初(或發行日，兩者較晚者)即已轉換為普通股。

潛在普通股應按其流通在外期間加權計算。於當期註銷或失效之潛在普通股，則僅就其流通在外的期間計入稀釋每股盈餘之計算。於當期轉換為普通股之潛在普通股，應自期初至轉換日計入稀釋每股盈餘之計算；自轉換日起所發行之普通股應同時計入基本及稀釋每股盈餘中。

每一表達期間(不論是年度報表或期中報表)之稀釋性潛在普通股應獨立決定，不受前期判斷之限制，也不必因後期有不同之決定而更改原先當期之決定。舉例來說，包含在年初至當期期末間之稀釋性潛在普通股股數，並非各期中期間所計算之稀釋性潛在普通股之加權平均股數，而係各期獨立計算而得。另外，若潛在普通股存在有超過一種之轉換基礎，則應該假設從潛在普通股持有人之觀點最有利之轉換率或執行價格計算之，以求最大的稀釋效果。

14.4.3 選擇權、認股證及其他類似權利

為計算稀釋每股盈餘，企業應假設其具稀釋性之選擇權、認股證及其他類似權利會在期初(或發行日，兩者較晚者)執行認購而發行之股份。該可發行之股份可分為兩部分：

1. **假設按平均市價有償取得之股數，無稀釋性。**

   例如，僑光公司於×1年度，有認股證1,000股整年流通在外，執行價格為每股$20，僑光公司×1年股份平均市價為$25，因此認股權執行認購可收取之$20,000(=$20×1,000)，可視為僑光公司按平均市價$25作為發行價格，只要發行800股即可取得$20,000。由於這800股係假設按公允價值發行，不具稀釋性亦不具反稀釋性，在計算稀釋每股盈餘時應予以忽略。

2. **以無對價方式，發行其餘股數，有稀釋性。**

   但僑光公司其實假定有認股證1,000股要求執行認購，所以應會發行1,000股，因此多出來的200股(=1,000-800)，應視為

無對價發行之普通股。此種普通股並不產生價款，且對歸屬於流通在外普通股之損益並無影響。因此，這些股數(200股)具稀釋性，在計算稀釋每股盈餘時應加至流通在外普通股股數[7]。先前報導之每股盈餘也不必追溯調整以反映普通股價格之變動。

要強調的是，只有當普通股當期平均市價超過選擇權或認股證之執行價格(即其為「價內」時)，選擇權及認股證才具有稀釋作用。如果平均市價低於執行價格，以無對價方式發行之股數，會變成負數，會變成反稀釋。例如接上例，若僑光公司平均市價為 $18，此時須發行 1,111 股才能取得約 $20,000 (約 $18 × 1,111)，但僑光公司最多只會發行 1,000 股，因此以無對價方式發行之股數，會變成負的 111 股，而減少流通在外股數。實際上，在平均市價低於執行價格的情況下，投資人也不會要求執行認股證。

對於適用第 13 章「股份基礎給付協議」之權益工具，例如員工認股權及限制性股票等，前述所提及之執行價格及假設發行價格，還要考量這些權益工具在股份基礎給付協議下，未來尚須提供予企業之任何商品或勞務之公允價值，這是因為在股份基礎給付交易下的員工認股權，不但在既得期間必須提供勞務 (勞務有其公允價值)，未來行使員工認股權時，還要另外繳交認股款項，才能取得股份。例如，僑光公司另有員工認股權之認購價格為 $20，平均市價為 $25，但員工在未來 2 年既得期間內，還要提供每股公允價值 $2 的勞務，所以在計算該員工認股權之執行價格時，須加上 $2 才能得到正確的可能稀釋股數。亦即如圖 14-2：

調整後員工認股權之執行價格 $22 ＝ 執行價格 $20 ＋ 尚須提供商品或勞務每股之公允價值 $2

圖 14-2　員工認股權執行價格之調整

---

[7] IASB 此一作法，本書稱之**如果發行法** (if-issued method)，該方法其實與美國 FASB 的**庫藏股票法** (treasury stock method) 有異曲同工之妙，IASB 係從企業增資可取得之現金來考量必須發行之股數；但 FASB 係從收到認股證價款時，可在市場用平均股價買回的股數來考量。兩者計算出來之稀釋股數是相同的。

具固定或可決定條款之員工認股權，以及非既得之限制性股票，即使其最終既得與否具有不確定性，在計算稀釋每股盈餘時，仍應視為選擇權，並且在給與日即視為流通在外。至於具有績效條件之員工認股權，則視為或有發行股份(請參見第14.4.5節)，因為其發行除時間之經過外，還要看是否有滿足特定條件而定。

釋例 14-13　稀釋每股盈餘——認股證、非績效條件之員工認股權

銘傳公司 ×1 年度相關資料如下：

- 本期淨利 $205,000，普通股全年流通在外股數為 40,000 股。
- 全年流通在外 5% 之不可轉換累積特別股 10,000 股，面額 $10。
- ×1 年 1 月 1 日發行認股證，得按每股 $24 認購普通股 10,000 股，截至年底尚未執行。
- ×1 年 1 月 1 日發行員工股票選擇權 5,000 股，員工於服務滿 4 年後，每單位得按每股 $18 認購普通股 1 股，發行日每單位員工股票選擇權之公允價值為 $4，×1 年 12 月 31 日員工尚須提供服務每股之公允價值為 $3。
- 普通股全年平均市價為 $30。

試作：計算銘傳公司 ×1 年基本及稀釋每股盈餘。

解析

基本每股盈餘：

由於在 ×1 年時，認股證及員工認股權都沒有行使，所以在計算基本每股盈餘時不必考量。

特別股股利 $10 × 10,000 × 5% = $5,000
基本每股盈餘 = ($205,000 − $5,000) ÷ 40,000 = $5.00

稀釋每股盈餘：

認股證及非績效條件之員工認股權在計算稀釋每股盈餘時，必須假定他們期初會被執行，按執行價格去每年計算：

1. 無稀釋性之假設按平均市價有償取得之股數。
2. 有稀釋性以無對價方式，發行其餘股數。

若為員工認股權，前述執行價格及假設平均市價需要調整尚須提供勞務每股之公允價值。

×1年：
認股證之加權平均股數 (10,000 股 × 12/12)　　　　　　　　　　10,000 股
減：按平均市價發行新增之加權平均股數 (10,000 股 × $24 ÷ $30)　(8,000) 股
因認股證新增之加權平均股數　　　　　　　　　　　　　　　　2,000 股

至於 12 月 31 日員工認股權每股調整後之執行價格 = 現金執行價格 $18 + 尚須提供商品或勞務每股之公允價值 $3 = $21。

員工認股權之加權平均股數 (5,000 股 × 12/12)　　　　　　　　 5,000 股
減：按平均市價發行新增之加權平均股數 (5,000 股 × $21 ÷ $30)　(3,500) 股
因員工認股權新增之加權平均股數　　　　　　　　　　　　　　1,500 股

因為認股證及員工認股權的**每增額股份盈餘** (earnings per incremental share) 都是等於 $0，所以可以同時納入稀釋每股盈餘的計算：

×1 年稀釋每股盈餘 = ($205,000 − $5,000) ÷ (40,000 + 2,000 + 1,500)
　　　　　　　　　= $4.60

IFRS 一點通

稀釋性普通股之考量順序——每增額股份盈餘

在決定潛在普通股為具稀釋性或反稀釋性時，應針對每一個潛在普通股單獨逐一考量，而非同時一起納入考量。潛在普通股之考量順序，可能會影響其是否具稀釋性。因此，為使基本每股盈餘之稀釋極大化，應由稀釋性最高的潛在普通股先納入考量，然後再將次高稀釋效果的潛在普通股納入考量，直到納入考量的潛在普通股變成反稀釋時，才停止繼續考量。亦即最低的每增額股份盈餘之稀釋性潛在普通股應比「每增額股份盈餘」較高者，優先納入稀釋每股盈餘之計算。選擇權及認股證通常會比可轉換工具優先納入考量，因為它們只影響分母，不影響分子，亦即每增額股份盈餘為 $0，所以稀釋效果最高。

釋例 14-14　稀釋每股盈餘——非績效條件之限制性股票

東吳公司 ×1 年初流通在外普通股 100,000 股，1 月 2 日東吳公司無償給與 10 位經理，每人 1,000 股限制性股票，共 10,000 股，每股限制性股票公允價值為 $48，沒有限制股票每股市價為 $60。經理未來必須服務滿 2 年才能既得。惟在既得之前仍享有股東表決權及股利分配等權利，但若於既得期間內離職，應返還該股票及股利。假定東吳公司預期無人會提前離職。後來有 1 位經理在 ×1 年 12 月 31 日離職，另有 1 位經理於 ×2 年 3

月 31 日離職。

東吳公司 ×1 年至 ×3 年有下列相關資料：

	稅後盈餘	因離職收回限制性股票之股數
×1 年	$200,000	1,000 股（1 位經理 12 月 31 日離職）
×2 年	250,000	1,000 股（1 位經理 3 月 31 日離職）
×3 年	300,000	

	期間內普通股平均市價	期末尚須提供勞務每股之公允價值
×1/1/1	$60	$48
×1/1/1～×1/12/31	$55	$24
×2/1/1～×2/3/30	$70	$18
×2/1/1～×2/12/31	$75	$ 0

試作：分別計算東吳公司 ×1 年至 ×3 年基本及稀釋每股盈餘。

解析

基本每股盈餘：

　　限制性股票雖然已實際發行也流通在外，但在計算基本每股盈餘時，限制性股票在尚未既得之前，係屬或有退回股份（亦即發行企業可將其收回），不作為流通在外處理，所以，這些限制性股票在 ×1 年及 ×2 年不納入分母，只有在 ×3 年因為已經既得，才納入分母。

　　×1 年基本每股盈餘 = $200,000 ÷ 100,000 = $2.00
　　×2 年基本每股盈餘 = $250,000 ÷ 100,000 = $2.50
　　×3 年基本每股盈餘 = $300,000 ÷ (100,000 + 8,000) = $2.78

稀釋每股盈餘：

　　由於非績效條件之限制性股票在尚未既得之前，須比照員工認股權處理，所以在計算稀釋每股盈餘時，這些限制性股票自 ×1 年起即應假定會被執行（既得），按執行價格去每年計算：

(1) 無稀釋性之假設按平均市價有償取得之股數。
(2) 有稀釋性以無對價方式，發行其餘股數。

　　前述執行價格及假設平均市價須要調整尚須提供勞務每股之公允價值。

×1 年：

12 月 31 日限制性股票每股調整後之執行價格
= 現金執行價格 $0（因為無償取得）+ 尚須提供商品或勞務每股之公允價值 $24
= $24

限制性股票之加權平均股數 10 人 (1 人期末才離職) × 1,000 股 × 12/12	10,000 股
減：按平均市價發行新增之加權平均股數 10 人 × 1,000 股 × $24 ÷ $55	(4,364) 股
因限制性股票新增之加權平均股數	5,636 股

×1 年稀釋每股盈餘 = $200,000 ÷ (100,000 + 5,636) = $1.89

×2 年：

3 月 31 日限制性股票每股調整後之執行價格
= 現金執行價格 $0（因為無償取得）+ 尚須提供商品或勞務每股之公允價值 $18
= $18

12 月 31 日限制性股票每股調整後之執行價格
= 現金執行價格 $0（因為無償取得）+ 尚須提供商品或勞務每股之公允價值 $0
= $0

限制性股票之加權平均股數 9,000 股 × 3/12 + 8,000 股 × 9/12	8,250 股
減：3/31 按平均市價發行新增之加權平均股數 1 人 × 1,000 股 × $18 ÷ $70 × 3/12	(64) 股
減：12/31 按平均市價發行新增之加權平均股數 8 人 × 1,000 股 × $0 ÷ $75 × 12/12	(0) 股
因限制性股票新增之加權平均股數	8,186 股

×2 年稀釋每股盈餘 = $250,000 ÷ (100,000 + 8,186) = $2.31

×3 年：

因為在 ×3 年，限制性股票已經既得，所以東吳公司在 ×3 年已經沒有稀釋性普通股，普通股加權平均股數為 108,000 股，所以

×3 年稀釋每股盈餘 = $300,000 ÷ 108,000 = $2.78（與基本每股盈餘相同）

14.4.4 可轉換工具

可轉換工具包含可轉換特別股及可轉換債券。在計算稀釋每股盈餘時，可轉換工具係採用**如果轉換法** (if-converted method)，亦即假定可轉換工具在當期期初（或發行日，兩者較晚者），轉換成普通股。與認股證類之稀釋效果不同，可轉換工具如果轉換的話，不但股數（分母）會增加，盈餘（分子）也同時會增加。例如，可轉換特

中級會計學 下

別股轉換時,當每股普通股可獲得之當期所宣告或當期新增可累積之特別股每股股利金額(即其每增額股份盈餘)超過基本每股盈餘時,該可轉換特別股可能具有反稀釋性。同樣地,若可轉換債券轉換,當每股普通股因此可獲配之利息(即其每增額股份盈餘,另須扣除所得稅及收益或費損之其他變動數)超過基本每股盈餘時,該可轉換債券可能具有反稀釋性。

釋例 14-15　每股盈餘之計算──可轉換工具

大葉公司 ×1 年度相關資料如下:

- 本期稅後淨利 $80,000,全年普通股加權平均流通在外股數 20,000 股。
- 所得稅率 20%。
- ×1 年 1 月 1 日以面額發行 3% 之可轉換累積特別股 10,000 股,面額為 $10,每股特別股可轉換成 1 股普通股。該特別股全年流通在外,全年無轉換。
- ×1 年 4 月 1 日發行面額 $300,000,票面利率 7% 之可轉換債券,轉換價格為每股 $25。公司債以 $330,000 發行,其中負債組成部分為 $300,000(即公司債有效利率亦為 7%),權益組成部分為 $30,000。該公司債全年流通在外,全年無轉換。

試作:計算大葉公司 ×1 年基本及稀釋每股盈餘。

解析

基本每股盈餘:

特別股股利 = $10 × 10,000 × 3% = $3,000

基本每股盈餘 = ($80,000 − $3,000) ÷ 20,000 股 = $77,000 ÷ 20,000 股 = $3.85

稀釋每股盈餘:

因大葉公司有兩種潛在的稀釋普通股,故須先計算個別的每增額股份盈餘:

	分子 (盈餘增加金額)	分母 (股數增加)	每增額 股份盈餘	排名
可轉換特別股	$3,000 (全年流通在外,特別股股利已經是稅後金額)	10,000 × 1 = 10,000 股	$3,000 ÷ 10,000 = $0.3	1
可轉換債券	$300,000 × 7% × (1 − 20%) × 9/12 = $12,600 (只有流通在外 9 個月,並須考量所得稅影響)	$300,000 ÷ $25 × 9/12 = 9,000 股	$12,600 ÷ 9,000 = $1.4	2

然後再依排名順序,將每一個具潛在稀釋性普通股逐一納入稀釋每股盈餘之計算,

如下：

	分子	分母	每股盈餘	
基本每股盈餘	$77,000	20,000	$3.85	
可轉換特別股	3,000	10,000		稀釋性
	$80,000	30,000	$2.67	
可轉換債券	12,600	9,000		稀釋性
稀釋每股盈餘	$92,600	39,000	$2.37	

釋例 14-16　每股盈餘之計算──同時有認股證及可轉換工具

環球公司 ×1 年度相關資料如下：

- 本期稅後淨利 $13,200，普通股加權平均流通在外股數 2,000 股。
- 所得稅率 20%。
- 普通股全年平均股價 $75。
- 認股證可認購 3,000 普通股，執行價格 $60，全年流通在外。
- 8% 之可轉換累積特別股 4,000 股，面額為 $10，每股特別股可轉換成 1 股普通股。該特別股全年流通在外，全年無轉換。
- 面額 $100,000 之可轉換債券，可轉換成普通股 2,000 股。與可轉換債券負債組成部分有關之當期利息費用（含折價攤銷）為 $6,000。該債券全年流通在外，全年無轉換。

試作：計算環球公司 ×1 年之基本及稀釋每股盈餘。

解析

基本每股盈餘：

特別股股利 = $10 × 4,000 × 8% = $3,200
基本每股盈餘 = ($13,200 – $3,200) ÷ 2,000 股 = $10,000 ÷ 2,000 股 = $5

稀釋每股盈餘：

因環球公司有三種潛在的稀釋普通股，故須先計算個別的每增額股份盈餘：

	分子 (盈餘增加金額)	分母 (股數增加)	每增額 股份盈餘	排名
認股證	$0	3,000 – $60 × 3,000 ÷ $75 = 600 股	$0 ÷ 600 = $0	1
可轉換 特別股	$3,200	4,000 × 1 = 4,000 股	$3,200 ÷ 4,000 = $0.8	2
可轉換 債券	$6,000 × (1 – 20%) = $4,800	2,000 股	$4,800 ÷ 2,000 = $2.4	3

這三個潛在稀釋性普通股的每增額股份盈餘都小於基本每股盈餘 $5，但是在計算稀釋每股盈餘，還是必須依排名順序，將每一個具潛在稀釋性普通股逐一納入考量，不要三個一起納入計算，否則有時可能會產生錯誤。環球公司稀釋每股盈餘之計算，如下：

	分子	分母	每股盈餘	
基本每股盈餘	$10,000	2,000	$5.00	
認股證	0	600		稀釋性
	$10,000	2,600	$3.85	
可轉換特別股	3,200	4,000		稀釋性
稀釋每股盈餘	$13,200	6,600	$2.00	在此應該停止，因為 $2.00 已經小於可轉換債券的 $2.4
可轉換債券	4,800	2,000		反稀釋性
	$18,000	8,600	$2.09	

從上面計算可看出，若將排名第 3 的可轉換債券納入計算，稀釋每股盈餘不但不會下降，還會由 $2.00 增加至 $2.09，所以可轉換債券在此是反稀釋的，不應納入計算。

釋例 14-17　每股盈餘之計算──潛在普通股期中執行及轉換

亞洲公司 ×1 年度相關資料如下：

- 本期稅後淨利 $100,000，普通股年初流通在外股數 24,000 股。
- 所得稅率 20%。
- 普通股 1 月 1 日至 3 月 31 日平均股價 $40，全年平均股價 $50。
- 認股證年初可認購 9,000 股普通股，執行價格 $20。4 月 1 日已認購 6,000 股，其餘 3,000 單位至年底仍未執行。
- 可轉換債券面額 $400,000，票面利率 6%，每 $100,000 可轉換成普通股 2,000 股。與可轉換債券負債組成部分有關之原始有效利率亦為 6%。7 月 1 日有 $100,000 可轉換債券轉換為 2,000 股普通股，其餘債券至年底仍流通在外。

試作：計算亞洲公司 ×1 年基本及稀釋每股盈餘。

解析

基本每股盈餘：

基本每股盈餘所用之加權平均流通在外股數，計算如下：

保留盈餘及每股盈餘

	新發行股數	流通在外股數	權數	加權股數
1/1 流通在外股數		24,000	3/12	6,000
4/1 認股證認購 6,000 單位	+6,000	30,000	3/12	7,500
7/1 $100,000 可轉換債券轉換 2,000 股	+2,000	32,000	6/12	16,000
		加權平均流通在外股數 =		29,500

基本每股盈餘 = $100,000 ÷ 29,500 = $3.39

稀釋每股盈餘：

因亞洲公司有兩種潛在的稀釋普通股，故須先計算個別的每增額股份盈餘：

		分子 (盈餘增加金額)	分母 (股數增加)	每增額 股份盈餘	排名
認股證	4/1 已執行：$0	(6,000 − $20 × 6,000 ÷ $40) × 3/12 = 750 股	$0 ÷ (750 + 1,800) = $0 ÷ 2,550 = $0	1
	尚未執行：$0	(3,000 − $20 × 3,000 ÷ $50) × 12/12 = 1,800 股		
可轉換債券	7/1 已轉換 $100,000 × 6% × (1 − 20%) × 6/12 = $2,400	2,000 股 × 6/12 = 1,000 股	($2,400 + $14,400) ÷ (1,000 + 6,000) = $16,800 ÷ 7,000 = $2.40	2
	尚未轉換 $300,000 × 6% × (1 − 20%) × 12/12 = $14,400	6,000 股 × 12/12 = 6,000 股		

這兩個潛在稀釋性普通股的每增額股份盈餘都小於基本每股盈餘 $3.39，但是在計算稀釋每股盈餘，還是必須依排名順序，將每一個具潛在稀釋性普通股逐一納入考量。亞洲公司稀釋每股盈餘之計算，如下：

	分子	分母	每股盈餘	
基本每股盈餘	$100,000	29,500	$3.39	
認股證	0	2,550		稀釋性
	$100,000	32,050	$3.12	
可轉換債券	16,800	7,000		稀釋性
稀釋每股盈餘	$116,800	39,050	$2.99	

14.4.5 或有發行股份

或有發行股份在滿足所有必要特定條件 (即事項已發生) 之日起，即開始視為流通在外並計入基本每股盈餘之計算，自然也納入稀釋每股盈餘之計算。但在本期尚未滿足條件的或有發行股份，雖然不必納入基本每股盈餘之計算，但是否要納入稀釋每股盈餘之計算呢？

依 IASB 之規定在計算稀釋每股盈餘時，或有發行股份應依下列方式處理：

(1) 如於期末所有必要特定條件均已滿足，則該或有發行股份視為期初 (或協議日，兩者較晚者) 已發行，納入稀釋每股盈餘計算。

(2) 如於期末所有必要特定條件並未全部滿足，應假設當期期末即為或有期間結束日，若此時有暫時滿足條件而假定可發行之股份，應視為期初 (或協議日，兩者較晚者) 已發行，納入稀釋每股盈餘計算。即使將來或有期間屆滿而條件並未達成，亦不得重編。

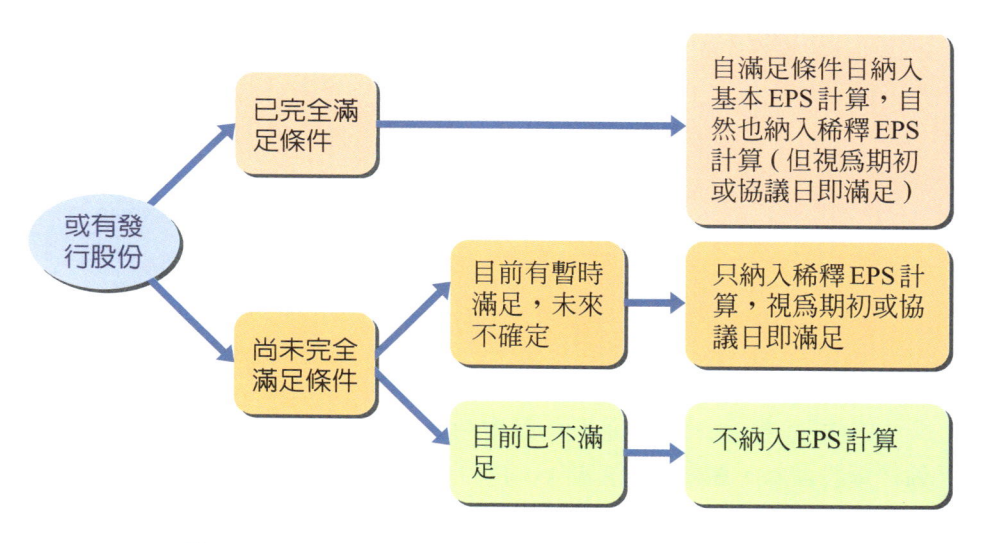

圖 14-3 或有發行股份納入 EPS 計算之流程圖

或有發行合約若規定未來盈餘維持或達到一定目標時，應發放額外股份。如當期期末有達到該目標，則應假設於合約到期前之情況將維持不變，可發行之股份視為期初 (或協議日，兩者較晚者) 已發行，納入稀釋每股盈餘計算。由於盈餘在未來期間可能還會變

研究發現

隨機漫步理論在或有發行股份之應用

隨機漫步理論 (random walk theory) 在許多領域，如天文、物理、財務及會計等都有很廣泛的應用。隨機漫步理論主張，因為一個變數具有不確定性，所以帶有隨機性。一個隨機變數下一期數值，很難預測。在上數學機率課程時，老師最喜歡用醉漢走路來形容這樣的過程。一個喝到茫茫的醉漢走在路上，他走出下一步前，就已完全忘記他前一步到底是往左還是往右，於是只好再隨機踏出下一步，這下一步，可能往左，也可能往右。因此預測這個醉漢下一個時點最佳的位置，就是他會留在原地。

財務學者發現明日股票的最佳預測值，就是今天的收盤價。同樣地，會計學者也發現本期盈餘是很有預測企業未來一期盈餘能力的估計值。根據這些研究發現，IASB 在面對關於或有股份協議未來不確性時，也採用了隨機漫步理論：現在的狀況 (不論是盈餘、股價、平均股價、開店狀況等)，就是預測未來的最佳估計。

動，所以這些股份不能納入基本每股盈餘計算。

同樣地，或有發行普通股之股數若依照未來普通股之市價而定時，如該或有股份具有稀釋效果，則在計算稀釋每股盈餘時，應以期末之市價作為可發行股數之判斷基礎。或有發行普通股之股數若依照一定期間之普通股平均市價而定時，應以該期間之平均市價作為可發行股數之判斷基礎。

或有發行普通股之股數若須依照未來盈餘及股票市價兩者同時決定時，如該或有股份具有稀釋效果，則在計算稀釋每股盈餘時，應以截至當期之盈餘及期末市價作為可發行股數之判斷基礎。除非盈餘及市價兩個條件同時達成，否則或有發行股份股不得計入稀釋每股盈餘之計算。

在其他情況下，或有發行普通股之股數視盈餘或市價以外之條件 (如零售店之特定開店數量) 而定。在此情況下，或有發行普通股應按財務報導結束日之狀況 (假設條件之現狀能維持至或有期間結束日不變)，作為判斷基礎，再決定是否納入稀釋每股盈餘之計算。

釋例 14-18　每股盈餘──或有發行股份（盈餘條件）

南台公司於 ×1 年初購併乙公司，並於合併契約約定，若合併後 2 年內被併購之乙公司之任一年度淨利超過 $8,000，南台公司將於 ×3 年初額外發行南台公司普通股 1,000 股給原乙公司的股東。

南台公司 ×1 年歸屬於母公司的本期淨利為 $55,000，全年加權平均流通在外股數為 10,000 股。

試分別依下列情況，計算南台公司 ×1 年之基本及稀釋每股盈餘。

1. 若 ×1 年，乙公司之淨利為 $15,000。
2. 惟合併契約約定：若合併後 2 年中的每一年淨利均須超過 $8,000，南台公司才會額外發行 1,000 股，其他資料不變。

解析

1. 由於乙公司在 ×1 年的獲利已經滿足或有發行股份協議的條件，所以在計算基本每股盈餘時，視為期末已滿足條件，但因為流通在外期間為零，所以不會增加計算基本每股盈餘的分母。而在計算稀釋每股盈餘時，該或有發行股份應視為期初即已滿足，稀釋每股盈餘的分母應該增加 1,000 股。

   基本每股盈餘 = $55,000 ÷ (10,000 + 1,000 × 0/12) = $5.50
   稀釋每股盈餘 = $55,000 ÷ (10,000 + 1,000 × 12/12) = $5.00

2. 由於乙公司雖然在 ×1 年的獲利已經暫時滿足或有發行股份協議的條件，但在計算基本每股盈餘時，因條件並未完全滿足，所以不必納入基本每股盈餘的分母。但在計算稀釋每股盈餘時，因 ×1 年的獲利目前有滿足或有發行股份協議的條件，應假定該情況會持續到 ×2 年，該或有發行股份應視為 ×1 年初即已滿足，所以稀釋每股盈餘的分母應該增加 1,000 股。

   基本每股盈餘 = $55,000 ÷ 10,000 = $5.50
   稀釋每股盈餘 = $55,000 ÷ (10,000 + 1,000 × 12/12) = $5.00

釋例 14-19　每股盈餘──或有發行股份（盈餘條件及其他條件）

靜宜公司 ×1 年度相關資料如下：

1. 靜宜公司於 ×1 年 12 月 31 日全年流通在外普通股 100,000 股，除下列或有發行股份之外，當年度無其他潛在普通股流通在外。
2. 靜宜公司於 ×1 年 1 月 1 日因收購而有或有發行股份之條件如下：
   (1) 於 ×1 年度中每新開幕一家店，馬上發給 1,800 股普通股。
   (2) ×1 年底全年淨利超過 $300,000 之部分，每 $1,000 發給 2 股普通股。
3. 當年度靜宜公司新開張兩家店，其中一家於 6 月 1 日開幕，另一家則於 8 月 1 日開幕。
4. 當年度累計淨利如下：

Chapter 14 保留盈餘及每股盈餘

×1 年 1 月 1 日至 3 月 31 日為 $200,000
×1 年 1 月 1 日至 6 月 30 日為 $400,000
×1 年 1 月 1 日至 9 月 30 日為 $300,000
×1 年 1 月 1 日至 12 月 31 日為 $600,000

試作：分別計算靜宜公司 ×1 年各季之累計基本及稀釋每股盈餘。

解析

基本每股盈餘：

	第 1 季累計	第 2 季累計	第 3 季累計	全年累計
分子 (盈餘)	$200,000	$400,000	$300,000	$600,000
分母				
1/1 流通在外股數	100,000	100,000	100,000	100,000
或有發行股數―新開店	–	300 (註1)	1,200 (註2)	1,800 (註3)
或有發行股數―盈餘	–	–	–	– (註4)
股數合計	100,000	100,300	101,200	101,800
基本每股盈餘	$2.00	$3.99	$2.96	$5.89

註 1：1,800 × 1/6 = 300 股
註 2：1,800 × 4/9 + 1,800 × 2/9 = 1,200 股
註 3：1,800 × 7/12 + 1,800 × 5/12 = 1,800 股
註 4：盈餘之或有發行股份 600 股 [＝2 股 × ($600,000 – $300,000)/$1,000] 期末才確定達成，故其增加之流通在外股數 = 600 股 × 0/12 = 0 股

稀釋每股盈餘：

	第 1 季累計	第 2 季累計	第 3 季累計	全年累計
分子 (盈餘)	$200,000	$400,000	$300,000	$600,000
分母				
1/1 流通在外股數	100,000	100,000	100,000	100,000
或有發行股數―新開店	–	1,800 (註5)	3,600 (註5)	3,600 (註5)
或有發行股數―盈餘	– (註6)	200 (註7)	– (註8)	600 (註9)
股數合計	100,000	102,000	103,600	104,200
基本每股盈餘	$2.00	$3.92	$2.90	$5.76

註 5：視為期初即已達成。
註 6：累計至第 1 季，淨利小於 $300,000，故無或有股數。
註 7：2 股 × ($400,000 – $300,000) / $1,000 = 200 股，視為期初即已達成。
註 8：累計至第 3 季，淨利小於 $300,000，故無或有股數。
註 9：2 股 × ($600,000 – $300,000) / $1,000 = 600 股，視為期初即已達成。

14.5 每股盈餘之追溯調整

學習目標 5
每股盈餘之追溯調整

企業流通在外普通股或潛在普通股股數，若因無償配股（保留盈餘轉增資、資本公積轉增資）、分紅因子或股份分割而增加者，或因股份合併（反分割）、減資彌補虧損而減少者，則所有表達期間之基本與稀釋每股盈餘之計算，均應追溯調整。若此等變動於報導期間後但在財務報表通過發布前發生，則所表達之當期及以前各期財務報表每股盈餘之計算，亦應以新股數為基礎追溯調整。每股盈餘之計算反映此種股數變動之事實，應予以揭露。

此外，因會計錯誤或會計政策變動而產生之追溯重編及追溯適用之影響數，而去調整前期損益者，應對所有表達期間之基本及稀釋每股盈餘予以調整。然而，企業不得因計算每股盈餘所採用之假設變動，或潛在普通股轉換為普通股，而重編任何以前表達期間之稀釋每股盈餘。

釋例 14-20　每股盈餘之追溯調整

文化公司 ×1 年至 ×3 年每年之盈餘均為 $36,000。文化公司 ×1 年度時的加權平均流通在外股數為 10,000 股；於 ×2 年 1 月 1 日，文化公司發放 20% 的股票股利；於 ×3 年 1 月 1 日，文化公司進行股票分割，1 股分割成 2 股。文化公司沒有發行任何其他潛在普通股。試計算：

(1) 文化公司 ×3 年之基本每股盈餘，並追溯調整 ×1 年及 ×2 年之基本每股盈餘。
(2) 其他資料不變，但假定文化公司係於 ×2 年 1 月 1 日，以每股 $20 現金增資 2,000 股，而非發放 20% 的股票股利。試計算文化公司 ×3 年之基本每股盈餘，並追溯調整 ×1 年及 ×2 年之基本每股盈餘。

解析

本釋例主要在說明，企業若以無對價之方式，例如保留盈餘轉增資、資本公積轉增資、分紅因子或股份分割而增加者，或因股份合併（反分割）、減資彌補虧損而減少者，則所有表達期間之每股盈餘之計算，均應追溯調整。但是，如果係以有對價的方式，例如現金增資發行新股、以現金買回庫藏股票等方式，造成股數之增減，此一部分是不得追溯調整的。

(1) 文化公司 ×3 年之基本每股盈餘，並追溯調整 ×1 年及 ×2 年之基本每股盈餘。

年度	當年度股數	追溯調整股數	當年度 EPS	追溯調整 EPS
×1	10,000 股	10,000 股 × 2 × 1.2 = 24,000 股	$36,000 ÷ 10,000 = $3.60	$36,000 ÷ 24,000 = $1.50
×2	10,000 + 2,000 × 12/12 = 12,000 股	12,000 股 × 2 = 24,000 股	$36,000 ÷ 12,000 = $3.00	$36,000 ÷ 24,000 = $1.50
×3	12,000 × 2 = 24,000 股	24,000 股	$36,000 ÷ 24,000 = $1.50	$36,000 ÷ 24,000 = $1.50

從本例可看出，文化公司 ×1 年至 ×3 年的稅後淨利都是 $36,000，但是由於股票股利及股票分割造成股數增加，當年度 EPS 由 $3.60 下降至 $1.50，表面上營運績效下滑，可是文化公司的稅後淨利是不變的，因此追溯調整 EPS（每年都是 $1.50)，才能真正衡量這段期間文化公司的績效。

(2) 假定 ×2 年是現金增資，文化公司 ×3 年之基本每股盈餘，並追溯調整 ×1 年及 ×2 年之基本每股盈餘。

年度	當年度股數	追溯調整股數	當年度 EPS	追溯調整 EPS
×1	10,000 股	10,000 股 × 2 = 20,000 股	$36,000 ÷ 10,000 = $3.60	$36,000 ÷ 20,000 = $1.80
×2	10,000 + 2,000 × 12/12 = 12,000 股	12,000 股 × 2 = 24,000 股	$36,000 ÷ 12,000 = $3.00	$36,000 ÷ 24,000 = $1.50
×3	12,000 × 2 = 24,000 股	24,000 股	$36,000 ÷ 24,000 = $1.50	$36,000 ÷ 24,000 = $1.50

從本例可看出，文化公司 ×1 年至 ×3 年的稅後淨利都是 $36,000，但是由於 ×2 有現金增資，有更多資源流入企業，但是 ×2 年及 ×3 年還是只有淨利 $36,000，獲利並未因為新資金投入而提高，所以 ×1 年追溯調整 EPS $1.80，高於 ×2 年及 ×3 年追溯調整 EPS $1.50，如此才能真正衡量這段期間文化公司的績效。

附錄 A 每股淨值

隨著 IASB 採用資產負債表法的精神去制定國際財務報導準則，對資產及負債也在可能的範圍內盡量採用公允價值，因此依 IFRS 編製的資產負債表的有用性愈來愈高，連帶使得企業的淨資產（淨值，資產減除負債之金額）與企業價值的關聯性也愈高，每股淨值的重要性也更加凸顯出來[8]。

---

[8] 但是自行發展之無形資產仍不得認列為資產，且有部分資產如不動產、廠房及設備等及部分負債（採用攤銷後成本法）仍未採用公允價值法，所以淨值與企業之價值還是會有差距。

與每股盈餘之性質相類似，每股淨值係指依目前資產負債表之情況，母公司每一流通在外普通股可享有之淨資產(淨值)。因此每股淨值之計算，如下：

$$每股淨值 = \frac{股東權益總額 - 非屬母公司之股東權益項目 - 特別股調整項目}{期末流通在外股數}$$

非屬母公司之股東權益，係指已納入股東權益總額，但非屬母公司股東之權益，例如非控制權益及特別股股本等。

特別股調整項目，係指並未納入股東權益總額，但有必要扣除者，例如：(1) 約定特別股買回之金額超過特別股帳面金額之部分；以及 (2) 積欠之累積特別股股利。

釋例 14A-1　每股淨值

逢甲公司並無任何子公司，×1 年有下列資料：
- 年底股東權益總額為 $500,000，普通股期末流通在外股數為 20,000 股。
- 可買回(買回價格每股 $16) 之累積特別股 5,000 股，股息 8%，每股帳面金額 $10，積欠股利 1 年，全年流通在外。

試作：計算逢甲公司 ×1 年 12 月 31 日之每股淨值。

解析

$$\begin{aligned}
每股淨值 &= \frac{股東權益總額 - 非屬母公司之股東權益項目 - 特別股調整項目}{加權平均流在外股數} \\
&= \frac{\$500{,}000 - \$10 \times 5{,}000 - (\$16 - \$10) \times 5{,}000 - \$10 \times 8\% \times 5{,}000}{20{,}000} \\
&= \frac{\$416{,}000}{20{,}000} \\
&= \underline{\underline{\$20.8}}
\end{aligned}$$

附錄 B　計算每股盈餘之補充議題

本附錄補充一些較為特殊之金融工具對於每股盈餘計算之相關議題，內容包括：

1. 得以普通股或現金交割之金融合約。
2. 企業買進本身普通股之買權及賣權。
3. 企業發行本身普通股之賣權。

14.B.1　得以普通股或現金交割之金融合約

對於得以普通股或現金交割之金融合約，須視哪一方有選擇交割方式，而有兩種不同之會計處理。

(1) 發行企業有選擇交割方式之權利

當企業發行其可選擇本身普通股或現金交割之合約時，為求最大可能之稀釋效果，企業應推定該合約將以普通股交割，且其所導致之潛在普通股若具稀釋效果時，該可能交割股數應計入稀釋每股盈餘分母之計算。即使此種金融合約在會計上係屬金融資產、金融負債，或同時具有權益組成部分及負債組成部分時，企業仍應將假設該合約未來全數分類為權益工具時，本期損益將產生之任何變動，作為分子之調整（如同可轉換工具之調整方式）。例如，企業與另一方簽訂金融合約，不論企業未來股價為何，未來有義務支付總價值 $10,000 本身股份或現金給另一方，企業有選擇支付工具之權利。對發行企業而言，該金融合約雖屬金融負債，但發行企業在計算稀釋每股盈餘時，還是必須假定未來會以發行本身普通股交割。又例如（請參見釋例 14B-1），企業發行得以普通股或現金交割之債務工具，該債務工具給予發行企業權利，於債務到期時得選擇以現金或其本身之普通股清償本金。

釋例 14B-1　每股盈餘──發行企業得選擇以普通股或現金交割之可轉換債券

朝陽公司於 ×0 年 12 月 31 日發行 3 年期、票面利率 5%、面額 $100,000 之可轉換債券，發行得到之價款 $100,000。該可轉換債券得於到期日（含）前之任何時點轉換 4,000 股普通股。朝陽公司有權選擇以普通股或現金清償該可轉換債券之本金。

該可轉換債券發行時，條件類似但無轉換權之債務工具的市場利率為 10%，因此依據第 13.2.2 節，將該可轉換債券（複合金融工具）拆解成下列兩個組成部分：

1. 負債組成部分（有效利率 10%）　　$ 87,566
2. 權益組成部分　　　　　　　　　　　12,434
　　　　　　　　　　　　　　　　　　$100,000

朝陽公司 ×1 年本期淨利 $25,000，所得稅稅率為 20%，全年加權平均流通在外股數為 10,000 股。

試作：計算朝陽公司 ×1 年基本及稀釋每股盈餘。

解析

分配給可轉換債券之權益組成部分 ($12,434)，在發行時即已屬權益項目，在計算每股盈餘時不予以任何調整。

基本每股盈餘：

基本每股盈餘 = $25,000 ÷ 10,000 = $2.50

稀釋每股盈餘：

可轉換債券之每增額股份盈餘為 $1.75，小於基本每股盈餘 $2.50，有稀釋效果，應納入稀釋每股盈餘之計算計算如下：

	分子 (盈餘增加金額)	分母 (股數增加)	每增額股份盈餘
可轉換債券	$87,566 × 10% × (1 − 20%) = $7,005	4,000 股	$7,005 ÷ 4,000 = $1.75

	分子	分母	每股盈餘	
基本每股盈餘	$25,000	10,000	$2.50	
可轉換債券	7,005	4,000		稀釋性
稀釋每股盈餘	$32,005	14,000	$2.29	

(2) 持有人有選擇交割方式之權利

對於持有人得選擇以普通股或現金交割之合約，發行企業應採用現金交割及股份交割兩者中較具稀釋性者以計算稀釋每股盈餘，以達最大之稀釋效果。例如，企業對於員工之分紅，允許員工有選擇以普通股或現金交割之權利。

14.B.2　企業買進本身普通股之買權及賣權

企業買進本身普通股之買權及賣權，亦即企業持有對其本身普通股之選擇權時，該買權及賣權不得納入稀釋每股盈餘之計算，因為若將其納入會變成反稀釋，這是因為賣權僅在市價低於執行價格時 (價內) 才會執行，而買權則僅在市價高於執行價格時 (價內) 才會執行。例如，甲公司買進本身普通股之賣權、執行價格為每股 $45，該賣權允許不論甲公司未來股價有多低，還是有權用每股 $45 賣給賣權發行人。若甲公司股價跌到 $15，甲公司拿出自己普通股 1 股，去行使該賣權可取得 $45，流通在外股數會增加 1 股。但依前述如果發行法 (即庫藏股票法)，取得的 $45 可在市場買回 3 股，使得流通在外股數減少。因此，若甲公司行使其買進之賣權，流通在外股數會淨減少 2 股，所以是反稀釋，不得計入稀釋每股盈餘之計算。

14.B.3　企業發行本身普通股之賣權

可要求企業買回其本身股份之合約(如發行賣權及遠期購買合約)，若具稀釋效果，應反映於稀釋每股盈餘之計算。若此種合約在當期為「價內」(即該期平均價格低於執行價格)，應採用如果發行法(即庫藏股票法)去計算每股盈餘之潛在稀釋效果，方法如下：

(1) 假設於期初有按當期平均市價，發行足夠數量之普通股以募集履行合約所需之價款。
(2) 假設發行所得之價款係專門用以履行合約(即買回普通股)。
(3) 增額普通股(即發行之普通股股數與履行合約所收回之普通股股數間之差額)應計入稀釋每股盈餘之計算。

本章習題

問答題

1. 試說明保留盈餘包含哪些項目。
2. 說明何謂「累積特別股」、「完全參加特別股」與「部分參加特別股」。
3. 說明股票股利與股票分割之會計處理為何，並說明兩者之異同。
4. 說明簡單資本結構與複雜資本結構之區別。
5. 計算基本每股盈餘時，分子(盈餘)包含哪些？
6. 何謂「紅利因子」，如何計算？
7. 計算每股盈餘時，有關具強制性之轉換工具與有選擇性之可轉換工具是否納入每股盈餘計算，試說明之。
8. 稀釋性潛在普通股於計算稀釋每股盈餘時是否須全部納入，試說明之。
9. 計算稀釋每股盈餘時，選擇權與認股證應如何處理？
10. 計算稀釋每股盈餘時，稀釋性普通股之考量順序為何？
11. 依 IASB 之規定在計算稀釋每股盈餘時，或有發行股份應如何處理？

選擇題

1. 哪一種股利的發放不會減少股東權益？
   (A) 現金股利　　　　　　　　(B) 股票股利
   (C) 財產股利　　　　　　　　(D) 清算股利
2. 開封公司 94 年期初有 $100,000 未指撥保留盈餘和 $20,000 指撥保留盈餘。94 年間，開封公司增加了 $50,000 指撥保留盈餘，但也曾解除了 $60,000 保留盈餘的指撥。94 年淨

利為 $250,000，則期末的保留盈餘總額應為：

(A) $250,000　　　　　　　　　　　(B) $350,000

(C) $360,000　　　　　　　　　　　(D) $370,000　　　　　　[95年二技]

3. 靜香公司於×10年12月31日權益部分資訊如下：

普通股股本，面額 $10，流通在外 10,000 股	$100,000
資本公積—普通股股本溢價	120,000
保留盈餘	300,000
	$520,000

×11年3月1日董事會宣告發放15%的股票股利，當日靜香公司股票市價每股$26。×11年2月28日時，靜香公司已有淨損失$20,000。試問靜香公司在×11年3月1日應報導保留盈餘的金額為若干？（假設公司採用市價法作為股票股利之會計處理方法。）

(A) $241,000　　　　　　　　　　　(B) $251,000

(C) $265,000　　　　　　　　　　　(D) $280,000

4. 在×11年初，飛魚公司之保留盈餘為$400,000。×11年的相關資料為：淨利$200,000；×11年間以高於庫藏股票帳面金額$72,000出售庫藏股票；宣告現金股利$120,000；宣布並發行股票股利6,000股，每股面額$10，當時每股市價為$20。請問×11年可供發放股利之保留盈餘為若干金額？（假設公司採用市價法作為股票股利之會計處理方法。）

(A) $360,000　　　　　　　　　　　(B) $420,000

(C) $432,000　　　　　　　　　　　(D) $492,000

5. ×2年度發生下列交易事項：

(1) 通過並發放30%股票股利，當時普通股每股市價$22
(2) 以每股$20買回公司股票4,000股
(3) 出售庫藏股票3,000股，每股以$18售出
(4) 上年度折舊費用低估$100,000，本年度發現並更正錯誤，所得稅率25%
(5) 提撥保留盈餘$500,000作為意外損失準備
(6) 本年度淨利$625,000
(7) 期初保留盈餘為$2,500,000，已發行普通股為200,000股，每股面額$10

甲公司×2年12月31日保留盈餘餘額是多少？

(A) $2,444,000　　　　　　　　　　(B) $1,944,000

(C) $2,594,000　　　　　　　　　　(D) $2,450,000　　　[101年特考]

6. A公司普通股每股面額$10，流通在外股數36,000股。因每股市價高達$300，今決定作2：1之股票分割。請問A公司在股票分割後，其股本為多少？

(A) $180,000　　　　　　　　　　　(B) $360,000

(C) $5,400,000　　　　　　　　　　(D) $10,800,000　　[101年特考]

7. 「待分配股票股利」在資產負債表上應列於：

(A) 資產 　　　　　　　　　　　　(B) 負債
(C) 股東權益 　　　　　　　　　　(D) 以上皆非

8. 本年度錫山公司支付下列現金股利給普通股及特別股股東：

   普通股 $19,500

   特別股 $13,500

   流通在外特別股面額為 $50,000，普通股為 $150,000，股利分派包括特別股額外 6% 之參加股利，且係完全參加，特別股係累積，股利已積欠 2 年，求特別股之設定股利率為若干？
   (A) 6% 　　　　　　　　　　　　(B) 7%
   (C) 8% 　　　　　　　　　　　　(D) 9%　　　　　　　　　　[102 年特考]

9. 羅東公司有普通股 2,000,000 股流通在外，面額 $10，市價每股 $13，保留盈餘 $10,000,000。公司股東常會於 95 年 5 月 3 日通過分配 30% 股票股利，假設公司採用面額法記錄股票股利，則通過分配股利日應記錄資本公積之金額為何？
   (A) $0 　　　　　　　　　　　　(B) $600,000
   (C) $1,200,000 　　　　　　　　(D) $1,800,000　　　　　[改編自 95 年高考]

10. 創意公司 ×1 年有 120,000 股，每股面額 $10 之普通股流通在外，以及 60,000 股，8% 面額 $10 特別股。此特別股為累積，非參加。除了今年及過去兩年之外，股利均為每年發放。

    (1) 假設 ×1 年將發放 $300,000 的現金股利，請問普通股股東將收到多少股利？
    (A) $0 　　　　　　　　　　　　(B) $156,000
    (C) $204,000 　　　　　　　　　(D) $252,000

    (2) 假設將發放 $312,000 的現金股利，而特別股擁有參加權。請問普通股股東將可獲得多少現金股利？
    (A) $204,000 　　　　　　　　　(B) $144,000
    (C) $112,000 　　　　　　　　　(D) $96,000

11. 花蓮公司 90 年底部分股東權益之資料如下：特別股股本（5%，面額 $100，流通在外 8,000 股）$800,000，普通股股本（面額 $10，流通在外 100,000 股）$1,000,000，資本公積—普通股溢價 $600,000。特別股為累積，參加至 8%。90 年底公司宣告 $240,000 之現金股利，另 90 年初已積欠 2 年之特別股股利，則此次宣告之股利中特別股可分配之金額為：
    (A) $160,000 　　　　　　　　　(B) $120,000
    (C) $144,000 　　　　　　　　　(D) $190,000　　　　　　[91 年會計師]

12. 甲公司 ×2 年度稅後綜合淨利為 $1,500,000，其中本期淨利為 $1,054,000，×2 年全年有 200,000 股累積非參加特別股流通在外，每股面額為 $10，股利率為 5%，至 ×2 年底止已積欠 2 年之股利。×2 年 1 月 1 日普通股流通在外計 120,000 股，4 月 1 日買回庫藏股

11,000 股，10 月 1 日現金增資 30,000 股。則甲公司 ×2 年度之基本每股盈餘為多少？

(A) $7.16　　　　　　　　　　　(B) $8.00
(C) $10.90　　　　　　　　　　 (D) $11.74　　　　　　　[109 年普考會計]

13. 甲公司 ×9 年 1 月 1 日流通在外普通股股數為 120,000 股，×9 年 4 月 1 日發行新股 60,000 股，6 月 1 日發行新股 30,000 股，9 月 1 日發行 6%，面額 $100，可轉換公司債 300 張，每張可轉換成 10 股普通股，該公司債具稀釋作用，則在計算甲公司 ×9 年基本每股盈餘及稀釋每股盈餘時，其加權平均流通在外普通股股數分別為：

(A) 165,000 股及 183,500 股　　　(B) 165,000 股及 185,500 股
(C) 182,500 股及 188,500 股　　　(D) 182,500 股及 183,500 股　　[101 年高考]

14. 在計算本年度普通股加權平均流通在外股數時，下列何事項的發生，一定無須將流通在外股數予以追溯調整？

(A) 現金股利　　　　　　　　　　(B) 現金增資
(C) 股票股利　　　　　　　　　　(D) 股票分割　　　　　　[100 年高考]

15. ×0 年 12 月 31 日瑞穗公司有 600,000 普通股及 20,000 股，5%，面額 $100 的累積特別股流通在外。在 ×0 年及 ×1 年未發放任何特別股股利或普通股股利。於 ×2 年 1 月 30 日發行 ×1 年財務報表前，瑞穗公司進行 1：2 股票分割 (即 1 股普通股變成 2 股)。×1 年之淨利為 $1,900,000，試問瑞穗公司 ×0 年之每股盈餘為：

(A) $0.75　　　　　　　　　　　(B) $0.79
(C) $1.50　　　　　　　　　　　(D) $1.59

16. 丙公司 102 年全年流通在外普通股為 150,000 股，淨利為 $665,000。102 年初該公司另有 6% 可轉換累積特別股，面額 $100，流通在外 10,000 股，每股可轉換成普通股 3 股。若 102 年度特別股股利已於 6 月 30 日支付，10 月 1 日有 2,000 股特別股轉換成普通股，則丙公司 102 年度稀釋每股盈餘為：(計算值四捨五入至小數點後第 2 位)

(A) $2.00　　　　　　　　　　　(B) $3.63
(C) $3.69　　　　　　　　　　　(D) $3.99　　　　　　　[102 年特考]

17. 甲公司 ×2 年度全年有 200,000 股普通股流通在外，×3 年 4 月 1 日現金增資 100,000 股，增資除權前市價每股 $36，現金增資認購價每股 $24。若 ×2 年度與 ×3 年度屬於普通股權益持有人的本期淨利分別為 $500,000 與 $600,000，則 ×3 年度比較綜合損益表中，×2 年度與 ×3 年度基本每股盈餘分別為何？

(A) $2.08 與 $2.13　　　　　　　(B) $2.22 與 $2.13
(C) $2.5 與 $2.13　　　　　　　 (D) $2.5 與 $2.18　　　　[101 年高考]

18. 於計算稀釋每股盈餘時，累積非轉換特別股之股利應：

(A) 忽略　　　　　　　　　　　　(B) 無論是否發放，均加回淨利
(C) 若發放，於淨利中減除　　　　(D) 無論是否發放，均於淨利中減除

Chapter 14 保留盈餘及每股盈餘

19. 採用如果轉換法計算每股盈餘，係假設可轉換證券之轉換時機為：

    (A) 最早報導期間或發行時點 (較晚者) 之期初
    (B) 最早報導期間之期初 (無論發行時點)
    (C) 最早報導期間之期中 (無論發行時點)
    (D) 最早報導期間之期末 (無論發行時點)

20. 哈維公司 ×1 年 4 月 30 日流通在外普通股股數為 100,000 股。哈維公司於該日辦理現金增資 20,000 股，認購價格為每股 $50，除權前一天公司股票的收盤價為 $68。有關此一現金增資之紅利因子為何？

    (A) 1.360   (B) 1.047
    (C) 1.056   (D) 1.026

21. 魯夫公司 ×3 年度歸屬於母公司之稅後淨利為 $450,000，該公司 ×3 年度有下列形式上為特別股流通在外：① 特別股甲，面額 $300,000 之累積且可轉換之特別股，票面利率 6%。魯夫公司於 ×3 年 12 月 31 日誘導投資人轉換，額外發行公允價值總值 $20,000 之普通股。公司並於 ×3 年底支付當年度股利。② 特別股乙，面額及帳面金額均為 $200,000，票面利率 8%，不可賣回且股利非累積。×3 年 7 月 1 日公司在公開市場以折價 $20,000 買回面額 $100,000 之特別股。公司於 ×3 年並未宣告發放特別股乙之股利。③ 特別股丙，面額 $300,000。特別股丙係於 ×2 年以折價發行之遞增股利率特別股，不可賣回，×3 年不得領取股利，×3 年度依據有效利息法計算特別股折價應攤銷之金額為 $25,000。則魯夫公司 ×3 年在計算基本每股盈餘時，所用分子之金額為何？

    (A) $367,000   (B) $407,000
    (C) $417,000   (D) $457,000

22. 彰化公司 100 年 1 月 1 日流通在外普通股 100,000 股，100 年初該公司給予現有股東新股認股權，每 5 股可認購普通股 1 股，認購價格為每股 $10，新股認購基準日為 100 年 10 月 1 日。彰化公司 100 年度之淨利為 $900,000，若新股認購權利行使日前一日普通股公允價值為每股 $22，原有股東亦全數認購，試問彰化公司 100 年之每股盈餘為何？

    (A) $7.50   (B) $8
    (C) $8.57   (D) $9   ［101 年高考］

23. 甲公司 94 年 12 月 31 日有普通股 500,000 股流通在外，在 95 年 9 月 1 日又發行 300,000 股普通股。此外，94 年 12 月 31 日甲公司有面額 $1,000,000 可轉換公司債流通在外，可轉換成普通股 400,000 股。該公司債 95 年度之利息費用為 $70,000，95 年度並無任何轉換，甲公司 95 年度淨利為 $551,000。所得稅率是 30%，試計算甲公司 95 年度之稀釋每股盈餘為多少元？

    (A) $0.4   (B) $0.5
    (C) $0.6   (D) $0.7   ［100 年會計師］

24. 羯敏公司 ×2 年度有下列資料：

(1) 淨利為 $700,000，稅率為 20%。
(2) 6% 可轉換公司債，面額為 $100，流通在外 20,000 張，每張可換成普通股 10 股，發行價格中的負債組成要素相當於面額。
(3) 當年初發行賣權 6,000 個，每個得依 $20 之價格賣回一股面額為 $10 的普通股給公司，普通股全年平均市價為 $12。
(4) 全年度普通股流通在外股平均為 200,000 股。

請問 ×2 年度羯敏公司之稀釋每股盈餘為多少？

(A) $1.97　　　　　　　　　　(B) $1.99
(C) $2.03　　　　　　　　　　(D) $3.43　　　　　　　[102 年高考]

25. 公司買入庫藏股票時，對其股東權益及每股盈餘會產生何種影響？
    (A) 股東權益減少，每股盈餘不受影響　(B) 股東權益增加，每股盈餘不受影響
    (C) 股東權益減少，每股盈餘增加　　　(D) 股東權益增加，每股盈餘減少
    　　　　　　　　　　　　　　　　　　　　　　　　　　　　　[100 年高考]

26. 魯道公司 ×2 年期初流通在外普通股股數 200,000 股，4 月 1 日購買庫藏股票 50,000 股。此外，公司於 ×2 年初發行 2 年後須強制轉換成普通股之可轉換特別股，面額 $300,000，票面利率 6%，未來會轉換為 20,000 股普通股，×2 年公司已發放該特別股 $18,000 之現金股利。假設公司 ×2 年淨利為 $500,000，則魯道公司 ×2 年之基本每股盈餘為：
    (A) $2.74　　　　　　　　　　(B) $2.64
    (C) $2.97　　　　　　　　　　(D) $3.08

27. 丙公司成立於 ×8 年，該年底流通在外普通股有 9,000 股，其股本結構變動如下：
    4 月 1 日　　股票分割 1：2。
    7 月 1 日　　股票股利 20%。
    9 月 30 日　普通股每股收盤價為 $30。
    10 月 1 日　現金增資 6,000 股，每股認購價格為 $18。
    11 月 1 日　購入庫藏股票 3,000 股。

    試求該年度丙公司普通股加權平均流通在外股數：
    (A) 8,125 股　　　　　　　　(B) 8,200 股
    (C) 24,000 股　　　　　　　　(D) 24,220 股　　　　　[100 年特考]

28. 甲公司 ×9 年 1 月 1 日流通在外普通股股數為 100,000 股，×9 年初有認股權 20,000 單位流通在外，每單位得按 $30 認購普通股 1 股，4 月 1 日已認購 12,000 股，其餘 8,000 單位至 ×9 年底仍未執行。此外，×9 年初公司有可轉換公司債面額 $1,000,000，票面利率 5%，其中負債組成部分之原始有效利率亦為 5%，每 $100,000 面額可轉換成普通股 4,000 股。×9 年 10 月 1 日有 $400,000 可轉換公司債轉換成普通股 16,000 股，其餘債券至年底仍流通在外。甲公司普通股 ×9 年 1 月 1 日至 3 月 31 日平均股價為 $40，全年平均股價為 $50，×9 年稅後淨利為 $339,000，所得稅率為 20%，則在計算稀釋每股盈餘

時，分母應為：

(A) 145,000 股 　　　　　　　　　(B) 152,950 股

(C) 154,450 股 　　　　　　　　　(D) 156,050 股　　　　【108 年高考會計】

29. 承旭公司於 ×5 年初購併智霖公司，並於合併契約約定，若合併後 2 年內被併購之智霖公司之任一年度淨利超過 $200,000，承旭公司將於 ×7 年初額外發行承旭公司普通股 20,000 股給原智霖公司的股東。承旭公司 ×5 年在不考量該或有條件之全年加權平均流通在外股數為 240,000 股。智霖公司 ×5 年之淨利為 $215,000。則承旭公司於計算 ×5 年之基本每股盈餘與稀釋每股盈餘之普通股加權流通在外股數分別為：

(A) 240,000 股、240,000 股 　　　(B) 240,000 股、260,000 股

(C) 240,000 股、220,000 股 　　　(D) 260,000 股、260,000 股

30. 甲公司 2019 年的本期淨利為 $500,000，在 2019 年 1 月 1 日流通在外的普通股為 200,000 股，4 月 1 日發行 20,000 股，9 月 1 日甲公司買回 30,000 股庫藏股。稅率為 40%。2019 年間，甲公司共有 40,000 股流通在外的可轉換特別股，特別股面值為 $100，每年支付 $3.50 的股息，並且每一股特別股可轉換為三股普通股。甲公司在 2018 年間發行面值 $2,000,000（且其負債組成部分亦為 $2,000,000）的 10% 可轉換公司債，每張 $1,000 的公司債可轉換為 30 股普通股。請問 2019 年稀釋每股盈餘為何？

(A) $1.11 　　　　　　　　　　　(B) $1.54

(C) $1.61 　　　　　　　　　　　(D) $1.76　　　　【109 年鐵路人員】

31. 陶子公司 ×0 年度淨利 $360,000，普通股全年流通在外股數為 120,000 股。×0 年初有認股權 20,000 單位，每單位得按每股 $30 認購普通股 20,000 股，截至年底尚未執行。此外，×0 年 1 月 1 日公司發行員工股票選擇權 10,000 股，員工於服務滿 3 年後，每單位得按每股 $22 認購普通股 1 股，發行日每單位員工股票選擇權之公允價值為 $9，×0 年 12 月 31 日員工尚須提供服務每股之公允價值為 $6。陶子公司普通股全年平均市價為 $40。試問公司 ×0 年稀釋每股盈餘為：

(A) $2.88 　　　　　　　　　　　(B) $2.93

(C) $2.78 　　　　　　　　　　　(D) $2.81

32. 甲公司 ×7 年度淨利 $228,000，稅率為 25%，若全年加權平均流通在外普通股為 100,000 股，且有下列三種證券全年流通在外，應包括於財務報表中之稀釋每股盈餘者有幾項？① 認股權證 20,000 張，每張可以 $40 認購普通股 1 股，甲公司普通股全年平均市價為 $50；② 可轉換公司債面額 $1,000,000，票面利率 7%，其中負債組成部分為 $1,000,000（即公司債有效利率亦為 7%），可轉換成 40,000 股普通股；③ 可轉換累積特別股 24,000 股，股利率 10%，每股面額 $20，可轉換成 24,000 股普通股，截至 ×6 年年底止已積欠 2 年股利，×7 年甲公司董事會已宣告發放 3 年股利。

(A) 認股權證、可轉換公司債及可轉換累積特別股等三項

(B) 認股權證及可轉換公司債等二項

191

(C) 認股權證及可轉換累積特別股等二項
(D) 可轉換公司債及可轉換累積特別股等二項　　　　　　［改編自100年高考］

33. 雲林公司100年1月1日流通在外股數為100,000股，100年4月1日發行新股72,000股。另該公司於100年7月1日發行8,000個賣權，每個賣權之持有人得依$30之價格賣回雲林公司每股面額$10之普通股1股。全部賣權於100年12月31日仍流通在外，其餘100年度相關資料如下：

本期淨利	$702,000
普通股全年平均市價	$24
普通股7月至12月之平均市價	$20

試問雲林公司100年稀釋每股盈餘為何？

(A) $4.56　　　　　　　　　　　(B) $4.53
(C) $4.50　　　　　　　　　　　(D) $4.08　　　　　　　　　　　［101年高考］

34. 【附錄B】彰化公司×3年淨利為$500,000，×3年1月1日流通在外股數為200,000股，×3年7月1日公司買3進本身普通股之賣權，執行價格為每股$50，可賣出20,000股普通股。全部賣權於×3年12月31日仍流通在外，×3年普通股全年平均市價$40，試問彰化公司×3年稀釋每股盈餘為何？

(A) $2.27　　　　　　　　　　　(B) $2.31
(C) $2.44　　　　　　　　　　　(D) $2.50

練習題

1. 【特別股股利】保原公司×2年底流通在外的股本包括面額$100、10,000股6%的特別股，及100,000股面額$10的普通股，並有保留盈餘$800,000。×2年公司宣告發放現金股利$400,000給特別股及普通股，試分別依下列狀況，計算×2年特別股及普通股分別可領到之現金股利總額：
   (1) 特別股為非累積、非參加，無積欠股利。
   (2) 特別股為累積、非參加、積欠股利1年。
   (3) 特別股為累積、完全參加、積欠股利1年。
   (4) 特別股為非累積、並可完全參加普通股股利率超過10%分配的部分。

2. 【現金股利分錄】花田公司×3年底有流通在外5,000股面額$100，6%特別股，及20,000股面額$10之的普通股，並有保留盈餘$400,000。×4年5月31日於股東會決議發放×3年特別股股利6%、普通股股利每股$5，並於×4年6月30日支付。

   試作：花田公司相關分錄。

3. 【股票股利與股票分割】老虎公司×4年底有流通在外普通股200,000股，每股面額$10，×5年3月1日公司進行1:3之股票分割(即1股分割成3股)，分割前之股價為$240，5月31日公司宣告發放8%之股票股利，宣告當日股價為$82，股票股利發放日為×5

年 6 月 30 日。

試作：

(1) ×5 年 3 月 1 日之分錄。

(2) 請分別依 ① 面額法及 ② 公允價值法完成老虎公司有關股票股利相關分錄。

4. 【財產股利、清算股利與股票股利】天衛公司 ×2 年底有流通在外普通股 50,000 股，每股面額 $10，假設各情況獨立，試分別依下列情況完成相關分錄：

   (1) 公司 ×3 年 5 月 31 日宣告將公司採權益法之股權投資以財產股利之方式，按股東持股比率發放給股東，宣告時該股權投資之公允價值 $500,000。天衛公司於 ×3 年 6 月 30 日發放財產股利，發放時該股權投資之帳面金額為 $450,000、公允價值 $520,000。

   (2) 公司 ×3 年 5 月 31 日於股東會決議宣告發放現金股利 $150,000，其中 $100,000 來自保留盈餘，其餘的 $50,000 為清算股利。天衛公司於 ×3 年 6 月 30 日發放現金股利。

   (3) 公司 ×3 年 5 月 31 日宣告發放 15% 之股票股利，宣告當日股價為 $36，股票股利發放日為 ×5 年 6 月 30 日，公司採用公允價值法作為股票股利之會計處理。

5. 【參加特別股】中央公司於 ×1 年初以每股 $12 的價格發行不可轉讓、不可贖回的累積、參加特別股 2,000 股，每股面額 $10。特別股的發行條件為第一及第二年年底分別支付 14% 及 7% 股利，第三年底起則每年支付 5% 股利，特別股 ×1 年初時的市場股利率為 5%。而在中央公司的普通股獲配 $1.2 之後，亦即在第一年特別股及普通股分別獲配 $1.4 及 $1.2 的股利後，或在第二年特別股及普通股分別獲配 $0.7 及 $1.2 的股利後，或在第三年特別股及普通股分別獲配 $0.5 及 $1.4 的股利之後，特別股依任何支付予普通股每股金額額外的九分之一比率，完全參與額外股利的分配。

   中央公司於 ×1 年度稅後淨利為 $90,000，普通股全年流通在外股數為 10,000 股，每股面額 $10。

   試作：中央公司 ×1 年度普通股基本每股盈餘為何？

6. 【基本每股盈餘】活塞公司 ×2 年度歸屬於母公司之稅後淨利為 $500,000，公司當年度計算每股盈餘的資料如下：

   1. ×2 年期初流通在外普通股股數 240,000 股，3 月 1 日購買庫藏股票 20,000 股，6 月 1 日發放 20% 股票股利，10 月 1 日再出售庫藏股票 20,000。

   2. ×2 年初有流通在外之可買回且非累積之特別股甲，面額 $200,000，票面利率 6%，×2 年度已宣告支付 6% 股利。

   3. ×2 年初有流通在外乙特別股，面額 $200,000。乙特別股係於 ×0 年 1 月 1 日以折價發行之遞增股利率特別股，不可賣回，前 3 年不得領取股利，自第 4 年起可開始領取股利，股利可累積。×2 年度依據有效利息法計算特別股折價應攤銷之金額為 $26,000。

   4. ×2 年初有流通在外丙特別股，面額 $500,000，票面利率 9%，不可賣回且股利非累積。於 ×2 年 9 月 30 日在公開市場以折價 $28,000 買回面額 $200,000 之特別股。活

塞公司於 ×2 年並未宣告發放丙特別股之股利。

試作：計算活塞公司 ×2 年基本每股盈餘。

7. **【加權平均流通在外股數】** 五福公司 ×0 年初有 200,000 股流通在外之普通股，×0 年度有關普通股資料如下：

  2 月 1 日 辦理現金增資 50,000 股，認購價格為每股 $50，除權前一天的收盤價為 $60。
  4 月 1 日 買回庫藏股票共 50,000 股。
  7 月 1 日 發放 20% 股票股利。
  10 月 1 日 發行 2 年後須強制轉換成普通股之可轉換特別股，未來會轉換 30,000 股普通股。
  12 月 1 日 進行股份反分割，2 股合併成 1 股。

試作：計算五福公司 ×0 年度之加權平均流通在外股數。

8. **【基本每股盈餘】** 臺南公司 ×8 年度的淨利為 $4,960,000，其資本結構如下：

特別股：1,000,000 股，每股面額 $10，股利率 8%，累積，全年流通在外。臺南公司未宣告發放 ×8 年之特別股股利。

普通股：×8 年 1 月 1 日流通在外 1,000,000 股，每股面額 $10，3 月 1 日發放股票股利 10%，4 月 1 日現金增資 500,000 股，每股認購價格為 $24.4，3 月 31 日市價為每股 $28。8 月 1 日股票分割，每股分割成二股，10 月 1 日購入庫藏股票 400,000 股，至 12 月 31 日尚未出售，亦未註銷。12 月 31 日流通在外股數為 2,800,000 股。

試作：計算臺南公司 ×8 年之基本每股盈餘。   [102 年特考]

9. **【基本每股盈餘】** 奈許公司 ×2 年度相關資料如下：

1. ×2 年度有流通在外之累積且可轉換特別股 30,000 股，股利率 5%，每股面額為 $10，可轉換 30,000 股普通股。×2 年公司支付該特別股股利 $15,000。×2 年 11 月 1 日公司誘導投資人轉換，全數投資人在當日全部轉換，並額外多取得公允價值總計 $50,000 的 1,000 股普通股。

2. ×2 年期初流通在外普通股股數 400,000 股，3 月 1 日購買庫藏股票 60,000 股，6 月 1 日現金增資發行新股 100,000 股（紅利因子 1.06），9 月 1 日股份反分割，每 2 股合併成為 1 股，10 月 1 日賣出庫藏股票 30,000 股。

3. ×2 年 1 月 5 日公司無償給與 5 位高階主管，每人 10,000 股限制性股票，當時每股限制性股票公允價值為 $45，沒有限制性的股票每股市價 $52，主管未來必須服務滿 2 年才能既得。

4. ×2 年淨利 $950,000，其中包括停業單位本期利益 $180,000。

試作：計算奈許公司 ×2 年之基本每股盈餘。

10. **【稀釋每股盈餘—認股證、非績效條件之員工認股權】** 尼克公司 ×3 年初有 400,000 股普

通股與 6% 之不可轉換累積特別股 30,000 股流通在外，普通股與特別股的面額均為 $10，×3 年 1 月 1 日公司發行員工股票選擇權 40,000 股，員工於服務滿 5 年後，每單位得按每股 $36 認購普通股 1 股，發行日每單位員工股票選擇權之公允價值為 $9，×3 年 12 月 31 日員工尚須提供服務每股之公允價值為 $6。×3 年 10 月 1 日公司發行認股證，得按每股 $40 認購普通股 50,000 股，截至年底尚未執行。×3 年淨利 $840,000，普通股全年平均市價為 $48，×3 年 10 月 1 日至 12 月 31 日之平均市價為 $50。

試作：計算尼克公司 ×3 年基本及稀釋每股盈餘。

11. 【**稀釋每股盈餘—非績效條件之限制性股票**】喜羊羊公司 ×3 年初有普通股 250,000 股流通在外，×3 年 1 月 1 日喜羊羊公司給與 8 位主管限制性股票，若主管繼續在公司服務滿 2 年，則 2 年後每人可獲得 2,000 股限制性股票，×3 年 1 月 1 日每股限制性股票公允價值為 $48，沒有限制性的股票每股市價為 $50。在既得之前仍享有股東表決權及股利分配等權利，但若於既得期間內離職，應返還該股票及股利。假定喜羊羊公司預期無人會提前離職。後來 ×3 年 10 月 1 日有 1 位主管日離職，另有 2 位主管分別於 ×4 年 4 月 1 日與 7 月 1 日離職。

喜羊羊公司 ×3 年至 ×5 年有下列相關資料：

	稅後盈餘	因離職收回限制性股票之股數
×3 年	$600,000	2,000 股（1 位主管 10 月 1 日離職）
×4 年	500,000	2,000 股（1 位主管 4 月 1 日離職） 2,000 股（1 位主管 7 月 1 日離職）
×5 年	580,000	

	期間內普通股 平均市價	期末尚須提供勞務每股之公允價值
×3/1/1	$50	$48
×3/1/1～×3/10/1	$48	$30
×3/1/1～×3/12/31	$50	$24
×4/1/1～×4/4/1	$55	$18
×4/1/1～×4/7/1	$56	$12
×4/1/1～×4/12/31	$56	$0

試作：分別計算喜羊羊公司 ×3 年至 ×5 年基本及稀釋每股盈餘。

12. 【**每股盈餘—可轉換工具**】丁公司 2010 年度有關每股盈餘的資料如下：

1. 本期純益 $5,000,000，所得稅率 25%。
2. 期初有普通股 1,000,000 股流通在外，每股面額 $10。本年度現金增資 500,000 股，每股發行價 $20，以 5 月 1 日為除權日，4 月 30 日普通股市價為每股 $30。

3. 本年度 4 月 1 日以平價發行 4% 公司債 600 張，每張面額 $10,000，每張公司債附認股證 200 單位，每張公司債連同認股證可另加 $2,000 認購普通股 200 股。本年度並無公司債持有人行使認股權。本年度 4 月 1 日至 12 月 31 日平均市價為 $40。

試作：計算丁公司 2010 年之基本及稀釋每股盈餘。　　　　　　　　　　　[100 年特考]

13. 【每股盈餘─可轉換工具】宜靜公司 ×4 年 1 月 1 日發行 8% 之可轉換累積特別股 20,000 股，面額 $10，每股特別股可轉換成 2 股普通股，×4 年公司沒有發放現金股利，×5 年 5 月公司宣告並發放該特別股股利，×5 年 10 月 1 日面額 $100,000 之持有人將可轉換特別股轉換為普通股，其餘可轉換特別股全年流通在外。×5 年 5 月 1 日公司亦發行 1,000 張面額 $1,000，票面利率 10%，每年付息一次之可轉換債券，每張債券可轉換成 100 股普通股。可轉債發行時負債組成部分為 $1,092,458（有效利率為 8%），權益組成部分為 $80,000，公司債全年流通在外，全年無轉換。×5 年公司稅後淨利 $600,000，×5 年初有普通股 300,000 股流通在外，年中除部分可轉換特別股轉換普通股外，無其他變動，公司所得稅率為 20%。

試作：計算宜靜公司 ×5 年基本及稀釋每股盈餘。

14. 【每股盈餘─認股證、可轉換工具】FIR 公司 ×7 年相關資料如下：

本期稅後淨利	$350,000
普通股年初流通在外股數	120,000 股
所得稅率	20%
1/1～12/31 普通股平均股價	$60
1/1～3/31 普通股平均股價	$65

×7 年 1 月 1 日有下列潛在普通股：

認股證	可認購 8,000 普通股，執行價格 $50，4 月 1 日認股證認購 4,000 普通股，其餘全年流通在外
6% 之可轉換累積特別股	40,000 股，面額為 $10，每股特別股可轉換成 1 股普通股。該特別股全年流通在外，全年無轉換。
可轉換公司債	可轉換成普通股 30,000 股。與可轉換債券負債組成部分有關之當期利息費用（含折價攤銷）為 $86,000。該債券全年流通在外，全年無轉換。

試作：計算 FIR 公司 ×7 年基本及稀釋每股盈餘。

15. 【每股盈餘】福氣公司在 20×8 年，稅後淨利 $2,800,000，另有下列股權相關資訊：

普通股：每股面額 $10

Chapter 14 保留盈餘及每股盈餘

日期	交易	在外流通股數	累積在外流通股數
1月1日	期初餘額		500,000
4月1日	購回庫藏股	(50,000)	450,000
9月1日	發放股票股利	90,000	540,000
11月1日	現金增資	180,000	720,000

特別股：20×7年初發行，每股面額 $10，在外流通數量 10,000 股，股利率 6%，具累積股利條件。20×8 年，該特別股符合權益定義，無積欠股利，且公司當年度有宣告股利。

假定 20×9 年，普通股有兩項交易：(a) 7月1日，之前購回的庫藏股 50,000 股，賣出 30,000 股；(b) 8月1日，現金增資 150,000 股。同年 10月1日，公司以 $660,000 發行一筆可轉換公司債，面額 $600,000，票面利率 8%，可轉換為 20,000 股普通股，其中負債組成部分為 $600,000，權益部分為 $60,000，且該可轉換公司債至年底尚未進行轉換。另福氣公司在 20×9 年 1月1日，授予其總經理 5,000 單位的員工認股選擇權，只要繼續在公司服務滿 3 年，每單位認股權可以用 $15 認購 1 股普通股，授予當時每單位選擇權的公允價值為 $6，當年底 (12月31日) 員工尚須提供服務的每股公允價值為 $5，並預估該總經理明年會繼續留任。

請回答下列問題：

(1) 計算 20×8 年的加權平均流通在外普通股的股數。
(2) 計算 20×8 年的基本每股盈餘 (四捨五入取到小數點以下 2 位)。
(3) 福氣公司於 20×9 年有關員工認股選擇權的分錄為何？
(4) 計算 20×9 年的加權平均流通在外普通股的股數。
(5) 假定 20×9 年，福氣公司的稅後淨利為 $4,600,000，所得稅率 25%，普通股全年平均市價為 $25，計算 20×9 年的基本每股盈餘與稀釋每股盈餘 (四捨五入取到小數點以下 2 位)。

[109年高考財稅三等]

16. 【每股盈餘—或有發行股份 (盈餘條件)】野原公司於 ×3 年初購併新知助公司，並於合併契約約定，若合併後 2 年內被併購之新知助公司之任一年度淨利超過 $400,000，野原公司將於 ×6 年初額外發行野原公司普通股 60,000 股給原新知助公司的股東。野原公司 ×3 年歸屬於母公司的本期淨利為 $760,000，全年加權平均流通在外股數為 380,000 股。

假設下列各情況獨立，試分別依下列情況，計算野原公司 ×3 年之基本及稀釋每股盈餘。

(1) 若 ×3 年，新知助公司之淨利為 $350,000。
(2) 若 ×3 年，新知助公司之淨利為 $450,000。
(3) 承 (2) 惟合併契約約定：若合併後 2 年中的每一年淨利均須超過 $400,000，野原公司才會額外發行 60,000 股，其他資料不變。

17. **【每股盈餘—或有發行股份（盈餘條件及其他條件）】** 花輪公司 ×0 年度相關資料如下：

    1. 花輪公司於 ×0 年 1 月 1 日全年流通在外普通股 120,000 股，除下列或有發行股份之外，當年度無其他潛在普通股流通在外。
    2. 花輪公司於 ×0 年 1 月 1 日因企業合併而有或有發行股份之條件如下：
       (a) 於 ×0 年度中每新開張一家店，馬上發給 3,000 股普通股。
       (b) ×0 年底全年淨利超過 $600,000 之部分，每 $100 發給 2 股普通股。
    3. 當年度花輪公司新開張三家店，分別於 4 月 1 日、9 月 1 日與 12 月 31 日開幕。
    4. 當年度累計淨利如下：
       ×0 年 1 月 1 日至 3 月 31 日為 $300,000
       ×0 年 1 月 1 日至 6 月 30 日為 $700,000
       ×0 年 1 月 1 日至 9 月 30 日為 $450,000
       ×0 年 1 月 1 日至 12 月 31 日為 $800,000

    試作：分別計算花輪公司 ×0 年各季之累計基本及稀釋每股盈餘。

18. **【每股盈餘之追溯調整】** 丸尾公司 ×3 年至 ×5 年每年之盈餘均為 $240,000。丸尾公司 ×3 年度時的加權平均流通在外股數為 60,000 股；於 ×4 年 1 月 1 日，丸尾公司發放 20% 的股票股利；於 ×5 年 1 月 1 日，丸尾公司進行股票分割，1 股分割成 2 股。×5 年 7 月 1 日丸尾公司辦理現金增資 40,000 股，紅利因子為 1.1。丸尾公司沒有發行任何其他潛在普通股。

    試作：計算丸尾公司 ×5 年之基本每股盈餘，並追溯調整 ×3 年及 ×4 年之基本每股盈餘。

19. **【每股盈餘—追溯調整】** 乙公司各年度的普通股流通情形如下：

    1. ×6 年全年流通在外 1,600,000 股。
    2. ×7 年 5 月 1 日發放股票股利 10%。
    3. ×8 年 8 月 1 日現金增資發行 600,000 股。
    4. ×9 年 3 月 25 日宣布股份分割，1 股分割成 2 股。

    試計算：

    (1) 在編製 ×8 年及 ×7 年的比較損益表時，用來計算 ×7 年每股盈餘的加權平均流通在外股數。
    (2) 在編製 ×8 年及 ×7 年的比較損益表時，用來計算 ×8 年每股盈餘的加權平均流通在外股數。
    (3) 在編製 ×9 年及 ×8 年的比較損益表時，用來計算 ×8 年每股盈餘的加權平均流通在外股數。
    (4) 在編製 ×9 年及 ×8 年的比較損益表時，用來計算 ×9 年每股盈餘的加權平均流通在外股數。

    ［91 年高考］

20. **【附錄 A：每股淨值】** 濱崎公司 ×2 年底股東權益總額為 $800,000，普通股期末流通在

外股數為 100,000 股。另公司有發行可買回 (買回價格每股 $24) 之累積特別股 10,000 股，股息 6%，每股帳面金額 $10，積欠股利 2 年，全年流通在外。

試作：計算濱崎公司 ×2 年 12 月 31 日之每股淨值。

21. 【附錄 B：每股盈餘──發行企業得選擇以普通股或現金交割之可轉換債券以及發行賣權】
卡普公司於 ×3 年 1 月 1 日發行 5,000 個賣權，每個賣權之持有人得依 $40 之價格賣回卡普公司每股面額 $10 之普通股 1 股。全部賣權於 ×3 年 12 月 31 日仍流通在外，卡普公司 ×3 年平均股價為 $32。×3 年 7 月 1 日公司平價發行 3 年期、票面利率 8%、面額 $100,000 之可轉換債券。該可轉換債券得於到期日 (含) 前之任何時點轉換 5,000 股普通股。卡普公司有權選擇以普通股或現金清償該可轉換債券之本金。該可轉換債券發行時，條件類似但無轉換權之債券工具的市場利率為 10%，因此該可轉換債券債務組成部分為 $95,026 (即有效利率 10%)。卡普公司 ×3 年本期淨利 $250,000，所得稅稅率為 20%，全年加權平均流通在外股數為 80,000 股。

試作：計算卡普公司 ×3 年基本及稀釋每股盈餘。

應用問題

1. 【每股盈餘──認股證、可轉換工具、或有發行股份】信義公司 ×1 年有關每股盈餘的資料如下：
    1. 該年度繼續營業單位淨利 $10,000,000，停業單位損失 $3,000,000，本期淨利 $7,000,000。以上均為稅後淨額，所得稅率 30%。
    2. 1 月 1 日有普通股 5,000,000 股流通在外，每股面額 $10。
    3. 5 月 1 日給與公司高級主管認股選擇權，給與日立即既得，可按每股 $22 認購普通股 1,000,000 股。10 月 1 日有 400,000 股行使認購權。信義公司 ×1 年 5 月 1 日至 10 月 1 日的平均股價為 $30，5 月 1 日至 12 月 31 日平均股價為 $25。
    4. 6 月 1 日平價發行 4% 可轉換公司債 $10,000,000，每年 6 月 1 日支付利息。每面額 $1,000 公司債可轉換成普通股 100 股。相同條件無轉換權的公司債公允價值為 $9,157,526，有效利率 6%。11 月 1 日有 $4,000,000 的公司債提出轉換。
    5. 信義公司於 ×1 年 7 月 1 日併購和平公司，除依協議的換股比例交換股份外，信義公司另同意合併後股價於兩年內達到每股 $30，則 ×3 年 7 月 1 日支付和平公司股東 500,000 股的信義公司普通股。×1 年 12 月 31 日的股價為 $32。

    試作：計算信義公司 ×1 年基本及稀釋每股盈餘。(四捨五入至小數點後第 2 位)

    [101 年會計師]

2. 【每股盈餘──認股證、可轉換工具】甲公司 ×2 年之稅後淨利為 $2,258,150，所得稅率為 25%；普通股全年平均市價為 $32。普通股股數之相關資料如下：

    1 月 1 日　流通在外股數 500,000 股
    4 月 1 日　現金增資發行 50,000 股
    7 月 1 日　發放 10% 股票股利 55,000 股

10 月 1 日　買回庫藏股票 3,000 股

甲公司尚有其他證券流通在外，資料如下：

1. 面額 $100，10% 累積特別股，50,000 股全年流通在外。
2. 面額 $100，8% 累積可轉換特別股，50,000 股全年流通在外。每股可轉換 4 股普通股，年中並未發生轉換。
3. 認股證 10,000 單位，全年流通在外，每單位認股證可以每股 $25 認購普通股 20 股。年中未有執行認購之事項。
4. ×1 年 1 月 1 日發行面額 $10,000，6% 可轉換債券 400 張，其中負債組成部分為 $4,000,000（即公司債有效利率亦為 6%），每張債券可轉換 250 股普通股。×2 年全年流通在外，並未發生轉換。

試作：計算甲公司 ×2 年基本及稀釋每股盈餘。(四捨五入至小數點後第 2 位)

[改編自 100 年特考]

3. 【每股盈餘──認股證、可轉換工具】請分別計算下列二小題之每股盈餘。(所有計算採四捨五入，取至小數點後第 2 位)

(1) 甲公司於民國 97 年全年流通在外普通股 200,000 股，並有以前年度發行在外之認股權 10,000 單位，每單位可以 $60 認購 1 股普通股，以及 40,000 股累積轉換特別股，每股股利 $6，每股特別股可轉換為 1 股普通股。假設甲公司 97 年度損益表之本期損益為 $1,200,000，所得稅率為 30%，全年普通股每股平均市價為 $75，試計算甲公司 97 年之基本每股盈餘與稀釋每股盈餘各為若干？

(2) 乙公司於民國 97 年全年流通在外普通股 200,000 股，當年度除或有發行外無其他潛在普通股。97 年初因合併而有或有發行股份之條件如下：於 97 年度每新開張一家店，發給 2,000 股普通股；97 年底合併稅後淨利超過 $1,000,000 時，每 $100 發給 5 股普通股。當年度乙公司新開張兩家店，其中一家於 4 月 1 日開幕，另一家則於 9 月 1 日開幕。當年度會計師簽證之上半年及年度合併稅後分別為 $1,200,000 及 $600,000。請計算該公司 97 年上半年之基本每股盈餘與稀釋每股盈餘各為若干？

[98 年高考]

4. 【每股盈餘──認股證、可轉換工具】桃園公司 ×6 年損益表之稅後淨利數字為 $1,200,000。桃園公司於 ×6 年 1 月 1 日之在外流通普通股股數為 400,000 股。×6 年 4 月 1 日，公司增加發行普通股 50,000 股，當年 9 月 1 日，公司買回庫藏股票 60,000 股，當年 10 月 1 日，公司宣告發行 100% 股票股利。×6 年公司股價平均數為 $60（此價格已調整發放股票股利之影響），所得稅率為 40%。桃園公司之其他資訊如下：

1. ×6 年底有 60,000 張選擇權流通在外。該選擇權可以用每股 $40 購買公司股票。此選擇權於 ×6 年期初即存在，且當年度無任何選擇權被執行。上述執行股數及價格已調整發放股票股利之影響。

2. ×6 年另有 50,000 股可轉換特別股股票流通在外。此特別股面額為 $100，每年約定給與每股 $3.5 之股利，且此一股特別股可轉換為 3 股普通股。此可轉換特別股股票於

×6 年期初即存在，且當年度無特別股進行轉換。上述可轉換股數已調整發放股票股利之影響。

3. ×5 年發行 $3,000,000，利率 6% 之可轉換公司債。每張 $1,000 面額之可轉換公司債，可以轉換為 30 股之普通股，發行時負債組成部分為 $3,000,000（有效利率為 6%）。所有可轉換公司債於 ×6 年底仍流通在外。上述可轉換股數已調整發放股票股利之影響。

試作：計算桃園公司 ×6 年之基本每股盈餘與稀釋每股盈餘。　　　　[改編自 97 年高考]

5. 【**每股盈餘──認股證、可轉換工具**】下列為大海公司 96 年度的相關資料：

1. 本年度稅前息前淨利為 $409,150，所得稅率為 30%。
2. 96 年 1 月 1 日流通在外的普通股有 20,000 股，7 月 1 日增資發行 8,000 股，8 月 1 日再發行 6,000 股。
3. 95 年 1 月 1 日溢價發行公司債，面額共計 $200,000，票面利率 10%，每年攤銷溢價 $400；每張 $2,000 公司債可轉換成 20 股普通股，有 50 張公司債於 96 年 7 月 1 日轉換成普通股。
4. 96 年 1 月 1 日流通在外特別股有 2,000 股，股利率 8%，面額 $200，不可轉換，且當年股利已經支付。
5. 96 年 1 月 1 日流通在外可轉換特別股 1,000 股，股利率 9%，面額 $250，每股特別股可轉換為 2 股普通股，且當年股利已支付，直到 96 年底並無任何轉換。
6. 96 年初有 3,000 張認股證流通在外，每張認股證可按 $40 的價格認購普通股 1 股。96 年 10 月 1 日有 1,500 張認股證行使權利，剩下的 1,500 張直到年底並未行使權利。
7. 96 年 6 月 1 日發行票面利率 6% 之可轉換公司債，面額 $300,000，發行時負債組成部分為 $300,000（有效利率為 6%），每張 $1,000 公司債可轉換成 10 股普通股，直到 96 年底皆未行使權利。
8. 96 年 1 月 1 日至 9 月 30 日的普通股平均市價為 $50，9 月 30 日每股市價為 $48，全年平均每股市價 $60，而期末每股市價 $55。

試作：(四捨五入至小數點後第 2 位)

(1) 計算 96 年稅後淨利。
(2) 計算 96 年加權平均流通在外普通股股數。
(3) 計算 96 年基本每股盈餘及稀釋每股盈餘。　　　　[改編自 97 年特考]

6. 【**每股盈餘──特別股、認股證、可轉換工具**】下列為柯南公司 ×3 年度的相關資料：

1. 本年度稅後淨利為 $350,000，所得稅率為 30%。
2. ×3 年 1 月 1 日流通在外的普通股有 100,000 股，4 月 1 日增資發行 20,000 股，5 月 1 日宣告發放 20% 股票股利，9 月 1 日買回 10,000 股庫藏股票。
3. 公司於 ×3 年度有下列三種在形式上為特別股流通在外：
   (a) 甲特別股，面額 $100,000。甲特別股係於 ×3 年 1 月 1 日以折價發行之遞增股利率特別股，不可賣回，前 3 年不得領取股利，自第 4 年起可開始領取股利，股利

可累積。×3 年度依據有效利息法計算特別股折價應攤銷之金額為 $10,000。

(b) 乙特別股，面額 $100,000，票面利率 8%，不可賣回且股利非累積。於 ×3 年 7 月 1 日在公開市場以溢價 $20,000 買回面額 $50,000 之特別股。柯南公司於 ×3 年並未宣告發放乙特別股之股利。

(c) 丙特別股，面額 $200,000，票面利率 6% 之可賣回且非累積之特別股，×3 年度已宣告支付 6% 股利。

4. ×3 年 1 月 1 日發行員工股票選擇權 8,000 股，員工於服務滿 4 年後，每單位得按每股 $40 認購普通股 1 股，發行日每單位員工股票選擇權之公允價值為 $8，×3 年 12 月 31 日員工尚須提供服務每股之公允價值為 $5。

5. ×3 年初公司有認股證可認購 12,000 股普通股，執行價格 $45。10 月 1 日已認購 8,000 股，其餘 4,000 單位至年底仍未執行。

6. ×3 年 4 月 1 日發行面額 $400,000，票面利率 6% 之可轉換債券 A，轉換價格為每股 $40。公司債以 $450,000 發行，其中負債組成部分為 $400,000（即公司債有效利率亦為 6%），權益組成部分為 $50,000。該公司債全年流通在外，全年無轉換。

7. ×3 年初公司有可轉換債券 B，面額 $300,000，票面利率 8%，每 $100,000 可轉換成普通股 2,000 股。與可轉換債券負債組成部分有關之原始有效利率亦為 8%。×3 年 7 月 1 日有 $200,000 可轉換債券轉換為 4,000 股普通股，其餘債券至年底仍流通在外。

8. ×3 年 1 月 1 日至 9 月 30 日的普通股平均市價為 $54，9 月 30 日每股市價為 $52，全年平均每股市價 $60，而期末每股市價 $58。

試作：（四捨五入至小數點後第 2 位）

(1) 計算 ×3 年基本每股盈餘。
(2) 計算 ×3 年稀釋每股盈餘。

Chapter 14

保留盈餘及每股盈餘

Chapter 15 收 入

學習目標

研讀本章後,讀者可以了解:
1. 收入認列之五大步驟
2. 工程合約之收入認列
3. 「客戶忠誠計畫」之收入認列
4. 主理人與代理人

本章架構

收 入

收入認列之五大步驟
- 辨認合約
- 辨認合約中的履約義務
- 決定交易價格
- 將交易價格分攤至合約中的履約義務
- 於(或隨)企業滿足履約義務時認列收入

工程合約
- 工程合約之定義與範圍
- 工程收入與成本之範圍
- 完工比例法
- 成本回收法

客戶忠誠計畫
- 自行提供獎勵
- 第三方提供獎勵

電信公司與用戶簽訂銷售手機及 24 個月電信服務合約。客戶於簽約時以 $2,000 購買手機 (單獨售價為 $5,000)，並搭配月付 $500 資費方案購買語音通話服務每月上限 200 分鐘 (單獨售價每月 $600)，總交易對價為 $14,000 (= $2,000＋$500×24)。客戶可於任何時間增加購買額外通話分鐘，該等額外服務之收費與未綁約用戶之費率相同。

電信公司辨認出該合約中有兩項商品或勞務之履約義務：

(1) 手機；

(2) 24 個月語音服務；

履約義務	單獨售價	分攤比例	交易價格分攤
手機	$5,000	25.77%	$ 3,608
語音服務	14,400*	74.23%	10,392
	$19,400		$14,000

電信公司於手機交付給客戶時 (控制移轉時) 認列手機銷貨收入 $3,608，未來 24 個月中隨時間經過每月認列電信服務收入 $433 (＝ $10,392÷24)。

電信公司另有一方案，手機售價 $2,000 (單獨售價為 $8,000) 與 24 個月之電信服務合約每月 $800 (單獨售價每月 $1,000)，但是用戶若於 24 個月後以相同資費方案續約，其購買之新手機較其他新用戶優惠 $2,000 (此未來選擇之權利單獨售價為 $1,000)，總交易對價為 $21,200 (＝ $2,000＋$800×24)。

電信公司辨認出該合約中有下三項商品或勞務之履約義務：

(1) 手機；

(2) 24 個月語音服務；

(3) 新手機折價選擇權

履約義務	單獨售價	分攤比例	交易價格分攤
手機	$8,000	24.24%	$ 5,139
語音服務	24,000**	72.73%	15,419
新手機折價選擇權	1,000	3.03%	642
	$33,000		$21,200

* $600×24＝$14,400
** $1,000×24＝$24,000

章首故事引發之問題

- 對含多項商品或勞務之合約，其收入認列應如何處理？
- 對工程合約，其收入認列應如何處理？
- 對含客戶忠誠計畫之合約，其收入認列應如何處理？

15.1　收入認列之五大步驟

學習目標 1
了解收入認列與衡量之相關議題

　　收益指企業在會計期間內增加之經濟效益，表現的方式為資產增加或負債減少等權益之增加 (但持有權益的股東造成的權益增加如現金增資等則不計入) 亦即於「資產負債表法」之精神下，收益之發生係與資產增加或負債減少同步。收益包含收入及利益，收入係因企業之正常活動所產生；利益則為符合收益定義之其他項目，常以減除相關費用後之淨額報導，且可能由個體之正常活動所產生，或可能非由個體正常活動所產生。收入與利益之主要差別，在收入通常以總額表達，利益則通常以淨額報導。

> 收入通常以總額表達，利益則以淨額表達。

　　企業有多種的收益來源。例如企業持有分類為「透過損益按公允價值衡量」或「透過其他綜合損益按公允價值衡量」之股票投資與債券投資，當投資之公允價值增加或發放股利與利息時，企業產生收益；企業將擁有的不動產、廠房及設備以營業租賃出租而收取租金時，企業亦產生收益；企業將擁有的不動產、廠房及設備出售而收取高於帳面金額之價款時，企業亦產生收益。本章討論之收入，是企業銷售商品或提供勞務給客戶而換得之對價，亦即國際財務報導準則第 15 號 (以下簡稱 IFRS 15) 所規範的「客戶合約之收入」。

　　有別於先前準則以「所有權之風險及報酬已移轉給客戶」作為收入的認列條件，IFRS 15 是以「客戶取得對商品或勞務之控制」作為收入的認列條件。此條件的理論基礎在於商品及勞務均為客戶取得之資產 (有些勞務可視為客戶同時取得並耗用的資產)，而現行資產定義是以控制來判定應何時認列或除列資產；而且此條件可以

> **收入的認列條件**
> 客戶取得對商品或勞務之控制。

Chapter 15 收入

避免當企業對商品或勞務保留部分風險及報酬時造成之收入認列問題。例如企業出售電視機並附一年期的標準保固，此時商品的控制已移轉給客戶，但相關風險是否已移轉則不易判定。又如常見之電信業者將手機與電信服務搭配銷售，在簽約首日手機的控制已移轉，但整體合約之風險尚未移轉，此時若以風險移轉作為收入的認列條件，出售手機相關收入的認列就會有疑義。而以控制為基礎之評估，就可適切地辨認出合約中包含兩項承諾：出售手機此項商品與提供通訊此項服務；而出售手機之銷貨收入應於簽約時交付手機即認列，提供通訊之服務收入則於日後履行承諾時認列。

> 過去在風險報酬移轉時點認列收入；採用 IFRS 15 後規定以控制移轉時點認列收入，可避免公司因提供保固，使風險報酬是否移轉難以判斷。

在 IFRS 15 下，收入認列的核心原則為：企業認列收入以描述對客戶所承諾之商品或勞務之移轉 (以客戶取得對商品或勞務之控制為判定基礎)，且該收入之金額反映該等商品或勞務換得之預期有權取得之對價。依據此原則，企業應以下列五個步驟認列收入：

步驟 1： 辨認客戶合約。
步驟 2： 辨認合約中之履約義務。
步驟 3： 決定交易價格。
步驟 4： 分攤交易價格 —— 將交易價格分攤至合約中之履約義務。
步驟 5： 決定收入認列時點 —— 於 (或隨) 企業滿足履約義務時認列收入。

麥當勞銷售漢堡餐時前述五個步驟在顧客拿走套餐時全數完成，其銷貨收入之會計處理非常容易。事實上，大部分商品合約僅有一個履約義務、無變動對價且明確在一個時點交貨，因此在商品控制移轉時 (通常為交付時) 認列全數對價為銷貨收入，例如大潤發銷售電視機、建設公司出售已落成辦公室或住宅等。唯有在一個合約涉及多個項目，或涉及變動對價時，抑或履約義務是隨時間逐步滿足時，才會有較困難的收入認列議題。

圖 15-1 即以章首故事中電信業者與客戶簽訂合約將手機與電信服務搭配銷售為例，先概述此五個步驟的意義，本章後續再分節詳細說明各步驟。

步驟 1 辨認客戶合約	合約係產生可執行之權利及義務之兩方（或多方）間協議。如電信業者與客戶簽訂將手機與電信服務搭配銷售之合約。
步驟 2 辨認合約中之履約義務	合約中移轉予客戶一項可區分商品或勞務之承諾即為一項履約義務。電信業者在手機與電信服務搭配銷售合約中對客戶承諾移轉手機與通訊服務此兩項可區分商品或勞務，故此合約中有兩項履約義務。
步驟 3 決定交易價格	交易價格係合約中企業移轉所承諾之商品或勞務予客戶以換得之預期有權取得之對價金額（包括固定對價與變動對價）。在手機與電信服務搭配銷售之電信合約中，交易價格為簽約日須支付之手機價格（固定對價）與合約期限內須支付之電信服務通訊費（固定或變動對價）。
步驟 4 分攤交易價格：將交易價格分攤至合約中之履約義務	以合約中所承諾之每一可區分商品或勞務之相對單獨售價為基礎，將交易價格分攤至每一履約義務。單獨售價為企業將所承諾之商品或勞務單獨銷售予客戶時之價格。在手機與電信服務搭配銷售之電信合約中，手機之單獨售價為不搭配電信服務時空機之售價，而電信服務之單獨售價則為不搭配空機之電信服務單獨售價。
步驟 5 決定收入認列時點：於（或隨）企業滿足履約義務時認列收入	於（或隨）企業將所承諾之商品或勞務移轉予客戶（即客戶取得對該商品或勞務之控制）而滿足履約義務時，將履約義務所分攤之交易價格認列為收入。在手機與電信服務搭配銷售之電信合約中，出售手機此項商品之履約義務於簽約日此一時點滿足而立刻認列收入；提供通訊此項服務之履約義務則在合約期限內隨時間逐步滿足，而應逐步認列收入。

圖 15-1

15.2 辨認客戶合約

合約是兩方(或多方)間協議,將使合約各方產生可執行之權利及義務;客戶則是與企業訂定合約並以對價換得該企業正常活動所產出之商品或勞務之一方,客戶合約就是企業與客戶間的協議。在客戶合約下,企業有移轉所承諾之商品或勞務予客戶的義務及取得對價的權利;客戶則有支付對價的義務及取得商品或勞務的權利。惟若合約之對方與企業簽訂合約是為了參與某活動並與企業共同分擔與分享該活動所產生之風險與效益,而非為取得企業正常活動所產出之商品或勞務,則該合約不屬於客戶合約。例如,地主公司移轉土地給建設公司,協議共同興建住宅並聯合出售,則地主公司雖然移轉土地,但不能認列土地出售收入。

> 客戶合約就是企業與客戶間的協議。

但並非所有的客戶合約均立即依 IFRS 15 之五個步驟處理相關之收入認列。因此,IFRS 15 步驟 1「辨認客戶合約」之目的是辨認出應立即依 IFRS 15 處理收入認列的客戶合約。同時滿足下列 5 項條件之客戶合約即通過步驟 1「辨認客戶合約」,後續應依 IFRS 15 步驟 2 至步驟 5 (第 207 頁) 處理收入之認列。

步驟 1「辨認客戶合約」之 5 項條件:

1. 合約之各方已以書面、口頭或依其他商業實務慣例核准合約,且已承諾履行各自之義務;
2. 企業能辨認每一方對將移轉之商品或勞務之權利;
3. 企業對將移轉之商品或勞務能辨認付款條件;
4. 合約具商業實質,亦即因該合約而預期企業未來現金流量之風險、時點或金額會改變;
5. 企業移轉商品或勞務予客戶以換得有權取得之對價,很有可能將收取。

> 同時符合 5 項條件合約之客戶合約即通過步驟 1;後續應立即依收入認列之步驟 2 至步驟 5 處理。

企業應於客戶合約開始時即評估合約是否同時符合這 5 項條件而應立即依 IFRS 15 處理收入認列。若評估後不符合,則企業應持續評估以判定後續是否符合。若評估後符合,則除非有事實及情況重大改變之跡象,後續無須重評估。例如某客戶合約已開始依 IFRS 15 認列收入,但後續有客戶支付對價之能力顯著惡化之跡象,企業仍

> 未通過步驟 1 之客戶合約後續應持續評估

應就尚未移轉之商品或勞務，重評估若移轉予客戶後是否很有可能將收取所換得有權取得之對價 (亦即條件 5. 是否仍符合)。

此 5 項條件中之前 4 項條件，其本質是在要求企業評估合約是否有效，且是否代表真實交易，但為何尚須符合條件 5. 對價之收現性？事實上，條件 5. 為合約有效性評估的延伸，因評估交易是否為有效之關鍵部分為判定客戶具有支付承諾對價金額之能力及意圖，但企業通常僅在對價很有可能將收取之情況下簽定合約。

釋例 15-1　應立即依 IFRS 15 處理收入認列的步驟 1「辨認客戶合約」之條件 1.——口頭約定

甲資訊公司提供透過網路的遠端技術支援服務，為個人電腦掃毒。有掃毒需求的客戶以電話或網路聯絡該公司後，該公司將說明服務內容並報價。若客戶同意服務內容與價格並以刷卡支付對價後 (口頭約定成立後)，該公司即給予客戶專屬的帳號與密碼，客戶於當日即能有專屬的帳號與密碼登入該公司網站而取得掃毒服務。

解析

若公司所屬法律轄區內，此類口頭方式簽訂合約具法定效力，則合約符合步驟 1 辨認客戶合約中之條件 1.——合約之各方已以書面、口頭或依其他商業實務慣例核准合約，且已承諾履行各自之義務。

釋例 15-2　應立即依 IFRS 15 處理收入認列的步驟 1「辨認客戶合約」之條件 5.

×1 年 1 月 1 日甲建設公司與某客戶簽訂以 3 億元出售一棟建築物存貨之合約，客戶應立即支付頭期款 2 千萬。剩餘 2.8 億元於 20 年期後到期一次支付，每年利息 1.4 千萬於每年年底支付，若該客戶違約，甲公司僅得收回該建築物而不能要求額外補償。該客戶計畫於該建築物開設平價商旅。然而，該地區已有多家平價商旅，競爭十分激烈，且該客戶先前對商旅業並無經驗。甲公司對該客戶付款之能力與意圖存疑，因該客戶無經驗並僅打算以經營商旅之收益償還借款。

解析

該建築物出售合約不符合應依 IFRS 15 認列收入的條件 5.——很有可能將收取有權取得之對價；收取之 2 千萬元應列為合約負債 (依 IFRS 15 之定義，此即企業已自客戶收取對價，而須移轉商品之義務)。因評估不符合條件 5. 後，業者應持續評估以判定後續是否符合。若後續客戶經營很成功，業者判斷已符合很有可能收取之條件，則可以依照 IFRS 15 認列收入。

要特別注意的是,在評估條件 5. 對價之收現性時,企業可能首先需判定其有權取得之對價金額,再就有權取得之對價金額判定收現可能性;而對價金額可能為固定或依據第三步驟決定之變動價格(如:預期讓價後之價格或因績效獎金而變動之價格等)。

釋例 15-3　應立即依 IFRS 15 處理收入認列的步驟 1「辨認客戶合約」之條件 5.

甲公司銷售 1,000 個單位之小家電予某地區之某客戶,該客戶承諾之對價為 1 百萬元。此係甲公司首次於此地區銷售,該地區正面臨重大經濟困境,因此甲公司預期將無法自該客戶收取所承諾之全部對價 1 百萬元。但甲公司評估該地區之經濟將於未來二年逐漸復甦,而與該客戶建立關係有助開發該地區之其他潛在客戶,故甲公司預期將提供客戶讓價並判定預期有權取得之對價為 40 萬元。

解析

甲公司應就 40 萬元評估收取之可能性,以判定此銷售合約是否符合應立即依 IFRS 15 處理收入認列的步驟 1 之條件 5.——很有可能將收取有權取得之對價。

以 IFRS 15 處理客戶合約的收入認列時,是就每一客戶合約分別處理。但若企業同時(或接近同時)與同一客戶(或該客戶之關係人)簽訂之兩個(或多個)合約,且這些合約係為單一商業目的而以包裹方式議定,抑或某一合約應付之對價金額是取決於其他合約之價格或履行結果,則企業應將這些合約合併,視為單一合約處理。在目前常見的手機與電信服務搭配銷售中,顧客需承諾租用電信服務一定期間,且若選擇較高月租費之契約,手機之「售價」愈低,而顧客若欲提前退租電信服務或轉租較低月租費之契約均需繳納違約金。在此情況中,電信業者顯然是以契約期間收取之月租費與違約金來補貼手機之銷售,且是為了提供客戶手機通訊服務而包裹議定這些條款。所以,即使電信業者並非與客戶簽訂一個銷售手機及電信服務的合約,而是與同一客戶同時簽訂出售手機與出售電信服務的兩個合約,企業仍須將兩個合約合併,作為一個合約處理。

> 手機及電信服務兩合約之價格有交叉補貼,則應將兩合約作為一個合約處理。

將多個合約合併作為一個合約處理的另一情況,則為考慮成本效益下的實務權宜作法。當企業能合理預期,將具類似特性之合約形成一組合並對此組合進行會計處理,與對組合內個別合約逐一進

電信業者可選擇以組合方式將許多合約形成單一組合方式處理。

行會計處理相較,若兩者間對財務報表並無重大差異影響,企業可選擇以組合方式進行會計處理。例如電信業者之電信服務,其客戶數非常多且合約非常類似,因此都是以許多合約形成單一組合方式處理。

15.3　辨認履約義務

學習目標 2
了解商品銷售之收入認列

客戶合約可能承諾移轉予客戶一項或多項的商品或服務,例如電信業者可與客戶簽訂僅出售手機不搭配電信服務(所謂「空機」)的合約,亦可與客戶簽訂手機與電信服務搭配銷售的合約。在認列客戶合約的收入時,企業的辨認重點在於:合約中到底包含幾項對客戶**移轉「可區分 (distinct) 之商品或勞務」的承諾**,每一此種承諾即為一項**履約義務** (performance obligation),亦即企業須辨認合約中到底包含幾項履約義務。

移轉可區分商品(或勞務)之一項承諾 ↔ 一項履約義務

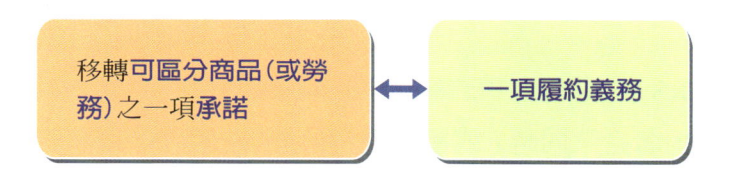

圖 15-2　可區分商品(或勞務)及一項履約義務

科目單位
應單獨作會計處理的一個會計項目。

此項辨認非常重要,因為每一履約義務的收入認列須個別處理,亦即企業須於某履約義務滿足時才能認列此義務的相關收入;所以每一履約義務是一個「**科目單位** (unit of account)」,故每一履約義務收入認列時點與其他履約義務必須分開處理。所以若合約中包含超過一項的履約義務,整體的合約收入可能須分拆於不同時點並以不同模式認列。同理,如果企業同時(或接近同時)與同一客戶(或該客戶之關係人)簽訂之兩個(或多個)合約,但這些合約中所承諾之商品或勞務整體而言是一項履約義務,則企業應將這些合約合併,視為單一合約處理。

一個合約中包含幾項可區分商品或勞務,就是合約中包含幾項履約義務。以本章一直討論的手機與電信服務搭配銷售的電信合約

而言，合約中包含手機與通訊兩項可區分商品或勞務，亦即有二項履約義務。

釋例 15-4　判定商品或勞務是否係可區分──安裝服務

甲公司與客戶簽訂合約銷售冷氣機並為客戶安裝冷氣機。該冷氣機無須任何客製化或修改即可運作，所需之安裝並不複雜且亦有其他公司能提供安裝服務。

解析

此合約中有兩項承諾之商品或勞務：冷氣機及安裝。

值得注意的是，即使合約中規定客戶僅能自甲公司取得安裝服務，冷氣機與安裝服務係兩項可區分之商品或勞務之結論並不受影響。此係因限制僅能自甲公司取得安裝服務之合約規定既不會改變商品或勞務本身之特性，亦不會改變該企業對客戶之承諾。

保固服務

若企業於產品出售時同時提供保固服務，對於是否應將此種合約中之保固辨認為一項履約義務，須視保固的性質而定。保固之性質有兩種：第一為保證型保固，其性質為對客戶提供產品會如預期運作之保證；第二為勞務型保固，其性質為除提供客戶保證外尚提供修理產品之勞務。對於保證型保固，企業不得將其辨認為履約義務而須依負債準備之規定處理；但對勞務型保固，企業應將所承諾之勞務辨認為一項履約義務。若該企業同時承諾保證型保固及勞務型保固，但未能合理地將兩者分別處理，企業應將兩者合併作為單一履約義務處理。

> 保固服務區分為：
> 保證型保固及勞務型保固

釋例 15-5　出售產品並提供免費之訓練與保固之合約

甲機器製造商在客戶購買產品時提供一年期免費之訓練服務與保固服務。該保固服務提供產品自購買日起一年內會如所預期運作之保證，該訓練服務則提供客戶於自購買日起一年內教授如何使用所購產品之 10 小時課程。合約為重大合約，甲公司另聘請專業律師審閱此與客戶之合約。

解析

此合約所承諾之商品或勞務包括產品、訓練與保固。關於移轉保固此項承諾，因其為保證類型之保固(提供客戶該產品會如所預期運作之一年保證)，甲公司不將該保固視為履約義務，而於其保證之產品認列收入時認列保固費用並提列保固負債準備。

甲公司另就產品與訓練服務評估此兩項係可區分之商品或勞務。亦即，該合約包含產品(含保證型保固)及訓練兩項履約義務。為準備合約所執行的行政事務如請律師審閱合約條款，因進行此活動時並未移轉勞務予客戶，故此準備活動並非履約義務。

釋例 15-6　合約中明定或隱含之承諾

大同銷售電鍋予大潤發，之後大潤發再將該產品轉售予消費者(大同之終端客戶)。對自大潤發購買其產品之終端客戶，大同一向提供十年期之免費保固，此保固除提供客戶產品會如預期運作之保證外(保證型保固)，尚向提供修理產品之勞務(勞務型保固)，保證型保固與勞務型保固無法區分。但大同並未明確對大潤發承諾此保固服務，且於雙方之合約亦未明定此服務之條款或條件。但基於大同一向提供此服務之商業實務慣例，自大潤發購買其產品之終端客戶產生大同承諾提供保固服務之有效預期。

解析

此合約包含兩項履約義務，一項為商品(電鍋)，另一項為保固服務(包括無法區分之保證型保固與勞務型保固)。另外，產品係合約明定之承諾，保固服務(保證型保固與勞務型保固)則為合約隱含之承諾。

15.4　決定交易價格

客戶合約之交易價格係企業移轉所承諾之商品或勞務予客戶以換得之預期有權取得之對價金額(但不包括代第三方收取之金額如營業稅)，亦即此合約將認列之收入。在決定交易價格時，企業應考量合約之條款及其商業實務慣例，例如，變動對價、合約中存在之重大財務組成部分、非現金對價與付給客戶之對價等情形。

> 價格減讓可能稱為折扣、讓價、退款或抵減。

所謂變動對價係指合約中承諾之對價包括變動金額，例如合約中有折扣、讓價、退貨權、履約紅利等類似項目，都可能使承諾之對價包括變動對價。變動對價可能於合約中明確敘明，亦可能在因企業之商業實務慣例、已發布之政策等而使客戶有效預期企業會提供價格減讓之情況下產生。價格減讓可能稱為折扣、讓價、退款或

抵減。

企業須於合約開始日估計變動對價,其後並於每個報導期間結束日重評估變動對價。變動對價之估計應視情況採適當方法進行,如在企業有大量之類似特性合約時,期望值可能為變動對價金額之適當估計值;而若合約僅有兩個可能結果(例如,企業可獲得或無法獲得履約紅利)時,最可能金額(即合約之單一最可能結果)可能為變動對價之適當估計值。估計收入之變動對價估計值在計入交易價格存在一門檻限制:計入交易價格中之變動對價估計值,須僅限於相關不確定性後續消除時,將高度很有可能不需重大迴轉已認列累計收入之部分。換言之,亦即企業對該變動對價之收取,應有相當程度的把握。

> **變動對價之限額:**
> 高度很有可能不需重大迴轉已認列累計收入之部分。

表 15-2 估計變動對價應注意事項

應注意事項	要點
估計時點	1. 合約開始日作估計 2. 財務報表日重評估
適當估計方法	1. 期望值 (大量類似合約) 2. 最可能金額 (少數可能結果時,如只有客戶能獲得或不能獲得讓價兩種結果)
變動對價之限制	變動對價估計值,須僅限於相關不確定性後續消除時,將高度很有可能不需重大迴轉已認列累計收入之部分。

釋例 15-7 變動對價—退貨權

甲圖書公司於 ×1 年 10 月 1 日收取書款 $10,000 後運送 100 冊圖書予租書店乙客戶,並移轉對該批圖書之控制予乙客戶。該批圖書每冊售價為 $100,每冊成本為 $60。合約規定乙客戶 3 個月內享有退貨權,但退貨不得超過 30 冊。×2 年 1 月 1 日退貨權屆滿日,乙客戶實際退貨 18 冊,甲公司同日退款乙客戶 $1,800。試於以下獨立狀況中,作甲公司於 ×1 年關於該批圖書銷售應作之分錄。假定甲公司存貨採用永續盤存制。

(1) ×1 年 10 月 1 日該批圖書之退貨比例無法合理估計。
(2) ×1 年 10 月 1 日該批圖書之退貨比例可合理估計為 20%,即預期退貨 20 冊。

解析

(1) 甲公司於 ×1 年 10 月 1 日已移轉對該批圖書之控制予乙客戶,已可認列出售該批圖書之收入,但享有退貨權之 30 冊存在變動對價 ($100 或 $0),而退貨比例無法合理估計,故於 ×1 年 10 月 1 日對可退回部分僅得以 $0 作為計入交易價格的變動對價估計值 (因 $0 才是相關不確定性後續消除時將高度很有可能不需重大迴轉已認列累計收入之變動對價估計值) 因而不認列收入,至退貨權屆滿日始認列可退回部分之相關收入。

(2) 退貨比例可合理估計,故於 ×1 年 10 月 1 日對估計不會退回的 10 冊亦得以 $100 作為計入交易價格的變動對價估計值而認列收入。但對估計將可退回的 20 冊僅得以 $0 作為計入交易價格的變動對價估計值,至退貨權屆滿日始認列相關收入。

	情況 (1)		情況 (2)	
×1/10/1				
現金	10,000		10,000	
銷貨收入		7,000		8,000
銷貨退回負債準備		3,000		2,000
存貨—應收待退	1,800		1,200	
銷貨成本	4,200		4,800	
存貨		6,000		6,000
×2/1/1				
銷貨退回負債準備	3,000		2,000	
銷貨收入		1,200		200
現金		1,800		1,800
存貨	1,080		1,080	
銷貨成本	720		120	
存貨—應收待退		1,800		1,200

釋例 15-8　變動對價之估計與後續重評估—數量折扣

　　甲圖書公司於 ×1 年 1 月 1 日與租書店乙客戶簽訂銷售圖書之合約,每冊售價 $100,成本 $40。但若乙客戶於該年內購買超過 1,000 冊圖書,則合約明定每冊單價將減少為 $90 (並追溯至前已售出之 1,000 冊),並應於確定超過 1,000 冊圖書時讓客戶抵繳應支付之現金。

　　甲圖書公司於 ×1 年第一季,銷售 75 冊圖書產品予乙客戶並收取現金。甲圖書公司估計,該客戶於該年不會購買超過數量折扣所需之 1,000 冊門檻。亦即當不確定性消除

(即×1年底購買數確定)時，以每冊 $100 所認列之累計收入金額高度很有可能不會發生重大迴轉，因此於×1年第一季認列收入 $7,500 (= 75 冊 × 每冊 $100)。

乙客戶於×1年5月新開設另一租書店，甲圖書公司於×1年第二季銷售額外 500 冊圖書產品予乙客戶，並收取現金 $50,000。由於此新情況，甲圖書公司估計乙客戶將於該年購買超過 1,000 冊圖書，須將單價追溯減少為 $90。因此，甲圖書公司於×1年第二季認列收入 $44,250。此金額之計算為第二季銷售 500 冊之總價 $45,000 (= 500 冊 × 每冊 $90) 減除第 1 季銷售 75 冊之交易價格之變動 $750 (= 75 冊 × 減價 $10)。甲圖書公司於×1年第三季銷售額外 500 冊圖書產品予乙客戶，收取之現金為 $39,250 (= 500 冊 × $90 − $575 冊 × 減價 $10)。

試作：甲圖書公司×1年前三季銷貨分錄。

解析

	第 1 季	第 2 季	第 3 季
現金	7,500	50,000	39,250
銷貨折讓負債準備			5,750
銷貨收入	7,500	44,250	45,000
銷貨折讓負債準備		5,750	
銷貨成本	3,000	20,000	20,000
存貨	3,000	20,000	20,000

所謂合約中存在之重大財務組成部分，就是合約實質上除承諾移轉商品或勞務予客戶之外，也提供借款予客戶 (或向客戶借款)，無論是明訂或隱含於合約中，企業均應辦認交易價格中的利息成分。利息成分將隨時間經過而認列為收入 (或費用)，剩餘的交易價格即商品或勞務之交易價格，應於商品或勞務移轉予客戶時認列為收入。惟基於成本效益考量，若企業於合約開始時，即預期移轉商品 (或勞務) 與客戶應付款之時間間隔為一年以內，則企業無須辦認交易價格中的利息成分。

企業應以於合約開始時與客戶間之單獨財務融資交易之利率來計算交易價格中之利息成分與現銷價格。此利率應反映借款人 (可能是客戶，也可能是企業) 之信用特性及提供之擔保。若合約明定

重大財務組成部分應以單獨財務融資交易利率計算利息。

利率不相當於單獨財務融資交易利率，則須將承諾對價之名目金額按單獨財務融資交易利率折現以決定商品或勞務之交易價格。

釋例 15-9　合約中存在之重大財務組成部分—客戶為借款人

×1 年 12 月 1 日，甲公司與客戶簽訂出售設備之合約，並於簽約時將該設備之控制移轉予客戶。合約明定之價格係 2 百萬元另加 5% 之利息，付款方式為客戶自簽約當月月底起，分期 60 個月每月月底支付 $37,742。

試作下列兩獨立情況下，甲公司 ×1 年 12 月 1 日銷貨及 12 月 31 日收第一次分期款之分錄：

(1) 若合約明定的 5% 利率相當於甲公司與客戶間單獨融資交易之利率，則該設備之交易價格為 2 百萬元。
(2) 若甲公司與客戶間於合約開始時單獨融資交易之利率為 12%，則該設備之交易價格為 $1,696,714（= 60 個月之每月應付款 $37,742 按 12% 折現）。

解析

		情況 (1)	情況 (2)
12/1	應收分期帳款	2,000,000	1,696,714
	銷貨收入	2,000,000	1,696,714
12/31	現金	37,742	37,742
	利息收入	8,333*	16,967*
	應收分期帳款	29,409	20,775

* $8,333 = $2,000,000 × 5% ÷ 12；$16,967 = $1,696,714 × 12% ÷ 12

釋例 15-10　合約中存在之重大財務組成部分—企業為借款人

甲公司於 ×1 年 1 月 1 日客戶簽訂出售設備之合約，該設備之控制將於 ×2 年 12 月 31 日移轉予客戶。合約明定之付款方式有二：其一為客戶於 ×2 年 12 月 31 日支付 $121,000，其二為客戶於 ×1 年 1 月 1 日支付 $100,000。A 客戶選擇於 ×1 年 1 月 1 日支付 $100,000，B 客戶選擇 ×2 年 12 月 31 日支付 $121,000。若甲公司之單獨財務融資交易利率為 5%，試作甲公司相關分錄。

解析

$$\frac{\$121,000}{(1+10\%)^2} = \$100,000 \Rightarrow 10\% \text{為兩種付款選擇之隱含利率}$$

$100,000 × (1 + 5%)^2 = $110,250 此金額為甲公司之借入款並以單獨財務融資交易利率計算至 ×2 年 12 月 31 日之價值

Chapter 15 收入

交易隱含之利率係 10% (使兩種付款方式於經濟上相當之利率)，但甲公司應以與客戶間於合約開始時甲公司之單獨融資交易利率 (甲公司為借款人) 5% 來調整承諾對價中之利息成分。

×1/1/1
   現金   100,000
    合約負債 (A 客戶)   100,000

×1/12/31
   利息費用 ($100,000 × 5%)   5,000
    合約負債 (A 客戶)   5,000

×2/12/31
   利息費用 ($105,000 × 5%)   5,250
    合約負債 (A 客戶)   5,250
   合約負債 (A 客戶)   110,250
   現金 (B 客戶)   121,000
    銷貨收入   231,250

企業應將利息收入 (或利息費用) 與客戶合約之收入 (移轉商品或勞務之收入) 於綜合損益表分別列報。需特別注意的是，在合約中存在之重大財務組成部分且客戶為借款人時，須於可自客戶收取對價而認列相關資產 (如應收款) 時，才能認列利息收入。同樣地，在合約中存在之重大財務組成部分且企業為借款人時，須於已自客戶預先收取對價而認列相關負債 (如合約負債) 時，才能認列利息費用。

釋例 15-11　合約中存在之重大財務組成部分—客戶為借款人

甲公司於 ×1 年初以無息融資協議出售設備 $1,000,000 予乙公司，乙公司將於未來 5 年每年底支付設備價款 $200,000。該設備已運送予乙公司，惟甲公司為保障到期金額之收現性，尚未移轉該設備之法定所有權。甲公司於銷售類似設備時，若買方一次付清價款，其售價為 $750,000，兩種選擇之隱含利率為 10.4248%。乙公司之單獨財務融資交易利率為 7.9308%。

試作：甲公司 ×1 年應作之分錄。

解析

$$\frac{\$200,000}{(1+7.9308\%)^1}+\frac{\$200,000}{(1+7.9308\%)^2}+\frac{\$200,000}{(1+7.9308\%)^3}+\frac{\$200,000}{(1+7.9308\%)^4}+\frac{\$200,000}{(1+7.9308\%)^5}=\$800,000$$

其中 7.9308% 為客戶單獨財務融資交易利率

$$\frac{\$200,000}{(1+10.4248\%)^1}+\frac{\$200,000}{(1+10.4248\%)^2}+\frac{\$200,000}{(1+10.4248\%)^3}+\frac{\$200,000}{(1+10.4248\%)^4}+\frac{\$200,000}{(1+10.4248\%)^5}=\$750,000$$

其中 10.4248% 為兩種付款選擇之隱含利率

甲公司應以客戶單獨財務融資交易利率 7.9308% 折現未來 5 期收款，認列收入 $800,000。

X1/1/1	應收分期帳款	1,000,000	
	銷貨收入		800,000
	未實現利息收入－應收分期帳款		200,000
X1/12/31	未實現利息收入－應收分期帳款	63,446	
	現金	200,000	
	利息收入		63,446*
	應收分期帳款		200,000

* $63,446 = $800,000 × 7.9308%

非現金對價應按公允價值衡量：
1. 企業付給客戶之非現金對價
2. 客戶付給企業之非現金對價

所謂非現金對價係指合約中非現金形式之承諾對價，非現金對價可能為商品或勞務形式，但亦可能為金融工具形式或不動產、廠房及設備形式。

非現金對價應按公允價值衡量，企業並應依此公允價值調整銷貨收入金額。釋例 15-12 中，以不同個案說明如何調整所認列銷貨收入之金額。在個案一中，甲公司賣出貨品給 A 客戶，同時將一批禮券贈送給 A 客戶；則銷貨收入金額應扣除禮券之公允價值。個案二至個案四中，兩公司同時發生一買一賣兩項交易，可能同時虛增兩交易之交易價格，達到操縱銷貨收入（及損益）之效果，因而賣出交易之銷貨收入金額應作適當調整。例如，真實交易中甲公司賣一貨品 $100（公允價值）給 A 客戶，同時向 A 客戶買入一貨品 $60（公允價值）；此兩項交易若同時增加 $100，亦即甲公司以 $200（交易價格）賣貨品給 A 客戶，而同時向 A 客戶買入 $160（交易價格）貨品，則雙方仍能順利成交，但雙方皆已經達到操縱報表之目的。因此，IFRS 15 規定買入交易須以公允價值衡量，而買入交易之交易價格與公允價值之差額應調整賣出交易所認列之收入金額。

釋例 15-12　以非現金對價公允價值調整收入之衡量

×1 年 1 月 1 日，甲機器製造商與 A 客戶 (機器設備銷售商) 簽約銷售一台機器設備，交易價格 $1,000,000 (為尚未考慮下列各自獨立狀況前之交易價格)，請討論在下列各獨立案例下，甲企業銷售該機器應認列之銷貨收入金額。

個案一

×1 年 1 月 1 日甲機器製造商另給予 A 客戶 SOGO 百貨禮券 $20,000，甲機器製造商以 $18,000 購入該批禮券。SOGO 百貨公司與前述兩企業無任何關係。

解析：甲機器製造商銷售該機器之銷貨收入金額 = $1,000,000 – $18,000 = $982,000

個案二

×1 年 1 月 1 日 A 客戶另給予甲機器製造商 SOGO 百貨禮券 $20,000，A 客戶以 $18,000 購入該批禮券。SOGO 百貨公司與前述兩企業無任何關係。

解析：甲機器製造商銷售該機器之銷貨收入金額 = $1,000,000 + $18,000 = $1,018,000

個案三

×1 年 1 月 1 日甲機器製造商另向 A 客戶購買一台特殊規格設備，該特殊規格設備交易價格 $600,000，且其公允價值 (單獨售價) 應為 $550,000。

解析：甲機器製造商銷售該機器之銷貨收入金額 = $1,000,000 + ($550,000 – $600,000) = $950,000

個案四 (續個案三)

×1 年 1 月 1 日延續個案 3，但假設甲機器製造商無法合理估計該特殊規格設備之公允價值。

解析：甲機器製造商應將付給 A 客戶之所有對價作為銷售機器設備交易價格之減少處理，即銷售該機器之銷貨收入金額 = $1,000,000 – $600,000 = $400,000

釋例 15-13　付給客戶之對價

甲製造商與乙連鎖賣場客戶簽約，於未來一年間以 1 百萬元出售 1 萬單位之產品予乙客戶。依合約規定，甲公司於合約開始時將支付乙客戶 10 萬元，以補助乙客戶日後對甲公司產品之促銷活動。此促銷活動係乙客戶為增加其本身之收益所舉辦，甲公司並未自乙客戶取得任何商品或勞務，故甲公司應將支付予乙客戶之 10 萬元作為出售產品合約之交易價格之減項，即甲公司對乙客戶出售產品之合約之交易價格應為 90 萬元，每一單位產品之交易價格為 $90。甲公司將於移轉產品予客戶時就所移轉數量按每單位 $90 認列收入。

15.5 將交易價格分攤至合約中之履約義務

以各項履約義務相對單獨售價分攤合約之交易價格

決定交易價格後，企業須將交易價格分攤至合約中各項履約義務，以便在每一履約義務滿足時，按所分攤的交易價格認列相關之收入。而將合約之交易價格分攤至各項履約義務時，企業應以各項履約義務於合約開始時之相對單獨售價(即一履約義務之單獨售價對所有履約義務之單獨售價總和之比例)來進行分攤。

單獨售價係指企業將履約義務單獨銷售予客戶之價格。估計單獨售價之可能方法為：
1. 觀察到的單獨售價
2. 估計
3. 剩餘法

單獨售價係指企業將履約義務所承諾之商品或勞務單獨銷售予客戶之價格。在企業有對類似客戶於類似情況下單獨銷售某商品或勞務之情況下，企業應以所觀察到的價格作為商品或勞務之單獨售價，否則即須估計單獨售價。估計單獨售價時，企業應考量所有合理可得之資訊(包括市場狀況、企業特定因素及有關客戶或客戶類別之資訊)，且盡量使用可觀察之輸入值。調整市場評估法(評估銷售商品或勞務之市場並估計該市場之客戶願意為支付之價格，包括參考競爭者對類似商品或勞務之價格，並對該等價格作必要之調整以反映企業之成本及利潤)與預期成本加利潤法(預測其滿足履約義務之預期成本再加上商品或勞務之適當利潤)均為估計單獨售價之可用方法。另若從過去交易或其他可觀察證據皆無法辨識具代表性之單獨售價(即售價高度變動)，抑或企業尚未建立商品或勞務之價格且先前未曾單獨銷售過此商品或勞務(即售價不確定)，企業尚可使用**剩餘法**(residual method)，亦即以交易價格減除合約所承諾之其他商品或勞務之可觀察單獨售價來估計商品或勞務之單獨售價。

釋例 15-14　交易價格之分攤─不存在折扣

甲公司於×1年1月1日與客戶簽約以$300出售A、B及C三項可區分之商品，並約定甲公司須於×1年2月1日移轉對A商品之控制予客戶，於×1年3月1日移轉對B及C商品之控制予客戶，客戶則於×1年3月31日支付$300。甲公司經常以$100單獨銷售A產品，但B及C產品之單獨售價則不可直接觀察而須加以估計。甲公司以調整市場評估法與預期成本加利潤法分別估計B及C商品於×1年1月1日之單獨售價為$50及$150。試作甲公司之相關分錄。

解析

A、B及C三項商品於×1年1月1日之相對單獨售價為 $100/$300、$50/$300 及 $150/$300，甲公司按此比例將交易價格 $300 分攤至A、B及C三項商品，再於移轉產品之控制予客戶時認列所分攤之交易價格為收入。

×1/2/1

應收帳款	100	
銷貨收入—A商品		100

×1/3/1

應收帳款	200	
銷貨收入—B商品		50
銷貨收入—C商品		150

×1/3/31

現金	300	
應收帳款		300

若合約中所承諾商品或勞務之單獨售價總和超過合約中承諾之對價，則客戶獲得折扣。原則上，折扣亦係按相對單獨售價分攤至合約中所有履約義務，但當有可觀察證據顯示以下三項條件均滿足時，折扣僅與一個或多個（但非所有）履約義務相關，應以相關履約義務之相對單獨售價分攤至相關履約義務：

1. 企業經常單獨銷售合約中每一可區分商品或勞務。
2. 企業亦經常將合約中之可區分商品或勞務組合後，就組合內商品或勞務之單獨售價總和加以折扣後單獨銷售。
3. 單獨銷售上述組合時之折扣與合約之折扣幾乎相同。

釋例 15-15　交易價格之分攤—折扣分攤至所有履約義務

同釋例 15-14，惟合約總價為 $240，該總價低於A、B及C三項商品單獨售價之總和故存在折扣，且無可觀察證據顯示此合約之折扣僅與一或兩項（但非三項）商品有關。

解析

因無可觀察證據顯示此合約之折扣僅與一或兩項（但非三項）商品有關，甲公司按A、B及C三項商品於×1年1月1日之相對單獨售價（$100/$300、$50/$300 及 $150/$300）將交易價格 $240 分攤至A、B及C三項商品，再於移轉產品之控制予客戶時認列所分攤之交易價格為收入。

×1/2/1

應收帳款	80	
銷貨收入—A 商品		80

×1/3/1

應收帳款	160	
銷貨收入—B 商品		40
銷貨收入—C 商品		120

×1/3/31

現金	240	
應收帳款		240

釋例 15-16　交易價格之分攤—折扣分攤至一個或多個（但非所有）履約義務

同釋例 15-15，即合約總價 $240，惟甲公司經常個別地單獨銷售 A、B 及 C 三項商品，故其單獨售價均係直接觀察而得，且甲公司經常以 $190 一起銷售 A 及 C 商品。

解析

甲公司經常個別地單獨銷售 A、B 及 C 三項商品，又經常以 $60 之折扣銷售 A 及 C 商品之組合，而此合約之折扣亦為 $60，顯示此合約之折扣僅與 A 及 C 商品有關，故折扣 $60 僅分攤至 A 及 C 商品。即 B 商品所分攤之交易價格為 $50，剩餘之交易價格 $190 則以 A 及 C 商品於 ×1 年 1 月 1 日之相對單獨售價 (= $100/$250、$150/$250) 分攤至 A 及 C 商品，再於移轉產品之控制予客戶時認列所分攤之交易價格為收入。

×1/2/1

應收帳款	76	
銷貨收入—A 商品 ($240 −50) × 2/5		76

×1/3/1

應收帳款	164	
銷貨收入—B 商品		50
銷貨收入—C 商品 ($240 −50) × 3/5		114

×1/3/31

現金	240	
應收帳款		240

相同的，合約之變動對價可能與合約中所有履約義務相關而須分攤至所有履約義務，亦可能僅與一個或多個 (但非所有) 履約義務相關而僅應分攤至相關之履約義務。當一履約義務同時滿足以下

Chapter 15 收入

兩項條件時，企業應將變動對價完全分攤至此履約義務：

1. 變動付款之條件與企業為滿足此履約義務或移轉此可區分商品或勞務之投入(或特定結果)明確相關。
2. 考量合約之所有履約義務及付款條件後，將對價之變動金額完全分攤至此履約義務或此可區分商品或勞務，將使企業分攤至每一履約義務(或可區分之商品或勞務)之交易價格金額能描述移轉所承諾商品或勞務予客戶所換得之預期有權取得對價金額。

釋例 15-17　交易價格之分攤─變動對價分攤至所有履約義務

甲公司於×1年1月1日與客戶簽訂兩項智慧財產授權(A及B授權)之合約，依合約B授權之控制係於×1年1月1日移轉予客戶，A授權之控制係於×1年3月1日移轉予客戶。A授權及B授權於×1年1月1日之單獨售價分別$1,000與$4,000。合約中明定A授權之價格為固定金額$800，B授權之價格為客戶使用B授權所生產產品之未來銷售金額之3%(即變動對價)，甲公司於×1年1月1日估計此以銷售基礎計算之權利金為$4,200。甲公司於×1年1月1日自客戶收取$800，另×1年1月至3月之每月月底實際自客戶收取當月之權利金分別為$200、$600與$800。

甲公司判定，即使變動付款之條件與移轉B授權之特定結果(客戶使用B授權所生產產品之未來銷售金額)明確相關，但將變動對價完全分攤至B授權時，A授權所分攤之交易價格$800與授權所分攤之交易價格$4,200並不能合理描述移轉所承諾商品或勞務予客戶所換得之預期有權取得對價金額，亦即並非合理之交易價格分攤。試作甲公司×1年1月至3月之相關分錄。

解析

由於將變動對價完全分攤至B授權並不適當，因此甲公司將合約之所有交易價格(固定對價與變動對價)分攤至A與B授權：即以A及B授權之相對單獨售價(分別為$1,000/$5,000及$4,000/$5,000)分攤固定對價與變動對價。就固定對價$800所分攤至A授權之金額$160將於移轉該授權之控制時認列為收入。

但就固定對價$800所分攤至B授權之金額$640，因IFRS 15特別規定，當企業授權智慧財產之對價係以銷售基礎計算之權利金時，須於「發生後續銷售」及「滿足履約義務」兩者中較晚者發生時，始能將此權利金認列收入。所以就甲公司×1年1月至3月實際可自客戶收取之權利金$200、$600與$800而言，分攤至至B授權之金額($160、$480與$640)因該授權已於×1年1月1日移轉予客戶(滿足履約義務)，故應於發生後續銷售的×1年1月至3月認列為收入；但分攤至至A授權之金額($40、$120與$160)因該授權係於×1年3月1日才移轉予客戶(滿足履約義務)，故應於×1年3月才能認

225

列為收入。

×1/1/1

現金	800	
授權收入—B授權		640
合約負債—A授權		160

×1/1/31

現金	200	
授權收入—B授權		160
合約負債—A授權		40

×1/2/28

現金	600	
授權收入—B授權		480
合約負債—A授權		120

×1/3/1

合約負債—A授權	320	
授權收入—A授權		320

×1/3/31

現金	800	
授權收入—B授權		640
授權收入—A授權		160

釋例 15-18　交易價格之分攤—變動對價完全分攤至一履約義務

同釋例 15-17，惟甲公司判定將變動對價完全分攤至 B 授權為合理之交易價格分攤。試作甲公司 ×1 年 1 月至 3 月之相關分錄。

解析

由於將變動對價完全分攤至 B 授權為合理之交易價格分攤，因此甲公司固定對價 $800 分攤至 A 授權，變動對價分攤至 B 授權。B 授權雖已於 ×1 年 1 月 1 日移轉該授權之控制予客戶，但因其所分攤之交易價格為以銷售基礎計算之權利金，故須於「發生後續銷售」及「滿足履約義務」兩者中較晚者發生時，始能將此權利金認列收入。A 授權所分攤之 $800 則於 ×1 年 3 月 1 日移轉該授權之控制時認列為收入。

×1/1/1

現金	800	
合約負債—A授權		800

×1/1/31			
	現金	200	
	授權收入─B 授權		200
×1/2/28			
	現金	600	
	授權收入─B 授權		600
×1/3/1			
	合約負債─A 授權	800	
	授權收入─A 授權		800
×1/3/31			
	現金	800	
	授權收入─B 授權		800

15.6　於(或隨)企業滿足履約義務時認列收入

　　再回到章首故事中第一類合約，電信業者出售手機及提供 2 年電信服務的例子，前幾節中已討論到此類合約應有兩項履約義務 (交付手機及提供兩年電信服務)，並說明了如何決定交易價格及如何將交易價格分攤至兩項履約義務。本小節解釋步驟 5，即決定收入認列之時點，才能在正確的會計期間完成收入之認列。在手機與電信服務搭配銷售之電信合約中，出售手機此項商品之履約義務於簽約日此一時點滿足，提供通訊此項服務之履約義務則在合約期限內隨時間逐步滿足；因此手機在客戶辦門號當天手機控制移轉時立刻認列收入，而電信服務則隨時間經過逐月認列服務收入。決定一個履約義務是在某一時點滿足或是隨時間逐步滿足，即決定了收入是在某一時點一次認列，或是按履約義務完成程度逐步認列收入。

　　本章開宗明義即說明了企業應於客戶取得商品 (或勞務) 之控制時認列收入，控制權換手、商品勞務移轉及履約義務滿足三者之關係為何？圖 15-2 顯示，商品勞務移轉與客戶取得控制時是相同的觀念，而此二者導致企業滿足履約義務，企業因而認列收入。

　　客戶取得商品 (或勞務) 控制之可能判斷指標如下：

1. 企業對該資產之款項有現時之權利。

```
     ┌─────────────────┐
     │ 商品或勞務移轉  │
     └─────────────────┘
            ═         ┐     ┌──────────────────┐     ┌──────────┐
                      ├──→  │ 企業滿足商品或   │ ──→ │ 認列收入 │
     ┌─────────────────┐    │ 勞務之履約義務   │     └──────────┘
     │ 客戶取得商品或  │    └──────────────────┘
     │ 勞務之控制      │
     └─────────────────┘
```

圖 15-2

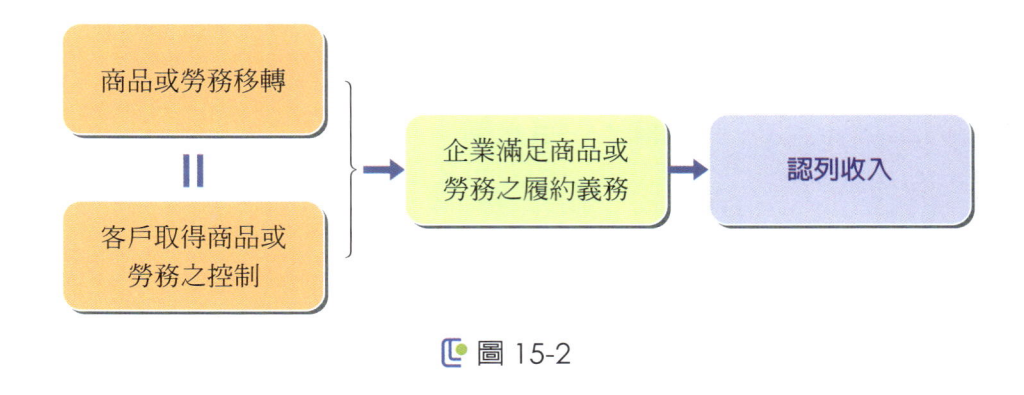

2. 客戶對該資產有法定所有權。

3. 企業已移轉對該資產之實體持有。

4. 客戶有該資產所有權之重大風險及報酬。

5. 客戶已接受該資產。

大多數情況此五項任一通過，通常表示客戶已經控制該商品或勞務，但實務上仍有許多反例需要注意。例如，若客戶已經取得法定所有權或實體之持有，但買賣雙方另簽定再買回協議或寄銷協議，則控制權仍未移轉，不得認列收入。又如，客戶接受了買入的設備，但重大的安裝尚未完成，則接受設備本身很可能不得認列收入。再如，企業有全額收款之現時權利，亦有可能僅係賣方為了交易之安全而對買方要求之全額預付款。

15.6.1 履約義務是在某一時點滿足

許多商品的履約義務是在某一時點滿足，例如手機、電視機、汽車、機器設備等之銷售，該等銷售之會計處理即為一般存貨之銷售。若該銷貨為賒銷，通常客戶取得商品控制時，一次認列銷貨收入及應收帳款；當然亦須處理存貨之減少及銷貨成本。

但即使在商品移轉後，亦有可能企業仍不能寄帳單給對方。若雙方約定某兩項義務都完成時始能請款，當企業完成第一項履約義務時，應借記：合約資產，貸記：銷貨收入。借方為何不是應收帳款呢？因為應收帳款之定義為無條件之收款權利，雖然時間是唯一條件（到期才能收錢），但時間是一定會到期的，所以應收帳款被稱為無條件之收款權利。合約資產的定義中排除時間之因素，即為

IFRS 15 之定義：
合約資產
企業因已移轉商品或勞務予客戶而對所換得之對價之權利，該權利係取決於隨時間經過以外之事項（例如，該企業之未來履約）。

合約負債
企業因已自客戶收取（或已可自客戶收取）對價而須移轉商品或勞務予客戶之義務。

Chapter 15 收入

同樣的原因。例如,工程合約經常在資產移轉時,買方仍扣留 5% 或 10% 之尾款,必須在約定期間後,工程品質經使用確認沒有問題,賣方才能寄帳單。此 5% 或 10% 價款在收入認列時,應認列為合約資產,而非應收帳款。

釋例 15-19　合約資產

×1 年 1 月 1 日,甲公司與客戶簽訂一合約,銷售兩項存貨 (A 及 B) 予客戶,規定先於 ×1 年 3 月 31 日先交付 A 存貨,並在 ×1 年 6 月 30 日交付 B 存貨,且合約明定 B 存貨交付後甲公司才能要求在 1 個月後收取總價 $10,000。甲公司判斷交付 A 及 B 兩商品為兩項履約義務,而 A 存貨單獨售價為 $8,800,B 存貨單獨售價為 $2,200。請作下列交易之分錄 (無須記錄銷貨成本及存貨之減少):

(a) ×1 年 3 月 31 日交付 A 存貨
(b) ×1 年 6 月 30 日交付 B 存貨

解析

×1/3/31

	合約資產	8,000	
	銷貨收入		8,000

[$10,000 × $8,800 ÷ ($8,800 + $2,200)]

×1/6/30

	應收帳款	10,000	
	合約資產		8,000
	銷貨收入		2,000

[$2,000 = $10,000 × $2,200 ÷ ($8,800 + $2,200)]

釋例 15-20　合約負債及應收款

×1 年 1 月 1 日,夏普與鴻海簽訂特殊規格電視面板銷售合約 (可取消),鴻海應於 ×1 年 4 月 1 日支付現金 $100,000,夏普應於 ×1 年 9 月 1 日交付面板。鴻海延遲至 ×1 年 7 月 1 日交付現金 $100,000,夏普則於 ×1 年 9 月 1 日完成面板之交付。

另假設夏普與三星間發生完全相同之交易,但與三星的合約為不可取消合約。試作夏普所有相關分錄 (省略認列銷貨成本之分錄)。

解析

日期	與鴻海之交易		與三星之交易	
×1/4/1			應收帳款 100,000	
			合約負債	100,000
×1/7/1	現金 100,000		現金 100,000	
	合約負債	100,000	應收帳款	100,000
×1/9/1	合約負債 100,000		合約負債 100,000	
	銷貨收入	100,000	銷貨收入	100,000

  與三星的交易中，若夏普於×1年4月1日(對價可收取日)前開立發票，在財務報表中仍不得認列$100,000之應收帳款及合約負債，因該日之前仍不具有無條件收款的權利。

15.6.2　隨時間逐步滿足之履約義務

  再回到手機與電信服務搭配銷售之電信合約中，如何判斷提供通訊此項服務之履約義務在合約期限內隨時間逐步滿足？又如何判斷出售手機此項商品之履約義務於簽約日此一時點滿足？公報定義隨時間逐步滿足履約義務的三個充分條件，若都不符合，則應判斷為於某一時點滿足。即，企業之履約義務若非隨時間逐步滿足，則此義務為於某一時點滿足之履約義務。

> 履約義務若非隨時間逐步滿足，則為於某一時點滿足

  若符合下列任一條件時，企業係隨時間逐步移轉對商品或勞務之控制，因而隨時間逐步滿足履約義務並認列收入：

(a) 隨企業履約，客戶同時取得並耗用企業履約所提供之效益；
(b) 企業之履約創造或強化一資產(例如，在製品)，該資產於創造或強化之時即由客戶控制；或
(c) 企業之履約並未創造對企業具有其他用途之資產(例如，特殊規格在製品)，且企業對迄今已完成履約之款項具有可執行之權利。

  許多勞務適用(a)條件，例如廁所清潔服務，逐步清潔，勞務控制即逐步移轉，企業隨時間逐步滿足履約義務。(b)條件適用於在例如客戶土地上蓋廠房之工程，建商履約時，在建工程持續被創造，而客戶隨時控制此在建工程，所以此工程隨時間逐步滿足履約義

務。(c) 條件說明企業雖持續控制，但唯一能獲取利益的方式，是將已完成履約者換成法律上可執行之款項；此表示雖未移轉在製品之控制，但隨時將已完成履約者交付，都可以立刻變成客戶控制，表示控制實質上可隨時移轉，並將恰當之成本及利潤回收，實質地作到履約義務是隨時間逐步滿足的。

釋例 15-21　標準存貨

為特定客戶製造標準存貨時，此履約義務隨時間逐步滿足者？

解析

當企業在本身工廠為特定客戶製造標準存貨時，則前述三條件都不成立，特別是 (c)，因為標準存貨很容易轉作他用。但若合約禁止企業移轉該批標準存貨予其他任一客戶，且該限制具實質性，該資產對企業不具其他用途，此時「對款項之權利」若能滿足，則提供該標準存貨之履約義務係隨時間逐步滿足。

釋例 15-22　海運－同時取得並耗用勞務產生之效益－另一企業可繼續服務而無需重作

貨櫃或散裝海運業者將貨品自基隆送至洛杉磯的合約，此合約之履約義務是否隨時間逐步滿足？

解析

在商品到達洛杉磯前客戶無法自履約行動取得效益，惟客戶隨企業履約之發生確實獲益，因若商品係僅運送至途中 (例如，阿拉斯加)，另一企業將無需幾乎重新執行企業迄今之履約，亦即，另一企業可繼續將貨品送至洛杉磯，無需重作已運路程。亦即，若另一企業無需幾乎重新執行迄今已完成履約部分，則履約義務是隨時間逐步滿足。此係前述 (a) 條件「同時取得並消耗」應用時須注意之觀念。貨運業者送貨之履約義務通常為隨時間滿足者。

釋例 15-23　同時取得並耗用勞務產生之效益－另一企業可繼續服務而無需重作

甲公司提供客戶按月之記帳服務一年，此服務為一系列相同勞務，因此甲公司以單一履約義務處理。

解析

因提供記帳服務時，客戶同時取得並耗用企業履約之效益，根據上述 (a) 條件，該履約義務係隨時間逐步滿足。同前一個釋例，另一企業接手服務時，無需重作甲公司已提供之服務。

釋例 15-24　其他用途－對款項之權利

甲公司與某客戶簽訂一項核後端處理諮詢服務之合約，總對價為甲公司成本加上 15% 之合理利潤；若客戶主動終止該諮詢合約，該合約要求客戶仍需支付企業至當時已發生成本加上 15% 之合理利潤。根據上述 (c) 條件，已進行之諮詢服務並未創造對甲公司具有其他用途之資產，且甲公司對迄今已完成履約之款項具有可執行之權利，所以此合約中之履約義務係隨時間逐步滿足。

釋例 15-25　工程合約－其他用途－對款項之權利

甲建築公司以預售屋形式銷售興建中某住宅大樓 9 樓 A 單位給客戶，工程成本估計為總價之 30%。客戶於簽訂合約時支付 5% 訂金，至完工交屋時，公司客戶才須交付剩餘 95% 之款項。因此該企業對迄今已完成工作之款項不具有可執行之權利，故應將此履約義務視為於某一時點滿足之履約義務處理。

釋例 15-26　工程合約－其他用途－對款項之權利

甲工程公司與某外國政府簽訂橋樑興建合約。政府於簽訂合約時支付一筆不可退還之訂金，並將於該單位建造期間支付工程進度款。對合約載明之橋樑，甲工程公司無法私自出售給另一客戶。此外，若當地政府違約，則企業於完成建造時仍可要求收取全部對價，且當地法院已有類似先例判決支持此一論點。已進行之工程並未創造對甲工程公司具有其他用途之資產 (禁止另行出售)，且甲公司對迄今已完成履約之款項具有可執行之權利，所以此合約中之履約義務係隨時間逐步滿足。

隨時間逐步滿足之履約義務──衡量履約義務完成程度

對隨時間逐步滿足之每一履約義務，企業應衡量履約義務完成程度而隨時間逐步認列收入。每一履約義務應適用單一方法衡量其完成程度，並應一致適用該方法於類似履約義務。衡量完成程度之適當方法包括產出法與投入法。

可用以衡量隨時間逐步滿足之履約義務之完成程度並據以認列收入之方法包括：

1. 產出法；
2. 投入法；及
3. 實務權宜作法。

當企業評估是否應用某一產出法衡量其完成程度時，應考量所選擇之產出是否能忠實描述企業履約義務之完成程度：

1. **產出法**：產出法包括調查已履約數量、評估已達成結果之程度、達到之里程碑、經過之時間、生產數量或交付數量等。產出法之缺點為可能需要投入過度成本始能取得應用產出法所需之資訊。
2. **投入法**：投入法以企業為滿足履約義務之努力或投入(例如，已耗用之資源、已花費之人工時數、已發生之成本、已經過之時間或已使用之機器時數)，相對於滿足該履約義務之預期總投入為基礎認列收入；若於整個履約期間平均投入，則按直線基礎認列收入可能係屬適當。
3. **實務權宜作法**：若企業對所提供之每小時勞務(或一定數量之勞務)按固定金額開立帳單之勞務合約，得就其有權開立發票之金額認列收入。

釋例 15-27　智慧財產權之授權─隨時間逐步移轉或於某一時點移轉

智慧財產權可分為四類 (1) 軟體及技術；(2) 影片及音樂；(3) 專利權、商標權及著作權；及 (4) 特許權。智慧財產權之授權是否係隨時間逐步或於某一時點移轉予客戶？IFRS 15 規定企業應將授權承諾分類為：

(a) **取用權** (right to access)：取用存在於授權期間之企業智慧財產之權利；或
(b) **使用權** (right to use)：使用已存在於授權時點之企業智慧財產之權利。

若授權合約符合下列所有條件，則合約提供取用智慧財產之取用權：

(a) 合約規定 (或客戶合理預期) 企業將進行重大影響客戶享有權利之智慧財產之活動；
(b) 該等活動可影響客戶之權利；及
(c) 該等活動之發生不會導致移轉一商品或勞務予客戶。

同時符合這三個條件之授權，表示公司將持續改進該智慧財產權，而客戶得隨時取用最新版本軟體，此類型授權下客戶並未買斷特定軟體，因而稱為取用權之授權。企業對此類授權應於隨時間逐步滿足履約義務時，逐期認列收入。不能同時符合此三條件之授權即為使用權之授權，企業應於某一時點一次認列收入。

微軟公司對消費者授權軟體時，下列兩種安排下應如何認列收入：
(1) 限定版本(如2022年版本)，未來不再有重大更新且沒有使用期限。
(2) OFFICE365，未來Microsoft會持續更新版本，但只能用365天。

解析

Microsoft公司應將所有授權合約區分為：
(1) **使用權之授權**：授權期間內客戶可以使用限定版本OFFICE之合約屬之。在授權之時點後，客戶可以主導該授權之使用並取得來自該授權之幾乎所有剩餘效益，因此在授權時，即認列所有收入。值得注意的是，即使限定版本授權有使用期限(例如1年)，亦應分類為使用權之授權。
(2) **取用權之授權**：OFFICE365合約屬之。所有收入應在授權期間內逐期認列收入。

另須注意的是，Microsoft之授權合約若以銷售基礎或使用基礎計算權利金，則應於發生銷售或使用時且授權義務已滿足(已移轉)時，依據銷售量或使用量逐期認列。

15.7　工程合約之收入認列

學習目標3
了解工程合約之收入認列

15.7.1　工程合約之收入認列

工程合約係建造單項資產如橋樑、建築物、水壩、管路、道路、船舶或隧道，或為建造在設計、技術、功能或最終目的與用途等方面密切相關或相互依存的一組資產如煉油廠及多項廠房或設備等，而特別議定之合約。工程合約包括與建造資產直接相關之勞務提供合約，如專案經理或建築師之勞務提供合約，亦包括為拆除或復原資產及為拆卸資產後進行環境復原之合約。

15.7.2　工程合約收入與成本之範圍

工程合約之總收入應按15.4節規定衡量，而變動對價範圍包括：

1. **求償**：指承包商向客戶或另一方尋求收取之金額，以作為未包含在合約價格中成本之歸墊，其可能源於客戶造成之延誤、規格或設計之錯誤，及未達成協議之合約工作變更。
2. **獎勵金**：指若達到或超過明定之績效標準時，客戶支付予承包商之額外款項，例如，提早完成合約之獎勵金。

求償及獎勵金造成之收入增減，須依變動對價之規定處理。

工程合約成本則包括三類：第一類為直接與特定合約有關之成本，此類成本可能因未計入合約收入中之非主要收益(例如，於合約結束時出售剩餘殘料及處分建造工程使用過之廠房及設備之收益)而減少。此類成本包括：

- 工地人工成本，包括工地監工費用。
- 建造用材料成本。
- 用於該合約之廠房及設備之折舊。
- 將廠房、設備及材料運送至工地或從工地運離之搬運成本。
- 租用廠房及設備之成本。
- 直接與該合約有關之設計及技術支援之成本。
- 改正及保證工作之估計成本，包括預計保固成本。
- 來自第三方之求償。

第二類工程合約成本則為一般可歸屬於合約活動且能分攤至該合約之成本，此類成本應以建造活動之正常水準為基礎，按照有系統且合理之方法分攤，並一致應用於所有性質類似之成本。此類成本包括：

- 保險費。
- 不直接與特定合約有關之設計及技術支援之成本。
- 建造間接費用(包括建造人員薪工單之編製及處理成本)。
- 借款成本。

第三類工程合約成本則為根據合約條款可特別向客戶收取之其他成本，包括合約條款明訂可獲得歸墊之一般管理成本及發展成本。此外，為取得該合約所發生之增額相關成本，若不論是否獲得合約皆可收費，則該項成本亦應計入合約成本。惟當為取得合約所發生之成本已於發生當期認列為費用時，雖於後續期間獲得該合約，亦不得將該費用計入合約成本中。

值得注意的是，合約中未明定可獲得歸墊之一般管理成本及發展成本、銷售成本，及未使用於特定合約之閒置廠房及設備之折舊，則因不屬以上三類，而應排除於建造合約成本之外。

三類工程合約成本：
1. 直接與特定合約有關之成本
2. 一般可歸屬於合約活動且能分攤至該合約之成本
3. 根據合約條款可特別向客戶收取之其他成本

15.7.3　建造合約收入與成本之認列

欲確認工程合約之收入認列方式，首先須判斷該合約之履約義務究係於某一時點或隨時間逐步滿足。符合下列任一條件時，工程合約履約義務係隨時間逐步滿足：

(a) 企業之履約創造或強化一資產 (在建工程)，該資產於創造或強化之時即由客戶控制；或
(b) 企業之履約並未創造對企業具有其他用途之資產，且企業對迄今已完成履約之款項具有可執行之權利。

　　工程收入認列之最主要原則仍是控制移轉，上述 (a) 條件即說明若工程進行中，客戶持續擁有在建工程資產的控制權，則表示企業每完成一小部分工作，該部分控制權即刻移轉，因此企業之履約義務係隨時間逐步滿足，所以在完工前即可隨時間經過逐步認列收入 [**完工比例法** (percentage of completion)]。而 (b) 條件係將控制權實質移轉的觀念，即若企業已完成之部分僅能用以交付給客戶且完成了多少工作就可以收多少對價，則此在建工程可以視為企業每完成一小部分工作，該部分控制權即刻移轉，因而亦可逐步認列收入。若兩條件都不符合，則工程合約將在完工後，將資產控制權移轉時一次認列 (視為商品銷售)。

(a) 條件之釋例

　　從事工業廠房建造之 A 公司，與台積電訂立協議。台積電須於訂立協議至完工之期間內支付工程進度款，而建造所需之土地原即為台積電所擁有之廠房用地。合約進行時，所有在建工程資產均由客戶台積電控制。此協議之履約義務係隨時間逐步滿足。

(b) 條件之釋例 1──建設公司對迄今已完成履約之款項**不具**可執行之權利

　　某建設公司購入敦化南路建地興建住宅大樓，以預售屋形式銷售。某客戶與企業簽訂合約以購買建造中之頂樓 A 單位住宅。每一單位皆為 200 建坪且平面規劃類似。客戶於簽訂合約時支付訂金，僅於企業未依合約完成該單位之建造時，該訂金始可退還。

客戶應於合約完成 (即客戶取得該單位之實體持有) 時支付該合約價格之餘額。若該單位完成前客戶違約，企業僅有權利保留該訂金。此案例中因為企業對迄今已完成履約之款項不具可執行之權利，因此該工程合約之履約義務係於完工時滿足。

(b) 條件之釋例 2——建設公司對迄今已完成履約之款項**具**可執行之權利

延續前例，但客戶除於簽訂合約時支付訂金外，並須於建造期間支付工程進度款且該合約禁止建設公司將該單位轉賣給另一客戶。此外，除非企業未依承諾履約，客戶無權利終止合約。若客戶未按期支付工程進度款，則企業於完成建造該單位時，對合約承諾之全部對價具有權利且此權利具有法律效力。因為建設公司對完成之工作可以收取全額對價 (即使係在完工時才可以取全額對價)，前述 (b) 條件即已成立，此合約之履約義務係隨時間逐步滿足。建設公司將依照工程進度逐步認列收入。

若工程合約係於完工時一次認列全額收入，則其會計處理與一般存貨製造，至完成交付存貨時，一次認列收入之處理完全相同。本節後續講述之完工比例法認列工程收入，均假設工程合約之履約義務係隨時間逐步滿足，並以「**建造合約** (construction contract)」稱呼此類合約。

對履約義務係隨時間逐步滿足之工程合約，若能合理衡量工程進度時，收入認列係以完工比例法作會計處理。若企業無法合理衡量完成程度，但企業預期很有可能可回收已發生成本，則於可合理衡量履約義務結果前，僅在已發生成本之範圍內認列收入 [此為**成本回收法** (cost recovery)]。此一情況通常發生在合約之初期，後續隨著工程進展，大多數工程合約能在一定期間後變成可合理衡量進度。

在建造合約結果能可靠估計時採用之「完工比例法」，係於報導期間結束日參照合約活動之完成程度，將與該建造合約有關之合約收入認列為收入。亦即合約收入與用以達到所完成程度之已發生合約成本相配合，合約收入於進行工作之會計期間認列為本期損益之

收入,合約成本則於與其相關之工作進行之會計期間認列為本期工程成本(惟總合約成本預期超過總合約收入之預期損失部分應立即認列為工程成本)。此方法報導歸屬於完工部分之收入、成本及利潤,可提供建造合約中特定期間之合約活動進度及績效之有用資訊。

當建造合約之結果無法合理衡量時(通常發生於工程進行之初期)採用之「成本回收法」,即僅在已發生合約成本預期很有可能回收之範圍內始應認列收入,合約成本則於其發生當期認列為工程成本(惟總合約成本預期超過總合約收入之預期損失部分應立即認列為工程成本)。在此方法下,合約活動進行期間不得認列利潤,須待合約總成本回收後,即建造合約全部完成後始一次認列利潤(或於工程進度變為可以合理衡量時,改依完工比例法),故於建造工程進行中亦有「零利潤法」之稱。

以下先以情況較單純之乙公司簡例,說明「完工比例法」與「成本回收法」之基本運用;其後再以情況較完整之丙公司簡例,說明「完工比例法」與「成本回收法」之進階運用。

15.7.3.1　完工比例法之基本運用

乙公司於 ×1 年初以固定價格 $100,000 承包一項建造合約,預定 2 年完成某工程。該合約之結果能可靠估計,其 ×1、×2 年相關資料如下:

	×1 年	×2 年
本期發生與未來活動相關之合約成本	$ 0	$ 0
本期發生已完成工作之合約成本	60,000	20,000
估計總合約成本	80,000	80,000
至今完成程度*	75%	100%
當年度工程進度請款金額	70,000	30,000
實際收款金額	60,000	40,000

*本例以至今完工已發生合約成本占估計總合約成本之比例衡量完成程度。

本例中係以至今完工已發生合約成本,占估計總合約成本之比例來衡量建造合約完成程度。從客戶收到之工程進度款及預收款通常無法反映已完成工作之程度。視合約之性質,可能用於決定合約

完成程度包括：(1) 至今完工已發生合約成本占估計總合約成本之比例、(2) 已完成工作之勘測，或 (3) 合約工作實體之完成比例。

此外，本例中之**工程進度請款金額** (progress billing) 係指依照合約開立帳單之金額；而「本期發生與未來活動相關之合約成本」，則指本期發生之與合約未來活動相關之合約成本，如已送達工地或留作合約使用但於施工過程中尚未安裝、使用或運用之材料成本 (但專門為該合約製造之材料則應計入完成程度)。關於該類合約成本之處理，有以下兩點易忽略誤解之處須特別注意：

1. 「本期發生與未來活動相關之合約成本」不得計入完成程度之衡量 (但專門為該合約製造之材料則應計入完成程度)。採用「至今完工已發生合約成本占估計總合約成本之比例」為完成程度衡量方法時，「本期發生與未來活動相關之合約成本」非為已完成工作發生之成本，不得計入完成程度之計算。
2. 「本期發生與未來活動相關之合約成本」代表應向客戶收取之金額，若將來很有可能回收則應認列為合約資產。

在完工比例法下各期應按完成程度認列工程收入，而合約成本應於與其相關之工作進行之會計期間認列為工程成本，亦即就發生之已完成工作合約成本認列為工程成本。故本例中乙公司各期應認列之工程收入與工程成本計算列示如下：

	×1 年	×2 年
(1) 至今完成程度	75%	100%
(2) 至今應認列之工程收入 [$100,000 × (1)]	$75,000	$100,000
(3) 前期已認列之工程收入	−	(75,000)
(4) 本期認列之工程收入 [(2) − (3)]	$75,000	$ 25,000
(5) 至今已完成工作成本應認列之工程成本	$60,000	$ 80,000 (實際)
(6) 前期已認列之工程成本	−	(60,000)
(7) 本期認列之工程成本 [(5) − (6)]	$60,000	$ 20,000
本期認列之工程利潤 (損失) [(4) − (7)]	$15,000	$ 5,000

本例中乙公司 ×1、×2 年與該建造合約相關之分錄如下：

完工比例法

	×1年		×2年	
(1)記錄已投入成本：				
工程成本	60,000		20,000	
現金		60,000		20,000
(2)依完成程度認列工程收入：				
合約資產	75,000		25,000	
工程收入		75,000		25,000
(3)記錄請款：				
應收帳款	70,000		30,000	
合約資產		70,000		30,000
(4)記錄實際收款金額：				
現金	60,000		40,000	
應收帳款		60,000		40,000

　　上述分錄(1)記錄投入之成本。分錄(2)依據完工比例認列收入並記錄合約資產之增加，此處可參考釋例15-18對合約資產之解釋，該例中認列收入之同時，因為寄請款單給客戶要求付款(認列應收帳款)之條件尚未達成，所以借記合約資產而貸記銷貨收入，後續完成相關義務而依約寄帳單給客戶請款時，才將合約資產轉入應收帳款。此處工程合約亦同，依完工比例認列收入時僅係合約資產之增加；依據合約完成某一里程碑(如一樓地板完成)後才能請款，並認列應收帳款。所以分錄(3)記錄合約當期請款金額時，才將合約資產轉列應收帳款。最後分錄(4)則記錄當期收到現金之金額，此時應收帳款尚有餘額將於下期收取。

　　有時依據合約認列應收帳款之累計金額較大，則同時增加合約負債，例如簽約後立刻可收取$100頭期款而寄請款單給客戶時，分錄為：

　　　應收帳款　　　　　　　　　100
　　　　合約負債　　　　　　　　　　　100

　　本例中，乙公司×1、×2年底資產負債表對該建造合約應認列之資產金額如下：

	×1 年底	×2 年底
應收帳款	$10,000	$ 0
合約資產	5,000	0

在綜合損益表部分，該合約當期按完成程度應表達之收益與費損項目，係於分錄 (2) 中之「工程收入」與分錄 (1) 中之「工程成本」數字。

乙公司 ×1、×2 年綜合損益表應認列該建造合約相關之工程收入、工程成本與工程損益之金額如下：

	×1 年度	×2 年度
工程收入	$75,000	$25,000
工程成本	(60,000)	(20,000)
本期認列之工程利潤 (損失)	$15,000	$ 5,000

15.7.3.2　成本回收法之基本運用

乙公司於 ×1 年初以固定價格 $100,000 承包一項建造合約，預定 2 年完成某工程。該合約之結果不能可靠估計，但各期均預期發生之合約成本很有可能回收，且合約總收入超過合約總成本。其 ×1、×2 年相關資料如下：

	×1 年	×2 年
本期發生與未來活動相關之合約成本	$ 0	$ 0
本期發生已完成工作之合約成本	60,000	20,000
當年度工程進度請款金額	70,000	30,000
實際收款金額	60,000	40,000

當建造合約之結果無法合理衡量時，合約成本於其發生當期認列為工程成本，且僅在已發生合約成本預期很有可能回收之範圍內認列收入，惟總合約成本預期超過總合約收入之預期損失部分仍應立即認列為工程成本。此方法下，合約活動進行期間不得認列利潤，須待合約總成本回收後，即建造合約全部完成後始一次認列利潤。

成本回收法

	×1 年	×2 年
(1) 記錄已投入成本：		
工程成本	60,000	20,000
現金	60,000	20,000
(2) 依很有可能回收成本之範圍內認列收入：		
合約資產	60,000	40,000
工程收入	60,000	40,000
(3) 記錄請款：		
應收帳款	70,000	30,000
合約資產	70,000	30,000
(4) 記錄實際收款金額：		
現金	60,000	40,000
應收帳款	60,000	40,000

前述 ×1 年分錄 (3) 記錄請款時，合約資產為借餘 $60,000，故 ×1 年之分錄 (3) 可將貸方區分為合約資產與合約負債，則連帶影響 ×2 年分錄 (2)，記錄如下所示：

×1 年分錄 (3)
　應收帳款　　　　　　　　70,000
　　合約資產　　　　　　　　　　　　60,000
　　合約負債　　　　　　　　　　　　10,000
×2 年分錄 (2)
　合約資產　　　　　　　　30,000
　合約負債　　　　　　　　10,000
　　工程收入　　　　　　　　　　　　40,000

　　本章後續說明在作分錄時不區分合約資產與合約負債，即均以合約資產項目記錄，待編製財務報表時，若合約資產為貸餘，則列入負債項下「合約負債」；合約資產為借餘，則列入資產項下「合約資產」。

　　乙公司 ×1、×2 年綜合損益表中應認列該建造合約相關之工程收入、工程成本與工程損益之金額如下。在「成本回收法」下，活動進行期間的 ×1 年不得認列利潤，合約總利潤 $20,000 (= $100,000 – 80,000) 係於建造合約全部完成的 ×2 年始一次認列。

	×1年	×2年
工程收入	$60,000	$40,000
工程成本	(60,000)	(20,000)
本期認列之工程利潤(損失)	$ 0	$20,000

在資產負債表中，乙公司 ×1、×2 年對該建造合約應認列之資產與負債金額如下：

	×1年底	×2年底
應收帳款	$10,000	$ 0
合約資產(合約負債)	$(10,000)	$ 0

15.7.3.3 完工比例法之進階運用

企業為履行建造合約之義務，可能已將某一批工程材料送至工地，但尚未使用該批材料。若該企業以「至今完工已發生合約成本占估計總合約成本之比例」衡量完工比例，則在計算完工進度時，應考慮該批材料是否專門為該合約製造之材料，此一問題在釋例 15-27 中說明。

釋例 15-28　成本比例之完成程度衡量：與未來活動相關之合約成本

甲公司於 ×1 年初承包一項建造合約，預定 3 年完成某工程，該合約之結果能可靠估計。該合約 ×1 年發生成本 $25,000 (含已送達工地但將於 ×2 年使用之材料成本 $5,000)，且估計合約總成本為 $100,000。若甲公司採「至今完工已發生合約成本占估計總合約成本之比例」衡量該合約之完成程度，則下列獨立情況中，該工程 ×1 年之完成程度為何？
(1) 成本 $5,000 之材料係專門為該合約製造之材料。
(2) 成本 $5,000 之材料非專門為該合約製造之材料。

解析

(1) 成本 $5,000 之材料係專門為該合約製造之材料：
完成程度參照至今已發生合約成本決定時，與合約之未來活動相關之合約成本如為專門為該合約製造之材料，則包含於完成成本之計算。故 ×1 年之完成程度：$25,000 ÷ $100,000 = 25%。
(2) 成本 $5,000 之材料非專門為該合約製造之材料：
完成程度參照至今已發生合約成本決定時，與合約之未來活動相關之合約成本如非為專門為該合約製造之材料，應不包含於完成成本之計算。故 ×1 年之完成程度：($25,000 – $5,000) ÷ $100,000 = 20%。

丙公司於 ×1 年初以固定價格 $100,000 承包一項建造合約，預定 3 年完成某工程。該合約之結果能可靠估計，其 ×1、×2、×3 年相關資料如下：

	×1 年	×2 年	×3 年
本期發生與未來活動相關之合約成本*	$ 5,000*	$ 0	$ 0
本期發生已完成工作之合約成本	24,000	31,000	30,000
至今已累積成本	24,000	60,000	90,000
估計總合約成本	80,000	120,000	90,000
至今完成程度**	30%	50%**	100%
工程進度請款金額	50,000	30,000	20,000
實際收款金額	40,000	30,000	30,000

* ×1 年發生之與未來活動相關之合約成本 (並非專門為該合約製造之材料，如已搬運至工地之鋼筋) $5,000，其相關部分已於 ×2 年完成。此 $5,000 未被計入 ×2 年發生已完成工作之合約成本 $31,000 中。

** 以至今完工已發生合約成本占估計總合約成本之比例衡量完成程度。×2 年至今完工程度之計算為 ($24,000 + $5,000 + $31,000) / $120,000 = 50%。

處理本例 (丙公司) 時須特別注意者之一，為「本期發生與未來活動相關之合約成本」不得於發生當期計入完成程度之衡量，而係於其相關部分完工時計入完成程度之衡量。例中 ×1 年發生之與未來活動相關之合約成本 $5,000，其相關部分係於 ×2 年完成。故 ×1 年完成程度之衡量不計入此成本為 30% (= $24,000/$80,000)，×2 年完成程度之衡量則計入此成本為 50% [= ($24,000 + $5,000 + $31,000) / $120,000)]。且 ×1 年發生之與未來活動相關之合約成本 $5,000 係於 ×2 年完成，故 ×1 年僅就發生之已完成工作之成本 $24,000 認列為工程成本，與未來活動相關之合約成本 $5,000 係於 ×2 年始認列為工程成本。

處理本例 (丙公司) 時須特別注意者之二，為 ×2 年與 ×3 年之估計總合約成本變動。完工比例法係於各會計期間，按累積基礎適用於合約收入及成本之當期估計數。因此，合約收入或成本之估計變動應依 IAS 8 作為會計估計變動處理，變動後之估計數將用以決定變動當期及以後各期認列於損益之收入及成本金額。因此至 ×2 年與 ×3 年累積認列之收入、成本與損益，應以變動後之估計總合約成本計算之完成程度為準。如 ×2 年累積認列之收入與成本，係

依變動後估計總合約成本 $120,000 計算之完成程度，將總合約收入與變動後總合約成本之 50% 認列為工程收入與工程成本。

處理本例 (丙公司) 時須特別注意者之三，為 ×2 年之估計總合約成本變動尚使總合約預期成本很有可能超過總合約收入，致有預期損失之發生，此預期損失應立即認列為工程成本。故本例中丙公司各期應認列之工程收入與工程成本計算列示如下：

	×1 年	×2 年	×3 年
(1) 至今完成程度	30%	50%	100%
(2) 至今應認列之工程收入 [$100,000 × (1)]	$30,000	$ 50,000	$100,000
(3) 前期已認列之工程收入	–	(30,000)	(50,000)
(4) 本期認列之工程收入 [(2) – (3)]	$30,000	$ 20,000	$ 50,000
(5) 至今已完成工作成本應認列之工程成本	$24,000	$ 60,000	$ 90,000
(6) 前期已認列之工程成本	–	(24,000)	(70,000)
(7) ×3 年之預期損失認列工程成本	–	10,000	–
(8) 本期認列之工程成本 [(5) – (6) + (7)]	$24,000	$ 46,000	$ 20,000
本期認列之工程利潤 (損失) [(4) – (8)]	$ 6,000	$(26,000)	$ 30,000

需特別說明的是，上述計算中補計入為工程成本者係 ×3 年之預期損失 $10,000，而非估計總合約成本 $120,000 超過總合約收入 $100,000 之預期損失總數 $20,000。

×2 年預估之 ×3 年預期損失金額之求得方式有二，**方法 A** 如下：

×3 年將認列之收入　　　$50,000　(總收入 $100,000 – 累積已認列收入 $50,000)
×3 年估計尚須發生成本　(60,000)　(估計總成本 $120,000 – 累積已發生成本 $60,000)
×3 年預期將發生之損失　$(10,000)

另外，×3 年預期損失金額亦可計算如下 (**方法 B**)：

×3 年預期損失 = 全部預期損失 × 未完成程度
　　　　　　 = ($100,000 – $120,000) × (100% – 50%)
　　　　　　 = $(10,000)

注意，在非成本比例 (例如，實體完成比例) 衡量完工進度時，方法 B 不適用 (參見釋例 15-29 的說明)。

釋例 15-29　未來預期損失之計算：成本比例完成程度衡量 & 其他完成程度衡量

甲公司於 ×1 年初以固定價格 $80,000 承包一項建造合約，預定 3 年完成某工程。該合約之結果能可靠估計，×1 年至 ×3 年相關資料如下：

	×1 年	×2 年	×3 年
本期發生與未來活動相關之合約成本	$　　0	$　　0	$　　0
本期發生已完成工作之合約成本	15,000	48,000	12,000
至今已累積成本	15,000	63,000	75,000
估計總合約成本	60,000	90,000	75,000
至今完成程度 (成本比例)*	25%	70%	100%
至今完成程度 (實體完成比例)	20%	80%	100%

* 成本比例係指「至今完工已發生合約成本 / 估計總合約成本」。

試分別在成本比例與實體完成比例衡量完工進度下，求算甲公司 ×2 年應補計入工程成本之 ×3 年未來預期損失金額。

解析

(1) 在以成本比例衡量時，×3 年未來預期損失 $3,000 可由以下兩方法求得：

[方法 A] ×3 年未來預期損失 = ×3 年將認列之收入 − ×3 年估計尚須發生成本
　　　　　　　= [$80,000 × (100% − 70%)] − ($90,000 − $48,000 − $15,000) = $(3,000)

[方法 B] ×3 年未來預期損失 = 全部預期損失 × 未完成程度
　　　　　　　= ($80,000 − $90,000) × (100% − 70%) = $(3,000)

(2) 在非成本比例衡量如實體完成比例衡量完工進度時，×3 年未來預期損失 $11,000 僅可以上述 [方法 A] 求得。

×3 年未來預期損失 = ×3 年將認列之收入 − ×3 年估計尚須發生成本
　　= [$80,000 × (100% − 80%)] − ($90,000 − $48,000 − $15,000)
　　= $(11,000)

綜上所述，丙公司在 ×2 年認列工程收入 $20,000，並將本期已完成工作成本 $36,000 認列為工程成本，其工程損失 $16,000 即為 ×1 年工程利潤 $6,000 之轉回並認列預期損失 $10,000 (已完成程度 50% × 全部預期損失 $20,000)，故僅需另行將未來將發生之 ×3 年預期損失 $10,000 (未完成程度 50% × 全部預期損失 $20,000) 補計入工程成本。

根據以上討論，本例丙公司 ×1、×2、×3 年與該建造合約相

關之分錄如下：

完工比例法

	×1年	×2年	×3年
(1) 記錄已投入成本：			
合約資產	5,000		
工程成本	24,000	46,000	20,000
虧損性合約之短期負債準備			10,000
現金	29,000	31,000	30,000
合約資產		5,000	
虧損性合約之短期負債準備		10,000	
(2) 依完成程度認列工程收入：			
合約資產	30,000	20,000	50,000
工程收入	30,000	20,000	50,000
(3) 記錄請款：			
應收帳款	50,000	30,000	20,000
合約資產	50,000	30,000	20,000
(4) 記錄實際收款金額：			
現金	40,000	30,000	30,000
應收帳款	40,000	30,000	30,000

　　丙公司 ×1、×2、×3 年資產負債表對該建造合約應認列之資產與負債金額如下：

	×1年底	×2年底	×3年底
應收帳款	$10,000	$10,000	$ 0
合約資產(合約負債)	$(15,000)	$(30,000)	$ 0
虧損性合約之短期負債準備	–	$(10,000)	$ 0

　　丙公司 ×1、×2、×3 年綜合損益表應認列該建造合約相關之工程收入、工程成本與工程損益之金額如下：

	×1年	×2年	×3年
工程收入	$30,000	$ 20,000	$50,000
工程成本	24,000	46,000	20,000
本期認列之工程利潤(損失)	$ 6,000	$(26,000)	$30,000

15.7.3.4 成本回收法之進階運用

同第 15.7.3.3 節丙公司例，惟該合約之結果不能可靠估計，但各期均預期發生之合約成本很有可能回收，且 ×1 年預期合約總收入超過合約總成本，×2 年預期合約總成本超過合約總收入 $20,000。

	×1 年	×2 年	×3 年
本期發生與未來活動相關之合約成本*	$ 5,000	$ 0	$ 0
本期發生已完成工作之合約成本	24,000	31,000	30,000
工程進度請款金額	50,000	30,000	20,000
實際收款金額	40,000	30,000	30,000

* ×1 年發生之與未來活動相關之合約成本 $5,000，其相關部分已於 ×2 年完成。此 $5,000 未計入 ×2 年發生已完成工作之合約成本 $31,000 中。

處理本例時須特別注意者，為 ×2 年預期合約總成本超過合約總收入 $20,000，即有預期損失 $20,000，在成本回收法下若繼續用已發生之成本金額認列收入，則收入將超過合約價格 $100,000，且相應之合約資產總計將認列 $120,000，其中 $20,000 不合乎資產定義 (因預期不能回收)。因此，×2 年實際成本 $36,000 中僅有 $16,000 預期可回收部分認列為合約資產，當年度收入僅應認列 $16,000。待合約完成的 ×3 年，認列實際發生之工程成本 $30,000，另因已經全部完工而認列剩餘收入 $30,000 (= $100,000 – $24,000 – $16,000 – $30,000)，故 ×3 年認列工程收入為 $60,000，而當年度工程利潤為 $30,000。分錄如下：

成本回收法

	×1 年	×2 年	×3 年
(1)記錄已投入成本：			
合約資產	5,000		
工程成本	24,000	36,000	30,000
現金	29,000	31,000	30,000
合約資產		5,000	
(2)依很有可能回收成本之範圍內認列收入：			
合約資產	24,000	16,000	60,000
工程收入	24,000	16,000	60,000

成本回收法

	×1年	×2年	×3年
(3) 記錄請款：			
應收帳款	50,000	30,000	20,000
合約資產	50,000	30,000	20,000
(4) 記錄實際收款金額：			
現金	40,000	30,000	30,000
應收帳款	40,000	30,000	30,000

丙公司 ×1、×2、×3 年綜合損益表中應認列之該建造合約相關之工程收入、工程成本與工程損益之金額如下：

	×1年	×2年	×3年
工程收入	$24,000	$16,000	$60,000
工程成本	(24,000)	(36,000)	(30,000)
本期認列之工程利潤(損失)	$　　　0	$(20,000)	$30,000

進一步說明，在「成本回收法」下，活動進行期間的 ×1 年不得認列利潤，但 ×2 年全部預期損失 $20,000 不得認列為合約資產，亦不得認列工程收入，待合約完成的 ×3 年，因實際之合約總成本低於合約總收入，故認列工程收入 $60,000 及實際成本 $30,000，使累積認列的工程損益為合約之總利潤 $10,000（= $100,000 − $90,000）。

丙公司 ×1、×2、×3 年資產負債表對該建造合約應認列之資產與負債金額如下：

	×1年底	×2年底	×3年底
應收帳款	$10,000	$10,000	$　0
合約資產(合約負債)	$(21,000)	$(40,000)	$　0

15.7.3.5　多個建造合約於資產負債表之表達

當公司同時進行多個建造合約，應就個別建造合約為單位進行其會計處理。然須特別注意的是，在資產負債表列示建造合約相關之資產或負債項目時，須將不同建造合約之資產與負債分別列示，不得互抵。

釋例 15-30　多個建造合約於資產負債表之表達

成立於 ×1 年初之甲營造公司於 ×1 年底尚有工程結果能可靠估計之 A、B、C、D 四項建造合約進行中，其相關項目 ×1 年底餘額如下 (均為正常餘額)：

	A 合約	B 合約	C 合約	D 合約
累積已發生成本	$2,500	$2,700	$4,200*	$2,700
工程收入	3,700	2,600	4,800	2,570
工程成本	2,500	2,700	4,000	2,770
工程進度請款金額	3,400	3,000	4,700	3,000
虧損性合約之短期負債準備	–	–	–	70

＊其中 $200 為本期發生與未來活動相關之合約成本。

試作：甲營造公司 ×1 年綜合損益表與資產負債表與建造合約相關項目之金額。

解析

各合約之收入、成本與利潤或損失計算如下：

	A 合約	B 合約	C 合約	D 合約	合計
工程收入	$3,700	$2,600	$4,800	$2,570	$13,670
工程成本	(2,500)	(2,700)	(4,000)	(2,770)	(11,270)
工程利潤 (損失)	$1,200	$(100)	$800	$(200)	$1,700

故甲營造公司 ×1 年綜合損益表相關項目之金額為：工程收入 $13,670，工程成本 $11,270，與工程利潤 $2,400。

各合約之資產或負債計算如下：

	A 合約	B 合約	C 合約	D 合約
累積已發生成本	$2,500	$2,700	$4,200	$2,700
虧損性合約之短期負債準備	–	–	–	$70
工程利潤 (損失)	1,200	(100)	800	(200)
至今工程進度請款金額	(3,400)	(3,000)	(4,700)	(3,000)
合約資產 (合約負債)	$300	$(400)	$300	$(430)

故甲公司 ×1 年資產負債表相關項目之金額為：合約資產 $600，合約負債 $830，虧損性合約之短期負債準備 $70；$600 合約資產與 $830 合約負債來自不同工程合約，應分別列示，不得互抵。另外，D 合約之合約負債 $430 即為工程收入 $2,570 與工程進度請款金額 $3,000 之差額。

15.8 主理人或代理人

旅行社在出售中華航空或長榮航空一張桃園機場到美國洛杉磯機場的 $70,000 來回機票給客戶時，若該旅行社應該支付給航空公司 $67,000，則其應認列佣金收入 $3,000（淨額）或是應認列 $70,000（總額）收入及 $67,000 成本？EZTABLE（簡單桌）在出售十二廚自助餐券給網購客戶時，收取 $990，但是必須支付喜來登大飯店 $950，則 EZTABLE 應認列佣金收入 $40 或是應認列 $990 收入及 $950 成本？答案取決於該旅行社及 EZTABLE 是**主理人** (principal) 或**代理人** (agent)。

當企業與另一方共同提供商品或勞務予客戶，企業應判定其承諾之性質究係由其本身提供特定商品或勞務之履約義務（即企業為主理人），或係為另一方安排提供該等商品或勞務之履約義務（即企業為代理人）。

若企業於移轉所承諾之商品或勞務予客戶之前有控制該商品或勞務（機票及自助餐），則企業為主理人。惟若企業僅於移轉商品之法定所有權予客戶前短暫地取得該法定所有權，則該企業不必然為主理人，因為企業可能只是代為轉交商品給客戶。

企業為代理人（因此對尚未提供予客戶之商品或勞務不具控制）之指標包括下列各項：

(a) 另一方對完成合約負有主要責任；
(b) 企業於客戶訂購商品之前後、運送途中或退貨時並未承擔存貨風險；
(c) 企業對另一方之商品或勞務沒有訂定價格之裁量權，因此，企業可自該等商品或勞務收取之效益有限；
(d) 企業之對價係佣金形式；及
(e) 對以另一方之商品或勞務換得之可自客戶收取金額，企業並未承擔信用風險。

簡單的說，這些條件說明了主理人是主要對商品（或勞務）負責的人，也因此通常有訂定價格的權力且對需要承擔收款的信用風險，因而主理人應以總額認列收入；這些條件亦說明了代理人只是

協同幫忙安排交易的人，目的是賺取佣金，因而應該以淨額認列佣金收入。這些指標是在不容易判斷商品(或勞務)控制權是否已經移轉至企業時才會考量的指標。應注意的是，若商品(或勞務)控制權已經透過買賣交易確定移轉給企業，則企業當然是主理人。

釋例 15-31　主理人或代理人

個案一

客戶自淘寶網上某供應商購買樂高一組，淘寶網收取總價 $1,000 後可扣留 10% 作為佣金，安排供應商直接將樂高運送予客戶後，淘寶網對該等商品從未取得控制。淘寶網此項交易也符合 (a)-(d) 條件，且此交易網購客戶必須先支付 $1,000，因此並不產生信用風險，不須對 (e) 條件作判斷。即使淘寶網必須承擔信用風險，(a)-(d) 條件比 (e) 條件重要，因為供應商為主理人時，亦可同時將應收帳款賣給淘寶網，而使淘寶網這個代理人承擔信用風險(當然佣金是會增加的)。淘寶網應認列 $100 佣金收入。

個案二

旅行社先包下長榮航空 100 張機位，無論是否能轉售出去，都應支付 $6,700,000 給長榮航空。旅行社決定銷售予客戶之機票價格為每張 $70,000，買方須立刻支付對價。旅行社協助客戶解決航空服務之投訴，惟長榮航空對完成飛行義務負有責任(包括服務不周之客訴)。旅行社以固定價格、不可退票的方式購入機票，即表示移轉予客戶機票前旅行社已經取得控制，因此旅行社為主理人(無需進一步考慮代理人指標 (a)-(e))。旅行社每出售一張機票時，應認列 $70,000 收入及 $67,000 成本。

個案三

長榮航空給旅行社 100 張機位的代銷合約，長榮規定機票價格為每張 $70,000，每出售一張，旅行社立刻收取 $70,000 後，須按月結算並轉付給長榮每張機票 $67,000。旅行社未賣出之機票，無須支付任何對價。旅行社並未先控制機票，再加以出售，因此考慮其符合 (a)-(d) 並決定其為代理人。旅行社每出售一張機票時，應認列佣金收入 $3,000。

15.9 「客戶忠誠計畫」之收入認列

學習目標 8
了解「客戶忠誠計畫」之收入認列

現行商業活動中，公司常常採用**客戶忠誠計畫** (customer royalty program)，作為吸引客戶購買其商品或勞務的誘因。所謂「客戶忠誠計畫」，係指若客戶購買商品或勞務，公司即給與客戶獎勵積分(常被稱為「點數」)，而客戶得以所獲積分兌換如免費或折扣之商品或勞務等獎勵。「客戶忠誠計畫」之運作方式甚為多樣：如公司可能自

行經營或參與由第三方經營之「客戶忠誠計畫」；如客戶可能被要求累積積分達最低門檻始能兌換獎勵；如客戶須於特定期間內購買一定金額之商品或勞務始能獲得積分；又如作為獎勵之商品或勞務亦可能由公司(公司為獎勵品之主理人)或第三方提供(公司為獎勵品之代理人)。

釋例 15-32　客戶忠誠計畫：獎勵係由公司自行提供──免費兌換券

×1年12月1日，甲公司推出促銷活動，凡於12月以 $2,560 購買單獨售價每個 $2,560 的新產品即免費贈送1張兌換券，每5張兌換券可於 ×2 年1月至9月兌換單獨售價 $4,000 之商品。甲公司 ×1 年12月收取現金 $1,280,000，交付新產品 500 個，並發出 500 張兌換券。公司 ×1 年12月、×2 年第1季末及 ×2 年第2季末預期將有 80% (400 張)、80% 及 90% (450 張) 的兌換券被使用；且 ×2 年第1季、第2季及第3季實際兌換張數為 100 張、170 張及 200 張。

試作：×1 年 12 月、×2 年第 1 季、第 2 季及第 3 季銷貨收入之分錄。

解析

兌換券單獨售價 (每張) = ($4,000 /5) × 80% = $640
12 月新產品單獨售價 (每個) = $2,560

用單價比分攤總交易價格：
兌換券應分攤之總交易價格 = $1,280,000 × $640/($2,560 + $640) = $256,000
12 月新產品應分攤之總交易價格 = $1,280,000 × $2,560/($2,560 + $640) = $1,024,000

×1 年 12 月分錄：

現金	1,280,000	
銷貨收入 (新產品)		1,024,000
合約負債 (兌換券)		256,000

500 張兌換券總計合約負債 $256,000；第 1 季收入 = $256,000 × (已使 100 張 / 預期 400 張) = $64,000

×2 年第 1 季銷貨收入分錄如下：

合約負債	64,000	
銷貨收入		64,000

第 1 季及 2 季收入 = $256,000 × (已使用 270 張 / 預期 450 張) = $153,600；
第 2 季收入 = $153,600 − 第 1 季已認列之收入 $64,000 = $89,600

×2 年第 2 季銷貨收入分錄如下：

合約負債	89,600	
銷貨收入		89,600

第 3 季被兌換 40 組 (200 張 / 5) 單獨售價為 $4,000 之商品，季末所有剩餘 30 張兌換券到期，所以季末剩餘之合約負債 $102,400 (= $256,000 － $153,600) 均轉列本期收入

×2 年第 3 季銷貨收入分錄如下：

合約負債	102,400	
銷貨收入		102,400

若客戶忠誠計畫為客戶每買滿 $2,560 商品 (單獨售價 $2,560)，即贈送 1 張折價券。且假設客戶購買 $2,280,000 商品，其中 $1,000,000 商品並未贈送兌換券，則該部分之分錄如下：

現金	1,000,000	
銷貨收入 (無須分攤者)		1,000,000

另外，$1,280,000 商品為有贈送兌換券，則依本釋例前述方式處理。亦即，將所有銷貨金額區分為有贈品者及無贈品者即可正確記錄。

釋例 15-33　客戶忠誠計畫：獎勵係由公司自行提供──同時出售兌換券

甲便利商店於 ×1 年第 4 季開始執行一項客戶忠誠計畫，顧客購買一個單獨售價 $26.25 之特案商品並須另外支付 $3.75 (共支付現金 $30)，商店立刻交付特案商品並另贈送 1 點兌換券。此等兌換券沒有到期日，每集滿 20 點可自 ×2 年起換取一個單獨售價 $500 之特案公仔，該特案公仔每個成本為 $280。針對此計畫，×1 年第 4 季*該商店共收取 $720,000 現金，交付特案商品並發給兌換券 24,000 點。對此計畫最終將被兌換之兌換券總點數，甲商店於 ×1 年至 ×3 年此三年底之最佳估計分別為 8,400 點、8,000 點及 6,000 點。×2 年及 ×3 年各年度累積之實際被兌換點數則分別為 2,000 點及 5,000 點。

試作：甲便利商店 ×1 年至 ×3 年應作之相關分錄。

解析

以每單位相對單獨售價分拆 $30 現金購買一個商品及一點兌換券：
每個已交付商品之單獨售價 = $26.25
每一點兌換點數單獨售價 = $500 ÷ 20 × 8,400 點 /24,000 點 = $25 × 兌換率 35% = $8.75
以相對單價分攤總交易價格 $720,000：
已交付商品應分攤之交易價格 = $720,000 × $26.25/($26.25 + $8.75) = $720,000 × 75% = $540,000
兌換券應分攤之總交易價格 = $720,000 × $8.75/($26.25+$8.75) = $720,000 × 25% = $180,000

---

* 理論上，應於每筆銷貨發生時，逐一以當時預期之被兌換總點數決定兌換券之單獨售價與應分攤對價。惟因帳務成本之考量，於編製報表時始以第一個報導期間結束日預期之被兌換總點數決定兌換券之單獨售價與應分攤對價，從而決定合約負債此項負債之衡量，應為實務上可接受之作法。

×1 年銷貨時

現金	720,000	
銷貨收入		540,000
合約負債		180,000

　　×2 年底預期尚未兌換之點數 (6,000 點) 占 ×2 年底預期之被兌換總點數 (8,000 點) 之比例 75% (6,000 點 ÷ 8,000 點)，即為 ×1 年底原認列合約負債中應持續認列之部分，故 ×2 年底合約負債之帳面金額為 $180,000 × 75% = $135,000。×1 年底合約負債 $180,000 與 ×2 年底合約負債 $135,000 之差額 $180,000 − $135,000 = $45,000 即應由合約負債中轉列為 ×2 年之銷貨收入，同時並認列 2,000 點所兌換商品帳面金額之相關費用。

×2 年兌換券兌換時

合約負債	45,000	
銷貨收入		45,000
銷貨成本	28,000	
存貨 [$280 × (2,000 ÷ 20)]		28,000

　　×3 年底尚未兌換之點數 (1,000 點) 占 ×3 年底預期之被兌換總點數 (6,000 點) 之比例 1/6 (= 1,000 點 ÷ 6,000 點)，即為 ×1 年底原認列合約負債中應持續認列之部分，故 ×3 年底合約負債之帳面金額為 $180,000 × 1/6 = $30,000。×2 年底合約負債 $135,000 與 ×3 年底合約負債 $30,000 之差額 $135,000 − $30,000 = $105,000 即應由合約負債中轉列為 ×3 年之銷貨收入，同時並認列 3,000 點可兌換商品帳面金額之相關費用。

×3 年兌換券兌換時

合約負債	105,000	
銷貨收入		105,000
銷貨成本	42,000	
存貨 [$280 × (3,000 ÷ 20)]		42,000

釋例 15-34　客戶忠誠計畫：獎勵係由第三方提供且公司係為其本身收取獎勵積分之對價

　　甲零售商於 ×1 年參與由一家航空公司經營之客戶忠誠計畫。顧客每購買 $100 商品，即贈送 1 點，顧客可用點數向航空公司兌換航空旅程，每一點數可兌換旅程之單獨售價為 $10，甲零售商預先購入 900 點旅程，每一點數支付 $8 予航空公司，若實際兌換點數超過 900 點，須另向航空公司以每一點數 $8 增加購買，此等兌換沒有到期日。×1 年甲零售商銷貨收取之對價總計 $100,000，顧客已領取商品之單獨售價為 $91,000，並給與 1,000 點數，估計共有 900 點將參與兌換，故每一點數之單獨售價為 $9 (= $10 × 900/1,000)。×1 年共有 270 點兌換券提出兌換。依交易安排，甲零售商係為其本身收取點數之對價。

試作：甲零售商 ×1 年應作之相關分錄。

解析

　　零售商店判斷銷售 $100,000 商品時，有兩項履約義務，其中顧客在便利商店已經領取之貨品當然應認列為 ×1 年銷貨收入，而客戶未來以兌換券兌換航空旅程的履約義務部分，因為零售商係先購入航空旅程之服務，所以其為主理人，須待服務交付時才能認列銷貨收入；兩項履約義務單獨售價加總等於總對價 $100,000（= $91,000 + $9 ×1,000），無須再以相對單獨售價分攤。

　　×1 年銷貨對價中應分攤至兌換券之對價 $9,000（= $9 ×1,000）須認列為合約負債

×1 年銷貨時

現金	100,000	
銷貨收入		91,000
合約負債		9,000

　　×1 年就點數兌換之比例 30%（= 270 點 / 900 點），將合約負債轉列為收入，並認列相關費用。

×1 年點數兌換時

合約負債	2,700	
銷貨收入（$9,000 × 30%）		2,700
銷貨成本	2,160	
存貨（$8 × 270）		2,160

　　在「客戶忠誠計畫」中，若在任何時間履行提供獎勵義務之不可避免成本，預期將超過其已收及應收之對價（即原始銷售時分攤至獎勵積分之尚未被認列為收入之對價，加上客戶兌換獎勵積分時任何應收之對價），公司即有虧損性合約。此時須依 IAS 37 將此超過部分認列為負債準備。例如當公司修改其對獎勵積分將被兌換數量之預期時，即可能為提供獎勵之預期成本增加，而須認列此類負債。

釋例 15-35　客戶忠誠計畫：虧損性合約

　　沿釋例 15-33，若 ×4 年並無兌換券提出兌換，惟甲便利商店於 ×4 年底將兌換券會被兌換總點數之預期提高 1,500 點，即預期共有 7,500 點兌換券會提出兌換。

試作：甲便利商店 ×4 年底應作之相關分錄。

解析

×4 年並無兌換券兌換，故 ×4 年底合約負債之帳面金額仍為 $30,000，而估計履行剩餘 2,500 點兌換券義務之成本為 $280 × (2,500 ÷ 20) = $35,000，為一虧損性合約，故需就預期成本超過預期收入部分 $5,000 (= $35,000 − $30,000) 認列為負債準備。

×4 年 12 月 31 日

銷貨成本 (或虧損性合約損失)	5,000	
虧損性合約之負債準備		5,000

若獎勵由第三方提供且公司係代第三方收取對價 (即公司為第三方之代理人)，則其會計處理明顯不同。此時公司與獎勵積分相關之收入，係來自於提供代理服務給第三方，而非提供獎勵給獎勵積分持有者，故應在提供代理服務之期間認列收入。而在此類型之「客戶忠誠計畫」中，通常在公司給與獎勵積分時，第三方即負有提供獎勵之義務並有向公司收取對價之權利，即公司已提供代理服務而應立即認列收入。

此外，在代理關係中代委託人收取之金額並非收入，佣金方為收入。故代收之金額並不代表公司之收入，其代理業務應得之合理報酬 (即佣金)，才屬公司收入。此類公司代第三方出售獎勵積分之處理，請參考釋例 15-36。

釋例 15-36　客戶忠誠計畫：獎勵係由第三方提供，且公司係代第三方收取對價 (續釋例 15-34)

沿釋例 15-34，惟甲零售商係就發出之每一點數支付 $8 予航空公司，且每一點之單獨售價 $9。因甲零售商無須先購入航空旅程之點數，甲零售商判斷其為代理人。

試作：甲零售商 ×1 年應作之相關分錄。

解析

甲零售商就其認列為代理佣金收入，其餘經評估，甲零售商代理航空公司交付點數並收取對價此項勞務之單獨售價為 $1,000，所銷售商品之單獨售價為 $91,000。

×1 年銷貨時

現金	100,000	
銷貨收入		91,000
兌換點數代理收入*		1,000
代收款*		8,000

*代理人僅能認列代理佣金收入 $1,000 [= 1,000 × ($9 − $8)]，$8,000 為代收款。

本章習題

問答題

1. 企業認列收入的核心原則為何？企業應以哪五項步驟認列收入？
2. 企業簽訂之合約有多項履約義務時，應如何決定各履約義務之交易價格？
3. 應立即依 IFRS 15 的 5 步驟處理收入認列之客戶合約必須同時滿足哪 5 項條件？
4. 何謂可區分之商品或勞務？
5. 簡要敘述判斷「移轉該等商品或勞務之承諾依合約之內涵係可區分」時，可能考慮那些因素？
6. 甲承包商簽訂為某客戶建造並裝修休閒別墅之合約。甲承包商負責該計畫之所有管理，並辨認所承諾之各種不同商品及勞務，包括工程、整地、地基、採購、結構建造、管線及電線配置、設備安裝及完工整理。甲承包商或同業經常對客戶單獨銷售上述商品及勞務。試問該合約有幾項履約義務？
7. 甲公司與客戶簽訂合約銷售設備並為客戶安裝該設備。該設備無須任何客製化或修改即可運作，所需之安裝亦並不複雜且亦有其他公司能提供安裝服務。試問該合約有幾項履約義務？
8. 保固勞務有哪兩類型？何者可能為一項履約義務？請簡述兩者之會計處理方式。
9. 何謂變動對價，其估計值有何限制？企業應於何時估計變動對價？何時再作重評估？
10. 企業銷售某商品並可獲得客戶發行之普通股 10 股，此普通股公允價值變動將如何影響企業之銷貨收入及金融資產評價損益？此非現金對價是否將受估計變動對價時之「高度很有可能不需重大迴轉」限制？
11. 企業應如何將合約之交易價格分攤至各項履約義務？企業是否可能使用剩餘法估計某履約義務之單獨售價？
12. 企業之工程合約之收入認列型態分為哪兩類合約？

選擇題

1. 甲電子公司於 ×1 年 1 月 1 日與乙電器行簽訂銷售隨身碟之合約，每個售價 $200，成本 $50。但若乙電器行於該年內購買超過 1,000 個隨身碟，則合約明定每個單價將減少為 $180（並追溯至當年度已售出之前 1,000 個），並應於確定超過 1,000 台隨身碟時讓乙電器行抵繳應支付之現金。

   甲電子公司於 ×1 年第一季，銷售 80 個隨身碟予乙電器行並收取現金。甲電子公司估計，乙電器行於該年不會購買超過 1,000 個。

   試問：甲電子公司第一季應認列的銷貨收入金額為何？

   (A) $15,000　　　　　　　　　　　(B) $16,000

Chapter 15 收　入

　　(C) $18,000　　　　　　　　　　　　(D) $20,000

2. 承上題，乙電器行於 ×1 年 5 月新開設另一電器行，甲電子公司於 ×1 年第二季銷售額外 500 個隨身碟予乙電器行。甲公司估計乙電器行將於該年購買超過 1,000 個隨身碟。

　　試問：甲電子公司第二季應認列的銷貨收入金額為何？
　　(A) $88,800　　　　　　　　　　　　(B) $88,400
　　(C) $86,800　　　　　　　　　　　　(D) $86,400

3. 承上題，甲電子公司於 ×1 年第三季銷售額外 500 個隨身碟予乙電器行。

　　試問：甲電子公司第三季應收取之現金金額為何？
　　(A) $78,600　　　　　　　　　　　　(B) $78,400
　　(C) $80,600　　　　　　　　　　　　(D) $80,400

4. 甲公司於 ×1 年 11 月 1 日出售一台機器給乙公司，該機器帳列成本 $720,000，現金價為 $1,029,087。雙方約定之支付條件為乙公司於交易日當天支付現金 $80,000，餘款開立 24 張票據，自 ×1 年 12 月 1 日起每月月初付 $40,000。乙公司之單獨融資交易利率為月息 1%（票據現值 $950,072）；該票據與機器現金價間之隱含利率為月息 1.1%，即該票據以月息 1.1% 折現之現值為 $949,087。

　　試問甲公司 ×1 年度因本筆銷貨而應認列之銷貨之總利益為何？
　　(A) $309,087　　　　　　　　　　　(B) $310,791
　　(C) $328,769　　　　　　　　　　　(D) $329,642

5. 提供隨時間逐步履約之勞務的交易而言，下列說明何者錯誤？

完工比例法	成本回收法
(A) 適用於交易結果無法合理衡量之情況	適用於交易結果無法合理衡量之情況
(B) 收入應於勞務提供期間內認列	僅在已認列工程成本的可回收範圍內認列收入
(C) 估計總成本如有變動應作為會計估計變動	已發生的成本應於當期認列工程成本
(D) 收入認列後帳款若預期無法收現應認列預期信用損失	不可認列超過成本以外的收入，但全部勞務提供完成時或改以完工比例法後除外

6. 甲公司為一手機製造商，預計於 101 年 7 月發表新型手機 A 款與 B 款，由於市場對該兩款手機評價相當好，為因應消費者需求，甲公司於 101 年 6 月 1 日與乙客戶訂立一個銷貨合約，約定甲公司應於 7 月 1 日及 8 月 1 日將 A 款與 B 款分別完成出貨，約定之價款為 A 款手機 $600,000 及 B 款手機 $800,000；支付條件為 B 款手機交貨後，才能要求乙客戶在 1 個月後一次支付總價款。兩款新型手機於 6 月 30 日生產完成，並依約分別於 7 月 1 日及 8 月 1 日出貨。則甲公司應於何時認列 A 款手機之銷貨收入？

(A) 6月1日 (B) 6月30日
(C) 7月1日 (D) 8月1日

7. (承上題) 甲公司 7 月 31 日帳上與前述手機銷售之合約資產及應收帳款餘額分別為

(A) $0；$600,000 (B) $600,000；$0
(C) $1,400,000；$600,000 (D) $600,000；$1,400,000

8. 丙公司於 ×1 年 1 月 1 日與客戶簽約以 $700 出售 A、B 及 C 三項可區分之商品，並約定丙公司須於 ×1 年 2 月 1 日移轉對 A 商品之控制予客戶，於 ×1 年 3 月 1 日移轉對 B 及 C 商品之控制予客戶，客戶則於 ×1 年 3 月 31 日支付 $700。丙公司經常以 $300 單獨銷售 A 產品，但 B 及 C 產品之單獨售價則不可直接觀察而須加以估計。甲公司以調整市場評估法與預期成本加利潤法分別估計 B 及 C 商品於 ×1 年 1 月 1 日之單獨售價為 $300 及 $100。試作丙公司應分別於 ×1 年 2 月 1 日和 ×1 年 3 月 1 日認列多少收入？

(A) $400；$300 (B) $ 0；$700
(C) $300；$400 (D) $525；$175

9. 甲公司在一銷售合約中將 A、B 及 C 商品以 $399 之價格打包在一起出售，惟甲公司經常個別地單獨銷售 A、B 及 C 三項商品，故其單獨售價均係直接觀察而得，且甲公司經常以 $199 一起銷售 B 及 C 商品。另 A、B 及 C 商品的單獨報價分別為 $200、$180 及 $120。

試問分攤至 A、B 及 C 商品的銷貨收入應分別為多少？

	A	B	C
(A)	$159.6、	$143.64、	$95.76
(B)	$99、	$180、	$120
(C)	$200、	$119.4、	$79.6
(D)	$200、	$180、	$19

10. 甲公司於 ×1 年 7 月 1 日簽訂一項工程合約，該合約之履約義務係隨時間逐步履約者。合約總價款為 $4,800,000，其餘相關資料如下：

×1 年已發生工程成本	$800,000
預期很有可能回收之成本	680,000
×1 年已開立帳單金額	600,000
×1 年已收款金額	450,000

甲公司對工程完成程度無法合理衡量，試問甲公司 ×1 年應認列之工程利潤或損失為何？

(A) $0 (B) $(120,000)
(C) $(200,000) (D) $(350,000)

11. 甲公司於 ×3 年承包一長期建造工程，其合約義務為隨時間逐步履約之義務，工程總價為 $2,000,000，至 ×5 年底完工比例為 40%，×6 年當年度續投入工程成本 $300,000，至 ×6 年底完工比例為 60% 且累計請款金額為 $100,000（完工比例採工程成本比例）。各年皆預期此工程合約並無損失，且累積之請款金額及累積之收款金額各為 $1,000,000 及 $900,000，則 ×6 年度損益表上工程毛利與 ×6 年底「合約資產」之金額分別為：
    (A) $50,000 與 $100,000
    (B) $50,000 與 $400,000
    (C) $100,000 與 $300,000
    (D) $100,000 與 $400,000　　【101 年高考─會計改編】

12. 甲公司於 ×3 年初以固定價格 $500,000 承包一項建造合約，該合約之履約義務係隨時間逐步履約者，並預定以 3 年期間完成工程。×3、×4 年相關資料如下：

	×3 年	×4 年
本期發生與未來活動相關之合約成本	$ 0	$50,000
本期發生已完成工作之合約成本	$100,000	$200,000
估計總合約成本	$400,000	$400,000
至今完成程度	?	?
當年度工程進度請款金額	$150,000	$250,000
實際收款金額	$120,000	$200,000

    甲公司以至今完工已發生合約成本，占估計總合約成本之比例衡量建造合約完成程度，並假設「本期發生與未來活動相關之合約成本」將來很有可能回收。試問 ×4 年底完工比例為何？
    (A) 87.5%
    (B) 75%
    (C) 62.5%
    (D) 50%

13. 沿上題，試計算 ×4 年底合約資產或負債之金額：
    (A) $25,000（合約資產）
    (B) $375,000（合約資產）
    (C) $100,000（合約負債）
    (D) $500,000（合約負債）

14. 東雲圖書公司於 ×8 年 10 月 1 日將 200 冊圖書委予西晴書局代為銷售，約定銷售期間 2 個月。該批圖書每冊售價為 $250，每冊成本為 $180，合約規定西晴書局每銷出一冊得收取佣金 $10。代銷期間內，西晴書局共銷出 150 冊，東雲圖書公司於 11 月 30 日收回書款與剩餘圖書，並支付西晴書局佣金。試問東雲公司於 10 月 1 日認列多少銷貨收入？
    (A) $37,500
    (B) $36,000
    (C) $1,500
    (D) $0

15. 承上題，東雲公司至 11 月 30 日應認列多少銷貨收入？
    (A) $37,500
    (B) $36,000
    (C) $1,500
    (D) $0

16. ×1年12月1日，甲公司推出促銷活動，凡於12月以 $1,280 現金購買單獨售價每個 $1,280 的新產品即免費贈送 1 張兌換券，每 10 張兌換券可於 ×2 年 1 至 9 月兌換單獨售價 $4,000 之商品。甲公司 12 月銷售新產品 $1,280,000，該批新產品單獨售價為 $1,280,000，並發出 1,000 張兌換券。公司預期將有 80% 的兌換券被使用，則兌換券應分攤之交易價格為何？

    (A) $400,000　　　　　　　　　(B) $320,000
    (C) $256,000　　　　　　　　　(D) $128,000

17. 承上題，×2 年第 1 季甲公司客戶使用 200 張兌換券，則甲公司第 1 季應認列多少收入？

    (A) $100,000　　　　　　　　　(B) $80,000
    (C) $64,000　　　　　　　　　 (D) $32,000

18. 承上題，×2 年第 2 季甲公司客戶使用 340 張兌換券，公司預期客戶總計將使用 90% 之兌換券，則甲公司第 2 季應認列多少收入？

    (A) $54,000　　　　　　　　　 (B) $89,600
    (C) $108,000　　　　　　　　　(D) $132,800

19. 承上題，×2 年第 3 季甲公司客戶使用 500 張兌換券，則甲公司第 3 季應認列多少收入？

    (A) $108,000　　　　　　　　　(B) $99,400
    (C) $64,000　　　　　　　　　 (D) $52,800

20. ×1年12月1日，甲公司推出促銷活動，凡於 12 月購買當月上市之新產品每滿 $12,800 即贈送 1 張折價券，每 1 張折價券可於 ×2 年 1 至 9 月以 25% 之折扣購買 $6,000 以下之商品，但該折價券不得與公司其他優惠活動併用。甲公司 12 月銷售新產品 $1,280,000，該批新產品單獨售價為 $1,280,000，並發出 100 張折價券。公司預期 80% 折價券將被使用，且平均每張折價券將被用以購買 $20,000 商品，此外公司將在 ×2 年度對每一種商品給予 5% 折扣，則兌換券應分攤之交易價格為何？

    (A) $400,000　　　　　　　　　(B) $320,000
    (C) $256,000　　　　　　　　　(D) $128,000

21. 承上題，×2 年第 1 季甲公司客戶使用 20 張折價券，以現金 $340,000 購買原價 $410,000 的商品，則甲公司第 1 季應認列多少收入？

    (A) $440,000　　　　　　　　　(B) $420,000
    (C) $404,000　　　　　　　　　(D) $372,000

22. 承上題，×2 年第 2 季甲公司客戶使用 34 張折價券購買商品並支付現金 $700,000 購買商品，公司預期客戶總計將使用 90% 之折價券 (90 張)，則甲公司第 2 季應認列多少收入？

    (A) $754,000　　　　　　　　　(B) $789,600
    (C) $808,000　　　　　　　　　(D) $832,800

23. 承上題，×2 年第 3 季甲公司客戶使用 52 張折價券並支付現金 $1,100,000 購買商品，則甲公司第 3 季應認列多少收入？

(A) $1,208,000　　　　　　　　　(B) $1,199,400
(C) $1,164,000　　　　　　　　　(D) $1,152,800

練習題

1. 【變動對價——附退貨權之銷貨】小明音樂公司於 ×1 年 9 月 1 日收取款項 $10,000 後運送 100 張唱片予小美唱片行，並移轉對該批唱片之控制予小美唱片行。該批唱片每張售價為 $100，每張成本為 $50。合約規定小美唱片行 3 個月內享有退貨權，但退貨最多不得超過 25 張。至 12 月 1 日退貨權屆滿日，小美唱片行實際共退貨 15 張，小明音樂公司同日退款小美唱片行 $1,500。試於以下獨立狀況中，分析小明音樂公司於 ×1 年關於該批唱片銷售應作之分錄。假定小明音樂公司對存貨採用永續盤存制。
   (1) 該批唱片之退貨比例無法合理估計。
   (2) 該批唱片之退貨比例可合理估計為 20%，即預期退貨 20 張。

2. 【具重大財務組成部分之銷貨】台大公司於 ×1 年 1 月 1 日簽訂出售設備之合約，該設備之控制將於 ×2 年 12 月 31 日移轉予客戶，付款方式有二：其一為客戶於 ×2 年 12 月 31 日支付 $118,810，其二為客戶於 ×1 年 1 月 1 日支付 $100,000；兩種付款方式的隱含利率為 9%。甲客戶選擇於 ×1 年 1 月 1 日支付 $100,000，乙客戶選擇 ×2 年 12 月 31 日支付 $118,810。另假設台大公司與甲、乙客戶之單獨財務融資交易利率均為 6%。

   試作：台大公司相關分錄。

3. 【銷貨收入之認列——非現金對價】甲公司於 ×1 年 1 月 1 日與客戶簽約出售 B 產品與 C 產品。B 產品售價 $3,000，C 產品售價 $9,000，合約約定客戶以其本身發行之普通股 1,500 股 (×1 年 1 月 1 日每股公允價值 $8) 支付對價。甲公司依約於 ×1 年 2 月 1 日移轉對 B 產品之控制予客戶，於 ×1 年 3 月 1 日移轉對 C 產品之控制予客戶，並於 ×1 年 3 月 10 日收到客戶之普通股 1,500 股 (分類為透過損益按公允價值衡量之金融資產)。若該普通股 ×1 年 2 月 1 日、×1 年 3 月 1 日、×1 年 3 月 10 日與 ×1 年 3 月 31 日之每股公允價值分別為 $10、$4、$12 與 $18，試作甲公司之相關分錄。

4. 【變動對價之分攤——權利金】甲公司於 ×1 年 1 月 1 日與客戶簽訂兩項智慧財產授權 (A 及 B 授權) 之合約，依合約 A 授權之控制係於 ×1 年 1 月 1 日移轉予客戶，B 授權之控制係於 ×1 年 3 月 1 日移轉予客戶。A 授權及 B 授權於 ×1 年 1 月 1 日之單獨售價分別 $2,000 與 $3,000。合約中明定 A 授權之價格為固定金額 $1,500，B 授權之價格為客戶使用 B 授權所生產產品之未來銷售金額之 5% (即變動對價)，甲公司於 ×1 年 1 月 1 日估計此以銷售基礎計算之權利金為 $6,200。甲公司於 ×1 年 1 月 1 日自客戶收取 $1,500，另 ×1 年 3 月至 5 月之每月月底實際自客戶收取當月之權利金分別為 $800、$1,000 與 $1,200。

甲公司判定，將變動對價完全分攤至 B 授權，並非合理之交易價格分攤。試作甲公司 ×1 年 1 月至 5 月之相關分錄。

5. 【交易價格之分攤】甲公司於 ×1 年 1 月 1 日與客戶簽約以 $210 出售 A、B 及 C 三項可區分之商品，並約定甲公司須於 ×1 年 2 月 1 日移轉對 A 商品之控制予客戶，於 ×1 年 3 月 1 日移轉對 B 及 C 商品之控制予客戶，客戶則於 ×1 年 3 月 31 日支付 $210。無可觀察證據顯示此合約之折扣僅與一或兩項 (但非三項) 商品有關。A、B 及 C 三項商品於 ×1 年 1 月 1 日之相對單獨售價分別為：$80、$90 及 $130；於 ×1 年 2 月 1 日之相對單獨售價分別為：$80、$90 及 $130。

   試作：甲公司之相關分錄。

6. 【交易價格之分攤】甲公司在一銷售合約中將 A、B 及 C 商品以 $799 之價格打包在一起出售，惟甲公司經常個別地單獨銷售 A、B 及 C 三項商品，故其單獨售價均係直接觀察而得，且甲公司經常以 $400 一起銷售 B 及 C 商品。另 A、B 及 C 商品的單獨報價分別為 $399、$300 及 $200。試將 $799 總對價分攤至 A、B 及 C 商品。

7. 【分期付款銷售】奔馳汽車公司於 ×1 年初以零利率方式出售一輛貨車 $1,000,000 予乙公司，乙公司將於未來 5 年每年底支付貨車價款 $200,000。該貨車已過戶並交付予乙公司，惟奔馳汽車公司為保障到期金額之收現性，要求乙公司將該貨車設定質權予奔馳汽車公司。奔馳汽車公司於銷售類似貨車時，若買方一次付清價款，其售價為 $842,473 (隱含利率 6%)。乙公司之單獨財務融資交易利率 8% (現值 $798,542)。

   試作：奔馳汽車公司 ×1 年應作之分錄。

8. 【建造合約——完工比例法】強固工程公司於 ×1 年初以固定價格 $500,000 承包一項建造合約，預定 2 年完成該工程。該合約之履約義務係隨時間逐步滿足且其結果能可靠估計，其 ×1、×2 年相關資料如下：

	×1 年	×2 年
本期發生已完成工作之合約成本	$180,000	$200,000
估計總合約成本	400,000	380,000
工程進度請款金額	350,000	150,000
實際收款金額	300,000	200,000

   強固工程公司以至今完工已發生合約成本占估計總合約成本之比例衡量完成程度，試作強固工程公司 ×1、×2 年與該建造合約相關之分錄。

9. 【建造合約——完工比例法】沿練習題 8，試計算強固工程公司 ×1 及 ×2 年度綜合損益表中應表達之工程收入、工程成本及工程利潤 (損失) 金額，以及 ×1 及 ×2 年 12 月 31 日合約資產 (合約負債) 金額？

10. **【建造合約——成本回收法】**保利新工程公司於 ×1 年初以固定價格 $500,000 承包一項建造合約，預定 2 年完成該工程。該合約之履約義務係隨時間逐步滿足且其結果不能可靠估計，但各期均預期發生之合約成本很有可能回收。其 ×1、×2 年相關資料如下：

	×1 年	×2 年
本期發生已完成工作之合約成本	$180,000	$200,000
工程進度請款金額	350,000	150,000
實際收款金額	300,000	200,000

試作：保利新工程公司 ×1、×2 年與該建造合約相關之分錄。

11. **【建造合約——成本回收法】**沿練習題 10，試計算保利新工程公司 ×1 及 ×2 年度綜合損益表中應表達之工程收入、工程成本及工程利潤（損失）金額，以及 ×1 及 ×2 年 12 月 31 日合約資產（合約負債）金額？

12. **【客戶忠誠計畫——獎勵係由公司自行提供】**快活便利商店於 ×1 年執行一項客戶忠誠計畫，顧客每購買 $50 商品，即贈送 1 點的兌換券，每集滿 10 點可換取該商店商品，每一點兌換券可兌換商品之帳面金額為 $2，每一點兌換券可兌換商品之單獨售價為 $3，此等兌換券沒有到期日。×1 年該商店共售出 $200,000 商品（該等商品之 單獨售價為 $200,000），並發出 3,600 點之兌換券，預期有 2,700 點兌換券會被兌換。×1 年共有 1,800 點兌換券提出兌換。

試作：快活便利商店 ×1 年應作之相關分錄。

13. **【客戶忠誠計畫——獎勵係由公司自行提供】**沿練習題 12，若 ×2 年第 1 季並無兌換券提出兌換，惟快活便利商店於 ×2 年第 1 季末將兌換券會被兌換總量之預期提高 800 點，即預期 3,500 點兌換券會提出兌換，快活便利商店估計其履行剩餘兌換券義務之成本為 $5,000。

試作：快活便利商店 ×2 年第 1 季末應作之相關分錄。

14. **【客戶忠誠計畫——獎勵係由第三方提供且公司係為其本身收取獎勵積分之對價】**大大旅館於 ×1 年參與由一家航空公司經營之客戶忠誠計畫。客戶每消費 $20，即贈送紅利積點 1 點，客戶可用紅利積點點數向航空公司兌換航空旅程，每一點數可兌換旅程之單獨售價為 $1，大大旅館就兌換之每一紅利點數支付 $0.6 予航空公司，此等兌換沒有到期日。×1 年大大旅館收取之對價總計 $2,000,000，客戶已消費商品單獨售價為 $1,920,000 並給與 100,000 點數，估計共有 80,000 點參與兌換，故每一點數之單獨售價為 $0.8（= $1 × 80,000 / 100,000）。×1 年共有 60,000 點紅利點數提出兌換。依合約協議內容，大大旅館係為其本身收取點數之對價。

試作：大大旅館 ×1 年應作之相關分錄。

15. 【**合約負債**】×1 年 1 月 1 日，甲公司與客戶簽訂一 A 存貨之銷售合約，合約單價 $100，若於 ×1 年 12 月 31 日前，客戶購買超過 100 單位，則 ×1 年所有購貨均減價退回 $10，並於 ×2 年 1 月 31 日支付應有之減價。甲公司根據過去銷貨經驗，判斷每年該客戶均將購買超過 100 單位。請作下列交易之分錄：

    (1) ×1 年交付 A 存貨 200 單位，並請款 $20,000。後續收現之分錄省略。
    (2) ×1 年 12 月 31 日減價金額確定。

16. 【**權利金**】蘋果公司將其手機面板觸控模組專利授權予百樂公司使用，雙方於 ×1 年 10 月 31 日簽訂手機面板觸控模組專利授權使用合約，合約中約定百樂公司於簽約日須支付蘋果公司 $3,750,000 權利金，並於專利授權期間內自 ×2 年 1 月 1 日至 ×4 年 12 月 31 日止，每一年底依據百樂公司該年度之手機生產數量支付每支手機 $5 權利金予蘋果公司，每年底按生產數量計算之權利金，百利公司應於次年度 1 月 31 日支付。各年度百樂公司手機生產數量如下：

	×2 年度	×3 年度	×4 年度
生產數量	300,000	450,000	250,000

    試作：蘋果公司前述手機面板觸控模組專利授權合約之權利金收入相關分錄。

應用問題

1. 【**建造合約──完工比例法──虧損性合約**】達建工程公司於 ×1 年初以固定價格 $500,000 承包一項建造合約，預定 3 年完成該工程。該合約之結果能可靠估計，其 ×1、×2、×3 年相關資料如下：

	×1 年	×2 年	×3 年
本期發生與未來活動相關之合約成本（非為專門為該合約製造之材料）*	$ 50,000	$ 0	$ 0
本期發生與未來活動相關之合約成本（專門為該合約製造之材料）	0	30,000	0
本期發生已完成工作之合約成本	120,000	235,000	35,000
估計總合約成本	400,000	550,000	470,000
工程進度請款金額	150,000	200,000	150,000
實際收款金額	120,000	180,000	200,000

    * ×1 年發生之與未來活動相關之合約成本(非為專門為該合約製造之材料) $50,000，其相關部分已於 ×3 年完成。此 $50,000 未計入 ×3 年發生已完成工作之合約成本 $35,000 中。

    達建工程公司以至今完工已發生合約成本占估計總合約成本之比例衡量完成程度。

試作：達建工程公司 ×1、×2、×3 年與該建造合約 (履約義務係隨時間逐步滿足) 相關之分錄，並計算達建工程公司 ×1、×2、×3 年度綜合損益表中應表達之工程收入、工程成本及工程利潤 (損失) 金額，以及 ×1、×2、×3 年資產負債表合約資產 (合約負債) 金額。

2. **【建造合約──成本回收法──虧損性合約】** 穩建工程公司於 ×1 年初以固定價格 $500,000 承包一項建造合約，預定 3 年完成該工程。惟該合約之結果不能可靠估計，但各期均預期發生之合約成本很有可能回收，且 ×1 年預期合約總收入超過合約總成本，×2 年預期合約總成本超過合約總收入 $50,000，其 ×1、×2、×3 年相關資料如下：

	×1 年	×2 年	×3 年
本期發生與未來活動相關之合約成本 (非為專門為該合約製造之材料)*	$ 50,000	$ 0	$ 0
本期發生與未來活動相關之合約成本 (專門為該合約製造之材料)	0	30,000	0
本期發生已完成工作之合約成本	120,000	235,000	35,000
工程進度請款金額	150,000	200,000	150,000
實際收款金額	120,000	180,000	200,000

* ×1 年發生之與未來活動相關之合約成本 (非為專門為該合約製造之材料) $50,000，其相關部分已於 ×3 年完成。此 $50,000 未計入 ×3 年發生已完成工作之合約成本 $35,000 中。

試作：穩建工程公司 ×1、×2、×3 年與該建造合約 (履約義務係隨時間逐步滿足) 相關之分錄，並計算穩建工程公司 ×1、×2、×3 年度綜合損益表中應表達之工程收入、工程成本及工程利潤 (損失) 金額，及 ×1、×2、×3 年資產負債表合約資產 (合約負債) 金額。

3. **【發展客製化軟體之收入】** 凌誠科技公司從事客製化軟體開發服務，於 ×1 年 1 月 1 日以總價款 $3,000,000 簽訂 ERP 軟體開發合約 (履約義務係隨時間逐步滿足)，合約約定軟體開發期間為 2 年。其 ×1、×2 年相關資料如下：

	×1 年	×2 年	合計
每年實際發生費用	$1,500,000	$1,000,000	$2,500,000
估計尚需投入之成本	900,000	—	—
分期請款金額	1,200,000	1,800,000	3,000,000
實際收款金額	800,000	2,000,000	2,800,000

情況一：若凌誠科技公司對此長期勞務合約之交易結果能可靠估計，故採完工比例法處理，並依 ERP 軟體之完成比例計算完成程度，×1 年底此 ERP 軟體的完成程度

為 45%，試計算 ×1 年及 ×2 年每年底應認列之勞務收入及費用，並作必要之分錄。

情況二：若凌誠科技公司對此長期勞務合約之交易結果能可靠估計，故採完工比例法處理，並依 ERP 軟體之已發生成本占估計總成本之比例計算完成程度，試計算 ×1 年及 ×2 年每年底應認列之勞務收入及成本，並作必要之分錄。

情況三：若凌誠科技公司對此長期勞務合約之交易結果不能可靠估計，但各期均預期發生之合約成本很有可能回收，試計算 ×1 年及 ×2 年每年底應認列之勞務收入及成本，並作必要之分錄。

4. **【商品銷售及延長保固】** 百利電腦公司主要業務為筆記型電腦之銷售，15 吋之筆記型電腦售價為 $36,380（並附加 1 年之產品保固服務），前述免費附加之 1 年期產品保固服務負債之現時義務為 $1,820。消費者可以在免費之 1 年產品保固期間屆滿前以 $6,420 購買 2 年期之延長保固服務，消費者亦可於購買該筆記型電腦時同時加購 2 年之延長保固服務，則前述 15 吋之筆記型電腦及 2 年之延長保固服務合購之優惠售價為 $39,200。×1 年至 ×3 年相關保固支出皆為 $1,820。

試作：百利電腦公司 ×1 年 1 月 1 日銷售一台 15 吋筆記型電腦並附加 2 年之延長保固服務之相關分錄。(不考慮折現值)

5. **【商品銷售及勞務銷售】** 金榜補習班主要業務為高普考、研究所及會計師考試補習班，金榜補習班課程分為函授課程及面授課程兩種。會計師函授課程售價 $30,000，函授課程包括會計師考試教學光碟全套及會計師考試講義全套；1 年期會計師面授課程售價 $60,000，包括 1 年期不限上課次數之會計師考試面授課程；2 年期會計師面授課程售價 $80,000，包括 2 年期不限上課次數之會計師考試面授課程；3 年期會計師面授課程售價 $90,000，包括 3 年期不限上課次數之會計師考試面授課程。金榜補習班為慶祝成立 20 週年，特推出會計師函授課程加 3 年期會計師面授課程之週年慶限時優惠專案價格 $100,000。

試作：×1 年 1 月 1 日，一位學員支付 $100,000 現金，參加金榜補習班前述會計師考試函授加 3 年期面授課程優惠專案，試作 ×1 年、×2 年及 ×3 年相關分錄。

6. **【客戶忠誠計畫之收入認列】** 甲連鎖超商 ×1 年 12 月開始採行一客戶忠誠計畫，顧客每購買商品達 $80，即贈送 1 點的兌換券，每集滿 20 點自 ×2 年起可向甲連鎖超商兌換特定商品，該等兌換券沒有到期日。就每一點兌換券而言，其可兌換之特定商品係甲連鎖超商以 $15 購入，若未用於兌換得以單獨售價 $20 出售。×1 年 12 月該甲連鎖超商銷貨收入 $50,000,000，其中之 $40,000,000 共搭配贈送客戶 500,000 點之兌換券。對此計畫最終將被兌換之兌換券總點數，甲連鎖超商於 ×1 年至 ×3 年此 3 年底之最佳估計分別為 450,000 點、400,000 點及 450,000 點；×2 年及 ×3 年各年度累積之實際被兌換點數則分別為 200,000 點及 350,000 點。

試作：關於該兌換券，甲連鎖超商於 (不考慮所得稅之影響)

(1) ×1 年底認列該兌換券相關負債時，每一點兌換券相關負債之金額。
(2) ×2 年底與 ×3 年底應認列之負債總金額。
(3) ×2 年與 ×3 年應認列之收入總金額。　　　　　　　〔改編自 103 年原住民特考〕

7. 【附退貨權之銷貨──退貨比例無法合理估計】方神出版社於 ×1 年 10 月 1 日運送 10,000 本偵探小說予銀石堂書店，批發價每本 $100，成本每本 $60。合約規定銀石堂書店必須於 10 月底就貨款 40% 付現，其餘 60% 開立三個月期票，且三個月內未售出之書籍可退回，由於書籍退回情況無法合理估計，屆時銀石堂書店將另開即期支票換回期票。方神出版社於 10 月 31 日收現 $400,000 及三個月期票 $600,000。銀石堂書店於每月底提供方神出版社當月份銷售資料如下：10 月 31 日 3,000 本，11 月 30 日 4,000 本，12 月 31 日 1,500 本。×2 年 1 月 1 日退貨期屆滿，銀石堂書店依約退回未售出之書籍並開立即期支票換回期票。

試作：方神出版社 ×1 年 10 月 1 日至 ×2 年 1 月 1 日相關之分錄。　〔改編自 102 年會計師〕

8. 【附退貨權之銷貨──退貨比例可合理估計】甲公司於 ×4 年 7 月 1 日運送 50,000 張遊戲光碟予經銷商，該批遊戲光碟之所有權於運送時已移轉予經銷商，批發價每張 $120，成本每張 $80。合約規定經銷商須於 7 月底就全部貨款金額之 50% 付現，另 50% 開立 6 個月期票。甲公司與經銷商訂有保證條款，約定僅出貨量之五分之一享有退貨權，估計退貨比例為享有退貨權之 25%。另經銷商亦於每月底提供甲公司當月之銷售資料。經銷商 ×4 年之銷貨情況如下：7 月份 15,000 張，8 月份 5,000 張，9 月份 12,000 張，10 月份 8,000 張，11 月份 5,000 張，12 月份 3,000 張。×5 年 1 月 1 日退貨期屆滿時，經銷商退回 2,000 張遊戲光碟並支付現金，取回不計息之原期票。

試作：甲公司 ×4 年 7 月 1 日至 ×5 年 1 月 1 日之相關分錄。　〔改編自 103 地特三等會計〕

9. 【客戶忠誠計畫】松山信用卡公司（以下簡稱松山公司）參與由文山航空公司運作之客戶忠誠計畫。松山公司對參與該計畫之會員刷卡消費每 $100，即給與一個航空里程點數，會員可用點數向文山航空公司兌換航空里程。松山公司估計每一個航空里程點數之單獨售價為 $0.1，會員向文山航空公司兌換航空里程時，松山公司需支付文山航空公司每一個航空里程點數 $0.08。松山公司估計提供刷卡消費 $100 之服務之單獨售價為 $2.9。
×2 年度，松山公司之會員消費金額總計 $600,000,000，松山公司對刷卡金額的請款收取 3% 手續費，並給與會員 6,000,000 個航空里程點數。松山公司依過去經驗估計，×2 年度給與會員的所有航空里程點數將於 ×3 年度全部兌換。

試作：依下列二種情況分別作松山公司與該客戶忠誠計畫相關之所有分錄。

(1) 松山公司為該客戶忠誠計畫之主理人，且信用卡刷卡服務之單獨售價通常具高度變動性，公司以剩餘法認列刷卡手續費收入。
(2) 松山公司係代文山航空公司收取對價，松山公司在給與點數後即已履行對客戶之義務，文山航空公司有義務提供里程兌換。　〔改編自 103 年高考三等會計〕

10. 【客戶忠誠計畫】×1年12月，甲公司以 $100 現金銷售 A 產品，並給客戶一張折扣券，可於 ×2年1月以 40% 之折扣購買不超過 $100 商品。公司計畫於 ×2年1月對所有商品提供 10% 之折扣，但該 10% 折扣不可與該 40% 折扣券併用。公司於 ×1年12月共計銷售 A 產品 1,000 個，並預計將有 80% 客戶使用折扣券且平均將購買 $50 商品。×2年1月現金銷貨收入 $200,000，在下列兩情況下，試作 ×1年及 ×2年之相關分錄 (無須作存貨及銷貨成本相關分錄)：

    (1) ×2年客戶 70% 使用折扣券且平均購買 $40 (使用折扣券折抵金額低於預期)。
    (2) ×2年客戶 90% 使用折扣券且平均購買 $60 (使用折扣券折抵金額超過預期)。

11. 【建造合約】甲公司承包一項工程合約 (履約義務係隨時間逐步滿足)，×1年初開工，預計 4 年完工，合約總價 $3,000,000，其相關資料如下：

	×1年	×2年	×3年	×4年
當年發生之工程成本	$300,000	$1,100,000	$863,000	$827,000
預計完工尚需投入之成本	2,200,000	1,400,000	837,000	0
當年請款數	500,000	1,100,000	500,000	900,000
實際收款數	400,000	800,000	700,000	1,100,000

    試作：
    (1) 計算完工百分比法下，×1年至 ×4年各年度應認列之工程 (損) 益，以及相關分錄。
    (2) 若甲公司對於合約結果無法可靠估計，但已知 ×1年、×2年及 ×3年底止，預期很有可能回收之成本分別為 $400,000、$1,200,000，以及 $2,363,000，試計算成本回收法下，×1年至 ×4年各年度應認列之工程 (損) 益以及相關分錄。
    (3) 分別按完工百分比法及成本回收法列示 ×2年及 ×3年底財務狀況表中有關該工程之表達。

    [改編自 101 年地特三等會計]

12. 【合約負債】×1年1月1日，甲公司與 A 客戶簽訂可取消之商品銷售合約。客戶應於 ×1年3月31日支付現金 $10,000，甲公司則應於 ×1年9月30日交付商品。客戶延至 ×1年6月30日交付現金 $10,000，甲公司則於 ×1年9月30日移轉商品控制權給客戶。另假設甲公司與 B 客戶間發生完全相同交易，但與 B 客戶之合約為不可取消合約。

    試問：
    (1) ×1年3月31日甲公司應收帳款及合約負債之餘額各為若干？
    (2) ×1年6月30日甲公司應收帳款及合約負債之餘額各為若干？

個案研討

1. 【非現金對價——公允價值因對價之形式而產生】甲公司於 ×1年1月1日與客戶簽約出

售 A 產品與 B 產品。A 產品售價 $4,000，B 產品售價 $6,000，合約約定客戶以其本身發行之普通股 1,000 股 (×1 年 1 月 1 日每股公允價值為 $10) 支付取得 A 產品與 B 產品之價款。甲公司依合約約定於 ×1 年 2 月 1 日移轉對 A 產品之控制予客戶，於 ×1 年 3 月 1 日移轉對 B 產品之控制予客戶，並於 ×1 年 3 月 10 日依約收取客戶之普通股 1,000 股 (分類為透過損益按公允價值衡量之金融資產)。若該普通股 ×1 年 2 月 1 日、×1 年 3 月 1 日、×1 年 3 月 10 日與 ×1 年 3 月 31 日之每股公允價值分別為 $12、$6、$11 與 $15。

試作：甲公司之相關分錄。

2. **【退貨權與合約中存在之重大財務組成部分】** 甲公司於 ×1 年 10 月 1 日與客戶簽訂合約出售產品並移轉對該產品之控制。合約明定客戶於 ×2 年 9 月 30 日支付 $121，並允許客戶於 ×2 年 1 月 1 日以前可以退回該產品。該產品之現銷價格 $100，成本 $80。

試作：下列兩情況下於簽約時、×1 年底時與 ×2 年 1 月 1 日退貨權屆滿時甲公司之相關分錄。

(1) 該產品係新上市，故甲公司於 ×1 年 1 月 1 日無法合理預期其退貨情況。再分為：(1a) 客戶於退貨權屆滿時退回該產品。(1b) 客戶於退貨權屆滿時並未退回該產品。

(2) 甲公司於 ×1 年 1 月 1 日合理預期客戶不會退貨。再分為：(2a) 客戶於退貨權屆滿時退回該產品。(2b) 客戶於退貨權屆滿時並未退回該產品。

Chapter 16 租賃會計

學習目標

研讀本章後,讀者可以了解:
1. 租賃之定義
2. 租賃之主要條款與常見內容
3. 租賃之定義與辨識租賃
4. 租賃期間之評估與重評估
5. 出租人之會計處理
6. 承租人之會計處理
7. 不動產租賃之分類及判斷指標
8. 售後租回之會計處理
9. 租賃修改之會計處理
10. 租賃轉租之會計處理

本章架構

租賃會計
- 租賃之定義與優點
  - 定義
  - 優點
- 租約之重要內容與常見條款
  - 內容
  - 常見條款
- 租賃辨認
  - 已辨認資產
  - 使用之控制權
- 租賃期間
  - 期間之評估
  - 期間之重評估
  - 期間之變動
- 承租人之會計處理
  - 使用權資產
  - 租賃負債
- 出租人之會計
  - 融資租賃
  - 營業租賃
- 不動產租賃
  - 分類
  - 判斷
  - 指標
- 附錄
  - 售後租回
  - 租賃修改
  - 轉租

微軟購電交易之會計處理

  2012 年綠色和平組織抗議微軟旗下資料中心能源發電方式，使用骯髒能源 (dirty energy) 嚴重污染環境，微軟將龐大電腦設備置於土地廉價、網路連線良好、電價較低的地點 (主要座落於美國懷俄明州、維吉尼亞州等地)。雖然，微軟購買碳權抵銷能源污染量，但綠色和平組織並不滿意，要求該公司必須承諾長期使用太陽能或風力等可再生能源，供應資料中心用電所需。

  自 2012 後，微軟在節能減碳上卓有成效，還因此得到美國環保署的氣候領袖獎，微軟於 2012 年實施內部碳價制度，在 2016 年，承諾透過其再生能源相關政策，擴大全球再生能源市場，特別在「以長期承諾支持再生能源市場」及「開發新的可再生能源採購方案」兩部分。2016 年 11 月為了打造更環保、更具社會責任的雲端系統，微軟持續投資再生能源，微軟宣佈公司最新簽署了兩筆風力發電購買合約，共計 237 兆瓦風力發電能力，微軟與保險組織 Allianz Risk Transfer 簽署了協議，購買其在堪薩斯的 Bloom Wind 計畫，共獲得 178 兆瓦風力發電能力，並與 Black Hills Energy 簽署長期合約，從其在微軟資料中心 (位於懷俄明州 Cheyenne) 附近的兩個風電計畫 (Happy Jack 和 Silver Sage) 購買 59 兆瓦的風電。微軟表示，新簽署的這兩個合約應該可以保證每年產出足夠的電量，支持其資料中心設備的運轉。

  微軟需判定該購電合約是否包含租賃，該購電合約是有已辨認資產？即電廠是否已被明確指定於合約中，且供電廠商是否不具有替換該指定電廠之權利。微軟是否具有該電廠使用之控制權？

章首故事引發之問題

- 租賃之會計處理對財務報表有重大影響。
- 有關微軟購電交易之會計處理為何？是否應適用 IFRS 16 租賃會計？

租賃係以使用權代替所有權，強調使用價值之交易模式，租賃對許多企業係一項重要活動。企業藉由租賃同時取得所需之資產及取得融資，並可降低企業資產所有權之暴險。租賃之盛行意味著財務報表使用者需要了解企業租賃活動之完整全貌，租賃會計處理一直是會計界爭議不斷之重要議題。租賃會計準則規範之目的，係確保租賃交易在承租人和出租人雙方財務報表上的表達符合交易的商業實質。承租人將租賃所產生之權利及義務認列為資產及負債，忠實表述承租人之資產及負債，對承租人之財務槓桿及資本運用提供較高透明度之資訊。

一般之租賃合約，其法律形式與經濟實質一致，適用國際財務報導準則第 16 號 (IFRS 16)「租賃」之規範，此為本章主要介紹之內容。但實務上，因企業間常有多樣之交易設計，使得租賃會計之適用範圍存在許多爭議，由於，依循經濟實質重於法律形式之基本精神，企業間之交易不能僅依其法律形式決定是否適用 IFRS 16 租賃會計之處理。會計準則之複雜化常因實務運作之多樣與交易設計所導致，租賃會計就是一個最貼近之實例。

> 會計準則之複雜化常因實務運作之多樣與交易設計所導致，租賃會計就是一個最貼近之實例。

學習目標 1
了解租賃之定義

16.1 租賃定義與優點

租賃係指將一項資產 (標的資產) 之使用權轉讓一段時間以換得對價之合約 (或合約之一部分)。亦即出租人 (Lessor) 將特定資產之使用權於約定期間轉讓予承租人 (Lessee)，以收取一筆款項或一

系列款項之協議。換言之，**租賃** (Leasing) 係指出租人以其所有之資產租予承租人使用，並定期向承租人收取定額或不定額 (如租金以營業額之特定比例收取) 之租金以為報酬之交易行為 (如圖 16-1 所示)。

租賃包含合約條款訂有租用人於履行協議條件後，可選擇取得該項資產所有權之資產租用合約。此類合約有時稱作**租購合約** (hire purchase contracts)。

> 租賃係將特定資產之使用權轉讓一段時間以換取對價之合約。

圖 16-1 租賃交易之本質

（出租人 ─資產使用權→ 承租人；承租人 ─現金(非現金資產)→ 出租人）

租賃為企業取得資產使用權，以替代擁有資產所有權的先進融資觀念，為當前企業金融領域中一項重要業務，是世界各國重要產業之一。許多企業之營運設備係以租賃方式進行交易。例如：設備製造 (供應) 商可透過租賃達到擴展銷售之目的，租賃公司可提供企業資金，協助企業取得資產使用權，進而增加企業資金之靈活調度；此外，透過租賃亦可達到節稅目的，國內外企業已廣泛利用租賃進行財務規劃，使得租賃市場規模不斷擴大。

對承租人而言，相對於直接購置租賃資產，透過租賃可達到許多好處，例如：(1) 理財較具彈性、百分之百融資、融資成本較低，企業無需支付租賃資產的全部價款，即可以使用資產，不致於將資金凍結在廠房設備上；(2) 投資風險降低；(3) 避免資產過時。

對出租人而言，相對於直接出售租賃資產，透過租賃可達到許多好處，例如：(1) 可賺取租金收入、利息收入，若為製造商或經銷商則可以增加產品銷路，達到間接出售資產之利潤；(2) 可取得投資抵減及加速折舊等租稅上利益；(3) 經由保證殘值之約定，得避免租賃標的價值減損之風險。

IFRS 一點通

租賃定義

看似簡單之租賃定義，因實務運作，有時需運用高度之專業判斷，例如：章首故事中微軟購電交易應依合約判斷是否應適用 IFRS 16 租賃會計。在合約成立日當天，企業應該針對合約條款與條件予以評估，以決定合約是否 (或包含) 租賃。

學習目標 2
了解租約之內容與常見條款

16.2 租約之內容與常見條款

租約交易常見之合約條款主要包括下列各項：

租賃開始日 (Commencement date)

係指出租人使**標的資產** (underlying asset) 可供承租人使用之日。又稱租賃期間開始日，即承租人有權執行租賃資產使用權之日期，該日為租賃原始認列 (即適當認列因租賃所產生之資產、負債、收益或費損) 之日。通常為租賃標的交付承租人，並開始起算租金之日。

合約成立日 (Inception date)

所謂合約成立日又稱租賃成立日 (或成立日)，即為租賃協議日或雙方對租賃主要條款及條件承諾日之較早者。

不可取消之租賃 (Non-cancellable lease)

租賃合約為確保雙方之權益，常會規定租賃交易不得任意終止或取消。「不可取消之租賃」觀念係租賃交易非常重要之條款，對租賃會計之處理有重要影響，例如，對租賃使用權資產與負債認列金額之計算有重要影響。

租賃期間 (Lease term)

租賃期間始於出租人使標的資產可供承租人使用之日 (即租賃開始日)，並包含出租人提供予承租人之任何免租金期間。租賃期間為租賃之不可取消期間，併同 (1) 租賃延長之選擇權所涵蓋之期間，

若承租人可合理確定將行使該選擇權；及 (2) 租賃終止之選擇權所涵蓋之期間，若承租人可合理確定將不行使該選擇權。

履約成本 (Executory Costs)

租賃標的之保險費、維修保養費及稅捐等費用，為伴隨租賃資產使用權及所有權而必須承擔之成本，係履行租賃合約應支付之成本。為避免租約雙方產生爭議，租賃合約中應明訂履約成本由承租人或出租人負擔，若由出租人負擔，表示租金金額已包括此使用權成本，故承租人應自租金中扣除該履約成本，剩餘金額才是該租賃標的之真正租金 (純租金) 及真正的資產租用成本。

> 履約成本係租賃資產之使用成本，不是資產租用成本。

租約到期之處理方式

租賃合約到期之處理方式，大致可分為兩類：(1) 承租人將租賃標的返還出租人，結束租賃關係；(2) 承租人行使承購權，結束租賃關係。

殘值

當承租人將租賃標的返還出租人時，租賃標的仍具有價值，即所謂估計殘值，係指假設該資產已達租賃合約到期時之年限，並處於租賃合約到期時之預期狀況，企業目前自處分該資產估計所可取得金額減除估計處分成本後之餘額，代表租賃期間結束時，租賃標的之估計公允價值。

殘值保證

有時租賃合約要求承租人須承擔部分殘值變動之風險，稱為**殘值保證** (residual value guarantees)，係指與出租人無關之一方向出租人所作之保證，保證於租賃結束日，標的資產價值 (或價值之一部分) 至少將為一特定金額。

> 估計殘值時不應考慮未來通貨膨脹之可能影響。

對承租人而言，殘值保證係指估計殘值中由承租人或其關係人保證之部分 (保證金額為在任何情況下所須支付之最大金額)；然而，對出租人而言，殘值保證係指估計殘值中由承租人或其他與出

租人無關，且有財務能力履行保證義務之第三方保證之部分。

未保證殘值

未保證殘值 (unguaranteed residual value) 係指出租人對標的資產殘值之實現未獲保證或僅有出租人之關係人保證之部分。亦即租賃標的資產在租賃期間屆滿時，估計殘值中，未經承租人或第三者 (與出租人無關者) 保證之部分。

估計殘值 ＝ 保證殘值 ＋ 未保證殘值

假設 ×1 年初甲公司向乙公司承租一部機器，租期 3 年，每年年底支付租金 $100,000。估計 ×3 年底甲公司將機器返還乙公司時，該機器之殘值估計為 $15,000，但甲公司僅提供殘值之保證 $10,000，故有未保證殘值 $5,000。最常見之保證殘值如圖 16-2 情況一所示，甲公司係保證低於 $10,000 部分之責任，故若 ×3 年底該機器之殘值大於 $10,000，則甲公司無須承擔任何補償責任，但若 ×3 年底該機器之殘值低於 $10,000 (例如 $4,000)，則甲公司須承擔 $10,000 與殘值差異部分 ($6,000) 之補償責任。另一保證殘值之方式如圖 16-2 情況二所示，甲公司係保證低於 $15,000 部分之責任，故若 ×3 年底該機器之殘值低於 $15,000，則甲公司須承擔補償責任，惟以 $10,000 為限，例如 ×3 年底該機器之殘值為 $8,000，則甲公司須承

估計殘值	\$15,000		
\$0　　　　　　\$5,000　　　　　\$10,000　　　　\$15,000			
情況一	保證殘值 \$10,000 (保證低於 \$10,000 至 \$0 間之金額)		未保證殘值 \$5,000
情況二	未保證殘值 \$5,000	保證殘值 \$10,000 (保證低於 \$15,000 至 \$5,000 間之金額)	

▶ 圖 16-2　保證殘值之意義

擔補償責任 $7,000，又若 ×3 年底該機器之殘值為 $3,000，則甲公司僅須承擔補償責任 $10,000。

租金支付方式及其他約定事項

承租人租金的給付方式得為月繳或年繳，承租人亦得以保證金之利息支付部分或全部之租金。其他約定事項包括合約之擔保金 (保證金)、使用租賃標的之限制 (例如，可否轉租、出借、頂讓，或以其他變相方法由他人使用)、合約是否可以取消及相關懲罰條款、出租人對承租人財務及經營上的限制、租賃改良物回復原狀及違約處罰等約定。由於租約之條款係規範承租人及出租人雙方彼此之權利與義務，為避免將來產生爭端，內容越明確越能減少未來之訴訟風險，例如，錢櫃因租賃改良物回復原狀爭議，被控賠償損失 (參閱下述 IFRS 實務案例)。

租賃隱含利率 (Interest rate implicit in the lease)

如圖 16-3 所示，所謂租賃隱含利率係指在租賃開始日，使 (1) 租賃給付及 (2) 未保證殘值兩者現值等於 (a) 租賃資產公允價值及 (b) 出租人所有原始直接成本兩者總和之利率。換言之，租賃隱含利率為出租人因承租人非採直接購買租賃資產而延期支付所要求之資金投資報酬率。

IFRS 實務案例

租賃改良物回復原狀爭議

2018 年 10 月 17 日知名連鎖 KTV 錢櫃，針對永安觀光公司控告官司案，發佈重大訊息，台灣高等法院經最高法院第二次發回更審後判決，錢櫃應給付永安觀光公司 2 億元本息。此項官司起因於錢櫃在 2007 年與永安觀光公司終止原北華店租賃標的租賃合約時，就租賃改良物回復原狀認定標準產生歧異，錢櫃雖將所有裝潢設備拆除後並多次要求點交，但永安觀光公司卻認為應該要回復其當初所經營的飯店隔間及裝潢因而拒絕點交。

中級會計學 下

```
出租人之未來現金流入          出租人付出之代價
▸ 最低租賃給付現值             ▸ 租賃資產公允價值
▸ 未保證殘值現值               ▸ 出租人所有原始直接
                                成本

           以租賃隱含利率將
           出租人之未來現金
           流入折現等於出租
           人付出之代價
```

圖 16-3　租賃隱含利率之意義

假設乙公司於 ×1 年 1 月 1 日將設備一部 (公允價值 $342,920) 出租予甲公司，出租人所有原始直接成本共計 $10,000，每期租金 $120,000，於年初支付，租期 4 年。該設備之耐用年限為 5 年，租期屆滿日估計殘值為 $20,000，保證殘值為 $5,000。每年之履約成本 $20,000 由乙公司支付。假設乙公司之隱含利率為 X% 計算如下，可推估得出 12%：

出租人之未來現金流入		出租人付出之代價	
租賃給付現值	未保證殘值現值	租賃資產公允價值	出租人原始直接成本
($120,000 − $20,000) × (1 + $P_{3, X\%}$) + $5,000 × $p_{4, X\%}$	$15,000 × $p_{4, X\%}$	$342,920	$10,000

承租人增額借款利率 (Lessee's incremental borrowing rate)

所謂承租人增額借款利率係指承租人於類似經濟環境中為取得與使用權資產價值相近之資產，而以類似擔保品與類似期間借入所需資金應支付之利率。

16.3　辨認租賃

學習目標 3
了解租賃之定義與辨識租賃

企業應於合約成立日評估該合約是否係屬 (或包含) 租賃。如

Chapter 16 租賃會計

表 16-1 所示，若合約轉讓對**已辨認資產** (identified asset) 之**使用之控制權** (the right to control the use) 一段時間以換得對價，該合約係屬 (或包含) 租賃。所謂「一段時間」可為 5 年或 10 年，亦得以已辨認資產之使用量 (例如，將一項設備用於製造所生產之產量) 描述。圖 16-4 及圖 16-5 分別列示辨認租賃之要素及流程圖將於以下逐一說明。

表 16-1　租賃辨認之評估與重評估

租賃之辨認	
評估日	企業應於合約成立日評估合約是否存在租賃。
評估合約是否存在租賃	若合約轉讓對已辨認資產之使用之控制權一段時間以換得對價，該合約係屬 (或包含) 租賃。 企業應就合約中每一可能之單獨租賃組成部分，評估合約是否包含租賃。區分每一租賃組成部分與非租賃組成部分
重評估日	企業僅於合約條款及條件改變時，始應重評估合約是否係屬 (或包含) 租賃。

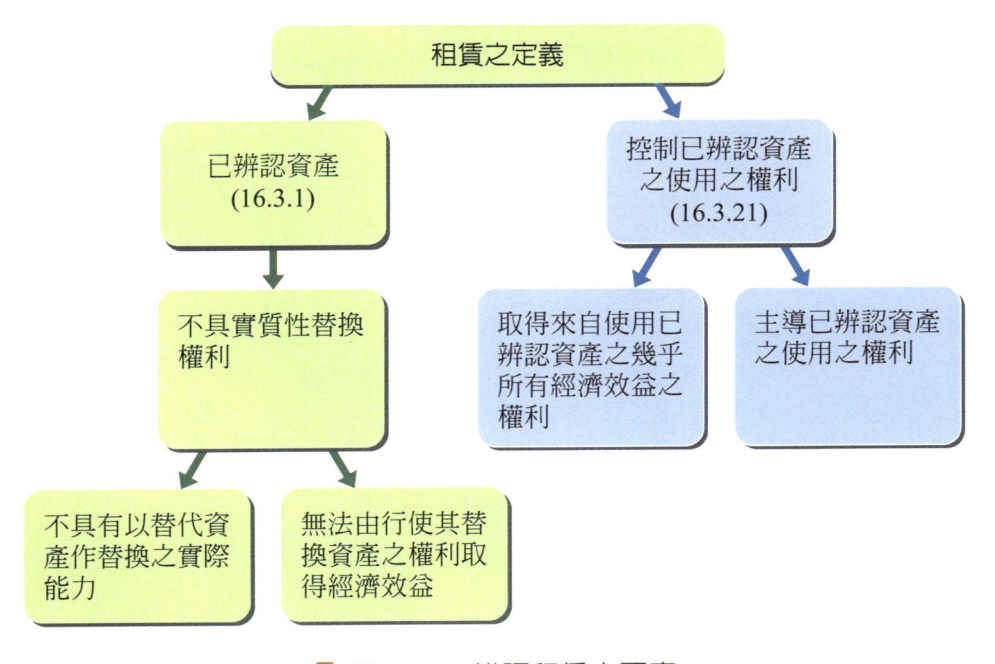

圖 16-4　辨認租賃之要素

```
                    ┌─────────────────────┐  否
                    │ 是否已有「已辨認資產」│─────┐
                    └─────────┬───────────┘     │
                              │是                │
                    ┌─────────▼───────────┐  否  │
                    │ 是否客戶在整個使用期間具│─────┤
                    │ 有取得來自使用該資產之幾│     │
                    │ 乎所有經濟效益之權利    │     │
                    └─────────┬───────────┘     │
                              │是                │
         客戶        ┌─────────▼───────────┐  供應者
        ┌───────────│ 客戶、供應者或非任何單方│──────┤
        │           │ 在整個使用期間具有主導該│      │
        │           │ 資產之使用方式及使用目的│      │
        │           │ 之權利？               │      │
        │           └─────────┬───────────┘      │
        │                非任何單方；該資產之使用    │
        │                方式及目的預係預先決定      │
        │           ┌─────────▼───────────┐      │
     是 │           │ 是否客戶在整個使用期間具│      │
        │           │ 有操作該資產之權利，且供│      │
        │           │ 應者並無改變該等操作指示│      │
        │           │ 之權利。               │      │
        │           └─────────┬───────────┘      │
        │                     │否                 │
        │           ┌─────────▼───────────┐  否  │
        │           │ 是否客戶設計該資產之方式│─────┤
        │           │ 已預先決定其在整個使用期│      │
        │           │ 間之使用方式及使用目的？│      │
        │           └─────────┬───────────┘      │
        │                     │是                 │
        │       ╭──────────╮              ╭──────────╮
        └──────▶│ 合約包含租賃│              │合約不包含租賃│
                ╰──────────╯              ╰──────────╯
```

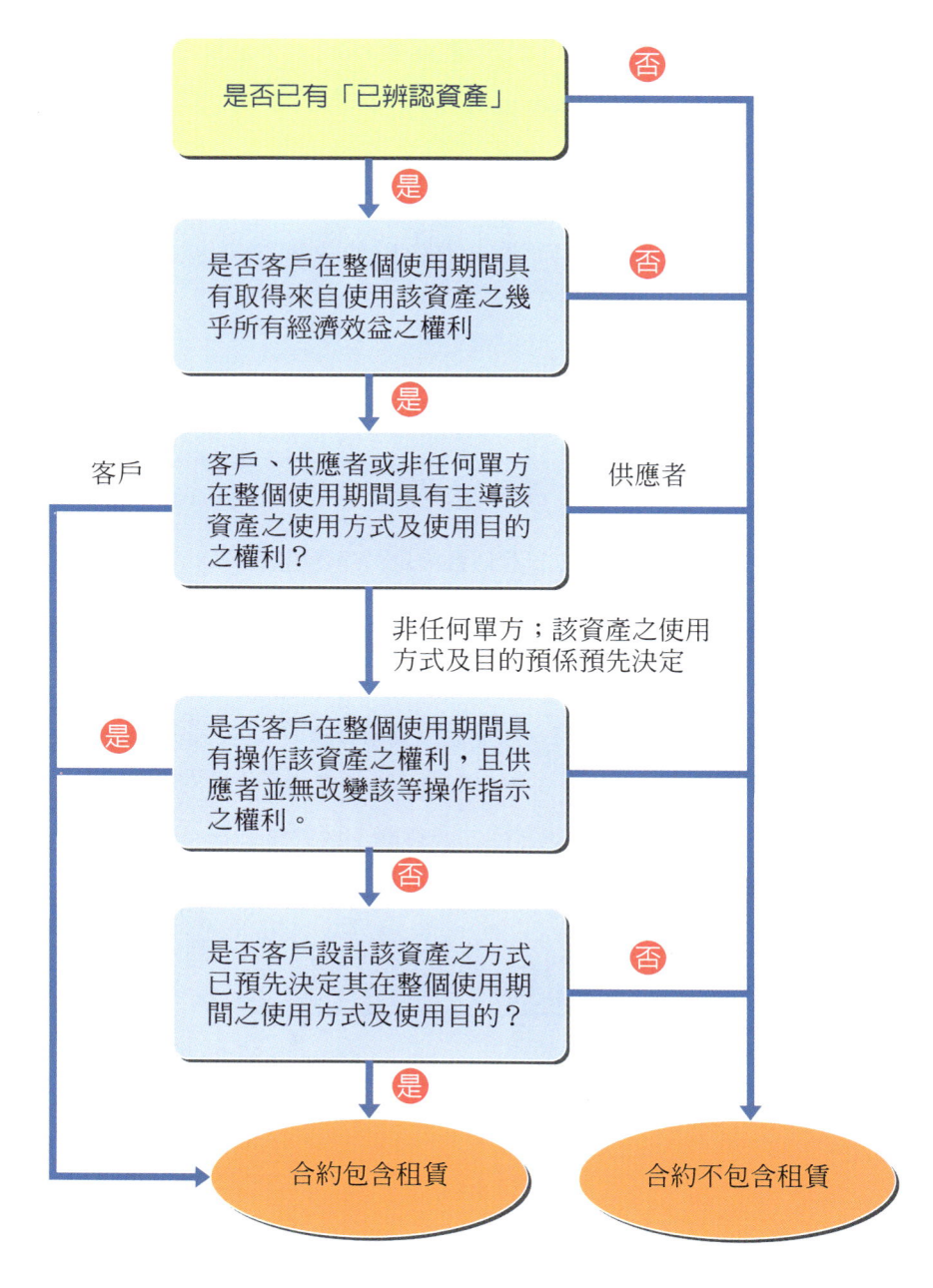

圖 16-5　辨認租賃之流程圖

16.3.1　辨認租賃——已辨認資產

　　一項資產通常藉由在合約中被明確指定而被辨認，惟一項資產亦可能藉由於可供客戶使用之時被隱含指定而被辨認。針對評估資產之各部分是否屬可辨認，若資產之部分產能在實體上可區分 (例

如，建築物之一樓層)，其為已辨認資產。資產之產能部分或其他部分在實體上不可區分者(例如，光纖電纜之部分產能)，非為已辨認資產，除非其代表該資產幾乎所有之產能，因而提供客戶取得來自使用該資產之幾乎所有經濟效益之權利。

> **何謂「隱含指定」？**
>
> 企業成立日評估是否有已辨認資產時，無需能辨認將用以履行合約之特定資產(例如某特定序號)，以作出有已辨認資產之結論。企業僅需知悉自開始日起是否需要已辨認資產以履行合約。若為此種情況，該資產係被隱含指定。

即使資產已被指定，若供應者在整個使用期間具有替換該資產之實質性權利(參照表 16-2)，客戶並無已辨認資產之使用權。實質性替換權利之評估應考量資產置放場所，但無須考量於合約成立時不被視為可能發生替換者，亦無須考量修理及維護所需之替換。

表 16-2 實質性替換權利之定義

實質性替換權利：僅於同時符合「替換之實際能力」與「取得經濟效益」兩項條件時，替換資產之權利始具實質性。	
替換之實際能力	供應者在整個使用期間具有以替代資產作替換之實際能力 (例如，客戶無法防止供應者替換資產，且替代資產係供應者輕易可得或供應者可在合理時間內獲得)
取得經濟效益	供應者將由行使其替換資產之權利取得經濟效益 (即與替換資產有關之經濟效益預期將超過與替換資產有關之成本)

若供應者僅在特定日期或特定事項發生以後始有權利或義務替換資產，供應者之替換權利並不具實質性，因供應者並未在整個使

IFRS 一點通

合約用語

IFRS16 於辨認合約中是否包含租賃之前，使用「**供應者** (Supplier)」、「**客戶** (Customer)」與「**標的資產** (Underlying Asset)」分別替代出租人、承租人與租賃標的，因有可能法律上為租賃合約，但經判斷不符合會計上租賃之定義；同樣地，也有可能法律上不屬租賃合約，但經判斷符合會計上租賃之定義。

用期間具有以替代資產作替換之實際能力。此外，若客戶無法容易地判定供應者是否具有實質性替換權利，該客戶應推定任何替換權利不具實質性。

釋例 16-1 實質性替換權利 (戶外廣場之販售亭子空間)

甲公司 (販售地方特產) 與乙公司 (經營商場) 簽訂合約，該客戶可於三年期間使用戶外廣場之空間銷售商品。合約敘明空間之大小，而該空間可位於戶外廣場之任一處。乙公司在使用期間內之任何時間具有改變分配予甲公司空間位置之權利。乙公司改變提供予甲公司之空間之相關成本極小：甲公司使用可輕易移動之亭子 (其所自有) 銷售地方特產美食。戶外廣場有許多區域可供使用，且該等區域符合合約中空間之規格。

解析

雖然合約中已指定甲公司使用空間之大小，但並無已辨認資產。甲公司控制其所自有之亭子，惟合約僅為戶外廣場之空間，且改變此空間係乙公司之裁量權。乙公司具有替換甲公司使用空間之實質性權利 (如下理由)。

乙公司在整個使用期間具有改變甲公司使用空間之實際能力	戶外廣場內許多區域符合合約中空間之規格，且乙公司無須甲公司同意即有權於任何時間改變空間之位置至其他符合規格之空間
乙公司將由替換空間取得經濟效益	替換甲公司使用空間之相關成本極小，因亭子可輕易移動。乙公司可由替換機場內之空間獲益，因替換允許乙公司因應情況變動而對戶外廣場內之空間作最有效之使用

16.3.2　辨認租賃——使用之控制權

為評估合約是否轉讓對已辨認資產之使用之控制權一段時間，企業應評估客戶在整個使用期間是否具有下列兩者：(1) 取得來自使用已辨認資產之幾乎所有經濟效益之權利；及 (2) 主導已辨認資產之使用之權利。使用期間係指用以履行客戶合約之資產使用總期間，包含所有非連續期間。若客戶僅於合約之部分期間具有對已辨認資產之使用之控制權，則該合約包含該部分期間之租賃。

條件一：取得來自使用之經濟效益之權利 (使用之控制權)

為控制已辨認資產之使用，客戶須在整個使用期間具有取得來

自使用該資產之幾乎所有經濟效益之權利 (例如，藉由在整個期間專屬使用該資產)。如表 16-3，客戶得以許多方式 (諸如使用、持有或轉租資產等) 直接或間接取得來自使用該資產之經濟效益。評估來自使用資產之經濟效益時，應考量界定範圍內之經濟效益。例如，若合約限制機動車輛僅可在使用期間內於特定區域 (北部區域) 或特定里程數 (每日 400 公里) 使用，則企業應僅於使用權所界定之範圍內予以評估。

表 16-3　來自使用資產之經濟效益

經濟效益	界定範圍內之經濟效益
包括其主要產出及副產品 (包括源自此等項目之可能現金流量)，以及自與第三方之商業交易所可實現來自使用資產之其他經濟效益。	當評估取得來自使用資產之幾乎所有經濟效益之權利時，企業應考量在對客戶對資產之使用權所界定之範圍內，使用該資產所產生之經濟效益。

　　若合約規定客戶將源自使用資產之現金流量之一部分支付予供應者或其他方作為對價，該等作為對價所支付之現金流量應視為客戶取得來自使用資產之經濟效益之一部分。例如，若客戶須將來自使用零售攤位之銷售之某百分比支付予供應者作為使用之對價，此規定並未防止客戶具有取得來自使用該零售攤位之幾乎所有經濟效益之權利。此係因該等銷售所產生之現金流量係被視為客戶使用零售攤位所取得之經濟效益，而後將其中一部分之經濟效益支付予供應者作為該空間之使用權之對價。

條件二：主導使用之權利 (使用之控制權)

　　為符合使用之控制權，客戶須在整個使用期間具有主導已辨認資產之使用之權利 (除攸關決策係預先決定之例外情況)。以下說明 (1) 主導資產之使用方式及使用目的；及 (2) 攸關決策係預先決定之例外情況。

資產之使用方式及使用目的

若在合約對客戶之使用權所界定之範圍內，客戶在整個使用期間可改變資產之使用方式及使用目的，則該客戶具有主導該資產之使用方式及使用目的之權利。於作此評估時，企業應考量在整個使用期間與改變資產之使用方式及使用目的最為攸關之決策權。

當決策權影響源自使用之經濟效益時，該決策權為攸關。最為攸關之決策權就不同合約而言可能不同，此係取決於資產之性質及合約之條款及條件，例舉如表 16-4。然而，操作或維護資產之權利等類似之決策權，並未賦予改變資產使用方式及使用目的之權利。雖然操作或維護資產之權利對有效率地使用資產常為必須，但其並非主導資產之使用方式及使用目的之權利，且常係取決於有關資產之使用方式及使用目的之決策。

表 16-4　改變資產使用方式及使用目的之權利之決策權

產出之類型	改變資產產出之類型之權利，例如，決定將裝運貨櫃用於運送商品或用於倉儲，或者決定零售攤位所售產品之組合
何時生產	改變產出何時生產之權利，例如，決定何時將使用發電廠或某項機器
何處生產	改變產出於何處生產之權利，例如，決定卡車或船舶之目的地，或者決定於何處使用某項設備
是否生產及產出數量	改變產出是否生產及產出數量之權利（例如，決定某發電廠是否生產能源以及該發電廠生產多少能源）

合約可能包含用以保障供應者對該資產或其他資產之權益、保障其人員或確保供應者遵循法令規章之條款及條件 (如表 16-5 所示)，此等**保障性權利** (protective rights) 通常係界定客戶使用權之範圍，其本身並不妨礙客戶具有主導資產使用之權利，亦即，在此等保障性權利下，客戶具有主導該資產之使用方式及使用目的之權利。

表 16-5　保障性權利

界定客戶使用權之範圍之保障性權利	明定使用資產之最大數量或限制客戶於何處或於何時可使用資產
	規定客戶遵守特定之操作實務
	規定客戶須通知供應者資產未來使用方式之改變

攸關決策係預先決定

當有關資產之使用方式及使用目的之攸關決策係預先決定時，若符合下述 (1) 操作觀點或 (2) 設計觀點時，則客戶主導資產使用之權利：

1. **操作觀點**：客戶在整個使用期間具有操作資產之權利 (或主導他人以客戶決定之方式操作資產)，且供應者並無改變該等操作指示之權利；或
2. **設計觀點**：客戶設計該資產 (或該資產之特定部分) 之方式已預先決定其在整個使用期間之使用方式及使用目的。

有關資產之使用方式及使用目的之攸關決策可能以數種方式預先決定。例如，攸關決策可藉由資產之設計或藉由合約對資產使用之限制而預先決定。於評估客戶是否具有主導資產使用之權利時，企業應僅考量在使用期間對資產使用作出決策之權利，除非客戶設計資產 (或資產之特定部分) 或具有操作資產之權利。

釋例 16-2　辨認租賃 (火車車廂)

甲貨運商與乙公司簽約提供乙公司可使用 20 節特定類型 (合約指定) 之火車車廂 5 年。如表 16-6，乙公司評估該合約是否包含火車車廂之租賃，綜合各項條件之評估後，乙公司判斷具有火車車廂 5 年之使用權。

解析

表 16-6　租賃辨認之評估與判斷

火車車廂之合約是否包含租賃

	判斷條件	事實分析	符合
是否有已辨認資產	(1) 合約明確指定或可供使用之時被隱含指定	合約明確指定特定類型之火車車廂	是
	(2) 實質性替換權利	(1) 停放於乙公司之場所 (2) 甲貨運商在這五年期間不可收回車廂 (3) 僅於火車車廂保養或維修時，甲貨運商須以相同類型車廂之替換	否
	(3) 資產之各部分	實體上可區分之車廂	是
使用之控制權	(1) 取得幾乎所有經濟效益之權利	在使用期間具有取得來自使用該等車廂之幾乎所有經濟效益之權利。乙公司在整個使用期間專屬使用該等車廂	是
	(2) 主導使用之權利	(1) 保障性權利——貨物類型 　　乙公司不得運輸特定類型之貨物 (例如，爆裂物)，合約對該等車廂可運輸貨物之限制係甲貨運商之保障性權利，並界定出乙公司對該等車廂之使用權之範圍 (2) 使用方式及使用目的 　　乙公司作出有關該等車廂之使用方式及使用目的之攸關決策 (藉由決定於何時、何處使用火車車廂及使用火車車廂運輸何項商品)。客戶亦決定該等車廂未用於運輸其商品時，該等車廂是否及如何使用 (例如該等車廂是否或何時用於倉儲)。客戶在 5 年之使用期間具有改變此等決策之權利	是

釋例 16-3　辨認租賃 (火車車廂)

　　若上述釋例 16-2 甲貨運商與乙公司間之合約，改為要求甲貨運商於 5 年期間，依指定之時程表使用指定類型之火車車廂運輸指定數量之商品。該指定之時程表與商品數量等同於乙公司可使用 20 節火車車廂 5 年。

　　如表 16-7，乙公司評估該合約是否包含火車車廂及火車頭之租賃，如綜合各項條件

之評估後，乙公司判斷用於運輸乙公司商品之火車車廂及火車頭不符合已辨認資產，因而此合約係為**服務合約** (service contract)，不包含火車車廂或火車頭之租賃。

解析

表 16-7　租賃辨認之評估與判斷

火車車廂及火車頭之合約是否包含租賃		
判斷條件	事實分析	符合
是否有已辨認資產		否
(1) 合約明確指定或可供使用之時被隱含指定	• 甲貨運商具有許多可用於滿足合約要求之類似車廂 • 甲貨運商可選擇使用多具火車頭中之任一火車頭以滿足乙公司之每一要求，且同一火車頭不僅可用於運輸該客戶之商品，亦可用於運輸其他客戶之商品	否
(2) 實質性替換權利	• 當車廂及火車頭未用於運輸商品時，其係儲存於甲貨運商之場所 • 甲貨運商具有替換火車車廂及火車頭之實質性權利	是

16.4　租賃期間之評估與重評估

學習目標 4
了解租賃期間之評估與重評估

租賃期間 (lease term) 始於出租人使標的資產可供承租人使用之日 (即租賃開始日)，並包含出租人提供予承租人之任何免租金期間。租賃期間為租賃之**不可取消期間** (Non-cancellable period)，併同 (1) 租賃延長之選擇權所涵蓋之期間，若承租人可合理確定將行使該選擇權；及 (2) 租賃終止之選擇權所涵蓋之期間，若承租人可合理確定將不行使該選擇權。企業於評估承租人是否可合理確定將行使租賃延長之選擇權 (或將不行使租賃終止之選擇權) 時，應考量將對承租人產生經濟誘因以行使租賃延長之選擇權 (或不行使租賃終止之選擇權) 之所有攸關事實及情況，如表 16-8。

> **租賃終止之權利**
>
> 若僅承租人具有租賃終止之權利，則該權利被視為承租人之租賃終止之選擇權，其於企業決定租賃期間時將納入考量。若僅出租人具有租賃終止之權利，則租賃之不可取消期間包含該租賃終止之選擇權所涵蓋之期間。

表 16-8　租賃期間之定義

租賃期間 = 租賃之不可取消期間		
加	租賃延長之選擇權所涵蓋之期間，若承租人可合理確定將行使該選擇權	**考量因素** 企業應於開始日評估將對承租人產生經濟誘因以行使租賃延長之選擇權（或不行使租賃終止之選擇權）之所有攸關事實及情況
加	租賃終止之選擇權所涵蓋之期間，若承租人可合理確定將不行使該選擇權	

釋例 16-4　租賃期間

甲公司與乙租賃公司簽訂租賃合約，從 ×1 年 1 月 1 日開始承租一項生產設備，至 ×5 年 12 月 31 日返還該設備，惟該租約允許甲公司於 ×5 年 12 月 31 日選擇再續租額外 2 年 (租賃延長之選擇權)，亦允許甲公司於 ×4 年 12 月 31 日選擇終止該設備之承租且無須支付任何罰款 (租賃終止之選擇權)。

該租賃合約之租賃期間取決於攸關事實及情況，有可能為下列三種情況之一：

情況一：可合理確定將行使租賃終止之選擇權，4 年；

情況二：合理確定將不行使租賃終止與租賃延長之選擇權，5 年；或

情況三：可合理確定將不行使租賃終止之選擇權並行使租賃延長之選擇權)，7 年

解析

租賃期間之判斷	情況一	情況二	情況三
租賃之不可取消期間 (4 年)	是	是	是
租賃延長之選擇權所涵蓋之期間 (2 年)	否	否	是
租賃終止之選擇權所涵蓋之期間 (1 年)	否	是	是
租賃期間	4 年	5 年	7 年

行使選擇權經濟誘因之可合理確定評估 (reasonably certain assessment)

企業應於開始日評估承租人是否可合理確定將行使租賃延長或購買標的資產之選擇權，或將不行使租賃終止之選擇權。企業應考量將對承租人產生經濟誘因以行使(或不行使)選擇權之所有攸關事實及情況，包括自開始日至選擇權行使日間所有事實及情況之預期變動。如表16-9，行使選擇權之<u>經濟誘因</u> (economic incentive) 應考量之因素之例包括(但不限於)以目前低於市場行情之費率行使之購買選擇權、於合約期間進行(或預期進行)之重大租賃權益改良、與租賃終止有關之成本(諸如協商成本、遷移成本)、特殊性資產、缺乏適當替代資產之可得性。此外，有時亦須考慮如下因素：

1. 結合一個或多個其他合約特性

租賃延長或租賃終止之選擇權可能結合一個或多個其他合約特性(例如，保證殘值)，以致無論是否行使選擇權，承租人皆保證給予出租人幾乎相同之最低或固定現金報酬。於此情況下，企業應假設承租人可合理確定將行使租賃延長之選擇權，或將不行使租賃終止之選擇權。

表 16-9　行使選擇權之經濟誘因之可合理確定評估

低於市場行情之費率
重大租賃權益改良
與租賃終止有關之成本
特殊性資產
替代資產之可得性
結合一個或多個其他合約特性
不可取消期間之長短
過去實務

2. 不可取消期間之長短

租賃之不可取消期間越短，承租人越有可能將行使租賃延長之選擇權，或將不行使租賃終止之選擇權。此係因不可取消期間越短，與取得重置資產有關之成本可能成比例地越高。

3. 過去實務之經濟理由

承租人對特定類型資產(無論係承租或自有)之通常使用期間之相關過去實務，以及其如此作之經濟理由，對評估承租人是否可合理確定將行使(或將不行使)選擇權可能提供有用資訊。

租賃期間之重評估與變動

租賃開始日後，重大事項發生或情況重大改變發生時，承租人應重評估是否可合理確定將行使租賃延長之選擇權或將不行使租賃終止之選擇權，若該事項或情況改變係在承租人控制範圍內；且影響承租人是否可合理確定將行使先前於決定租賃期間時所未包含之選擇權，或將不行使先前於決定租賃期間時所包含之選擇權時，承租人應重評估租賃期間。

- 是否屬重大事項
- 是否在承租人控制範圍內
- 是否可使承租人合理確定將行使（或不行使）延長租賃、終止租賃或購買標的資產之選擇權。

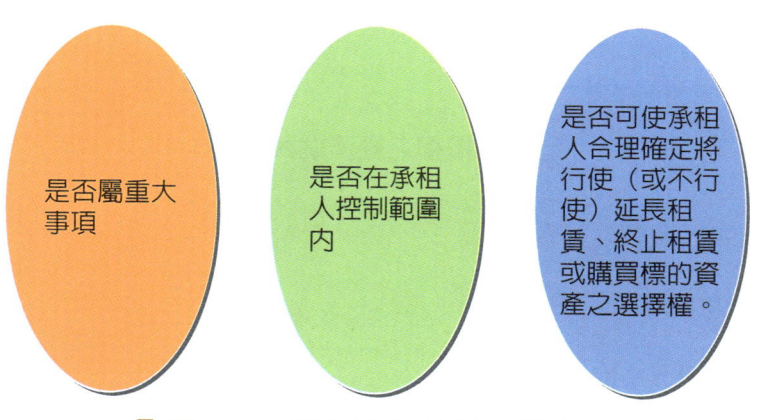

圖 16-6　租賃期間重評估判斷指標

重大事項或情況重大改變之例包括：

1. 於開始日並未預期之重大租賃權益改良(預期當租賃延長或租賃終止之選擇權或購買標的資產之選擇權成為可行使時，該租賃權益改良對承租人具有重大經濟效益)；
2. 於開始日並未預期對標的資產之重大修改或客製化；

3. 標的資產轉租成立，其轉租之期間超過先前決定之租賃期間結束日；及
4. 與是否行使選擇權直接攸關之承租人商業決策 (例如，延長互補性資產之租賃、處分替代資產或處分運用使用權資產之業務單位之決策)。

若租賃之不可取消期間有變動，企業應修正租賃期間。租賃不可取消期間變動之情況例舉如下：(1) 承租人行使先前於企業決定租賃期間時所未包含之選擇權；(2) 承租人不行使先前於決定租賃期間時所包含之選擇權；(3) 發生使承租人合約上負有義務行使先前於企業決定租賃期間時所未包含之選擇權之事項；或 (4) 發生使承租人合約上禁止行使先前於企業決定租賃期間時所包含之選擇權之事項。

16.5 承租人租賃會計

學習目標 5
熟悉承租人之會計處理

租賃之經濟實質

租賃之會計處理與表達，應按其實質與財務事實，而非僅依法律形式。儘管租賃合約之法律形式，承租人可能未取得租賃資產之法定所有權，其實質與財務事實係承租人以承擔給付義務，換取使用租賃資產租賃期間內之經濟效益。

此種租賃交易若未反映於承租人之財務狀況表，企業之經濟資源與所承擔義務將被低估，從而扭曲財務比率。因此較適當之作法為，將租賃於承租人之資產負債表中同時認列為一項資產及一項對未來租賃給付之義務。在租賃期間開始日，除了承租人之所有原始直接成本作為資產增加數外，應將租賃資產及對未來租賃給付之負債以相同之金額認列於資產負債表中。

單一承租人會計模式

IFRS 16 採用單一承租人會計模式，如表 16-10，規定承租人對所有租賃認列資產與負債，除非租賃期間不超過 12 個月之短期租賃及該標的資產為低價值 (例如，5,000 美元以下)。承租人應考量租賃合約之條款及條件與所有相關事實及情況，認列使用權資產以代

表其使用標的租賃資產之權利，並認列租賃負債以代表其支付租賃給付之義務。

　　承租人以與衡量其他非金融資產（諸如不動產、廠房及設備）類似之方式衡量使用權資產，並以與衡量其他金融負債類似之方式衡量租賃負債。因此，承租人認列使用權資產之折舊及租賃負債之利息，亦將租賃負債之現金償還分為本金部分及利息部分。

表 16-10　承租人單一會計模式

使用權資產	代表承租人於租賃期間內對標的資產使用權之資產
	認列使用權資產之折舊
租賃負債	支付租賃給付之義務
	認列租賃負債之利息，亦將租賃負債之現金償還分為本金部分及利息部分

16.5.1　承租人使用權資產及租賃負債之原始衡量

使用權資產之原始衡量

　　承租人於開始日應**認列使用權資產** (right-of-use asset)，以成本衡量使用權資產。換言之，使用權資產應反映為取得該使用權資產所有必要支出，因此，使用權資產之成本包含原始直接成本與拆卸、移除及復原等成本。

　　原始直接成本 (initial direct costs) 係指承租人取得租賃所產生之增額成本，且若未取得該租賃將不會發生者，租賃原始直接成本應作為使用權資產金額之增加數。某些原始直接成本之發生，經常與特定租賃活動（例如協商及取得租賃協議等）相關聯。直接可歸屬予承租人為租賃所進行活動之成本，故應計入使用權資產金額之增加數。

　　若承租人於發生拆卸、移除及復原等所述成本之義務時，承租人亦應將該等成本認列為使用權資產成本之一部分。使用權資產包含之成本如表 16-11 所示。

租賃會計

表 16-11　使用權資產之成本

使用權資產之成本	
租賃負債之原始衡量金額	於開始日，承租人應按於該日尚未支付之租賃給付之現值衡量租賃負債。
加：已支付之租賃給付	於開始日或之前已支付之任何租賃給付
減：已收取之租賃誘因	於開始日或之前已收取之任何租賃誘因
加：原始直接成本	承租人發生之任何原始直接成本
加：拆卸、移除及復原等成本	承租人拆卸、移除標的資產及復原其所在地點，或將標的資產復原至租賃之條款及條件中所要求之狀態之估計成本 (除非該等成本係供生產存貨所發生)。承租人對該等成本之義務係發生於開始日時，或於某一特定期間使用標的資產所發生者。

租賃負債之原始衡量

於開始日，承租人應按於該日尚未支付之租賃給付之現值衡量租賃負債，已支付之租賃給付反映於所認列之使用權資產而非租賃負債。由於租賃負債係以現值衡量，故應使用一利率折現。於開始日，若租賃隱含利率容易確定，租賃給付應使用該利率折現。若租賃隱含利率並非容易確定，承租人應使用承租人增額借款利率。

於開始日，計入租賃負債之租賃給付，如表 16.12 所示包括與租賃期間內之標的資產使用權有關且於該日尚未支付之給付，例如：固定給付減除租賃誘因、變動租賃給付、保證殘值及罰款。但不包括由出租人負擔之履約成本，故須將履約成本自租金中減除後，再計算租賃給付之現值。履約成本係使用權資產之使用成本，不是資產租賃之成本，故應作為相關履約費用，如保險費與維修費等。

計入租賃負債之租賃給付，反映承租人將來因取得資產使用權所需支付之代價，亦即，承租人之租賃負債反映租賃期間中承租人所有應支付及可能支付之金額 (除部分變動給付排除之例外)，租賃負債不僅包含固定給付之租金，亦包含具有金額不確定性之項目，例如：變動給付 (如隨物價指數或利率調整租金) 或保證殘值。

中級會計學 下

履約成本係租賃資產之使用成本，不是資產租用成本。故應作為相關履約費用，如保險費與維修費等。

表 16-12　計入租賃負債之租賃給付

計入租賃負債之租賃給付	
固定給付減除租賃誘因	固定給付，包括**實質固定給付** (in-substance fixed payments)，減除 (未來) 可收取之**任何租賃誘因** (lease incentives receivable)
變動租賃給付	取決於某項指數或費率之**變動租賃給付** (variable lease payments)，採用開始日之指數或費率原始衡量
保證殘值	保證殘值下承租人預期支付之金額
購買選擇權	購買選擇權之行使價格，若承租人可合理確定將行使該選擇權 (考量第 B37 至 B40 段所述之因素予以評估)
罰款	租賃終止所須支付之罰款，若租賃期間反映承租人將行使租賃終止之選擇權。

　　以下以一簡易釋例說明使用權資產與租賃負債之概念 (僅含固定給付及原始直接成本)，假設 ×1 年 12 月 31 日丙公司向丁公司承租一項機器設備，租期與其耐用年限皆為 7 年，允諾每期租金為 $70,000，×1 年起每年 12 月 31 日支付租金，合約開始日為 ×1 年 12 月 31 日。在租約起始時所產生的原始直接成本 $3,832 約定由丙公司支付。丁公司的租賃隱含利率為 10%，此利率為丙公司所知，而丙公司的增額借款利率為 12%。丙公司使用直線折舊法，無殘值。

計入租賃負債之租賃給付	
固定給付減除租賃誘因	$70,000 × (1+ $P_{6,10\%}$) = $374,868 ($P_{6,10\%}$ = 4.355261)
變動租賃給付	無
保證殘值	無
購買選擇權	無
罰款	無
合計	$374,868

使用權資產之成本	
租賃負債之原始衡量金額	$374,868
加：已支付之租賃給付	無
減：已收取之租賃誘因	無
加：原始直接成本	$3,832
加：拆卸、移除及復原等成本	無
合計	$378,700

如上表所示，×1 年 12 月 31 日丙公司應以租賃隱含利率 10% 作為折現率，計算租賃負債 $70,000 \times (1+ P_{6,10\%}) = \$374,868$ ($P_{6,10\%} = 4.355261$)。此外，丙公司應以租賃負債及原始直接成本合計數認列使用權資產，丙公司 ×1 年 12 月 31 日有關此租賃的分錄如下：

×1 年 12 月 31 日
使用權資產	378,700	
租賃負債		374,868
現金		3,832
租賃負債	70,000	
現金		70,000

釋例 16-5　承租人──購買選擇權

甲公司 ×1 年初簽約向乙公司承租一艘船舶，租期 8 年，每年底支付租金 $350,000，甲公司於租期屆滿日得以 $35,000 買入該船舶，估計可繼續使用 2 年，且於 ×1 年初可合理確定在租期屆滿時將行使此購買選擇權。該船舶於 ×1 年初之公允價值為 $1,760,000，甲公司 ×1 年初因安排此項租賃而支付 $45,000。甲公司無法得知該租賃之隱含利率，而甲公司於類似租賃中所需支付之利率為 12%。甲公司估計該船舶無殘值，依直線法提列折舊。($P_{8,12\%} = 4.967640$, $p_{8,12\%} = 0.403883$; $P_{10,12\%} = 5.650223$, $p_{10,12\%} = 0.321973$)。

試作：×1 年及 ×2 年甲公司有關租賃之分錄。

解析

租賃給付現值 = $350,000 × 4.967640 + $35,000 × 0.403883 = $1,752,810 < $1,760,000
×1 年底應認列之利息費用 = $1,752,810 × 12% = $210,337

×2 年底應認列之利息費用 = ($1,752,810 − $350,000 + $210,337) ×12% = $193,578
每年年底應認列之折舊費用 = ($1,752,810 + $45,000) ÷10 = $179,781

計入租賃負債之租賃給付	
固定給付減除租賃誘因	$350,000 × 4.967640
變動租賃給付	無
保證殘值	無
購買選擇權	$35,000 × 0.403883
罰款	無
合計	$1,752,810

使用權資產之成本	
租賃負債之原始衡量金額	$1,752,810
加：已支付之租賃給付	無
減：已收取之租賃誘因	無
加：原始直接成本	$45,000
加：拆卸、移除及復原等成本	無
合計	$1,797,810

×1 年 1 月 1 日之分錄：

```
使用權資產           1,797,810
    租賃負債                    1,752,810
    現金                           45,000
```

實質固定租賃給付

　　租賃給付包含固定租賃給付及實質固定租賃給付。所謂實質固定租賃給付，係形式上可能具變動性，但實質上係不可避免之給付。安排為變動租賃給付之給付，雖然名義上為變動租賃給付，但該等給付不具真實變動性。該等給付包含不具真正經濟實質之變動條款，

Chapter 16 租賃會計

IFRS 一點通

實質固定給付規範之目的

由於部分變動租賃給付不列入租賃負債之衡量（例如以銷售金額或使用量為基礎之給付），企業有強烈誘因安排變動租賃給付條款而規避認列租賃負債。實質固定租賃給付之規範，即是作為因應此可能漏洞所作之額外規定。

例如：(1) 僅於某一事項（該事項之不發生不具真實可能性）發生時，始須支付該給付；或 (2) 承租人可作之給付組合超過一組，但其中僅有一組係實際可行。於此情況下，企業應將此實際可行之給付組合視為租賃給付；或 (3) 承租人可作之實際可行給付組合超過一組，但其必須至少支付其中一組。於此情況下，企業應將彙總金額（以折現基礎）最低之給付組合視為租賃給付。

例如，承租人向出租人租一台機器設備，租賃條款規定租金係依實際使用產能而變動，若每月產出低於或等於 100,000 單位，承租人支付租金 $100,000，若每月產出大於 100,000 單位，承租人支付租金 $200,000。若該機器設備之產能上限為每月 80,000 單位，承租人等同支付實質固定租賃給付 $100,000，換言之，雖然形式上為變動租賃給付，實質上，則為不可避免之固定給付 $100,000。

變動租賃給付

變動租賃給付係指租賃給付中金額不固定，須依時間經過以

IFRS 一點通

認列為費用之變動租賃給付

租賃負債不包括租賃給付連結至 (1) 源自標的資產之承租人績效（如銷售金額）及 (2) 標的資產之使用（如使用次數）之變動租賃給付。該等變動租賃給付應於發生時認列為本期費用。

IFRS 一點通

變動租賃給付會計處理爭議

有關「非取決於指數或費率」之變動租賃給付（如租金取決於銷售額），目前實務上之處理多依 IFRS 16.38 之規定，於開始日後，將不計入租賃負債衡量中之變動租賃給付於啟動該等給付之事件或情況發生之期間認列於損益。

然而，會計研究發展基金會台灣財務報導準則委員會於討論此議題時，亦論及其他觀點，依 IFRS 16.B42 實質固定租賃給付 (形式上可能具變動性，但實質上係不可避免之給付) 列舉之說明 (a)(ii) 原先安排為連結至標的資產之使用之變動租賃給付，其變動性於開始日後之某一時點消除，致該給付於剩餘租賃期間將成為固定。該等給付於變動性消除時成為實質固定給付。在此見解中，亦獲得國際會計師事務所國際實務指引之支持。

綜上所述，關於變動租賃給付之會計處理，IFRS 16 文字欠缺詳細指引，致使學術與實務界互有多方說法，此爭議有待未來國際會計準則理事會 (IASB) 進一步之說明。詳見釋例 16.D-2「非取決於指數或費率」之變動租賃給付。

外之其他因素之未來變動 (例如，未來銷售收入百分比、未來使用量、未來價格指數、未來市場利率等) 為依據而決定之部分。並非全部之變動租賃給付皆計入租賃負債中，租賃負債僅包含取決於某項指數或費率之變動租賃給付，採用開始日之指數或費率原始衡量，例如，連結至消費者物價指數之給付、連結至指標利率 (諸如，LIBOR) 之給付，或反映市場租金費率變動之給付。(參考本章附錄 D)

16.5.2　使用權資產與租賃負債之後續衡量

使用權資產之後續衡量

租賃期間開始日後，承租人應適用成本模式衡量使用權資產，除非適用國際會計準則第 40 號「投資性不動產」中之公允價值模式或適用國際會計準則第 16 號之重估價模式。

成本模式

承租人適用成本模式衡量使用權資產應按成本，減除任何累計

IFRS 一點通

經濟年限與耐用年限有何差異

經濟年限係指使用資產至無經濟使用價值為止的期間或產量。換言之，經濟年限為 (1) 資產預期被使用者經濟有效地使用之期間；或 (2) 使用者預期自資產獲得之產量或類似單位數量。耐用年限係指資產所含之經濟效益預期可被企業耗用之估計期間。

折舊及任何累計減損損失；且調整反映重評估或租賃修改，或反映修正後實質固定租賃給付之任何租賃負債之再衡量數。

承租人對使用權資產提列折舊時，若租賃期間屆滿時標的資產所有權移轉予承租人，或若使用權資產之成本反映承租人將行使購買選擇權，承租人應自開始日起至標的資產耐用年限屆滿時，對使用權資產提列折舊。否則，承租人應自開始日起至使用權資產之耐用年限屆滿時或租賃期間屆滿時兩者之較早者，對使用權資產提列折舊。承租人應適用國際會計準則第36號「資產減損」判定使用權資產是否發生減損並處理任何已辨認之減損損失。

租賃負債之後續衡量

開始日後，承租人應增加帳面金額以反映租賃負債之利息、減少帳面金額以反映租賃給付之支付、及再衡量帳面金額以反映重評估或租賃修改，或反映修正後實質固定租賃給付。

租賃期間內每一期租賃負債之利息，其金額應為能使按租賃負債餘額計算之各期利率為固定者。開始日後，承租人應將下列兩者認列於損益(除非該等成本依所適用之其他準則計入另一資產之帳面金額中)：租賃負債之利息；及不計入租賃負債衡量中之變動租賃給付(於啟動該等給付之事件或情況發生之期間認列)。

承租人支付租金時，租賃給付應分配予利息費用及降低尚未支付之租賃負債。利息費用應於租賃期間逐期分攤至每一期，以使按租賃負債餘額計算之期間利率固定。

茲舉例說明如下：

辛亥公司 ×1 年初簽約向乙公司承租機器設備，租期 8 年，每年底支付租金 $2,100,000，辛亥公司於租期屆滿日得以 $200,000 買入該機器設備，估計購入後仍可繼續使用 2 年，合計可使用 10 年，辛亥公司於 ×1 年初可合理確定於租期屆滿日將行使該購買權利。估計機器設備使用 10 年後之殘值為零。每期之履約成本包括保險費、維修保養費及稅捐等支出約 $100,000，係由出租人負擔。該機器設備於 ×1 年初之公允價值為 $10,020,000，辛亥公司 ×1 年初因安排此項租賃而支付 $400,000 相關原始直接成本。辛亥公司無法得知該租賃之隱含利率，而辛亥公司於類似租賃中所需支付之利率為 12%（增額借款利率）。

試作：辛亥公司 ×1 年 ×2 年有關之分錄。($P_{8,12\%}$ = 4.96764, $p_{8,12\%}$ = 0.40388; $P_{10,12\%}$ = 5.65022, $p_{10,12\%}$ = 0.32197)

使用權資產與折舊

步驟 1：找出租賃給付之組成項目

每期租金 $2,100,000 及優惠購買選擇權 $200,000，但須扣除履約成本 $100,000

步驟 2：找出租賃給付之折現率

先找租賃之隱含利率，若無法得知，則用承租人之增額借款利率。因此，甲公司以 12% 計算最低租賃給付現值。

步驟 3：計算租賃給付之現值

($2,100,000 − $100,000) × 4.96764 + $200,000 × 0.40388
= $10,016,056；

故以 $10,016,056 認列使用權資產與租賃負債。

×1/1/1	使用權資產	10,016,056	
	租賃負債		10,016,056

步驟 4：認列原始直接成本

承租人之所有租賃原始直接成本應作為使用權資產金額之增加數。

×1/1/1	使用權資產	400,000	
	現金		400,000

步驟 5：提列折舊

辛亥公司估計該機器設備使用 10 年後無殘值，依直線法提列折舊。×1 年及 ×2 年有關使用權資產提列折舊之分錄。

每年年底應認列之折舊費用 = ($10,016,056 + $400,000) ÷ 10 = $1,041,606

	折舊費用	1,041,606	
	累計折舊—使用權資產		1,041,606

租賃負債與支付租金

於 ×1 年 1 月 1 日認列租賃負債 $10,016,056，折現利率為 12%，辛亥公司 ×1 年及 ×2 年有關租賃負債與支付租金之分錄。

步驟 1：計算 ×1 年底應分配予利息費用之金額

×1 年底應認列之利息費用 = $10,016,056 × 12% = $1,201,927

×1/12/31	租賃負債	2,000,000	
	保險維修等費用	100,000	
	現金		2,100,000
	利息費用	1,201,927	
	租賃負債		1,201,927

步驟 2：計算 ×1 年底應降低尚未支付之負債之金額

減少租賃負債之金額 = $2,000,000 − $1,201,927 = $798,073

租賃負債 ×1 年底餘額 = $10,016,056 − $798,073 = $9,217,983

步驟 3：計算 ×2 年底應分配予利息費用之金額

×2 年底應認列之利息費用 = $9,217,983 × 12% = $1,106,158

×2/12/31	租賃負債	2,000,000	
	保險維修等費用	100,000	
	現金		2,100,000
	利息費用	1,106,158	
	租賃負債		1,106,158

16.5.3　租賃負債之重評估

開始日後，承租人應依表 16-13 所示之方式再衡量租賃負債，以反映租賃給付之變動。承租人重評估租賃負債之情況屬 (1) 租賃期間變動與 (2) 購買選擇權之評估有變動時，承租人應使用修正後折現率，若剩餘租賃期間之租賃隱含利率可容易確定，應將該利率作為修正後之折現率，若剩餘租賃期間之租賃隱含利率並非容易確定，則應將重評估日之承租人增額借款利率作為修正後之折現率。承租人重評估租賃負債之情況屬 (3) 保證殘值及 (4) 未來之變動租賃給付時，應不改變折現率 (使用原始認列之折現率)，除非該租金給付之變動係由浮動利率變動所致。在此情況下，承租人應使用修正後折現率以反映該利率之變動。

表 16-13　租賃負債之重評估

(1) 租賃期間變動	租賃期間變動，承租人應基於修正後租賃期間決定修正後租賃給付	承租人應將 (1) 租賃期間變動與 (2) 購買選擇權之評估有變動等兩項修正後租賃給付，按「修正後折現率」折現再衡量租賃負債
(2) 購買選擇權之評估有變動	標的資產購買選擇權之評估有變動，承租人應決定修正後租賃給付以反映購買選擇權下應付金額之變動	
(3) 保證殘值	保證殘值下預期應付之金額有變動。承租人應決定修正後租賃給付，以反映在保證殘值下預期應付金額之變動	承租人應將 (3) 保證殘值及 (4) 未來之變動租賃給付等兩項修正後租賃給付折現以再衡量租賃負債。使用原始認列之折現率，除非該租金給付之變動係由浮動利率變動所致。在此情況下，承租人應使用修正後折現率以反映該利率之變動
(4) 未來之變動租賃給付	用於決定租賃給付之指數或費率變動導致未來租賃給付有變動 (包含如，檢視市場租金後，反映市場租金費率變動之變動)。承租人僅於現金流量有變動時 (即當租賃給付之調整生效時)，始應再衡量租賃負債以反映該等修正後租賃給付。承租人應基於修正後合約給付決定剩餘租賃期間之修正後租賃給付	

承租人重評估租賃負債時，應認列租賃負債再衡量之金額，作為使用權資產之調整。惟若使用權資產之帳面金額減至零且租賃負債之衡量有進一步之減少，承租人應將任何剩餘之再衡量金額認列於損益中。

釋例 16-6　租賃負債之重評估（租賃期間變動）

金門公司於 ×1 年初向馬祖公司承租一項運輸設備，租期 5 年，每年之租賃給付為 $75,000，於每年年初支付。合約中並附有租賃延長 3 年之選擇權，金門公司於開始日判斷該租賃延長之選擇權之行使並非可合理確定，因此判定租賃期間為 5 年。在開始日時，馬祖公司之租賃隱含利率為 8%，且為金門公司所知，使用權資產按直線法折舊，金門公司預期於租期屆滿日須就保證殘值與估計殘值之差額支付馬祖公司 $9,000。在 ×4 年初，因金門公司評估繼續承租此設備有其效益，故可合理確定將行使租賃延長之選擇權以延長其原始租賃。×4 年初時租賃隱含利率並非容易確定，金門公司此時之增額借款利率為 7%，並預期在行使延長之選擇權後，於延長後之無須就保證殘值額外支付任何款項。

試作：×1 年與 ×4 年金門公司與此租賃相關的分錄。

($P_{4,8\%}$ = 3.312127, $p_{4,8\%}$ = 0.735030; $P_{5,8\%}$ = 3.992710, $p_{5,8\%}$ = 0.680583; $P_{4,7\%}$ = 3.387211, $p_{4,7\%}$ = 0.762895; $P_{5,7\%}$ = 4.100197, $p_{5,7\%}$ = 0.712986)

解析

×1/1//1	使用權資產	329,535	
	租賃負債		254,535
	現金		75,000
	$75,000 × (1+3.312127) + $9,000 × 0.680583 = $329,535		
×1/12/31	折舊費用	65,907	
	累計折舊—使用權資產		65,907
	利息費用	20,363	
	租賃負債		20,363
×4/1/1	租賃負債	75,000	
	現金		75,000
	使用權資產	176,880	
	租賃負債		176,880

×2/1/1 租賃負債餘額 = $254,535 + ($254,535 × 8%) − $75,000 = $199,898

×3/1/1 租賃負債餘額 = $199,898 + ($199,898 × 8%) − $75,000 = $140,890

×4/1/1 再衡量前租賃負債餘額 = $140,890 + ($140,890 × 8%) − $75,000 = $77,161

因租賃期間變動對租賃負債重評估，應按修正後折現率折現：

×4/1/1 再衡量之租賃負債 = $75,000 × 3.387211 = $254,041

×4/1/1 再衡量前與再衡量後之差額 $254,041 – $77,161 = $176,880 應調整使用權資產

×4/1/1 再衡量後使用權資產帳面金額 = $329,535 – (3 × $65,907) + $176,880 = $308,694

×4/12/31	折舊費用	61,739	
	累計折舊—使用權資產		61,739
	利息費用	17,783	
	租賃負債		17,783

×4 年使用權資產折舊費用 = $308,694 ÷ 5 = 61,739

16.5.4　租期屆滿之處理

1. 返還租賃資產

承租人承諾返還租賃資產並保證殘值者，租期屆滿時，若租賃負債與實際保證殘值所需支付之金額有差異時，承租人應將所生差額列為本期損失。

2. 取得租賃資產

承租人於租期屆滿取得租賃資產所有權時，應按其性質轉入相當之財產、廠房與設備資產項目，其累計折舊亦同。

釋例 16-7　融資租賃──租期屆滿承租人取得租賃物

台大公司於 ×1 年 1 月 1 日向政大公司承租一機器設備，租約條件內容如下：(1) 租期：5 年 (×1 年 1 月 1 日至 ×5 年 12 月 31 日)，不可取消；(2) 租金：每年 1 月 1 日支付 $60,000；(3) 資產經濟使用年限：10 年；(4) 購買選擇權：×5 年 12 月 31 日台大公司得以 $75,000 承購該機器設備，台大公司可合理確定將行使該選擇權。台大公司得知政大公司之租賃隱含利率為 10%。

試作：台大公司 ×1、×4 及 ×5 年相關分錄。

解析

因台大公司具有購買選擇權，且可合理確定將行使該選擇權。使用權資產應按可使用年數攤銷折舊，台大公司以直線法提列該機器設備折舊 (估計無殘值)。租賃負債 =

$60,000 \times (1 + P_{4,10\%}) + \$75,000 \times p_{5,10\%} = \$296,762$。

下表為台大公司之租賃負債攤銷表：

日期	支付租金 (1)	利息費用 (2) = 上期 (4) ×10%	租賃負債 減少數 (3) = (1) − (2)	租賃負債 帳面金額 (4) = 上期 (4) − (3)
×1/1/1				$296,762
×1/1/1	$60,000	$ 0	$60,000	236,762
×2/1/1	60,000	23,676	36,324	200,438
×3/1/1	60,000	20,044	39,956	160,482
×4/1/1	60,000	16,048	43,952	116,530
×5/1/1	60,000	11,653	48,347	68,183
×5/12/31	75,000	6,817	68,183	0

台大公司

×1 年 1 月 1 日之分錄：

使用權資產	296,762	
租賃負債		296,762
租賃負債	60,000	
現金		60,000

×1 年 12 月 31 日之分錄：

利息費用	23,676	
租賃負債		23,676
折舊費用 ($296,762 / 10)	29,676	
累計折舊—使用權資產		29,676

×4 年 12 月 31 日之分錄：

利息費用	11,653	
租賃負債		11,653
租賃負債	60,000	
現金		60,000
折舊費用 ($296,762 / 10)	29,676	
累計折舊—使用權資產		29,676

×5 年 12 月 31 日之分錄：台大公司支付 $75,000，承購該設備。

折舊費用	29,676	
累計折舊—使用權資產		29,676
利息費用	6,817	
租賃負債		6,817
租賃負債	75,000	
現金		75,000
設備—機器	148,381	
累計折舊—使用權資產	148,381	
使用權資產		296,762

或

設備—機器	296,762	
累計折舊—使用權資產	148,381	
使用權資產		296,762
累計折舊—設備		148,381

釋例 16-8　租期屆滿返還機器 (有保證殘值)

台東公司向花蓮公司租賃機器一部,自 ×1 年 1 月 1 日起租期三年,每年年初付款 $100,000。台東公司有保證殘值 (假設預期將因保證殘值支付 $30,000),並由台東公司負擔履約成本,該機器在租賃開始日之公允價值為 $311,150,台東公司已知花蓮公司之隱含利率為 10%,機器耐用年限 6 年。租期屆滿交還租賃標的之公允價值未達保證殘值時,承租人應貼補租賃標的公允價值與保證殘值間之差額;台東公司以直線法提列折舊。試依下列條件作台東公司與花蓮公司 ×1 年之分錄及租期屆滿交還租賃機器之相關分錄 ($P_{2,10\%}$ = 1.736 , $p_{3,10\%}$ = 0.751)。

情況一:若 ×4 年 1 月 1 日,台東公司因保證殘值須支付 $30,000。
情況二:若 ×4 年 1 月 1 日,台東公司因保證殘值須支付 $35,000。

解析

租賃給付折現值 = $100,000 × (1 + $P_{2,10\%}$) + $30,000 × 0.751 = $296,130
租賃給付折現值不等於租賃資產公允價值,表示有未保證殘值

台東公司
×1 年 1 月 1 日

使用權資產	296,130	
租賃負債		296,130
租賃負債	100,000	
現金		100,000

×1 年 12 月 31 日

承租人應以使用權資產金額為折舊基礎，按租約期間提列折舊。折舊費用 = $296,130 ÷ 3 = $98,710

折舊費用	98,710	
累計折舊—使用權資產		98,710

×4 年 1 月 1 日

情況一			情況二		
累計折舊	296,130		累計折舊	296,130	
使用權資產		296,130	使用權資產		296,130
租賃負債	30,000		租賃負債	30,000	
現金		30,000	資產交還損失	5,000	
			現金		35,000

釋例 16-9　租期屆滿未購買租賃資產

承釋例 16-7，假設台大公司於 ×5 年 12 月 31 日，因不可預期之突發原因，並未購買該設備，依約於 ×5 年 12 月 31 日返還政大公司該設備。

試作：×5 年 12 月 31 日返還設備之分錄。

解析

×5 年 12 月 31 日

利息費用	6,817	
租賃負債		6,817
未承購租賃資產損失	73,381	
租賃負債	75,000	
累計折舊—使用權資產	148,381	
使用權資產		296,762

16.6　出租人租賃會計

IFRS 16 對出租人租賃會計之處理，規定將租賃分為**融資租賃** (Finance Lease) 及**營業租賃** (Operating Lease)。其分類之原則係以附屬於標的資產所有權之風險與報酬歸屬於出租人或承租人之程度為依據。融資租賃係指移轉附屬於標的資產所有權之幾乎所有風險與報酬之租賃。標的資產所有權最終可能會移轉，也可能不會移轉。

學習目標 6
熟悉出租人之會計處理

營業租賃係指融資租賃以外之租賃，亦即營業租賃並未移轉附屬於標的資產所有權之幾乎所有風險與報酬。

融資租賃	營業租賃
實質購買交易 (in-substance purchase)	待履行合約 (executory contracts)
已移轉附屬於租賃標的資產幾乎所有風險與報酬	未移轉附屬於租賃標的物所有權之幾乎所有風險與報酬

圖 16-7　出租人租賃會計分類

所謂標的資產之風險包括因閒置產能或技術過時造成損失，及因經濟環境改變造成投資報酬變動之可能性。標的資產之報酬可能表現在資產經濟年限期間獲利活動，及源自資產增值或殘值變現所能獲取利益之預期。

對出租人而言，融資租賃實質上已接近分期付款出售該標的資產的概念。相反的，營業租賃僅代表承租人與出租人雙方互負對價之關係，尚未達到實質購買交易之條件。

16.6.1　出租人融資租賃之判斷指標

出租人租賃究竟為融資租賃或營業租賃係取決於交易實質而非合約形式，如表 16-14 所示，IFRS 16 羅列許多指標以協助出租人進行租賃會計分類之判斷。IFRS 16 舉出下列情形 (不論個別發生或互相結合) 通常會導致該項租賃被分類為融資租賃：

1. 所有權移轉指標

租賃將標的資產所有權於租賃期間屆滿時移轉予承租人，例如，承租人可以無條件取得標的資產所有權或出租人擁有非常可能執行之賣權；故經濟實質上，此係屬於分期付款銷售，因此應依融資租賃方式進行會計處理。

表 16-14　出租人融資租賃之判斷指標

(1) 所有權移轉指標

(2) 購買權指標

(3) 租賃期間指標

(4) 租賃給付現值指標

(5) 資產特殊性指標

下列情形無論個別發生或互相結合，亦可能導致租賃被分類為融資租賃

(6) 租約解除承擔損失指標

(7) 殘值價值波動承擔指標

(8) 續租權指標

2. 購買權指標

　　承租人對標的資產有購買選擇權，且該購買價格預期明顯低於選擇權可行使日之該資產公允價值，致在成立日可合理確定該選擇權將被行使；此租賃雖然為有條件式移轉所有權，但因優惠價格誘因，導致該交易實質上為出售資產，屬於分期付款銷售，因此應依融資租賃方式進行會計處理。

3. 租賃期間指標

　　即使法定所有權未移轉，但租賃期間涵蓋標的資產經濟年限之主要部分；於此種情況下，出租人業已將使用資產主要的風險及報酬移轉與承租人。因此，此時應使用融資租賃方式處理。例如，租賃期間 9 年已達租賃標的在租賃開始時剩餘耐用年數 10 年之主要部分。

4. 租賃給付現值指標

　　於成立日，租賃給付現值達該標的資產幾乎所有之公允價值；租賃給付係指承租人於租賃期間內被要求或可能被要求支付之款項(但不包括服務成本及由出租人支付且可獲得歸墊之稅金)。換言之，租賃給付現值之計算包括承租人支付予出租人與租賃期間內之

標的資產使用權有關之給付,包括下列各項:(1) 固定給付 (包含實質固定給付),減除任何租賃誘因;(2) 取決於某項指數或費率之變動租賃給付;(3) 購買選擇權之行使價格,若承租人可合理確定將行使該選擇權;及 (4) 租賃終止所須支付之罰款,若租賃期間反映承租人將行使租賃終止之選擇權。另加上由以下任一方對出租人提供之保證殘值:(a) 承租人;(b) 承租人之關係人;或 (c) 與出租人無關且有財務能力履行保證義務之第三方。

出租人應以租賃隱含利率計算現值,惟若製造商或經銷商出租人故意低報利率導致高估利潤,則應以市場利率計算。

此外,租賃給付僅包括對租賃要素 (即資產使用權) 之給付,而排除對其他要素 (例如,服務及投入成本) 之給付。另外,如承租人有權選擇購買該租賃資產,且能以明顯低於選擇權行使日該資產公允價值之價格購買,致在租賃開始日,即可合理確定此選擇權將被行使,則最低租賃給付包括至選擇權預計行使日止之租賃期間所應支付之應付金額與行使選擇權時應支付之金額。此等金額代表出租人自出租該資產所能獲得的收入,業已相當於出售該項資產所能獲得之收入。實質上,此項交易即為分期付款銷售,僅係契約上約定為租賃。

履約成本如租賃標的之保險費、維修保養費及稅捐等費用,為伴隨租賃資產使用權及所有權而必須承擔之成本,若由出租人負擔,承租人應自每期租金中扣除該履約成本,以剩餘金額計算租賃給付現值。

5. 資產特殊性指標

標的資產具特殊性,以致僅有承租人無須重大修改即可使用。此係指該資產是為承租人而量身打造,其他人除非經重大修改,否則無法使用該資產。因此,僅有承租人得以直接自使用該資產取得收益。換言之,出租人專為承租人建造特定之租賃資產,該租賃資產之市場價值有限,故承租人追求於租期內收回其投資。例如:具有極高特殊性之研發設備或實驗室,僅承租人無須重大修改即可使用。

下列情形無論個別發生或互相結合,亦可能導致租賃被分類為

融資租賃：

6. 租約解除承擔損失指標

如承租人得取消租賃，則出租人因租約取消所產生之損失須由承租人負擔。

7. 殘值價值波動承擔指標

殘值之公允價值波動所產生之利益或損失歸屬於承租人 (例如，以租賃結束時標的資產出售之大部分銷售價款作為租金回饋金)。

8. 續租權指標

承租人有能力以明顯低於市場行情之租金續租。

上述判斷指標 (釋例與情形) 1 至 8 (如表 16-14) 不必然具決定性。如有其他特徵能清楚地顯示，租賃並未移轉附屬於標的資產所有權之幾乎所有風險與報酬，則此租賃應分類為營業租賃。例如，標的資產所有權於租賃結束時以相等於當時公允價值之變動價格移轉或存有變動租賃給付，致使出租人未移轉幾乎所有風險與報酬。租賃之分類應於成立日決定，且僅於租賃修改時始作重評估。就會計目的而言，租賃並不因估計變動 (例如標的資產經濟年限或殘值之估計變動) 或情況改變 (例如承租人違約) 而重新分類。表 16-15 彙總出租人融資租賃判斷指標之核心精神。

表 16-15　出租人融資租賃判斷指標之核心精神

主要判斷指標	取得所有權	左列指標與情況並非為融資租賃判斷之絕對指標
所有權移轉指標	所有權移轉指標	
優惠購買權指標	優惠購買權指標	
租賃期間指標		
最低租賃給付現值指標	取得主要經濟效益	如有其他特徵能清楚地顯示，租賃並未移轉附屬於資產所有權之幾乎所有風險與報酬，則此租賃應分類為營業租賃
資產特殊性指標	租賃期間指標	
	最低租賃給付現值指標	
其他次要判斷指標	資產特殊性指標	
租約解除承擔損失指標	續租權指標	
殘值價值波動承擔指標		
續租權指標	承擔主要風險	
	租約解除承擔損失指標	
	殘值價值波動承擔指標	

營業租賃

凡是不屬於融資租賃的合約都被歸類於營業租賃，常見的實務包括事務機器及汽車租賃，承租人僅單純的支付租金取得使用權，承租人在租約期滿時，並無優先承購或續租該項租賃資產的權利。

16.6.2　融資租賃

在融資租賃下，出租人已移轉附屬於所有權之幾乎所有風險與報酬，依其是否產生製造商或經銷商損益，出租人之融資租賃又分為**銷售型租賃** (Sales Type Lease) 與**直接融資型租賃** (Direct Financing Lease)。

直接融資型之融資租賃

最常見的融資租賃型態為**直接融資** (Direct lease)，當承租企業需要某種資產時 (如機器設備)，先與租賃公司簽訂租賃契約，由租賃公司與供應商簽訂買賣契約並付款，再轉租給承租人，也就是企業所需使用的機器設備，是由租賃公司提供資金融通，而以分期收取租金方式回收全部資金及利息。在此情況下，出租人移轉其租賃標的的大部分利益與風險予承租人，承租人即應將租賃資產資本化，列為承租人的資產，承租人以逐期支付的金額，作為取得租賃資產的成本，租賃公司為該租賃資產之所有權人，租期屆滿時，企業者得以低微之殘值優先承購或以更低之租金續租該機器設備之交易契約。換言之，**直接融資型之融資租賃不會產生製造商或經銷商損益，只有租賃期間之融資收益**。

銷售型之融資租賃

製造商或經銷商經常提供客戶購買或租賃一項資產之選擇，先進國家中，許多企業透過融資性租賃方式促銷自己產品，甚至設立專門為其服務的租賃公司。製造商或經銷商 (出租人) 採融資租賃出租之資產將產生下列兩類收益：

1. 製造商或經銷商損益：與按正常售價 (已扣除任何適用之數量折扣或商業折扣) 賣斷租賃資產所能產生之損益相當之損益；及

2. 租賃期間之融資收益。

換言之,製造商或經銷商(出租人)應按企業對於賣斷所遵循之政策,於本期認列銷售利潤或損失,亦即應收融資租賃款之現值(通常等於租賃資產之公允價值或售價)不等於租賃資產之成本或帳面價值者。

16.6.3 融資租賃原始認列

1. **認列應收融資租賃款**:如於開始日,出租人應於其資產負債表認列融資租賃下所持有之資產,並按租賃投資淨額將其表達為應收款。出租人應使用租賃隱含利率衡量租賃投資淨額。出租人將應收融資租賃款視為本金之收回與融資收益處理,以作為對其投資及服務之歸墊與報酬。
2. **除列出租資產**:出租人會先評估所出租資產的帳面價值以及其公允價值,並衡量是否有減損損失。並於租賃期間開始日除列該資產。
3. **未賺得融資收益**:

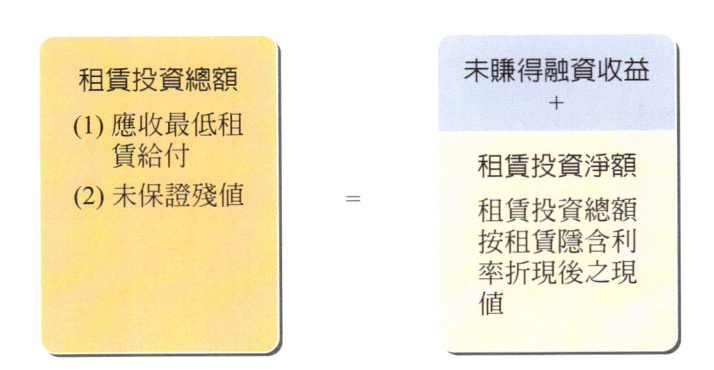

租賃投資總額 (1) 應收最低租賃給付 (2) 未保證殘值	=	未賺得融資收益 + 租賃投資淨額 租賃投資總額按租賃隱含利率折現後之現值

租賃投資總額 (gross investment in the lease) 為應收融資租賃款總額,係指下列彙總數:(1) 融資租賃下出租人之應收租賃給付,及 (2) 任何歸屬於出租人之未保證殘值。應收融資租賃款組成項目如下:

1. 固定給付(包含實質固定給付),減除任何租賃誘因;
2. 取決於某項指數或費率之變動租賃給付;
3. 購買選擇權之行使價格,若承租人可合理確定將行使該選擇權;

4. 租賃終止所須支付之罰款，若租賃期間反映承租人將行使租賃終止之選擇權；
5. 租賃給付亦包括保證殘值。可由承租人、承租人之關係人或與出租人無關且有財務能力履行保證義務之第三方對出租人提供

租賃投資淨額 (net investment in the lease) 係指租賃投資總額按租賃隱含利率折現後之現值。租賃資產由承租人洽購議價，並約定出租人不付檢查試驗費用者，出租人之淨投資在租賃開始日等於該資產之成本。若按出租人隱含利率作為折現率，應收融資租賃款之現值，即為租賃標的之公允價值。

未賺得融資收益 (Unearned finance income) 係指下列兩者之差額：(1) 租賃投資總額，及 (2) 租賃投資淨額。即出租人在租賃期間可賺得之利息 (財務) 收入。

製造商或經銷商出租人於租賃期間開始日所認列之銷貨收入，為資產之公允價值或出租人應收租賃給付按市場利率計算之現值兩者孰低者。租賃期間開始日所認列之銷貨成本為標的資產之成本 (如成本與帳面金額不同時，則為帳面金額) 減除未保證殘值現值之金額。銷貨收入與銷貨成本間之差額為企業按賣斷政策所認列之銷售利潤。

原始直接成本

原始直接成本係指為完成租賃合約之簽訂而發生之成本，通常由出租人負擔。出租人所花費之廣告支出及一般營業支出不得列為原始直接成本。出租人經常會發生原始直接成本，包括增額與直接可歸屬於協商與安排租賃之金額，例如，佣金、法律費用和內部成本，但不包括一般費用，如銷售及行銷單位產生之費用，通常於租賃期間開始日即認列。換言之，原始直接成本包括兩部分：

- **增額直接成本** (Incremental Direct Cost)：為支付給第三者之鑑價費用、徵信費用及促成租賃交易之佣金等。
- **內部直接成本** (Internal Direct Cost)：係出租人公司內部為特定租約所投入之評估、洽談及文書處理等成本。

對於直接融資租賃，未涉及製造商或經銷商，出租人之原始直接成本應包括於應收融資租賃款之原始衡量中，並減少租賃期間所認列之收益金額。依租賃隱含利率之定義，於設算時已將原始直接成本自動包含於應收融資租賃款內，因此無須將此類成本另行加入。

對於銷售型融資租賃，製造商或經銷商出租人因協商或安排租賃所產生之成本應於認列銷售利潤時認列為費用。對融資租賃而言，通常於租賃期間開始日即認列費用，因為此類成本主要與賺取製造商或經銷商銷售利潤有關。

出租人直接融資租賃原始認列	
認列應收融資租賃款	租賃投資總額
未賺得融資收益	租賃投資總額及租賃投資淨額之差額
除列出租資產	租賃期間開始日除列出租資產

出租人銷售型融資租賃原始認列	
認列應收融資租賃款	租賃投資總額
未賺得融資收益	租賃投資總額及租賃投資淨額之差額
銷貨收入	為資產之公允價值或出租人應收最低租賃給付按市場利率計算之現值兩者孰低者
銷貨成本	租賃期間開始日所認列之銷貨成本為租賃資產之成本減除未保證殘值現值之金額
製造商費用	製造商或經銷商出租人因協商或安排租賃所產生之成本(原始直接成本)，應於認列銷售利潤時認列為費用。因為此類成本主要與賺取製造商或經銷商銷售利潤有關
製造商利益	製造商或經銷商出租人應按企業對於賣斷所遵循之政策，於本期認列銷售利潤或損失

16.6.4 融資租賃後續衡量

融資收益之認列，應基於能反映出租人之融資租賃投資淨額在各期間有固定報酬率之型態。出租人應採有系統且合理之基礎將融資收益分攤於租賃期間。此收益之分攤應基於能反映出租人之融資租賃投資淨額，在各期間有固定報酬率之型態。與本期有關之租賃給付沖減租賃投資總額，以減少本金及未賺得融資收益。

融資租賃之資產如按國際財務報導準則第 5 號「待出售非流動資產及停業單位」分類為待出售 (或包括於分類為待出售之處分群組中)，則該資產應按該號國際財務報導準則之規定處理。

釋例 16-10　出租人銷售型租賃 (有保證殘值)

×3 年 1 月 1 日甲公司向乙公司承租設備，租期 10 年，每期租金 $1,000,000 從 ×3 年起每年 1 月 1 日支付，租期屆滿時估計殘值為 $600,000 由甲公司保證，租期屆滿時返還租賃資產。假設隱含利率為 10%。已知此租賃被歸類為銷售型融資租賃，乙公司的設備成本為 $6,000,000，公允價值等同應收最低租賃給付的現值。

試作：×3 年乙公司相關分錄。($P_{9,10\%}$ = 5.759, $p_{10,10\%}$ = 0.386)

解析

租賃投資淨額 = $1,000,000 × (1 + 5.759) + $600,000 × 0.386 = $6,990,600

租賃投資總額 (應收融資租賃款) = $1,000,000 × 10 + $600,000 = $10,600,000

未賺得融資收益 = $10,600,000 – $6,990,600 = $3,609,400

分錄如下：

×3/1/1	應收融資租賃款	10,600,000	
	銷貨收入		6,990,600
	融資租賃之未賺得融資收益		3,609,400
	銷貨成本	6,000,000	
	存貨		6,000,000
	現金	1,000,000	
	應收融資租賃款		1,000,000
×3/12/31	融資租賃之未賺得融資收益	599,060	
	利息收入		599,060 *

* ($10,600,000 – $3,609,400 – $1,000,000) ×10% = $599,060

釋例 16-11　出租人直接融資租賃 (優惠購買權)

甲公司 ×0 年 1 月 1 日與乙公司簽訂不可取消之租賃合約，以承租一套生產設備，租約條件內容如下：

(1) 租期為 4 年。
(2) 每年的 1 月 1 日支付租金 $200,000。
(3) 租期屆滿甲公司具有優惠購買權，得以 $30,000 承購租賃物標的，甲公司可合理確定將行使該選擇權。

假設該套生產設備之成本恰等於公允價值，估計使用年限為 6 年，到期無殘值。其折舊提列採直線法。乙公司之隱含利率為 8%。

試作：乙公司 ×0 年之相關分錄。

解析

因承租人具有優惠購買選擇權，可合理確定將行使該選擇權，故為融資租賃。
因租賃標的資產之成本等於公允價值，故為直接融資租賃。

公允價值 = $200,000 × (1 + P_{3,8\%}) + $30,000 × p_{4,8\%} = $737,470
租賃投資淨額 = $200,000 × (1 + P_{3,8\%}) + $30,000 × p_{4,8\%} = $737,470
租賃投資總額 (應收融資租賃款) = $200,000 × 4 + $30,000 = $830,000
未賺得融資收益 = $830,000 − $737,470 = $92,530

分錄如下：

×0/1/1	應收融資租賃款	830,000	
	融資租賃之未賺得融資收益		92,530
	生產設備		737,470
	現金	200,000	
	應收融資租賃款		200,000
×0/12/31	融資租賃之未賺得融資收益	42,998	
	利息收入		42,998

釋例 16-12　出租人直接融資租賃 (優惠購買權，攤銷表)

×1 年 1 月 1 日甲公司以融資租賃方式將帳面金額 $1,985,305 的機器設備出租給乙公司，租期 6 年，每年租金為 $385,000，約定於年初支付，該機器設備於租期屆滿時估計殘值為 $125,000，由乙公司全數保證。租賃開始日乙公司之增額借款利率為 7%，甲公司之隱含利率為 8%，且為乙公司所知。租期屆滿時，乙公司將得以 $100,000 優惠購買價格取得租賃資產所有權，且乙公司確實以此價格於租期屆滿時購買。

試作：甲公司租賃投資與未賺得融資收益攤銷表，以及 ×1 年及 ×6 年有關租賃的相關分錄。($P_{5,7\%}$ = 4.1, $P_{5,8\%}$ = 3.993, $P_{6,7\%}$ = 4.767, $P_{6,8\%}$ = 4.623, $p_{6,7\%}$ = 0.666, $p_{6,8\%}$ = 0.63)

解析

租賃投資總額 = $385,000 × 6 + $100,000 = $2,410,000

租賃投資淨額 = $385,000 × (1 + 3.993) + $100,000 × 0.63 = $1,985,305

未賺得融資收益 = $2,410,000 − $1,985,305 = $424,695

×1/1/1	應收融資租賃款	2,410,000	
	融資租賃之未賺得融資收益		424,695
	出租資產		1,985,305
	現金	385,000	
	應收融資租賃款		385,000
×1/12/31	融資租賃之未賺得融資收益	128,024	
	利息收入		128,024
×6/1/1	現金	385,000	
	應收融資租賃款		385,000
×6/12/31	融資租賃之未賺得融資收益	7,268	
	利息收入		7,268
	現金	100,000	
	應收融資租賃款		100,000

租賃投資及未賺得融資收益攤銷表：

日期	租金 (1)	利息收入 (2) = 前期 (5) × 8%	租賃投資總額 (3) = 前期 (3) − (1)	未賺得融資收益 (4) = 前期 (4) − (2)	租賃投資淨額 (5) = (3) − (4)
×1/1/1			$2,410,000	$424,695	$1,985,305
×1/1/1	$385,000		2,025,000	424,695	1,600,305
×2/1/1	385,000	$128,024	1,640,000	296,671	1,343,329
×3/1/1	385,000	107,466	1,255,000	189,205	1,065,795
×4/1/1	385,000	85,264	870,000	103,941	766,059
×5/1/1	385,000	61,285	485,000	42,656	442,344
×6/1/1	385,000	35,388	100,000	7,268	92,732
×6/12/31		7,268*	100,000	0	20,000

＊尾差調整。

IFRS 一點通

低利率報價

若製造商或經銷商(出租人)故意以低利率報價,造成高估應收融資租賃款之現值,進而虛增利潤,則製造商或經銷商之銷售利潤應限於採用市場利率時所能取得之利潤。

報價利率與市場利率有重大差異

製造商或經銷商(出租人)有時會故意以低利率報價吸引顧客。採用此等利率之結果將造成交易之總利益,會於銷售時即認列過多之部分。如故意以低利率報價,銷售利潤應限於採用市場利率時所能取得之利潤。

釋例 16-13　融資租賃出租人為經銷商

甲公司為經銷冷藏設備之公司,×7年初將一批公允價值為 $6,400,000,帳面金額(與進貨成本相同)為 $5,700,000 之冷藏設備存貨出租予乙公司,租期 4 年,每年年底收取租金 $2,000,000,此時市場利率為 15%,估計此批冷藏設備於租期屆滿時將有未經保證的殘值 $88,241,甲公司因協商與安排此項租賃所產生之法律費用 $5,000 係於 ×7 年初支付,且此項租賃符合融資租賃之條件。此項租賃合約,係甲公司故意以遠低於市場利率之利率 (10%) 向乙公司報價所達成之交易。

試作:甲公司 ×7 年與 ×8 年與此項租賃有關之分錄。
($P_{4,10\%}$ = 3.169865, $p_{4,10\%}$ = 0.683013; $P_{4,15\%}$ = 2.854978, $p_{4,15\%}$ = 0.571753)

解析

$2,000,000 × 2.854978 = $5,709,956 < $6,400,000,故應認列 $5,709,956 之銷貨收入。

應認列之銷貨成本 = $5,700,000 − $88,241 × 0.571753 = $5,649,548

×7 年底應認列之利息收入
　= ($5,709,956 + $88,241 × 0.571753) × 15% = $864,061

×8 年底應認列之利息收入
　= ($5,709,956 + $88,241 × 0.571753 − $2,000,000 + $864,061) × 15%
　= $693,670

×7/1/1	應收融資租賃款	8,088,241	
	銷貨成本	5,649,548	
	法律費用	5,000	
	現金		5,000
	銷貨收入		5,709,956
	存貨―冷藏設備		5,700,000
	融資租賃之未賺得融資收益		2,327,833 *

* $8,088,241 – ($5,709,956 – $5,649,548) – $5,700,000 = $2,327,833

×7/12/31	現金	2,000,000	
	應收融資租賃款		2,000,000
	融資租賃之未賺得融資收益	864,041	
	利息收入		864,041
×8/12/31	現金	2,000,000	
	應收融資租賃款		2,000,000
	融資租賃之未賺得融資收益	693,670	
	利息收入		693,670

釋例 16-14　出租人直接融資租賃（有未保證殘值）

　　丙公司 ×3 年初將一台車輛 (×2 年購入，×3 年初帳面金額＝公允價值 $400,000) 以融資租賃出租予丁公司，約定每年年底收取租金 $100,000，租期 5 年，租期屆滿日該車輛之估計殘值為 $150,000，其中 $50,000 為丁公司所保證之部分。另外，丙公司因此項租賃所產生之原始直接成本為 $33,137，於 ×3 年初支付。

試作：

(1) 求出此項租賃之最低租賃給付。
(2) 求出此項租賃之租賃投資總額。
(3) 求出此項租賃之租賃投資淨額。
(4) 求出此項租賃之租賃隱含利率。(提示：請利用下方年金現值及複利現值)
(5) 丙公司 ×3 年及 ×4 年所有分錄。

($P_{5,10\%}$ = 3.79079, $p_{5,10\%}$ = 0.62092; $P_{5,11\%}$ = 3.69590, $p_{5,11\%}$ = 0.59345; $P_{5,12\%}$ = 3.60478, $p_{5,12\%}$ = 0.56743; $P_{5,13\%}$ = 3.51723, $p_{5,13\%}$ = 0.54276; $P_{5,14\%}$ = 3.43308, $p_{5,14\%}$ = 0.51937)

解析

(1) $100,000 × 5 + $50,000 = $550,000

(2) $550,000 + $100,000 (未保證殘值部分) = $650,000

(3) 租賃投資淨額＝租賃投資總額按租賃隱含利率折現後之現值＝租賃資產公允價值＋

Chapter 16 租賃會計

出租人所有原始直接成本 = $400,000 + $33,137 = $433,137

(4) 假設租賃隱含利率為 i

$100,000 \times P_{5,i\%} + 50,000 \times p_{5,i\%} + 100,000 \times p_{5,i\%} = 400,000 + 33,137$

將題目所提供之年金現值及複利現值代入檢驗後可算出 i = 13%

(5) ×3 年底認列之利息收入 = $433,137 × 13% = $56,308

×4 年底認列之利息收入 = [$433,137 – ($100,000 – $56,308)] × 13% = $50,628

×3/1/1	應收融資租賃款	650,000	
	運輸設備		400,000
	現金		33,137
	融資租賃之未賺得融資收益		216,863
×3/12/31	現金	100,000	
	應收融資租賃款		100,000
	融資租賃之未賺得融資收益	56,308	
	利息收入		56,308
×4/12/31	現金	100,000	
	應收融資租賃款		100,000
	融資租賃之未賺得融資收益	50,628	
	利息收入		50,628

未保證殘值估計變動

用於計算出租人租賃投資總額之估計未保證殘值應定期複核。如估計未保證殘值有變動，應調整剩餘租賃期間內之收益分攤，並立即認列應計金額之變動數。

釋例 16-15　出租人直接融資租賃 (未保證殘值估計變動)

戊公司 ×4 年初將一架飛機 (×1 年購入，×4 年初帳面金額 = 公允價值 $5,000,000) 以融資租賃出租予己公司，約定每年年底收取租金 $1,000,000，租期 6 年，租期屆滿日該飛機之估計殘值為 $4,000,000，皆屬未保證殘值。另外，戊公司 ×4 年初支付因此項租賃所產生之原始直接成本共 $X，而此項租賃之租賃隱含利率為 16%。×7 年初，戊公司對此架飛機之估計殘值變為 $3,000,000。

試作：

(1) 計算 X = ?
(2) ×7年初未保證殘值之估計改變應有之分錄。
(3) 計算戊公司×4年至×9年每年因此項租賃所認列之利息收入。
($P_{3,16\%}$ = 2.245890, $p_{3,16\%}$ = 0.640658; $P_{6,16\%}$ = 3.684736, $p_{6,16\%}$ = 0.410442)

解析

(1) ($1,000,000 × 3.684736) + ($4,000,000 × 0.410442) = $5,000,000 + $X

　　$X = ($1,000,000 × 3.684736) + ($4,000,000 × 0.410442) − $5,000,000
　　　 = $326,504

(2) ($4,000,000 − $3,000,000) × 0.640658 = $640,658

×7/1/1	金融資產減損損失	640,658	
	應收融資租賃款		640,658

(3) ×4年應認列之利息收入 = ($5,000,000 + $326,504) × 16%
　　　　　　　　　　　　 = $852,241

　　×5年應認列之利息收入 = ($5,326,504 − $1,000,000 + $852,241) × 16%
　　　　　　　　　　　　 = $828,599

　　×6年應認列之利息收入 = ($5,326,504 − $1,000,000 × 2 + $852,241 + $828,599) × 16%
　　　　　　　　　　　　 = $801,175

　　×7年應認列之利息收入 = ($5,326,504 − $1,000,000 × 3 + $852,241 + $828,599
　　　　　　　　　　　　　 + $801,175 − $640,658) × 16%
　　　　　　　　　　　　 = $666,858

　　×8年應認列之利息收入 = ($5,326,504 − $1,000,000 × 4 + $852,241 + $828,599
　　　　　　　　　　　　　 + $801,175 − $640,658 + $666,858) × 16%
　　　　　　　　　　　　 = $613,555

　　×9年：($5,326,504 − $1,000,000 × 5 + $852,241 + $828,599 + $801,175 − $640,658
　　　　　　 + $666,858 + $613,555) × 16%
　　　　 = $551,724

　　但若考量過去因四捨五入認列利息收入導致之差異，×9年應認列之利息收入為 $551,726 [= $3,000,000 + $1,000,000 ($5,326,504 − $1,000,000 × 5 + $852,241 + $828,599 + $801,175 − $640,658 + $666,858 + $613,555)]

出租人融資租賃租期屆滿之處理

1. 承租人交還租賃物

承租人承諾交還租賃資產且未有估計殘值未保證者，出租人應將租賃物以公允價值入帳。若估計殘值中有未經保證者，出租人仍應將租賃物以公允價值入帳，未經保證之估計殘值與收回時公允價值之差額，應列為收回出租資產損益。

2. 承租人取得租賃標的資產

若承租人無條件取得租賃標的資產，則出租人不須作任何分錄。若承租人以購買選擇權之承購價而取得租賃標的資產，則承租人於將應收租賃款餘額沖銷後即結束會計處理。

釋例 16-16 融資租賃──租期屆滿返還機器（有未保證殘值）

承釋例 16-8，假設 ×4 年 1 月 1 日租賃資產返還時，租賃資產之公允價值為 $40,000，應收租賃款餘額為 $75,000。

試作：花蓮公司租期屆滿交還租賃機器之相關分錄。($P_{2,10\%}$ = 1.736, $p_{3,10\%}$ = 0.751)

解析

情況一			情況二		
機器設備	40,000		機器設備	40,000	
現金	30,000		現金	35,000	
租賃資產交還損失	5,000		應收融資租賃款		75,000
應收融資租賃款		75,000			

釋例 16-17 融資租賃──租期屆滿承租人取得租賃物

承釋例 16-7，試作政大公司 ×1 年、×4 年及 ×5 年相關之分錄。

解析

應收租賃款現值 = $60,000 × (1 + $P_{4,10\%}$) + $75,000 × $p_{5,10\%}$ = $296,762

下表為政大公司之應收租賃款攤銷表：

日期	收取租金 (1)	利息收入 (2) = 前期 (4) × 10%	淨投資減少數 (3) = (1) – (2)	淨投資餘額 (4) = 前期 (4) – (3)
×1/1/1				$296,762
×1/1/1	$60,000	$ 0	$60,000	236,762
×2/1/1	60,000	23,676	36,324	200,438
×3/1/1	60,000	20,044	39,956	160,482
×4/1/1	60,000	16,048	43,952	116,530
×5/1/1	60,000	11,653	48,347	68,183
×5/12/31	75,000	6,817	68,183	0

政大公司

×1 年 1 月 1 日之分錄：

應收融資租賃款	375,000	
租賃資產		296,762
融資租賃之未賺得融資收益		78,238
現金	60,000	
應收融資租賃款		60,000

×1 年 12 月 31 日之分錄：

應收利息 (應收融資租賃款)	23,676	
利息收入		23,676

×4 年 12 月 31 日之分錄：

應收利息 (應收融資租賃款)	11,653	
利息收入		11,653
現金	60,000	
應收融資租賃款		48,347
應收利息 (應收融資租賃款)		11,653

×5 年 12 月 31 日之分錄：台大公司支付 $75,000，承購該設備。

應收利息 (應收融資租賃款)	6,817	
利息收入		6,817
現金	75,000	
應收融資租賃款		68,183
應收利息 (應收融資租賃款)		6,817

16.6.5 營業租賃──出租人

出租人應將屬於營業租賃之資產，按其性質列於資產負債表中。來自營業租賃之租賃收益應按直線基礎於租賃期間內認列為收益，除非另一種有系統之基礎更能代表資產使用效益遞減之時間型態。

為賺取租賃收益而產生之成本(包括折舊)應認列為費用。除非另一種有系統之基礎更能代表資產使用效益遞減之時間型態，否則租賃收益(不包括提供保險及維護服務所收取之款項)應按直線基礎於租賃期間內認列，即使租金非按此基礎收取。

折舊性租賃資產之折舊政策應與出租人對其他類似資產所採用之正常折舊政策一致，折舊之計算應按國際會計準則第16號及國際會計準則第38號之規定。企業應採用國際會計準則第36號之規定，以決定租賃資產是否發生減損。製造商或經銷商(出租人)之營業租賃不得認列任何銷售利潤，因其非等同於銷售。

釋例 16-18　出租人之營業租賃

情況一：甲公司於×1年1月1日與乙公司簽訂一份3年租賃合約，每年年初支付 $1,000,000 租金給乙公司。

情況二：甲公司於×1年1月1日與乙公司簽訂一份3年租賃合約，×1年1月1日支付租金 $1,000,000 給乙公司，依據過去通貨膨脹(或價格指數)之歷史經驗，×2年1月1日與×3年1月1日分別固定調高5%之租金，即甲公司於×2年1月1日支付租金 $1,050,000 與×3年1月1日支付租金 $1,102,500 給乙公司。

情況三：甲公司於×1年1月1日與乙公司簽訂一份3年租賃合約，×1年1月1日支付租金 $1,000,000 給乙公司，依據過去通貨膨脹(或價格指數)之歷史經驗，×2年1月1日之租金依×1年實際價格指數調整，×3年1月1日之租金依×2年實際價格指數再次調整，若×1與×2年實際價格指數之變化分別較前一年度增加10%與5%。即甲公司於×2年1月1日支付租金 $1,100,000 與×3年1月1日支付租金 $1,155,000 給乙公司。

試計算營業租賃乙公司三種情況下之租金收入。

解析

情況一為標準每期固定租金之租賃合約，情況二為非每期固定租金之租賃合約，原

則上應按直線基礎於租賃期間內認列為租金收入，($1,000,000 + $1,050,000 + $1,102,500) ÷ 3 = $1,050,833，情況三為具有變動租賃之租賃合約，變動租賃給付部分應於發生時認列為本期租金收入。

租金收入	情況一	情況二	情況三
×1/1/1	$1,000,000	$1,050,833	$1,000,000
×2/1/1	1,000,000	1,050,833	1,100,000
×3/1/1	1,000,000	1,050,833	1,155,000

租賃標的

出租人以租賃為經常業務者，其租賃物得另設「出租資產」項目，每期應按正常方法計提折舊，約定由出租人負擔之修護費、稅捐、保險等，列為本期費用，但重大修繕足以增加資產價值或延續其耐用年數者，應作為資本支出。

原始直接成本之處理

原始直接成本 (Initial Direct Cost) 係指為完成租賃合約之簽訂而發生之成本，通常由出租人負擔。出租人因協商與安排營業租賃所產生之原始直接成本，應加計至租賃資產之帳面金額，並採與認列租賃收益相同之基礎，於租賃期間認列為費用，換言之，原始直接成本於租賃期間依收入比例攤銷為費用。

出租人收取押金及租金

出租人因營業租賃所收取之各期租金及押金，以「租金收入」及「存入保證金」項目處理，期末跨期間之租金或未收之租金，應以「預收租金」或「應收租金」項目調整。

出租人僅收取押金

出租人採押租方式，僅收押金不收租金，或另收之租金顯較公平租金為低者，其實質係以押金之利息抵充部分或全部租金，其處理除押金之收取、返還以「存入保證金」列帳外，每期結算或租約

終止時應按相當於租賃期間之銀行定期存款利率計算押金之利息，以「利息費用」及「租金收入」項目列帳。

釋例 16-19　出租人之營業租賃

台大公司 (承租人) 於 ×1 年 7 月 1 日與政大公司 (出租人) 簽訂一份不可取消之兩年期租賃合約，約定自 ×1 年起，每年 7 月 1 日支付 $200,000。假設出租資產於 ×1 年 7 月 1 日之公允價值為 $600,000，估計可用 6 年，無殘值，又出租人隱含利率為 10%。
試作：×1 年政大公司之相關分錄。

解析

×1 年 7 月 1 日收取各期租金：

　　現金　　　　　　　　　　　　　　200,000
　　　　租金收入　　　　　　　　　　　　　　200,000

×1 年 12 月 31 日期末調整已收未實現租金：

　　租金收入　　　　　　　　　　　　100,000 *
　　　　預收租金　　　　　　　　　　　　　　100,000

　　* $200,000 × 6/12 = $100,000

釋例 16-20　出租人之營業租賃

承釋例 16-19 資料，但台大公司決定改採押租方式，支付押金 $3,000,000，而不支付租金。假設以簽約當時 2 年期銀行定存之利率 6% 為設算利息之基礎，試作政大公司 ×1 年及 ×3 年退還押金之分錄。

解析

×1 年 7 月 1 日收入押金：

　　現金　　　　　　　　　　　　　　3,000,000
　　　　存入保證金　　　　　　　　　　　　　3,000,000

×1 年 12 月 31 日期末調整或租約終止時按相當於租賃期間之銀行定期存款利率計算押金之利息：

　　利息費用 ($3,000,000 × 6% × 6/12)　90,000
　　　　租金收入　　　　　　　　　　　　　　90,000

×3/7/1 退還押金：

　　存入保證金　　　　　　　　　　　3,000,000
　　　　現金　　　　　　　　　　　　　　　　3,000,000

中級會計學 下

營業租賃：誘因

租賃誘因之總成本應於租賃期間內以直線法認列為租金收入之減少，除非另一有系統之基礎對租賃資產效益遞減之時間型態更具代表性。

釋例 16-21　營業租賃──誘因

路易威登公司 (LV 公司) 以營業租賃方式向台北金融大樓股份有限公司 (台北 101 公司) 承租辦公大樓，租期 5 年，每年租金為 $50,000,000，台北 101 公司並提供前三個月免租金的優惠，此外，為吸引 LV 公司進駐台北 101，台北 101 公司代為支付相關裝潢設施之費用 $40,000,000，請計算第一年台北 101 公司帳上應認列的租金收入。

解析

台北 101 公司

租賃期間總租金收入 = $50,000,000 × 4.75 = $237,500,000

租賃期間租賃誘因總成本 = $40,000,000

第 1 年帳上應認列的租金收入 = ($237,500,000 − $40,000,000)/5 = $39,500,000

16.7　不動產租賃 (同時包含土地及建築物租賃)

學習目標 7
了解不動產租賃之分類及判斷指標。

當一項租賃包含土地及建築物要素時，企業應分別評估土地及建築物要素之分類係為融資租賃或營業租賃。於決定土地要素係為營業租賃或融資租賃時，一項重要之考量因素為土地通常具非確定經濟年限。

當需要對包含土地及建築物之租賃進行分類及會計處理時，租賃給付 (包括於租賃期間開始日前所支付之任何一次性之前端給付) 按租賃開始日土地及建築物租賃權利之公允價值相對比例分攤予土地及建築物。

若租賃給付無法可靠地分攤至此兩項要素，則整體租賃應分類為融資租賃，除非此兩項要素均明顯地符合營業租賃標準，在此情況下，整體租賃應分類為營業

租賃終止之權利

土地要素之原始認列金額不重大時，將租賃區分為兩項要素並分別進行會計處理，其效益可能不會大於成本。

土地及建築物租賃權益之公允價值相對比例分攤

按土地及建築物之相對公允價值為依據分攤租賃給付，無法反映土地通常具有非確定經濟年限，及預期於租賃期間結束後仍保有其價值之事實。相反地，建築物之未來經濟效益在租賃期間內可能至少有某種程度上之耗盡。因此，將與建築物有關之租賃給付，設定在一個使出租人不僅能獲得原始投資之報酬，且亦能補償租賃期間建築物耗用價值之水準，是可合理預期的。至於土地，出租人通常不須對土地之耗用進行補償。

租賃給付之分攤應以能反映它們在補償出租人方面的作用加權衡量，而不是以土地及建築物之相對公允價值為依據。換言之，權重應能反映承租人對土地及建築物之租賃權益。在建築物已於租賃期間內提足折舊之極端情況下，租賃給付之權重須能反映租賃開始日建築物價值之報酬及全部折舊。假設土地殘值等於其於租賃開始日之價值，土地租賃權益之權重將僅反映原始投資之報酬租賃。

對包含土地及建築物之租賃而言，如土地要素於租賃開始日之現值若僅占整體租賃價值比例相當小之情況(即土地要素之原始認列金額不重大)，則進行租賃分類時，允許得不區分土地及建築物要素，土地及建築物可按單一項目處理，並依規定分類為融資租賃或營業租賃。在此情況下，以建築物之經濟年限作為整體租賃資產之經濟年限。

IFRS 一點通

長期租賃中之土地要素是否可以作為融資租賃

國際會計準則理事會認為一項租期為999年之土地及建築物租賃，儘管所有權並未移轉，但與該土地有關之重大風險及報酬於租賃期間內已移轉予承租人。換言之，國際會計準則理事會認為此類租賃中之承租人與購買土地及建築物之企業，通常在經濟上處於相似之地位。對租期長達數十年之久之租賃而言，不動產殘值之現值將微不足道。理事會決議在此種情況下將土地要素作為融資租賃之會計處理，將與承租人之經濟地位一致。

附錄 A　售後租回交易

售後租回交易係指企業(賣方兼承租人)移轉資產予另一個體(買方兼出租人)，並自該買方兼出租人租回該資產(如圖 16A-1)。

學習目標 8
熟悉售後租回之會計處理

```
企業              移轉資產            另一個體
(賣方/承租人)  ───────────────▶   (買方/出租人)
              ◀───────────────
                  租回該資產
```

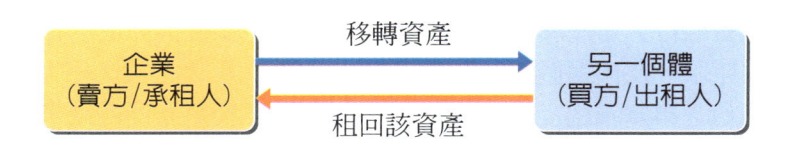

圖 16A-1　售後租回交易

售後租回交易之會計處理依資產之移轉是否係銷售而有不同之會計處理，如表 16A-1，企業應評估資產之移轉是否係銷售(適用國際財務報導準則第 15 號中判定何時滿足履約義務之規定)，以決定資產之移轉是否以銷售資產處理。

表 16A-1　售後租回交易之會計處理

資產之移轉 是否係銷售	會計處理	
	賣方 / 承租人	買方 / 出租人
1. 非屬銷售 　實質上為融資安排 　(抵押借款之融資)	繼續認列已移轉的資產 • 認列等於移轉價款的金融負債 • 租金的支付係償還負債的本金及利息	不認列已移轉的資產 • 認列等於移轉價款的金融資產 • 租金的收取係回收借款的本金及利息
2. 屬銷售 　售後租回交易	出售資產 • 僅認列與已移轉予買方/出租人之權利有關的損益金額 租賃 • 對售後租回所產生之使用權資產，應就標的資產之先前帳面金額，按所保留之使用權有關之占比衡量	購買資產 • 依適用之準則處理 租賃 　依出租人會計規定處理

Chapter 16 租賃會計

釋例 16A-1 售後租回

甲公司 ×1 年初將一項成本為 $6,750,000 的機器設備 (該機器已提列累計折舊 $750,000)，以公允價值 $6,890,000 出售至乙公司並立即租回，此交易滿足 IFRS15 資產銷售之規定。租期 7 年，每年年底支付租金 $610,000，乙公司之租賃隱含利率為 5%，且為甲公司所知。租期屆滿時甲公司須將該運輸設備還給乙公司，設備在租期屆滿日有甲公司保證之估計殘值 $3,810,000，甲公司預估租期屆滿時須就保證殘值支付乙公司 $72,000，設備採直線法折舊。

試作：×1 年甲公司與此售後租回交易相關之所有分錄。

($P_{7,5\%}$ = 5.786373, $p_{7,5\%}$ = 0.710681)

解析

租賃負債 = $610,000 × (5.786373) + $72,000 × 0.710681 = $3,580,857

應認列使用權資產 = $6,000,000 ÷ $6,890,000 × $3,580,857 = $3,118,308

應認列處分利益 = $890,000 ÷ $6,890,000 × ($6,890,000 − $3,580,857) = $427,451

×1/1/1	現金	6,890,000	
	使用權資產	3,118,308	
	累計折舊—運輸設備	750,000	
	運輸設備		6,750,000
	租賃負債		3,580,857
	售後租回移轉權利之利益		427,451
×1/12/31	租賃負債	610,000	
	現金		610,000
	利息費用	179,043	
	租賃負債		179,043
	折舊費用	445,473	
	累計折舊—使用權資產		445,473

折舊費用 = $3,118,308 ÷ 7 = $445,473

非市場費率之調整

售後租回交易中之租賃給付及銷售價格通常相互依存，因其係以包裹方式議定。例如，銷售價格可能高於該資產之公允價值，因租回之租金高於市場費率；反之，銷售價格可能低於公允價值，因租回之租金低於市場費率。使用該等金額處理該交易可能導致賣方兼承租人對資產處分利益或

損失之誤述及買方兼出租人對資產的帳面金額之誤述。企業須處理非市場行情條款，調整以按公允價值衡量銷售價款。

若資產銷售對價之公允價值不等於資產之公允價值，或若租賃給付並非市場費率，企業應作下列調整以按公允價值衡量銷售價款：(1) 對低於市場行情之條款之任何調整數應作為預付租賃給付處理；及 (2) 對高於市場行情之條款之任何調整數應作為買方兼出租人對賣方兼承租人提供之額外融資。

企業應以下列較易確定者為基礎，衡量上述調整數：(1) 銷售對價之公允價值與資產公允價值間之差額；及 (2) 合約租賃給付之現值與按市場費率之租賃給付之現值間之差額 (如圖 16A-2 所示)。

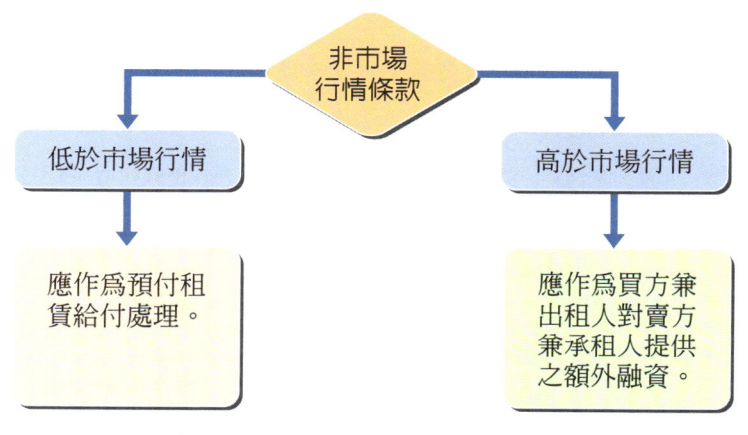

圖 16A-2　非市場費率之調整

釋例 16A-2　售後租回

甲公司 ×1 年 1 月 1 日以現金 $2,250,000 將一設備出售予乙公司，該設備於出售日之公允價值為 $2,000,000。該設備成本為 $2,000,000，累積折舊為 $400,000。同時，甲與乙簽訂合約，取得該設備 4 年之使用權，於每年年初支付 $250,000。租賃隱含利率為每年 5% 且為甲所知。($P_{3,5\%}$ = 2.723, $p_{3,4\%}$ = 0.864; $P_{4,5\%}$ = 3.546, $p_{4,5\%}$ = 0.823)

情況一：試作開始日甲對該交易之會計處理。

情況二：若甲公司 ×1 年 1 月 1 日以現金 $1,800,000 出售該設備，試作開始日甲對該交易之會計處理。

解析

情況一：

價格超過公允價值之部分 ($2,250,000 − $2,000,000 = $250,000) 視為額外融資，由到期年金現值推算每期支付 $250,000 ÷ (1 + 2.723) = $67,150，即租賃負債每期係支付 $250,000

– $67,150 = $182,850

　　租賃負債 = $182,850 × (1 + 2.723) = $680,751

　　應認列使用權資產 = $1,600,000 ÷ $2,000,000 × $680,751 = $544,601

　　應認列處分利益 = $400,000 ÷ $2,000,000 × ($2,000,000 – $680,751) = $263,850

現金	2,250,000	
使用權資產	544,601	
累計折舊—設備	400,000	
設備		2,000,000
租賃負債		680,751
其他長期借款		250,000
售後租回移轉權利之利益		263,850

第一年年初支付租金 $250,000

租賃負債	182,850	
其他長期借款	67,150	
現金		250,000

情況二：

　　價格低於公允價值之部分 ($2,000,000 – $1,800,000 = $200,000) 視為預付租賃給付

　　租賃負債 = $250,000 × (1 + 2.723) = $930,750

　　實質租賃給付之現值 = 預付租賃給付 + 租賃負債 = $1,130,750

　　應認列使用權資產 = $1,130,750 × $1,600,000 ÷ $2,000,000 = $904,600

　　應認列處分利益 = $400,000 × ($2,000,000 – $1,130,750) ÷ 2,000,000 = $173,850

現金	1,800,000	
使用權資產	904,600	
累計折舊—設備	400,000	
設備		2,000,000
租賃負債		930,750
售後租回移轉權利之利益		173,850

第一年年初支付租金 $250,000

租賃負債	250,000	
現金		250,000

具變動給付之售後租回

　　企業(賣方兼承租人)簽訂售後租回交易，將某一不動產、廠房及設備項目移轉予另一企業(買方兼出租人)並租回該資產。該不動產、廠房

及設備之移轉滿足 IFRS 15「客戶合約之收入」以銷售不動產、廠房及設備處理之規定。買方兼出租人支付予賣方兼承租人以交換該不動產、廠房及設備之金額等於該不動產、廠房及設備於交易日之公允價值。該租賃之給付(係按市場費率)包括變動給付,其係以賣方兼承租人於租賃期間使用該不動產、廠房及設備所產生收入之某百分比計算。賣方兼承租人已判定該變動給付並非實質固定給付。於此交易中,賣方兼承租人如何衡量該售後租回所產生之使用權資產,並因而決定交易日所認列利益或損失之金額。

IFRS 16 第 100 段敘明「若賣方兼承租人所為之資產移轉滿足國際財務報導準則第 15 號以銷售資產處理之規定,則:(a) 賣方兼承租人對售後租回所產生之使用權資產,應就標的資產之先前帳面金額,按與賣方兼承租人所保留之使用權有關之占比衡量。據此,賣方兼承租人應僅認列與已移轉予買方兼出租人之權利有關之任何利益或損失之金額。…」。因此,為衡量售後租回所產生之使用權資產,賣方兼承租人決定移轉予買方兼出租人之不動產、廠房及設備中與所保留之使用權有關之占比—其藉由比較交易日透過售後租回所保留之使用權與整個不動產、廠房及設備所包含之權利決定此占比。IFRS 16 並未規定決定該占比之方法。賣方兼承租人可藉由比較,例如 (a) 租賃之預期給付(包括係屬變動者)之現值,與 (b) 不動產、廠房及設備於交易日之公允價值,決定該占比。賣方兼承租人於交易日認列之利益或損失係其對售後租回所產生使用權資產之衡量之結果。由於賣方兼承租人所保留之使用權不因該交易而再衡量(其係按不動產、廠房及設備先前帳面金額之占比衡量),所認列利益或損失之金額僅與移轉予買方兼出租人之權利有關。賣方兼承租人亦於交易日認列負債,即使該租賃之所有給付係屬變動且並非取決於某項指數或費率。該負債之原始衡量係如何衡量使用權資產以及所決定售後租回交易之利益或損失之結果。

釋例 16A-3　售後租回

賣方兼承租人簽訂售後租回交易而將資產(不動產、廠房及設備)移轉予買方兼出租人,並租回該不動產、廠房及設備 5 年。該不動產、廠房及設備之移轉滿足國際財務報導準則第 15 號以銷售不動產、廠房及設備處理之規定。於交易日,該不動產、廠房及設備於賣方兼承租人財務報表之帳面金額為 $5,000,買方兼出租人為該不動產、廠房及設備所支付之金額為 $9,000(不動產、廠房及設備於該日之公允價值)。租賃之所有給付(係按市場費率)係屬變動,其係以賣方兼承租人於 5 年租賃期間使用該不動產、廠房及設備所產生收入之某百分比計算。於交易日,該租賃之預期給付之現值為 $2,250。無原始直接成本。賣方兼承租人判定以該租賃之預期給付之現值計算不動產、廠房及設備中

與所保留之使用權有關之占比係屬適當。

解析

該不動產、廠房及設備中與所保留之使用權有關之占比為 25%，其計算為 2,250（該租賃之預期給付之現值）÷ $9,000（不動產、廠房及設備之公允價值）。因此，該不動產、廠房及設備中與移轉予買方兼出租人之權利有關之占比為 75%，其計算為 (9,000 − 2,250) ÷ 9,000。

賣方兼承租人衡量使用權資產為 $1,250，其計算為 $5,000（該不動產、廠房及設備之先前帳面金額）× 25%（該不動產、廠房及設備中與所保留之使用權有關之占比）。

於交易日認列 3,000 之利益，其係與已移轉予買方兼出租人之權利有關之利益。此利益之計算為 4,000 [銷售不動產、廠房及設備之總利益（9,000 − 5,000）×75%（該不動產、廠房及設備中與移轉予買方兼出租人之權利有關之占比）。

於交易日，賣方兼承租人對該交易之會計處理如下：

現金	9,000	
使用權資產	1,250	
不動產、廠房及設備		5,000
租賃負債		2,250
售後租回移轉權利之利益		3,000

附錄 B　租賃修改

16.B.1　承租人之租賃修改

學習目標 9
熟悉租賃修改之會計處理。

租賃修改 (lease modification) 係指租賃合約條款及條件於後續期間有變動，非屬租賃原始合約條款及條件一部分之租賃範圍或租賃對價之變動，所謂租賃範圍之變動 (表 16B-1)，包含增加或終止一項或多項標的資產使用權，或者延長或縮短合約租賃期間等，租賃對價之變動，包含固定租賃給付金額之變動或變動租賃給付計算基礎之變動等。

表 16B-1　租賃範圍之變動

屬租賃修改之情境	例如，因原始租賃之條款及條件變動而導致租賃期間之變動。
非屬租賃修改之情境	例如，行使未包含於原始租賃期間中之租賃延長之選擇權而導致租賃期間之變動

租賃合約條款及條件有修改而變動時，應於修改日依據所有事實及情況進行評估，判斷該修改係 (1) 實質上代表產生與原始租賃分離之新租賃之租賃修改 (以單獨租賃處理)；或 (2) 實質上代表現有租賃之範圍或支付對價之變動之租賃修改 (不以單獨租賃處理)。

以單獨租賃處理之租賃修改

圖 16B-1 列示承租人租賃修改之會計處理，租賃合約條款及條件之修改，若同時符合下列兩項條件，承租人應將租賃修改以單獨租賃處理：(1) 該修改藉由增加一項或多項標的資產使用權而增加租賃範圍；且 (2) 租賃增加之對價相當於增加範圍之單獨價格及為反映該特定合約之情況而對該單獨價格所作之任何適當調整之金額。

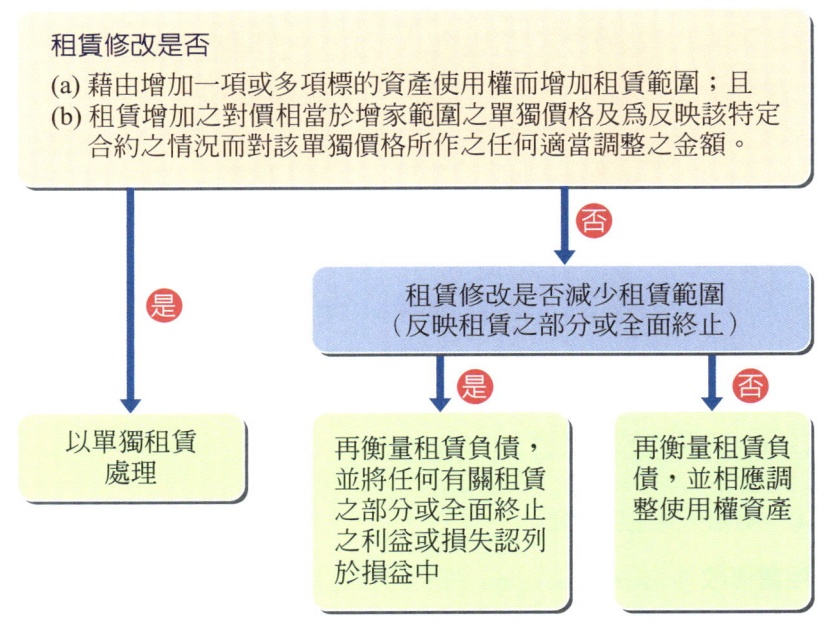

租賃修改是否
(a) 藉由增加一項或多項標的資產使用權而增加租賃範圍；且
(b) 租賃增加之對價相當於增家範圍之單獨價格及為反映該特定合約之情況而對該單獨價格所作之任何適當調整之金額。

是 → 以單獨租賃處理

否 → 租賃修改是否減少租賃範圍（反映租賃之部分或全面終止）

是 → 再衡量租賃負債，並將任何有關租賃之部分或全面終止之利益或損失認列於損益中

否 → 再衡量租賃負債，並相應調整使用權資產

圖 16B-1　承租人租賃修改之會計處理

釋例 16B-1　以單獨租賃處理

×1 年 1 月 1 日承租人簽訂一 8 年期之租賃合約以每年租金 $800,000 承租羅斯福路上 200 坪之一樓空間，作為餐廳店面。×4 年年初，承租人與出租人同意修改原始租賃，於剩餘 5 年，額外承租同棟建築物二樓 200 坪之空間。修改合約後，租賃對價總額之增加 (每年租金增加 $600,000) 相當於新二樓 200 坪之空間之現時市場費率並調整承租人取得之折扣。

解析

承租人將該修改作為單獨租賃，與八年期之原始租賃分別處理。此係因該修改授與承租人額外之標的資產使用權(即同棟建築物二樓 200 坪之空間)，且租賃增加之對價(每年租金增加 $600,000) 相當於額外使用權之調整後(為反映該合約之情況) 單獨價格。據此，於新租賃之開始日 ×4 年年初，承租人認列與額外二樓 200 坪之空間之租賃有關之使用權資產及租賃負債。

不以單獨租賃處理之租賃修改

對於不以單獨租賃處理之租賃修改，承租人應以下列方式處理租賃負債之再衡量：

1. 對「減少租賃範圍之租賃修改」，減少使用權資產之帳面金額以反映租賃之部分或全面終止。承租人應將任何有關租賃之部分或全面終止之利益或損失認列於損益中。此利益或損失適當地反映因租賃範圍減少所導致現有租賃之部分或全面終止之經濟影響。

2. 對非屬「減少租賃範圍之租賃修改」之所有其他租賃修改，相應調整使用權資產。於此等情況下，原始租賃並未終止，因其範圍並未減少。承租人仍具有於原始租賃中所辨認標的資產之使用權。對於增加租賃範圍之租賃修改，對使用權資產帳面金額之調整實際上代表由於修改所取得之額外使用權之成本。對於改變租賃所支付對價之租賃修改，對使用權資產帳面金額之調整實際上代表由於修改所導致使用權資產成本之變動。

對於不以單獨租賃處理之租賃修改，承租人於租賃修改生效日應：(1) 分攤修改後合約中之對價；(2) 決定修改後租賃之租賃期間；及 (3) 將修正後租賃給付按修正後折現率折現，以再衡量租賃負債。若剩餘租賃期間之租賃隱含利率可容易確定，修正後折現率應為該利率，若剩餘租賃期間之租賃隱含利率並非容易確定，則修正後折現率應為修改生效日之承租人增額借款利率。

釋例 16B-2　不以單獨租賃處理 (藉由延長合約租賃期間而增加租賃範圍之修改)

×1 年 1 月 1 日承租人簽訂一 10 年期之租賃合約以每年租金 $800,000 承租羅斯福路上 200 坪之一樓空間，作為餐廳店面。租金於每年年底支付，租賃隱含利率並非容易確定。於開始日之承租人增額借款利率為每年 6%。×7 年年初，承租人與出租人同意修改

原始租賃，承租人與出租人同意以延長合約租賃期間 4 年之方式修改原始租賃。每年之租賃給付不變 (亦即自第 7 年至第 14 年，每年年底支付 $800,000)。於 ×7 年年初之承租人增額借款利率為每年 7%。

解析

假設根據事實與情況判斷該合約修改不以單獨租賃處理，於修改生效日 (×7 年年初)，承租人基於下列各項再衡量租賃負債：(1) 8 年之剩餘租賃期間，(2) 每年給付 $800,000 及 (3) 承租人增額借款利率每年 7%。

將修正後租賃給付 ($800,000) 按修正後折現率折現 (7%)，以再衡量租賃負債，修改後租賃負債等於 $4,777,040。修改前刻之租賃負債 (包括認列至 ×6 年年底之利息費用) 為 $2,772,088。承租人將修改後租賃負債之帳面金額與修改前刻租賃負債之帳面金額間之差額 ($2,004,952) 認列為使用權資產之調整。

使用權資產	2,004,952	
租賃負債		2,004,952

釋例 16B-3　不以單獨租賃處理 (減少租賃範圍之修改)

×1 年 1 月 1 日承租人簽訂 10 年期之租賃合約以每年租金 $800,000 承租羅斯福路上 200 坪之一樓空間，作為餐廳店面。租金於每年年底支付，租賃隱含利率並非容易確定。於開始日之承租人增額借款利率為每年 6%。×6 年年初，承租人與出租人同意修改原始租賃，自 ×6 年年初將空間減少至僅有原始店面空間之 100 坪。每年之固定租賃給付 (自第 6 年至第 10 年) 為 $480,000。於 ×6 年年初之承租人增額借款利率為每年 5%。承租人決定以剩餘使用權資產 (亦即相當於原始使用權資產 50% 之 100 坪) 為基礎，按比例減少使用權資產帳面金額。

解析

(1) 計算再衡量後之租賃負債

　　於修改生效日 (×6 年年初)，承租人基於下列各項再衡量租賃負債：(a) 5 年之剩餘租賃期間，(b) 每年給付 $480,000 及 (c) 承租人增額借款利率每年 5%。再衡量後之租賃負債為 $2,078,144。

(2) 減少使用權資產之帳面金額以反映租賃之部分終止

　　承租人決定以剩餘使用權資產 (亦即相當於原始使用權資產 50% 之 100 坪) 為基礎，按比例減少使用權資產帳面金額。所以，修改前使用權資產 $2,944,032 之 50% 為 $1,472,016，修改前租賃負債 $3,369,888 之 50% 為 $1,689,944，除列範圍減少之使用權資產與租賃負債，差額 $212,928 認列於損益中。

(3) 相應調整使用權資產。

　　再衡量後之租賃負債為 $2,078,144 與考量範圍減少後之租賃負債 1,684,944 之差

額為 $393,200，相應調整使用權資產帳面金額 (此部分係因折現率從 6% 改為 5% 之影響)。

租賃負債	1,684,944	
使用權資產		1,472,016
租賃修改利益		212,928
使用權資產	393,200	
租賃負債		392,200

16.B.2　出租人之租賃修改

　　與承租人相同，出租人租賃修改亦應以相同方式判斷是否作為單獨租賃處理 (實質上係產生與原始租賃分離之新租賃)，對於不以單獨租賃處理之融資租賃修改，出租人對該修改之處理如下：(1) 假若修改於成立日即已生效，該租賃會被分類為營業租賃時，出租人應自修改生效日起，將該租賃修改以新租賃處理；並以租賃修改生效日前之租賃投資淨額衡量標的資產之帳面金額。(2) 其他情況下，出租人應適用國際財務報導準則第 9 號之規定。

出租人租賃修改──營業租賃

　　出租人應自修改生效日起將營業租賃之修改按新租賃處理，將與原始租賃有關之所有預付或應付之租賃給付，作為新租賃之租賃給付之一部分。依新租賃處理時，經判斷為營業租賃，則出租資產、未來的租金收入將有變動 (金額、認列期間)；依新租賃處理時，經判斷為融資租賃，則應認列融資租賃相關項目，改以融資租賃認列收入。

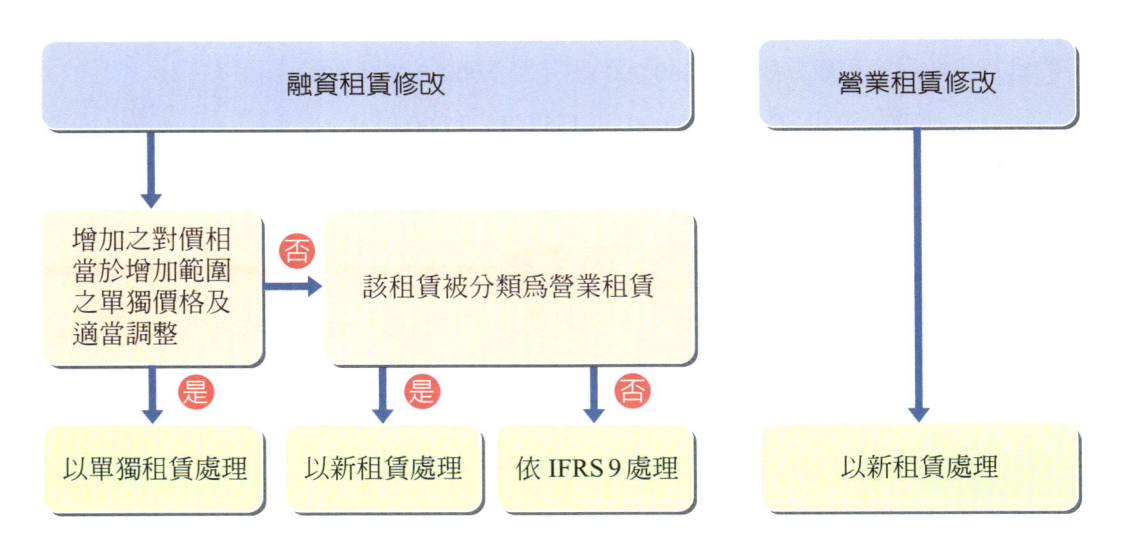

圖 16B-2　出租人租賃修改之會計處理

出租人租賃修改——融資租賃

表 16B-2 彙總出租人融資租賃下租賃修改之會計處理。

表 16B-2　出租人融資租賃下租賃修改之會計處理

融資租賃租約之修改不改變動融資租賃之性質（依 IFRS 9 處理）	出租人應重行計算應收融資租賃款之餘額，其與原帳面餘額之差額，以「應收融資租賃款」及「融資租賃之未賺得融資收益」項目調整之，並重新設算出租人之報酬率 (即隱含利率)，以使應收融資租賃款現值等於淨投資額。租約變更如增加殘值者，應不予調整。
融資租賃租約如修改為營業租賃時 (以新租賃處理)	應將原列「應收融資租賃款」及「融資租賃之未賺得融資收益」沖銷，另設「出租資產」項目應用，其價值以當時之公允價值為準，如缺乏客觀標準時，得依當時應有之帳面金額。沖轉時，若未賺得融資收益及出租資產之金額與應收融資租賃款帳面金額有差額者，應作為本期損益 (變更租約損益)。
融資租賃中途解約時	應將收回之資產轉列「出租資產」，其餘如同上述「融資租賃租約如修改為營業租賃時」之處理相同。

釋例 16B-4　融資租賃租約修改後仍為融資租賃 (性質不變)

承釋例 16-7，若於 ×3 年 1 月 1 日，台大公司與政大公司同意修改租約，租期不變，租金改為 $65,000。

解析

政大公司修改租約之相關分錄如下：

修約後應收融資租賃款 = $65,000 × 3 + $75,000 = $270,000

修約當日應收融資租賃款餘額 = $60,000 × 3 + $75,000 = $255,000

　　應收融資租賃款 ($270,000 − $255,000)　15,000
　　　融資租賃之未賺得融資收益　　　　　　　　　　15,000

釋例 16B-5　融資租賃租約修改後改為營業租賃

承釋例 16-7，若於 ×2 年 12 月 31 日，因為環境因素改變，台大公司與政大公司同意修改租約 (例如取消優惠承購權)，其條件已不符合融資租賃，成為營業租賃，且修改租約當時租賃設備之公允價值為 $140,000。

解析

政大公司修改租約之相關分錄如下：

融資租賃之未賺得融資收益	20,044	
利息收入		20,044
出租資產	140,000	
融資租賃之未賺得融資收益	34,518*	
租約修改損失	80,482	
應收融資租賃款		255,000**

　* $16,048 + $11,653 + $6,817 = $34,518
　** $60,000 × 3 + $75,000 = $255,000

附錄 C　轉　租

　　轉租 (subleases) 係指承租人 (「轉租出租人」) 將標的資產再出租予第三方之交易，且主租賃出租人與承租人間之租賃 (「主租賃」) 持續有效。

轉租之分類

　　對轉租進行分類時，轉租出租人應根據主租賃所產生之使用權資產，而非根據標的資產 (例如，作為租賃標的之不動產、廠房及設備項目)，將轉租分類為融資租賃或營業租賃，惟若主租賃係承租人適用短期租賃，則應將該轉租分類為營業租賃。

轉租出租人之會計處理

　　轉租出租人若將轉租分類為融資租賃，轉租出租人簽訂轉租時，轉租出租人：(1) 除列與主租賃有關之使用權資產 (移轉予轉租承租人者)，並認列轉租投資淨額；(2) 將使用權資產與轉租投資淨額間之差額認列於損益；及 (3) 於其資產負債表保留與主租賃有關之租賃負債，其代表應付予主租賃出租人之租賃給付。於轉租期間，轉租出租人同時認列轉租之融資收益及主租賃之利息費用。

　　轉租出租人應使用租賃隱含利率衡量租賃投資淨額，惟若轉租隱含利率並非容易確定，轉租出租人得使用主租賃所用折現率 (並就轉租之原始直接成本作調整後，以該調整後之折現率) 衡量轉租投資淨額。

　　轉租出租人若將轉租分類為營業租賃。轉租出租人簽訂轉租時，轉租出租人於其資產負債表保留與主租約有關之租賃負債及使用權資產。於轉租期間，轉租出租人：(1) 認列使用權資產之折舊費用及租賃負債之利息；並 (2) 認列來自轉租之租賃收益。

釋例 16C-1　轉租

南埔公司在 ×2 年初與北埔公司簽約，向北埔公司承租一架噴射客機，租期 10 年，每年年底支付租金 $127,000，北埔公司並支付南埔公司 $660 作為促使南埔公司承租之誘因。北埔公司在租賃開始日之租賃隱含利率為 5%，且為南埔公司所知，使用權資產以直線法提列折舊。分別依下列情況一與情況二之條件，試作 ×4 年南埔公司租賃相關分錄：($P_{9,5\%}$ = 7.107822; $P_{10,5\%}$ = 7.721735; $P_{7,5\%}$ = 5.786373; $P_{8,5\%}$ = 6.463213)

情況一：×4 年初，南埔公司將此客機於租約剩餘之 8 年期間轉租予秀林公司，秀林公司每年年底向南埔公司支付租金 $140,000，南埔公司將轉租分類為融資租賃。

情況二：×4 年初，南埔公司將此客機轉租予秀林公司，租期 2 年，秀林公司每年年底向南埔公司支付租金 $150,000，南埔公司將轉租分類為營業租賃。

解析

×2/1/1 使用權資產 = $127,000 × 7.721735 − $660 = $980,000

×2/1/1 租賃負債 = $127,000 × 7.721735 = $980,660

×3/1/1 租賃負債餘額 = $980,660 + $980,660 × 5% − $127,000 = $902,693

×4/1/1 租賃負債餘額 = $902,693 + $902,693 × 5% − $127,000 = $820,828

×4/1/1 轉租前使用權資產 = $980,000 − ($980,000 ÷ 10 × 2) = $784,000

情況一：

轉租開始日南埔公司租賃投資總額 = $140,000 × 8 = $1,120,000

本題中轉租隱含利率並非容易確定，故使用主租賃之租賃隱含利率 5% 衡量轉租投資淨額：

×4/1/1 租賃投資淨額 = $140,000 × 6.463213 = $904,850

×4/1/1 使用權資產餘額與租賃投資淨額之差額應認列利益 $904,850 − $784,000 = $120,850

×4/1/1	應收融資租賃款	1,120,000	
	累計折舊—使用權資產	196,000	
	使用權資產		980,000
	融資租賃之未賺得融資收益		215,150
	使用權資產轉租利益		120,850

×4/12/31 主租賃利息費用 = $820,828 × 5% = $41,041

×4/12/31 轉租利息收入 = 904,850 × 5% = $45,243

×4/12/31	現金	140,000	
	應收融資租賃款		140,000
	融資租賃之未賺得融資收益	45,243	
	利息收入		45,243

		租賃負債	85,959	
		利息費用	41,041	
		現金		127,000
情況二：				
×4/12/31		租賃負債	85,959	
		利息費用	41,041	
		現金		127,000
		折舊費用	98,000	
		累計折舊－使用權資產		98,000
		現金	150,000	
		租金收入		150,000

附錄 D　變動租賃給付

釋例 16D-1　取決於指數之變動租賃給付

甲公司簽訂一機器設備合約，租賃期間 10 年，於 ×1 年 1 月 1 日起支付租賃給付 $50,000。該租約之租賃給付以過去 24 個月消費者物價指數之增加為基礎，每兩年增加一次。×1 年 1 月 1 日之消費者物價指數為 100，且租賃隱含利率無法確定，甲公司之增額借款利率為 5%，採直線法提列折舊。若 ×3 年年初消費者物價指數為 108，試作：甲公司 ×1 年和 ×3 年之相關分錄。

解析

×1/1/1	使用權資產	405,391	
	租賃負債		355,391
	現金		50,000
	利息費用	17,770	
	租賃負債		17,770
	折舊費用	40,539	
	累計折舊—使用權資產		40,539
	*50,000 × $P_{9,5\%}$ = $355,391		
×3/1/1	使用權資產	27,145	
	租賃負債		27,145
	租賃負債	54,000	
	現金		54,000
	利息費用	18,323	
	租賃負債		18,323

	拆舊費用	43,932	
	累計折舊—使用權資產		43,932

第三年之租賃給付調整：

$50,000 × 108/100 = $54,000
$54,000 × (1 + P_{7,5\%}) = $366,464
$355,391 + $17,770 + $16,158 − $50,000 = $339,319
$366,464 − $339,191 = $27,145
($324,313 + $27,145) / 8 = $43,932

釋例 16D-2　非取決於指數或費率之變動租賃給付

甲公司於 20×1 年 1 月 1 日簽訂一 10 年期不動產租賃合約，每年租賃給付為 $100,000，於每年年初支付。合約中亦規定甲公司每年另須支付該不動產於 20×1 年所產生銷售金額之 1%。於 20×1 年，甲公司因該建築物所產生之銷售金額為 $750,000，故甲公司於 20×1 年底確定於租賃期間每年應支付之額外租賃給付為 $7,500。假設甲公司為之增額借款利率為 5%。

建築物之租賃期間為 10 年，無延長或終止之選擇權，甲公司發生與該租賃有關之額外租金支出如下：

日期	租金支出	日期	租金支出
20×2/1/1	7,500	20×7/1/1	7,500
20×3/1/1	7,500	20×8/1/1	7,500
20×4/1/1	7,500	20×9/1/1	7,500
20×5/1/1	7,500	20Y0/1/1	7,500
20×6/1/1	7,500	20Y1/1/1	7,500
總計			$75,000

20×1 年 12 月 31 日可能之會計處理如下：(此處僅針對額外發生之租賃給付 $7,500)

● 【觀點一】

依照 IFRS 16.38 之規定，將 20×1 年之租賃給付 $7,500 及 20×2 至 20Y0 年租賃給付之現值於 20×1 年啟動該等給付之事件或情況發生期間認列為損益，分錄如下：

20×1/12/31　租金費用　　　　　　　　　60,809 *
　　　　　　　應付租金　　　　　　　　　　　　60,809
　　* 7,500 × (1+P_{9,5\%})

● 【觀點二】

依 IFRS 16.B42，變動租金於後續某個時點變為固定租金時，應將變動因素消除後後續期間之應付金額列入租賃負債衡量。

租賃會計

此作法將 20×1 年租賃給付 $7,500 計入損益，而 20×2 至 20Y0 年租賃給付之現值認列為使用權資產及租賃負債，隔年開始計提折舊，分錄如下：

20×1/12/31	租金費用	7,500	
	應付租金		7,500
20×1/12/31	使用權資產	53,309*	
	租賃負債		53,309

* $7,500 \times P_{9,5\%}$

註：於 ×1 年底，原先安排為連結至建築物之變動租賃給付，其變動性於 ×1 年底消除，致該給付於剩餘租賃期間 (20×2 至 20Y0) 將成為固定，成為實質固定給付 (IFRS 16.B42)。甲公司依 IFRS 16 相關規定認列使用權資產及租賃負債。

● 【觀點三】

延續觀點二之精神，於 20×1 年 12 月 31 日，將 20×1 年之租賃給付至 20Y0 年租賃給付之現值全數計入使用權資產及租賃負債，再逐期提列折舊，分錄如下：

20×1/12/31	使用權資產	60,809	
	租賃負債		60,809
20×1/12/31	折舊費用	7,500	
	累計折舊—使用權資產		7,500

* $7,500 \times (1+P_{9,5\%})$

本章習題

問答題

1. 請解釋保證殘值。
2. 請敘述租賃投資總額及租賃投資淨額的關係。
3. 出租人如何判斷一項租賃屬融資租賃或營業租賃？
4. 說明融資租賃下之承租人，應如何提列折舊性使用權資產之折舊。
5. 闡述租賃隱含利率之定義。
6. IAS 16 羅列五項指標以協助判斷合約是否屬於租賃或包含租賃，試舉出之。
7. 百合公司與薔薇公司簽訂一項 10 年期的合約，由百合公司取得薔薇公司於一廠區內所擁有的 10 座指定的天然氣儲氣槽之專屬使用權利，儲氣槽之操作與維護皆由薔薇公司負責，且若儲氣槽須保養或維修時，薔薇公司須以相同規格之儲氣槽替換。百合公司可決定儲氣槽儲存與使用天然氣的目的、時點及數量。薔薇公司有權改以同廠區內其他相同規格之儲氣槽分配予百合公司使用，薔薇公司須為儲氣槽之替換支付高額的管線建置成本，此合約是否包含租賃？若薔薇公司無須為儲氣槽之替換支付重大成本，此合約是否包含租賃？

8. 龍龍公司與忠忠公司簽訂一項 10 年期合約，由龍龍公司向忠忠公司購買特定規格的電子零組件，電子零組件的規格、品質、數量及生產與交貨時間皆按照龍龍公司之要求在合約中預先指定。忠忠公司為履行此合約須依龍龍公司為此合約之需求提出之設計新建一座新工廠，僅專供此電子零組件之生產，該工廠之操作與維護皆由忠忠公司執行。此合約是否包含租賃？若忠忠公司之工廠在簽訂合約前即已自行設計建造完成，此合約是否包含租賃？

9. 信信公司與鐵路局簽訂使用某車站內零售空間之 5 年期合約。信信公司被授與此零售空間之專屬使用權，且除非信信公司出現違約情事，鐵路局不可要求收回或替換使用之空間。此合約要求信信公司須在車站開放時間使用該零售空間以其品牌銷售商品，在合約期間，關於該零售空間使用之所有決策，如銷售之產品組合、定價、上架期間與存貨之數量都由信信公司決定進行，依據合約規定，並要求信信公司除了每月須支付固定金額之租金外，亦須給付與按此零售空間每月銷售金額百分比計算之變動租金(即變動給付)，鐵路局則應提供清潔、保全與廣告服務。此合約是否包含租賃？

選擇題

1. 甲公司在 ×5 年年底時簽訂關於下列兩項資產的合約，這兩項標的資產的詳細資料如下：

標的資產	波音客機	商用船艦
合約期間	12 年	5 年
操作與維護者	供應者	供應者
供應者是否可替換	可，但需花費重大成本將替換之飛機改裝為甲公司在合約中指定之規格	否
是否專為甲公司設計	否	否
資產使用方式	甲公司可指定航行時間與運輸之人員、貨物	依合約規定定時航行固定航線，並運送固定貨物

兩項資產在合約期間內皆僅供甲公司使用。試問甲公司關於這兩項資產的合約中，何者屬於租賃合約？

(A) 僅商用船艦　　　　　　　　　(B) 僅波音客機
(C) 兩者皆為租賃合約　　　　　　(D) 兩者皆為勞務合約

2. 甲公司與乙公司簽訂一項租賃合約，甲、乙雙方對該項租賃合約主要條款承諾日為 ×8 年 1 月 1 日，簽訂租賃協議之日為 ×8 年 2 月 1 日，承租人乙公司有權行使標的資產使用權之日為 ×8 年 3 月 1 日，乙公司並於 ×8 年 4 月 1 日支付第一筆租金給甲公司。乙公司應於何日認列該租賃所產生之使用權資產及租賃負債？

(A) ×8 年 1 月 1 日　　　　　　　(B) ×8 年 2 月 1 日
(C) ×8 年 3 月 1 日　　　　　　　(D) ×8 年 4 月 1 日

租賃會計

3. 承上題 (第 2 題)，甲公司應於何日將該租賃分類為營業租賃或融資租賃？
   (A) ×8 年 1 月 1 日　　　　　　(B) ×8 年 2 月 1 日
   (C) ×8 年 3 月 1 日　　　　　　(D) ×8 年 4 月 1 日

4. 在以下狀況中，何者最不可能使承租人豁免認列使用權資產？
   (A) 承租一般辦公傢具，租期 5 年。
   (B) 承租高價值之機器設備，租期 3 個月。
   (C) 承租大樓作為會展場地，租期 2 週。
   (D) 承租非全新之貨運車輛，租期 3 年。

5. 甲公司出租機器給乙公司，其估計耐用年限為 7 年，而在計算稅時所使用的折舊年限為五年。租賃年限為 6 年，乙公司在租賃期間屆滿時可用低於當時的公允價值購買該機器，並可合理確定將行使該購買權。試問乙公司之使用權資產在財務報表上計算折舊的耐用年限為何？
   (A) 5 年　　　　　　　　　　　(B) 6 年
   (C) 7 年　　　　　　　　　　　(D) 無法判斷

6. 承上題 (第 5 題)，若乙公司無法合理確定將行使該購買權，則乙公司之使用權資產在財務報表上計算折舊的耐用年限為何？
   (A) 5 年　　　　　　　　　　　(B) 6 年
   (C) 7 年　　　　　　　　　　　(D) 無法判斷

7. 下列關於保證殘值在承租人進行租賃負債之原始衡量時如何計入租賃給付之敘述，何者正確？
   (A) 應計入保證殘值全額
   (B) 應計入保證殘值全額之現值
   (C) 應計入保證殘值下承租人預期支付之全額
   (D) 應計入保證殘值下承租人預期支付金額之現值

8. 假設承租人甲有權在租期屆滿時以優惠購買價格取得租賃標的資產的所有權，並可合理確定將行使該購買權，承租人預期在租賃結束時無須就保證殘值支付任何金額，則有關於下列各項金額是否應該計入最低租賃給付裡，下列哪個選項為正確？

	租賃期間的租金	保證殘值	優惠購買價格	與收入連結的或有租金
(A)	是	是	是	否
(B)	是	否	是	否
(C)	是	是	否	否
(D)	是	是	是	是

9. 下列項目中，承租人不應將何者計入使用權資產之成本？
   (A) 固定給付減去可收取之任何租賃誘因

349

(B) 取決於銷售金額多寡的變動給付
(C) 取決於利率以外指數或費率的變動給付
(D) 將標的資產復原至租賃之條款及條件中所要求之狀態之估計成本

10. 阿瑞公司於 ×1 年初向阿雅公司租賃一台挖土機，簽訂 10 年期租約，每期租金 $180,000 於年初支付。阿雅公司的隱含利率為 10%，且為阿瑞公司所知，而阿瑞公司的增額借款利率為 12%。阿瑞公司在租約結束時有保證殘值 $12,000，另有權可以 $15,000 購買價格取得資產所有權 (購買選擇權)，阿瑞公司無法合理確定該購買選擇權將被行使，此挖土機在租賃結束時，阿瑞公司預期將就保證殘值支付 $10,000。試問 ×1 年初阿瑞公司帳上的使用權資產為多少？
($P_{9,10\%}$ = 5.759, $P_{9,12\%}$ = 5.328, $p_{10,10\%}$ = 0.386, $p_{10,12\%}$ = 0.322)

(A) $1,220,480　　　　　　　　　(B) $1,142,260
(C) $1,143,870　　　　　　　　　(D) $1,222,410

11. 大同公司在 ×1 年 1 月 1 日向大元公司租了一個電腦設備，簽訂租期 5 年，每期租金 $200,000 於每年 12 月 31 日支付，大同公司將該設備認列為使用權資產。5 年的租金支出的現值 (利率 10%) 為 $758,000。試問在 ×1 年大同公司的財報上利息費用應是多少？

(A) $75,800　　　　　　　　　　(B) $20,000
(C) $55,800　　　　　　　　　　(D) $0

12. ×1 年 1 月 1 日丁公司向戊公司簽訂九年期的租約承租一項機器設備，此設備在戊公司的帳面金額為 $666,000，公允價值為 $1,000,000，預估耐用年限為 10 年。雙方約定每年租金為 $168,000，於年初支付。在戊公司隱含利率 10% 為丁公司所知的情況下，租賃給付現值為 $999,000，丁公司使用直線折舊法。試問第一年丁公司的折舊費用為多少？

(A) $99,000　　　　　　　　　　(B) $111,111
(C) $100,000　　　　　　　　　 (D) $111,000

13. ×4 年 3 月 1 日小玉公司向小萬公司承租一台影印機，租期為 5 年，小玉公司擁有購買選擇權，可於租賃屆滿時以 $16,799 購得租賃標的資產之所有權，另有保證殘值條款，小玉公司若不執行購買選擇權，預期於該資產租賃期間結束時須就保證殘值支付 $10,000。小玉公司可合理確定將行使購買選擇權，在租賃隱含利率 8% 下，租賃給付現值等於公允價值 $380,000。該影印機估計耐用年限自合約開始為 6 年，殘值為 $20,000，而小玉公司採直線折舊法。試問 ×4 年小玉公司應計的折舊費用為多少？

(A) $50,500　　　　　　　　　　(B) $61,667
(C) $50,000　　　　　　　　　　(D) $60,000

14. 承上題 (第 13 題)，假設租賃之條款不變，但小玉公司無法合理確定將行使購買權選擇權，此時在租賃隱含利率 8% 下，租賃給付現值為 $369,990，試問 ×4 年小玉公司應計的折舊費用為多少？

(A) $58,332   (B) $61,665
(C) $69,998   (D) $73,998

15. 小杰公司在×2年12月31日與小福公司簽訂租賃合約，承租一台機器，租期7年，每年租金$111,000從×2年起每年12月31日支付，該機器並非低價值標的資產。試問小杰公司在×2年底作支付租金的分錄時，借記的會計項目應該有？

	利息費用	租賃負債
(A)	○	×
(B)	○	○
(C)	×	○
(D)	×	×

16. 承租人於下列狀況中進行租賃負債之再衡量時，在何種狀況下無須改變折現率，仍將修正後租賃給付依原始衡量時之折現率進行再衡量？
    (A) 租賃之不可取消期間變動
    (B) 因消費者物價指數之變動導致未來租賃給付變動
    (C) 因浮動利率之變動導致未來租賃給付之變動
    (D) 評估將放棄行使租賃標的資產之購買選擇權

17. 安安公司有一筆5年期的租賃負債，每年應繳的租金為$40,000且為期末付款，在到期時有$50,000的購買選擇權，並可合理確定將行使此購買權。安安公司在編製租賃負債還本付息表時，發現了一個錯誤。因為在5年租期結束時，支付最後一期$40,000租金後，租賃負債的餘額為$0。請問安安公司最可能犯了下列哪個錯誤？
    (A) 在計算最低租賃給付時，誤用到期年金的算法而非普通年金。
    (B) 在計算租賃負債減少數時，誤將利息費用加上每年租金而非從每年租金扣除利息費用。
    (C) 在計算租賃給付時，沒有將購買權之行使價格計入。
    (D) 在計算利息費用時，誤用增額借款利率而非租賃隱含利率。

18. 甲公司帳上有兩個租約，甲公司皆為出租人，而在租約A中，該租賃標的資產經濟年限為20年，租賃年限則為18年，沒有保證殘值亦無優惠購買權，且租賃期間屆滿時標的資產所有權皆收回甲公司所有；在租約B中，甲公司在租賃開始日的租賃投資淨額為$588,391，而該標的資產當天的公允價值為$600,000，而承租人有優惠購買權。試問這兩個租約分別應分類為何？

	租約 A	租約 B
(A)	融資租賃	融資租賃
(B)	融資租賃	營業租賃
(C)	營業租賃	營業租賃
(D)	營業租賃	融資租賃

19. 下列關於出租人如何分類融資租賃與營業租賃之敘述,何者錯誤?
    (A) 租賃開始日,租賃標的資產之公允價值等於租賃投資淨額時,此項租賃很有可能分類為融資租賃。
    (B) 殘值之公允價值波動所產生之利益由承租人負擔,此項租賃很有可能分類為營業租賃。
    (C) 租約到期時,承租人有能力以明顯低於市場行情之租金續租,可能使該項租賃分類為融資租賃。
    (D) 一項租賃存在重大的或有租金時,很有可能使該項租賃分類為營業租賃。

20. 為使交易順利進行,丙公司提供丁公司前 12 個月免租金的優惠,租約為 7 年,約定每月月初支付,此租賃對丙公司符合營業租賃之條件,租賃期間開始日為 ×2 年 1 月 1 日,而丁公司在 ×2 年 12 月 31 日預先支付了下個月的租金,試問在 ×2 年丙公司的綜合損益表上,租金收入應當是?
    (A) $0
    (B) 在 ×2 年 12 月 31 日當天收到的現金
    (C) 六分之一的租賃期間預期總租金收入
    (D) 七分之一的租賃期間預期總租金收入

21. 丙公司出租辦公室給丁公司,從 ×1 年 1 月 1 日起算 5 年的租約,假設該租賃對丙公司符合營業租賃之條件。約定第一年的租金為 $8,000,而第二年到第五年每年的租金為 $12,000。為使交易順利進行,丙公司提供前六個月免租金的優惠。則在 ×1 年的綜合損益表上,丙公司的租金收入應當計多少?
    (A) $8,000   (B) $4,000
    (C) $10,400   (D) $5,600

22. 丙公司 (非製造商或經銷商) 出租一架飛機予丁公司,丙公司簽約時發生以下支出:行銷費用 $300,000、安排租賃之佣金費用 $268,000 及對丁公司之徵信費用 $220,000。試問上述支出中,應包含在應收租賃款之衡量的總金額為何?
    (A) $520,000   (B) $220,000
    (C) $488,000   (D) $0

23. 承上題 (第 20 題),若丙公司為該飛機之製造商,則上述支出中,應包含在應收租賃款之衡量的總金額為何?
    (A) $788,000   (B) $488,000
    (C) $268,000   (D) $0

24. 甲公司 ×2 年初向乙公司承租一輛汽車,租期 6 年,租金於每年年底支付。×7 年底甲公司此項租賃相關項目餘額如下:

    使用權資產 $0
    租賃負債   50,000

另外，×2 年初，乙公司可合理預期 ×7 年底該汽車之公允價值約等同帳面金額。若 ×7 年底，乙公司之應收租賃款餘額為 $200,000，則以下敘述何者最為可能：
(A) 租約期滿甲公司得以 $50,000 購買該輛汽車。
(B) 租約期滿乙公司估計該汽車之殘值為 $200,000，但甲公司僅保證 $50,000。
(C) 租約期滿乙公司估計該汽車之殘值為 $200,000，甲公司須就保證殘值支付乙公司 $50,000。
(D) 租約期滿乙公司估計該汽車之殘值為 $50,000。

25. 承上題 (第 24 題)，若 ×7 年底，甲公司於租賃期間提列此輛汽車之折舊金額合計為 $600,000，租賃負債餘額為 $200,000，則以下敘述何者最為可能：
(A) 租約期滿甲公司將以 $200,000 購買該輛汽車。
(B) 租約期滿甲公司得以 $200,000 購買該輛汽車，但甲公司無意行使此購買選擇權。
(C) 乙公司估計租約期滿該汽車之殘值為 $200,000，甲公司須就保證殘值支付乙公司 $200,000。
(D) 乙公司估計租約期滿該汽車之殘值為 $200,000，且甲公司全數保證。

26. 海苔公司 ×3 年初向紫菜公司承租一項設備，租期 5 年，每年年底支付租金 $250,000。該設備返還時的估計殘值為 $25,000，但海苔公司僅保證其中低於 $25,000 到 $10,000 的部分責任。×7 年底時該設備之殘值為 $8,000，則海苔公司應補償責任多少？
(A) 17,000　　　　　　　　　　(B) 15,000
(C) 2,000　　　　　　　　　　 (D) 0

27. 阿西公司於 ×7 年 7 月 1 日向阿迪公司承租辦公大樓，租期 3 年，約定每期租金為 $500,000，於每年年底支付，本租賃對阿迪公司符合營業租賃之條件。簽約時阿西公司支付押金 $12,000，於租賃期間結束時退還。簽約時 3 年期銀行定存利率為 1.5%，試問 ×7 年阿迪公司帳上的租金收入為多少？
(A) $250,090　　　　　　　　　(B) $500,090
(C) $250,030　　　　　　　　　(D) $500,180

28. 對出租人而言，當一項租賃包含土地與建築物兩項要素時，下列敘述，何者有誤？
(A) 租賃給付應按租賃開始日土地及建築物租賃權益利之公允價值相對比例分攤予土地及建築物。
(B) 若租賃給付無法可靠地分攤給土地與建築物，整體租賃應分類為營業租賃。
(C) 若土地要素之原始認列金額不重大，則土地及建築物可依單一項目處理，分類為營業租賃或融資租賃。
(D) 土地及建築物依單一項目處理，分類為融資租賃時，應以建築物之經濟年限作為整體租賃標的資產之經濟年限。

29. 甲公司 ×1 年初向乙公司承租一項資產，並立即轉租予丙公司。甲公司可能將承租的此項資產分類為？

(A) 應收融資租賃款　　　　　　　　(B) 投資性不動產
(C) 投資性不動產或使用權資產　　　(D) 不動產、廠房及設備

30. 承上題(第29題)，若甲公司將出租資產予丙公司的合約分類為融資租賃，甲公司與丙公司×3年起決定修改合約以延長租賃期間，此延長之租賃期間之對價，顯非相當於此期間經反映合約情況調整後之單獨價格，則甲公司×3年起：

(A) 應依原始認列時之租賃隱含利率重新衡量應收租賃款。
(B) 應再衡量租賃負債並調整使用權資產。
(C) 應將租賃期間延長的部分作為新的單獨租賃處理。
(D) 無須在原租賃期間結束前進行調整。

31. ×4年1月1日丁公司將帳面金額 $456,775 的煉油設備出租給乙公司，租期6年，每年租金為 $101,000，約定於年底支付，該煉油設備於租期屆滿時估計殘值為 $30,000，由乙公司全數保證。丁公司將本租賃分類為融資租賃，租賃開始日乙公司之增額借款利率為8%，丁公司之隱含利率為10%，且為乙公司所知。乙公司無購買選擇權，且使用直線折舊法。試問，×5年的財報上下列各會計項目的數字相對於×4年的財報而言的變化狀況何者為正確？

	丁公司的利息收入	乙公司的利息費用	乙公司的折舊費用
(A)	不變	增加	增加
(B)	增加	增加	不變
(C)	減少	減少	不變
(D)	減少	不變	減少

32. 下列為大家公司×5年初售後租回交易的內容：

銷售價格：$1,000,000
帳面金額：$900,000
約定每月租金：$4,500
租賃給付現值：$99,000
估計資產剩餘耐用年限：27年
租賃年限：2年
假設銷售價格等於租回資產的公允價值。

試問大家公司×5年應認列的利得為多少？

(A) $0　　　　　　　　　　　　　　(B) $9,900
(C) $90,100　　　　　　　　　　　 (D) $100,000

33. 在售後租回交易下，若實際售價高於公允價值，則賣方兼承租人應按公允價值衡量售價，此時應如何調整實際售價與公允價值之差額？

(A) 將差額作為預付租賃給付。

(B) 將差額作為其他損益。
(C) 將差額作為遞延處分利益，並於租賃期間逐期攤銷。
(D) 將差額作為出租人對承租人提供之額外融資。

34. 甲公司在 ×3 年 1 月 1 日將帳面金額為 $66,600 的設備售予乙公司，售價即設備之公允價值 $77,592，剩餘耐用年限為 8 年，無殘值，且甲公司採直線折舊法。甲公司隨即租回該資產，租約為 8 年，租賃給付現值為 $64,660，每期租金 $12,120，於每年年底支付。試問甲公司 ×3 年底的資產負債表上使用權資產之淨額為多少？

   (A) $67,893   (B) $57,750
   (C) $48,125   (D) $6,875

練習題

1. **【租金費用及租金收入】**小強公司向小明公司承租得豁免認列使用權資產的辦公設備，租期 5 年，每季支付租金為 $250,000，此租賃對小明公司符合營業租賃之條件，小明公司並提供租賃期間首季免租金的優惠。

   試作：計算第 1 年小強公司及小明公司帳上分別應認列的租金費用及租金收入。

2. **【承租人之租賃】**丙公司向丁公司承租一項機器設備，租期與其耐用年限皆為七年，允諾每期租金為 $70,000，×1 年起每年 12 月 31 日支付，而租約開始日即為 ×1 年 12 月 31 日。在租約起始時所產生的原始直接成本 $3,832 約定由丙公司支付。丁公司的租賃隱含利率為 10%，此利率為丙公司所知，而丙公司的增額借款利率為 12%。丙公司使用直線折舊法，無殘值。

   試作：×1 年到 ×2 年丙公司有關此租賃的分錄。
   ($P_{6,10\%}$ = 4.355261, $P_{7,10\%}$ = 4.868419, $P_{6,12\%}$ = 4.111407, $P_{7,12\%}$ = 4.563757)

3. **【租賃合約修改之租金更改】**承上題（第 2 題），若在 ×2 年底丙公司支付完本期租金後，雙方約定 ×3 年起每期租金更改為 $75,000，丁公司之租賃隱含利率仍為 10%，且為丙公司所知，而丙公司的增額借款利率為 8%。

   試作：×1 年到 ×2 年丙公司有關此租賃的分錄。
   ($P_{5,8\%}$ = 3.992710, $P_{5,10\%}$ = 3.790787)

4. **【承租人之租賃】**×3 年 1 月 1 日小品公司以融資租賃方式將帳面金額 $858,141 的探勘設備出租給小艾公司，租期三年，每年租金約定於年底支付，該探勘設備於租期屆滿時估計無殘值。租賃開始日小艾公司的增額借款利率為 6%，小品公司之隱含利率為 8%，且為小艾公司所知。小艾公司在租期屆滿時無購買選擇權，使用直線折舊法。已知小艾公司在編製還本付息表時，×3 年年初的租賃負債的餘額為 $858,141，×3 年年底的租賃負債餘額為 $593,792。

   試作：×4 年小艾公司有關租賃的分錄。

5. 【承租人之租賃】甲公司 ×1 年初簽約向乙公司承租一艘船舶，租期 8 年，每年底支付租金 $100,000，甲公司於租期屆滿日得以 $10,000 買入該船舶，估計可繼續使用 2 年，且於 ×1 年初可合理確定在租期屆滿時將行使此購買選擇權，甲公司 ×1 年初並因安排此項租賃而支付 $20,000。甲公司無法得知該租賃之隱含利率，而甲公司於類似租賃中所需支付之利率為 12%。甲公司估計該船舶在耐用年限屆滿時無殘值，依直線法提列折舊。經評估後發現，附屬於該船舶所有權之幾乎所有風險與報酬將移轉至甲公司。

    試作：×1 年及 ×2 年甲公司有關租賃之分錄。

    ($P_{8,12\%}$ = 4.967640, $p_{8,12\%}$ = 0.403883; $P_{10,12\%}$ = 5.650223, $p_{10,12\%}$ = 0.321973)

6. 【出租人之銷售型融資租賃】×3 年 1 月 1 日小奇公司向小拉公司承租設備，租期十年，每期租金 $250,000 從 ×3 年起每年 1 月 1 日支付，該設備在租期屆滿時有小奇公司保證之估計殘值為 $150,000，租期屆滿時返還租賃標的資產，小奇公司預期在租期屆滿時須就保證殘值支付小拉公司 $30,000。假設隱含利率為 12%，市場利率及增額借款利率為 10%。已知此租賃被小拉公司歸類為銷售型融資租賃，小拉公司的設備成本為 $1,500,000，公允價值等同應收租賃給付的現值。

    試作：×3 年小拉公司相關分錄。

    ($P_{9,10\%}$ = 5.759024, $P_{9,12\%}$ = 5.328250, $p_{10,10\%}$ = 0.385543, $p_{10,12\%}$ = 0.321973)

7. 【承租人之租賃（出租人為銷售型融資租賃）】承上題（第 6 題），條件不變。

    試作：
    (1) 若小奇公司未知小拉公司之租賃隱含利率，×3 年小奇公司相關分錄。
    (2) 若小奇公司可得知小拉公司之租賃隱含利率，×3 年小奇公司相關分錄。

8. 【銷售型融資租賃】承第 5 題，假設殘值未經保證。

    試作：×3 年小拉公司帳上的銷貨成本及銷貨收入分別為多少？

9. 【預收租金】甲公司 ×6 年 1 月 1 日向乙公司承租土地，雙方約定於 ×6 年 1 月 1 日先繳付租金 $6,000,000，另外每年租金 $2,000,000，於每年年底支付，租期為 12 年。假設市場利率為 10%。

    試作：×6 年乙公司相關分錄。（$P_{12,10\%}$ = 6.813692）

10. 【出租人之融資租賃】連連公司 ×5 年初將一輛卡車以融資租賃出租予暖暖公司，約定每年年底收取租金 $200,000，租期 5 年，租期屆滿日該卡車之估計殘值為 $150,000，暖暖公司保證其中 $50,000，並預期租期屆滿日會就保證殘值支付 $15,000。該卡車為連連公司 ×4 年所購入，×5 年初時的帳面金額等於公允價值 $800,000。另外，連連公司因此項租賃所產生之原始直接成本為 $6,069，於 ×5 年初支付。

    試作：
    (1) 求出此項租賃連連公司衡量之租賃給付。
    (2) 求出此項租賃之租賃投資總額。

(3) 求出此項租賃之租賃投資淨額。
(4) 求出此項租賃之租賃隱含利率。(提示：請利用下方年金現值及複利現值。)
(5) 連連公司 ×5 年及 ×6 年所有分錄。

($P_{5,10\%}$ = 3.790787, $p_{5,10\%}$ = 0.620921; $P_{5,11\%}$ = 3.695897, $p_{5,11\%}$ = 0.593451; $P_{5,12\%}$ = 3.604776, $p_{5,12\%}$ = 0.567427; $P_{5,13\%}$ = 3.517231, $p_{5,13\%}$ = 0.542760; $P_{5,14\%}$ = 3.433081, $p_{5,14\%}$ = 0.519369)

11. 【未保證殘值估計變動】小虎公司 ×4 年初將一艘船艦以融資租賃出租予小獅公司，約定每年年底收取租金 $1,000,000，租期 6 年，租期屆滿日該船艦之估計殘值為 $4,000,000，皆屬未保證殘值。該船艦小虎公司於 ×1 年購入，×4 年初時帳面金額等於公允價值 $5,000,000。另外，小虎公司 ×4 年初支付因此項租賃所產生之原始直接成本共 $β，而此項租賃之租賃隱含利率為 16%。×7 年初，小虎公司對該船艦之估計殘值變為 $3,000,000。

試作：

(1) 計算 β = ?
(2) ×7 年初未保證殘值之估計改變應有之分錄。
(3) 計算小虎公司 ×4 年至 ×9 年每年因此項租賃所認列之利息收入。

($P_{3,16\%}$ = 2.245890, $p_{3,16\%}$ = 0.640658; $P_{6,16\%}$ = 3.684736, $p_{6,16\%}$ = 0.410442)

12. 【出租人為經銷商之融資租賃】全全公司為經銷照明設備的公司，×2 年初將一批公允價值為 $7,150,000，進貨成本與帳面金額皆為 $6,800,000 之照明設備存貨出租予泉泉公司，租期 4 年，每年年底收取租金 $2,400,000，此時市場利率為 15%，估計此批照明設備於租期屆滿時將有未經保證的殘值 $65,888，另全全公司因協商與安排此項租賃所產生之法律費用 $120,000 係於 ×2 年初支付，且此項租賃符合融資租賃之條件。此項租賃合約，係全全公司故意以遠低於市場利率之利率 (10%) 向泉泉公司報價所達成之交易。

試作：全全公司 ×2 年與此項租賃有關之分錄。

($P_{4,10\%}$ = 3.169865, $p_{4,10\%}$ = 0.683013; $P_{4,15\%}$ = 2.854978, $p_{4,15\%}$ = 0.571753)

13. 【返還租賃之資產】甲公司 ×3 年初向乙公司承租一部機器，租期 5 年，每年年初支付租金 $200,000。甲公司保證殘值為 $40,000，該機器在租賃開始日之公允價值為 $890,000，乙公司之隱含利率為 9%，且為甲公司所知，機器耐用年限 6 年，乙公司原始直接成本為 $10,000，且此項租賃對乙公司符合融資租賃條件。兩公司並約定租期屆滿，交還該機器時若機器之公允價值未達保證殘值，甲公司應補貼機器公允價值與保證殘值間之差額，甲公司在 ×3 年初至 ×7 年初，皆預期在交還時須支付乙公司 $20,000。

試作：分別依下列條件，作甲公司與乙公司於租期屆滿時，交還 (收回) 機器之相關分錄。

(1) ×7 年底該機器之公允價值為 $30,000
(2) ×7 年底該機器之公允價值為 $50,000
(3) ×7 年底該機器之公允價值為 $15,000

($P_{4,9\%}$ = 3.239720, $p_{4,9\%}$ = 0.708425; $P_{5,9\%}$ = 3.889651, $p_{5,9\%}$ = 0.649931)

14. 【租賃負債之重評估】新海公司於 ×1 年初向大漢公司承租一項機器設備，租期 5 年，每年之租賃給付為 $60,000，於每年年初支付。合約中並附有租賃延長 3 年之選擇權，新海公司於開始日判斷該租賃延長之選擇權之行使並非可合理確定，因此判定租賃期間為 5 年。在開始日時，大漢公司之租賃隱含利率為 7%，且為新海公司所知，使用權資產按直線法折舊，新海公司預期於租期屆滿日無須就保證殘值額外支付任何款項。在 ×4 年初，因新海公司評估該設備可使用於該公司新研發完成且即將投產之先進製程，故可合理確定將行使租賃延長之選擇權以延長其原始租賃。×4 年初時租賃隱含利率並非容易確定，新海公司此時之增額借款利率為 6%，並預期在行使延長之選擇權後，於延長後之租期屆滿日須就保證殘值與估計殘值之差額支付大漢公司 $6,000。

    試作：×1 年與 ×4 年新海公司與此租賃相關的分錄。

    ($P_{4,7\%}$ = 3.387211, $p_{4,7\%}$ = 0.762895；$P_{5,7\%}$ = 4.100197, $p_{5,7\%}$ = 0.712986；$P_{4,6\%}$ = 3.465106, $p_{4,6\%}$ = 0.792094；$P_{5,6\%}$ = 4.212364, $p_{5,6\%}$ = 0.747258)

15. 【租賃負債之重評估】大福公司於 ×3 年初與麻吉公司簽訂合約，承租一項機器設備，租期 6 年，每年年底支付 $80,000，大福公司擁有於到期時可以 $120,000 購入該設備之選擇權，設備之耐用年限為 8 年，無殘值。大福公司在開始日評估該購買選擇權之行使無法合理確定，故未將購買選擇權之行使價格計入租賃給付。麻吉公司於開始日時之租賃隱含利率為 5%，且為大福公司所知，使用權資產以直線法提列折舊，無保證殘值。大福公司在 ×5 年初評估此設備用以生產之產品，其產品壽命較原預估顯著為長，因此可合理確定將行使購買選擇權。×5 年初時租賃隱含利率對大福公司並非容易確定，此時大福公司之增額借款利率為 7%。

    試作：×5 年大福公司與此租賃有關的所有分錄。

    ($P_{5,5\%}$ = 4.329477, $p_{5,5\%}$ = 0.783926；$P_{6,5\%}$ = 5.075692, $p_{6,5\%}$ = 0.746215；$P_{4,5\%}$ = 3.545951, $p_{4,5\%}$ = 0.822702；$P_{4,7\%}$ = 3.387211, $p_{4,7\%}$ = 0.762895；$P_{3,5\%}$ = 2.723248, $p_{3,5\%}$ = 0.863838；$P_{3,7\%}$ = 2.624316, $p_{3,7\%}$ = 0.816298)

16. 【租賃負債之重評估】康昊公司於 ×1 年初向順天公司承租一運輸設備，租期 6 年，每年年初支付 $75,000，於合約簽訂時發生原始直接成本 $2,276。在合約中並約定租賃給付以每兩年消費者物價指數之變動為基礎，每兩年調整一次。順天公司在開始日之租賃隱含利率為 9%，且為康昊公司所知，使用權資產以直線法提列折舊。×3 年初時租賃隱含利率對康昊公司並非容易確定，此時康昊公司之增額借款利率為 8%。開始日時之消費者物價指數為 120，×3 年初時則為 125。

    試作：×1 年與 ×3 年康昊公司關於此租賃的所有分錄。

    ($P_{5,9\%}$ = 3.889651；$P_{6,9\%}$ = 4.485919；$P_{3,9\%}$ = 2.531295；$P_{4,9\%}$ = 3.239720；$P_{3,8\%}$ = 2.577097；$P_{4,8\%}$ = 3.465106)

17. 【租約修改之範圍變動】溫拿公司在 ×4 年初與好神公司簽約，承租一單位之零售空間，租期 8 年，每年之租賃給付為 $120,000，於每年年初支付。好神公司在開始日之租賃隱含利率為 7%，且為溫拿公司所知，使用權資產以直線法提列折舊。×6 年底時，溫拿公司與好神公司同意修改原始租賃，將溫拿公司承租之零售空間自 ×7 年初起增加為 2 單

位，每年之租賃給付改為 $210,000。因增加此單位之對價顯非相當於此單位經反映合約情況調整後之單獨價格，故溫拿公司不將新增一單位零售空間此一租賃範圍之增加以單獨租賃處理。×7 年初時，租賃隱含利率對溫拿公司並非容易確定，此時溫拿公司之增額借款利率為 6%。

試作：溫拿公司在 ×7 年與此租賃相關之所有分錄。

($P_{7,7\%}$ = 5.389289; $P_{8,7\%}$ = 5.971299; $P_{4,7\%}$ = 3.387211; $P_{5,7\%}$ = 4.100197; $P_{4,6\%}$ = 3.465106; $P_{5,6\%}$ = 4.212364)

18. 【租約修改之範圍變動】富哲公司與正美公司在 ×2 年初簽訂合約，於正美公司的物流園區內承租 3 單位之倉庫作為其物流中心，租期 7 年，每年年初支付 $200,000。正美公司並支付 $7,465 之不動產佣金作為促使富哲公司承租之誘因。正美公司在開始日之租賃隱含利率為 6%，且為富哲公司所知，使用權資產以直線法提列折舊。×3 年時，富哲公司因存貨管理改善，與正美公司達成協議，將其承租之倉庫自 ×4 年初起減少為 2 單位，每年之租賃給付改為 $147,000，×4 年初時之租賃隱含利率對富哲公司並非容易確定，此時富哲公司之增額借款利率為 5%。富哲公司以使用權資產之剩餘範圍 (即原認列使用權資產之三分之二) 為基礎，按比例減少使用權資產帳面金額。

試作：富哲公司 ×4 年度關於此租賃的所有分錄。

($P_{6,6\%}$ = 4.917324; $P_{7,6\%}$ = 5.582381; $P_{4,5\%}$ = 3.545951; $P_{5,5\%}$ = 4.329477; $P_{4,6\%}$ = 3.465106, $P_{5,6\%}$ = 4.212364)

(1) ×8 年初該機器之公允價值為 $30,000。
(2) ×8 年初該機器之公允價值為 $60,000。
(3) ×8 年初該機器之公允價值為 $25,000。

19. 【轉租】茉莉公司在 ×3 年初與晴美公司簽約，承租晴美公司開發之科技園區中之一座廠辦大樓，租期 7 年，每年年初支付租金 $260,000，晴美公司並支付公證費用 $480 作為促使茉莉公司承租之誘因。晴美公司在租賃開始日之租賃隱含利率為 5%，且為茉莉公司所知，使用權資產以直線法提列折舊。

試作：分別依下列條件，作 ×5 年茉莉公司租賃相關分錄：

($P_{4,5\%}$ = 3.545951; $P5,5\%$ = 4.329477; $P_{6,5\%}$ = 5.075692; $P_{7,5\%}$ = 5.786373)

(1) ×5 年初，茉莉公司將此大樓於租約剩餘之 5 年期間轉租予柚子公司，柚子公司每年年初向茉莉公司支付租金 $279,000，茉莉公司將轉租分類為融資租賃。
(2) ×5 年初，茉莉公司將此大樓轉租予柚子公司，租期 2 年，柚子公司每年年初向茉莉公司支付租金 $290,000，茉莉公司將轉租分類為營業租賃。

20. 【售後租回】丙公司將帳面金額 $105,000 的電腦設備，在 ×1 年 7 月 1 日以公允價值 $168,242 售給丁公司且立即租回 (此交易滿足 IFRS15 資產銷售之規定)，租期為 6 年，無購買選擇權，租期屆滿時丁公司收回資產，每年租金為 $35,000 約定於每年 7 月 1 日支付，租期屆滿時估計殘值 $3,000，由丙公司保證，丙公司估計租期屆滿時須就保證殘值支付丁公司 $1,000。該設備之經濟年限為 7 年，丙公司增額借款利率為 12%，丁公司

隱含利率為 10%，且為丙公司所知。

試作：×1 年丙公司租賃相關分錄。

($P_{6,10\%}$ = 4.355261, $P_{5,10\%}$ = 3.790787, $P_{6,12\%}$ = 4.111407, $P_{5,12\%}$ = 3.604776, $p_{6,10\%}$ = 0.564474, $p_{5,10\%}$ = 0.620921, $p_{6,12\%}$ = 0.506631, $p_{5,12\%}$ = 0.567427)

21. 【售後租回】丙公司 ×3 年初將一項運輸設備（成本為 $6,330,000，已提列累計折舊 $330,000）以公允價值 $6,890,000 出售至丁公司並立即租回，此交易滿足 IFRS15 資產銷售之規定。租期 3 年，每年年初支付租金 $609,000，丁公司之租賃隱含利率為 8%，且為丙公司所知。租期屆滿時丙公司須將該運輸設備還給丁公司，設備在租期屆滿日有丙公司保證之估計殘值 $3,810,000，丙公司預估租期屆滿時須就保證殘值支付丁公司 $92,000，設備採直線法折舊。

試作：×3 年丙公司與此售後租回交易相關之所有分錄。

($P_{2,8\%}$ = 1.783265, $p_{2,8\%}$ = 0.857339; $P_{3,8\%}$ = 2.577097, $p_{3,8\%}$ = 0.793832)

22. 【售後租回】甲公司 ×2 年初將一項機器設備（成本為 $3,000,000，已提列累計折舊 $600,000），以公允價值 $2,100,000 出售至辛公司並立即租回（此交易滿足 IFRS15 資產銷售之規定），租期 5 年，每年年初支付租金 $400,000，與市場上性質類似之機器設備合理之年租金相同。租期屆滿時甲公司須將該機器設備還給乙公司。該設備採直線法折舊，在租期屆滿日有甲公司保證之殘值 $150,000，甲公司預估須就保證殘值支付甲公司 $60,000，辛公司之租賃隱含利率為 9%，且為甲公司所知。

試作：×2 年甲公司與此售後租回交易相關之所有分錄。

($P_{4,9\%}$ = 3.239720, $p_{4,9\%}$ = 0.708425; $P_{5,9\%}$ = 3.889651, $p_{5,9\%}$ = 0.649931)

23. 【售後租回】戊公司 ×1 年初將一項設備（成本為 $5,000,000，已提列累計折舊 $800,000），以公允價值 $4,600,000 出售至己公司並立即租回（此交易滿足 IFRS15 資產銷售之規定），租期 4 年，每年年初支付租金 $250,000。租期屆滿時戊公司須將該設備還給己公司。設備採直線法折舊，在租期屆滿日有戊公司保證的殘值 $3,400,000，戊公司預估無須就保證殘值給付己公司，己公司之租賃隱含利率為 9%，且為戊公司所知。

試作：×1 年戊公司與此售後租回交易相關之所有分錄。

($P_{3,9\%}$ = 2.531295, $p_{3,9\%}$ = 0.772183; $P_{4,9\%}$ = 3.239720, $p_{4,9\%}$ = 0.708425)

24. 【售後租回】庚公司 ×4 年初將一項加熱設備（成本為 $4,000,000，已提列累計折舊 $200,000，公允價值為 $3,800,000）以 $3,361,279 出售至辛公司並立即租回（此交易滿足 IFRS 15 資產銷售之規定），租期 5 年，每年年初支付租金 $150,000，而市場上性質類似之加熱設備合理之每年租金為 $250,000，辛公司的租賃隱含利率為 7%，為庚公司所知。租期屆滿時庚公司須將該加熱設備還給辛公司，設備在租期屆滿日有未保證的估計殘值 $2,800,000，採直線法折舊。

試作：×4 年庚公司與此售後租回交易相關之所有分錄。

($P_{4,7\%}$ = 3.387211, $p_{4,7\%}$ = 0.762895; $P_{5,7\%}$ = 4.100197, $p_{5,7\%}$ = 0.712986)

25. 【售後租回】丙公司 ×8 年初將一項機器設備 (成本為 $8,000,000，已提列累計折舊 $800,000，公允價值為 $7,200,000) 以 $8,330,000 出售至丁公司並立即租回 (此交易滿足 IFRS 15 資產銷售之規定)，租期 6 年，每年年初支付租金 $1,020,000，租期屆滿時丙公司須將該機器設備還給丁公司。設備採直線法折舊，在租期屆滿日有丙公司保證之殘值 $3,200,000，丙公司預計須就保證殘值支付丁公司 $200,000，丁公司之租賃隱含利率為 7%，且為丙公司所知。

    試作：×8 年丙公司與此項交易相關之所有分錄。

    ($P_{5,7\%}$ = 4.100197, $p_{5,7\%}$ = 0.712986; $P_{6,7\%}$ = 4.766540, $p_{6,7\%}$ = 0.666342)

應用問題

1. 【融資租賃之出租人】×1 年 1 月 1 日甲公司以融資租賃方式將帳面金額 $397,061 的機器設備出租給乙公司，租期 6 年，每年租金為 $77,000，約定於年初支付，該機器設備於租期屆滿時估計殘值為 $25,000，由乙公司全數保證。租賃開始日甲公司之增額借款利率為 7%，甲公司之隱含利率為 8%，且為乙公司所知。租期屆滿時，乙公司將得以 $20,000 優惠購買價格取得標的資產所有權，可合理確定乙公司將行使此購買選擇權，且乙公司確實以此價格於租期屆滿時購買。

    試作：甲公司租賃投資與未賺得融資收益攤銷表 (依下表格式)，以及 ×1 年及 ×6 年有關租賃的相關分錄。

    ($P_{5,7\%}$ = 4.100, $P_{5,8\%}$ = 3.993, $P_{6,7\%}$ = 4.767, $P_{6,8\%}$ = 4.623, $p_{6,7\%}$ = 0.666, $p_{6,8\%}$ = 0.630)

日期	租金	利息收入	租賃投資總額	未賺得融資收益	租賃投資淨額
×1/1/1					
×1/1/1	$77,000				
×2/1/1	77,000				
×3/1/1	77,000				
×4/1/1	77,000				
×5/1/1	77,000				
×6/1/1	77,000				
×6/12/31					

2. 【承租人之租賃】× 年 1 月 1 日丙公司以融資租賃方式將成本 $792,633 的機器設備出租給丁公司，租期 8 年，每年租金為 $123,000，約定於年底支付，該機器設備於租期屆滿時估計殘值為 $100,000，由丁公司全數保證，丁公司在 ×1 年初至 ×8 年初皆預期就保證殘值須支付丙公司 $10,000。租賃開始日丁公司之增額借款利率為 5%，丙公司之隱含利率為 7%，且為丁公司所知。丁公司無購買選擇權，且使用直線折舊法。假設 ×8 年租期屆滿時，該機器設備之公允價值為 $150,000。

試作：丁公司租賃負債還本付息表(依下表格式)，以及×1年及×8年有關租賃的相關分錄。

(註：$P_{8,5\%} = 6.463$, $P_{8,7\%} = 5.971$, $P_{7,5\%} = 5.786$, $P_{7,7\%} = 5.389$, $p_{8,5\%} = 0.677$, $p_{8,7\%} = 0.582$)

年度	租賃負債期初餘額	租賃給付	利息費用	租賃負債期末餘額
×1年		123,000		
×2年		123,000		
×3年		123,000		
×4年		123,000		
×5年		123,000		
×6年		123,000		
×7年		123,000		
×8年		123,000		

3. 【租約修改】一定紅公司在×3年初與太魯閣公司簽訂合約，承租太魯閣公司廠辦大樓之其中一個樓層，租期8年，每年年初支付$175,000，一定紅公司並預期在租賃期間結束時須花費$7,600以按合約將承租之空間復原。太魯閣公司在開始日之租賃隱含利率為8%，且為一定紅公司所知，使用權資產以直線法提列折舊。一定紅公司因業務成長，並為保持營運彈性，而在×5年時與太魯閣公司協議自×6年起額外承租同棟大樓內另一樓層，且將租賃期間由8年減少至6年，每年年初之固定給付改為$376,000，並預期在租賃期間結束時復原承租空間之成本增加為$14,450。因新承租樓層所增加之對價顯非相當於承租此樓層經反映合約情況調整後之單獨價格，一定紅公司未將增加承租樓層此一租賃範圍之增加以單獨租賃處理。於×6年初時，租賃隱含利率對一定紅公司並非容易確定，此時一定紅公司之增額借款利率為7%。一定紅公司對於原承租空間以修改後之剩餘期間(即剩餘三年而非剩餘五年)為基礎，按比例減少使用權資產帳面金額。

試作：一定紅公司在×3年至×5年的租賃負債還本付息表(依下表格式)，與×3年以及×6年與此租賃相關之所有分錄。

($P_{7,8\%} = 5.206370$, $p_{7,8\%} = 0.583490$; $P_{8,8\%} = 5.746639$, $p_{8,8\%} = 0.542069$; $P_{2,7\%} = 1.808018$, $p_{2,7\%} = 0.873439$; $P_{3,7\%} = 2.624316$, $p_{3,7\%} = 0.816298$; $P_{2,8\%} = 1.783265$, $p_{2,8\%} = 0.857339$; $P_{3,8\%} = 2.577097$, $p_{3,8\%} = 0.793832$)

年度	租賃負債期初餘額	租賃給付	利息費用	租賃負債期末餘額
×3年				
×4年				
×5年				

4. 【售後租回】丁公司×5年1月1日將一座機器以$1,200,000售予戊公司，此交易滿足IFRS15資產銷售之規定，此機器成本為$1,400,000，累計折舊為$400,000，公允價值為$1,109,400，估計剩餘耐用年限為8年。丁公司並立即將該機器租回，租期為4年，每

期租金 $164,000 於年初支付。租期屆滿機器歸還戊公司，機器在租期屆滿日之估計殘值為 $500,000，由丁公司全數保證，丁公司預估在租期屆滿時須就保證殘值支付戊公司 $100,000，戊公司之租賃隱含利率為 4%，且為丁公司所知。

試作：丁公司 ×5 年及 ×6 年與此項交易相關的所有分錄：

($P_{3,4\%}$ = 2.775, $p_{3,4\%}$ = 0.889; $P_{4,4\%}$ = 3.630, $p_{4,4\%}$ = 0.855)

5. 【**售後租回——非市場行情**】A 公司 ×1 年 1 月 1 日以現金 $1,500,000 將一設備出售予 B 公司，該設備於出售日之公允價值為 $1,000,000。該設備成本為 $1,200,000，累積折舊為 $400,000。同時，A 與 B 簽訂合約，取得該設備 5 年之使用權，於每年年底支付 $200,000。租賃隱含利率為每年 8% 且為甲所知。

試作：

(1) 開始日 A 對該交易之會計處理。

(2) 若 A 公司 ×1 年 1 月 1 日以現金 $800,000 出售該設備，試作開始日 A 對該交易之會計處理。

($P_{5,8\%}$ = 3.99271, $p_{5,8\%}$ = 0.680583)

6. 【**售後租回——具變動給付**】甲公司 (賣方兼承租人) 簽訂售後租回交易而將一設備移轉予乙公司 (買方兼出租人)，並租回該設備 10 年。該設備之移轉滿足 IFRS 15 以銷售不動產、廠房及設備處理之規定。於交易日，該設備於甲公司之帳面金額為 $600,000，乙公司為該設備所支付之金額為 $850,000 (該設備於交易日之公允價值)。租賃之所有給付係屬變動，其係以甲公司於 10 年租賃期間使用該設備所產生收入之某百分比計算。於交易日，該租賃之預期給付之現值為 $340,000。無原始直接成本。甲公司判定以該租賃給付之預期給付現值計算設備與所保留之使用權有關之占比係屬適當。

試作：交易日甲公司之會計分錄。

Chapter 17 員工福利

學習目標

研讀本章後，讀者可以了解：
1. 員工福利之相關議題
2. 何謂確定提撥計畫
3. 何謂確定福利計畫
4. 退職後福利之會計處理
5. 其他長期員工福利之會計處理
6. 離職福利之會計處理
7. 短期員工福利之會計處理

本章架構

員工福利

- 退職後福利
  - 確定提撥計畫
  - 確定福利計畫
- 其他長期員工福利
  - 定義
  - 認列與衡量
- 離職福利
  - 定義
  - 認列與衡量
- 短期員工福利
  - 短期帶薪假
  - 利潤分享與紅利計畫

我國銀行業多有「員工優惠存款」形式之員工福利。所謂「員工優惠存款」，即就員工之定額存款，給與高於市場利率之利息報酬，且優惠期間除員工在職期間外，並往往持續至退休後，亦即員工在職期間提供之服務，同時增加其於在職期間與退休後可獲得之福利。以 IAS 19 之員工福利分類而言，在職期間給與之優惠屬短期員工福利或其他長期員工福利；退休後持續給與之優惠則屬退職後福利。

由於我國原有之財務會計準則中，對公司給與之員工退職後福利，僅就退休金部分加以規範(財務會計準則第 18 號)，其餘並未明文規定；故我國現行實務作法，對於員工優惠福利存款採實際支付時以利息費用認列。但在國際財務報導準則適用後，退休員工超額利息屬退職後福利，應依 IAS 19 規定納入精算報告，並於員工提供服務期間即認列相關費用與負債。根據民國 100 年 6 月銀行公會估計，此調整將使我國全體銀行淨值大減 1,400 億元。為免衝擊過大，金管會於民國 100 年 12 月 26 日修正之「公開發行銀行財務報告編製準則」中規定：退休員工優惠存款超額利息適用 IAS 19 之時點得延後至員工退休時。此作法與 IAS 19 不符，但可使我國銀行業者於適用國際財務報導準則後，所需認列之相關費用與負債大幅降低。民國 101 年 3 月，金管會發文確定相關精算假設，各上市櫃與金控旗下銀行即依該參數計算，並於該年第 1 季財務報表之「事先揭露採用國際財務報導準則相關事項」記載中揭露「員工優惠存款」之相關影響數。揭露之 11 家銀行其淨值共計減少約 115 億元，其中減少數達 10 億元以上者計有合庫(31 億元)、兆豐銀(29 億元)、一銀(25 億元)、彰銀(10 億元)等 4 家。值得注意的是，由 1,400 億元與 115 億元的倍數估計，這些歷史悠久的公股行庫若完全依照 IAS19 之規定，受影響較大的個別銀行業者，其影響數恐怕是超過 300 億元了！

此外，亦有 13 家銀行於民國 101 年第 1 季財務報表之「事先揭露採用國際財務報導準則相關事項」記載中揭露「累積帶薪假」之相關影響數。我國原有之財務會計準則對此類福利亦無明文規定，現行實務作法通常於實際支付時認列；但 IAS 19 規定，對於可累積之帶薪假給付，應於員工提供勞務而增加其未來福利給付時認列費用與負債。揭露累積帶薪假之 IFRS 影響數之 13 家銀行其淨值共計減少 15.4 億元，其中以合庫(5.3 億元)、台企銀(2.6 億元)與彰銀(1.7 億元)為影響金額最高之前三家銀行。2015 年金融機構開始適用 2013 年版 IAS 19，金管會對退休員工優惠存款超額利息仍維持「得延後至員工退休時始適用 IAS 19」的特別規定。

中級會計學 下

章首故事引發之問題

- 「員工福利」之範圍與分類為何？
- 除退休金外，退職後福利還包括哪些項目，其會計處理為何？
- 不屬於退職後福利的「其他長期員工福利」之會計處理為何？
- 員工帶薪假之會計處理為何？
- 員工每年的分紅獎金之會計處理為何？
- 各類「員工福利」之會計處理為何？

17.1 員工福利之相關議題

學習目標 1
了解員工福利之相關議題

IAS 19 目的在於規範公司對員工福利之會計及揭露，其所定義之員工，是以專職、兼職、正式的、不定期或臨時的方式提供服務予公司之人員，包括董事及其他管理人員。而其所適用之員工福利，包括由下列所提供者：

1. **正式計畫或其他正式協議**：由公司與員工、員工團體或其代表間所簽訂。
2. **法律規定或產業協議**：如勞動基準法規定之勞工福利。
3. **非正式慣例所產生之推定義務**：當公司除支付員工福利外，別無實際可行之其他方案時，非正式慣例即產生推定義務。推定義務發生之一例，為當公司改變非正式慣例，將導致公司與員工關係發生無法接受之損害。

IAS 19 適用於公司所有員工福利之會計處理，但適用 IFRS 2「股份基礎給付」者 (請參照第 13.4 節) 除外。IAS 19 包括之員工福利計有以下四類：

1. **短期員工福利**：預期於員工提供相關服務之年度報導期間結束日後 12 個月內全部清償之員工福利 (離職福利除外)，如在職員工之工資、薪資及社會安全提撥、帶薪年休假及帶薪病假、預期於員工提供相關服務之年度報導期間結束日後 12 個月內全部清償之利潤分享、紅利或非貨幣性之福利 (如醫療照顧、住宿、汽車，以及免費或補貼之商品或服務)。
2. **退職後福利**：如退休金、其他退休福利 (如退職後人壽保險及退

職後醫療照顧)。
3. **其他長期員工福利**：包括長期服務休假或長期輪休年假、服務滿若干年之休假或其他長期服務福利、長期傷殘福利，以及長期之利潤分享、紅利與遞延薪酬。
4. **離職福利**：在正常退職日前，企業主動解聘僱或鼓勵員工接受自願離職所給與之福利。

本章將就上述各類員工福利逐一說明會計處理。由於相較而言，退職後福利之會計規範最為繁複，故以退休金為例，首先討論退職後福利之議題，其他類之員工福利則後續為之。

17.2 退職後福利：確定提撥計畫與確定福利計畫

學習目標 2
了解確定提撥計畫與確定福利計畫之會計處理

退職後福利 (post-employment benefits) 指除**離職福利** (termination benefits) 外，公司於聘僱結束後應付之員工福利，包括退休福利 (如退休金) 及其他退職後福利 (如退職後之人壽保險及醫療照顧)。公司據以提供員工退職後福利之正式或非正式協議，即為退職後福利計畫，無論退職後福利計畫中是否成立單獨個體 (如信託基金) 以接受提撥及支付福利，其相關之會計處理均適用 IAS 19 之規範。

退職後福利計畫分為**確定提撥計畫** (defined contribution plans) 與**確定福利計畫** (defined benefit plans)。確定提撥計畫係由公司支付固定提撥金予信託基金，而累積提撥金與其所產生之投資報酬即為員工應得之福利，公司不負有支付更多金額之法定及推定義務，亦即計畫之投資風險由員工承擔。其他類型之退職後福利計畫則均為確定福利計畫，此類計畫中公司可能未支付任何提撥、支付部分提撥，或支付全部提撥，而其到期之支付福利金額之決定，除受已提撥數與其所產生投資報酬之影響外，公司有義務補償基金之不足數額，亦即計畫之投資風險由公司承擔。而無論屬哪一類型之退職後福利計畫公司，須於員工提供服務以換取未來支付之員工福利時認列費用及負債 (除非另有準則規定將其包含於資產成本中，例如，公司給與負責製造存貨員工之員工福利應列入存貨成本)。確定福利計畫之會計處理較確定提撥計畫繁複許多，以下即分別說明之。

確定提撥計畫：
公司除支付固定提撥金外，無其他支付義務；計畫資產之投資風險由員工承擔。

確定福利計畫：
不屬於確定提撥計畫之退職後福利計畫均為確定福利計畫，此類計畫下，計畫資產之投資風險通常由公司承擔。

17.2.1 確定提撥計畫

確定提撥計畫中，因公司之義務僅限於其同意提撥之金額，當員工於某一期間內提供服務時，企業只要就為換取該項服務而應付之確定提撥計畫提撥金，認列退休金費用(除非另有準則規定或允許將該提撥金包含於資產成本中)與應付退休金負債；支付提撥金時則為應付退休金負債之減少(但若支付超過負債時則認列預付費用，作為資產之增加)。應付退休金負債之金額無須折現，除非應付之金額於員工提供相關服務當期期末後 12 個月內並未全部到期。

釋例 17-1　確定提撥計畫

依據當地勞工退休金條例，甲公司須於每年 1 月底就其前一年度員工薪資總額之 6%，提撥職工退休準備金至勞工保險局設立之勞工退休個人專戶。此專戶所有權為勞工本人，不因其轉換工作或事業單位關廠、歇業而受影響。甲公司於提撥前述固定提撥金至其員工之個人退休金專戶後，不負有支付更多提撥金之法定或推定義務。若甲公司於 ×1 年 1 月 1 日成立，×1 年之薪資總額為 $2,000,000。

試作：該公司 ×1 年底應作分錄及 ×2 年 1 月 31 日提撥退休金相關之分錄。

解析

該計畫為確定提撥計畫，因此該公司依其應提撥金額認列退休金費用。

×1/12/31			×2/1/31		
退休金費用	120,000		應計退休金負債	120,000	
應計退休金負債		120,000	現金		120,000

17.2.2 確定福利計畫

確定福利計畫之會計處理則相對較複雜。關於確定福利計畫，IAS 19 係規範資產負債表中須認列之項目為其計畫資產公允價值與確定福利負債現值互抵後之淨資產或淨負債，附註中始另行揭露相關資產(計畫資產公允價值)與負債(確定福利義務之現值)之總額。故於資產負債法之基本精神下，綜合損益表中關於確定福利計畫須認列之項目即為計畫資產公允價值與確定福利義務現值之增減(公司提撥之計畫資產除外)；此增減金額部分應認列於本期損益(確定福利費用)，部分應認列於其他綜合損益(確定福利計畫再衡量

數)。亦即，IAS 19對確定福利計畫相關資產與負債之處理，係規範須於發生時全數認列，不再允許遞延攤銷認列，亦即不再允許表外資產與負債的存在。本節將先討論確定福利計畫資產與負債之變動來源；而後再以逐步增加複雜性之連續年度簡例，說明應如何認列確定福利計畫相關之淨負債(或淨資產)與成本。

17.2.2.1　確定福利計畫資產與負債之變動

確定福利計畫下之退職後福利相關負債稱為**確定福利義務現值** (present value of the defined benefit obligation)，係指在不扣除任何計畫資產之情況下，為清償當期及以前期間員工服務所產生之預期未來支付義務之現值。

計算確定福利義務現值之折現率，應參考報導期間結束日高品質公司債之市場殖利率決定。在無此類債券深度市場之國家，應使用政府公債於報導期間結束日之市場殖利率。而不論係公司債或政府公債，其貨幣及期間應與確定福利義務之貨幣及估計期間一致。

確定福利計畫下之退職後福利相關資產稱為**計畫資產** (plan assets)，包括長期員工福利基金持有之資產。

確定福利義務現值之衡量涉及**精算假設** (actuarial assumptions)。所謂精算假設，係指公司用以決定提供退職後福利最終給付金額之各種變數的最佳估計，包括相關之**人口統計假設** (demographic assumptions) 與**財務假設** (financial assumptions)：前者如聘僱期間及期後之死亡率、員工離職、傷殘及提前退休率，及醫療支付之請求率等；後者如折現率、未來薪資及福利水準、未來醫療成本等。

確定福利義務現值之變動來源，計有當期服務成本、前期服務成本、利息成本、福利計畫支付、精算假設之變動與經驗調整(指先前之精算假設與實際發生情況差異)及福利計畫清償等六項。計畫資產公允價值之變動來源，則有計畫資產之提撥、計畫資產之實際報酬、福利計畫支付及福利計畫清償等四項。以下以簡例說明前述項目之意義與衡量：

甲公司於×1年初開始其確定福利計畫，規定員工年滿65歲退職後每年年底可得「2% × 服務年數 × 退職時年薪」之給付額。時年40歲之A員工於×1年初至甲公司服務，預期其×25年底退職

計算確定福利義務現值之折現率：
1. 高品質公司債之市場殖利率，或
2. 政府公債殖利率。

公司債或政府公債之貨幣及期間應與確定福利義務之貨幣及期間一致。

精算假設包括：
人口統計假設及
財務假設

時年薪為 $100,000，退職後預期可再活 10 年，折現率為 10%。A 員工預期之服務與退職時程圖示如下：

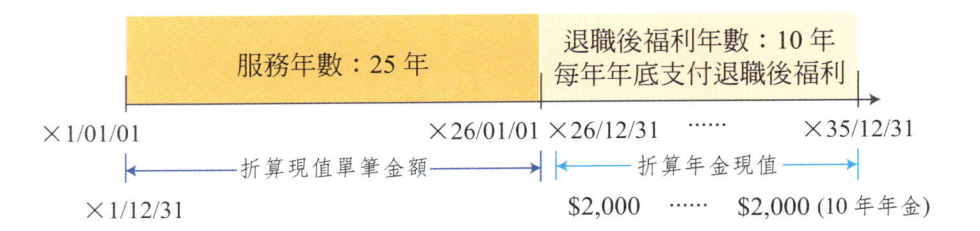

```
         |←──── 服務年數：25 年 ────→|←─ 退職後福利年數：10 年 ─→|
         |                          |   每年年底支付退職後福利   |
       ×1/01/01              ×26/01/01 ×26/12/31 ······    ×35/12/31
         |←─── 折算現值單筆金額 ───→|←─── 折算年金現值 ───→|
       ×1/12/31
                                      $2,000  ······  $2,000 (10年年金)
```

1. 當期服務成本

　　當期服務成本指員工當期服務所產生確定福利義務現值之增加數，當期服務成本應認列於本期損益。A 員工 ×1 年之服務，使甲公司須自 ×26 年起為期 10 年、每年年末支付其 $2,000（= 2% × 1 × $100,000），此 10 年期普通年金折算至 ×1 年底之現值為 $1,248：

$$\$1,248 = \frac{\$2,000}{(1+10\%)^{25}} + \frac{\$2,000}{(1+10\%)^{26}} + \cdots + \frac{\$2,000}{(1+10\%)^{34}}$$

$\qquad\quad = \$2,000 \times$ 年金現值因數 $(10\%, 10$ 年$) \times$ 複利現值因數 $(10\%, 24$ 年$)$

$\qquad\quad = \$2,000 \times 6.14457 \times 0.10153$

　　×2 年之當期服務成本，則為 A 員工 ×2 年服務造成之甲公司確定福利義務現值 ×2 年增加數（以 ×2/12/31 現值計）：

$$\$1,372 = \frac{\$2,000}{(1+10\%)^{24}} + \frac{\$2,000}{(1+10\%)^{25}} + \cdots + \frac{\$2,000}{(1+10\%)^{33}}$$

$\qquad\quad = \$2,000 \times$ 年金現值因數 $(10\%, 10$ 年$) \times$ 複利現值因數 $(10\%, 23$ 年$)$

$\qquad\quad = \$2,000 \times 6.14457 \times 0.11168$

2. 利息成本

　　利息成本指因距離福利之支付清償更近一期，導致期初確定福利義務現值於一期間內現值之增加數，即確定福利義務現值期初餘額乘以折現率所得數：

　　×1 年利息成本 = 期初確定福利義務現值 $0 × 10% = $0
　　×2 年利息成本 = 期初確定福利義務現值 $1,248 × 10% = $125

　　歸結當期服務成本與利息成本之影響，即可得甲公司確定福利義務現值 ×1 年底與 ×2 年底之餘額如下：

×1 年底餘額
 = $0 (×1 年初餘額) + $1,248 (×1 年當期服務成本)
  + $0 (×1 年利息成本)
 = $1,248

×2 年底餘額
 = $1,248 (×2 年初餘額) + $1,372 (×2 年當期服務成本)
  + $125 (×2 年利息成本)
 = $2,745

值得特別說明的是，確定福利義務現值 ×2 年底餘額 $2,745，即表示至 ×2 年底，甲公司因 A 員工 2 年 (×1 與 ×2 年) 之服務，使甲公司須自 ×26 年起為期 10 年每年年底支付其 $4,000 之現值：

$$\$2,745 = \frac{\$4,000}{(1+10\%)^{24}} + \frac{\$4,000}{(1+10\%)^{25}} + \cdots + \frac{\$4,000}{(1+10\%)^{33}}$$
$$= \$4,000 \times 年金現值因數 (10\%, 10年) \times 複利現值因數 (10\%, 23年)$$
$$= \$4,000 \times 6.14457 \times 0.11168$$

確定福利義務之利息成本係認列於本期損益 (即列入確定福利費用)，但係與計畫資產利息收入互抵後之「淨利息」型態認列於本期損益。計畫資產利息收入之計算將隨後說明。

3. 前期服務成本

前期服務成本係指因修正或縮減確定福利計畫時，確定福利義務現值之增加或減少數。在本簡例中，假設甲公司於 ×3 年初修正計畫，就 A 員工已提供之 2 年 (×1 年與 ×2 年) 服務，自 ×26 年底起為期 10 年每年年底額外支付 $1,000，則甲公司確定福利義務現值將於 ×3 年初增加 $686。

歸結當期服務成本、利息成本與前期服務成本之影響，即可得甲公司確定福利義務現值 ×3 年初之餘額如下：

×3 年初餘額
 = $2,745 (×2 年底餘額) + $686 (前期服務成本)
 = $3,431

$$\$3,431 = \frac{\$5,000}{(1+10\%)^{24}} + \frac{\$5,000}{(1+10\%)^{25}} + \cdots + \frac{\$5,000}{(1+10\%)^{33}}$$
$$= \$5,000 \times 年金現值因數 (10\%, 10年) \times 複利現值因數 (10\%, 23年)$$
$$= \$5,000 \times 6.14457 \times 0.11168$$

前期服務成本：
計畫修正或縮減，確定福利義務之增加數 (前期服務成本為正) 或減少數 (前期服務成本為負)。

同樣可發現的是，確定福利義務現值 ×3 年初餘額 $3,431，即表示在計畫修正後，至 ×3 年初 (×2 年底)，甲公司因 A 員工 2 年 (×1 年與 ×2 年) 之服務，使甲公司須自 ×26 年底起為期 10 年每年支付其 $5,000 之現值。

需注意的是，無論是增加員工退職後福利 (前期服務成本大於零) 或減少員工福利 (前期服務成本小於零)，企業均應於計畫修正或縮減發生時，將前期服務成本即列入確定福利費用。

4. 計畫資產提撥與實際報酬

計畫資產提撥係將公司資產投入計畫資產中，此將造成計畫資產公允價值之增加，惟其不影響綜合損益表中關於確定福利計畫須認列之淨收益或淨費損，即並無相關損益發生。因提撥係將公司資產投入計畫資產，雖造成計畫資產之增加，但公司資產亦同幅度減少，亦即其僅係公司資產組成之改變，並未造成公司總資產或總負債之增減，即並無造成權益之增減，故無收益或費損之發生。計畫資產提撥及福利計畫支付，係確定福利義務現值與計畫資產公允價值之變動來源中，兩項不影響確定福利計畫須認列之相關淨收益、淨費損或其他綜合損益者。福利計畫之支付請參考後續第 6 項之說明。

> 計畫資產提撥與福利計畫之支付兩項均不影響本期損益或其他綜合損益。

計畫資產之實際報酬視其為正數或負數，將造成計畫資產公允價值之增減。相對於計畫資產提撥，計畫資產之實際報酬除使計畫資產公允價值發生增減外，亦使公司總資產與權益發生增減，故為收益或費損之發生，將影響綜合損益表中關於確定福利計畫須認列之淨收益、淨費損者或其他綜合損益。

計畫資產之報酬係包括計畫資產之利息、股利及其他收入，連同計畫資產已實現與未實現之利益或損失，但須減除管理該計畫之成本與所有計畫本身應付之稅款。在本簡例中，假設甲公司於 ×1 年底首次提撥計畫資產現金 $1,000，×2 年計畫資產實際報酬為 $110，×2 年底再提撥計畫資產現金 $1,200，則甲公司 ×1 年底與 ×2 年底之計畫資產公允價值餘額如下：

×1 年底餘額
　= $0 (×1 年初餘額) + $0 (×1 年實際報酬) + $1,000 (×1 年提撥)
　= $1,000

×2 年底餘額
= $1,000 (×2年初餘額) + $110 (×2年實際報酬) + $1,200 (×2年提撥)
= $2,310

惟需特別注意的是，計畫資產之實際報酬須拆分為「利息收入」與「實際報酬與利息收入之差異數」：前者係以利息收入─計畫資產期初餘額乘以折現率而得，後者則為實際報酬減去利息收入而得。雖然此兩者均造成計畫資產公允價值變動，但「利息收入」部分係以與確定福利義務之利息成本互抵後之「淨利息」認列於本期損益；「實際報酬與利息收入之差異數」則加計稍後說明之「精算損益」合稱為「再衡量數」認列於其他綜合損益。

5. 精算假設變動與經驗調整

精算假設變動係指公司調整預期加薪幅度、殘疾率、死亡率等變數之估計；經驗調整則指先前精算假設與實際發生情況間之差異，例如去年對今年之預期加薪幅度為 5%，但今年實際加薪幅度為 6%。精算假設變動與經驗調整若造成確定福利義務現值減少，其影響數是為**精算利益** (actuarial gains)；若造成確定福利義務現值增加，其影響數是為**精算損失** (actuarial losses)。

精算損益
= 精算假設變動損益
　+ 經驗調整損益

同樣需特別注意的是，「精算損益」係與「計畫資產實際報酬與利息收入之差異數」合稱為「再衡量數」，於發生時立即認列於其他綜合損益，亦即不再有未認列之精算損益等表外負債或資產。

6. 福利計畫支付與清償

計畫福利支付指員工退職後，公司依照福利辦法，以計畫資產支付定期支付(或一次支付)退職後福利，所以支付時計畫資產公允價值減少，確定福利義務也同額減少。

福利計畫之**清償** (settlement) 則係公司從事一項交易以消除確定福利計畫所提供之部分或全部福利之所有未來法定或推定義務，例如透過購買保單一次移轉計畫下之重大雇主義務予保險公司，即屬清償。但清償須為非屬計畫條款所定之給付支付。簡言之，若員工工作至正常退休年限 60 歲時退休，公司支付其退休金或其他退職後福利之作業，即為福利支付；而若員工仍然在工作，公司與員工協議結算員工過去累積之退職後福利，因為此一協議並非計畫原定之

福利支付，所以其為福利計畫之清償。

若公司福利計畫中明定，員工退休時，可選擇一次提領所有退休金或以年金方式領取，此狀況下若公司原先預計員工退休時會以年金方式提領，但實際退休時，員工選擇一次提領，則實際提領與預計提領間之差額並非計畫清償，而屬計畫支付，因為選擇提領方式是計畫辦法中之規定，只要是訂在計畫辦法中即非屬清償。

福利計畫支付時，計畫資產公允價值與確定福利義務均等額減少，公司之淨確定福利負債並無變動(請參考下一小節)，不影響公司確定福利費用及其他綜合損益。第 4 項中之計畫資產提撥與此處福利計畫之支付兩者均不影響損益及其他綜合損益。

福利計畫清償時，公司應精算被清償之確定給付義務現值，此金額與用以清償價格(移轉計畫資產的公允價值或公司額外支付之現金)間之差額即為清償損益，公司應立即將清償之利益或損失列入確定福利費用，因此若為清償利益則會減少費用。

7. 計畫資產實際報酬與精算損益之會計處理彙總

計畫資產之實際報酬與確定福利義務之利息成本兩者，如何列入「確定福利費用」及其他綜合損益(列入「其他綜合損益－確定福利計畫再衡量數」)，又確定福利計畫之淨利息費用(或淨利息收益)如何計算、再衡量數包括哪些項目，這些關聯的觀念再度整理如下：

計畫資產實際報酬
　　＝計畫資產利息收入＋(計畫資產實際報酬－計畫資產利息收入)
　　＝期初計畫資產公允價值×折現率＋計畫資產實際報酬與利息收入之差額
　　＝計畫資產利息收入 [列入損益] ＋再衡量數之一部分 [列入其他綜合損益]

確定福利計畫之淨利息 [列入損益；即列入確定福利費用]
　　＝確定福利義務利息成本－計畫資產利息收入
　　＝期初確定福利義務現值×折現率－期初計畫資產公允價值×折現率
　　＝(期初確定福利義務現值－期初計畫資產公允價值)×折現率
若此數額大於零，為淨利息費用；小於零，則為淨利息收益

確定福利計畫再衡量數 [列入其他綜合損益－確定福利計畫再衡量數]
　　＝精算損益＋計畫資產實際報酬與利息收入之差額
　　＝(精算假設變動損益＋經驗調整損益)＋(計畫資產實際報酬－計畫資產利息收入)

精算損益大(小)於零表示精算利益(精算損失);計畫資產實際報酬大(小)於利息收入為其他綜合利益(其他綜合損失);兩者加總之整體再衡量數大(小)於零為其他綜合利益(其他綜合損失)。

17.2.2.2　淨確定福利負債(資產)與確定福利成本之認列

歸結而言,確定福利義務現值與計畫資產公允價值之變動來源,計有當期服務成本、利息成本、前期服務成本、計畫資產提撥與實際報酬、精算假設變動與經驗調整、福利計畫支付及福利計畫清償等項目。而其中計畫資產提撥一項雖造成計畫資產公允價值之增加,但同幅度減少其他資產,即最終並未造成公司權益變動,故認列此項變動並未導致認列確定福利計畫相關之成本;福利計畫支付則使計畫資產公允價值及確定福利義務現值等額減少,亦不認列確定福利成本。

而其他與確定福利義務現值與計畫資產公允價值變動相關之項目,即當期服務成本、利息成本、計畫資產利息收入、前期服務成本、精算損益及福利計畫清償損益六項,則因認列其變動而導致認列確定福利計畫相關之成本。此六項項目中,當期服務成本、利息成本與計畫資產利息收入合計之淨利息、前期服務成本、及福利計畫清償損益四項係於發生時立即全數認列於本期損益。精算假設變動與經驗調整造成之精算損益,則與計畫資產實際報酬扣除其利息收入之「實際報酬與利息收入之差異數」合稱為「再衡量數」,於發生時立即全數認列於其他綜合損益(列入「其他綜合損益─確定福利計畫再衡量數」)。

確定福利費用(成本)　　　　　　　　　　　　　　　　綜合損益表
　= 當期服務成本 + 淨利息費用 + 前期服務成本 + 清償損益

淨利息費用
　= 利息成本 – 計畫資產利息收入
　= 期初確定福利義務現值 × 折現率 – 期初計畫資產公允價值 × 折現率
　= (期初確定福利義務現值 – 期初計畫資產公允價值) × 折現率

此數額若小於零,代表計畫資產利息收入大於確定福利義務利息成本,則可能出現淨利息收益情形(列為確定福利費用之減項)

其他綜合損益─確定福利計畫再衡量數
= 精算損益 + 計畫資產實際報酬與利息收入之差額
= (精算假設變動損益 + 經驗調整損益) + (計畫資產實際報酬 – 計畫資產利息收入)

因所有項目皆為發生時全數認列，並無任何相關之表外負債或資產，故於資產負債表須認列者，為確定福利義務現值高於或低於計畫資產公允價值之金額，即代表該確定福利計畫為短絀或剩餘狀態之淨確定福利負債或資產。

資產負債表
確定福利淨負債
　＝確定福利義務現值 － 計畫資產公允價值

此數額大於零，表示計畫提撥不足，或稱計畫短絀；數額小於零，表示計畫超額提撥，或稱計畫有剩餘。此提撥狀況通常於公司財務報表附註中揭露，以確定福利義務現值 $30 及計畫資產公允價值 $20 為例，揭露格式如下：

確定福利義務現值	$(30)	以貸方金額表示此項為義務
計畫資產公允價值	20	以借方金額表示此項為資產
提撥狀況	$(10)	貸方餘額表示短絀 (應認列淨確定福利負債 $10)

17.2.3　確定福利計畫之例釋

在進入 17.2.3 正式例釋前，先以簡例及圖形解釋最簡單情況下，確定福利之退職後福利會計處理之整體觀念，例中並無提撥與福利給付：

確定福利之退職後福利會計處理之整體架構簡例圖

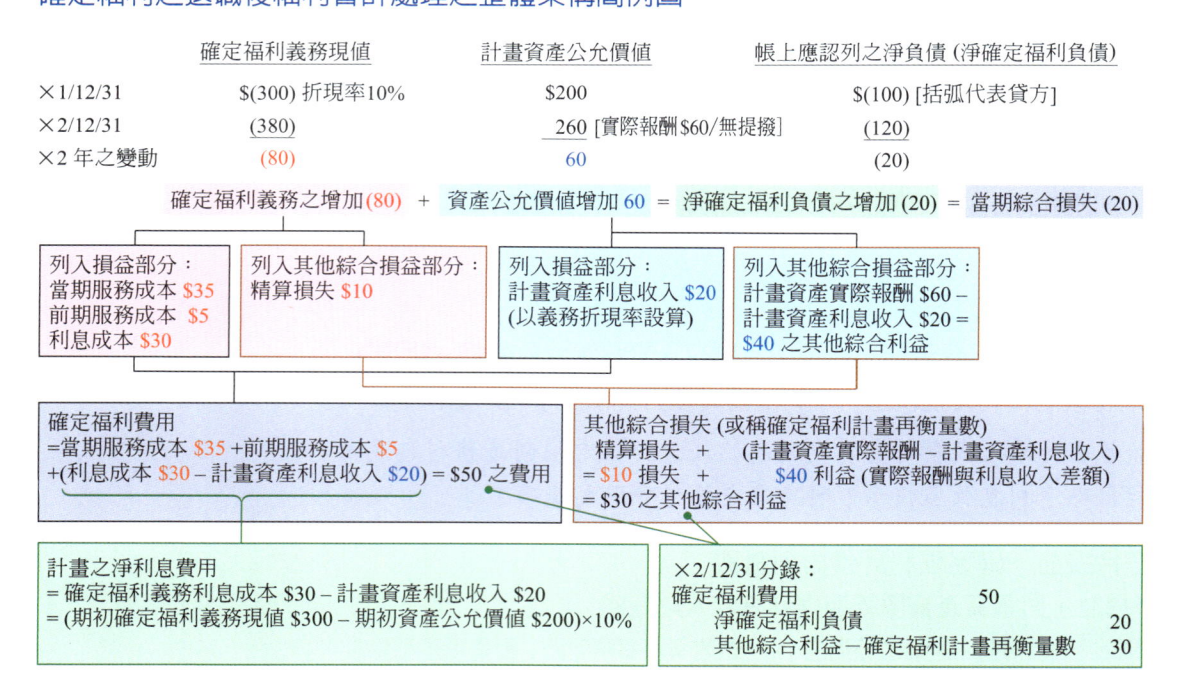

	確定福利義務現值	計畫資產公允價值	帳上應認列之淨負債 (淨確定福利負債)
×1/12/31	$(300) 折現率10%	$200	$(100) [括弧代表貸方]
×2/12/31	(380)	260 [實際報酬$60/無提撥]	(120)
×2 年之變動	(80)	60	(20)

確定福利義務之增加 (80) ＋ 資產公允價值增加 60 ＝ 淨確定福利負債之增加 (20) ＝ 當期綜合損失 (20)

列入損益部分：
當期服務成本 $35
前期服務成本 $5
利息成本 $30

列入其他綜合損益部分：
精算損失 $10

列入損益部分：
計畫資產利息收入 $20
(以義務折現率設算)

列入其他綜合損益部分：
計畫資產實際報酬 $60 －
計畫資產利息收入 $20 ＝
$40 之其他綜合利益

確定福利費用
＝當期服務成本 $35 ＋前期服務成本 $5
＋利息成本 $30 － 計畫資產利息收入 $20 ＝ $50 之費用

其他綜合損失 (或稱確定福利計畫再衡量數)
　精算損失　＋　(計畫資產實際報酬－計畫資產利息收入)
＝ $10 損失　＋　　　$40 利益 (實際報酬與利息收入差額)
＝ $30 之其他綜合利益

計畫之淨利息費用
＝ 確定福利義務利息成本 $30 － 計畫資產利息收入 $20
＝ (期初確定福利義務現值 $300 － 期初資產公允價值 $200)×10%

×2/12/31分錄：
確定福利費用　　　　　　　　　　　50
　　淨確定福利負債　　　　　　　　　　　20
　　其他綜合利益－確定福利計畫再衡量數　30

17.2.3.1　當期服務成本之認列

甲公司成立於 ×1 年初,並於同日設立一確定福利計畫,其運作方式遵照政府規定之退休金制度,因此同時設立員工福利信託基金。該公司 ×1 年度與該確定福利計畫相關之資訊如下:當期服務成本為 $250 (折現率 10%),×1 年底提撥現金 $100 至員工福利基金。

由上述資料可知,該公司 ×1 年度確定福利義務現值之唯一變動,為當期服務成本 $250,且當期服務成本應發生時全數認列為當期損益,故該公司 ×1 年底之確定福利義務現值餘額為 $250,而該公司 ×1 年度計畫資產公允價值之唯一變動來自 ×1 年底提撥現金 $100,故該公司 ×1 年底之計畫資產公允價值為 $100。該公司 ×1 年底與確定福利計畫相關之負債餘額 $250 高於資產餘額 $100,應認列之淨負債為其差額 $150,因期初淨負債為 $0,故認列淨負債 $150。其圖示關係與應作分錄如下:

確定福利計畫費用 (成本)

= 當期服務成本 + 前期服務成本 + 淨利息費用 + 清償損益
= $250 + $0 + ($0 − 0) × 10% + $0 = $250 (借方)
　　　　　　　　　　　　　　　　　　　　　　　　　　　　　　[$250費用]

淨確定福利負債之變動

= 期末淨確定福利負債 − 期初淨確定福利負債
= (期末確定福利義務現值 − 期末計畫資產公允價值) − (期初確定福利義務現值 − 期初計畫資產公允價值)
= ($250 − $100) − ($0 − $0) = $150 (貸方)
　　　　　　　　　　　　　　　　　　　　　　　　[淨負債增加 $280]

提撥 = $100 = 100 (貸方)
　　　　　　　　　　　　　　　　　　　　　　　　[提撥現金至退休基金]

×1/12/31

確定福利費用	250	
淨確定福利負債		150
現金		100

中級會計學 下

本期（變動）：
- ×1年 服務成本 $250
- ×1年 確定福利費用 $250
- ×1/12/31認列應計淨確定福利負債 $150
- ×1/12/31 提撥基金 $100

確定福利費用	250
淨確定福利負債	150
現金	100

上期期末：

×1/12/31　確定福利義務現值 $250 ＝ 計畫資產公允價值 $100 ＋ 淨確定福利負債 $150

工作底稿格式　淨確定福利負債 $150 ＝ 確定福利義務現值 $250 － 計畫資產公允價值 $100

亦得以工作底稿格式表達如下。工作底稿中之正式分錄之項目，係認列於財務報表之確定福利計畫之淨負債與確定福利費用；備忘記錄之項目則係揭露所需之確定福利義務現值與計畫資產公允價值總額資訊。工作底稿中無括號者是借記金額，括號者則為貸記金額。每一事項之記錄可能影響正式分錄項目或備忘記錄項目，但必定借記金額等於貸記金額。

	正式分錄			備忘記錄	
	確定福利費用	現金	淨確定福利負債	確定福利義務現值	計畫資產公允價值
×1/1/1 餘額			$ (0)	$ (0)	$ 0
當期服務成本	$250			$(250)	
提撥退休基金		$(100)			$100
帳上分錄	$250	$(100)	$(150)		
×1/12/31 餘額			$(150)	$(250)	$100

17.2.3.2　當期服務成本、淨利息之認列

沿 17.2.3.1 例，甲公司 ×2 年度相關資料為當期服務成本為 $175（折現率 10%），計畫資產實際報酬為 $10，×2 年底提撥現金 $100 至員工福利基金。

由上述資料可知，該公司 ×2 年度確定福利義務現值之變動只有兩項：當期服務成本 $175 與 ×1 年底確定福利義務現值餘額 $250 乘上折現率 10% 的利息成本 $25 全數認列，故該公司 ×2 年底之確定福利義務現值餘額為 $450。而該公司 ×2 年度計畫資產公允價值

之變動來自計畫資產之實際報酬 $10，與 ×2 年底提撥現金 $100，故該公司 ×2 年底之計畫資產公允價值為 $210。

在確定福利成本部分，認列於本期淨利者有當期服務成本 $175，與確定福利義務現值利息成本 $25（期初確定福利義務現值 $250 乘以折現率 10%）減除計畫資產利息收入 $10（期初計畫資產公允價值 $100 乘以折現率 10%）之淨利息費用 $15（亦即期初淨確定福利負債 $150 乘以折現率 10%），故共計確定福利費用 $190。另因計畫資產實際報酬 $10 與計畫資產利息收入 $10（期初計畫資產公允價值 $100 乘以折現率 10%）相等並無差異，故應認列於其他綜合損益之再衡量數為 $0。

該公司 ×2 年之確定福利費用 $190，等於服務成本 $175，加上利息成本 $25，減計畫資產利息收入 $10（實際報酬亦為 $10，無應計入再衡量數之部分）；此 $190 費用在年底提撥 $100 現金後，使負債增加 $90。其圖示關係與應作分錄如下：

> 淨利息
> ＝利息成本－計畫資產利息收入
> ＝期初確定福利義務現值 × 折現率－期初計畫資產公允價值 × 折現率

×2/12/31

確定福利費用	190	
現金		100
淨確定福利負債		90

中級會計學 下

本期（變動）

- ×2年當期服務成本 $175
- ×2年利息成本 $25
  - 利息成本 $250×10%

×2年確定福利費用
= $190
= 服務成本 + (淨利息)
= $175 + ($25 − $10)

×2年認列淨確定福利負債 $90

×2年提撥基金 $100
×2年初資產×折現率10% = $10

確定福利費用	190
現金	100
淨確定福利負債	90

計畫資產利息收入 $10
實際報酬亦為 $10，無再衡量數

上期期末

- ×1/12/31 確定福利義務現值 $250
- ×1/12/31 淨確定福利負債 $150
- ×1/12/31 計畫資產公允價值 $100

計畫資產利息收入
$10 = 100×10%

×2/12/31　確定福利義務現值 $450 = 計畫資產公允價值 $210 + 淨確定福利負債 $240

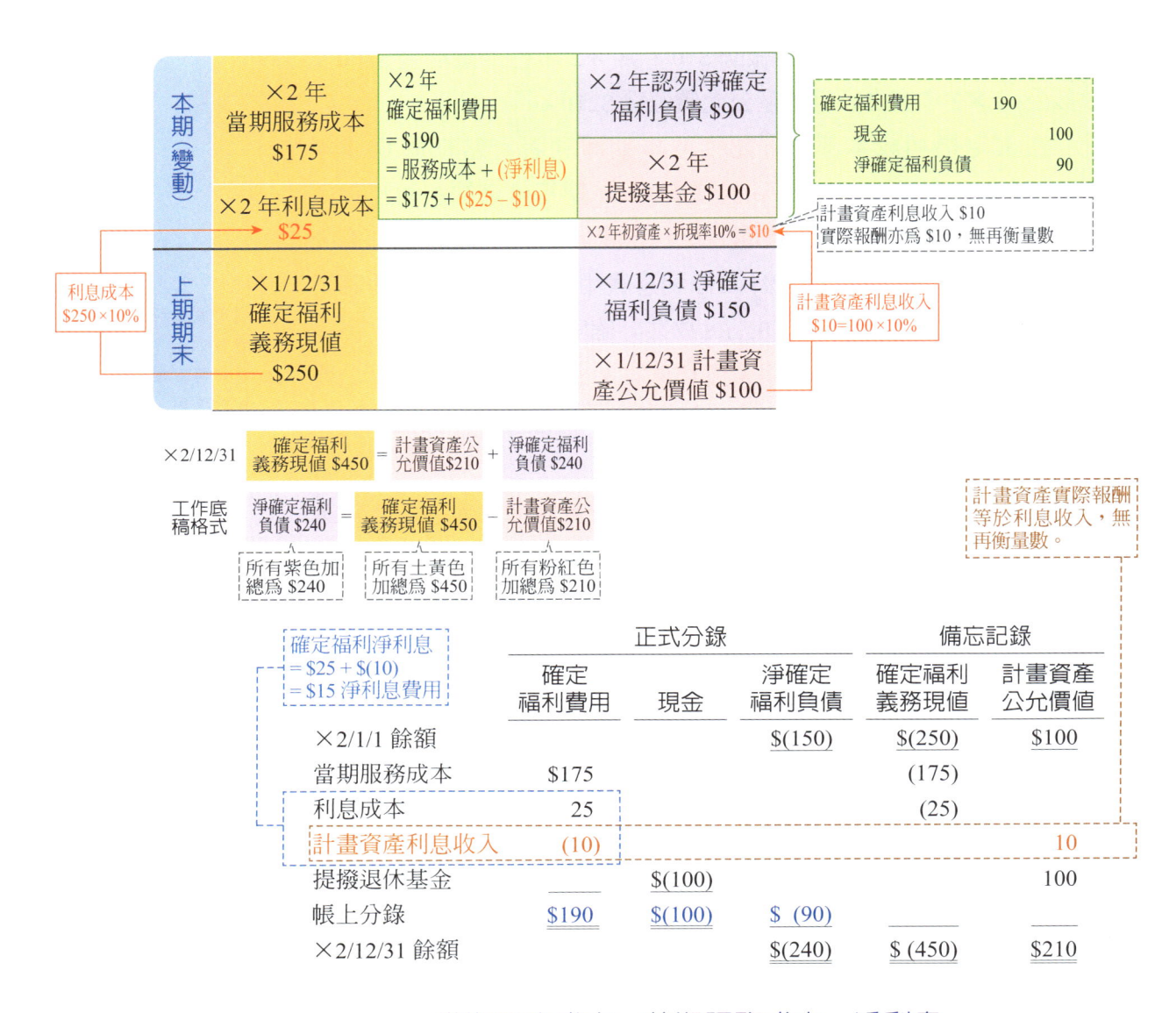

工作底稿格式　淨確定福利負債 $240 = 確定福利義務現值 $450 − 計畫資產公允價值 $210

- 所有紫色加總為 $240
- 所有土黃色加總為 $450
- 所有粉紅色加總為 $210

計畫資產實際報酬等於利息收入，無再衡量數。

確定福利淨利息
= $25 + $(10)
= $15 淨利息費用

	正式分錄			備忘記錄	
	確定福利費用	現金	淨確定福利負債	確定福利義務現值	計畫資產公允價值
×2/1/1 餘額			$(150)	$(250)	$100
當期服務成本	$175			(175)	
利息成本	25			(25)	
計畫資產利息收入	(10)				10
提撥退休基金		$(100)			100
帳上分錄	$190	$(100)	$(90)		
×2/12/31 餘額			$(240)	$(450)	$210

17.2.3.3　當期服務成本、前期服務成本、淨利息、再衡量數之認列

　　沿 17.2.3.1 例，若甲公司 ×2 年度相關資料為當期服務成本為 $175（折現率 10%），計畫資產實際報酬為 $30，另有 ×2 年 12 月 31 日因未來薪資水準假設調整使確定福利義務現值增加 $110，×2 年底提撥現金 $100 至員工福利基金。甲公司並於 ×2 年底修改確定福利計畫，確定福利義務現值因而增加 $100，因計畫資產利息收入為 $10（期初計畫資產 $100 乘以折現率 10%），而計畫資產實際報酬為 $30，即有應計入再衡量數之利益 $20（即實際報酬與利息收入之差額）；另未來薪資水準假設之調整使確定福利義務現值增加

員工福利

$110，即有精算損失 $110；故共計再衡量數為損失 $90 (= $110 損失 – $20 利益)。

為方便閱讀，將此變更後之情況彙總於下表：

×1/12/31 確定福利義務現值	$(250)
×1/12/31 計畫資產公允價值	100
×1/12/31 淨確定福利負債	$(150)

×2 年度折現率為 10%，×2 年之相關資訊如下：

當期服務成本	$175
精算損失 (12/31 精算假設變動增加福利義務)	110
計畫資產之實際報酬	30
前期服務成本 (12/31 計畫修正增加福利義務)	100
×2 年提撥	100
×2 年基金支付確定福利	0

> 再衡量數
> = $110 費損 – $20 利益
> = $90 費損 (列入其他綜合損失)

> $10 利益 (利息收入 = 期初計畫資產公允價值 × 折現率 10%)，列入淨利息，即列入確定福利費用)
> +
> $20 利益 (= $30 – $10，計畫資產實際報酬與利息收入之差額，列入再衡量數)

確定福利費用 (成本)

= 當期服務成本 + 前期服務成本 + 淨利息費用 + 清償損益

= $175 + $100 + ($250 – 100) × 10% + $0 = $290 (借方)
　　　　　　　　　　　　　　　　　　　　　　　　[$290 費用]

其他綜合損益─確定福利計畫再衡量數

= 精算損失 + 計畫資產實際報酬與利息收入之差額

= $110 損失 – $20 利益 = $90 (借方損失)
　　　　　　　　　　　　　　　　[$90 其他綜合損失]

淨確定福利負債之變動

= 期末淨確定福利負債 – 期初淨確定福利負債

= (期末確定福利義務現值 – 期末計畫資產公允價值) – (期初確定福利義務現值 – 期初計畫資產公允價值)

= ($660 – $230) – ($250 – $100) = $280 (貸方)
　　　　　　　　　　　　　　　　　　　　　　　[淨負債增加 $280]

提撥 = $100 = 100 (貸方)
　　　　　　　　　　　[提撥現金至退休基金]

綜合上述計算 (確定福利義務現值與計畫資產公允價值餘額之計算可參考工作底稿)，應作分錄如下：

×2/12/31

確定福利費用	290	
其他綜合損益—確定福利計畫再衡量數	90	
現金		100
淨確定福利負債		280

```
                ┌─ ×2年底精算    ×2年底再衡量損失$90   ×2年認列淨確定   ┐   其他綜合損益—確定福利計畫再衡量數 90
                │  損失 $110                          福利負債$90      │      淨確定福利負債                  90
                │                                   ×2實際報酬$30-利息收入$10=$20                 +
  本期           │  ×2年前期服務                      ×2年認列淨確定         確定福利費用   290
  (變動)         │  成本 $100     ×2年                福利負債$190           現金                      100
                │                確定福利費用 $290                           淨確定福利負債              190
                │  ×2年          =當期服務成本+
                │  當期服務成本   前期服務成本+(淨利息)  ×2年                       =
                │  $175          =$175+$100+($25-$10) 提撥基金 $100
                │                                                           確定福利費用   290
                │  ×2年利息成本                                              其他綜合損益—確定福利計畫再衡量數 90
                └─ $25                              ×2年初資產×折現率10%=$10    現金                    100
                                                                           淨確定福利負債              280
                                                                實際報酬$30 = $10 + $20
  上期期末      ×1/12/31        ×1/12/31 淨確定
                確定福利         福利負債$150    先計算利息收入$10   實際報酬與利息收入之差額 $20
                義務現值                         列入確定福利費用    列入其他綜合損益
                $250            ×1/12/31 計畫資
                                產公允價值 $100
```

×2/12/31　確定福利義務現值 $660 = 計畫資產公允價值 $230 + 淨確定福利負債 $430

工作底稿格式　淨確定福利負債 $430 = 確定福利義務現值 $660 − 計畫資產公允價值 $230

所有紫色加總為 $430　所有土黃色加總為 $660　所有粉紅色加總為 $230

	正式分錄				備忘記錄	
	確定福利費用	其他綜合損益—確定福利計畫再衡量數	現金	淨確定福利負債	確定福利義務現值	計畫資產公允價值
×2/1/1 餘額				$(150)	$ (250)	$100
當期服務成本	$175				(175)	
前期服務成本	100				(100)	
利息成本	25				(25)	
計畫資產利息收入	(10)					$10
確定福利計畫再衡量數		$90			(110)	20
提撥確定福利 (12/31)	───	───	$(100)			100
確定福利正式分錄	$290	$90	$(100)	$(280)		
×2/12/31 餘額				$(430)	$ (660)	$230

確定福利計畫再衡量數 $90 (損失) = $110 (損失) − $20 (利益)
= 精算損失 (確定福利義務因精算假設變動而增加) − 計畫資產實際報酬超過利息收入 (利益)
註：確定福利計畫再衡量數應列入其他綜合損益。

計畫資產實際報酬 $30
= 利息收入 $10
　+ 計畫資產實際報酬與利息收入之差額 $20

Chapter 17 員工福利

IFRS 一點通

確定福利計畫中計算淨利息費用之公式

確定福利計畫中計算淨利息費用之公式如下：

淨利息費用
= 利息成本 – 計畫資產利息收入
= 期初確定福利義務現值 × 折現率
  – 期初計畫資產公允價值 × 折現率
= (期初確定福利義務現值
  – 期初計畫資產公允價值) × 折現率

其中折現率為計算確定福利義務現值時所用之折現率，而計畫資產之獲利決定於計畫基金中之資產類型，似乎應該規定公司用計畫資產之預期報酬計算計畫資產之利息收入。則為何 IASB 規定計畫資產利息收入為期初計畫資產公允價值乘以義務之折現率？

答：假設有甲、乙兩確定福利計畫，兩者條件幾乎完全相同，唯一之差異在於，甲計畫基金持有之資產為股票投資，而乙計畫基金持有之資產為政府公債。股票投資之風險較高，因此有較高之預期報酬；政府公債預期報酬較低。如果規定公司用資產的預期報酬計算計畫資產之利息收入，則甲公司利息收入較高 (因預期報酬較大)，使其淨利息費用較低，進一步造成較低之確定福利費用。因此，若以資產預期報酬計算利息收入，基金投資在較高風險資產的甲公司會有較低之費用，此將變相鼓勵公司投資在高風險資產。

×2 年度其他綜合損益─確定福利計畫再衡量數 $90 應如何結轉至權益項目呢？公司可選擇將再衡量數結轉至其他權益或保留盈餘，以下兩結轉分錄分別以 ×2 年度再衡量數 $90 列示此兩種選擇：

×2/12/31 (結帳分錄)

　　其他權益─確定福利計畫再衡量數　　　90
　　　　其他綜合損益─確定福利計畫再衡量數　　　90

或

　　保留盈餘　　　　　　　　　　　　　　90
　　　　其他綜合損益─確定福利計畫再衡量數　　　90

×2 年底確定福利義務現值為 $(660)，計畫資產公允價值 $230，使帳上之淨確定福利負債為 $(430)；若另假設 ×2 年 12 月 31 日公司以計畫資產支付退休員工之退休金 $50，則 ×2 年底自計畫資產支付 $50 退休金後，確定福利義務現值及計畫資產公允價值各為 $(610) 及 $180；而淨確定福利負債仍為 $(430)。自計畫資產支付退

休金給退休員工，只同幅度影響帳外揭露之確定福利義務現值及計畫資產公允價值，不影響帳上紀錄之淨負債，也不影響確定福利費用。但若有年中支付或年中提撥之情形，則利息收入與利息成本將受到影響 (請參考附錄 B 之釋例)。

釋例 17-2　確定福利計畫綜合釋例

乙公司於 ×1 年 1 月 1 日，新設一確定員工福利退職後福利計畫，當日該計畫之預計福利義務現值及計畫資產公允價值均為 $0。假設公司所有確定福利退職後福利計畫之提撥均發生於各年度之年底，3 年度內並未支付員工退職福利。

×1 年、×2 年及 ×3 年相關資料如下：

	×1 年	×2 年	×3 年
折現率	10%	10%	10%
1 月 1 日確定福利義務現值	$0	$100	$400
當期服務成本	$100	$180	$200
前期服務成本 (×3 年12月31日增加福利義務)	$0	$0	$60
12 月 31 日確定福利義務現值	$100	$400	$650
當年度精算損失 (利益)	$0	$110	$(50)
1 月 1 日計畫資產公允價值	$0	$100	$210
當年度計畫資產實際報酬	$0	$10	$22
提撥現金至計畫資產	$100	$100	$100
12 月 31 日計畫資產公允價值	$100	$210	$332

試作：

(1) ×1 年底與 ×3 年底帳列之淨確定福利負債？
(2) ×1 年至 ×3 年之確定福利費用 (假設無可列入資產成本情形)？
(3) ×1 年至 ×3 年各應認列多少其他綜合損益 [即淨確定福利負債 (資產) 再衡量數]？

解析

(1) 帳列之淨確定福利負債金額為確定福利義務現值與計畫資產公允價值之差額。而確定福利義務現值與計畫資產公允價值於各年底之資料如下：

	×1 年	×2 年	×3 年
12 月 31 日確定福利義務現值	$100	$400	$650
12 月 31 日計畫資產公允價值	$100	$210	$332

故 ×1 年底帳列之淨確定福利負債 = $100 – $100 = $0

×3 年底帳列之淨確定福利負債 = $650 – $332 = $318

(2) 與 (3) ×1 年、×2 年與 ×3 年應認列之確定福利費用與其他綜合損益計算如下：

	×1 年	×2 年	×3 年
當期服務成本	$100	$180	$200
利息成本	0	10	40
計畫資產利息收入	(0)	(10)	(21)
前期服務成本	–	–	60
確定福利費用	$100	$180	$279
精算損失 (利益)	0	$110	(50)
未列入淨利息之計畫資產報酬	0	0	(1)
其他綜合損失 (利益)	$0	$110	$(51)

17.2.3.4　清償損益之認列

假設甲公司以計畫資產購買保單，一次移轉確定福利計畫中之重大雇主義務於保險公司，故屬清償。確定福利義務現值與計畫資產於清償前後之變化如下：

	確定福利義務現值	計畫資產公允價值	淨確定福利負債
清償前 (已作再衡量)	$(990)	$327	$(663)
清償影響數	110	(108)	2
清償後	$(880)	$219	$(661)

福利計畫之清償，係公司從事一項交易以消除確定福利計畫所提供之部分或全部福利之所有未來法定或推定義務，例如以一次性現金給付支付予計畫參與者換取其收取退職後福利之權利。福利計畫之清償則同時影響確定福利義務現值與計畫資產公允價值。按 IAS 19 之規定，公司應於福利計畫清償發生時，立即認列清償損益於本期淨利。而清償損益為於清償日所決定之被清償之確定給付義務現值與清償價格 (與清償有關的任何移轉之計畫資產及支付)。本例中，被清償之確定給付義務現值為 $110，與清償有關移轉之計

畫資產為 $108，即以 $108 資產清償 $110 義務，發生清償利益 $2，應立即認列於本期淨利 (列入確定福利費用)。清償應作分錄如下：

×3/12/31

  淨確定福利負債   2
    確定福利費用   2

17.3　其他長期員工福利

學習目標 8
了解其他長期員工福利之會計處理

其他長期員工福利係指除短期員工福利、退職後福利及離職福利外之員工福利。其他長期員工福利包括以下項目：

1. 長期帶薪假，如長期服務休假或長期輪休年假。
2. 服務滿若干年之休假或其他長期服務福利。
3. 長期傷殘福利。
4. 應付利潤分享及紅利 (長期)。
5. 遞延薪酬。

其他長期員工福利之相關義務仍須以現值衡量，惟其不確定程度通常低於退職後福利之相關義務，故 IAS 19 對其他長期員工福利之會計處理方法較為簡化，即並不將其他長期員工福利之再衡量數認列於其他綜合損益中 (應列入員工福利費用)，而係將相關負債與資產之所有變動造成之損益認列於本期淨利。換言之，其他長期員工福利之再衡量數係全數列入當期之員工福利費用。

值得討論的是，若長期傷殘福利支付之福利水準，與傷殘員工之服務期間長短有關，則當員工提供服務時即產生義務而應予認列。此部分規定與其他長期員工福利項目一致，亦即須對員工發生傷殘事件之機率、與傷殘福利支付期間等加以預估，而將相關淨負債與淨費損認列於員工提供服務之期間。但 IAS 19 亦規定，若不論服務年數對任何傷殘員工支付之福利水準均相同，則該傷殘福利之預期成本應於傷殘事件項發生時認列，此部分規定為與其他長期員工福利項目處理有不同的特殊規範。

Chapter 17 員工福利

釋例 17-3　其他長期員工福利

甲公司成立 ×1 年 1 月 1 日，該公司並設立一其他長期員工福利計畫 (非退職後福利)，其運作方式仿照政府規定之退休金制度，因此同時設立員工福利基金，至 ×1 年底之相關資料如下：

確定福利義務現值	$30	(×1/12/31 之精算現值)
長期員工福利基金資產之公允價值	$12	(假設於 ×1/12/31 提撥)

×2 年相關資料如下：

利息成本	$3	精算利益	$7
當期服務成本	$12	福利資產實際報酬	$1
前期服務成本	$5	本期年底提撥	$20

試作：該公司相關之 ×1 年與 ×2 年分錄。

解析

×1/12/31

員工福利費用	30	
員工福利負債 ($30 – $12)		18
現金		12

×2/12/31

員工福利費用 ($12 + $3 + $5 – $7 – $1)	12	
員工福利負債 ($20 – $12)	8	
現金		20

員工福利費用＝當期服務成本＋利息成本＋前期服務成本－精算利益－實際報酬

17.4　離職福利

離職福利之目的在換取終止員工之聘僱，係公司決定在正常退休日前終止對員工之聘僱，或員工決定接受公司之福利要約以換取聘僱之終止所產生之應付員工福利。離職福利來自於公司決定終止聘僱或員工決定接受公司之福利要約以換取聘僱之終止，故其不包括來自於員工提出且非公司要約之聘僱終止之員工福利，或由強制性退休規定產生之員工福利，該等福利應屬退職後福利。

學習目標 4
了解離職福利之會計處理

離職福利並不提供企業未來經濟效益，故其為一項費用而非資產，而退職後福利可能資本化為資產 (如存貨)。

離職福利與其他員工福利不同，其使公司產生義務之事件係員工聘僱之終止而非員工之服務。離職福利通常為一次性給付，但有時亦包括間接透過員工福利計畫或直接提高退職後福利；及若員工不再提供具經濟效益之進一步服務時，支付薪資至特定通告期間之期末。但須特別注意的是，不能僅以員工福利之型式決定所提供之福利係用以換取服務或用以換取員工聘僱之終止，如所提供之福利係以所提供之未來服務為條件（包括若提供進一步服務所增加之福利），則該福利之提供係用以換取服務，不得視為離職福利。另如所提供之福利係以依員工福利計畫之條款提供，則須視該福利之提供是否係以員工聘僱之終止且非以提供未來之服務為條件，以決定其是否屬離職福利。另無論員工離開之理由為何均須提供之福利，係屬退職後福利而非離職福利。

離職福利負債須於公司不再能撤銷該等福利之要約時認列。關於無法撤銷離職福利要約之時點，對員工接受前公司可自行裁量撤銷之離職福利要約而言，係員工接受要約時；對公司不得撤銷之離職福利要約而言，係公司之離職計畫符合特定條件，且已與受影響員工溝通時。所謂離職計畫須符合特定條件包括完成計畫所需之行動顯示不太可能對計畫作重大改變；計畫辨認將被終止聘僱之員工人數，其工作類別或職能及工作地點，以及預期聘僱結束日；計畫建立足夠詳細之員工可獲得之離職福利，使員工於聘僱終止時，能判定其將收取福利之類型及金額。

若預期於離職福利認列之年度報導期間結束日後 12 個月內全部清償，則適用短期員工福利之衡量；若不預期於離職福利認列之年度報導期間結束日後 12 個月內全部清償，則適用其他長期員工福利之衡量。須特別注意的是，雖適用其他類型員工福利之相關衡量規定，但因離職福利之提供並非用以換取服務，故無須如其他類型員工福利將福利歸屬分攤於各服務期間，而係認列於不再能撤銷離職福利要約之期間。

離職福利認列於不再能撤銷離職福利要約之期間。

Chapter 17 員工福利

釋例 17-4　離職福利

甲公司於 ×1 年 12 月 1 日宣布計畫在 10 個月內關閉某一工廠，屆時將終止聘僱所有留存員工。因該公司終止聘僱計畫如下：留下並提供服務直至工廠關閉之每一員工，可領取 $30,000 離職金，工廠關閉前離開之員工則可領取 $10,000 離職金。×1 年底該公司預期總計將有 20 位員工於工廠關閉前離開，其餘 100 位將服務直至工廠關閉；另 ×1 年底實際情況為已有 10 位員工離職。

乙公司於 ×1 年 12 月 1 日宣布裁員計畫在 10 個月 (×2 年 9 月 30 日) 減少 120 位員工，若自願離職者將給予 $30,000 離職金，而屆時若離職人數未達 120 人，將解聘部分員工使總離職人數達 120 人，被解聘者可獲得 $10,000 離職金。×1 年底該公司預期總計將有 20 位員工於 ×2 年 9 月 30 日前離開，而其餘 100 位將服務直至 ×2 年 9 月 30 日；另 ×1 年底實際情況為已有 10 位員離職。

試作：甲乙兩公司 ×1 年 12 月應認列之相關費用。

解析

甲公司：

離職福利費用	1,200,000*
薪資費用	200,000 **
離職福利負債	1,100,000
現金	100,000
應付薪資	200,000

* 120 × $10,000
**100 × $20,000/10

乙公司：

離職福利費用	1,600,000*
現金	300,000
離職福利負債	1,300,000

*$160,000＝100 × $10,000＋20 × $30,000

甲公司宣布終止聘僱計畫時即有 $1,200,000 必須支付，此為離職福利費用；增額之支付 $200,000 係為取得員工未來繼續 10 個月服務，使工廠能持續運作至關廠，此為 10 個月內須逐月認列之薪資費用。乙公司計畫宣布時，預期之支付均為離職費用，該公司之計畫沒有提供使員工繼續服務之誘因。IAS 19 並未對費用或負債科目有強制規範，分錄中之費用均屬員工福利費用，而負債均屬員工福利負債。

17.5　短期員工福利

短期員工福利係指除離職福利外，員工提供相關服務當期期末 12 個月內預期全部清償之員工福利。短期員工福利包括以下項目：

學習目標
了解短期員工福利之會計處理

1. 工資、薪資及健保勞保費等提撥。
2. 帶薪年休假及帶薪病假。
3. 利潤分享及紅利 (短期)。

4. 在職員工之非貨幣性福利，如醫療照顧、住房、汽車、免費或補貼之商品或服務。

若公司對清償時點之預期暫時改變，則無須重分類短期員工福利。但若福利特性改變(如由非累積變為累積)或清償時點預期之改變非為暫時性者，應考量是否仍符合短期員工福利定義。所有短期員工福利項目之會計處理原則為，當員工提供服務時，公司應就為換取該項服務而預期支付之短期員工福利金額(無須折現)，認列為費用(除非另有準則規定或允許將該福利包含於資產成本中)，並就該福利金額扣除任何已付金額後，認列為應計費用(負債)。而若已付金額超過福利金額，則將超過部分認列為預付費用(資產)。以下即就帶薪假、利潤分享及紅利計畫等短期員工福利項目，詳細說明其如何適用此會計處理原則。若利潤分享與紅利計畫以公司股份為基礎，則請參閱第 13 章。

17.5.1　短期帶薪假

公司可能對各種原因引起之員工缺勤，包括休假、生病、短期傷殘、產假、陪產假等情形，仍給與薪資，且此給付係全部預期於期末 12 個月內清償，即為短期帶薪假。短期帶薪假有累積及非累積兩類：累積帶薪假係指若當期應得之休假權利未全數用完，遞轉後期而可於未來期間使用者。

公司應於員工提供服務從而增加其未來帶薪假之應得權利時，認列累積帶薪假之預期額外支付金額，即所謂累積帶薪假之預期成本，亦即係於累積帶薪假將導致未來支付額外增加時，始須認列負債。此外，累積帶薪假可能為既得(亦即員工若未使用休假即離開公司，有權獲得現金支付之補償)，亦可能為非既得。而不論累積帶薪假為既得或非既得，均須於員工提供服務從而增加其未來應得之帶薪假權利之期間認列全數負債。累積非既得帶薪假之情形中，雖有員工在使用權利前即離開公司因而權利失效之可能性，但公司仍應認列考慮失效機率後的員工福利負債。

是以，若員工因當年度之服務而獲得可遞延至次年度使用之短期累積帶薪假時，雖然員工若於使用遞延帶薪假前即離開公司將使

權利失效且無任何現金補償，公司仍應於當年度認列全數之相關帶薪假負債，不得分攤至次年度。但公司於當年度認列之帶薪假負債金額，須將員工次年度在使用遞延帶薪假前即離開公司之可能性納入員工福利負債之衡量。

釋例 17-5　累積帶薪假

以下為獨立狀況：

情況一：根據甲公司之休假辦法，每名員工於其提供服務年度之次年，可獲得 5 天帶薪假，且此帶薪假須於提供服務之次年使用完畢。該公司 ×1 年底有 100 名員工，預期 ×2 年每名員工平均日薪為 $500。考慮員工未使用此帶薪假即離職之可能性後，預期 ×2 年平均每名員工將使用 ×1 年賺得之帶薪假天數為 4.8 天。

情況二：根據甲公司之休假辦法，每名員工每年可獲得 5 天帶薪假，且此帶薪假須於提供服務之當年與次年內使用完畢。員工休假首先從當年度權利扣除，其次從上年結轉餘額中扣除 (後進先出基礎)。該公司 ×1 年底有 100 名員工，每名員工平均日薪為 $500，每名員工平均未使用帶薪假為 2 天。該公司預期有 90 名員工於 ×2 年將使用不超過 5 天之帶薪假，其餘 10 名員工每人平均將使用 7 天帶薪假。

試於各情況下，計算甲公司於 ×1 年底應認列之相關負債金額。

解析

公司應於員工提供服務從而增加其未來帶薪假權利時，認列累積帶薪假之預期成本。累積帶薪假之預期成本為公司因已累積未使用之休假權利而導致之預期額外支付金額。

情況一：預期 ×2 年平均每名員工將使用 ×1 年賺得之帶薪假 4.8 天，故 ×1 年底未使用之帶薪假將使公司於 ×2 年之預期額外支付金額 = $500 × 100 × 4.8 = $240,000。
故甲公司於 ×1 年底應認列之相關負債金額 = $240,000。

情況二：就於 ×2 年將使用不超過 5 天帶薪假之 90 名員工部分，×1 年 2 天未使用帶薪假將使公司於 ×2 年之預期額外支付金額 = $0。
就於 ×2 年將使用 7 天帶薪假之 10 名員工部分，×1 年未使用帶薪假預期將使公司於次年平均每人多給付 2 天帶薪假，即 ×2 年之預期額外支付金額 = $500 × 10 × (7 − 5) = $10,000。
故甲公司於 ×1 年底應認列之相關負債金額 = $0 + $10,000 = $10,000。

IFRS 一點通

短期員工福利之認列期間

根據 IAS 19.13 與 IAS 19.18 對累積帶薪假與利潤分享計畫與分紅等短期員工福利項目之規定，若員工因某年度之服務而獲得累積帶薪假或該年度利潤之分享權利時，即令於該年度年底仍為非既得，亦即若員工於使用帶薪假前或分紅發放前離職將無任何現金補償，公司仍應於該年度認列全數之相關帶薪假負債，不得分攤至次年度。但公司須將員工於使用帶薪假前或分紅發放前離職之可能性，於認列之帶薪假負債衡量中納入考慮。

非累積帶薪假不可遞延至後期，因若當期休假權利未於期末前全部行使完畢即失效，且員工離開公司時對未行使之權利亦不會給與現金補償。因員工之服務並不能增加其福利金額，故公司僅在員工休假時才認列非累積帶薪假之相關負債或費用。在此情況下，員工若未缺勤，公司須認列其出勤提供服務之相關負債或費用；員工若休假，公司須認列非累積帶薪假之相關負債或費用；不論缺勤或工作時，兩者的會計記錄事實上毫無差異。

17.5.2 利潤分享及紅利計畫

利潤分享及紅利計畫之義務起因於員工之服務，而非公司與其業主之交易。因此，公司應將利潤分享及紅利計畫之成本認列為費用而非淨利之分配。利潤分享及紅利若預期於員工提供相關服務當期期末後 12 個月內支付者即屬短期員工福利；若預期超過 12 個月始支付則應歸類為其他長期員工福利。

公司僅於由於過去事項使公司負有現時義務(法定義務或推定義務)，且該義務能可靠估計時，始應認列利潤分享及紅利支付之預期成本。所謂現時義務，係指企業除支付外別無實際可行之其他方案之義務。而公司僅於下列任一情況下，始能可靠估計其利潤分享或紅利計畫之法定或推定義務：

1. 計畫之正式條款包括決定福利金額之公式。
2. 企業於通過發布財務報表前決定將支付之金額。
3. 過去慣例為企業之推定義務金額提供明確之證據。

Chapter 17 員工福利

釋例 17-6　利潤分享及紅利計畫

以下為獨立狀況：

情況一：甲公司之紅利計畫要求其將當年度稅前分紅前淨利之 3% 支付給為公司提供服務之員工。無論有無員工離職，3% 之稅前分紅前淨利將全數支付。

情況二：甲公司之紅利計畫要求其將當年度稅前分紅前淨利之 3% 至 10% 支付給為公司提供服務之員工。無論有無員工離職，3% 之稅前分紅前淨利依計畫規定將全數支付，而過去之實際分紅通常為稅前分紅前淨利之 5%。公司將於次年度 5 月決定實際分紅金額。

若甲公司 ×2 年初自行結算當年度稅前、分紅前淨利為 $1,000,000，此金額於 ×2 年 3 月經會計師查核與董事會通過，試於各情況下，計算該公司於 ×1 年底關於其紅利計畫應認列之應計費用金額。

解析

情況一：根據 IAS 19.19，公司僅於由於過去事項使公司負有現時義務且該義務能可靠估計時，始應認列利潤分享及紅利支付之預期成本。本情況中，×1 年底時雖尚未確定 ×1 年度稅前淨利，但符合 IAS 19.20(b)「在財務報表核准發出前決定將支付之金額」，紅利計畫之推定義務能可靠估計，故該公司應於 ×1 年底認列應計費用 $30,000 (= $1,000,000 × 3%)。

情況二：本情況另符合 IAS 19.22(c)「過去慣例為企業之推定義務金額提供明確的證據」，紅利計畫之推定義務能可靠估計，故該公司應於 ×1 年底認列應計費用 $50,000 (= $1,000,000 × 5%)。

　　在某些利潤分享計畫下，僅當員工在公司留任一定期間才能分享利潤，且此留任期間可能超過分享利潤之所屬期間。例如公司於每年之第 1 季始發放前年度之分紅，而若員工於發放前即離職，即使前 1 年度全年均在職服務，仍無法獲得任何分紅。此情形與前述非既得累積帶薪假一致，即員工於全年在職服務之當年底時，雖已提供服務增加公司應付之福利金額，但尚未既得，亦即服務期間與既得期間不相同。

　　IAS 19 中對此類情形，均採應於服務期間認列全數相關負債與費用，但將未既得即失效之可能性反映於衡量的規定。故同於 IAS 19.15 對非既得累積帶薪假之規定，IAS 19.20 揭示：某些利潤分享計畫下，僅當員工在企業留任一定期間才能分享利潤。此時公司負

有推定義務，因為員工若留任至特定期間終了，當其提供服務時即增加應付金額。部分員工未取得利潤分享即離職之可能性則應反映於此推定義務之衡量中。此方式與 IFRS 2 對以股份支付員工福利時將總費用攤計在整個服務期間之作法 (詳見第 13.4 節) 有所差異，需特別注意。

同樣地，IAS 19.21 亦說明公司雖不一定有支付紅利之法定義務。然而當有支付紅利之慣例時，公司即負有推定義務，因為企業除支付紅利外別無實際可行之其他方案。對此推定義務之衡量同樣應反映部分員工未取得紅利即離職之可能性。例如，若某公司之利潤分享計畫規定將當年度淨利之一定比例支付給全年為企業提供服務之員工。估計如當年度沒有員工離職，當年度全部利潤分享支付比例為淨利之 3%，但人員流動將使支付比例降低至淨利之 2.5%。則公司應認列淨利之 2.5% 為負債及費用。

釋例 17-7　利潤分享及紅利計畫

以下為獨立狀況：

情況一：甲公司 ×1 年度未考慮當年分紅前之稅前淨利為 $100,000。該公司紅利計畫要求之紅利金額為當年度稅前淨利之 1/8，該紅利將於次年度 5 月底發放，若員工於發放前離職，將無法獲得任何分紅。根據該公司紅利計畫，離職員工之未獲得紅利將分配給其他員工，即實際發放紅利仍為稅前淨利之 1/8。

情況二：甲公司 ×1 年度未考慮當年分紅前之稅前淨利為 $100,000。該公司紅利計畫要求之紅利金額為當年度稅前淨利之 1/8，該紅利將於次年度 5 月底發放，若員工於發放前離職，將無法獲得任何分紅。根據該公司紅利計畫，離職員工之未獲得紅利將不會分配給其他員工，×1 年底估計自當時至 ×2 年 5 月底前將共有 10% 員工離職。

情況三：甲公司 ×1 年度未考慮當年分紅前之稅前淨利為 $100,000。該公司紅利計畫要求之紅利金額為當年度稅前淨利之 1/8，該紅利將於次年度 5 月底發放，若員工於發放前離職，將無法獲得任何分紅。根據該公司紅利計畫，離職員工之未獲得紅利將不會分配給其他員工，×1 年底估計人員流動將使將實際發放紅利之比例降低至稅前淨利之 1/9。

試於各情況下，計算該公司於 ×1 年度應認列之紅利負債金額。

解析

甲公司於 ×1 年底應認列之紅利負債金額為考慮離職率後，預期 ×2 年 5 月底將實際發放紅利之金額。各情況分別計算如下：

情況一：($100,000 − 紅利) × 1/8 = 紅利
　　　　紅利 = $11,111

情況二：($100,000 − 按計畫公式計算之紅利) × 1/8 = 按計畫公式計算之紅利
　　　　按計畫公式計算之紅利 = $11,111
　　　　將實際發放紅利 = $11,111 × (1 − 10%)
　　　　　　　　　　　 = $10,000 = 稅前淨利之 1/9

情況三：($100,000 − 將實際發放紅利) × 1/9 = 將實際發放紅利
　　　　將實際發放紅利 = $10,000

　　　　實務上之紅利計畫中條款規定係同情況二之描述，本情況中「人員流動將使將實際發放紅利之比例降低至稅前淨利之 1/9」之估計，實際上是公司先估計 ×1 年底至 ×2 年 5 月底員工離職率為 10% 後，經過情況二中之計算方式才得知，因此本情況與情況二實際上是完全一樣的狀況，紅利數字自然完全相同。

附錄 A　年中提撥及支付退職後福利、確定福利計畫再衡量數

　　17.2.3.1 節中，甲公司 ×1 年末淨確定福利負債、確定福利義務現值及計畫資產公允價值各為 $150、$250 及 $100（見下表第一列藍色部分），且 ×1 年度使用之折現率為 10%；假設甲公司 ×2 年度當期服務成本為 $175、7 月 1 日提撥退休金 $100、10 月 1 日支付退休金 $80（以退休金計畫資產支付退休員工）。這些假設之下，×2 年度相關分錄為何？×2 年底淨確定福利負債、確定福利義務現值及計畫資產公允價值各為何？

1. **淨利息費用** = 利息成本 − 計畫資產利息收入（以上期期末假設之折現率 10% 計算）

　　考慮期初確定福利義務現值 $250、10 月 1 日支付結清 $80，則福利義務須累計之利息如下：

利息成本 = $250 × 10% × (9/12) + ($250 − $80) × 10% × (3/12) = $23

亦可先計算 $250 一年期利息再扣除 $80 在 10 月 1 日~12 月 31 日可節省利息：$23 = $250 × 10% − $80 × 10% × (3/12)

　　考慮期初計畫資產公允價值 $100、7 月 1 日提撥 $100（增加至 $200)、10 月 1 日支付 $80（剩 $120），利息收入為：

計畫資產利息收入 = $100 × 10% × (6/12) + $200 × 10% × (3/12) + $120 × 10% × (3/12) = $13

亦可考慮期初 $100 一年可賺利息、加提撥 $100 以後增加的半年利息、減支付 $80 後減少之利息，則利息收入為：$13 = $100 × 10% + $100 × 10% × (6/12) － $80 × 10% × (3/12)

淨利息費用 = 利息成本 － 計畫資產利息收入 = $23 － $13 = $10

2. 確定福利費用 = 服務成本 + 淨利息費用 = $175 + ($23 － $13) = $185、提撥 $100，則正式分錄如下（見下表橘紅色數字）：

確定福利費用		185	
現金			100
淨確定福利負債			85

須注意的是，支付退休金是以計畫資產支付、並清償（減少）確定福利義務現值，因此支付退休金是不影響淨負債金額，只是計畫資產公允價值及確定福利義務現值等額減少（參見紫色數字部分），在帳上無須作正式分錄，僅須在工作底稿中作備忘紀錄。

	正式分錄				備忘記錄	
	確定福利費用	其他綜合損益－確定福利計畫再衡量數	現金	淨確定福利負債	確定福利義務現值	計畫資產公允價值
×2/1/1 餘額				$(150)	$(250)	$100
當期服務成本	$175				(175)	實際報酬 $33
利息成本	23				(23)	
計畫資產利息收入	(13)					$13
提撥退休基金 (7/1)			$(100)			100
支付退休金 (10/1)					80	(80)
帳上分錄	$185		$(100)	$ (85)		
×2/12/31 再衡量餘額				$(235)	$(368)	$133
×2/12/31 再衡量數		$30		(30)	(50)	20
×2/12/31 再衡量後餘額		精算假設變動 $(50)		$(265)	$ (418)	$153

上表確定福利義務現值 $368 及計畫資產公允價值 $133（紅色數字）是在下列兩假設下計算之數字：(1) 精算假設不變及 (2) 計畫資產以 10%（上期期末假定之折現率）累積價值。如果精算假設變動及實際報酬並非 10%，將使確定福利義務現值及計畫資產公允價值並非 $368 及 $133。假設甲公司以新的精算假設（折現率、薪資水準增加率、離職率、殘疾率等等假設）計算確定福利義務現值應為 $418，則有精算損失 $50；另外退休

基金報告顯示期末計畫資產公允價值為 $153，而非 $133，則顯然基金實際報酬高於折現率 10%，而有實際報酬超過利息收入之再衡量利益 $20 (實際報酬 $33)，總計再衡量損失 $30 (請參考上表咖啡色數字)：

精算損失 $50 – 基金資產實際報酬超過利息收入之利益 $20 = $30 再衡量損失 (列入其他綜合損失)，分錄如下：

其他綜合損失－確定福利義務再衡量數　　30	
淨確定福利負債　　　　　　　　　　　　30	

附錄 B　淨確定福利資產上限之會計處理

依本章正文介紹之退職後確定福利之會計處理方法，若計畫資產公允價值為 $120，而確定福利義務現值為 $100 (即計畫剩餘為 $20)，則企業將認列淨確定福利資產 $20。通常公司能領回剩餘或於將來減少提撥之現值為 $20，則公司確能獲得帳列 $20 資產之未來經濟效益。但若公司不能領回任何剩餘又無法以減少未來提撥之方式享受到任何剩餘之經濟效益，則 $20 應不能認列，即資產上限為 $0。若精算師估計企業能享受之未來經濟效益之現值為 $8，則資產上限為 $8。

歐洲少數以退休金資產投資股票的個案顯示，在法律有最低提撥規定、確定福利計畫資產中之股票大漲及計畫將於近期到期清算此三條件下，若法律規定企業不得領回超額提撥之部分，則可能有部分或全部淨確定福利資產不能認列。釋例 17B-1 詳述淨確定福利資產上限之會計處理。

釋例 17B-1　確定福利計畫資產上限

甲公司採行確定福利退職後計畫，該計畫 ×1 年至 ×3 年有關資料如下：

	×1 年	×2 年	×3 年
各年度退職後福利義務之折現率	–	10%	10%
當期服務成本	–	$190,000	$270,000
精算損益		$0	$0
每年底提撥現金	–	$160,000	$200,000
12月31日確定福利義務現值	$100,000	$300,000	$600,000
12月31日計畫資產公允價值	$100,000	$400,000	$630,000
計畫資產報酬		$140,000	$30,000
計畫剩餘		$100,000	$30,000

試作：在下列三獨立情況下作 ×2 年及 ×3 年度退職後福利相關分錄。

1. 企業可透過未來減少提撥而獲得經濟效益，精算師認定淨確定福利資產無上限。
2. 精算師估計 ×2 年淨確定福利資產上限為 $0；×3 年淨確定福利資產上限為 $0。
3. 精算師估計 ×2 年淨確定福利資產上限為 $30,000；×3 年淨確定福利資產上限為 $10,000。

解析

1. ×2 年度

    ×2 年確定福利費用
    = $190,000 + ($100,000 − $100,000) × 10%
    = $190,000

    ×2 年確定福利計畫再衡量數
    = 精算損益 $0 + 計畫資產實際報酬超過利息收入之利益 $140,000 − $100,000 × 10%
    = $130,000 利益

    ×3 年確定福利費用
    = $270,000 + ($300,000 − $400,000) × 10%
    = $260,000

    ×3 年確定福利計畫再衡量數
    = 精算損益 $0 + 計畫資產實際報酬少於利息收入之損失 $30,000 − $400,000 × 10%
    = $10,000 損失

×2 年		
確定福利費用	190,000	
淨確定福利資產	100,000	
現金		160,000
其他綜合損益		130,000

×3 年		
確定福利費用	260,000	
其他綜合損益	10,000	
現金		200,000
淨確定福利資產		70,000

2. ×2 年剩餘 $100,000，但資產上限為 $0，故淨確定福利資產餘額應為 $0，以 1. 中無資產上限時之分錄修改為考慮資產上限之分錄如下：

確定福利費用	190,000	
淨確定福利資產	100,000	
現金		160,000
其他綜合損益		130,000

左方（原 1.）分錄修改為右方分錄

確定福利費用	190,000[註1]	
淨確定福利資產	0[註2]	
現金		160,000[註3]
其他綜合損益		? = 30,000[註4]

註1：×2 年期初無剩餘超過上限時，費用仍然不變。
註2：×2 年底，剩餘 $100,000，但資產上限為 $0，表示帳上淨資產必須為 $0，因此本期不借記資產 $100,000。
註3：現金提撥不變。

Chapter 17 員工福利

註4：其他綜合損益為貸方 $30,000 可使分錄平衡，另可說明如下：IFRS 資產負債表法下，非源自股東之資產負債之增減即為當期綜合損益，分錄中可知資產負債中只有現金減少 $160,000，代表綜合損益為損失 $160,000，而費用認列 $190,000，所以其他綜合損益必定為貸記 $30,000 利益。此貸記 $30,000 其他綜合利益亦可由 IAS19 規定之再衡量數組成部分求得：

$$\begin{aligned}
\text{再衡量數} &= \text{精算損益} + \text{減除利息收入後之計畫資產報酬} + \text{資產上限影響數之變動} \\
&= \text{精算損益} + \text{減除利息收入後之計畫資產報酬} + \text{期初資產上限影響數} \times (1+10\%) - \text{期末資產上限影響數} \\
&= \$0 + \frac{\$140{,}000 - \$100{,}000}{\times 10\%} + \$0 \times (1+10\%) - \$100{,}000 \\
&= \$30{,}000 \text{ 利益}
\end{aligned}$$

×3 年之期初剩餘之 $100,000 不能認列，則 $100,000 × 10% 之利息收益也不能作為費用減項 (資產不能認列，其收益亦不能認列)。因此，自 **1.** ×3 年分錄修改時注意確定福利計畫費用需增加 $10,000：

確定福利費用	260,000		確定福利費用	270,000[註1]
其他綜合損益	10,000		淨確定福利資產	0[註2]
現金	200,000		現金	200,000[註3]
淨確定福利資產	70,000		其他綜合損益	? = 70,000[註4]

左方(原 1.)分錄修改為右方分錄

註1：×3 年，確定福利費用應計算為：不考慮上限之 $260,000 + 期初超過上限剩餘 $100,000 × 10% = $270,000；其中 $100,000 × 10% 為期初淨資產 $100,000 不能認列造成之利息損失。

註2：×2 年底，剩餘 $30,000，但資產上限為 $0，表示帳上淨資產必須為 $0，而期初淨資產為 $0，因此本期資產增減數亦為 $0。

註3：現金提撥不變。

註4：其他綜合損益為貸方 $70,000 可使分錄平衡，另可說明如下：×3 年現金減少 $200,000，表示綜合損益必須是損失 $200,000，而費用認列 $270,000，則其他綜合損益為貸記 $70,000 利益。此貸記 $70,000 其他綜合利益亦可由 IAS 19 規定之再衡量數組成部分求得：

$$\begin{aligned}
\text{再衡量數} &= \text{精算損益} + \text{減除利息收入後之計畫資產報酬} + \text{資產上限影響數之變動} \\
&= \text{精算損益} + \text{減除利息收入後之計畫資產報酬} + \text{期初資產上限影響數} \times (1+10\%) - \text{期末資產上限影響數} \\
&= \$0 + \frac{\$30{,}000 - \$400{,}000 \times 10\%}{} + \$100{,}000 \times (1+10\%) - \$30{,}000 \\
&= \$70{,}000 \text{ 利益}
\end{aligned}$$

3. ×2 年剩餘 $100,000，但資產上限為 $30,000，在淨確定福利資產餘額應為 $30,000，以 **1.** 中無資產上限時之分錄修改為考慮資產上限之分錄如下：

確定福利費用	190,000	
淨確定福利資產	100,000	
現金		160,000
其他綜合損益		130,000

左方(原1.)分錄修改為右方分錄

確定福利費用	190,000[註1]	
淨確定福利資產	30,000[註2]	
現金		160,000[註3]
其他綜合損益		? = 60,000[註4]

註1：×2年期初無剩餘超過上限時，費用仍然不變。

註2：×2年底，剩餘 $100,000，但資產上限為 $30,000，表示帳上淨資產必須為 $30,000，因此本期借記資產 $30,000。

註3：現金提撥不變。

註4：其他綜合損益為貸方 $60,000 可使分錄平衡。此貸記 $60,000 其他綜合利益亦可由 IAS 19 規定之再衡量數組成部分求得：

$$\begin{aligned}
\text{再衡量數} &= \text{精算損益} + \text{減除利息收入後之計畫資產報酬} + \text{資產上限影響數之變動} \\
&= \text{精算損益} + \text{減除利息收入後之計畫資產報酬} + \text{期初資產上限影響數} \times (1+10\%) - \text{期末資產上限影響數} \\
&= \$0 + \$140{,}000 - \$100{,}000 \times 10\% + \$0 \times (1+10\%) - \$70{,}000 \\
&= \$60{,}000 \text{ 利益}
\end{aligned}$$

×3年之期初剩餘 $100,000，其中 $70,000 剩餘不能認列為資產(×2年淨資產僅認列 $30,000，即資產上限影響數為 $70,000)，則 $70,000 × 10% 之利息收益也不能作為費用減項(資產不能認列，其收益亦不能認列)。因此，自 1. ×3年分錄修改時注意確定福利計畫費用需增加 $7,000：

確定福利費用	260,000	
其他綜合損益	10,000	
現金		200,000
淨確定福利資產		70,000

左方(原1.)分錄修改為右方分錄

確定福利費用	267,000[註1]	
淨確定福利資產	20,000[註2]	
現金		200,000[註3]
其他綜合損益		? = 47,000[註4]

註1：×3年，確定福利費用應計算為：不考慮上限之 $260,000 + 期初超過上限剩餘 $70,000 × 10% = $267,000。

註2：×2年底，剩餘 $30,000，但資產上限為 $10,000，表示帳上淨資產必須為 $10,000，而期初淨資產為 $30,000，因此本期資產應貸記 $20,000。

註3：現金提撥不變。

註4：他綜合損益為貸方 $47,000 利益可使分錄平衡，另可說明如下：×3年現金減少 $200,000，淨確定福利資產減少 $20,000，表示綜合提益必須是損失 $220,000，而費用認列 $267,000，則其他綜合損益為貸記 $47,000 利益。此貸記 $47,000 其他綜合利益亦可由 IAS 19 規定之再衡量數組成部分求得。

$$\begin{aligned}
\text{再衡量數} &= \text{精算損益} + \text{減除利息收入後之計畫資產報酬} + \text{資產上限影響數之變動} \\
&= \text{精算損益} + \text{減除利息收入後之計畫資產報酬} + \text{期初資產上限影響數} \times (1+10\%) - \text{期末資產上限影響數} \\
&= \$0 + \$30{,}000 - \$400{,}000 \times 10\% + \$70{,}000 \times (1+10\%) - \$20{,}000 \\
&= \$47{,}000 \text{ 利益}
\end{aligned}$$

Chapter 17 員工福利

本章習題

問答題

1. IAS 19 將員工福利分為哪幾類？

2. 依據橘子公司當地勞工退休金條例，公司須於每月底就其上個月員工薪資總額之 6%，提撥職工退休準備金至勞工保險局設立之勞工退休個人專戶。此專戶所有權為勞工本人，不因員工轉換其他工作或橘子公司關廠、歇業而受影響。橘子公司依法令規定按月提撥固定提撥金至員工之個人退休金專戶後，不負有支付更多提撥金之義務。惟橘子公司基於保障員工之理由且為使公司相較其他業界更具競爭力，保障員工所提撥之職工退休準備金能對抗通貨膨脹，試問橘子公司提供之退休金係屬確定福利計畫或確定提撥計畫？

3. 何謂精算假設？何謂確定福利負債之淨利息？

4. 試簡要說明確定福利義務現值之變動來源與計畫資產公允價值之變動來源？

5. 莎莎是開心企業新聘任之會計小姐，她拿到算得準精算顧問公司對開心企業之確定福利計畫所出具之精算報告。上面提到開心企業 ×3 年度之當期服務成本為 $530,000；前期服務成本為 $880,000，莎莎覺得這兩項費用看起來好像，竟然叫作成本，因此把這兩項費用全數作為開心企業 ×3 年度確定福利費用的一部分。請問身為莎莎的主管，應該如何跟她解釋這兩者之不同？

6. 身為快樂天堂的查帳員卡卡小姐發現在 ×2 年間該公司共計提撥現金 $1,000,000 至確定福利計畫之計畫資產信託專戶，但是快樂天堂之資產餘額卻未有任何增減變動，試說明快樂天堂之會計處理是否有誤？

7. 火箭公司認列於綜合損益表中與確定福利計畫相關之淨費損（收益），為哪些項目加總後之淨額（假設不考慮另有其他準則規定或允許包括於資產之成本）？

8. 阿里巴國際公司因遭逢金融海嘯與受到全球經濟疲弱不振影響，擬裁撤許多位於新興市場之駐點。因此一併要資遣許多員工。阿里巴的財務長不是很確定應於何時認列可能之離職福利於其即將提出之半年報中，請告訴他依據 IAS 19 應如何認列離職福利？

9. 何謂前期服務成本？其衡量與認列之原則為何？

10. IAS 19 之規定：公司須將員工退休後可領取之退休金平均分攤至服務年數內，但員工服務不會增加確定福利的年數內則不得分攤。本章 17.2.2.1 節中甲公司之 A 員工，其每一個工作年（至 65 歲退休）均可增加退休後領取之確定福利，因此釋例中將退休金福利平均分攤至 25 年之工作期間內。如果公司規定對 60 歲生日仍在職且以在公司連續工作 20 年的員工才會支付退休金，則 23 歲加入公司的員工，其退休金福利將平均分攤在該員工幾歲至幾歲的工作年？

選擇題

1. 下列哪一個情況係屬公司所提供員工福利之範圍？
   (A) 因公司與員工簽訂之正式協議
   (B) 法令規定公司需提供予員工之福利
   (C) 非由正式協議所產生之推定義務
   (D) 以上皆屬之

2. 公司應將利潤分享及紅利計畫之成本認列為何？
   (A) 淨利之分配
   (B) 資產
   (C) 費用
   (D) 收益

3. 勞工退休金條例規定每個公司須於每月底就其上個月員工薪資總額之 6%，提撥職工退休準備金至勞工退休個人專戶。此專戶所有權為勞工本人，不因其轉換工作或事業單位關廠、歇業而受影響。勇緯公司於按月提撥前述固定提撥金至其員工之個人退休金專戶後，不負有支付更多提撥金之法定或推定義務。若勇緯公司 4 月之薪資總額為 $4,500,000。請問該公司 4 月應認列之退休金費用金額為何？
   (A) $4,770,000
   (B) $4,500,000
   (C) $270,000
   (D) 0

4. 確定福利計畫之計畫資產公允價值之變動來源不包括下列哪一項？
   (A) 計畫資產之提撥
   (B) 計畫資產之實際報酬
   (C) 福利計畫清償
   (D) 精算假設之變動與經驗調整

5. 昀儒公司 ×5 年度發生精算損失 $10,000，試問 ×5 年發生之精算損失如何影響當年之確定福利費用？
   (A) 使確定福利費用增加 $10,000
   (B) 使確定福利費用減少 $10,000
   (C) 無法判斷影響金額
   (D) 0

6. 下列何者不屬於短期員工福利？
   (A) 工資
   (B) 超過 12 個月始支付之利潤分享及紅利
   (C) 健保勞保費
   (D) 提供在職員工住宿之福利

7. 關於短期員工福利之會計處理何者有誤？
   (A) 累積帶薪假可能為既得，亦可能為非既得。而不論累積帶薪假為既得或非既得，公司之會計處理皆相同
   (B) 公司應於員工提供服務從而增加其未來帶薪假權利時，認列累積帶薪假之預期成本
   (C) 公司應將員工離開之可能性納入非既得累積帶薪假義務之衡量
   (D) 在員工缺勤前公司並不認列非累積帶薪假之負債或費用

8. 婞淳公司紅利計畫規定之紅利金額為當年度稅前淨利之 5%，估計人員流動將使支付比例降低至 4%。該紅利將於次年度 4 月底發放，若員工於發放前離職，將無法獲得任何分紅。×2 年度未考慮當年分紅前之稅前淨利為 $500,000。請問該公司於 ×2 年度應認列之紅利負債金額為何？

(A) $20,000 (B) $25,000
(C) $23,810 (D) $19,231

9. 小戴公司有 300 名員工，每人每年有 7 天帶薪假，未使用者可以遞延至次年度使用，但若未使用休假即離開公司並無現金支付之補償。員工休假首先從當年度權利扣除，其次從上年結轉餘額中扣除。×7 年底每個員工平均未使用權利是 3 天，但考慮預期員工在使用遞延之帶薪假前即離開公司因而權利失效之可能性後，每個員工平均未使用權利降為 2.5 天。若每名員工平均日薪為 $600，試問小戴公司於 ×7 年底應認列與短期帶薪假相關之負債金額？

    (A) $1,050,000 (B) $540,000
    (C) $450,000 (D) $360,000

10. 麟洋公司員工每人每年有 20 天帶薪休假，年中離職者依工作日數比率核給休假福利，此福利可累積至次年度，但每年休假須先使用當年度休假權利，不足時再使用前一年度尚未使用之天數（按後進先出基礎）。全體 200 名員工 ×1 年度平均日薪 $2,000，且自 ×2 年初即調增薪資 20%。麟洋預期 ×2 年度將有：70% 員工在 ×2 年底仍在職且休假超過 20 天，這些員工平均休假 25 天；20% 員工之休假均低 ×2 年當年度獲得之休假日數；另有 10% 員工將於 ×2 年初休假後立刻離職，該等員工平均休假 4 天。則 ×1 年底該公司帶薪假福利負債餘額應為若干？

    (A) $0 (B) $1,400,000
    (C) $1,680,000 (D) $1,872,000

11. 甲公司給予平均日薪為 $2,000 之 100 名員工每年 7 天累積帶薪休假。第 1 季內實際發生帶薪休假 50 天，第 1 季末公司預估 80% 休假權利將在本年度被行使，則該公司第 1 季末應認列多少帶薪假福利負債？

    (A) $0 (B) $180,000
    (C) $250,000 (D) $280,000

練習題

1. 【確定提撥計畫】甲公司依據當地勞工退休金條例，於每年 1 月底就其前一年度員工薪資總額之 5%，提撥職工退休準備金至勞工退休個人專戶，此專戶所有權為勞工本人。甲公司於提撥前述固定提撥金至其員工之個人退休金專戶後，不負有支付更多提撥金之法定或推定義務。若甲公司 ×1 年之薪資總額為 $1,000,000。

    試作：
    (1) 此退休制度對甲公司而言，屬於確定提撥或確定福利計畫？
    (2) 該公司 ×1 年 12 月 31 日認列確定福利費用及 ×2 年 1 月 7 日提撥退休金之分錄。

2. 【服務成本及確定福利義務之計算】甲公司於 ×1 年 1 月 1 日開始其確定福利計畫，規定員工年滿 65 歲退職後每年年底可得「2% × 服務年數 × 退職時年薪」之給付額。時年 40 歲之 A 員工於 ×1 年初至甲公司服務，其當年度年薪為 $31,006.79，預期 A 員工將在甲

公司工作至退休，其至退職前可加薪 24 次，預計與實際加薪幅度均為每年 5%，退職後之預期餘命為 10 年，折現率為 10%。×1 年度至 ×2 年度所有精算假設都不變。

試作：

(1) ×1 年度甲公司對 A 員工退職後福利應認列多少服務成本？×1 年底對 A 員工之確定福利義務之現值為若干？

(2) ×2 年度甲公司對 A 員工退職後福利應認列多少當期服務成本？×2 年度對 A 員工退職後福利應認列多少利息成本？

(3) 若精算假設都不變，×2 年底確定福利義務之現值是否等於 ×1 年度服務成本加 ×2 年度利息成本，再加上 ×2 年度當期服務成本？

3. 【前期服務成本】延續第 2 題，若甲公司在 ×2 年 12 月 31 日給與 A 員工於退休後每年底多領 $1,000 之退休金。此項 ×2 年底增加之前期服務成本，應如何認列？在本題假設下，×2 年度之利息成本為若干？

4. 【前期服務成本】延續第 2 題，若甲公司在 ×2 年 1 月 1 日給與 A 員工於退休後每年多領 $1,000 之退休金。此項 ×2 年初增加之前期服務成本，應如何認列？在本題之假設下，×2 年度之甲公司利息成本為若干？

5. 【精算損益】延續第 2 題，若甲公司在 ×2 年 12 月 31 日對 A 員工之預計加薪幅度改為每年 6%（至退職前可加薪 23 次），則

(1) ×2 年底對 A 員工之確定福利義務之現值為若干？

(2) 加薪幅度由 5% 改為每年 6%，使 ×2 年 12 月 31 日的確定福利義務之現值增加了多少（此為精算假設變動之影響數）？

(3) 此精算假設變動之影響應如何認列？

6. 【確定福利費用、淨確定福利資產或負債】甲公司於成立 ×1 年初，並於同日設立一確定福利之員工退職後福利計畫，並同時設立員工福利基金。該公司 ×1 年度與該確定福利計畫相關之資訊為當期服務成本為 $800（折現率 10%），×1 年底提撥現金 $500 至員工福利基金。公司 ×2 年度相關資料為當期服務成本為 $800（折現率 10%），計畫資產實際報酬為 $80，×2 年底提撥現金 $300 至員工福利基金。此兩年度內，員工福利基金均未支付員工退職後福利。

試作：

(1) ×1 年與 ×2 年底確定福利費用認列及提撥之分錄。

(2) ×1 年與 ×2 年底帳列退休金資產或負債之金額各為若干？

7. 【確定福利費用、淨確定福利資產或負債──再衡量數】甲公司於成立 ×1 年初，並於同日設立一確定福利之員工退職後福利計畫，並同時設立員工福利基金。該公司 ×1 年度與該確定福利計畫相關之資訊為當期服務成本為 $800（折現率 10%），×1 年底提撥現金 $500 至員工福利基金。×2 年度相關資料為當期服務成本為 $800（折現率 10%），計畫資產實際報酬為 $20，另因員工離職率之假設調整使確定福利義務現值增加 $200，×2 年

底提撥現金 $400 至員工福利基金。此兩年度內，員工福利基金均未支付員工退職後福利。

試作：×2 年底確定福利費用認列及提撥之分錄，並計算 ×2 年底確定福利義務現值、計畫資產公允價值及淨確定福利負債。

8. 【**確定福利費用、淨確定福利資產或負債──再衡量數**】延續第 7 題並假設 ×3 年度相關資料為當期服務成本為 $800（折現率 10%），計畫資產實際報酬為 $50，另於 ×3 年底提撥現金 $400 至員工福利基金。此 ×3 年度內，員工福利基金亦未支付員工退職後福利。

試作：×3 年底確定福利費用認列及提撥之分錄。

9. 【**確定福利費用、淨確定福利資產或負債──前期服務成本**】甲公司於成立 ×1 年初，並於同日設立一確定福利之員工退職後福利計畫，並同時設立員工福利基金。該公司 ×1 年度與該確定福利計畫相關之資訊為當期服務成本為 $800（折現率 10%），×1 年底提撥現金 $500 至員工福利基金。×2 年度相關資料為當期服務成本為 $800（折現率 10%），計畫資產實際報酬為 $50，×2 年底提撥現金 $400 至員工福利基金。此兩年度內，員工福利基金均未支付員工退職後福利。

試作：×2 年底確定福利費用認列及提撥之分錄，並計算 ×2 年底確定福利義務現值及計畫資產公允價值。

10. 【**確定福利費用、淨確定福利資產或負債──再衡量數與前期服務成本**】甲公司於成立 ×1 年初，並於同日設立一確定福利之員工退職後福利計畫，並同時設立員工福利基金。該公司 ×1 年度與該確定福利計畫相關之資訊為當期服務成本為 $800（折現率 10%），×1 年底提撥現金 $500 至員工福利基金。×2 年度相關資料為當期服務成本為 $800（折現率 10%），計畫資產實際報酬為 $20，另 ×2 年底因員工離職率之假設調整使確定福利義務現值增加 $200，×2 年底提撥現金 $400 至員工福利基金。公司並於 ×2 年初給與精算現值為 $100 之前期服務成本。此兩年度內，員工福利基金均未支付員工退職後福利。

試作：×2 年底確定福利費用認列及提撥之分錄。

11. 【**確定福利義務之縮減**】甲公司於 ×1 年 12 月 31 日停止在越南之營運部門，且除已既得之福利外，公司不再給與該地員工退職後福利。縮減時公司確定福利義務之淨現值為 $2,400、計畫資產公允價值為 $1,000。縮減使確定福利義務之淨現值減少 $300。相關資料整理如下：

試作：針對此項縮減，×1 年底公司應作分錄為何？

12. 【**確定福利義務之清償**】甲公司於 ×1 年 12 月 31 日以 $200 購買年金合約之方式清償員工退職後福利中之既得福利。清償時公司確定福利義務之淨現值為 $2,400、計畫資產公允價值為 $1,000。清償使確定福利義務之淨現值減少 $300。

試作：公司清償員工應認列之清償損益為若干？清償福利後，帳上此確定福利義務所認列之淨負債為若干？相關分錄為何？

13. 【其他長期員工福利】甲公司於 ×1 年初成立,並於同日設立一非屬確定福利之其他長期員工福利計畫,並同時設立員工福利基金。該公司 ×1 年度與該計畫相關之資訊為當期服務成本為 $800(折現率 10%),×1 年底提撥現金 $500 至員工福利基金。×2 年度相關資料為當期服務成本為 $800(折現率 10%),計畫資產實際報酬為 $20(預期報酬率 10%),另因員工離職率之假設調整使確定福利義務現值增加 $200,×2 年底提撥現金 $400 至員工福利基金。公司並於 ×2 年初給與精算現值為 $100 前期服務成本。此兩年度內,員工福利基金均未支付此項其他長期員工福利;且 ×2 年底員工預期平均剩餘工作年限為 10 年,退職福利既得前之平均期間為 5 年。

    試作:×1 年及 ×2 年底此項其他長期員工福利之費用認列及提撥之分錄。

14. 【離職福利】甲公司進行與員工達成協議,於 ×1 年 12 月起 3 個月內將減少員工 1,000 名,自願離職者每名可獲資遣費 $50,000,但若自願離職者不足 1,000 名,公司將終止部分員工之聘僱,使員工總人數減少 1,000,非自願離職者每名可獲得資遣費 $30,000。截至 ×1 年底,已有 300 名員工自願離職,尚無非自願離職者,且該公司預期自願離職者將共計 400 名。

    試作:該公司 ×1 年底與該離職福利相關之分錄。

15. 【帶薪假福利】甲公司有 100 名員工,每人每年有 5 天帶薪假,未使用者可以遞延一個日曆年,但若未使用休假即離開公司並無現金支付之補償。員工休假首先從當年度權利扣除,其次從上年結轉餘額中扣除。公司預期此 100 名員工在 ×2 年將有 9 名員工休假超過 5 天,這 9 名員工之平均休假天數為 7 天,其平均日薪為 $500,但預期 ×2 年這 9 名員工之平均日薪為 $600。

    ×2 年底,公司有 110 名員工,並預期在 ×3 年將有 10 名員工休假超過 5 天,這 10 名員工之平均休假天數為 6.5 天,其平均日薪 $600,但預期 ×3 年這 10 名員工之平均日薪為 $700。

    試作:求甲公司於 ×1 年底及 ×2 年底應認列之相關負債金額。

16. 【員工紅利計畫】

    情況一:甲公司之紅利計畫要求其將當年度稅前且分紅前淨利之 5% 支付給為公司提供服務之員工。無論有無員工離職,5% 之稅前且分紅前淨利將全數支付。

    情況二:甲公司之紅利計畫要求其將當年度稅前且分紅前淨利之 5% 至 15% 支付給為公司提供服務之員工。無論有無員工離職,3% 之稅前且分紅前淨利將全數支付,而過去之實際分紅通常為 9%。公司將於次年度 5 月決定實際分紅金額。甲公司 ×1 底自行結算當年度稅前淨利為 $1,000,000,惟該數字尚未經會計師查核與董事會通過。

    試作:於兩情況下,計算該公司於 ×1 年底關於其紅利計畫應認列之應計費用金額。

17. 【員工紅利計畫】延續第 16 題情況二,若 ×2 年 5 月公司決定實際分紅百分比為 8%,且

×1 年年底公司自行結算淨利與董事會通過之最終數字一致。此外公司於 ×2 年底自行結算當年度稅前淨利為 $2,000,000，公司判斷 9% 仍為次年度決議分紅之最佳估計基礎。

試作：計算該公司於 ×2 年度內關於其紅利計畫總計應認列之費用金額。

18. 【紅利計畫】甲公司 ×1 年度未考慮當年分紅前之稅前淨利為 $100,000。該公司紅利計畫要求之紅利金額為當年度稅前淨利之 1/8，估計人員流動將使支付比例降低至 1/9。該紅利將於次年度 5 月發放，若員工於發放前離職，將無法獲得任何分紅。

試作：試計算該公司於 ×1 年度應認列之紅利負債金額。

應用問題

1. 【確定福利計畫】臺北公司採確定福利計畫。100 年 1 月 1 日該公司退休金計畫之相關資料如下：

確定福利義務現值	$1,200,000
計畫資產公允價值	800,000

100 年及 101 年相關資料如下：

	100 年	101 年
服務成本	$76,000	$84,000
折現率	10%	10%
計畫資產實際報酬	75,000	86,000
提撥基金數	120,000	125,000
給付數	70,000	80,000

100 年底，公司變動精算假設，確定福利義務應額外增加 $40,000。

試作：臺北公司 100 年及 101 年確定福利計畫相關分錄。　　　　[改編自 101 年高考]

2. 【確定福利計畫】甲公司所採行確定福利計畫於 ×2 年 1 月 1 日之相關資訊如下：

確定福利義務現值	$(100,000)
確定福利計畫資產公允價值	80,000

×2 年度折現率為 10%，×2 年之相關資訊如下：

服務成本	$20,000
確定福利計畫資產之實際報酬	4,000
前期服務成本 (12/31 計畫修正)	30,000
精算利益 (12/31 精算假設變動)	18,000
×2 年提撥	40,000
×2 年基金支付確定福利	30,000

試作：

(1) 甲公司 ×2 年確定福利費用為若干？
(2) 甲公司 ×2 年 12 月 31 日確定福利計畫提撥狀況調節表。
(3) ×1 年及 ×2 年之淨確定福利負債為何？　　　　　　　　　　[改編自 100 年地特會計]

3. 【確定福利計畫】甲公司 ×1 年與 ×2 年確定福利相關資訊如下：

	×1 年	×2 年
確定福利義務現值 (1/1)	$6,500	$　？
計畫資產公允價值 (1/1)	6,000	？
服務成本	350	460
提撥確定福利	480	500
支付確定福利	520	560
計畫資產實際報酬	610	720
前期服務成本 (12/31 計畫修正)	80	70
精算損失 (12/31 精算假設變動)	320	—
折現率	10%	10%

假設公司所有提撥與支付均發生於各年年底。

試作：

(1) 與 ×1 年及 ×2 年確定福利計畫相關之工作底稿。
(2) ×1 年與 ×2 年認列確定福利費用之分錄。　　　　　　　　[改編自 100 年高考]

4. 【確定福利計畫】高雄公司有關退休金之資料如下：

×2 年底調整後相關項目金額	
確定福利義務現值	800,000
計畫資產公允價值	540,000

×3 年相關資料	
服務成本	$ 360,000
提撥基金	420,000
支付確定福利	280,000
期末確定福利義務現值	1,042,000
期末計畫資產公允價值	732,000
期初修改辦法發生前期服務成本	80,000

已知確定福利折現率為 10%。

試作：

(1) 計算 ×3 年確定福利計畫資產之實際報酬。
(2) 計算 ×3 年發生之再衡量數。

(3) 作 ×3 年認列確定福利費用之分錄。　　　　　　　　　　[改編自 93 年會計師]

5. 【確定福利計畫】丙公司實施確定福利制退休計畫多年，其 ×7 年底之確定福利基金提撥狀況調節表列示如下：

確定福利義務現值	$(3,000,000)
計畫資產公允價值	1,500,000
提撥狀況	$(1,500,000)

×8 年該公司確定福利相關資料如下：

(1) ×8 年度服務成本 $720,000
(2) 確定福利義務折現率 10%；×8 年度計畫資產實際報酬率為 16%
(3) ×8 年底提撥確定福利計畫基金 $480,000，支付退休金 $900,000
(4) ×8 年底該公司以確定福利計畫資產 $624,000 購買年金合約，以清償既得福利義務 $724,000

試作：
(1) 編製丙公司 ×8 年度確定福利成本構成項目表。
(2) 編製丙公司 ×8 年底確定福利基金提撥狀況調節表。　　　[改編自 101 年會計師]

6. 【確定福利退職後計畫資產上限】甲公司採行確定福利退職後計畫，該計畫 ×1 年至 ×3 年有關資料如下：

	×1 年	×2 年	×3 年
各年度退職後福利義務之折現率	–	10%	10%
服務成本	–	$190,000	$270,000
每年底提撥現金	–	160,000	200,000
12月31日確定福利義務現值	$200,000	310,000	580,000
12月31日計畫資產公允價值	200,000	400,000	630,000
12月31日支付退職後福利	–	110,000	0
計畫資產報酬		150,000	30,000
計畫剩餘		90,000	50,000

試作：甲公司在 ×1 年至 ×3 年並無員工退休而支付福利之情形，在下列之獨立情況下作 ×2 年及 ×3 年度退職後福利相關分錄：

(1) 企業可透過未來減少提撥而獲得經濟效益，精算師認定淨確定福利資產無上限。
(2) 精算師估計 ×2 年淨確定福利資產上限為 $0；×3 年淨確定福利資產上限為 $0。
(3) 精算師估計淨確定福利資產上限為 $30,000；×3 年淨確定福利資產上限為 $10,000。

Chapter 18 所得稅會計

學習目標

研讀本章後，讀者可以了解：

1. 永久性差異和暫時性差異
2. 會計利潤與課稅所得不一致的來源
3. 遞延所得稅資產和遞延所得稅負債之分類及會計處理
4. 營業虧損扣抵及所得稅抵減之會計處理
5. 資產重估價對所得稅之影響之會計處理
6. 企業合併產生之相關遞延所得稅會計處理

本章架構

所得稅會計

認列與衡量
- 本期所得稅資產及負債
- 遞延所得稅資產及負債

差異
- 會計利潤與課稅所得
- 永久性與暫時性
- 帳面金額與課稅基礎

資產重估價之所得稅議題
- 重估增值
- 重估減值

本期及未來租稅後果
- 企業合併
- 未分配盈餘加徵所得稅之會計處理
- 股份基礎給付交易
- 複合金融工具
- 企業或其股東納稅狀況變動

未使用課稅損失及未使用所得稅抵減
- 虧損遞轉之會計處理
- 所得稅抵減之會計處理
- 可回收性之評估

表達與互抵條件
- 本期所得稅資產及負債
- 遞延所得稅資產及負債

合併商譽稅務攤銷爭議不斷

依據企業併購法第35條，公司併購而產生之商譽，稅法上得於15年內平均攤銷。從財務會計觀點而言，商譽雖然無須攤銷，但須進行減損測試。從稅法觀點而言，商譽攤銷之計算看似簡單明瞭，然而在稽徵實務上，過去引發許多的行政爭訟；其主要原因為稅捐稽徵機關對於併購案件的收購成本及可辨認淨資產的公允價值有所質疑，進而否准「納稅義務人所取得的商譽得適用攤銷」之規定。依據財政部於民國98年7月7日發布新聞稿表示，公司依企業併購法進行合併，採購買法者，列報因合併而取得商譽之攤銷費用，需有取得商譽價值之評估資料如獨立專家之估價報告，以資證明出價取得商譽之事實及價值，方可於稅法上認列商譽之攤銷費用。此外，最高行政法院於民國100年12月第1次庭長法官聯繫會議決議，認定商譽價值應由納稅義務人負客觀舉證責任，並認為舉證的範圍包含收購成本及可辨認淨資產的公允價值兩者。由於上述規定使得國內許多企業併購過程所產生之合併商譽，稅法上是否可以攤銷之爭議不斷。

近年來國內銀行、證券、科技、保險及文化等產業，申報營所稅時，依現有稅法規定分年提列商譽攤銷金額，都被國稅局全部刪除，業者打行政官司敗訴率高達97%，只有少數案例上訴後，最高行政法院最後判決業者勝訴(如遠傳併購和信、新光銀行併購岡山合作社，及凱基證券併購豐源證券)。

例如：台新金控子公司台新銀行在民國91年2月18日與大安銀合併，收購成本為94億7,501萬元，遠超過大安銀行當時淨值近57億元，因此將超過部分37億元列為商譽，依規定按5年攤銷，91年度攤提6億元，92年度列報其中商譽攤銷金額7億5,851萬元。台新金向臺北市國稅局申報營所稅時，列報這項鉅額商譽攤銷，但遭到財政部「全數刪除」，因而徵納雙方對簿公堂，纏訟多年。繼101年5月關於91年度攤提6億元，被法院判敗確定後；92年度攤提的7.5億元，101年11月14日再度被最高行政法院判敗確定，其餘3年度的攤提部分，未來也難以樂觀。

法院認為，台新金沒有提出足夠的證據，證明所主張收購大安銀的必要及合理成本，因此無從據以進一步計算、確認有商譽存在。法院質疑，大安銀每股淨值分別在90年12月31日、91年2月17日依序遽降為3.97元及3.61元，其所列商譽價值，占收購成本40%比例甚高，因而認定台新金以每股淨值7.46元評估換股，顯然不合理。

台新金主張，併大安銀案業依金融機構合併法取得監理機關准予合併之許可，收購成本合理性已經主管機關審查，不容質疑。但法院認為，這是兩回事，課稅核定與目的事業主管機關的許可，不能混為一談。

中級會計學 下

章首故事引發之問題

- 因財務會計處理規範與稅法規範間的差異,導致過去合併商譽稅務攤銷之爭議不斷。請問實務上是否有較佳之方法,可以減少徵納雙方之歧見?
- 所得稅之繳納對企業現金流量與資產負債表有重大影響。

為了簡化所得稅會計之觀念及釋例之說明,本章所得稅稅率與課稅所得之計算,不一定與臺灣現時稅法規定完全一致。

財務會計準則和稅法規定常因會計學理與租稅政策不同而使兩者有許多不一致,導致財務會計及稅務上處理的方法不同,加深了所得稅會計處理的複雜度。所得稅會計是一個實務性很高的主題,讀者不僅須了解財務會計之基本原則與規範,也需要對稅法之內容與實務有基本之認識,才能學好所得稅會計。本章之主要重點在介紹財務報表所得稅之計算與組成要素。

18.1 所得稅會計處理之目的

學習目標 1

了解所得稅會計處理之目的,並了解本期及未來租稅後果

所得稅會計處理之主要議題係如何處理下列事項之本期租稅後果 [即**本期所得稅** (current income tax)] 及未來租稅後果 [即**遞延所得稅** (deferred income tax)]:

1. 於企業資產負債表中所認列資產 (負債) 帳面金額未來之回收 (清償)。
2. 於企業財務報表中認列之本期交易及其他事項。

換言之,所得稅費用係指本期所得稅費用及遞延所得稅兩項目合計之金額,故企業應依下列結果決定所得稅費用:(1) 依本期**課稅所得** (taxable profit) 決定本期所得稅 [**應付所得稅** (income tax payable) 或**應收退稅款** (income tax receivable)];(2) 若帳面金額之回收或清償很有可能使未來所得稅支付額大於 (小於) 在回收或清償沒有租稅後果下之支付額時,企業應認列**遞延所得稅負債** (deferred tax liabilities)[或**遞延所得稅資產** (deferred tax assets)]。另外,本章

「應付所得稅」於證交所會計項目表以「本期所得稅負債」會計項目表達。

Chapter 18 所得稅會計

亦會探討虧損扣抵(未使用課稅損失)及所得稅抵減之會計處理。

所得稅費用(income tax expense)之計算過程可以透過下列公式表達(以下章節將會逐一介紹):

所得稅費用(利益)
= 本期所得稅費用(利益) ± 遞延所得稅費用(利益)
= 本期應付所得稅或應收退稅款 + 遞延所得稅負債增加數(或減遞延所得稅負債減少數) + 遞延所得稅資產減少數(或減遞延所得稅資產增加數)

> 所得稅費用係由本期所得稅與遞延所得稅兩大項目所組成。

例如,以下為甲公司×0、×1年底之所得稅相關資料:

	×0/12/31	×1/12/31
所得稅費用		?
遞延所得稅資產	$25,000	$15,000
遞延所得稅負債	$40,000	$45,000
本期應付所得稅		$75,000

甲公司×1年所得稅費用
= $75,000 + 遞延所得稅負債增加數($45,000 – $40,000)
　　　　+ 遞延所得稅資產減少數($25,000 – $15,000)
= $75,000(本期所得稅費用) + $15,000(遞延所得稅費用)
= $90,000

由於所得稅費用係由本期所得稅與遞延所得稅所組成,本章之會計分錄有時直接以所得稅費用(利益)替代,「本期所得稅費用(利益)」及「遞延所得稅費用(利益)」項目。

本章目的係透過本章之其他各節,使讀者能逐步學習以下計算所得稅之步驟:

1. 計算本期應付所得稅或應收退稅款:課稅所得 × 稅率 – 所得稅抵減
2. 辨認及衡量暫時性差異、虧損扣抵及所得稅抵減之遞延所得稅
3. 計算遞延所得稅費用(利益)

遞延所得稅費用:遞延所得稅負債增加數(– 遞延所得稅負債減少數)
　　　　　　　+ 遞延所得稅資產減少數(– 遞延所得稅資產增加數)

遞延所得稅調整數:期末暫時性差異 × 預計迴轉年度稅率
　　　　　　　+ 尚未使用所得稅抵減 – 期初帳上遞延所得稅餘額

> 自2018年1月1日起,2019年5月申報2018年營利事業所得稅適用稅率由17%調整為20%。

413

18.2 本期所得稅負債及本期所得稅資產之認列

學習目標 2
了解本期所得稅的會計處理與計算,並了解會計利潤與課稅所得差異之來源,以及辨別永久性差異與暫時性差異

所謂**會計利潤** (accounting profit) 係指依據財務會計準則計算一期間內減除所得稅費用前之損益,亦即**稅前淨利** (pretax income)。課稅所得 [**課稅損失** (taxable loss)] 係指依稅捐機關所制定之法規決定之本期所得 (損失),據以計算企業之應付 (可回收) 所得稅。

所謂本期所得稅係指與某一期間課稅所得 (課稅損失) 有關之應付 (可回收) 所得稅金額。本期及前期之本期所得稅尚未支付之範圍應認列為負債。若與本期及前期有關之已支付金額超過該等期間應付金額,則超過之部分應認列為資產。

18.2.1 會計利潤與課稅所得差異之來源

會計利潤與課稅所得因稅法及財務會計準則的認列與衡量不同而有所差異,可分為永久性差異及暫時性差異兩類。

本期應付所得稅或應收退稅款,通常包括本期財務報表所認列大部分事項之所得稅影響數。然因稅法與財務會計準則對資產、負債、權益、收益、費用、利得與損失之認列與衡量可能不同,以致產生永久性差異或暫時性差異。

永久性差異

指由於租稅政策、社會政策及經濟政策之考量,致使財務報表上認列之基礎與稅法規定發生差異,而其影響僅及於本期課稅所得者,稱為**永久性差異** (permanent differences)。永久性差異之主要類型 (如圖 18-1) 包括:

		會計利潤	
課稅所得	本期或未來認列		(2)、(4)
	永不認列	(1)、(3)	

圖 18-1　永久性差異之主要類型

1. 財務報表上認列之收益依稅法規定免稅者 (即免稅所得)。
2. 財務報表上不認列為收益但依稅法規定作為收益課稅者。如銷貨

退回，統一發票因誤開作廢，其收執聯未予保存且未能證明確無銷貨事實者。

3. 財務報表上之費用依稅法規定不予認定為費用者。如違規罰款或依法免稅的利息收入。
4. 財務報表上不認列為費用但依稅法規定認列為費用者。如某些遞耗資產報稅採用百分比折耗法，其累計折耗超過成本部分。

由於會計利潤與課稅所得之永久性差異不會於未來迴轉，僅影響本期課稅所得，不會影響未來期間之課稅所得，故不會產生未來之**應課稅金額** (taxable amount) 或**可減除金額** (deductible amount)，即無須認列遞延所得稅資產或負債。

> 永久性差異不會於未來迴轉，因此僅影響本期課稅所得，不影響未來課稅所得，因此無須認列遞延所得稅資產或負債。

暫時性差異（屬時間性差異）

當收益或費損於某一期間計入會計利潤，但於不同期間計入課稅所得時，會產生**暫時性差異** (temporary differences)。此類暫時性差異常被稱為**時間性差異** (timing differences)。換言之，時間性差異係因財務會計準則與稅法對收入與費用之認列時間不一致（即對資產與負債之認列基礎暫時不一致）而產生。

> 暫時性差異將於未來迴轉，因此將影響未來課稅所得，須認列遞延所得稅資產或負債。

時間性差異可分為應課稅暫時性差異與可減除暫時性差異，將於未來帳列資產回收或負債清償時產生應課稅金額或可減除金額者（後面章節再詳細說明）。應課稅暫時性差異之實例，例如：利息收入按時間比例基礎計入會計利潤中，但稅法可能於收現時方計入課稅所得；可減除暫時性差異之實例，例如：於決定會計利潤時，退休福利成本可能在員工提供服務時即減除，但於決定課稅所得時，則當企業支付提撥金至基金或當企業支付退休福利時，方予減除。

時間性差異之類型，如表 18-1 及圖 18-2 所示：

課稅所得		會計利潤	
		本期認列	未來認列
	本期認列		類型 3 及類型 4
	未來認列	類型 1 及類型 2	

圖 18-2　時間性差異之主要類型

表 18-1　時間性差異之主要類型

類型 1	收益 在財務報表上於本期認列，而依稅法規定於以後期間申報納稅。	例如，資產負債表日之貨幣性之外幣資產或外幣負債，按該日之即期匯率予以調整，因調整而產生之兌換利益，應列為本期損益；但依稅法規定該項未實現兌換利益於以後年度時實現時，方須申報納稅，因而產生時間性差異。
類型 2	費損 在財務報表上於本期認列，而依稅法規定於以後期間申報減除。	例如，產品售後服務保證之成本，財務報表上應於銷貨時估列費用，而依稅法規定則須俟實際發生時，始准作費用減除，因而產生時間性差異。
類型 3	收益 依稅法規定於本期申報納稅，而在財務報表上於以後期間認列。	例如，應付費用逾 2 年尚未給付者，依稅法規定，應轉列其他收入；財務報表上則可能依公司政策或付款之可能性，於以後期間再轉列收入，因而產生時間性差異。
類型 4	費損 依稅法規定於本期申報減除，而在財務報表上於以後期間認列。	例如，不動產、廠房及設備之折舊，報稅時採定率遞減法，而財務報表上則採直線法，在不動產、廠房及設備使用之初期，報稅之折舊費用較財務報表上認列之折舊費用為多，因而產生時間性差異。

暫時性差異 (非屬時間性差異)

　　某些財務報表上所認列之事項雖未能歸屬於財務報表所列之資產或負債，但根據稅法規定，將於未來產生應課稅金額或可減除金額者，導致資產或負債之課稅基礎與帳面金額產生差異，此為非屬時間性差異之暫時性差異。所謂課稅基礎係指根據稅法規定，報稅上歸屬於該資產或負債之金額 (後面章節再詳細說明課稅基礎)。

　　例如企業創業期間因設立所發生之必要支出 (開辦費)，在財務報表上之處理，於發生本期認列為費用；然而報稅時則將上述開辦費支出予以資本化[1]認列為資產，因而使開辦費之課稅基礎大於帳面金額，而產生暫時性差異。此外，依資本額一定比率提撥之職工福

---

[1] 依據我國 98 年 5 月 28 日公布修正所得稅法第 64 條之規定，營利事業創業期間發生之費用，應作為本期費用，免逐年攤提。所稱創業期間，指營利事業自開始籌備至所計畫之主要營業活動開始且產生重要收入前所涵蓋之期間。換言之，我國營利事業於 98 年 5 月 28 日前已發生之開辦費尚未攤提之餘額，得依剩餘之攤提年限繼續攤提，或於 98 年度一次轉列為費用。

利金在財務報表上認列為本期費用，但依稅法規定應予遞延分年攤銷之，亦產生暫時性差異。

又例如，企業合併採購買法時，被合併企業資產與負債在財務報表上按公允價值入帳，報稅時若按被合併企業原帳面金額認列，亦將產生暫時性差異。

18.2.2 本期所得稅之計算

本期所得稅之計算 (如表 18-2) 可透過以會計利潤為基礎，調整永久性差異及暫時性差異 (即俗稱帳外調整)，並扣除前期未使用之課稅損失 (虧損扣抵)，以求得課稅所得；再將課稅所得乘以適用稅率，並調整所得稅抵減金額，以求得本期應付所得稅 (本期所得稅)。

表 18-2　本期所得稅之計算

會計利潤	收益 (= 收入 + 利得) – 費損 (= 費用 + 損失)
課稅所得	會計利潤 ± 永久性差異 ± 暫時性差異 – 虧損扣抵
本期應付所得稅	課稅所得 × 稅率 – 所得稅抵減

若課稅損失可被用以回收以前期間之本期所得稅時，企業應於課稅損失發生期間將該未來退稅之利益認列為資產，因該利益很有可能流入企業並能可靠衡量。

所得稅抵減係指企業購置設備、研究發展支出及股權投資等，合於有關法令規定，得抵減應納之所得稅。故企業本期應付所得稅 (或應收退稅款) 之計算，係以某一期間課稅所得 (課稅損失) 乘以適用稅率並減除所得稅抵減金額。

18.3　遞延所得稅負債及遞延所得稅資產之認列

本期所得稅費用之組成包括本期應付所得稅及遞延所得稅，有關計算遞延所得稅之觀念，可分為以下幾個步驟：

1. 決定帳面金額。

學習目標 3

了解遞延所得稅的會計處理與來源，並了解帳面金額與課稅基礎的差異所產生的後續會計處理，以及暫時性差異的例外情形

2. 決定課稅基礎。
3. 計算暫時性差異。
4. 辨認例外情況。
5. 決定稅率。
6. 考量遞延所得稅資產之可回收性。
7. 認列遞延所得稅。

18.3.1　帳面金額、課稅基礎與暫時性差異

如表 18-3 所示，資產與負債之**帳面金額** (carrying amount) 係指資產與負債於資產負債表中所認列之金額；資產或負債之**課稅基礎** (tax base) 係指報稅上歸屬於該資產或負債之金額。暫時性差異係指資產或負債於資產負債表之帳面金額與其課稅基礎之差異。

表 18-3　暫時性差異之意義

帳面金額	課稅基礎	暫時性差異
資產與負債於資產負債表中所認列之金額	報稅上歸屬於該資產或負債之金額	資產或負債於資產負債表之帳面金額與其課稅基礎之差異

暫時性差異包括**應課稅暫時性差異** (taxable temporary differences) 與**可減除暫時性差異** (deductible temporary differences) 兩大類型。所謂「應課稅暫時性差異」，係指當資產或負債之帳面金額回收或清償，於決定未來期間之課稅所得(課稅損失)時，將產生應課稅金額之暫時性差異。此項與應課稅暫時性差異有關之未來期間應付所得稅金額，稱為遞延所得稅負債。

所謂「可減除暫時性差異」，係指當資產或負債之帳面金額回收或清償，於決定未來期間之課稅所得(課稅損失)時，將產生可減除金額之暫時性差異。此項與可減除暫時性差異有關且能產生可減除金額之暫時性差異，稱為遞延所得稅資產。此外，未使用課稅損失遞轉後期及未使用所得稅抵減遞轉後期，亦會產生遞延所得稅資產。表 18-4 彙總列示產生遞延所得稅負債與遞延所得稅資產之原因。

> 應課稅暫時性差異將造成未來課稅所得增加，因此需認列遞延所得稅負債。可減除暫時性差異將造成未來課稅所得減少，因此認列遞延所得稅資產。

IFRS 一點通

所得稅會計處理之重要假設

從財務會計而言，所得稅會計處理之重要假設，係假設企業認列於資產負債表上之資產或負債，隱含報導個體預期將回收或清償該資產或負債之帳面金額。

表 18-4　產生遞延所得稅負債與資產之原因

產生遞延所得稅負債之原因	產生遞延所得稅資產之原因
應課稅暫時性差異	可減除暫時性差異 未使用課稅損失遞轉後期 未使用所得稅抵減遞轉後期

由表 18-4 可知，課稅基礎是決定遞延所得稅資產與遞延所得稅負債之重要元素，遞延所得稅資產與遞延所得稅負債之計算係比較資產或負債於資產負債表之帳面金額與其課稅基礎之差異，並乘以適用之稅率。

18.3.2　資產之課稅基礎

某項資產之課稅基礎，係指報稅上可以減除之金額，以抵銷當企業回收該資產之帳面金額所流入之**應課稅經濟效益** (taxable economic benefits)。應課稅經濟效益之型態包括處分資產產生之所得及持續使用資產所賺得之收益。若該等資產產生之所得為免稅項目，即其經濟效益不予課稅，則該資產之課稅基礎等於其帳面金額，換言之，企業回收免稅項目資產之帳面金額不會產生遞延所得稅後果。為了讓讀者更清楚各類型資產之課稅基礎如何計算，將以下列計算公式說明。

課稅基礎 ＝ 帳面金額 － 未來應課稅金額 ＋ 未來可減除金額

資產之課稅基礎等於資產於資產負債表之帳面金額，減除企業回收該資產時屬未來應課稅之金額，再加上企業回收該資產時屬未來可減除之金額。對於資產產生之所得若為免稅項目，因未來應課稅金額與未來可減除金額皆為零，故該資產之課稅基礎等於其帳面金額。此外，在計算資產之未來稅負後果時，係假設資產將回收之經濟效益等於帳面金額，事實上，資產實現之經濟效益有可能會大於其帳面金額。資產課稅基礎情況之計算，舉例說明如表 18-5 所示：

表 18-5　資產之課稅基礎計算實例說明

	課稅基礎	= 帳面金額	− 未來應課稅金額	+ 未來可減除金額
應收利息之帳面金額為 $10,000，相關之利息收入將按現金基礎課稅。	$ 0	$10,000	$10,000	0
應收帳款之帳面金額為 $10,000。相關之收入已包含在課稅所得 (課稅損失) 中。	10,000	10,000	0	0
應收子公司股利之帳面金額為 $10,000。該股利不課稅。實質上，該資產之全部帳面金額均可減除以抵銷其經濟效益。因此，該應收股利之課稅基礎為 $10,000。依此種分析，不存在應課稅暫時性差異 (亦即為永久性差異)。 另一種分析是應收股利之課稅基礎為零，相對產生之應課稅暫時性差異 $10,000，適用零稅率。 根據這兩種分析，皆不產生遞延所得稅負債。	10,000	10,000	0	0
機器成本為 $10,000，帳面金額為 $7,000。報稅上折舊 $4,000 已於本期及前期減除，剩餘成本將可於未來期間以折舊或透過處分之減項予以減除。報稅上使用該機器所產生之收入應課稅；該機器之任何處分利益將予課稅，任何處分損失將可減除。	6,000	7,000	7,000	$6,000 = $10,000 − $4,000
建築物成本為 $5,000，重估增值至 $7,000，報稅上折舊 $1,000 已於本期及前期減除，報稅上使用該建築物所產生之收入應課稅；建築物處分利益將予課稅 (惟以稅上已提列累計折舊之金額為限)。	6,000	7,000	5,000	$4,000 = $5,000 − $1,000

18.3.3　負債之課稅基礎

某項負債之課稅基礎，係指其帳面金額減去未來期間報稅上與該負債有關之任何可減除金額。收入若為預收，其所產生負債之課稅基礎係其帳面金額減去未來期間不必課稅之任何收入金額。在計算負債之未來稅負後果時，係假設負債將以帳面金額清償負債，事實上，有可能未來負債清償之金額與帳面金額不相等 (例如：折溢價因素)。為了讓讀者更清楚各類型負債課稅基礎之計算，將以下列計算公式說明。

$$\boxed{課稅基礎} = \boxed{帳面金額} - \boxed{未來期間不必課稅之任何收入金額}$$

屬預收收入之負債，其課稅基礎等於負債於資產負債表之帳面金額，減除預收收入已課稅之金額。

預收收入負債課稅基礎之計算，舉例如表 18-6 所示：

表 18-6　預收收入負債課稅基礎之計算實例

	課稅基礎	=	帳面金額	−	未來期間不必課稅之任何收入金額
預收利息收入帳面金額為 $100，相關之利息收入已按現金基礎課稅。	$ 0		$100		$100
預收收入帳面金額為 $200，相關收入待認列於損益表時才予以課稅。	200		200		0
政府補助認列遞延收入 $500，收到政府補助時及續後攤銷皆不予以課稅，但資產成本稅上准予認列。	500		500		0

非屬預收收入之負債，其課稅基礎等於負債於資產負債表之帳面金額，減除未來可減除之金額。

$$\boxed{課稅基礎} = \boxed{帳面金額} - \boxed{未來可減除金額}$$

非屬預收收入之其他負債課稅基礎之計算，舉例如表 18-7 所示：

表 18-7　非屬預收收入之其他負債課稅基礎之計算實例

	課稅基礎 =	帳面金額 −	未來可減除金額
產品保證負債帳面金額為 $100。報稅上相關之費用將按現金基礎減除。	$ 0	$100	$100
應付薪資帳面金額為 $200，報稅上相關之費用已減除。	200	200	0
應付罰金及罰款帳面金額為 $100，報稅上罰金及罰款不得減除。依此種分析，不存在可減除暫時性差異 (屬永久性差異)。 另一種分析是應付罰金及罰款之課稅基礎為零，相對產生之可減除暫時性差異 $100 適用零稅率。根據這兩種分析，皆不產生遞延所得稅資產。	100	100	0
應付借款之帳面金額為 $300。該借款之償還無租稅後果。	300	300	0

18.3.4　未於資產負債表中認列為資產及負債

有些項目有課稅基礎，但未於資產負債表中認列為資產及負債。例如，研究成本 $1,000 於發生本期認列為費用以決定會計利潤，但於決定課稅所得 (課稅損失) 時，可能須待以後期間方可減除。該研究成本之課稅基礎 (即稅捐機關允許於未來期間減除之金額 $1,000) 與帳面金額 (零) 間之差額 $1,000，為可減除暫時性差異，將產生遞延所得稅資產。

課稅基礎	=	帳面金額	−	未來應課稅金額	+	未來可減除金額
$1,000		$0		$0		$1,000

再舉一例，若企業之開辦費於發生本期認列為費用以決定會計利潤，但於決定課稅所得 (課稅損失) 時，可能須待以後期間方可

減除。該開辦費之課稅基礎(即稅捐機關允許於未來期間減除之金額)與帳面金額(零)間之差額,為可減除暫時性差異,將產生遞延所得稅資產。

若資產或負債之課稅基礎並非顯而易見,則考量基本原則將有所幫助,只要資產或負債帳面金額之回收或清償有可能使未來所得稅支付額大於(小於)在回收或清償沒有租稅後果下之支付額時,則除少數例外,企業應認列遞延所得稅負債(資產)。

18.3.5　計算暫時性差異

應課稅暫時性差異係由於過去之交易或其他事項所產生,將於未來相關資產回收或負債清償時,轉為應課稅金額而增加所得稅負。依現行稅法規定所得稅負為企業無可避免應予清償之債務,故應課稅暫時性差異之遞延所得稅影響數符合負債定義,應認列為遞延所得稅負債。

可減除暫時性差異係由於過去之交易或其他事項所產生,將於未來相關資產回收或負債清償時,轉為可減除金額而減少所得稅負;虧損扣抵及所得稅抵減亦由於過去之交易或其他事項產生,而能減少企業未來之所得稅負,皆具有經濟效益,故可減除暫時性差異、虧損扣抵及所得稅抵減之遞延所得稅影響數符合資產定義,應認列為遞延所得稅資產。

企業於計算遞延所得稅時,應辨認所有暫時性差異,並比較資產與負債之帳面金額與課稅基礎。暫時性差異係指資產或負債於資產負債表之帳面金額與其課稅基礎之差異。如表18-8所示,彙總比較帳面金額與課稅基礎之關係與遞延所得稅後果。資產之帳面金額若大於課稅基礎,則有應課稅暫時性差異,產生遞延所得稅負債;資產之帳面金額若小於課稅基礎,則有可減除暫時性差異,產生遞延所得稅資產;負債之帳面金額若大於課稅基礎,則有可減除暫時性差異,產生遞延所得稅資產;負債之帳面金額若小於課稅基礎,則有應課稅暫時性差異,產生遞延所得稅負債。

> 當資產的帳面金額大於課稅基礎及負債的帳面金額小於課稅基礎時,將產生遞延所得稅負債。反之則產生遞延所得稅資產。

▶ 表 18-8 比較帳面金額與課稅基礎之關係與遞延所得稅後果

	帳面金額 − 課稅基礎	暫時性差異類型	產生
資產	大於零	應課稅暫時性差異	遞延所得稅負債
資產	小於零	可減除暫時性差異	遞延所得稅資產
負債	大於零	可減除暫時性差異	遞延所得稅資產
負債	小於零	應課稅暫時性差異	遞延所得稅負債

例如，×0 年 12 月 31 日甲公司以 $100,000 購買一項資產 A（非屬企業合併），資產 A 財務會計上係以 5 年提列折舊，假設甲公司所在地稅法規定，該資產 A 報稅係以 2 年提列折舊，稅率 20%。應課稅暫時性差異及遞延所得稅負債計算如下：

	帳面金額	課稅基礎	暫時性差異	遞延所得稅負債
×0/12/31	$100,000	$100,000	$ 0	—
×1/12/31	80,000	50,000	30,000	$ 6,000
×2/12/31	60,000	0	60,000	12,000
×3/12/31	40,000	0	40,000	8,000
×4/12/31	20,000	0	20,000	4,000
×5/12/31	0	0	0	—

例如，×0 年 12 月 31 日甲公司以分期付款方式出售商品，共計 $500,000，甲公司認列銷貨收入 $500,000 及銷貨成本 $300,000，銷貨毛利 $200,000，但報稅則須等到收現時才認列。因此，×0 年 12 月 31 日甲公司帳上有應收帳款 $500,000，課稅基礎為零，有應課稅暫時性差異 $500,000，帳上該批存貨已轉為銷貨成本，課稅基礎為 $300,000。假設稅率 20%，甲公司收現情形如下：

年度	收現數
×1	$160,000
×2	140,000
×3	75,000
×4	125,000

Chapter 18 所得稅會計

暫時性差異及遞延所得稅負債計算如下：

	應收帳款			存貨			暫時性差異合計數	遞延所得稅負債
	帳面金額	課稅基礎	暫時性差異	帳面金額	課稅基礎	暫時性差異		
×0	$500,000	$ 0	$500,000	$ 0	$300,000	$(300,000)	$200,000	$40,000
×1	340,000	0	340,000	0	204,000	(204,000)	136,000	27,200
×2	200,000	0	200,000	0	120,000	(120,000)	80,000	16,000
×3	125,000	0	125,000	0	75,000	(75,000)	50,000	10,000
×4	0	0	0	0	0	0	0	—

×0 年遞延所得稅負債
= 應收帳款與存貨暫時性差異合計數 × 稅率
= ($500,000 − $300,000) × 20%
= $40,000；其他年度之遞延所得稅負債可類推。

漸進式教學釋例

(A) 丙公司 ×4 年帳上認列一筆分期付款銷貨毛利 $250,000，但報稅則須等到收現時才認列，該批分期付款銷貨收入為 $1,000,000，該批銷貨丙公司 ×4 年與 ×5 年收現數分別為 $600,000 及 $400,000。假設丙公司 ×4 年及 ×5 年會計利潤分別為 $2,500,000 及 $1,780,000，且無其他會計利潤與課稅所得間的差異存在，稅率維持 20%。

試作：丙公司 ×4 年及 ×5 年所得稅相關分錄。

解析：

×4/12/31　　所得稅費用　　　　　　　　　500,000
　　　　　　　應付所得稅　　　　　　　　　　480,000 *
　　　　　　　遞延所得稅負債　　　　　　　　20,000 **
　　* [$2,500,000 − ($250,000/$1,000,000) × $400,000] × 20% = $480,000
　** ($250,000/$1,000,000) × $400,000 × 20% = $20,000

×5/12/31　　所得稅費用　　　　　　　　　356,000
　　　　　　遞延所得稅負債　　　　　　　20,000
　　　　　　　應付所得稅　　　　　　　　　　376,000 *
　　* [$1,780,000 + ($250,000/$1,000,000) × $400,000] × 20% = $376,000

(B) 丙公司成立於 ×1 年。×3 年到 ×5 年底帳上的產品保固負債準備餘額分別為 $400,000、$650,000、$500,000。假設丙公司 ×4 年及 ×5 年會計利潤分別為 $2,500,000 及 $1,780,000，且無其他會計利潤與課稅所得間的差異存在，稅率維持 20%。

試作：丙公司 ×4 年及 ×5 年所得稅相關分錄。

解析：

×4/12/31	所得稅費用	500,000	
	遞延所得稅資產	50,000 *	
	應付所得稅		550,000 **

* ($650,000 − $400,000) × 20% = $50,000
** [$2,500,000 + ($650,000 − $400,000)] × 20% = $550,000

×5/12/31	所得稅費用	356,000	
	遞延所得稅資產		30,000 *
	應付所得稅		326,000 **

* ($650,000 − $500,000) × 20% = $30,000
** [$1,780,000 − ($650,000 − $500,000)] × 20% = $326,000

(C) 丙公司 ×4 年帳上認列一筆分期付款銷貨毛利 $250,000，但報稅則須等到收現時才認列，該批分期付款銷貨收入為 $1,000,000，該批銷貨丙公司預計 ×4 年與 ×5 年收現數分別為 $600,000 及 $400,000。另外丙公司 ×3 年到 ×5 年底帳上的產品保固負債準備餘額分別為 $400,000、$650,000、$500,000。假設丙公司 ×4 年及 ×5 年會計利潤分別為 $2,500,000 及 $1,780,000，且無其他會計利潤與課稅所得間的差異存在，稅率維持 20%。

試作：(1) 丙公司 ×4 年及 ×5 年所得稅相關分錄；(2) 遞延所得稅相關的項目在 ×4 年資產負債表上的表達。

解析：

(1)

×4/12/31	所得稅費用	500,000	
	遞延所得稅資產	50,000 *	
	遞延所得稅負債		20,000 **
	應付所得稅		530,000 ***

* ($650,000 − $400,000) × 20% = $50,000
** ($250,000/$1,000,000) × $400,000 × 20% = $20,000
*** [$2,500,000 − ($250,000/$1,000,000) × $400,000 + ($650,000 − $400,000)] × 20% = $530,000

×5/12/31	所得稅費用	356,000	
	遞延所得稅負債	20,000	
	遞延所得稅資產		30,000 *
	應付所得稅		346,000 **

* ($650,000 − $500,000) × 20% = $30,000
** [$1,780,000 − ($650,000 − $500,000) + ($250,000/$1,000,000) × $400,000] × 20% = $346,000

(2)

丙公司
×4 年度
資產負債表 (部分)

資產	
非流動資產	
遞延所得稅資產	$60,000 *

* ($80,000 − $20,000) = $60,000，參閱本章 18.9 節之說明

(D) 承上題，假設丙公司 ×4 年及 ×5 年另各有慈善捐款 $70,000 及 $40,000，且 ×4 年及 ×5 年稅報上的折舊費用皆比帳列數高 $100,000。

試作：丙公司 ×4 年及 ×5 年所得稅相關分錄。

解析：

×4/12/31	所得稅費用	514,000	
	遞延所得稅資產	50,000 *	
	遞延所得稅負債		40,000 **
	應付所得稅		524,000 ***

* ($650,000 − $400,000) × 20% = $50,000
** [($250,000/$1,000,000) × $400,000+$100,000] × 20% = $40,000
*** $[2,500,000 + $70,000 − ($250,000/$1,000,000) × $400,000 − $100,000 + ($650,000 − $400,000)] × 20% = $524,000

×5/12/31	所得稅費用	364,000	
	遞延所得稅負債	20,000	
	遞延所得稅負債		20,000
	遞延所得稅資產		30,000 *
	應付所得稅		334,000 **

* ($650,000 − $500,000) × 20% = $30,000
** [$1,780,000 + $40,000 − ($650,000 − $500,000) + ($250,000/$1,000,000) × $400,000 − $100,000] × 20% = $334,000

18.3.6 所得稅費用衡量之考量因素

如表 18-9 所示，所得稅費用衡量之考量因素，包括決定稅率、暫時性差異預期迴轉期間、考量遞延所得稅資產之可回收性、認列遞延所得稅，及遞延所得稅資產可回收性之評估等。

表 18-9　所得稅費用衡量之考量因素

1. 使用已立法或已實質性立法之稅率；
2. 使用暫時性差異預期迴轉期間之預期平均稅率；
3. 考量企業預期回收或清償其資產及負債帳面金額之方式；
4. 遞延所得稅資產及負債不得折現；
5. 遞延所得稅資產可回收性之評估。

稅　率

本期及前期之本期所得稅負債(資產)，應以報導期間結束日已立法或已實質性立法之**稅率** (tax rate)(及稅法)計算之預期應付稅捐機關(自稅捐機關退款)金額衡量。遞延所得稅資產及負債應以預期資產實現或負債清償本期之稅率衡量，該稅率應以報導期間結束日已立法或已實質性立法之稅率(及稅法)為基礎。換言之，IAS 12 採用資產負債法之精神，衡量遞延所得稅負債或資產時，以預期未來遞延所得稅負債或資產清償或回收年度之稅率，作為**適用稅率** (applicable tax rate)。

本期及遞延所得稅資產及負債通常係以已立法之稅率(及稅法)衡量。惟在某些轄區，政府宣布之稅率(及稅法)有實際立法之實質效果，雖然實際立法可能在數月之後。在此情況下，所得稅資產及負債係以已宣布之稅率(及稅法)衡量。當不同稅率適用於不同課稅收益級距時，遞延所得稅資產及負債應採用暫時性差異預期迴轉期間適用於課稅所得(課稅損失)之預期平均稅率衡量。

管理者預期回收或清償其資產及負債帳面金額方式

遞延所得稅負債及遞延所得稅資產之衡量，應反映企業於報導期間結束日**預期回收或清償** (expected manner of recovery or settlement) 其資產及負債帳面金額之方式所產生之租稅後果。資產(負債)帳面金額回收(清償)方式之可能影響如表 18-10 所示。

企業衡量遞延所得稅負債及遞延所得稅資產所採用之稅率及課稅基礎，應與預期回收或清償之方式一致。

情況一：只影響適用之稅率

甲公司擁有某項不動產、廠房及設備之帳面金額為 $50,000 而

所得稅會計　Chapter 18

表 18-10　資產（負債）帳面金額回收（清償）方式之可能影響

情況一	影響資產（負債）帳面金額回收（清償）時所適用之稅率。
情況二	影響資產（負債）之課稅基礎。
情況三	同時影響資產（負債）帳面金額回收（清償）時所適用之稅率與資產（負債）之課稅基礎。

課稅基礎為 $30,000，若依當地稅法之規定，該項目若出售，其所適用之稅率為 20%，使用該項目之收益則所適用之稅率為 30%。

若甲公司預期不再使用該項目並將其出售，則認列之遞延所得稅負債為 $4,000（= $20,000 × 20%）；若甲公司預期持續持有該項目並透過使用回收其帳面金額，則認列之遞延所得稅負債為 $6,000（= $20,000 × 30%）。

舉另一例，乙公司擁有某項成本為 $50,000，帳面金額為 $40,000 之不動產、廠房及設備，於 ×0 年 1 月 1 日重估價至 $75,000。報稅上並未作相應之調整。過去報稅上提列之折舊累計為 $15,000，稅率為 30%。若該項目以高於成本之金額出售，已提列之累計折舊 $15,000 將計入課稅收益，但出售價款高於原始成本 ($50,000) 之部分則不課稅。該項目之課稅基礎為 $35,000，並有應課稅暫時性差異 $40,000（= $75,000 − $35,000）。

若乙公司預期以使用該項目之方式回收帳面金額，則必須產生 $75,000 之課稅收益，但僅能減除折舊 $35,000。在此基礎上，有遞延所得稅負債 $12,000（= 40,000 × 30%）。

若乙公司預期立即以 $75,000 之價款出售該項目回收帳面金額，則遞延所得稅負債之計算如下：

	應課稅暫時性差異	稅率	遞延所得稅負債
報稅已提之累計折舊	$15,000	30%	$4,500
出售價款超過成本金額	25,000	零	—
合計	$ 40,000[2]		$4,500

此外，因重估價而產生之額外遞延所得稅應認列於其他綜合損

---

[2] 在此例中，出售價款高於原始成本之部分不課稅，有另一分析認為此部分非為暫時性差異，故應課稅暫時性差異為 $15,000。

益。(請參照本章重估價之說明)

情況二、三:同時影響適用之稅率與課稅基礎

設同上述乙公司情況,但若該項目以高於成本之金額出售時,已提列之累計折舊將計入課稅收益中(按 30% 課稅),出售價款於減除調整通貨膨脹後之成本 $55,000 後將按 40% 課稅。若乙公司預期以使用該項目之方式回收帳面金額,必須產生 $75,000 之課稅收益,但僅能減除折舊 $35,000。在此基礎上,課稅基礎為 $35,000,有暫時性差異 $40,000,並有遞延所得稅負債 $12,000 (= $40,000 × 30%)。

若乙公司預期立即以 $75,000 之價款出售該項目回收帳面金額,將可減除調整通貨膨脹指數後之成本 $55,000。淨價款 $20,000 將按 40% 課稅。此外,報稅提列之累計折舊 $15,000 將計入課稅收益並按 30% 課稅。在此基礎上,課稅基礎為 $40,000 (= $55,000 – $15,000),而有應課稅暫時性差異 $35,000 及遞延所得稅負債 $12,500 (= $20,000 × 40% + $15,000 × 30%)。

折現

遞延所得稅資產及負債不得折現。暫時性差異之決定係參考資產或負債之帳面金額。即使帳面金額本身按折現基礎決定亦然,例如,退職後福利義務(參見第 17 章「員工福利」)。

遞延所得稅資產可回收性之評估

> 遞延所得稅資產的可回收性之評估原則即未來是否有足夠的課稅所得以供減除。

可減除暫時性差異之迴轉及虧損扣抵將產生未來期間決定課稅所得時之減除金額,此外,所得稅抵減可於未來減少所得稅負,惟上述以所得稅支付減少之方式所帶來之經濟效益,僅於企業賺取足夠之課稅所得以供減除金額之抵銷或減少所得稅負時,方會流入企業。因此,企業應評估所有可取得之證據,僅於很有可能有課稅所得以供可減除暫時性差異、虧損扣抵及所得稅抵減使用時,才可以認列遞延所得稅資產。

與同一稅捐機關下同一納稅主體有關之遞延所得稅資產之認列,僅限於:

1. 企業於可減除暫時性差異迴轉之同一期間(或於遞延所得稅資產

Chapter 18 所得稅會計

IFRS 一點通

同時透過使用與出售回收資產帳面金額

　　企業衡量遞延所得稅負債及遞延所得稅資產所採用之稅率及課稅基礎，應考量管理者預期回收之方式，有時企業會同時透過使用與出售回收帳面金額，例如企業持有投資性不動產，預期出租 3 年後再予以出售，或自用辦公大樓，預期使用 5 年後再予以出售。如果當地稅法規定之「適用之稅率」與「課稅基礎」會因資產回收之方式而有差異，則企業衡量遞延所得稅負債及遞延所得稅資產應加以考量。

產生之課稅損失遞轉前期或後期之期間)，很有可能有足夠之課稅所得，且該所得係與同一稅捐機關下之同一納稅主體有關。在評估未來期間是否有足夠之課稅所得時，企業：

(1) 比較可減除暫時性差異與未來課稅所得 (該未來課稅所得係排除因該等可減除暫時性差異迴轉所產生之課稅減除金額)。此比較顯示未來課稅所得足供企業減除因迴轉該等可減除暫時性差異產生之金額之程度。

(2) 不考量預期於未來期間原始產生之可減除暫時性差異所形成之應課稅金額，因為該可減除暫時性差異產生之遞延所得稅資產其本身須有未來期間之課稅所得以供使用；或

2. 企業有稅務規劃機會於適當期間產生課稅所得。

　　稅務規劃機會係指企業在課稅損失或所得稅抵減遞轉後期逾期前將採取之行動，以產生或增加某一特定期間之課稅所得。例如，在某些轄區，課稅所得可能藉由以下方式產生或增加：

1. 選擇使利息收入於收現時或應收時課稅；

2. 延後某些可對課稅所得減除金額之請求權；

3. 出售 (或許再租回) 已增值但課稅基礎尚未調整以反映該增值之資產；及

4. 出售某一產生免稅收益之資產 (例如，在某些轄區之政府公債)，以購買產生課稅收益之另一投資。

　　當稅務規劃機會將後期之課稅所得推進至較早期間時，遞轉後

研究發現

遞延所得稅資產可回收性評估與盈餘管理

由於遞延所得稅資產可回收性評估具有相當高的裁量與判斷空間，過去會計文獻顯示管理當局有利用此裁量性會計項目進行盈餘管理的跡象。

期之課稅損失或所得稅抵減之使用，仍取決於未來有非源自未來原始產生暫時性差異之課稅所得存在。

遞延所得稅資產可回收性之重評估

企業應於每一報導期間結束日檢視遞延所得稅資產之帳面金額。若已不再很有可能有足夠之課稅所得以供遞延所得稅資產之部分或全部之利益使用，針對無法使用之部分應減少遞延所得稅資產之帳面金額。在變成很有可能有足夠課稅所得之範圍內，任何原已減少之金額應予以迴轉。換言之，當環境改變以致影響有關遞延所得稅資產可回收性之判斷時，應重新計算遞延所得稅資產，因而產生之調整數應列入本期所得稅費用(利益)。例如，交易情況之改善可能使企業更有可能在未來期間產生足夠之課稅所得，而使遞延所得稅資產符合認列條件。另一例為，在企業合併當日或後續，企業重評估遞延所得稅資產。

釋例 18-1　遞延所得稅資產的回收性評估

甲公司成立於×5年，×5年底帳上估列產品保固負債準備 $100,000，假設稅法規定，產品保固費用於實際發生時方可認列，其適用稅率均為20%，甲公司無其他所得稅差異。

試作：
(1) 假設×5年底評估僅有80%的遞延所得稅資產會實現，×5年遞延所得稅的相關分錄。
(2) 假設×6年底產品保固負債準備餘額 $110,000，甲公司無其他財稅差異，甲公司重新評估後，認為有50%的遞延所得稅資產可能不能實現，×6年遞延所得稅的相關分錄。

解析

(1)	遞延所得稅資產	16,000	
	所得稅費用		16,000
	$\$100,000 \times 20\% \times 80\% = \$16,000$		
(2)	所得稅費用	5,000	
	遞延所得稅資產		5,000
	$\$110,000 \times 20\% \times 50\% = \$11,000$		
	$\$11,000 - \$16,000 = -\$5,000$		

18.4　本期及遞延所得稅之認列於損益或損益外

學習目標 4
了解認列於損益或損益之外的交易及其他事項的租稅後果之會計處理

　　由於企業對交易及其他事項租稅後果之處理，應與對該交易及其他事項本身之會計處理相同。因此，如圖 18-3 所示，對於認列於損益之交易及其他事項，其任何相關之所得稅影響數亦認列於損益。對於認列於損益之外 (列入其他綜合損益或直接計入權益) 之交易及其他事項，其任何相關之所得稅影響數亦認列於損益之外 (分別列入其他綜合損益或直接計入權益)。同樣地，企業合併中所認列之遞延所得稅資產及負債影響該企業合併所產生之商譽金額或所認列之廉價購買利益金額。

認列於損益項目

　　除下列情況所產生者外，本期及遞延所得稅應認列為收益或費損並計入本期損益：

本期及遞延所得稅之認列	
交易及其他事項本身之會計處理	相關所得稅後果之處理
認列於損益 →	認列於損益
列入其他綜合損益 →	列入其他綜合損益
直接計入權益 →	直接計入權益

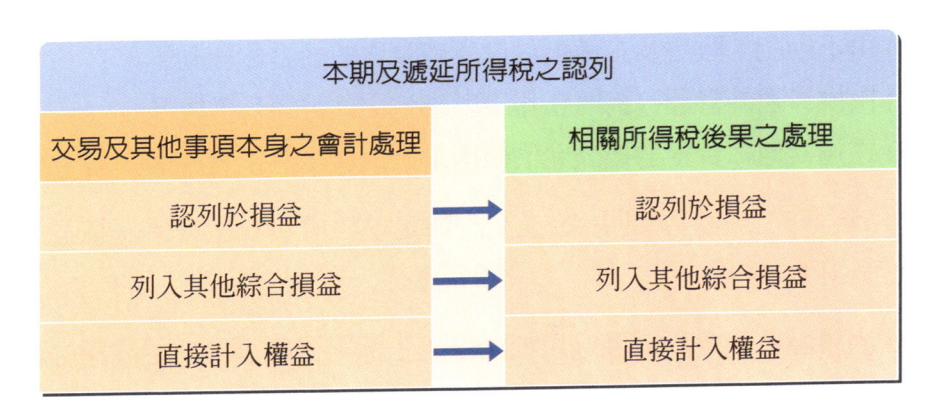

圖 18-3　所得稅後果之處理

(1) 於同期或不同期認列於損益之外 (列入其他綜合損益或直接計入權益) 之交易或事項；或
(2) 企業合併 (投資個體，如國際財務報導準則第 10 號「合併財務報表」所定義，收購其應透過損益按公允價值衡量之投資子公司除外)。

　　大部分之遞延所得稅負債及遞延所得稅資產，係因收益或費損於某一期間計入會計利潤但於不同期間計入課稅所得 (課稅損失) 而產生，其所產生之遞延所得稅應認列於損益。舉例如下：

(1) 當利息、權利金或股利收入延遲收現，並依 IAS 18 之規定按時間比例基礎計入會計利潤，但按現金基礎計入課稅所得 (課稅損失) 時；及
(2) 當無形資產之成本依 IAS 38 之規定予以資本化並攤銷至損益，但報稅上於發生當時即予以減除時。

認列於損益之外之項目

　　若所得稅與同期或不同期認列於損益之外之項目有關時，本期所得稅及遞延所得稅亦應認列於損益之外。因此，(1) 與同期或不同期認列於其他綜合損益之項目有關之本期所得稅及遞延所得稅應認列於其他綜合損益；或 (2) 與同期或不同期直接認列於權益之項目有關之本期所得稅及遞延所得稅應直接認列於權益。

　　國際財務報導準則規定或允許特定項目認列於其他綜合損益。此等項目之例為：

(1) 由不動產、廠房及設備重估價所產生之帳面金額變動；
(2) 由換算國外營運機構財務報表所產生之換算差異數；及
(3) 透過其他綜合損益按公允價值衡量之債務工具投資評價損益。

　　國際財務報導準則規定或允許特定項目直接貸記或借記權益。此等項目之例為：

(1) 因會計政策變動追溯適用或錯誤更正而對保留盈餘初始餘額之調整；及
(2) 原始認列複合金融工具之權益組成部分所產生之金額。

　　在極端情況下，可能難以決定與認列於損益之外 (列入其他綜

合損益或直接計入權益)之項目有關之本期及遞延所得稅金額。舉例如下：

(1) 當存在所得稅累進稅率，且無法決定課稅所得(課稅損失)中之特定組成部分按哪一稅率課稅；
(2) 當稅率或其他稅法之變動影響與先前認列於損益之外之項目(全部或部分)有關之遞延所得稅資產或負債；或
(3) 當企業決定遞延所得稅資產應予認列或不應再全數認列，且該遞延所得稅資產與先前認列於損益之外之項目(全部或部分)有關。

在此等情況下，與認列於損益之外之項目有關之本期及遞延所得稅，應以企業所屬課稅轄區內本期及遞延所得稅合理之比例分攤為基礎，或以能在該等情況下達成更適當分攤之其他方法為基礎。

當企業支付股利予股東時，可能須代股東將股利之一部分支付予稅捐機關。在許多轄區，此金額稱為扣繳稅款。已付或應付予稅捐機關之扣繳稅款應借記權益作為股利之一部分。

釋例 18-2　認列於其他綜合損益之項目

甲公司之員工退休計畫屬於確定福利計畫。依據稅法規定，在計算課稅所得時，該確定福利計畫僅實際提撥至計畫資產之金額得認列為可減除費用。甲公司適用稅率為20%。對相關精算損益，甲公司選擇於發生期間即立即認列於其他綜合損益。其確定福利義務於 ×0 年之變動情形如下：

年初餘額	$1,000,000
本期服務成本(認列於損益中)	250,000
利息費用(認列於損益中)	150,000
精算損失(認列於其他綜合損益中)	85,000
福利支付數	(470,000)
年底餘額	$1,015,000

依稅法規定，該確定福利計畫僅實際提撥至計畫資產之金額得認列為可減除費用。假設甲公司很有可能有足夠之課稅所得以供可減除暫時性差異使用，試計算確定福利義務於 ×0 年所產生之相關暫時性差異及遞延所得稅之金額？

解析

該確定福利計畫僅實際提撥至計畫資產之金額得認列為可減除費用，故 ×0 年期初

及期末課稅基礎皆為零。該確定福利義務於 ×0 年所產生之相關暫時性差異及遞延所得稅資訊如下：

	確定福利義務帳面金額	課稅基礎	暫時性差異	遞延所得稅資產
期初	$1,000,000	$ 0	$1,000,000	$200,000
期末	1,015,000	0	1,015,000	203,000

假設甲公司很有可能有足夠之課稅所得以供可減除暫時性差異使用，故應認列由確定福利義務當年度因服務成本、利息費用及精算損失所產生之相關遞延所得稅。服務成本及利息費用係認列於損益之交易及其他事項，故其任何相關之所得稅影響數亦認列於損益；服務成本及利息費用之遞延所得稅共計 $80,000 [= ($250,000 + $150,000) × 20%]，應認列於損益。由於精算損失 $85,000 係認列於其他綜合損益，故相關所得稅 $17,000 (= $85,000 × 20%) 亦應認列於其他綜合損益。甲公司於 ×0 年底帳上與確定福利義務相關之遞延所得稅分錄如下：

×0 年底	遞延所得稅資產	97,000	
	遞延所得稅利益 (所得稅費用)		80,000
	與其他綜合損益組成部分相關之所得稅		17,000

認列當年度福利支付 $470,000 所產生之遞延所得稅變動如下：

×0 年底	遞延所得稅利益 (所得稅費用)	80,000	
	與其他綜合損益組成部分相關之所得稅	26,000	
	遞延所得稅資產		106,000

當精算損益認列於其他綜合損益時，須考量該等精算損益相關本期或遞延所得稅。此外，企業通常不可能決定福利支付數係關於認列於損益之過去或本期服務成本，或關於精算損益。當認列於財務報表之退休金費用與本期取得之所得稅減除額之間缺乏明確關係，本期及遞延所得稅費用應根據合理基礎分攤至損益及其他綜合損益。假設甲公司之會計政策為先將所得稅減除額分攤至認列於損益之所得稅影響數 (上個分錄之 $80,000)，剩餘金額再分攤至認列於其他綜合損益之所得稅影響數 * ($470,000 × 20% − $80,000 = $14,000)。

---

* 企業亦得以其他合理基礎分攤之，例如：

(1) 全數分攤至損益

借：遞延所得稅利益 (所得稅費用)	106,000	
貸：遞延所得稅資產		106,000

或 (2) 先分攤至其他綜合損益，剩餘金額再分攤至損益

借：與其他綜合損益組成部分相關之所得稅	17,000	
遞延所得稅利益 (所得稅費用)	89,000	
貸：遞延所得稅資產		106,000

Chapter 18 所得稅會計

釋例 18-3　資產原始認列所產生之遞延所得稅負債

甲公司於 ×0 年 12 月 31 日購買一項資產成本 $15,000,000，稅上僅 $12,500,000 符合支出條件，估計並無殘值，採用直線法計提折舊。該資產之帳面金額預計將透過使用回收，甲公司適用稅率為 20%。試作下列各種情況下相關之遞延所得稅分錄：

情況一：假設資產折舊基於課稅目的與會計目的皆採相同折舊率 20%，採直線法提列折舊。

情況二：資產基於課稅目的與會計目的採不同折舊率，會計目的之折舊率為 20%，課稅目的之折舊率為 25%，採直線法提列折舊。

情況三：資產基於課稅目的與會計目的採不同折舊率，會計目的之折舊率為 20%，課稅目的之折舊率為 25%，採直線法提列折舊，但於 ×3 年 12 月 31 日出售，處分所適用之稅率亦為 20%。

解析

情況一：

與該資產有關之暫時性差異及其所產生之遞延所得稅計算如下：

年度	期末帳面金額	期末課稅基礎	不得認列之暫時性差異	遞延所得稅負債
×0	$15,000,000	$12,500,000	$2,500,000	—
×1	12,000,000	10,000,000	2,000,000	—
×2	9,000,000	7,500,000	1,500,000	—
×3	6,000,000	5,000,000	1,000,000	—
×4	3,000,000	2,500,000	500,000	—
×5	—	—	—	—

由於該資產相關之應課稅暫時性差異係於交易中原始認列產生，屬例外之情況，不得認列遞延所得稅負債，故甲公司帳上無相關所得稅分錄，不得認列之暫時性差異則隨後續提列折舊而縮減。

情況二：

與該資產有關之暫時性差異及其所產生之遞延所得稅計算如下：

年度	期末帳面金額	期末課稅基礎	暫時性差異	不得認列遞延所得稅負債之暫時性差異	應認列遞延所得稅負債之暫時性差異	遞延所得稅負債
×0	$15,000,000	$12,500,000	$2,500,000	$2,500,000	$ 0	$ —
×1	12,000,000	9,375,000	2,625,000	2,000,000	625,000	125,000
×2	9,000,000	6,250,000	2,750,000	1,500,000	1,250,000	250,000
×3	6,000,000	3,125,000	2,875,000	1,000,000	1,875,000	375,000
×4	3,000,000	—	3,000,000	500,000	2,500,000	500,000
×5	—	—	—	—	—	—

該資產相關之不得認列遞延所得稅負債之暫時性差異產生原因與情況一相同。除了不得認列遞延所得稅負債之暫時性差異外，該資產於原始認列後，因耐用年限財稅差異產生之暫時性差異，應認列其遞延所得稅負債。因此，如上表所示，每期期末應自暫時性差異中，扣除資產帳面金額中屬於取得日不得認列遞延所得稅負債之暫時性差異，餘額依照所適用之稅率計算應認列之遞延所得稅負債。

甲公司於×0年至×4年帳上相關之所得稅分錄如下：

×0/12/31　　　　　　　無分錄
說明：應課稅暫時性差異係於交易中原始認列產生，故不得認列遞延所得稅負債。

×1/12/31～×4/12/31　　所得稅費用　　　　125,000
　　　　　　　　　　　　　遞延所得稅負債　　　　　125,000
說明：於原始認列後產生額外之應課稅暫時性差異，應認列遞延所得稅負債。

×5/12/31　　　　　　　遞延所得稅負債　　500,000
　　　　　　　　　　　　　所得稅費用　　　　　　　500,000
說明：迴轉相關遞延所得稅負債。

情況三：

與該資產有關之暫時性差異及其所產生之遞延所得稅計算如下：

年度	期末帳面金額	期末課稅基礎	暫時性差異	不得認列遞延所得稅負債之暫時性差異	應認列遞延所得稅負債之暫時性差異	遞延所得稅負債
×0	$15,000,000	$12,500,000	$2,500,000	$2,500,000	$ 0	$ —
×1	12,000,000	9,375,000	2,625,000	2,000,000	625,000	125,000
×2	9,000,000	6,250,000	2,750,000	1,500,000	1,250,000	250,000
×3	6,000,000	3,125,000	2,875,000	1,000,000	1,875,000	375,000

Chapter 18 所得稅會計

IFRS 一點通

暫時性差異所得稅後果之衡量方法

原 IAS 12 規定企業採用遞延法或負債法 (有時稱為損益表負債法) 處理遞延所得稅。但目前 IAS 12 已禁止採用遞延法，而規定另一種負債法 (有時稱為資產負債表負債法)。損益表負債法著重時間性差異，而資產負債表負債法則著重暫時性差異。時間性差異係指在一期間產生，而於後續之一個或多個期間迴轉之課稅所得與會計利潤間之差額。暫時性差異係指資產或負債之課稅基礎與其於資產負債表帳面金額間之差額。所有時間性差異皆為暫時性差異。暫時性差異亦產生於部分不會產生時間性差異之項目。

甲公司於 ×0 年至 ×2 年帳上相關之所得稅分錄如下：

×0/12/31　　　　　　　無分錄

說明：應課稅暫時性差異係於交易中原始認列產生，故不予認列遞延所得稅負債。

×1/12/31～×3/12/31　　所得稅費用　　　　125,000
　　　　　　　　　　　　　遞延所得稅負債　　　　　125,000

說明：於原始認列後產生額外之應課稅暫時性差異，應認列遞延所得稅負債。

×3/12/31　　　　　　　遞延所得稅負債　　375,000
　　　　　　　　　　　　　所得稅費用　　　　　　　375,000

說明：甲公司於 20×3 年底出售該資產，故迴轉相關遞延所得稅負債。

18.5 我國未分配盈餘加徵所得稅之會計處理

學習目標 5
了解未分配盈餘加徵所得稅的會計處理

依所得稅法規定，未分配盈餘加徵百分之五營利事業所得稅部分，其盈餘分配在公司章程內已有明確規定者，得從其規定於所得發生年度估列為當年度費用。嗣後股東會若有變更盈餘分配時，再按會計估計變動之規定處理。其盈餘分配在公司章程內未有明確規定者，應俟股東會決議後方可列為所得稅費用。未分配盈餘加徵百分之五所產生之所得稅費用應分攤至繼續營業單位損益。

例如，甲公司於 ×0 年度認列所得稅費用 $600 後之稅後淨利為 $100,000，其盈餘分配比率在公司章程內未有規定。×1 年 6 月 1 日股東會決議 ×0 年度之盈餘分配如下：提列法定盈餘公積 $10,000 並發放現金股利 $44,000，故甲公司 ×0 年度依據所得稅法第 66 條之

條之 9 規定計算之未分配盈餘為 $46,000 [= $100,000 − ($10,000 + $44,000)]，應於 ×2 年度就該未分配盈餘辦理申報，並計算應加徵之稅額 $2,300 自行繳納。企業於盈餘產生年度 (第 1 年) 僅須認列 20% 之所得稅，尚無須就未分配盈餘部分估列 5% 所得稅費用。當年盈餘俟次年度 (第 2 年) 股東會通過盈餘分配案後，企業始就實際盈餘之分配情形，認列 5% 之未分配盈餘所得稅費用。據此，對於 ×0 年認列所得稅費用以及 ×1 年加徵百分之五營利事業所得稅部分，甲公司應作分錄如下：

×0/12/1	所得稅費用	600	
	應付所得稅		600
×1/6/1	所得稅費用	2,300	
	應付所得稅		2,300

18.6　複合金融工具

學習目標 6
了解複合金融工具所產生的應課稅暫時性差異及其租稅後果處理

　　金融工具同時產生金融負債及給與持有人將該工具轉換為權益工具之選擇權者，屬**複合金融工具** (compound financial instrument)。複合金融工具之原始帳面金額分攤至其權益及負債組成部分時，權益組成部分之金額等於該複合金融工具整體之公允價值減除經單獨決定之負債組成部分金額後之剩餘金額。

　　依 IAS 32「金融工具：表達」之規定，複合金融工具 (例如，可轉換公司債) 之發行人將此工具之負債組成部分分類為負債，並將權益組成部分分類為權益。在某些轄區，負債組成部分原始認列時之課稅基礎等於負債及權益組成部分原始帳面金額之合計數。所產生之應課稅暫時性差異，係自負債組成部分分離之權益組成部分原始認列所產生。因此，認列遞延所得稅之例外情況並不適用，故企業須認列此複合金融工具之遞延所得稅負債。因該遞延所得稅與直接認列於權益之項目有關，故遞延所得稅直接借記權益組成部分之帳面金額。然而，遞延所得稅負債之後續變動應認列於損益中作為遞延所得稅費用 (利益)。複合金融商品中之負債組成部分以到期日應清償金額折現衡量，該折價金額於決定課稅所得 (課稅損失) 時不可減除。

例如，甲公司於 ×4 年 12 月 31 日發行無息可轉換公司債收到款項 $3,000，並將於 ×8 年 1 月 1 日按面額償付。依據 IAS 32 之規定，將此工具之負債組成部分分類為負債，並將權益組成部分分類為權益。甲公司將原始帳面金額分配 $2,253 予該可轉換借款之負債組成部分，並分配 $747 予權益組成部分。續後，該企業按年初負債組成部分之帳面金額以年利率 10%，將該設算之折價轉列為利息費用。稅捐機關不允許企業申報該可轉換借款之設算折價作為減除項目。稅率為 20%。以下為與該負債組成部分相關之暫時性差異，以及所產生之遞延所得稅負債及遞延所得稅費用與收益：

	×4	×5	×6	×7
負債組成部分之帳面金額	$2,253	$2,478	$2,727	$3,000
課稅基礎	3,000	3,000	3,000	3,000
應課稅暫時性差異	$ 747	$ 522	$ 273	$ 0
期初遞延所得稅負債 (稅率 20%)	$ 0	$ 149	$ 104	$ 55
計入權益之遞延所得稅	149			
遞延所得稅費用 (利益)		(45)	(49)	(55)
期末遞延所得稅負債 (稅率 20%)	$ 149	$ 104	$ 55	$ 0

於 ×4 年 12 月 31 日應認列所產生之遞延所得稅負債，並對應調整可轉換公司債中權益組成部分之原始帳面金額。因此，於該日認列之金額如下：

負債組成部分	$2,253
遞延所得稅負債	149
權益組成部分 ($747 − $149)	598
	$3,000

分錄如下：

現金	3,000	
應付公司債折價	747	
應付公司債		3,000
遞延所得稅負債		149
資本公積―可轉換公司債		598

遞延所得稅負債之後續變動,應認列為所得稅利益並計入損益。因此,甲公司各年度之損益包含以下金額:

	年度			
	×4	×5	×6	×7
利息費用(設算之折價)	$0	$225	$249	$273
遞延所得稅費用(利益)	___	(45)	(49)	(55)
	$0	$180	$200	$218

18.7 企業或其股東納稅狀況變動之租稅後果

學習目標 7
了解企業或其股東納稅狀況變動之租稅後果之影響

企業股票上市、企業組織重組或控制股東遷徙至國外等因素,可能導致企業或其股東納稅狀況之變動,而使企業之課稅可能有所不同,例如:取得或喪失所得稅獎勵或於未來按不同稅率課稅。企業或其股東納稅狀況之變動,可能對企業本期所得稅負債或資產有立即影響;此變動亦可能增加或減少企業所認列之遞延所得稅負債及資產,須視納稅狀況變動對企業資產及負債帳面金額回收或清償所產生租稅後果之影響而定。

同理,企業由免稅主體改變為課稅主體時,應於變動日認列相關暫時性差異之遞延所得稅負債或資產;由課稅主體改變為免稅主體時,則應於變動日沖銷遞延所得稅負債或資產。

依據解釋公告 (SIC) 第 25 號,納稅狀況變動之本期及遞延所得稅後果,應計入本期損益,除非該等租稅後果與導致在同期或不同期直接貸記或借記已認列之權益金額或已認列於其他綜合損益金額之交易及事項有關。該等租稅後果與在同期或不同期已認列之權益金額(非計入損益)之變動有關者,應直接借記或貸記權益。該等租稅後果與已認列於其他綜合損益之金額有關者,應認列於其他綜合損益。

18.8 未使用課稅損失及未使用所得稅抵減

學習目標 8
了解虧損遞轉及所得稅抵減的會計處理,並了解遞延法及本期法的差異,以及遞延所得稅資產可回收性之評估條件

為符合公平原則,許多國家之稅法規定某一年度之營業虧損可與其他年度之課稅所得互相抵銷,而減少後期有所得年度之應納稅額,或退回前期有課稅所得年度已繳納之所得稅,此種規定通稱為

營業虧損扣抵 (operation loss carryforward or carryback)。另外，許多國家為鼓勵特定產業或經營活動，制定稅法予以獎勵，常見之例子包括企業購置設備、從事研究發展支出及進行股權投資等，合於有關法令規定，得抵減應納之所得稅，此種規定稱為所得稅抵減 (income tax credit) 或投資抵減 (investment tax credit)。

營業虧損遞轉後期

為考量企業永續經營及正確衡量課稅能力，世界各國之稅法多有營業虧損扣抵之規定，企業發生營業虧損時，允許企業未來若有利潤時，可扣抵該企業前期營業虧損。依我國稅法規定，公司組織之營利事業，合於一定條件者，可將稽徵機關核定之前 10 年內各期虧損，自本年度淨利額中扣抵後，再行核課所得稅。亦即本年度之虧損可以遞轉於以後 10 年，用以抵銷課稅所得。此種虧損扣抵，僅在計算課稅所得時適用之，於計算會計利潤時並不適用，因而使會計利潤與課稅所得發生差異。

我國所得稅法第 39 條對企業以往年度虧損扣除有額外限制規定[3]，此外，有些國家 (如法國、德國、香港、馬來西亞) 允許無限期之扣抵，無年限之限制。

營業虧損遞轉前期及遞轉後期

有些國家之稅法規定 (如美國、新加坡與英國)，允許企業某一年度之虧損可選擇先遞轉前期 (carryback) (如 1 年或 2 年)，再依序遞轉後期 (carryforward) (如 20 年或無限制年數)，或直接遞轉後期。

虧損遞轉之會計處理

企業之營業虧損若符合當地稅法規定，得以遞轉前期時，依前期之稅率決定所得稅利益之金額。分錄為：

借：應收退稅款　　　　　　　　×××
　　貸：所得稅利益—營業虧損遞轉前期　　×××

---

[3] 以往年度營業之虧損，不得列入本年度計算。但公司組織之營利事業，會計帳冊簿據完備，虧損及申報扣除年度均使用第 77 條所稱藍色申報書或經會計師查核簽證，並如期申報者，得將經該管稽徵機關核定之前 10 年內各期虧損，自本年淨利額中扣除後，再行核課。

企業之營業虧損若符合當地稅法規定，尚有未使用課稅損失可遞轉後期時，依未來有課稅所得時可能適用之稅率，決定所得稅利益之金額。承認遞延所得稅資產及營業虧損遞轉後期之所得稅利益。分錄為：

借：遞延所得稅資產　　　　　　　　　×××
　　貸：所得稅利益—營業虧損遞轉後期　　　×××

將來有課稅所得時依當年可少付之所得稅金額沖銷遞延所得稅資產。惟遞延所得稅資產之認列應評估遞延所得稅資產可回收性。

所得稅抵減之會計處理

所得稅抵減可使用之會計處理方法有**遞延法** (deferred method) 及**本期認列法** (flow-through method)。所謂遞延法，係指將所得稅抵減數遞延於設備使用期間攤銷；而本期認列法則將所得稅抵減數於投資當年全數認列。對不同之所得稅抵減項目，選擇不同之會計處理方法：(1) 屬購置設備資產之所得稅抵減，得按遞延法或本期認列法處理；(2) 屬研究發展支出（未來經濟效益極不確定）及股權投資（持有期間難以確定）之所得稅抵減應按本期認列法處理。

企業若使用遞延法作為所得稅抵減之會計處理，於設備購置年度，符合稅法之規定，購置成本之特定比例得抵減應納之所得稅，企業認列可抵減之稅額，惟若有未使用所得稅抵減數時，應於發生所得稅抵減之年度（非實際抵減年度），評估遞延所得稅資產可回收性後，認列遞延所得稅資產。分錄為：

借：遞延所得稅資產　　　　　　　　　×××
　　貸：遞延所得稅抵減利益　　　　　　　×××

「遞延所得稅抵減利益」應作為資產負債表之遞延收入項目。各年遞延所得稅抵減攤銷時，就全部可抵減（含未來）之稅額於設備使用年限逐年攤銷。分錄為：

借：遞延所得稅抵減利益　　　　　　　×××
　　貸：遞延所得稅利益—所得稅抵減（所得稅費用）　×××

> 遞延法與本期認列法的差異在於遞延法將其所得稅抵減數逐年攤銷，而本期認列法將其所得稅抵減數於當年全數認列。

企業若使用本期認列法作為所得稅抵減之會計處理，設備購置或投資年度，就全部可抵減稅額認列遞延所得稅資產，並減少所得稅費用。分錄為：

借：遞延所得稅資產　　　　　　　　　×××
　　貸：遞延所得稅利益—所得稅抵減（所得稅費用）　×××

遞延所得稅資產可回收性之評估（未使用課稅損失及未使用所得稅抵減）

對於**未使用課稅損失**（虧損扣抵）(unused tax losses) 及**未使用所得稅抵減遞轉後期** (carryforward of unused tax credits)，企業在很有可能有未來課稅所得以供未使用課稅損失及未使用所得稅抵減使用之範圍內，應認列遞延所得稅資產。未使用課稅損失及未使用所得稅抵減遞轉後期所產生遞延所得稅資產之認列條件，與可減除暫時性差異所產生遞延所得稅資產之認列條件相同。惟未使用課稅損失之存在係未來可能不會有課稅所得之強烈證據。因此，當企業過去曾有近期虧損之歷史時，僅於有足夠之應課稅暫時性差異，或有具說服力之其他證據顯示將有足夠之課稅所得以供未使用課稅損失或未使用所得稅抵減使用之範圍內，對未使用課稅損失或未使用所得稅抵減認列遞延所得稅資產。

企業應考量下列條件，以評估將有課稅所得以供未使用課稅損失或未使用所得稅抵減使用之可能性：

1. 企業是否有足夠之應課稅暫時性差異，該應課稅暫時性差異係與同一稅捐機關下之同一納稅主體有關，且將產生應課稅金額以供未使用課稅損失或未使用所得稅抵減於逾期前使用；
2. 在未使用課稅損失或未使用所得稅抵減逾期前，企業是否很有可能將有課稅所得；
3. 產生未使用課稅損失之可辨認原因，是否不太可能再發生；及
4. 企業是否有稅務規劃機會，於未使用課稅損失或未使用所得稅抵減可使用之期間產生課稅所得。

在非很有可能有課稅所得以供未使用課稅損失或未使用所得稅抵減使用之範圍內，不可認列遞延所得稅資產。

釋例 18-4　所得稅抵減──本期法

甲公司於 ×7 年 1 月 1 日購入一項設備 $666,000，此設備符合產業創新條例故得以享有 10% 所得稅抵減，但抵減數以當年度應納稅額之半數為限，且須於 5 年內使用完未使用之抵減數。該設備估計可使用 5 年，無殘值，使用直線法提列折舊。甲公司 ×7 年的課稅所得為 $600,000，稅率為 20%。甲公司有充分證據顯示 ×7 年底未使用之抵減數將於 ×8 年全數使用完畢。假設甲公司無其他會計利潤與課稅所得間的差異情形。

若採用本期認列法，試作：甲公司 ×7 年及 ×8 年應作的所得稅相關分錄。

解析

×7/1/1	遞延所得稅資產	66,600	
	遞延所得稅利益（所得稅費用）		66,600

$666,000 × 10% = $66,600

×7/12/31	所得稅費用	120,000	
	應付所得稅		120,000
	應付所得稅	60,000	
	遞延所得稅資產		60,000

$600,000 × 20% = $120,000；$120,000 × 50% = $60,000

×8/12/31	應付所得稅	6,600	
	遞延所得稅資產		6,600

釋例 18-5　所得稅抵減──遞延法

承釋例 18-4，若改採用遞延法，試作：甲公司 ×7 年及 ×8 年應作的所得稅相關分錄。

解析

×7/1/1	遞延所得稅資產	66,600	
	遞延所得稅抵減利益		66,600
×7/12/31	所得稅費用	120,000	
	應付所得稅		120,000
	應付所得稅	60,000	
	遞延所得稅資產		60,000
	遞延所得稅抵減利益	13,320	
	遞延所得稅利益（所得稅費用）		13,320

$66,600 × 1/5 = $13,320

Chapter 18 所得稅會計

×8/12/31	應付所得稅	6,600	
	遞延所得稅資產		6,600
	遞延所得稅抵減利益	13,320	
	遞延所得稅利益（所得稅費用）		13,320

釋例 18-6　虧損扣抵

文山公司自民國 ×3 年成立後會計利潤如下，且無任何永久性差異與暫時性差異：

年度	會計利潤（損失）	稅率
×3	$ 90,000	20%
×4	170,000	22%
×5	80,000	24%
×6	50,000	25%
×7	(400,000)	25%
×8	120,000	25%

試問：

1. 假設文山公司選擇損失可先扣抵以前 3 年再扣抵以後 15 年之所得，假設 ×7 年預計很有可能有未來課稅所得以供未使用課稅損失（虧損扣抵）使用，故應認列遞延所得稅資產。試作 ×7 年、×8 年所得稅有關的分錄。
2. 假設文山公司選擇損失可扣抵以後 5 年之所得，假設 ×7 年預計很有可能有未來課稅所得以供未使用課稅損失（虧損扣抵）使用，故應認列遞延所得稅資產，試作 ×7 年、×8 年所得稅有關的分錄。

解析

1. ×7 年

應收退稅款	69,100	
所得稅利益—虧損遞轉以前年度		69,100

$170,000 × 22% + $80,000 × 24% + $50,000 × 25% = $69,100

遞延所得稅資產	25,000	
所得稅利益—虧損遞轉以後年度		25,000

($400,000 − $170,000 − $80,000 − $50,000) × 25% = 100,000 × 25% = $25,000

×8 年

所得稅費用	30,000	
遞延所得稅資產		25,000
應付所得稅		5,000

$120,000 × 25% = $30,000

447

2. ×7年

　　遞延所得稅資產　　　　　　　　100,000
　　　　所得稅利益—虧損遞轉以後年度　　　　100,000
　$400,000 × 25\% = \$100,000$

×8年

　　所得稅費用　　　　　　　　　　30,000
　　　　遞延所得稅資產　　　　　　　　　　30,000

　　註：尚有遞延所得稅資產 $70,000 可供 ×9 年虧損扣抵之用。

18.9　表　達

學習目標 9
了解遞延所得稅資產及負債在財務報表上的表達，以及所得稅資產及負債的互抵條件

非流動資產及非流動負債

依據 IAS 1 第 56 段規定，當企業於財務狀況表中按流動與非流動資產及流動與非流動負債之分類分別表達時，不得將遞延所得稅資產(負債)分類為流動資產(負債)，亦即只能分類為非流動資產(負債)。

了解遞延所得稅資產及遞延所得稅負債皆為非流動

所得稅資產及所得稅負債之互抵

企業僅於同時符合下列條件時，始應將本期所得稅資產及本期所得稅負債互抵：

1. 企業有法定執行權將所認列之金額互抵；且
2. 企業意圖以淨額基礎清償或同時實現資產及清償負債。

若本期所得稅資產及本期所得稅負債與由同一稅捐機關課徵之所得稅有關，且該稅捐機關允許企業支付或收受單筆淨付款時，企業通常有法定執行權將本期所得稅資產及本期所得稅負債互抵。於合併財務報表中，集團內某一個體之本期所得稅資產與集團內另一個體之本期所得稅負債，僅於涉及之各個體有法定執行權以支付或收受單筆淨付款，且各個體意圖支付或收受此一淨付款或同時回收資產及清償負債時，始可互抵。

遞延所得稅資產及遞延所得稅負債之互抵

企業僅於同時符合下列條件時，始應將遞延所得稅資產及遞延

所得稅負債互抵：

1. 企業有法定執行權將本期所得稅資產及本期所得稅負債互抵；且
2. 遞延所得稅資產及遞延所得稅負債與下列由同一稅捐機關課徵所得稅之納稅主體之一有關：

(1) 同一納稅主體；或
(2) 不同納稅主體，但各主體意圖在重大金額之遞延所得稅負債或資產預期清償或回收之每一未來期間，將本期所得稅負債及資產以淨額基礎清償，或同時實現資產及清償負債。

　　為避免需對每一暫時性差異迴轉之時點作詳細表列，本準則規定企業僅當遞延所得稅資產及遞延所得稅負債與由同一稅捐機關課徵之所得稅有關，且企業有法定執行權將本期所得稅資產及本期所得稅負債互抵時，同一納稅主體之遞延所得稅資產及遞延所得稅負債始應互抵。

　　在罕見情況下，企業可能在某些期間有互抵之法定執行權並意圖以淨額清償，而其他期間則否。在此等罕見情況下，企業可能須作詳細表列，以可靠地確立某一納稅主體之遞延所得稅負債將導致增加所得稅支付，是否與另一納稅主體之遞延所得稅資產將導致該第二納稅主體減少支付，兩者在同一期間。

附錄 A　非暫時性差異導致之遞延所得稅資產及負債金額變動

　　遞延所得稅資產及負債之帳面金額可能變動，即使相關暫時性差異之金額並未變動。此種變動可能導因於諸如：

1. 稅率或稅法之變動；
2. 遞延所得稅資產可回收性之重評估；或
3. 資產預期回收方式之變動。

　　除與先前認列於損益之外之項目有關者外，上述變動所產生之遞延所得稅應認列於損益。

釋例 18A-1　稅率變動

甲公司 ×6 年有課稅所得 $750,000，稅率為 20%。甲公司會計利潤與課稅所得間有以下差異：

1. 鑽井設備於 ×6 年 1 月 1 日購入時成本為 $40,000，估計可使用 4 年，無殘值。會計帳上使用直線法提列折舊，報稅時使用年數合計法，亦無殘值。
2. ×6 年底時外幣應收帳款依期末匯率重新評價，帳上認列兌換損失 $12,000，依稅法規定收現時方可認列，甲公司於 ×7 年收現該筆應收帳款。

假設 ×7 年初時稅法修訂調低稅率至 17%，並於同年開始適用。×7 年甲公司的課稅所得為 $800,000，且無發生其他造成會計利潤與課稅所得間差異的交易。

試作：×6 年到 ×7 年認列所得稅費用相關分錄。

解析

折舊費用差異：

	×6 年	×7 年	×8 年	×9 年
帳列折舊費用	$10,000	$10,000	$10,000	$10,000
報稅折舊費用	16,000	12,000	8,000	4,000
差異數	$(6,000)	$(2,000)	$ 2,000	$ 6,000

兌換損失差異：

	×6 年	×7 年
帳列金額	$12,000	$　　0
報稅金額	0	12,000
差異數	$12,000	$(12,000)

×6 年所得稅之計算：

	×6 年	預計迴轉年度 ×7 年	×8 年	×9 年
會計利潤	$750,000			
暫時性差異：				
折舊費用差異	(6,000)			
迴轉年度				
兌換損失差異		$ (2,000)	$2,000	$6,000
迴轉年度	12,000	(12,000)		
課稅所得	$756,000	$(14,000)	$2,000	$6,000

(接下頁)

所得稅會計

	×6年	預計迴轉年度 ×7年	×8年	×9年
稅率	20%	20%	20%	20%
應付所得稅	$151,200			
遞延所得稅負債			$ 400	$1,200
遞延所得稅資產		$ 2,800		
所得稅費用之計算				
應付所得稅	$151,200			
遞延所得稅負債	1,600			
遞延所得稅資產	(2,800)			
所得稅費用	$ 150,000			

×7年所得稅之計算：

	預計迴轉年度 ×7年	×8年	×9年
會計利潤	$800,000		
暫時性差異：			
折舊費用差異	(2,000)		
迴轉年度		$2,000	$6,000
兌換損失差異	(12,000)		
課稅所得	$786,000	$2,000	$6,000
原稅率	20%	20%	20%
新稅率	17%	17%	17%
原稅率下遞延所得稅負債		$ 400	$1,200
新稅率下遞延所得稅負債		340	1,020
減少之所得稅費用		$ 60	$ 180
所得稅費用之計算			
應付所得稅			$133,620
期末遞延所得稅負債	1,360		
期初遞延所得稅負債	(1,600)		
本期遞延所得稅負債之減少			(240)
期末遞延所得稅資產	0		
期初遞延所得稅資產	2,800		
本期遞延所得稅資產之減少			2,800
所得稅費用			$136,180

×6/12/31	所得稅費用	150,000	
	遞延所得稅資產	2,800	
	遞延所得稅負債		1,600
	應付所得稅		151,200
×7/12/31	所得稅費用	136,180	
	遞延所得稅負債	240	
	應付所得稅		133,620
	遞延所得稅資產		2,800

附錄 B　資產重估價之所得稅議題

依 IAS 16 之規定，採**重估價模式** (revaluation model) 之資產，當進行重估價時，資產之帳面金額將會因重估而增加或減少，但通常重估價並不影響當年度之課稅所得，且稅捐機關亦不調整資產之課稅基礎以反映此重估價。因此，資產進行重估價將產生暫時性差異，而認列遞延所得稅。

企業對資產重估價租稅後果之處理，應與對該資產重估價本身之會計處理相同。IAS 16 並未明定企業是否應每年將重估價資產之折舊或攤銷金額與以該資產之成本為基礎之折舊或攤銷金額間之差額，自重估增值轉入保留盈餘。若企業進行此移轉，所轉入之金額應為扣除相關遞延所得稅後之淨額。類似方法亦適用於處分不動產、廠房及設備所進行之移轉。

當資產在報稅上重估價，且該重估價與較早期間或與預期未來期間將進行之會計重估價有關，則資產重估價與課稅基礎調整兩者之所得稅影響數應認列於各發生期間之其他綜合損益中。惟若報稅上之重估價並非與較早期間或與預期未來期間將進行之會計重估價有關時，課稅基礎調整之所得稅影響數應認列於損益。

重估增值

> 資產重估增值時將認列其產生的遞延所得稅於其他綜合損益中，並不影響損益。但將於未來透過使用回收而因此於遞延所得稅迴轉時影響損益。

資產**重估增值** (upward revaluation) 通常將產生應課稅暫時性差異，認列遞延所得稅負債。雖然重估價產生之遞延所得稅會先認列於其他綜合損益，由於該不動產之價值預期將透過使用於應課稅之營運活動來回收 (亦即，認列折舊費用及產生課稅所得)，資產透過使用回收將影響損益，因此遞延所得稅之迴轉將透過損益進行。

例如甲公司以 $8,000 於 ×1 年 1 月 1 日購入一項不動產，該不動產採重估價模式。基於課稅目的與會計目的，該不動產皆以 5 年採直線法提列折舊，估計並無殘值。於 ×3 年 12 月 31 日，該不動產於會計上經重估價

Chapter 18 所得稅會計

為 $9,600，重估價並不影響當年度之課稅所得，且稅捐機關亦不調整建築物之課稅基礎以反映此重估價。該不動產之價值預期將透過使用於應課稅之營運活動來回收，其稅率為 20%。此外，甲公司選擇將該資產相關重估增值於使用該資產時逐步轉入保留盈餘。

年度	帳面金額	課稅基礎	暫時性差異	遞延所得稅負債	當年變動數
×1/01/01	$8,000	$8,000	$ 0	$ —	$ —
×1/12/31	6,400	6,400	0	—	—
×2/12/31	4,800	4,800	0	—	—
×3/12/31	9,600	3,200	6,400	1,280	1,280
×4/12/31	4,800	1,600	3,200	640	(640)
×5/12/31	0	0	0	—	(640)

×3 年底應作之分錄如下：

×3/12/31	累計折舊—房屋及建築	4,800	
	房屋及建築成本	1,600	
	其他綜合損益—重估增值		6,400
×3/12/31	與其他綜合損益組成部分相關之所得稅	1,280	
	遞延所得稅負債		1,280
×3/12/31	其他綜合損益—重估增值	6,400	
(結帳分錄)	與其他綜合損益組成部分相關之所得稅		1,280
	其他權益—重估增值[4]		5,120

在 ×4 及 ×5 年，不動產重估增值轉入保留盈餘及重估價所產生之暫時性差異迴轉之相關分錄如下：

×4/12/31 及 ×5/12/31	其他權益—重估增值	2,560	
	保留盈餘		2,560
×4/12/31 及 ×5/12/31	遞延所得稅負債	640	
	遞延所得稅利益		640

重估減值認列於損益

資產**重估減值** (downward revaluation) 通常將產生可減除暫時性差異，

---

[4] 所得稅於權益變動表應調整「其他權益—重估增值」單行項目，該單行項目餘額為 $5,120 (= $6,400 – $1,280)。

而認列遞延所得稅資產或減少遞延所得稅負債。例如甲公司以 $8,000 於 ×1 年 1 月 1 日購入一項不動產，該不動產採重估價模式。基於課稅目的與會計目的，該不動產皆以 5 年採直線法提列折舊，估計並無殘值。於 ×3 年 12 月 31 日，該不動產於會計上經重估價為 $1,600，重估價並不影響當年度之課稅所得，且稅捐機關亦不調整建築物之課稅基礎以反映此重估價。該不動產之價值預期將透過使用於應課稅之營運活動來回收，其稅率為 20%。

年度	帳面金額	課稅基礎	暫時性差異	遞延所得稅負債	當年變動數
×1/01/01	$8,000	$8,000	$ 0	$ —	$ —
×1/12/31	6,400	6,400	0	—	—
×2/12/31	4,800	4,800	0	—	—
×3/12/31	1,600	3,200	(1,600)	(320)	(320)
×4/12/31	800	1,600	(800)	(160)	160
×5/12/31	0	0	0	—	160

×3 年底應作之分錄如下：

重估價損失	1,600	
累計折舊—房屋及建築		1,600
遞延所得稅資產	320	
遞延所得稅利益		320

在 ×4 及 ×5 年，重估價所產生之暫時性差異迴轉之相關分錄如下：

遞延所得稅費用	160	
遞延所得稅資產		160

上述「重估價損失」、「遞延所得稅費用 (利益)」皆是認列於損益中。

重估減值前期已重估增值之資產

　　IAS 16 規定資產帳面金額若因重估價而減少，則該減少數應認列為損益。惟於該資產前期重估增值項下貸方餘額範圍內，重估價之減少數應認列於其他綜合損益，所認列之其他綜合損益減少數，將減少權益中重估增值項下之累計金額。因此，遞延所得稅後果將透過重估增值項下貸方餘額迴轉而調整權益。

　　例如，甲公司以 $8,000 於 ×0 年 12 月 31 日購入一項不動產，該不動產採重估價模式。基於課稅目的與會計目的，該不動產皆以 10 年採直線法提列折舊，估計並無殘值。於 ×3 年 12 月 31 日，該不動產於會計上經重估價為 $8,400，並於 ×6 年 12 月 31 日，第二次重估價為 $1,600。重估

價並不影響當年度之課稅所得，且稅捐機關亦不調整建築物之課稅基礎以反映此重估價。該不動產之價值預期將透過使用於應課稅之營運活動來回收，其稅率為20%。此外，甲公司選擇將該資產相關重估增值於資產報廢或處分時全部實現轉入保留盈餘。

年度	帳面金額	課稅基礎	暫時性差異	遞延所得稅負債（資產）	當年變動數	認列權益	認列損益
×0	$8,000	$8,000	$ 0	$ —	$ —	$ —	$ —
×1	7,200	7,200	0	—	—	—	—
×2	6,400	6,400	0	—	—	—	—
×3	8,400	5,600	2,800	560	560	560	—
×4	7,200	4,800	2,400	480	(80)	—	(80)
×5	6,000	4,000	2,000	400	(80)	—	(80)
×6	1,600	3,200	(1,600)	(320)	(720)	(476)	(160)
×7	1,200	2,400	(1,200)	(240)	80	—	80
×8	800	1,600	(800)	(160)	80	—	80
×9	400	800	(400)	(80)	80	—	80
×10	0	0	0	—	80	—	80

×3年底應作之分錄如下：

　　累計折舊—房屋及建築　　　　　　　　2,400
　　房屋及建築成本　　　　　　　　　　　　400
　　　　其他綜合損益—重估增值　　　　　　　　　2,800

　　與其他綜合損益組成部分相關之所得稅　　560
　　　　遞延所得稅負債　　　　　　　　　　　　　560

結帳分錄

　　其他綜合損益—重估增值　　　　　　　2,800
　　　　與其他綜合損益組成部分相關之所得稅　　　560
　　　　其他權益—重估增值　　　　　　　　　　2,240

×6年底應作之分錄如下：

　　重估價損失　　　　　　　　　　　　　　400
　　其他綜合損益—重估增值　　　　　　　2,800
　　　　累計折舊—房屋及建築　　　　　　　　　3,200

　　遞延所得稅資產　　　　　　　　　　　　320
　　遞延所得稅負債　　　　　　　　　　　　400
　　　　與其他綜合損益組成部分相關之所得稅　　　560
　　　　遞延所得稅利益　　　　　　　　　　　　　160

結帳分錄

與其他綜合損益組成部分相關之所得稅	560	
其他權益—重估增值	2,240	
其他綜合損益—重估增值		2,800

非折舊性資產重估價法——帳面金額回收議題

若非折舊性資產 (如土地) 依 IAS 16 之規定，以重估價模式衡量而產生遞延所得稅負債或遞延所得稅資產，則該遞延所得稅負債或遞延所得稅資產之衡量應反映該非折舊性資產透過出售回收帳面金額之租稅後果，不論該資產帳面金額之衡量基礎為何。因此，若稅法明定出售資產所產生課稅金額之適用稅率，與使用資產所產生課稅金額之適用稅率不同時，則應採用出售資產之稅率以衡量與非折舊性資產相關之遞延所得稅負債或資產。

例如：乙公司於 ×1 年 1 月 1 日以 $6,000 購入土地，採重估價模式。於 ×2 年 12 月 31 日，該土地經重估價為 $8,000，假設重估價並不影響當年度之課稅所得，且稅捐機關亦不調整土地之課稅基礎以反映此重估價，該土地之課稅基礎為 $6,000，出售土地所適用之稅率為 20%，其他收益所適用之稅率為 17%。其遞延所得稅負債之衡量應以出售該資產之適用稅率 20% 計算，故乙公司應於 ×2 年 12 月 31 日認列遞延所得稅負債 $400 (= 2,000 × 20%)。

附錄 C　投資性不動產採公允價值衡量之所得稅議題

遞延所得稅負債或資產若係由採用 IAS 40 中公允價值模式衡量之投資性不動產所產生，即存在一項可反駁之前提假設：該投資性不動產之帳面金額將透過出售而回收。因此，除非該前提假設被反駁，否則遞延所得稅負債或遞延所得稅資產之衡量應反映該投資性不動產完全透過出售回收帳面金額之租稅後果[5]。

若投資性不動產為折舊性且其目的係隨時間消耗幾乎所有包含於該投資性不動產之經濟效益之經營模式下持有，而非透過出售，則此前提假設即被反駁。若該前提假設被反駁，則應遵循 18.3.6 節所提之相關規定衡量所得稅。

---

[5] 當遞延所得稅負債或遞延所得稅資產係由企業合併中衡量投資性不動產所產生，若企業後續衡量該投資性不動產仍將採用公允價值模式時，亦適用可反駁前提假設。

Chapter 18 所得稅會計

釋例 18C-1　採公允價值衡量之投資性不動產所得稅計算

甲公司於 20×2 年底持有兩項投資性不動產，其成本及公允價值如下表，已知該兩項投資性不動產係採 IAS 40 中公允價值模式衡量，土地為無限耐用年限，且報稅上，建築物之累計折舊為 $200，投資性不動產之未實現公允價值變動並不影響課稅所得。

	原始成本	公允價值
土地	$400	$600
建築物	600	900
投資性不動產金額	$1,000	$1,500

若投資性不動產以高於成本之金額出售，出售價款超過成本之部分，稅法明定持有資產少於 2 年之稅率為 25%，持有資產 2 年以上之稅率為 20%，其他影響按一般稅率 30% 課稅，請依據下列情況：

(1) 情況一：兩項投資性不動產以出售回收帳面金額（預期 2 年後出售）。
(2) 情況二：兩項投資性不動產以出售回收帳面金額（預期 2 年內出售）。
(3) 情況三：建築物預期以使用回收帳面金額，土地預期 2 年後出售。

試作：計算 20×2 年底該投資性不動產產生之暫時性差異及遞延所得稅資產（負債）。

解析

計算暫時性差異：

	原始成本 (1)	稅上累計折舊 (2)	課稅基礎 (1－2)	公允價值 （帳面金額）	應課稅暫時性差異 （帳面金額－課稅基礎）
土地	$400	$　—	$400	$600	$200
建築物	600	(200)	400	900	500*
合計	$1,000	$(200)	$800	$1,500	$700

*假設投資性不動產以高於成本之金額出售，則建築物之暫時性差異應區分：
　累計課稅折舊迴轉計入課稅所得 + 出售價款超過成本之部分
　= $200 + [($900 － $600)] = $500

```
┌─────────────┐
│    $900     │  ╌╌╌ 出售價款超過成本
│   建築物     │       部分，依稅法規定
│   帳面金額   │       25% 或 20% 課稅
│             │  ┌─────────┐
│             │  │  $600   │  ╌╌╌ 累計課稅折舊迴轉依
│             │  │ 建築物   │       一般稅率 30% 課稅
│             │  │ 原始成本 │  ┌─────────┐
│             │  │         │  │  $400   │
│             │  │         │  │ 建築物   │
│             │  │         │  │ 課稅基礎 │
└─────────────┘  └─────────┘  └─────────┘
```

(1) 情況一：兩項投資性不動產以出售回收帳面金額(預期2年後出售)。

若假設投資性不動產之帳面金額將透過出售而回收，稅率為預期投資性不動產實現本期應適用之稅率。因此，若企業預期在持有不動產超過2年之後出售，則所產生之遞延所得稅負債之計算如下：

	應課稅暫時性差異	稅率	遞延所得稅負債
出售價款超過成本金額－土地	$200	20%	$40
出售價款超過成本金額－建築物	300	20%	60
累計課稅折舊－建築物	200	30%	60
合計	$700		$160

(2) 情況二：兩項投資性不動產以出售回收帳面金額(預期2年內出售)

	應課稅暫時性差異	稅率	遞延所得稅負債
出售價款超過成本金額－土地	$200	25%	$50
出售價款超過成本金額－建築物	300	25%	75
累計課稅折舊－建築物	200	30%	60
合計	$700		$185

(3) 情況三：建築物預期以使用回收帳面金額，土地預期2年後出售。

若企業持有該建築物之目的係隨時間消耗幾乎所有包含於該建築物之經濟效益，而非透過出售，則對該建築物而言，此出售前提假設將被反駁。惟土地並不折舊，因此，對該土地而言，透過出售回收之前提假設將無法被反駁。故遞延所得稅負債將反映該建築物透過使用回收帳面金額及土地透過出售回收帳面金額之租稅後果。

	應課稅暫時性差異	稅率	遞延所得稅負債
出售價款超過成本金額－土地	$200	20%	$ 40
建築物應課稅暫時性差異	500	30%	150
合計	$700		$190

附錄 D　辨認暫時性差異例外情況

企業於計算遞延所得稅時，應辨認所有暫時性差異，然而 IAS 12 對本小節介紹之幾項暫時性差異有特別之規範，故讀者應學習並了解如何辨認暫時性差異之例外情況。

所得稅會計

辨認應課稅暫時性差異之例外情況

IAS 12 規定所有應課稅暫時性差異皆應認列遞延所得稅負債。但表 18D-1 所列情形產生之遞延所得稅負債不予以計算及認列。

表 18D-1　應課稅暫時性差異之例外情況

1. 商譽之原始認列。
2. 於某一交易中，資產或負債之原始認列，該交易：(i) 非屬企業合併；且 (ii) 於交易當時既不影響會計利潤亦不影響課稅所得 (課稅損失)。
3. 企業對於與投資子公司、分公司及關聯企業，以及聯合協議權益相關之所有應課稅暫時性差異，皆應認列遞延所得稅負債，但在同時符合下列兩條件之範圍內除外：
   (a) 母公司、投資者或合資者或聯合營運者可控制暫時性差異迴轉之時點；且
   (b) 該暫時性差異很有可能於可預見之未來不會迴轉。

商譽之原始認列

依 IFRS 3 之規定，企業合併時產生之**商譽** (goodwill) 應依下列方式衡量：

商譽 = 下列各項目之彙總數：
(1) 依 IFRS3 衡量之所移轉對價，通常規定為收購日之公允價值；
(2) 依 IFRS3 認列對被收購者之非控制權益金額；及
(3) 在分階段達成之企業合併中，收購者先前已持有被收購者之權益於收購日之公允價值。
− 所取得之可辨認資產與承擔之負債於收購日依國際財務報導準則第 3 號衡量之淨額。

在決定課稅所得時，許多稅捐機關不允許將商譽帳面金額之減少作為可減除費用。此外，在該等轄區，當子公司處分其主要業務時，商譽成本通常不能減除。在該等轄區，商譽之課稅基礎為零。商譽帳面金額與其課稅基礎 (零) 之任何差額為應課稅暫時性差異。IAS 12 不允許認列因此產生之遞延所得稅負債，因商譽係按剩餘金額衡量，遞延所得稅負債之認列將增加商譽之帳面金額。但若商譽成本可以減除，則應認列相關遞延所得稅 (釋例 18D-1)。

> 合併商譽若不得作為減除費用，因而產生應課稅暫時性差異，但該差異為例外情況而不認列遞延所得稅負債。

釋例 18D-1　商譽原始認列之應課稅暫時性差異

甲公司收購乙公司，收購日產生商譽 $200,000，假設甲公司所在地稅法規定，該商譽不得於未來作為報稅時之扣減項目，即商譽之課稅基礎為零。

試問：(1) 甲公司應如何處理合併商譽產生應課稅暫時性差異 $200,000？
(2) 若甲公司後續認列商譽減損損失 $50,000，應如何處理商譽減損損失之所得稅後果？

解析

(1) 因屬合併產生之商譽，符合應課稅暫時性差異之例外情況，故不認列此商譽產生之遞延所得稅負債。

(2) 遞延所得稅負債因係由商譽之原始認列 $200,000 所產生而未認列者，其後續之減少，亦視為由商譽之原始認列所產生，因此，亦不得認列。例如，若甲公司後續認列商譽減損損失 $50,000，商譽相關之暫時性差異金額將由 $200,000 減至 $150,000，導致未認列遞延所得稅負債之價值減少。該遞延所得稅負債價值之減少亦視為與商譽之原始認列有關，因此，依 IAS 12 之規定不得認列。

非屬商譽原始認列產生之應課稅暫時性差異

甲公司收購乙公司，收購日產生商譽 $200,000，假設甲公司所在地稅法規定，報稅上可自收購當年度起每年依 20% 減除，商譽於原始認列時之課稅基礎為 $200,000，收購當年底為 $160,000。若商譽之帳面金額於收購當年底不變，仍為 $200,000，則在當年底將產生應課稅暫時性差異 $40,000。因該應課稅暫時性差異與商譽之原始認列無關，所產生之遞延所得稅負債應予認列。

資產原始認列產生應課稅暫時性差異

應課稅暫時性差異之另一例外情況，係於資產之原始認列時，若該交易非屬企業合併；且於交易當時既不影響會計利潤亦不影響課稅所得（課稅損失）。例如，甲公司以 $300,000 購買一項資產 A（非屬企業合併），假設甲公司所在地稅法規定，該資產 A 不論是透過使用或最後處分，皆不得於未來作為報稅時之扣減項目，因此，資產 A 原始認列時產生應課稅暫時

IFRS 一點通

為何要求資產原始認列產生應課稅暫時性差異，不認列遞延所得稅負債？

資產原始認列產生應課稅暫時性差異，若該交易非屬企業合併；且於交易當時既不影響會計利潤亦不影響課稅所得（課稅損失）。若要求此類應課稅暫時性差異認列遞延所得稅負債，則必須同時認列相等金額借記該資產，增加資產帳面金額，或借記損益項目，不管採用上述何種方式，皆會導致財務報表較「不透明」。

性差異 $300,000；因符合應課稅暫時性差異之例外情況，甲公司不認列資產 A 產生之遞延所得稅負債。

投資子公司、分公司及關聯企業以及聯合協議權益

企業對於與投資**子公司** (subsidiaries)、**分公司** (branches) 及**關聯企業** (associates) 以及**聯合協議權益** (interests in joint arrangements) 相關之所有應課稅暫時性差異，皆應認列遞延所得稅負債，但在同時符合下列兩條件之範圍內除外：

1. 母公司、投資者、合資者或聯合營運者可控制暫時性差異迴轉之時點；且

2. 該暫時性差異很有可能於可預見之未來不會迴轉。

由於母公司控制其子公司之股利政策，故可控制與該投資相關之暫時性差異 (如未分配利潤及外幣換算差異數所產生之暫時性差異) 迴轉之時點。此外，決定暫時性差異迴轉時所應支付之所得稅額經常係實務上不可行。因此，一旦母公司決定該利潤不會於可預見之未來分配時，母公司不必認列遞延所得稅負債。相同之考量亦適用於對分公司之投資。

釋例 18D-2　投資子公司之應課稅暫時性差異

　　×1 年 1 月 1 日甲公司以 $300,000 收購乙公司，×1 年 12 月 31 日截止乙公司合計有未分配之利潤 $50,000，無任何商譽減損，假設甲公司所在地稅法規定，甲公司對乙公司投資之課稅基礎為原始購買成本 $300,000，且甲公司收到乙公司之股利為課稅所得之一部分。故於 ×1 年 12 月 31 日產生應課稅暫時性差異 $50,000。

試問：甲公司在何種情況下可不認列此應課稅暫時性差異 $50,000？甲公司在何種情況下應認列此應課稅暫時性差異 $50,000？

解析

　　若甲公司控制乙公司之股利政策，故可控制與該投資相關之暫時性差異迴轉之時點。若甲公司決定該利潤不會於可預見之未來分配時，則甲公司不認列投資乙公司遞延所得稅負債。

　　若甲公司遭遇現金流量困難，為因應資金需求，甲公司需要從乙公司發放之現金股利取得資金，因此乙公司之利潤會於可預見之未來分配時，甲公司應認列投資乙公司遞延所得稅負債。

延伸議題 1：股利為免稅所得

　　若釋例 18D-2 甲公司所在地稅法規定，甲公司收到乙公司之股利為免稅所得之一部分，則甲公司對乙公司投資之帳面金額等於課稅基礎，不會產生暫時性差異。

延伸議題 2：未達控制能力

若釋例 18D-2 甲公司對乙公司之投資，並未達控制能力，換言之，無法決定乙公司之股利政策。因此，在無協議規定關聯企業之利潤於可預見之未來不分配時，甲公司應認列與投資乙公司相關之應課稅暫時性差異所產生之遞延所得稅負債。在某些情況下，甲公司可能無法決定若回收投資乙公司成本時應支付之稅額，但可決定該稅額將等於或超過一最低金額。在此情況下，遞延所得稅負債依此最低金額衡量。

延伸議題 3：聯合協議者

若釋例 18D-2 甲公司對乙公司之投資為聯合協議者，聯合協議者間之協議中通常會處理利潤之分配，並明定在決定此事項時，是否須全體聯合協議者或某一群協議者同意。當甲公司 (聯合協議者) 可以控制利潤之分配，且該利潤很有可能於可預見之未來不分配時，則不認列遞延所得稅負債。

延伸議題 4：主管機關

若釋例 18D-2 乙公司係在 A 國課稅轄區營運。於該課稅轄區，盈餘是否分配給投資人或再投資於原事業，係由主管機關決定。甲公司可以表達本身之意向，但對於盈餘是否得以股利形式分配係由 A 國主管機關決定。在此情形下，由於甲公司無法控制暫時性差異迴轉之時點，甲公司對於乙公司所有未匯出之盈餘應認列遞延所得稅負債。

釋例 18D-3　資產原始認列產生應課稅暫時性差異

×0 年 12 月 31 日甲公司以 $300,000 購買一項資產 A (非屬企業合併)，假設甲公司所在地稅法規定，該資產 A 於未來只能以 $180,000 透過使用作為報稅時之扣減項目。資產 A 不論是財務會計或報稅皆以每年提列 25% 之折舊。假設稅率 20%。

試問：各年度資產 A 之帳面金額、課稅基礎、暫時性差異與遞延所得稅負債之金額為何？

解析

資產 A 原始認列時產生應課稅暫時性差異 $120,000 (= $300,000 − $180,000)；資產 A 因符合應課稅暫時性差異之例外情況，甲公司不認列資產 A 產生之遞延所得稅負債。各年度資產 A 之帳面金額、課稅基礎、暫時性差異與遞延所得稅負債之金額如下：

	帳面金額	課稅基礎	未認列暫時性差異	遞延所得稅負債
20×0/12/31	$300,000	$180,000	$120,000	—
20×1/12/31	$225,000	$135,000	$ 90,000	—
20×2/12/31	$150,000	$ 90,000	$ 60,000	—
20×3/12/31	$ 75,000	$ 45,000	$ 30,000	—
20×4/12/31	$ 0	$ 0	$ 0	—

Chapter 18 所得稅會計

延伸議題 1

若釋例 18D-3 假設甲公司資產 A 財務會計上以每年提列 25% 之折舊,但是報稅上以每年提列 1/3 (33.33%) 之折舊。各年度資產 A 之帳面金額、課稅基礎、暫時性差異與遞延所得稅負債之金額如下:

	帳面金額	課稅基礎	暫時性差異	未認列暫時性差異	應認列暫時性差異	遞延所得稅負債
×0/12/31	$300,000	$180,000	$120,000	$120,000	$ 0	—
×1/12/31	$225,000	$120,000	$105,000	$ 90,000	$15,000	$ 3,000
×2/12/31	$150,000	$ 60,000	$ 90,000	$ 60,000	$30,000	$ 6,000
×3/12/31	$ 75,000	$ 0	$ 75,000	$ 30,000	$45,000	$ 9,000
×4/12/31	$ 0	$ 0	$ 0	$ 0	$ 0	—

辨認可減除暫時性差異之例外情況

IAS 12 規定所有可減除暫時性差異在其很有可能有課稅所得以供此差異使用之範圍內,皆應認列遞延所得稅資產,除非該遞延所得稅資產係由某一交易中資產或負債之原始認列所產生,該交易:

1. 非屬企業合併;且
2. 於交易當時既不影響會計利潤亦不影響課稅所得 (課稅損失)。

惟企業對於投資子公司、分公司及關聯企業以及聯合協議權益所產生之可減除暫時性差異,於同時符合下列兩條件之範圍內,且僅於該範圍內方可認列遞延所得稅資產:

1. 該暫時性差異很有可能於可預見之未來迴轉;且
2. 很有可能有足夠之課稅所得以供該暫時性差異使用。

例如,甲公司以 $200,000 購買一項資產 A (非屬企業合併),假設甲公司所在地稅法規定,該資產 A 可於未來以 $250,000 作為報稅時之扣減項目,因此,資產 A 原始認列時產生可減除暫時性差異 $50,000;因符合可減除暫時性差異之例外情況,甲公司不認列資產 A 產生之遞延所得稅資產。

如何辨認暫時性差異是否符合認列之例外情況,可以流程圖方式表達 (如圖 18D-1)。

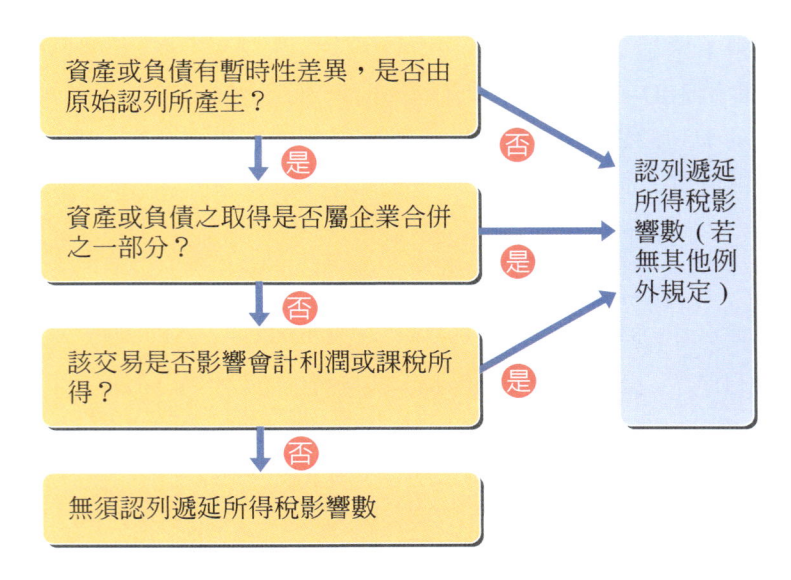

```
┌─────────────────────────┐
│ 資產或負債有暫時性差異，是否由 │──否──┐
│ 原始認列所產生？         │      │
└───────────┬─────────────┘      │
            是                    │
            ▼                    ▼
┌─────────────────────────┐   ┌──────────┐
│ 資產或負債之取得是否屬企業合併 │──是─▶│ 認列遞延  │
│ 之一部分？               │      │ 所得稅影  │
└───────────┬─────────────┘      │ 響數（若  │
            否                    │ 無其他例  │
            ▼                    │ 外規定） │
┌─────────────────────────┐      │          │
│ 該交易是否影響會計利潤或課稅所 │──是─▶│          │
│ 得？                     │      └──────────┘
└───────────┬─────────────┘
            否
            ▼
┌─────────────────────────┐
│ 無須認列遞延所得稅影響數 │
└─────────────────────────┘
```

圖 18D-1　辨認暫時性差異是否符合認列之例外情況

附錄 E　企業合併產生之相關遞延所得稅後果

除少數例外，企業合併所取得之可辨認資產及承擔之負債，應於收購日以其公允價值認列。當取得之可辨認資產及承擔之負債其課稅基礎不受企業合併影響或受不同之影響時，將產生暫時性差異。企業合併若產生遞延所得稅，依據 IAS 12 之規定，應於收購日計算遞延所得稅資產或負債之金額，雖然認列遞延所得稅資產 (於符合認列條件之範圍內) 或負債不是直接調整商譽或負商譽 (即廉價購買利益) 認列金額，但會間接影響認列商譽或負商譽 (即廉價購買利益) 金額之大小。此外，企業不得認列因商譽原始認列所產生之遞延所得稅負債 (遞延所得稅認列例外之一)。

因企業合併可能產生應課稅暫時性差異 (即遞延所得稅負債)，例如，當資產之帳面金額被調增到公允價值，但其課稅基礎仍為先前所有者之成本，將產生應課稅暫時性差異而導致遞延所得稅負債，其所產生之遞延所得稅負債會影響商譽。例如：A 公司於 ×1 年 1 月 1 日以成本 $100,000 取得 B 公司 100% 之股份。於收購日，B 公司可辨認資產及所承擔之負債 (不包含遞延所得稅資產及負債) 之公允價值為 $50,000，其中，B 公司有一專利權公允價值為 $10,000，但 B 公司資產負債表未認列此專利權，即此專利權之課稅基礎為 0，假設 B 公司所有其他可辨認資產及所承擔之負債，其會計帳面金額與課稅基礎完全一致。因此，於收購日，產生應課稅暫時性差異 $10,000，假設適用稅率 20%，則應認列遞延所得稅負債 $2,000 = $10,000 × 20%。於收購日，B 公司可辨認淨資產之金額為 $48,000 = $50,000 – $2,000，因此，應認列商譽 $52,000 = $100,000 – $48,000。換言之，其所

產生之遞延所得稅負債 $2,000，導致商譽認列金額亦增加 $2,000（參閱圖 18D-1 之說明）。

此外，因企業合併亦可能產生可減除暫時性差異（即遞延所得稅資產），例如，當所承擔之負債於收購日認列，但於決定課稅所得時，相關成本須待以後期間方可減除，則產生可減除暫時性差異而導致遞延所得稅資產；或者，當所取得可辨認資產之公允價值較其課稅基礎小時，亦將產生遞延所得稅資產。於此兩種情況下，所產生之遞延所得稅資產會影響商譽（類似圖 18E-1 之影響）。

不考慮合併遞延所得稅後果

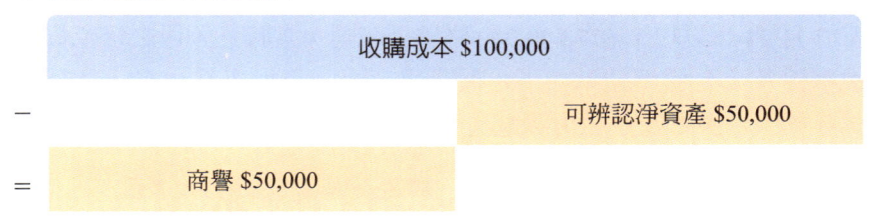

收購成本 $100,000
− 可辨認淨資產 $50,000
= 商譽 $50,000

考慮合併遞延所得稅後果

收購成本 $100,000
可辨認淨資產 $50,000
← 遞延所得稅負債 $2,000
− 調整後可辨認淨資產 $48,000
= 商譽 $52,000

企業合併時所產生的遞延所得稅將影響商譽的認列金額。

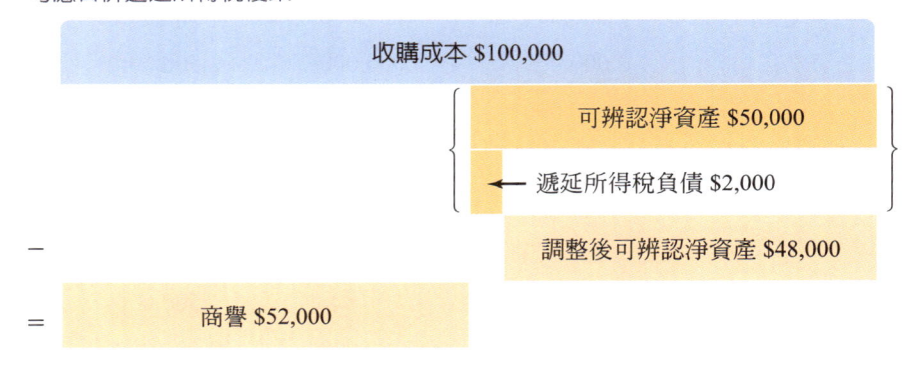

圖 18E-1　比較所得稅後果對商譽之影響

合併情況下所使用之稅率

企業合併所取得之可辨認資產及承擔之負債，若母子公司適用之稅率不同時，於計算合併而產生之遞延所得稅時，稅率係使用子公司之稅率，此主因產生該遞延所得稅之資產或負債實際上是歸屬於子公司這個法律個體，未來是透過子公司本身使用相關資產的價值或回收金額，故應以子公司之稅率衡量。同樣地，合併個體間交易之未實現損益相關之所得稅影響數計算，其適用稅率應為該交易資產實際上歸屬之法律個體的稅率，也就是買方公司的稅率。

例如：A 公司以現金併購 B 公司，假設 A 公司之稅率與 B 公司之稅率不同時，B 公司有一資產帳面金額 $1,000，公允價值 $1,500，若該資產預期經由繼續使用回收其價值，則計算遞延所得稅時，應使用被收購公司

B 公司之稅率。

沿前例，在編製合併報表時，假設 A 公司之稅率與 B 公司之稅率不同時，A 公司出售貨品給 B 公司，成本 $1,000，售價 $1,500，銷除內部損益時，計算遞延所得稅應使用 B 公司之稅率計算，因透過合併沖銷後，該筆存貨的帳面金額為 $1,000，課稅基礎為未來子公司出售時可得金額 $1,500，該存貨實際上是歸屬於 B 公司，故計算遞延所得稅時，應使用 B 公司的稅率。

釋例 18E-1　合併產生之相關遞延所得稅後果

甲公司於 ×1 年 12 月 31 日以現金 $17,600,000 購買乙公司，當時乙公司之資產負債表之帳面金額、課稅基礎及公允價值列示如下。假設甲公司適用稅率為 20%，乙公司適用稅率為 30%；試計算因合併所產生之相關遞延所得稅，並作相關合併分錄。

	帳面金額	課稅基礎	公允價值
現金	$ 100,000	$ 100,000	$ 100,000
應收帳款	800,000	800,000	700,000
存貨	3,000,000	3,000,000	2,500,000
機器	1,000,000	900,000	1,200,000
建築物	3,000,000	2,500,000	3,800,000
土地	1,000,000	1,000,000	2,000,000
長期股權投資	1,000,000	800,000	1,200,000
未入帳之專利權			500,000
資產合計	$9,900,000	$9,100,000	$12,000,000
流動負債	(400,000)	(400,000)	(400,000)
長期負債	(2,500,000)	(2,500,000)	(3,000,000)
淨資產 (遞延所得稅負債前)	$7,000,000	$6,200,000	$ 8,600,000
遞延所得稅負債 (原乙公司)	(240,000)	0	0
淨資產	$6,760,000	$6,200,000	$ 8,600,000

解析

(1)　計算暫時性差異與遞延所得稅：

乙公司可辨認淨資產公允價值 (遞延所得稅負債前)	$8,600,000
減：課稅基礎	(6,200,000)
合併產生之暫時性差異	$2,400,000

合併產生之遞延所得稅負債 $2,400,000 × 30% = $720,000

(2) 計算合併產生之商譽：

甲公司
支付之購買價格 $17,600,000
乙公司
可辨認淨資產公允價值(遞延所得稅負債前) $8,600,000
遞延所得稅負債   (720,000)   (7,880,000)
合併產生之商譽 $9,720,000

(3) 分錄：

現金	100,000	
應收帳款	700,000	
存貨	2,500,000	
機器	1,200,000	
建築物	3,800,000	
土地	2,000,000	
長期股權投資	1,200,000	
專利權	500,000	
商譽	9,720,000	
流動負債		400,000
長期負債		3,000,000
遞延所得稅負債		720,000
現金		17,600,000

釋例 18E-2　商譽相關遞延所得稅

甲公司於 ×0 年 12 月 31 日以現金購買乙公司，合併產生之商譽有 $100,000，併購時甲公司不得認列因商譽原始認列所產生之遞延所得稅，假設稅法上得於 5 年內平均攤銷，列為可減除金額，甲公司預期以繼續使用方式回收商譽價值。甲公司適用稅率為 20%。

試作：

(1) 假設甲公司未來各年皆無商譽減損，試計算各年因合併所產生之商譽相關遞延所得稅。
(2) 商譽之暫時性差異何時會迴轉？
(3) 假設稅法上商譽不得減除，試問暫時性差異與遞延所得稅之金額為何？

解析

(1) 商譽相關遞延所得稅計算如下：

年度	帳面金額	課稅基礎	暫時性差異	遞延所得稅負債
×0/12/31	$100,000	$100,000	$ 0	$ —
×1/12/31	100,000	80,000	20,000	4,000
×2/12/31	100,000	60,000	40,000	8,000
×3/12/31	100,000	40,000	60,000	12,000
×4/12/31	100,000	20,000	80,000	16,000
×5/12/31	100,000	0	100,000	20,000

(2) 上述商譽相關遞延所得稅負債，於 ×5 年 12 月 31 日增加至 $20,000 後，若無其他迴轉事件發生，則將繼續維持 $20,000，但若甲公司出售乙公司，或商譽發生減損時，商譽相關遞延所得稅負債會隨之迴轉。

(3) 假設稅法上商譽不得減除，該商譽課稅基礎為零，有暫時性差異，但是，IAS12 不允許認列合併商譽產生之遞延所得稅負債。

收購者之遞延所得稅資產

由於企業合併之結果，收購者實現其收購前遞延所得稅資產之機率可能改變。收購者可能會認為將很有可能回收企業合併前未認列之本身遞延所得稅資產。例如，收購者可能使用其未使用課稅損失之利益以抵減被收購者之未來課稅所得。或者，由於企業合併之結果，未來已不再很有可能有課稅所得以供遞延所得稅資產之回收。在此等情況下，收購者於企業合併本期認列遞延所得稅資產之變動，但不將其併入企業合併會計處理之一部分。因此，收購者於衡量企業合併中所認列之商譽或廉價購買利益時，並不考量該變動。

被收購者之遞延所得稅資產

被收購者之所得稅損失遞轉後期或其他遞延所得稅資產之潛在效益，於作企業合併原始會計處理時，可能不符合單獨認列之條件，但後續可能實現。企業所取得之遞延所得稅利益於企業合併後實現者，應依下列方式認列：

1. 在衡量期間內，由於存在於收購日之事實與情況之新資訊而認列所取得之遞延所得稅利益，應用以減少與該收購有關之商譽帳面金額。若商譽之帳面金額為零，則剩餘之遞延所得稅利益應認列於損益。

2. 所有其他所取得之遞延所得稅利益於實現時，應認列於損益 (或認列於損益之外，若符合 IAS 12 其他規定)。

附錄F　股份基礎給付交易產生之本期及遞延所得稅

> 股份基礎給付交易的處理在臺灣並無財務會計與稅法上的差異，因此無相關遞延所得稅後果。

IFRS 2 規定，權益交割股份基礎給付之交易 (如員工認股權)，應以給與日權益工具公允價值為基礎，衡量所取得勞務之公允價值，並於既得期間內認列所取得之勞務，並認列相對之權益增加。

臺灣企業於申報營利事業所得稅時，有關公司發行員工認股權憑證列報薪資費用或其他股份基礎給付交易，係依據財政部 97 年 6 月 11 日台財稅字第 09704515210 號令規定辦理，財政部之規定與 IFRS 2「股份基礎給付之會計處理準則」一致，故在臺灣有關股份基礎給付之交易，並沒有實質之財稅差異，但國外許多國家稅法上對股份基礎給付交易有不同於 IFRS 2 之規範[6]。

在某些國家，企業以其股票、認股權或其他權益工具支付酬勞者，享有課稅減除 (亦即，該金額於決定課稅所得時可減除)，但該課稅減除金額可能與相關之累計酬勞費用有所差異，並且可能於以後之會計期間產生。例如，如表 18F-1 所示，在某些轄區，企業可能將所收受員工勞務 (作為給與認股權之對價) 之消耗，依 IFRS 2「股份基礎給付」之規定認列為費用，但直到該認股權執行時，方能享有課稅減除，該課稅減除之衡量以行使日企業之股價為基礎。

表 18F-1　權益交割股份基礎給付交易可能之財稅差異與所得稅後果

	累計酬勞費用之衡量	酬勞費用之認列時點
財務會計 (IFRS 2)	以給與日權益工具公允價值衡量。	於勞務提供之既得期間內認列。
稅法	課稅減除金額之衡量係以行使日企業之股價為基礎。	於認股權執行年度。
差異之所得稅後果	累計酬勞費用可能不同。 1. 本期及遞延所得稅應認列為收益或費損並計入本期損益。 2. 若課稅減除金額 (或估計未來課稅減除金額) 超過相關之累計酬勞費用，超過部分之相關本期或遞延所得稅應直接認列於權益。	1. 產生可減除暫時性差異 (時間差異)，以期末可得之資訊估計，認列遞延所得稅資產。 2. 若稅捐機關於未來期間允許作為減除之金額係決定於未來某一日期企業之股價，則可減除暫時性差異之衡量應以期末企業之股價為基礎。

---

[6] 臺灣許多上市櫃公司為跨國企業，且許多國家都有這類的財稅差異，故鼓勵讀者應學習相關的會計處理。

此外，所取得員工勞務之課稅基礎（係稅捐機關於未來期間允許作為減除之金額）與帳面金額（零）之差異，為可減除暫時性差異，將產生遞延所得稅資產。若稅捐機關於未來期間允許作為減除之金額於期末無法知悉，應以期末可得之資訊估計。例如，若稅捐機關於未來期間允許作為減除之金額係決定於未來某一日期企業之股價，則可減除暫時性差異之衡量應以期末企業之股價為基礎。

課稅減除金額（或衡量之預計未來課稅減除金額）可能與相關之累計酬勞費用有所差異。除非該所得稅係產生自 (a) 同期或不同期認列於損益之外之交易或事項，或 (b) 企業合併（投資個體，如國際財務報導準則第 10 號「合併財務報表」所定義，收購其應透過損益按公允價值衡量之投資子公司除外），否則本期及遞延所得稅應認列為收益或費損並計入本期損益。若課稅減除金額（或估計未來課稅減除金額）超過相關之累計酬勞費用，此顯示課稅減除金額不僅與酬勞費用有關，亦與權益項目有關。在此情況下，超過部分之相關本期或遞延所得稅應直接認列於權益。

例如，甲公司於 ×1 年給與 10 位員工認股權，每位 100 股。既得條件為員工須繼續於甲公司服務 4 年，員工得於既得日後 2 年內行使其認股權，認購價格 $20。給與日每股認股權之公允價值為 $20。假設甲公司依據 IFRS2「股份基礎給付」之規定，對給與認股權作為員工提供勞務之對價，認列為費用，但依據甲公司當地稅法之規定，須俟認股權執行時，方可依認股權於行使日之內含價值作為課稅減除項目。假定稅率為 20%。故可知公司帳上相關分錄為認列費用及資本公積，並無影響資產或負債，而於計算課稅基礎時，其帳面金額為零，有未來可減除金額，因而產生暫時性差異。

假設所有員工皆於 ×6 年執行認購，依 IFRS 2 規定，甲公司各年應認列之薪資費用與暫時性差異資訊如表 18F-2 所示，估計之未來課稅減除金額（及從而產生之遞延所得稅資產之衡量），應依據期間結束日認股權之內含價值衡量，若課稅減除金額（或估計之未來課稅減除金額）超過相關之累計酬勞成本，超過部分之相關本期或遞延所得稅應直接認列於權益，例如 ×3 年直接認列於權益之金額計算如下：

估計之未來課稅減除金額	$ 9,900
累計酬勞成本	(9,000)
超過部分之課稅減除金額	$ 900
超過部分直接認列於權益之金額 = $900 × 0.20 = $180	

如表 18F-2，×1 年取得員工勞務之課稅基礎係依據認股權之內含價值計算。該認股權之給付係取得 4 年期間之服務。因至第 1 年底僅取得 1 年之勞務，故須將該認股權之內含價值乘上 1/4 以得出第 1 年所取得員工

Chapter 18 所得稅會計

勞務之課稅基礎。由於估計之未來課稅減除金額 $2,800 小於累計酬勞成本 $4,000，遞延所得稅利益應全數認列於損益。

×2 年遞延所得稅資產： $1,080 (= $5,400 × 0.20)
　減：年初遞延所得稅資產 　(560) (= $2,800 × 0.20)
　當年度遞延所得稅利益 　$520

$520 此金額包括以下項目：

當年度所取得員工勞務之課稅基礎與其帳面金額間之暫時性差異所產生之遞延所得稅利益：$540 [= 6 × 100 × ($38 – $20) × 1/4 × 0.20]。

表 18F-2　員工認股權所得稅相關計算

X年	既得條件 服務條件 (員工繼續服務人數)	(1) 累積須認列之費用	(2) 當年須認列之費用	股價	(3) 未來期間預期可作為減除之累積金額 (暫時性差異金額)	(4) 累積須認列於權益之金額 若(3) > (1) [(3) – (1)] × 0.20	(5) 本期須認列於權益之金額 本期(4) – 上期(4)
1	預期 8 位	8 × 100 × $20 × 1/4 = $4,000	$4,000	$34	8 × 100 × ($34 – $20) × 1/4 = $2,800	$ 0	$ 0
2	預期 6 位	6 × 100 × $20 × 2/4 = $6,000	$2,000	$38	6 × 100 × ($38 – $20) × 2/4 = $5,400	$ 0	$ 0
3	預期 6 位	6 × 100 × $20 × 3/4 = $9,000	$3,000	$42	6 × 100 × ($42 – $20) × 3/4 = $9,900	$ 180	$ 180
4	實際 7 位	7 × 100 × $20 × 4/4 = $14,000	$5,000	$50	7 × 100 × ($50 – $20) × 4/4 = $21,000	$1,400	$1,220
5	實際 7 位	$14,000	$ 0	$48	7 × 100 × ($48 – $20) × 4/4 = $19,600	$1,120	$ (280)
6	實際 7 位	$14,000	$ 0	$55	7 × 100 × ($55 – $20) × 4/4 = $24,500 (實際減除金額)	$2,100	$980 屬本期所得稅增加 $2,100，屬遞延所得稅減少 $1,120

以前年度所取得員工勞務之課稅基礎調整產生之所得稅利益：

(a) 內含價值增加　　　　　　$120　[= 6 × 100 × ($38 – $34) × 1/4 × 0.20]
(b) 認股權數量減少　　　　　(140)　[= 2 × 100 × ($34 – $20) × 1/4 × 0.20]
當年度遞延所得稅利益　　　　$520　($540 + $120 – $140)

中級會計學 下

由於估計之未來課稅減除金額 $5,400 小於累計酬勞成本 $6,000，遞延所得稅利益應全數認列於損益。

×3 年遞延所得稅資產　　　　　$1,980　(= $9,900 × 20%)

減：年初遞延所得稅資產　　　(1,080)
當年度遞延所得稅資產　　　　$　900

認列於權益之金額 ($9,900 − $9,000) × 20% = $180
當年度遞延所得稅利益 $900 − $180 = $720

甲公司相關所得稅後果之分錄如表 18F-3 所示：

表 18F-3　員工認股權所得稅相關分錄

X年	(1) 可作為減除之累積金額 表18E-2之第三欄	(2) 借/(貸) 應付或應收所得稅	(3) 借/(貸) 遞延所得稅資產 本期(1)×0.20 − 上期(1)×0.20	(4) 認列損益 借/(貸) 本期所得稅費用(利益)	(5) 認列損益 借/(貸) 遞延所得稅費用(利益) (3) − (7)	(6) 認列權益 借/(貸) 本期所得稅	(7) 認列權益 借/(貸) 遞延所得稅
1	$ 2,800		$ 560		$(560)	$ 0	$ 0
2	5,400		520		(520)	0	0
3	9,900		900		(720)	0	(180)
4	21,000		2,220		(1,000)	0	(1,220)
5	19,600		(280)		0	0	280
	$24,500		980		0	0	(980)
6	實際執行時，對本期影響	$4,900		$(4,900)			
	實際執行時迴轉遞延所得稅		(4,900)		4,900		
						(2,100)*	2,100*
合計		$4,900	$ 0	$(4,900)	$2,100	$(2,100)	$ 0

* 此分類並非為真正的分錄，主係想表達該權益於所得稅揭露時之影響。

下列為員工認股權相關的所得稅分錄。另本釋例題目未提供各年之會計利潤，因此分錄沒有呈現各年應付所得稅。

×1年　遞延所得稅資產　　　　　　　　　　　　　560
　　　　　遞延所得稅費用　　　　　　　　　　　　　　　560

×2年	遞延所得稅資產	520	
	遞延所得稅費用		520
×3年	遞延所得稅資產	900	
	遞延所得稅費用		720
	資本公積—員工認股權		180
×4年	遞延所得稅資產	2,220	
	遞延所得稅費用		1,000
	資本公積—員工認股權		1,220
×5年	資本公積—員工認股權	280	
	遞延所得稅資產		280
×6年	遞延所得稅資產	980	
	資本公積—員工認股權		980
	遞延所得稅費用	4,900	
	遞延所得稅資產		4,900
	應付所得稅	4,900	
	本期所得稅費用		4,900

附錄 G　同期間所得稅分攤

同期間所得稅分攤之定義

同期間所得稅分攤 (intraperiod income tax allocation) 係指將一會計期間之所得稅費用 (利益) 分攤於該期間之重要綜合損益構成項目 (如繼續營業單位損益、停業單位損益等)，及應直接借記或貸記權益之項目。

企業基於成本收入配合及充分揭露原則，應作同期間所得稅分攤，使重要損益構成項目及直接借記或貸記權益項目所發生之所得稅影響數，與該項目共同列示，以顯示其稅後淨額，俾財務報表使用者明瞭每一損益構成項目及直接借記或貸記權益項目對企業之淨影響。

同期間所得稅分攤之觀念雖然簡單，但是，當某些國家之稅法係採**累進稅率** (progressive tax rate) 時，會使得同期間所得稅分攤之計算變得更複雜。主要爭議點係應使用同一**混合稅率** (blended tax rate) 分攤所得稅至每一個重要綜合損益構成項目或應使用**邊際稅率** (marginal tax rate) 分攤所得稅至繼續營業單位損益以外之重要綜合損益構成項目。由於 IAS 12 對同期間所得稅分攤之方法並未清楚規範，因此，理論上，上述兩種方法 (混合稅率法與邊際稅率法) 應皆是可以採用之分攤之方法。

IAS12 對同期間所得稅分攤之方法並未清楚規範。

同期間所得稅分攤之範圍

所得稅費用(利益)應分攤至繼續營業單位損益、停業單位損益、認列於其他綜合損益及應直接借記或貸記權益之項目。認列於其他綜合損益之項目包括：(1) 由不動產、廠房及設備重估價所產生之帳面金額變動；(2) 由換算國外營運機構財務報表所產生之換算差異數；及 (3) 透過其他綜合損益按公允價值衡量之金融資產評價損益。直接貸記或借記權益之項目包括：(1) 因會計政策變動追溯適用或錯誤更正而對保留盈餘初始餘額之調整；及 (2) 原始認列複合金融工具之權益組成部分所產生之金額。

分攤於繼續營業單位損益之所得稅，應包括下列各項目：

1. 本期繼續營業單位稅前淨利(損)之所得稅影響數。
2. 遞延所得稅資產可實現性判斷改變而產生之所得稅影響數。
3. 稅法修正而產生之所得稅影響數。
4. 企業課稅與否之身分改變而產生之所得稅影響數。

暫時性差異所產生之遞延所得稅費用或利益作同期間所得稅分攤時，應考量產生暫時性差異之損益項目，或直接借記或貸記權益項目，並將此遞延所得稅費用或利益分攤至該項目。未使用課稅損失所產生之遞延所得稅利益，應於發生虧損當年度認列。

同期間所得稅分攤應將繼續營業單位損益按「繼續營業單位稅前淨利(損)」「所得稅費用(利益)」及「繼續營業單位稅後淨利(損)」列示，其他項目則應以加計分攤於該項目所得稅後之淨額列示，並揭露其所得稅費用或利益之金額。

同期間所得稅分攤方法一(混合稅率)

> 當企業使用同一混合稅率分攤所得稅至每一個重要綜合損益構成項目，係一個最簡單之方法。

當企業使用同一混合稅率分攤所得稅至每一個重要綜合損益構成項目，係一個最簡單之方法。所謂混合稅率即為**平均稅率** (average tax rate) 或**有效稅率** (effective tax rate)，該稅率已考量所有租稅後果所計算出來之平均稅率。

釋例 18G-1　混合稅率下同期間所得稅分攤

甲公司 ×3 年的稅前損益資料如下：

繼續營業單位淨利	$764,000
停業單位損失	(34,000)
追溯適用及追溯重編之影響數 —會計錯誤更正	128,000
追溯適用及追溯重編之影響數 —會計政策變動	(55,000)
課稅所得	$803,000

所得稅會計　Chapter 18

假設甲公司無其他會計利潤與課稅所得之間的差異存在，稅率為 20%，期初的調整前保留盈餘為 $888,000。

試作：

(1) 各項利益或損失應分攤的所得稅費用或利益及其稅後淨利或淨損。
(2) 在綜合損益表及保留盈餘表上的表達。

解析

(1)

	稅前淨利（損）	所得稅費用（利益）	稅後淨利（損）
繼續營業單位淨利	$764,000	$152,800	$611,200
停業單位損失	(34,000)	(6,800)	(27,200)
追溯適用及追溯重編之影響數—會計錯誤更正	128,000	25,600	102,400
追溯適用及追溯重編之影響數—會計政策變動	(55,000)	(11,000)	(44,000)
課稅所得	$803,000	$160,600	$642,400

(2)

綜合損益表

繼續營業單位稅前淨利	$ 764,000
所得稅費用	(152,800)
繼續營業單位淨利	$ 611,200
停業單位淨損（加計所得稅利益 $6,800 後之淨額）	(27,200)
本期淨利	$ 584,000

保留盈餘表

期初餘額	$ 888,000
追溯適用及追溯重編之影響數—會計錯誤更正（減除所得稅費用 $25,600 後之淨額）	102,400
追溯適用及追溯重編之影響數—會計政策變動數（加計所得稅利益 $11,000 後之淨額）	(44,000)
調整後期初餘額	$ 946,400
本期淨利	584,000
期末保留盈餘	$1,552,300

同期間所得稅分攤方法二 (邊際稅率)

企業採用邊際稅率法時，應使用邊際稅率分攤所得稅至繼續營業單位損益以外之重要綜合損益構成項目。可分別從繼續營業單位有利益及損失之情況說明。

1. 繼續營業單位有利益

繼續營業單位有利益者，應先按較低級距稅率計算繼續營業單位利益之所得稅費用，再將繼續營業單位利益以外之其他項目加入繼續營業單位利益後，所增加或減少之稅款，作為該其他項目之所得稅。

若其他項目有損失也有利得時，先將所有其他利得項目加入繼續營業單位利益，計算所得稅，其與繼續營業單位所得稅費用之差額，即為所有其他利得項目之增額所得稅，按個別其他利得項目金額相對比例分攤之。再將繼續營業單位利益加計其他利得項目後之合計數，減去所有其他損失項目，重新計算所得稅，其與繼續營業單位利益加計其他利得項目合計數計算出所得稅之差額，即為所有其他損失項目之所得稅利益，按個別其他損失項目金額相對比例分攤之。(上述分攤方式亦得按本期損益先加其他損失項目，再減其他利得項目之方式處理。)

2. 繼續營業單位有損失

繼續營業單位有損失者，應將本期稅前淨利 (損) 排除繼續營業單位損失後所計算出之所得稅影響數，扣除所得稅費用 (利益) 後得出增額之繼續營業單位所得稅影響數。即先計算繼續營業單位損失以外之其他項目之所得稅費用，再加計繼續營業單位損失，其所減少之所得稅費用即為繼續營業單位損失之所得稅利益。

若其他項目合計數亦為損失，則繼續營業單位損失之所得稅利益為其透過虧損扣抵所能實現之遞延所得稅資產淨額，亦即將繼續營業單位損失遞轉後期所能節省之所得稅。

> 當企業使用邊際稅率法分攤所得稅時應考慮繼續營業單位是否有利益。若有利益，則先處理繼續營業單位所產生的所得稅費用，後處理其他項目；若有損失，則先處理其他項目所產生的所得稅費用，後處理繼續營業單位。

釋例 18G-2　累進稅率下同期間所得稅分攤—繼續營業單位有利益

甲公司 ×1 年之稅前損益資料如下：

繼續營業單位淨利	$400,000
停業單位損失	(100,000)
追溯適用及追溯重編之影響數—會計錯誤更正	130,000
追溯適用及追溯重編之影響數—會計政策變動	150,000
課稅所得	$580,000

假設甲公司無其他會計利潤與課稅所得之間的差異存在，所得稅採累進稅率，課稅所得在 $100,000 以下者為 15%，超過 $100,000 者為 25%，累進差額 = $100,000 × 25% –

所得稅會計

$100,000 \times 15\% = \$10,000$。試計算同期間所得稅分攤至各項目之所得稅費用（利益）。

解析

方法1：

	課稅所得 （損失）	所得稅費用 （利益）	增額所得稅 費用（利益）
繼續營業單位稅前淨利	$400,000		
所得稅：($400,000 × 25% – 累進差額 $10,000)		$90,000	
加：追溯適用及追溯重編之影響數—會計錯誤更正	130,000		
追溯適用及追溯重編之影響數—會計政策變動	150,000		
加計其他利得項目後之課稅所得	$680,000		
所得稅：($680,000 × 25% – $10,000)		$160,000	
其他利得項目之增額所得稅			$70,000
減：停業單位損失	(100,000)		
減除其他損失項目後之課稅所得	$580,000		
所得稅：($580,000 × 25% – $10,000)		$135,000	
其他損失項目之增額所得稅			$(25,000)

除繼續營業單位外有利得部分之所得稅分攤：

$$\$70,000 \times \frac{\$150,000}{\$130,000 + \$150,000} = \$37,500$$

$$\$70,000 \times \frac{\$130,000}{\$130,000 + \$150,000} = \$32,500$$

個別損益項目分攤之所得稅彙總如下：

	稅前淨利 （損）	所得稅費用 （利益）
繼續營業單位淨利	$400,000	$90,000
停業單位損失	(100,000)	(25,000)
追溯適用及追溯重編之影響數—會計錯誤更正	130,000	32,500
追溯適用及追溯重編之影響數—會計政策變動	150,000	37,500
合計	$580,000	$135,000

方法 2：

	課稅所得 （損失）	所得稅費用 （利益）	增額所得稅 費用（利益）
會計利潤	$580,000		
所得稅：($580,000 × 25% – $10,000)		$135,000	
加：停業單位損失	100,000		
未計其他損失項目前之課稅所得	$680,000		
所得稅：($680,000 × 25% – $10,000)		$160,000	
其他損失項目之增額所得稅			$(25,000)
減：追溯適用及追溯重編之影響數—會計錯誤更正	(130,000)		
追溯適用及追溯重編之影響數—會計政策變動	(150,000)		
未計其他利得項目前之課稅所得 （等於繼續營業單位稅前淨利）	$400,000		
所得稅：($400,000 × 25% – $10,000)		$90,000	
其他利得項目之增額所得稅			$70,000

除繼續營業單位外有利得部分之所得稅分攤：

$$\$70,000 \times \frac{\$130,000}{\$130,000 + \$150,000} = \$32,500$$

$$\$70,000 \times \frac{\$150,000}{\$130,000 + \$150,000} = \$37,500$$

方法 1 及方法 2 可得到相同之結果。

個別損益項目分攤之所得稅彙總如下：

	稅前淨利 （損）	所得稅費用 （利益）
繼續營業單位淨利	$400,000	$90,000
停業單位損失	(100,000)	(25,000)
追溯適用及追溯重編之影響數—會計錯誤更正	130,000	32,500
追溯適用及追溯重編之影響數—會計政策變動	150,000	37,500
合計	$580,000	$135,000

附錄 H　依照 IAS 12 觀念計算遞延所得稅及從損益表觀點方法計算的差異

依照 IAS 12 觀念計算暫時性差異時，是從資產及負債的帳面金額及課稅基礎來衡量，其概念與以往習慣從損益表觀點的計算方法不同。雖然在許多情況下，兩種方法的計算結果相同，但遇到特別情況時，就可看出兩種方法不同觀點下造成的差異，試舉前述課文提過的兩個例子來呈現差異。

釋例 18H-1　IAS12 觀念與損益表觀念計算暫時性差異

×0 年 12 月 31 日甲公司以 $300,000 購買一項資產 A（非屬企業合併），假設甲公司所在地稅法規定，該資產 A 於未來只能以 $180,000 透過使用作為報稅時之扣減項目。資產 A 財務會計以每年提列 25% 之折舊，但是報稅上以每年提列 1/3 之折舊。假設稅率為 20%，其暫時性差異及遞延所得稅為何？

解析

依照 IAS 12 規定該情形，原始認列造成之差異為未認列暫時性差異，其計算：

	帳面金額	課稅基礎	未認列暫時性差異	遞延所得稅負債
×0/12/31	$300,000	$180,000	$120,000	—
×1/12/31	225,000	135,000	90,000	—
×2/12/31	150,000	90,000	60,000	—
×3/12/31	75,000	45,000	30,000	—
×4/12/31	0	0	0	—

	帳面金額	課稅基礎	暫時性差異	未認列暫時性差異	應認列暫時性差異	遞延所得稅負債
×0/12/31	$300,000	$180,000	$120,000	$120,000	$ 0	—
×1/12/31	225,000	120,000	105,000	90,000	15,000	$3,000
×2/12/31	150,000	60,000	90,000	60,000	30,000	6,000
×3/12/31	75,000	0	75,000	30,000	45,000	9,000
×4/12/31	0	0	0	0	0	—

若依以前觀念計算暫時性差異，容易忽略原始認列差異造成之暫時性差異是不應計算在內，其作法如下：

	×1年	×2年	×3年	×4年
帳列折舊費用	$75,000	$75,000	$75,000	$75,000
報稅折舊費用	60,000	60,000	60,000	0
差異數	$15,000	$15,000	$15,000	$75,000

	暫時性差異	遞延所得稅負債
×1/12/31	$105,000	$21,000
×2/12/31	90,000	18,000
×3/12/31	75,000	15,000
×4/12/31	0	0

由以上可知兩種方法會造成的差異。

釋例 18H-2　IAS12 觀念與損益表觀念計算暫時性差異

甲公司於 ×2 年初購買投資性不動產，其組成成本及年底公允價值如下表，已知該投資性不動產係採 IAS 40 中公允價值模式衡量，土地為無限耐用年限，且報稅上，每年折舊率為 1/3，故 ×2 年底建築物之累計折舊為 $200，該投資性不動產之未實現公允價值變動並不影響課稅所得。

	原始成本	公允價值
土地	$400	$ 600
建築物	600	900
投資性不動產金額	$1,000	$1,500

若該投資性不動產以高於成本之金額出售，出售價款超過成本之部分，稅法明定持有資產少於 2 年之稅率為 25%，持有資產 2 年以上之稅率為 20%，其他影響按一般稅率 30% 課稅，請依據下列情況試算 ×2 年底該投資性不動產產生之暫時性差異及遞延所得稅資產 (負債)。

情況：該投資性不動產以出售回收帳面金額 (預期 2 年後出售)。

解析

所得稅會計

依 IAS 12 觀念計算暫時性差異：

	原始成本 (1)	稅上累計折舊 (2)	課稅基礎 (1) – (2)	公允價值 (帳面金額)	應課稅暫時性差異 (帳面金額 – 課稅基礎)
土地	$ 400	—	$400	$ 600	$200
建築物	600	(200)	400	900	500*
合計	$1,000	$(200)	$800	$1,500	$700

*若假設該投資性不動產以高於成本之金額出售，則建築物之暫時性差異應區分：
累計課稅折舊迴轉計入課稅所得 + 出售價款超過成本之部分
= $200 + [($900 – $600)] = $500

因該投資性不動產以出售回收帳面金額(預期 2 年後出售)，若前提假設該投資性不動產之帳面金額將透過出售而回收成立，稅率為預期投資性不動產實現本期應適用之稅率。因此，若企業預期在持有該不動產超過 2 年之後出售，則所產生之遞延所得稅負債之計算如下：

	應課稅暫時性差異	稅率	遞延所得稅負債
出售價款超過成本金額—土地	$200	20%	$40
出售價款超過成本金額—建築物	300	20%	60
累計課稅折舊—建築物	200	30%	60
合計	$700		$160

若依以前方法計算：

	×2 年	×3 年	×4 年
帳列折舊費用	$ 0	$ 0	$ 0
報稅折舊費用	200	200	200
差異數	$(200)	$(200)	$(200)

年度	暫時性差異	遞延所得稅資產
×2	$(400)	$(120)

	應課稅暫時性差異	稅率	遞延所得稅負債 (資產)
出售價款超過成本金額—土地	$200	20%	$40
出售價款超過成本金額—建築物	300	20%	60
累計課稅折舊—建築物	(400)	30%	$(120)

本章習題

問答題

1. 試問在哪些情況下有可能產生遞延所得稅資產？
2. 在什麼情況下遞延所得稅負債可與遞延所得稅資產互相抵銷僅列淨額？
3. 考量未使用課稅損失及未使用所得稅抵減時，應考慮哪些條件？
4. 哪些情況下所得稅抵減得以採遞延法或本期認列法處理？哪些情況下所得稅抵減僅可採用本期認列法處理？
5. 請說明暫時性差異與遞延所得稅資產及遞延所得稅負債之關係。
6. 所有應課稅暫時性差異皆應認列遞延所得稅負債，除了哪些情形？
7. 為何企業合併時所產生的商譽不得認列遞延所得稅負債？
8. 請解釋暫時性差異，並回答其可分為哪兩類，並解釋兩種暫時性差異的不同。
9. 投資子公司、分公司及關聯企業或聯合協議權益時，哪些狀況會產生暫時性差異？
10. 企業對於投資子公司、分公司及關聯企業或聯合協議權益所產生的可減除暫時性差異，須滿足哪些條件方可認列遞延所得稅資產？
11. 企業對於投資子公司、分公司及關聯企業或聯合協議權益所產生的應課稅暫時性差異，除非同時滿足哪些條件，否則皆應認列遞延所得稅負債？

選擇題

1. 下列哪個選項會產生會計利潤與課稅基礎的永久性差異？
    (A) 設備資產折舊使用的年限，在帳上使用 15 年，報稅上使用稅法規定 20 年。
    (B) 工程噪音超標罰鍰
    (C) 預收租金
    (D) 售後服務保固成本，帳上使用應計基礎，報稅上使用現金基礎

2. 下列哪個選項所產生的會計利潤與課稅基礎間的差異不是永久性的？
    (A) 在稅法規定限定範圍內的公債利息
    (B) 企業受領股東之贈與
    (C) 交際費超過稅法規定限額的部分
    (D) 分期付款銷貨

3. 下列何者會產生遞延所得稅負債？
    (A) 慈善捐贈超過稅法規定之限額
    (B) 產品保固負債於會計帳上及稅法認列基礎不同，會計帳上採預估認列，報稅時於實際發生時才認列

(C) 長期工程合約於會計帳上採完工百分比法認列收益，報稅上於全部完工時才認列收益
(D) 空氣汙染罰鍰

4. 以下為美美公司 ×2 及 ×3 年底之所得稅相關資料：

	×2/12/31	×3/12/31
應付所得稅	$250,000	$150,000
遞延所得稅資產	75,000	95,000
遞延所得稅負債	60,000	25,000

假設 ×2 年底的應付所得稅已於 ×3 年初支付，試計算美美公司 ×3 年應認列之所得稅費用？

(A) $95,000 (B) $205,000
(C) $165,000 (D) $135,000

5. 以下為妮妮公司 ×4 及 ×5 年底之所得稅相關資料：

	×4/12/31	×5/12/31
所得稅費用	$75,000	$90,000
遞延所得稅資產	25,000	15,000
遞延所得稅負債	40,000	45,000

試計算妮妮公司 ×5 年應認列之應付所得稅：

(A) $75,000 (B) $150,000
(C) $95,000 (D) $60,000

6. 下列哪一項不會造成會計利潤與課稅基礎之差異？
(A) 暫時性差異 (B) 稅率變動
(C) 永久性差異 (D) 虧損扣抵

7. 下列哪一項並不是永久性差異？
(A) 稅法規定投資於國營事業之所得免稅 (B) 交際費超限
(C) 法定限度內之捐贈 (D) 噪音汙染罰鍰

8. 小魚公司於 ×7 年成立，×7 年底會計利潤為 $100,000，帳列投資收益 $4,000 依法免稅，×7 年稅率為 20%，×8 年稅率為 17%，則小魚公司 ×7 年底所得稅費用為：
(A) $16,320 (B) $17,000
(C) $19,200 (D) $20,000

9. 阿雅公司於 ×2 年初成立，×2 年底會計利潤為 $185,000，其中包括外幣資產產生的未實現兌換利益 $30,000，依稅法規定此兌換利益於處分時方需申報納稅，預計於 ×3 年實現；另有分期付款銷貨毛利 $50,000，依稅法規定於每期收現時才須就該部分利潤申報納稅，阿雅公司預計 ×2 年、×3 年、×4 年申報之銷貨毛利分別為 $8,000、$16,000、

$26,000,假設稅率維持在 20%,則阿雅公司 ×2 年認列之應付所得稅為:

(A) $17,850　　(B) $22,600
(C) $24,990　　(D) $29,410

10. 承上題(第9題),阿雅公司 ×2 年認列的遞延所得稅負債及所得稅費用分別為:

(A) $13,600、$32,810　　(B) $2,040、$21,250
(C) $6,460、$25,670　　(D) $14,440、$37,000

11. 小洛公司 ×7 年會計利潤為 $450,000,其中包括折舊費用 $15,000,以及公債利息所得 $17,000 未超過限定範圍,在報稅上折舊金額為 $18,000,公債利息依稅法規定為免稅,稅率為 20%,試問小洛公司 ×7 年的所得稅費用及應付所得稅分別為多少?

(A) $86,600、$86,000　　(B) $73,610、$74,120
(C) $73,100、$76,500　　(D) $74,120、$73,610

12. 米米公司在 ×2 年底時帳上有產品保固負債準備 $765,000,×3 年底時,產品保固負債準備的餘額為 $1,000,000,假設稅率為 20%,若無其他影響會計利潤與課稅所得的差異,就該項變動而言,米米公司 ×3 年應記:

(A) 遞延所得稅負債 $170,000　　(B) 遞延所得稅負債 $39,950
(C) 遞延所得稅資產 $170,000　　(D) 遞延所得稅資產 $47,000

13. 下列何者不是造成會計利潤及課稅所得產生差異之原因?

(A) 會計帳上及稅法規定的資產折舊方法不同
(B) 虧損遞轉後期
(C) 所得稅抵減
(D) 銷貨發票作廢未取具合法憑證,且無法證明該事實者

14. 甲公司 ×3 年在帳上認列一筆分期銷貨毛利 $120,000,但報稅上則須等到收現時才認列,該批分期銷貨收入為 $300,000,×3 年的稅率為 17%。甲公司預估收現情形以及各年度稅率如下:

年度	收現數	稅率
×4	$100,000	17%
×5	40,000	17%
×6	50,000	20%
×7	110,000	20%

則該交易產生的遞延所得稅負債或資產下列何者正確?

(A) 遞延所得稅資產 $20,400　　(B) 遞延所得稅資產 $22,320
(C) 遞延所得稅負債 $20,400　　(D) 遞延所得稅負債 $22,320

15. 試問下列何種虧損遞轉方法符合我國稅法規定?

(A) 遞轉後期最多 10 年　　　　　(B) 遞轉後期最多 20 年
(C) 遞轉前期最多 2 年　　　　　　(D) 遞轉前期最多 5 年

16. 乙公司成立於 ×2 年，年底時在計算 ×2 年會計利潤與課稅所得時列了以下計算：

會計利潤	$78,000
加計	
會計帳上的折舊費用	4,000
交際費超額部分	7,500
減除	
公債利息	(5,000)
報稅帳上的折舊費用	(4,500)
課稅所得	$80,000

×2 年的稅率為 20%，試問乙公司 ×2 年的所得稅費用為多少？

(A) $13,260　　　　　　　　　　　(B) $16,100
(C) $13,600　　　　　　　　　　　(D) $13,175

17. 丙公司 ×7 年購入的一項煉油設備在 ×7 年底時會計帳上的帳面金額比稅報上課稅基礎高出 $250,000，假設此差異並非原始認列產生且會在未來迴轉，且丙公司無其他會計帳面金額與課稅基礎不同的差異情形。×7 年的稅率為 20%，×8 年後稅率皆改為 17%，試問在 ×7 年資產負債表上此差異應認列

(A) 遞延所得稅資產 $50,000　　　　(B) 遞延所得稅負債 $50,000
(C) 遞延所得稅資產 $42,500　　　　(D) 遞延所得稅負債 $50,000

18. 承上題 (第 17 題)，假設 ×8 年底時此差異擴大為 $500,000，×8 年無發生其他影響會計利潤與課稅所得間差異情形，試問 ×8 年時丙公司所作的相關分錄下列何者正確？

(A) 所得稅費用　　　　　　42,500
　　　遞延所得稅負債　　　　　　　　　　42,500
(B) 所得稅費用　　　　　　85,000
　　　遞延所得稅負債　　　　　　　　　　85,000
(C) 遞延所得稅資產　　　　42,500
　　　所得稅費用　　　　　　　　　　　　42,500
(D) 遞延所得稅資產　　　　85,000
　　　所得稅費用　　　　　　　　　　　　85,000

19. 小迪公司在 ×7 年底時有下列幾項遞延所得稅資產或負債：

(1) ×7 年帳上認列了一筆分期銷貨毛利 $150,000，但稅法規定須等到收現時才可認列，該批分期銷貨收入為 $600,000，小迪公司預估 ×8 年收現 $200,000，×9 年收現 $400,000。

(2) ×7 年底時外幣應收帳款依期末匯率重新評價，帳上認列兌換損失 $15,000，而稅

法規定收現時方可認列，小迪公司將於 ×8 年收現該筆應收帳款。

假設小迪公司成立於 ×7 年初，且無其他財稅差異，且小迪公司符合互抵條件。稅率維持 20%。

試問：×7 年底資產負債表上，有關遞延所得稅的表達下列何者正確？

(A) 遞延所得稅負債 $30,000
　　遞延所得稅資產 $3,000
(B) 遞延所得稅負債 $27,000
(C) 遞延所得稅資產 $27,000
(D) 遞延所得稅負債—流動 $10,000
　　遞延所得稅負債—非流動 $20,000
　　遞延所得稅資產—流動 $3,000

20. 甲公司 ×4 年底認列了遞延所得稅負債 $250,000，預計其中 $150,000 將於 ×5 年迴轉，另認列了遞延所得稅資產 $10,000，預計全數將於 ×5 年迴轉。假設前一年度並無遞延所得稅負債或資產的餘額，且甲公司符合遞延所得稅資產與負債互抵的條件，試問在 ×4 年甲公司的資產負債表上，在非流動負債部分有關遞延所得稅負債的金額應為：

(A) $100,000　　　　　　　　(B) $250,000
(C) $140,000　　　　　　　　(D) $240,000

21. 甲公司 ×6 年底時的遞延所得稅負債餘額為 $130,000。×7 年課稅所得與會計利潤僅有一項差異為交通罰鍰 $15,000，假設 ×6 年的稅率為 20%，而 ×7 年的稅率降為 17%，試問 ×7 年底甲公司資產負債表上遞延所得稅負債的餘額為多少？

(A) $132,550　　　　　　　　(B) $133,000
(C) $130,000　　　　　　　　(D) $127,000

22. 乙公司成立於 ×7 年，當年度乙公司出租一棟辦公大樓每年租金收入為 $72,000，×7 年 7 月 1 日簽訂租約並收取租金。假設此租金為乙公司當年度唯一收入來源，且無其他會計利潤與課稅所得間的差異存在，而假設租金收入在報稅上收現時即課稅。×7 年稅率為 20%，×8 年起改為 17%。試問 ×7 年乙公司資產負債表上遞延所得稅資產的金額為多少？

(A) 遞延所得稅資產 $6,120　　(B) 遞延所得稅資產 $7,200
(C) 遞延所得稅資產 $13,320　(D) 遞延所得稅資產 $12,240

23. 甲公司有一應收利息其帳面金額為 $150,000，其相關的利息收入將以現金基礎課稅。另有一建築物成本為 $80,000，重估增值至 $120,000，報稅上的累計折舊為 $20,000 已於前期減除，報稅上使用該建築物所產生之收入及建築物處分利益將予課稅，惟以報稅上已提列累計折舊之金額為限。另外，尚有應付借款其帳面金額為 $50,000 且該借款之償還無租稅後果。試問甲公司之應收利息、建築物及應付借款之課稅基礎分別為：

(A) $0、$60,000、$0　　　　　　　　(B) $0、$100,000、$50,000
(C) $150,000、$100,000、$50,000　　(D) $150,000、$80,000、$0

24. 甲公司 ×5 年 1 月 1 日以 $600,000 購入警鈴設備，該設備採重估價模式。在報稅及財務會計上該設備皆以 5 年採直線法提列折舊，估計無殘值。該警鈴設備於 ×7 年 12 月 31 日在會計上重估價至 $280,000，重估價並不影響當年度之課稅所得，且稅捐機關亦不調整該設備之課稅基礎以反映此重估價。假設稅率為 20%。

    試問 ×7 年底有關該警鈴設備的遞延所得稅為：

    (A) 遞延所得稅資產 $27,200　　(B) 遞延所得稅負債 $27,200
    (C) 遞延所得稅資產 $8,000　　　(D) 遞延所得稅負債 $8,000

25. 丁丁公司於 ×0 年 1 月 1 日以 $80,000 購入土地，採重估價模式，於 ×0 年 12 月 31 日，其重估價為 $100,000，已知重估價不影響當年度課稅所得，其課稅基礎為 $80,000，若出售土地適用之稅率為 20%，其他收益稅率為 17%。則丁丁公司於 ×1 年 12 月 31 日相關之遞延所得稅表達為何？

    (A) 遞延所得稅資產 $4,000　　(B) 遞延所得稅資產 $3,400
    (C) 遞延所得稅負債 $4,000　　(D) 遞延所得稅負債 $3,400

26. 甲公司 ×4 年度稅前會計淨利與課稅所得調節如下：

    | 稅前會計淨利 | $560,000 |
    | 暫時性差異 | |
    | 　售後服務保證費用（1 年期） | 14,000 |
    | 　折舊費用 | (60,000) |
    | 課稅所得 | $514,000 |

    ×4 年初遞延所得稅負債餘額為 $25,600，×4 年初無遞延所得稅資產，每年稅率均為 20%。×4 年底折舊所產生之累計應課稅金額為 $188,000，預計售後服務保證費之可減除暫時性差異將於 ×5 年全部迴轉，甲公司評估未來年度有足夠的課稅所得可供減除，則 ×4 年有關所得稅之分錄應包括：

    (A) 借記所得稅費用 $112,000　　(B) 借記所得稅費用 $137,600
    (C) 貸記遞延所得稅資產 $92,000　(D) 貸記遞延所得稅負債 $92,000

27. 試問以下個別獨立狀況是否需認列遞延所得稅負債？

    (1) 傑克公司收購蘿絲公司，年底時蘿絲公司尚有未分配盈餘若干，稅法規定股利所得為課稅所得。
    (2) 傑克公司收購蘿絲公司，年底時蘿絲公司尚有未分配盈餘若干，稅法規定股利所得為免稅所得。
    (3) 傑克公司投資蘿絲公司，未達控制能力，年底時蘿絲公司尚有未分配盈餘若干，稅法規定股利所得為課稅所得。
    (4) 傑克公司投資蘿絲公司，是為聯合控制者且有能力控制聯合協議者的盈餘分配政

策，且決定不在可預見的未來分配。

(A) 否、否、是、是
(B) 否、是、否、是
(C) 是、是、否、否
(D) 是、否、是、否

練習題

1. 【認列所得稅費用分錄】小康公司在 ×2 年初承接一項建設工程，預計工程耗時 3 年，且總工程利益為 $750,000。假設小康公司在 ×2 年到 ×4 年分別依完工百分比法認列工程利益 $300,000、$250,000 及 $200,000，而報稅時按稅法規定使用全部完工法在 ×4 年認列全部工程利益。若 ×2 年到 ×4 年的會計淨利分別為 $1,700,000、$1,400,000 及 $2,300,000，3 年的所得稅率皆為 20%，且此工程利益為小康公司課稅所得與會計淨利的唯一差異處。

   試作：×2 年到 ×4 年與所得稅費用相關的分錄。

2. 【認列所得稅費用分錄】阿西公司的一項機器設備購入成本為 $240,000，在 ×2 年初時，帳面金額為 $180,000，×2 年底時，帳面金額為 $160,000。在報稅上其累積折舊由 ×2 年初的 $60,000 增加為 $90,000。另外，阿西公司 ×2 年底資產負債表上的產品保固負債準備較上年度增加了 $25,000。阿西公司 ×2 年度的會計利潤為 $1,280,000，假設稅率一直維持 20%。假設阿西公司無其他影響會計利潤與課稅所得差異的其他事項。

   試作：×2 年有關認列所得稅費用的分錄。

3. 【遞延所得稅之計算】小萬公司於 ×6 年初以 $1,000,000 購入一部機器，會計帳上採直線法提列折舊，估計耐用年限為 4 年，殘值為成本的 1/10，報稅時採年數合計法提列折舊。假設所得稅率為 20%。

   試作：小萬公司認列 ×6 年度之所得稅時，因機器產生之遞延所得稅資產或負債淨值為多少？

4. 【遞延所得稅之計算】甲公司在 ×1 年在帳上認列一筆分期銷貨毛利 $200,000，但報稅則須等到收現時才認列，該批分期銷貨收入為 $500,000，甲公司預估收現情形以及各年度稅率如下：

年度	收現數	稅率
×2	$160,000	17%
×3	$140,000	20%
×4	$75,000	20%
×5	$125,000	25%

   試作：計算甲公司 ×1 年底所認列的遞延所得稅負債或資產為多少？

5. 【所得稅抵減】甲公司於 ×9 年帳列會計利潤 $250,000，當年度相關資料如下：
   - 帳列交際費超過稅法限額 $50,000。

- 公債利息收入 $40,000 依稅法規定免稅。
- 全年度各種罰鍰總額 $128,000。
- 當年度研究發展支出，依稅法享有租稅抵減 $28,000。
- ×9 年稅率為 20%。

試作：×9 年所得稅相關分錄。

6. 【原始認列】小艾公司於 ×4 年 12 月 31 日購入照明設備 $5,000,000，報稅上僅 $3,000,000 符合支出條件，估計無殘值，且小艾公司採用直線法提列折舊。該照明設備帳面金額預計將透過使用回收，小艾公司適用稅率為 20%。假設於會計帳上及報稅上該照明設備皆以 20% 的折舊率提列折舊。

   試作：試完成下表，並作相關所得稅分錄。

年度	期末帳面金額	期末課稅基礎	暫時性差異	遞延所得稅負債（資產）
×4				
×5				
×6				
×7				
×8				
×9				

7. 【折舊年限差異之遞延所得稅認列】承上題（第 6 題），假設會計帳上的折舊率改為 25%，報稅上仍用 20% 折舊率，其餘條件不變。

   試作：完成下表，並作 ×4 年及 ×9 年所得稅相關分錄。

年度	期末帳面金額	期末課稅基礎	暫時性差異	不得認列遞延所得稅負債之暫時性差異	應認列遞延所得稅資產之暫時性差異	遞延所得稅負債（資產）
×4						
×5						
×6						
×7						
×8						
×9						

8. 【資產提前處分之所得稅處理】承上題（第 7 題），假設小艾公司在 ×7 年 12 月 31 日出售該照明設備，其餘條件不變。

試作：×7 年所得稅相關分錄。

9. 【資產重估價】乙公司在 ×2 年 1 月 1 日購入煉油設備，並採重估價模式，購入成本為 $545,000。在會計帳上及報稅上乙公司皆以 8 年直線法提列折舊，估計無殘值。×6 年 12 月 31 日乙公司在會計帳上將該設備重估價至 $600,000，該重估價並不影響當年度課稅所得，且稅捐機關並未將該設備的課稅基礎調整，而乙公司選擇將與該設備相關的重估增值逐年轉入保留盈餘。乙公司的稅率為 20%。

試作：

(1) 請完成下表：

年度	帳面金額	課稅基礎	暫時性差異	遞延所得稅負債	當年變動數
×2/1/1					
×2/12/31					
×3/12/31					
×4/12/31					
×5/12/31					
×6/12/31					
×7/12/31					
×8/12/31					
×9/12/31					

(2) ×6 年到 ×9 年相關分錄。

10. 【同期間所得稅分攤】依依公司 ×5 年的稅前損益資料如下：

繼續營業單位淨利	$543,000
停業單位損失	(77,000)
追溯適用及追溯重編之影響數—會計錯誤更正	(88,000)
追溯適用及追溯重編之影響數—會計政策變動	135,000
課稅所得	$513,000

假設依依公司無其他會計利潤與課稅所得之間的差異存在，稅率為 20%，期初的調整前保留盈餘為 $412,000。

試作：

(1) 各項利益或損失應分攤的所得稅費用或利益及其稅後淨利或淨損。
(2) 在綜合損益表及保留盈餘表上的表達。

11. 【所得稅抵減—遞延法】小聯公司於 ×2 年 1 月 1 日購入一項設備 $370,560，此設備符合產業創新條例故得以享有 10% 所得稅抵減，但抵減數以當年度應納稅額之 60% 為限。

該設備估計可使用 8 年，使用直線法提列折舊無殘值。小聯公司 ×2 年的課稅所得為 $180,000，稅率為 20%。小聯公司有充分證據顯示 ×2 年底未使用之抵減數將於 ×3 年全數使用完畢。假設小聯公司無其他會計利潤與課稅所得間的差異情形。

試作：若採用遞延法，小聯公司 ×2 年及 ×3 年應做的所得稅相關分錄。

12. 【所得稅抵減—本期認列法】承上題（第 11 題），若改採用本期認列法。

    試作：小聯公司 ×2 年及 ×3 年應做的所得稅相關分錄。

13. 【稅率計算】小莉公司 ×4 年底資產負債表上的應付所得稅為 $750,000，小莉公司會計帳上與稅報上有兩項差異，其中一處差異為依法免稅利息收入 $40,000，另一處差異為小莉公司在 ×4 年初承接的一項工程，總工程利益為 $500,000，預計耗時 2 年，×4 年帳上依完工百分比法認列工程利益，而稅法規定使用全部完工法，將於 ×5 年認列所有工程利益。小莉公司 ×4 年的會計利潤為 $4,090,000，資產負債表上有關遞延所得稅的項目餘額為遞延所得稅負債 $60,000。

    試作：(1) ×4 年的稅率？(2) ×4 年會計帳上認列的工程利益為多少？

14. 【永久性差異計算】甲公司成立於 ×6 年，其 ×6 年的課稅所得為 $1,200,000，而會計利潤較課稅所得高 $100,000，分析後發現差異來源為依法免稅的利息收入，以及本期帳上估列的產品保固負債準備因在稅報上實際發生時方可認列而產生差異。已知 ×6 年的稅率為 20%，而 ×6 年底資產負債表上的遞延所得稅資產金額為 $100,000。

    試作：(1) 依法免稅的利息收入金額為多少？(2) 認列所得稅的相關分錄。

15. 【虧損扣抵】甲公司自 ×1 年成立後各年度會計利潤與稅率如下表所示，假設各年度皆無任何永久性差異與暫時性差異。

年度	會計利潤（損失）	稅率
×1	$ 50,000	20%
×2	120,000	20%
×3	80,000	17%
×4	30,000	17%
×5	(300,000)	17%
×6	150,000	17%

試作：

(1) 假設甲公司選擇損失可先扣抵以前 3 年再扣抵以後 10 年之所得，且 ×5 年時預計很有可能有未來課稅所得以供未使用課稅損失（虧損扣抵）使用。試作 ×5 年及 ×6 年所得稅有關的分錄。

(2) 假設甲公司選擇損失可扣抵以後 15 年之所得，且 ×5 年時預計很有可能有未來課稅所得以供未使用課稅損失（虧損扣抵）使用。試作 ×5 年及 ×6 年所得稅有關的分錄。

16. 【適用稅率及課稅基礎之變動】小倫公司擁有一處廠房其成本為 $150,000，帳面金額為 $120,000，重估價至 $200,000，報稅上未做相對應調整。假設報稅上的累計折舊為 $50,000，所得稅率為 25%，且稅法規定若出售資產的售價超過成本時，累計課稅折舊將依 25% 稅率補稅，而售價減除依通貨膨脹率 110% 調整後的成本的餘額則依 30% 課稅。而若選擇繼續使用資產以回收帳面金額，則稅率為 25%。

    試作：

    (1) 若小倫公司選擇繼續使用該廠房，該廠房的課稅基礎為多少？相關的遞延所得稅負債為多少？

    (2) 若小倫公司選擇以 $200,000 價格售出該廠房，該廠房的課稅基礎為多少？相關的遞延所得稅負債為多少？

17. 【未分配盈餘加徵百分之五營利事業所得稅】小勤公司×8 年度的稅後淨利為 $500,000，小勤公司的公司章程無盈餘分配規定。公司法規定盈餘分配前應先提列 10% 的稅後淨利為法定盈餘公積。×9 年 6 月 30 日股東會決議發放現金股利 $110,000。

    試作：有關未分配盈餘加徵百分之五營利事業所得稅部分之分錄。

18. 【採公允價值衡量之投資性不動產之所得稅】桶二公司於 ×1 年底持有兩項投資性不動產，其成本及公允價值如下表，已知該兩項投資性不動產均採 IAS 40 中公允價值模式衡量，土地為無限耐用年限，且報稅上，建築物之累計折舊為 $4,000，投資性不動產之未實現公允價值變動並不影響課稅所得。

	原始成本	公允價值
土地	$8,000	$12,000
建築物	12,000	18,000
投資性不動產金額	$20,000	$30,000

    若投資性不動產以高於成本之金額出售，出售價款超過成本之部分，稅法明定持有資產少於兩年之稅率為 25%，持有資產兩年以上之稅率為 20%，其他影響按一般稅率 17% 課稅，請依據下列情況試算 ×2 年底該投資性不動產產生之暫時性差異及遞延所得稅資產（負債）。

    試作：

    (1) 情況一：該兩項投資性不動產以出售回收帳面金額（預期 2 年後出售）。
    (2) 情況二：該兩項投資性不動產以出售回收帳面金額（預期 2 年內出售）。
    (3) 情況三：建築物預期以使用回收帳面金額，土地預期 2 年後出售。

19. 【企業合併產生之遞延所得稅】甲公司於 ×3 年 1 月 1 日收購乙公司 100% 股權。乙公司帳上擁有兩處不動產，分別為辦公大樓及廠房。以下為收購日時的相關資訊：

    ● 稅率為 20%。
    ● 兩處不動產在會計及報稅上使用的折舊年限皆為 25 年。

- 辦公大樓及廠房的公允價值分別為 $4,500,000 及 $3,200,000，帳面金額分別為 $5,000,000 及 $3,000,000，課稅基礎分別為 $4,000,000 及 $2,800,000。
- 乙公司取得辦公大樓及廠房時產生的暫時性差異因原始認列原則並未認列相關遞延所得稅資產或負債。
- 除了兩處不動產外，乙公司的其他淨資產之帳面金額及課稅基礎皆為 $630,000，而公允價值為 $600,000。
- 乙公司有未使用課稅損失 $123,000，乙公司並未認列相關遞延所得稅資產，稅法規定可用於甲公司未來所得，且合併後乙公司極可能未來有課稅所得而使用該課稅損失。
- 假設產生的遞延所得稅負債及資產可互抵。
- 收購價格為 $10,000,000。

試作：

(1) 因企業合併所產生的遞延所得稅負債或資產金額。
(2) 因收購乙公司所產生的商譽。
(3) 收購日與此合併有關之分錄。

20.【商譽之原始認列】小明公司 ×5 年 7 月 1 日收購小華公司，收購日產生的商譽 $500,000，依小明公司所在地之稅法規定不得於未來作為報稅時之扣減項目，假設稅率為 20%。

試作：

(1) ×5 年底時合併商譽所產生應課稅暫時性差異 $500,000 的相關會計處理？
(2) 若小明公司後續認列商譽減損損失 $75,000，其商譽減損損失之所得稅後果的會計處理？
(3) 假設小明公司所在地稅法規定其合併商譽可自收購當年起每年減除 25%。商譽於原始認列時課稅基礎為 $500,000，×5 年底時為 $437,500。假設商譽的帳面金額於 ×5 年底時仍為 $500,000。則相關所得稅會計處理？

應用問題

1. 【認列所得稅費用分錄】阿騰公司在計算 ×4 年到 ×6 年的會計利潤與課稅所得時發現有下列幾項差異：

(1) ×3 年底資產負債表上有產品保固負債準備 $70,000，依稅法規定產品保固費用於實際發生時方可認列。×4 年底到 ×6 年底阿騰公司帳上的產品保固負債準備分別為 $85,000、$90,000 及 $80,000。
(2) 投資國營事業所得在 ×4 年到 ×6 年分別為 $100,000、$150,000、$50,000，依稅法規定投資國營事業所得為免稅。
(3) 阿騰公司在 ×1 年以 $400,000 所購入的一項資產估計可使用 10 年，無殘值，帳上依直線法提列折舊。在報稅上，則依稅法規定採計 8 年，同樣使用直線法無殘值。

　　阿騰公司 ×4 年到 ×6 年的會計利潤分別為 $2,500,000、$2,400,000 及 $1,600,000，

而稅率皆為 20%。

試作：計算 ×4 到 ×6 年各年度的課稅所得，以及認列所得稅費用的相關分錄。

2. 【**應付所得稅及遞延所得稅之計算**】大歐公司在 ×7 年有以下幾個可能影響會計利潤與課稅所得的歧異點。

   (1) 大歐公司與既有員工簽訂合約，表示將提供退休員工醫療福利。大歐公司在員工提供勞務時認列此費用，而報稅上則於支付該福利時得以作為減除項目。大歐公司在 ×7 年帳上認列了 $45,000 的醫療福利費用，但 ×7 年整年都未對退休員工支付該福利。

   (2) 大歐公司 ×7 年有慈善捐款共計 $78,000 並在帳上認列為費用，但稅法規定不得做為費用減除。

   (3) 建築物在會計上採用直線法每年 5% 攤銷，在報稅上則使用 10% 直線法攤銷。大歐公司另於 ×7 年初增購了一處建築物花費 $350,000。在會計帳上，累計折舊 ×6 年底時為 $176,700，×7 年的折舊費用為 $76,400。

   　假設除上述三點外，大歐公司無其他影響會計利潤與課稅所得差異的交易事項。大歐公司 ×7 年會計利潤為 $7,862,000，稅率為 20%。

試作：請填入下表空白處，並計算 ×7 年度應付所得稅以及遞延所得稅資產及負債。

建築物帳面金額計算：

	成本	金額
×6/12/31		
×7 年度增加		$350,000
×7/12/31		
	累計折舊	金額
×6/12/31		$176,700
×7 年度增加		$76,400
×7/12/31		

建築物課稅基礎計算：

	成本	金額
×6/12/31		
×7 年度增加		
×7/12/31		
	累計折舊	金額
×6/12/31		
×7 年度增加		
×7/12/31		

Chapter 18 所得稅會計

3. 【稅率變動】小葉公司 ×4 年有會計利潤 $670,000，稅率為 17%。小葉公司會計利潤與課稅所得間有以下差異：

   (1) 探勘設備於 ×4 年 1 月 1 日購入時成本為 $100,000，估計可使用 4 年，無殘值。會計帳上使用直線法提列折舊，報稅時使用年數合計法。

   (2) ×4 年底時外幣應收帳款依期末匯率重新評價，帳上認列未實現兌換利益 $25,000，依稅法規定收現時方可認列，小葉公司於 ×5 年收現該筆應收帳款。

   假設 ×5 年初時稅法修訂調高稅率至 20%，並於同年開始適用。×5 年小葉公司的會計利潤為 $730,000，且無發生其他造成會計利潤與課稅所得間差異的交易。

   試作：×4 年到 ×5 年認列所得稅費用相關分錄。

4. 【資產重估價—重估增值前已重估減值】甲公司以 $8,000 於 ×0 年 12 月 31 日購入一項不動產，該不動產採重估價模式。基於課稅目的與會計目的，該不動產皆以 10 年採直線法提列折舊，估計並無殘值。於 ×3 年 12 月 31 日，該不動產於會計上經重估價為 $2,800，並於 ×6 年 12 月 31 日，第二次重估價為 $4,800。重估價並不影響當年度之課稅所得，且稅捐機關亦不調整建築物之課稅基礎以反映此重估價。該不動產之價值預期將透過使用於應課稅之營運活動來回收，其稅率為 20%。此外，甲公司選擇將該資產相關重估增值於資產報廢或處分時全部實現轉入保留盈餘。

   試作：與重估價及所得稅相關分錄。

5. 【股份基礎給付交易】大愛公司於 ×1 年 1 月 1 日給與 15 位員工認股權，每人 50 股。既得條件為員工須繼續於大愛公司服務 3 年，且員工得於既得日後 2 年內行使其認股權，認購價格為 $24，給與日普通股每股之公允價值為 $24 元。假設大愛公司對給與認股權作為員工提供勞務之對價，認列為費用，但依據大愛公司當地稅法之規定，須待認股權執行時，才可依認股權於行使日之內含價值作為課稅減除項目。假設 ×1 年底時預期 ×3 年底仍有 10 位員工繼續服務，×2 年底時預期 ×3 年底仍有 8 位員工繼續服務，×3 年底實際有 9 位員工既得，且假設所有員工皆於 ×5 年底執行認購，依 IFRS 2 規定，估計之未來課稅減除金額應依據期間結束日認股權之內含價值衡量，若課稅減除金額超過相關之累計酬勞成本，超過部分之相關本期或遞延所得稅應直接認列於權益。假設 ×1 年到 ×5 年會計利潤皆為 $500,000，稅率為 20%。

   ×1 年至 ×5 年底認股權之公允價值如下：

年度	×1	×2	×3	×4	×5
公允價值	$30	$36	$51	$52	$55

   試作：×1 年到 ×5 年認列所得稅的相關分錄。

6. 【認列所得稅、暫時性差異計算】台北公司於 ×1 年 1 月 1 日開始營業，×1 年度所得稅相關資料如下：

- ×1 年度帳上之稅前會計所得為 $2,800,000，其中含政府債券免稅之利息收入 $100,000 及環保罰鍰支出 $400,000。稅法規定行政罰鍰支出報稅時不得列報。
- ×1 年 1 月以分期付款出售 6 台機器，帳列毛利 $1,200,000，平均分 5 年收現，報稅時等到收現時才認列。
- ×1 年初以 $1,440,000 購入一台設備，預期可用 5 年，無殘值。帳上採年數合計法計提折舊，報稅則採直線法。
- ×1 年初以 $600,000 購入土地，該土地採重估價模式，×1 年底其帳面金額與公允價值無重大差異，故無須重估。×2 年底該土地首次重估，重估後為 $800,000，預期該土地於 ×3 年出售。
- ×1 年度的所得稅率為 17%，出售資產之適用稅率為 20%，稅捐機關不調整重估價。台北公司預期未來各年均有足夠的課稅所得供可減除暫時性差異迴轉。

試作：

(1) 計算台北公司 ×1 年度之課稅所得金額並作台北公司 ×1 年度有關所得稅之分錄。

(2) 假設 ×2 年度所得稅法修正，稅率提高至 25%，並追溯自 ×2 年 1 月 1 日起適用 (×1 年度無法得知稅法將有此修正)。台北公司 ×2 年度稅前會計所得為 $3,800,000，除上述 ×1 年度之事項外，台北公司 ×2 年度無其他財稅差異事項，計算 ×2 年度課稅所得額及所得稅費用。

Chapter 18 所得稅會計

Chapter 19 現金流量表

學習目標

研讀本章後，讀者可以了解：

1. 現金流量表之內容、功能與現金流量之分類
2. 以間接法與直接法編製現金流量表
3. 現金流量表編製的進階討論
4. 現金流量表之附註揭露

本章架構

現金流量表

- 現金流量表
  - 內容
  - 現金流量分類
  - 功能
- 編製現金流量表
  - 間接法
  - 直接法
- 編製現金流量表之進階討論
  - 支付利息、所得稅之分類
  - 預期信用減損損失之調整
  - 存貨跌價損失之調整
  - 特殊之營業活動現金流量
  - 其他綜合損益項目之考量
  - 股份基礎給付之考量
- 現金流量表之附註揭露
  - 排除揭露項目
  - 要求揭露項目
  - 鼓勵揭露項目

由日立和 NEC 的記憶體部門合併，成立於 1999 年的日本公司爾必達 (Elpida Memory, Inc.) 是全球第三大的動態隨機存取記憶體 (DRAM) 廠商，市占率達 12%，僅次於市占率達 45% 的韓國三星電子及市占率達 22% 的韓國海力士。爾必達一直是臺灣政府與 DRAM 業者「聯日抗韓」的重要策略夥伴：2006 年爾必達與臺灣 DRAM 廠力晶半導體 (股票代號 5346，已於 2012 年下市) 在臺灣合資成立瑞晶電子；2009 年臺灣官方籌組記憶體公司時，爾必達原本要將技術轉移臺灣，但因立法院未通過而破局；2011 年 2 月 25 日，爾必達在臺灣證券交易所掛牌發行臺灣存託憑證 (TDR)(代碼 916665)，為首家發行 TDR 的日商公司。

爾必達為維持競爭力不斷擴大產能投資，但隨著 iPhone、iPad 等行動裝置相繼崛起，應用於傳統 PC 的 DRAM 晶片價格大跌，加上日圓升值壓力，在在衝擊爾必達的獲利能力。2012 年 2 月，爾必達向東京地方法院申請破產保護，高達 4,480 億日圓 (55.3 億美元) 的債務使其成為二次大戰後，日本製造業負債金額最高的破產企業。2012 年 2 月與 3 月，爾必達的股票與 TDR 相繼於東京證券交易所與臺灣證券交易所下市。2012 年 5 月 8 日，爾必達在第二輪的競標中由美國廠商美光科技 (Micron) 收購。

在爾必達 2011 年第 3 季之合併財務報表 (日本會計年度之第 3 季為 10 月 1 日至 12 月 31 日) 中顯示，2011 年前三季之稅前淨損為 1,046 億日圓，稅後淨損為 989 億日圓，但營業活動現金流量仍呈淨流入 246 億日圓，此係因折舊及其他攤銷費用高達 968 億日圓所致。值得注意的是，爾必達該期之現金流量表係以 IFRS 之間接法編製，但與我國當時採用之 ROC GAAP 間接法下之現金流量表有下列不同：其一為由稅前淨損而非稅後淨損開始調整；其二為調整項目除非現金的收益費損外，尚包括加回利息費用、減去利息收入與股利收入等有關現金的收益費損調整；其三為調整項目並包括減除支付所得稅與利息之現金流出、加回收取利息與股利之現金流入等類似直接法之項目。

章首故事引發之問題

- 營業活動現金流量與本期淨利的關聯為何？
- 間接法下之現金流量表應如何編製？
- 直接法下之現金流量表應如何編製？

19.1　現金流量表之內容與功能

學習目標 1
了解現金流量表之內容與功能

　　IFRS 規定，**整份財務報表** (a complete set of financial statements) 須包括資產負債表、綜合損益表、權益變動表與現金流量表四大報表及其附註。本書之前所有內容，係就各類資產、負債與權益及其相關之收益及費損，逐一討論其會計處理，亦即完成綜合損益表、權益變動表與資產負債表之編製；現金流量表之編製則於本章說明。讀者或許疑惑，為何同屬財務報表，綜合損益表、權益變動表與資產負債表之編製顯然較為複雜，需詳細說明；現金流量表之編製則是否因相對較為簡單，故說明之篇幅明顯較少？

　　相對於其他財務報表，現金流量表具有以下特性：首先，現金流量表內容在說明特定報導期間內現金與約當現金（以下均統稱現金，現金與約當現金之定義請見第 5 章）之增減，即收取與支付現金造成之現金流入與流出。是以，現金流量表旨在說明單一資產項目（即現金）的變化，相較其他財務報表包括所有資產、負債、權益、收益及費損項目，複雜度顯然有別。其二，因現金流量表係說明特定報導期間內現金的變化，而其編製方式係自「已將各種交易與事項按應計基礎彙總表達之其他財務報表」出發，分析各種交易與事項造成之現金流入與流出，故現金流量表非按應計基礎編製。亦即所有交易與事項相關認列衡量等會計處理，均已於其他財務報表之編製詳述，現金流量表之編製並未涉及任何新交易與事項，而係僅係就其他財務報表「翻譯」出已說明過之各種交易與事項對現金之影響，複雜度自亦較低。

現金流量表之內容在描述特定報導期間內現金的變化，亦即該期間內發生哪些現金流入與流出，使現金之期末餘額與期初餘額有所差異。在表達這些現金流入與流出時，現金流量表將其分類為營業、投資與籌資三類活動造成之現金流入與流出，且投資活動及籌資活動部分之現金收取總額及現金支付總額應按主要類別分別報導，而不得僅列示各主要類別之現金流入與流出之互抵淨額。至於營業活動部分，採直接法編製時亦是按現金收取總額及現金支付總額之主要類別分別報導；但採間接法編製時則無須按現金收取或支付總額之主要類別分別報導，如何以間接法與直接法編製現金流量表將於第19.2節詳細說明之。現金流量表之格式如表19-1。

表19-1　現金流量表之格式

甲公司
現金流量表
×2年及×1年1月1日至12月31日

	×2年	×1年
營業活動之現金流量：		
：		
營業活動之淨現金流入(流出)	$×××	$×××
投資活動之現金流量：		
(按現金收取總額及現金支付總額之主要類別分別報導)		
：		
投資活動之淨現金流入(流出)	×××	×××
籌資活動之現金流量：		
(按現金收取總額及現金支付總額之主要類別分別報導)		
：		
籌資活動之淨現金流入(流出)	×××	×××
本期現金及約當現金增加(減少)數	×××	×××
期初現金及約當現金餘額	×××	×××
期末現金及約當現金餘額	$×××	$×××

營業活動之現金流量大多為主要營收活動之現金流入與流出，即通常來自影響綜合損益表中本期淨利之交易及事項。綜合損益表

係依應計基礎認列,故營業活動現金流量之辨認,主要係就影響本期淨利之各項項目,配合與過去或未來營業現金收支之遞延或應計項目,即相關之資產與負債項目著手。應包含於營業活動之現金流量例舉如下:

1. 自銷售商品及提供勞務之現金收取。
2. 自權利金、各項收費、佣金及其他收入之現金收取。
3. 對商品及勞務提供者之現金支付。
4. 對員工及代替員工(如代扣員工需自付之健保費部分後繳付給中央健康保險署)之現金支付。
5. 保險公司因保費、理賠、年金及其他保單利益之現金收取及現金支付。
6. 所得稅之現金支付或退回(但可明確辨認屬於投資及籌資活動者應分別列入投資及籌資活動)。
7. 自持有供自營或交易目的之合約之現金收取及支付。如因交易目的買賣選擇權、期貨、遠期合約與期貨等合約之現金收付。

> 自營商與自營活動:有價證券自營商在興櫃市場對同一股票同時報買與報賣,以增加市場流動性,此類自營活動之現金流出與流入均屬營業活動。

投資活動之現金流量係認列為投資資產有關現金之收付。故投資活動現金流量之辨認,主要係就影響營業活動之現金流量以外之流動資產與非流動資產項目著手。應包含於投資活動之現金流量例舉如下:

1. 因取得不動產、廠房及設備、無形資產及其他長期資產之現金支付,包括與資本化之發展成本及自建不動產、廠房及設備相關之支出。
2. 自出售不動產、廠房及設備、無形資產及其他長期資產之現金收取。
3. 因取得或出售其他企業之權益或債務工具,以及關聯企業及合資權益之現金收付(但不包括取得或出售視為約當現金或持有供自營或交易目的之金融工具之現金收付)。
4. 對他方之現金墊款及放款。但金融機構承作之墊款及放款係其主要業務,因此通常將墊款及放款之現金支付列入營業活動。
5. 自他方償還之墊款及放款之現金收取。但不包括金融機構收回、

營業活動之墊款及放款。
6. 因期貨合約、遠期合約、選擇權合約及交換合約之現金收付 (此類合約之現金收付被分類為籌資活動者除外，另注意持有供自營或交易目的之此類合約之現金收付應分類為營業活動之現金流量。)。

籌資活動之現金流量則為企業因取得長期資金而發生之相關現金收付。故籌資活動現金流量之辨認，主要係就與營業無關之流動負債、非流動負債與權益項目著手。應包含於籌資活動之現金流量例舉如下：

1. 自發行股票或其他權益工具收取之現金價款。
2. 因取得或贖回企業股票而對業主之現金支付。
3. 自發行債權憑證、借款、票據、債券、抵押借款及其他短期或長期借款收取之現金價款。
4. 借入款項之現金償還。
5. 承租人為減少租賃之未結清負債之現金支付。

常見現金流量之分類彙總如表 19-2。需特別注意的是，單一交易可能包括不同類別之現金流量。例如，企業對其借款之現金償付包括利息及本金，本金之支付分類為籌資活動，但利息之支付得分類為營業活動或籌資活動，甚或當其符合資本化之規定而予以資本化計入不動產、廠房及設備之成本時，利息之支付應分類為投資

IFRS 一點通

IAS 7.33 及 IAS 7.34 關於利息與股利現金流量分類之規定

IAS 7.33 規定，金融機構通常將支付之利息以及收取之利息與股利分類為營業現金流量。惟對其他企業而言，因支付之利息以及收取之利息與股利為損益決定之一部分，故得分類為營業活動現金流量。但因支付之利息以及收取之利息與股利亦為取得財務資源之成本或投資之報酬，故亦得分別分類為籌資活動現金流量及投資活動現金流量。IAS 7.34 則規定，支付之股利為取得財務資源之成本，故得分類為籌資活動現金流量。但為幫助使用者決定企業以營業現金流量支付股利之能力，支付之股利亦得分類為營業活動現金流量。

活動。相關內容將於第 19.3 節編製現金流量表之進階討論中詳細說明。

表 19-2　常見現金流量之分類

營業活動之現金流量：主要影響本期淨利項目與相關流動資產與流動負債項目

現金流入：
　銷售商品及提供勞務之現金收取
　權利金、各項收費、佣金及其他收入之現金收取
　所得稅之現金退回
　出售供自營或交易目的之合約(如有價證券及衍生工具)之現金收取
　利息與股利之現金收取*

現金流出：
　對商品及勞務提供者之現金支付
　對員工及代替員工之現金支付
　所得稅之現金支付
　取得供自營或交易目的之合約(如有價證券及衍生工具)之現金支付
　各項費用(含利息)之現金支付**
　股利之現金支付**

投資活動之現金流量：主要影響非流動資產項目

現金流入：
　出售不動產、廠房及設備、無形資產及其他長期資產之現金收取
　出售其他企業之權益或債務工具，以及關聯企業與合資權益之現金收取
　自他方償還之墊款及放款之現金收取
　因期貨合約、遠期合約、選擇權合約及交換合約之現金收取
　利息與股利之現金收取*

現金流出：
　取得不動產、廠房及設備、無形資產及其他長期資產之現金支付
　取得其他企業之權益或債務工具，以及關聯企業與合資權益之現金支付
　對他方之現金墊款及放款之現金支付
　因期貨合約、遠期合約、選擇權合約及交換合約之現金支付

籌資活動之現金流量：主要影響非流動負債與權益項目

現金流入：
　自發行股票或其他權益工具收取之現金價款
　自發行債權憑證、借款、票據、債券、抵押借款及其他短期或長期借款收取之現金價款

現金流出：
　因取得或贖回企業股票而對業主之現金支付
　借入款項之現金償還
　承租人為減少租賃之未結清負債之現金支付
　利息費用之現金支付**
　股利之現金支付**

*　利息及股利收取之現金流量應以各期一致之方式分類為營業或投資活動。
** 利息及股利支付之現金流量應以各期一致之方式分類為營業或籌資活動。

當現金流量表與其他財務報表一併使用時，現金流量表所提供之資訊可供使用者評估企業之淨資產變動、財務結構（包括流動性及償債能力），以及為適應經營狀況之變動及機會而影響現金流量金額及時點之能力。現金流量資訊有助於評估企業產生現金及約當現金之能力，並使財務報表使用者得以發展模式以評估比較不同企業之未來現金流量現值。現金流量資訊亦提高不同企業間經營績效報導之可比性，因為其消除對相同交易及事項採用不同會計處理之影響。歷史性現金流量資訊經常作為未來現金流量之金額、時點及確定性之指標，亦有助於查證過去對未來現金流量評估之精確性，並檢驗獲利能力與淨現金流量間之關係及價格變動之影響。

現金流量表中依活動分類提供之現金流量資訊，有助於使用者評估該等活動對企業財務狀況與現金及約當現金金額之影響，及評估各類活動間之關係。營業活動之現金流量金額，為企業在不借助外部籌資來源下，企業營運產生之現金流量足以償還借款、維持企業營運能力、支付股利及進行新投資之程度之重要指標。歷史性營業活動現金流量有助於預測未來營業之現金流量。投資活動之現金流量代表企業為獲得能產生未來收益及現金流量之資源而支出之程度。籌資活動之現金流量則有助於企業之資本提供者預測其對未來現金流量之請求權。企業應採最適合其業務之方式列報其來自營業、投資及籌資活動之現金流量。

現金流量表功能：
(1) 評估企業之淨資產變動、財務結構，以及為適應經營狀況之變動及機會而影響現金流量金額及時點之能力。
(2) 評估企業產生現金及約當現金之能力。
(3) 提高不同企業間經營績效報導之可比性。
(4) 作為未來現金流量之金額、時點及確定性之指標。

19.2　編製現金流量表

現金流量表之編製方式，係就已將各種交易與事項按應計基礎彙總表達之綜合損益表與資產負債表為出發點，分析各種交易與事項造成之現金流入與流出，亦即就綜合損益表與資產負債表「翻譯」各種交易與事項對現金之影響，並將其分類為來自營業、投資及籌資活動之現金流量。而分析過程中，「翻譯」的項目類別即與所屬之現金流量分類有關。營業活動現金流量之辨認主要係就影響本期淨利之各項項目，配合相關之流動資產與流動負債項目（亦可能包括部分與營業活動有關之非流動資產與非流動負債）加以分析；投資活動現金流量之辨認主要係就影響營業活動之現金流量以外之

學習目標 2
了解如何以間接法與直接法編製現金流量表

流動資產,與非流動資產項目加以分析;籌資活動現金流量之辨認則主要係就與影響營業活動之現金流量以外之流動負債、非流動負債與權益項目加以分析。

> 營業活動現金流量部分有間接法與直接法兩種編製

現金流量表有**間接法** (indirect method) 與**直接法** (direct method) 兩種編製方式,係營業活動現金流量部分之不同分析方式,投資與籌資活動現金流量部分在兩種編製方式下完全相同。營業活動之現金流量大多為主要營收活動之現金流入與流出,即通常來自影響本期淨利之交易及事項,故編製營業活動現金流量時,係就應計基礎下影響本期淨利之收益與費損項目分析辨認其現金影響。所謂直接法,係將應計基礎下之收益與費損分別調整後,將其轉換成營業活動之現金流入與流出,繼而相減得到營業活動現金流量淨流入(出);而間接法則係將應計基礎下收益與費損相減得到之本期淨利進行調整,得到營業活動現金流量淨流入(出)。亦即就應計基礎下「收益－費損＝本期淨利」之等式來看,直接法係由等式左方調整,間接法係由等式右方調整,調整項相同(惟間接法調整時,費損項目之調整項須正負變號),故同樣可求得營業活動現金流量淨流入(出)。直接法與間接法之概念彙示如圖 19-1。

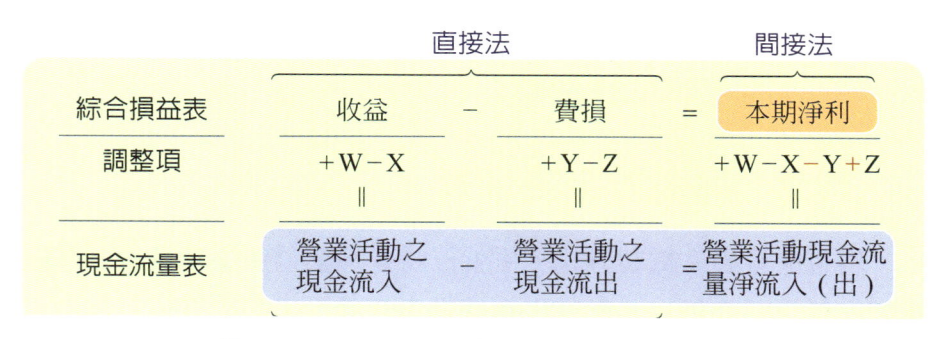

	直接法			間接法
綜合損益表	收益	－	費損	＝ 本期淨利
調整項	＋W－X		＋Y－Z	＋W－X－Y＋Z
	‖		‖	‖
現金流量表	營業活動之現金流入	－	營業活動之現金流出	＝ 營業活動現金流量淨流入(出)

圖 19-1　直接法與間接法之概念彙示

圖 19-1 中之 W、X、Y、Z 等調整項之詳細內容,稍後將以釋例逐一說明。直接法編製之營業活動現金流量部分中,營業活動現金流量按收取總額之主要類別及現金支付總額之主要類別個別列示,其表達即現金基礎下之損益表。目前國際會計準則鼓勵(但不強制)企業採用直接法報導營業活動之現金流量,因直接法較間接法更可能提供有助於估計未來現金流量之資訊。然而,絕大多數企

業仍以間接法報導營業活動之現金流量。

以下即以成立於 ×1 年初之甲公司為例，以複雜度逐年增加的方式，介紹其 ×1 年至 ×3 年現金流量表之編製過程。

19.2.1　甲公司 ×1 年現金流量表之編製

甲公司 ×1 年相關資訊如下：

甲公司
比較資產負債表

資產	×1 年底	×1 年初	×1 年增（減）
現金	$ 58,000	$0	$ 58,000
應收款項	8,000	0	8,000
預付費用	3,000	0	3,000
機器設備	100,000	0	100,000
累計折舊	(10,000)	(0)	10,000
資產總計	$159,000	$0	
負債與權益			
應付費用	$ 2,000	$0	$ 2,000
合約負債	7,000	0	7,000
普通股	140,000	0	140,000
保留盈餘	10,000	0	10,000
負債與權益總計	$159,000	$0	

甲公司
×1 年損益表

營業收入		$120,000
營業費用		
折舊費用	$10,000	
其他費用	90,000	(100,000)
稅前淨利		20,000
所得稅費用		(3,400)
本期淨利		$ 16,600

其他相關資訊

1. ×1 年初以相同價格購入相同之機器設備 10 台，估計耐用年限均為 10 年，均無殘值，均採成本模式衡量與直線法提列折舊。
2. ×1 年所有普通股均以現金發行，且 ×1 年僅宣告並發放現金股利 $6,600，並未宣告或發放股票股利。

如前所述,現金流量表之編製方式,係從應計基礎下之綜合損益表與資產負債表出發,分析各種交易與事項造成之現金流入與流出,並將其分類為來自營業、投資及籌資活動之現金流量。以下即就甲公司 ×1 年現金流量表之編製,按營業、投資及籌資活動之現金流量逐步說明之。

19.2.1.1　甲公司 ×1 年之營業活動現金流量

營業活動之現金流量來自影響本期淨利之交易及事項,故編製營業活動現金流量時,係將應計基礎下影響本期淨利之收益與費損進行調整,將其轉換成營業活動之現金流入與流出。而收益與費損項目之調整項,均包括以下三類:

1. 非現金性質之交易。
2. 與投資活動或籌資活動現金流量相關之項目。
3. 與過去或未來營業現金收支之遞延或應計項目,即相關之資產與負債項目。

先說明上述 1. 及 2.。非現金性質交易之收益費損項目本身完全不影響現金流量 (如折舊費用),與投資活動或籌資活動現金流量相關項目之現金流量則不應歸屬營業活動 (如處分不動產損益),故該兩類項目之調整項,均為該項目本身,亦即此兩類項目在轉換成營業活動之現金流入與流出時,係將其全數消除 (折舊費用全數加回、處分損益亦全數消除),營業活動下之相關現金流入與流出均為零。非現金性質交易之收益費損項目包括按權益法認列之投資收益、折舊等;與投資或籌資現金流量相關之收益費損項目則如不動產、廠房及設備之處分損益等。

相較於前兩類項目,與過去或未來營業現金收支之遞延或應計項目,即相關之資產與負債項目之調整項 (上述 3.) 則較為複雜,茲以營業收入與需以現金支付之營業費用此兩項收益費損項目為例說明之。

營業收入之調整項,需考慮與應收款項與合約負債之收現情形。營業收入為企業出售商品或服務予客戶產生,但其現金收取時點有「以前已收」、「當時收」與「以後再收」三種;亦即本期淨利

中認列之營業收入，其形式包含「合約負債減少」、「現金增加」與「應收款項增加」。從另一角度而言，即企業之所以可由客戶收取現金，係因「以後再」出售商品或服務、「當時」出售商品或服務與「以前」已出售商品或服務三種；其中第一及第三種即分別為「與合約負債相關之收現」及「與應收款項相關之收現」。其關聯可彙示如圖 19-2 (假設無沖銷呆帳，加入沖銷呆帳之詳細討論見 19.3.3)。

應收款項		合約負債	
期初餘額 營業收入	收現	營業收入	期初餘額 收現
期末餘額			期末餘額

圖 19-2

而由圖 19-2 可清楚了解，因：

$$\begin{pmatrix}\text{應收款項}\\\text{期初餘額}\end{pmatrix} + \text{營業收入} - \begin{pmatrix}\text{與應收款}\\\text{項相關}\\\text{之收現}\end{pmatrix} = \begin{pmatrix}\text{應收款項}\\\text{期末餘額}\end{pmatrix}$$

$$\begin{pmatrix}\text{合約負債}\\\text{期初餘額}\end{pmatrix} + \begin{pmatrix}\text{與合約負}\\\text{債相關}\\\text{之收現}\end{pmatrix} - \text{營業收入} = \begin{pmatrix}\text{合約負債}\\\text{期末餘額}\end{pmatrix}$$

即：

$$\begin{pmatrix}\text{與應收款}\\\text{項相關}\\\text{之收現}\end{pmatrix} = \text{營業收入} - \left(\begin{pmatrix}\text{應收款項}\\\text{期末餘額}\end{pmatrix} - \begin{pmatrix}\text{應收款項}\\\text{期初餘額}\end{pmatrix}\right) \quad \cdots (1)$$

$$\begin{pmatrix}\text{與合約負}\\\text{債相關}\\\text{之收現}\end{pmatrix} = \text{營業收入} + \left(\begin{pmatrix}\text{合約負債}\\\text{期末餘額}\end{pmatrix} - \begin{pmatrix}\text{合約負債}\\\text{期初餘額}\end{pmatrix}\right) \quad \cdots (2)$$

式 (1) 與式 (2) 以直觀解釋亦十分易解。以式 (1) 而言，若「應收款項期末餘額－應收款項期初餘額」為正數，顯示應收款項增加，即代表有本期營業收入增加未收現，故計算收現數時應由營業收入數中減除；反之，若「應收款項期末餘額－應收款項期初

餘額」為負數,顯示應收款項減少,即代表收現數超過本期營業收入之增加,故計算收現數時應由營業收入數中加入。以式 (2) 而言,若「合約負債期末餘額－合約負債期初餘額」為正數,顯示合約負債增加,即代表收現數超過本期營業收入之增加,故計算收現數時應由營業收入數中加入;反之,若「合約負債期末餘額－合約負債期初餘額」為負數,顯示合約負債減少,即代表本期營業收入之部分增加係由合約負債轉入而未收現,故計算收現數時應由營業收入數中減少。

歸結以上式 (1)、(2),辨認「營業收入」相關營業活動現金流入之調整方式為:

$$\text{本期收現數} = \text{營業收入} - \left(\begin{array}{c}\text{應收款項}\\\text{期末餘額}\end{array} - \begin{array}{c}\text{應收款項}\\\text{期初餘額}\end{array}\right) + \left(\begin{array}{c}\text{合約負債}\\\text{期末餘額}\end{array} - \begin{array}{c}\text{合約負債}\\\text{期初餘額}\end{array}\right) \quad\ldots(3)$$

費損項目中需以現金支付之費用類之調整項,則需考慮與應付款項與預付費用相關之收現。費用為企業購入商品或服務而產生,但其現金支付時點有「以前已付」、「當時付」與「以後再付」三種;亦即本期淨利中認列之費用,其形式包含「預付費用減少」、「現金減少」與「應付款項增加」。從另一角度而言,即企業所以須支付現金,係因「以後再」購入商品或服務、「當時」購入商品或服務與「以前已」購入商品或服務三種;其中第一及第三種即分別為「與預付費用相關之付現」及「與應付款項相關之付現」。其關聯可彙示如圖 19-3。

應付費用		預付費用	
付現	期初餘額 營業費用	期初餘額 付現	營業費用
	期末餘額	期末餘額	

圖 19-3

而由圖 19-3 可清楚了解，因：

$$\text{應付款項期初餘額} + \text{營業費用} - \text{與應付款項相關之付現} = \text{應付款項期末餘額}$$

$$\text{預付費用期初餘額} + \text{與預付費用相關之付現} - \text{營業費用} = \text{預付費用期末餘額}$$

即：

$$\text{與應付款項相關之付現} = \text{營業費用} - \left(\text{應付款項期末餘額} - \text{應付款項期初餘額}\right) \quad \ldots (4)$$

$$\text{與預付費用相關之付現} = \text{營業費用} + \left(\text{預付費用期末餘額} - \text{預付費用期初餘額}\right) \quad \ldots (5)$$

式 (4) 與式 (5) 以直觀解釋亦十分易解。以式 (4) 而言，若「應付款項期末餘額－應付款項期初餘額」為正數，顯示應付款項增加，即代表有本期費用之部分增加未付現，故計算付現數時應由費用數中減除；反之，若「應付款項期末餘額－應付款項期初餘額」為負數，顯示應付款項減少，即代表付現數超過本期費用之增加，故計算付現數時應由費用數中加入。以式 (5) 而言，若「預付費用期末餘額－預付費用期初餘額」為正數，顯示預付費用增加，即代表付現數超過本期費用之增加，故計算付現數時應由費用數中加入；反之，若「預付費用期末餘額－預付費用期初餘額」為負數，顯示預付費用減少，即代表費用之部分增加係由預付費用轉入而未付現，故計算付現數時應由費用數中減少。

結以上式 (4)、(5)，辨認「營業費用」相關營業活動現金流出調整方式為：

$$\text{本期付現數} = \text{營業費用} - \left(\text{應付款項期末餘額} - \text{應付款項期初餘額}\right) + \left(\text{預付費用期末餘額} - \text{預付費用期初餘額}\right) \quad \ldots (6)$$

而如本節一開始即提及，營業活動現金流量之編製，有分別將

收益與費損調整成營業活動之現金流入與流出，繼而相減得到營業活動淨現金流量之直接法，與就本期淨利進行調整得到營業活動淨現金流量之間接法。兩法下之調整項其實完全相同，惟於間接法下調整時，費損項目之相關調整項與直接法時相較須正負變號。表19-3 即將彙示直接法與間接法下，各類調整項之調整方向與調整幅度。

表 19-3　直接法與間接法下，各類調整項之調整方向與調整幅度

		調整項類別	調整之方向與幅度
直接法	收益	非現金性質之收益	− 非現金性質之收益
		與投資或籌資現金流量相關之利益	− 與投資或籌資現金流量相關之利益
		與過去或未來營業現金收支之遞延或應計項目，即相關之資產與負債項目	− 應收款項之增加 + 應收款項之減少
			+ 合約負債之增加 − 合約負債之減少
	費損	非現金性質之費損	− 非現金性質之費損
		與投資或籌資現金流量相關之費損	− 與投資或籌資現金流量相關之損失
		與過去或未來營業現金收支之遞延或應計項目，即相關之資產與負債項目	− 應付費用之增加 + 應付費用之減少
			+ 預付費用之增加 − 預付費用之減少
間接法	本期淨利	非現金性質之收益費損	− 非現金性質之收益
			+ 非現金性質之費損
		與投資或籌資現金流量相關之收益費損	− 與投資或籌資現金流量相關之利益
			+ 與投資或籌資現金流量相關之損失
		與過去或未來營業現金收支之遞延或應計項目，即相關之資產與負債項目	− 應收款項之增加 + 應收款項之減少
			+ 合約負債之增加 − 合約負債之減少
			+ 應付費用之增加 − 應付費用之減少
			− 預付費用之增加 + 預付費用之減少

值得特別注意的是，由表 19-3 間接法下之調整可發現，與過去或未來營業現金收支之遞延或應計項目，即相關遞延資產（預付費用）、遞延負債（合約負債）、應計資產（應收款項）、應計負債（應付費用）之調整方向與幅度可以發現：資產類之增加（減少）均應由本期淨利中減去（加入）；負債類之增加（減少）均應由本期淨利中加入（減去）。此一結論亦十分直觀易解，可簡化如下以供記憶：資產之增加需消耗現金購置，故在本期淨利轉換成營業活動淨現金流量時需減去；負債之增加則表示借入現金，故在本期淨利轉換成營業活動淨現金流量時需加入。

> 資產增加需消耗現金：淨現金流量減少；負債增加時，淨現金流量增加。

根據以上討論，甲公司 ×1 年之營業活動現金流量為營業活動現金流入 $24,600，其於直接法與間接法下之詳細計算過程呈現如下，實際之報表表達格式，則待說明投資與籌資活動現金流量後，一併呈現於甲公司 ×1 年完整之現金流量表。

			調整之方向與幅度	營業活動現金流入（出）
直接法	收益	營業收入 $120,000	−$8,000（應收款項之增加） +$7,000（合約負債之增加）	$119,000
	費損	折舊費用 $10,000	−$10,000（非現金性質之費損）	$(0)
		其他費用 $90,000	+$3,000（預付費用之增加） −$2,000（應付費用之增加）	$(91,000)
		所得稅費用 $3,400		$(3,400)
	編表	營業活動現金流入（出）= $119,000 − $0 − $91,000 − $3,400 = $24,600		
間接法	本期淨利 $16,600		+$10,000（非現金性質之費損） −$8,000（應收款項之增加） −$3,000（預付費用之增加） +$2,000（應付費用之增加） +$7,000（合約負債之增加）	$24,600

19.2.1.2　甲公司 ×1 年之投資活動現金流量

　　投資活動之現金流量須為認列為資產之資本支出。故投資活動現金流量之辨認，主要係就影響營業活動之現金流量以外之流動資產與非流動資產項目著手。甲公司 ×1 年之資產項目中，非與營業活動相關者僅有機器設備增加 $100,000，且由其他相關資訊中可知，該機器設備係於 ×1 年初購入，耐用年限 10 年，無殘值，採成本模式衡量與直線法提列折舊，故 ×1 年累計折舊增加 $10,000。故知甲公司 ×1 年之投資活動現金流量為投資活動現金流出 $100,000，其實際之報表表達格式亦於甲公司 ×1 年完整之現金流量表一併呈現。

19.2.1.3　甲公司 ×1 年之籌資活動現金流量

　　籌資活動之現金流量為企業因取得長期資金而發生之相關現金收付。故籌資活動現金流量之辨認，主要係就與影響營業活動之現金流量無關之負債與權益項目著手。甲公司 ×1 年並無非流動負債項目，權益項目之變動則為普通股增加 $140,000，與保留盈餘增加 $10,000。由其他相關資訊中可知：普通股增加 $140,000 係因現金發行普通股；而保留盈餘增加 $10,000，配合甲公司 ×1 年本期淨利 $16,600，可知該年宣告股利 $6,600，且由其他相關資訊中可知，該年所有股利均為現金股利並已發放。本釋例選擇將支付股利分類為籌資活動現金流量，故甲公司 ×1 年籌資活動之現金流量計有發行普通股之現金流入 $140,000，與發放現金股利之現金流出 $6,600，籌資活動現金流量為籌資活動現金流入 $133,400，其實際之報表表達格式亦於甲公司 ×1 年完整之現金流量表一併呈現。

19.2.1.4　甲公司 ×1 年之直接法與間接法現金流量表

　　綜合以上討論，甲公司 ×1 年之直接法與間接法現金流量表表達如下：

甲公司
×1 年現金流量表 (直接法)

營業活動之現金流量：		
從客戶收取現金	$119,000	
支付其他費用	(91,000)	
支付所得稅	(3,400)	
營業活動之淨現金流入 (流出)		$ 24,600
投資活動之現金流量：		
購買機器設備	(100,000)	
投資活動之淨現金流入 (流出)		(100,000)
籌資活動之現金流量：		
發行普通股	140,000	
發放現金股利*	(6,600)	
籌資活動之淨現金流入 (流出)		133,400
本期現金及約當現金增加 (減少) 數		$ 58,000
期初現金及約當現金餘額		0
期末現金及約當現金餘額		$ 58,000

* 利息及股利支付之現金流量應以各期一致之方式，選擇分類為營業或籌資活動。

IFRS 一點通

　　本章介紹之現金流量表解釋了公司的三種營業、投資及籌資三種活動，分別使本期現金增加或減少之金額；公報定義現金包括庫存現金及活期存款，另包括即期支票、即期票據、銀行本票及郵政匯票等。但現金流量表中「現金」實際上包括現金及約當現金，約當現金係指短期並具高度流動性之投資，該投資可隨時轉換成定額現金且價值變動之風險甚小，例如三個月內到期之定期存款或附買回債券 (此為短期應收款，以公債或信用評級高的公司債作質押，因此其類似定期存款)。所以，現金流量表事實上解釋了現金及約當現金之本期變動金額。下表為鴻海精密工業股份公司 109 年度財務報告中揭露之現金及約當現金組成部分。

現金及約當現金	109 年 12 月 31 日	108 年 12 月 31 日
庫存現金週轉金	$146,814	$216,905
支票存款及活期存款	1,008,741,819	649,335,476
約當現金		
定期存款	215,392,563	208,182,131
附買回債券	8,512,819	129,850
合計	$1,232,794,015	$857,864,362

甲公司
×1 年現金流量表 (間接法)

營業活動之現金流量：		
本期淨利		$ 16,600
調整		
收益費損項目：		
折舊費用	$ 10,000	
與營業活動相關之資產/負債變動數：		
應收款項增加	(8,000)	
預付費用增加	(3,000)	
應付費用增加	2,000	
合約負債增加	7,000	8,000
營業活動之淨現金流入 (流出)		$24,600
投資活動之現金流量：		
購買機器設備	(100,000)	
投資活動之淨現金流入 (流出)		(100,000)
籌資活動之現金流量：		
發行普通股	140,000	
發放現金股利*	(6,600)	
籌資活動之淨現金流入 (流出)		133,400
本期現金及約當現金增加 (減少) 數		$ 58,000
期初現金及約當現金餘額		0
期末現金及約當現金餘額		$ 58,000

* 利息及股利支付之現金流量應以各期一致之方式，選擇分類為營業或籌資活動。

19.2.2　甲公司 ×2 年現金流量表之編製

甲公司 ×2 年相關資訊如下：

甲公司
比較資產負債表

資產	×2 年底	×1 年底	×2 年增(減)
現金	$196,340	$ 58,000	$138,340
應收款項	10,000	8,000	2,000
存貨	30,000	0	30,000
預付費用	4,000	3,000	1,000
機器設備	590,000	100,000	490,000
累計折舊	(40,500)	(10,000)	30,500
資產總計	$789,840	$159,000	

負債與權益			
應付帳款	$ 9,000	$ 0	$ 9,000
應付費用	6,000	2,000	4,000
合約負債	5,000	7,000	(2,000)
長期借款	300,000	0	300,000
普通股	435,000	140,000	295,000
保留盈餘	34,840	10,000	24,840
負債與權益總計	$789,840	$159,000	

甲公司
×2 年損益表

營業收入		$590,000
營業成本		(310,000)
營業毛利		$280,000
營業費用		
利息費用	$ 7,500	
折舊費用	32,000	
其他費用	192,000	(231,500)
處分設備損失		(500)
稅前淨利		$ 48,000
所得稅費用		(8,160)
本期淨利		$ 39,840

其他相關資訊

1. ×2 年出售設備，帳面金額為 $8,500 (成本 $10,000 減累計折舊 $1,500)。
2. ×2 年 1 月 1 日以 $500,000 購入設備一台，耐用年限 20 年，殘值 $50,000，採成本模式衡量與直線法提列折舊。
3. ×2 年 7 月 1 日以 5% 平價舉借長期借款 $300,000。
4. 發行之普通股除宣告發放股票股利之 500 股外，均為現金發行。股票股利以每股面額 $10 認列。
5. 宣告並發放現金股利 $10,000。

19.2.2.1　甲公司 ×2 年之營業活動現金流量

甲公司 ×2 年之營業活動現金流量計算方式，與 ×1 年大致相同，但「營業成本」此一費損項目需額外說明。甲公司之「營業成本」為銷貨成本，故係將其轉換成「支付給供應商之現金」此一營業活動現金流出，但其轉換過程較其他收益費損項目略微繁複，其涉及「存貨」、「應付帳款」與「預付貨款」等資產負債項目之兩階段轉換如下：

首先，由「存貨」項目之變化，將「銷貨成本」轉換成「本期進貨數」。因：

$$存貨期初餘額 + 本期進貨數 - 銷貨成本 = 存貨期末餘額$$

即：

$$本期進貨數 = 銷貨成本 + (存貨期末餘額 - 存貨期初餘額) \quad \ldots (7)$$

其次，由「應付帳款」與「預付貨款」之變化，將「本期進貨數」轉換成「本期付現數」。因：

$$應付帳款期初餘額 + 本期進貨數 - 本期付現數 = 應付帳款期末餘額$$

$$預付貨款期初餘額 + 本期付現數 - 本期進貨數 = 預付貨款期末餘額$$

即：

$$本期付現數 = 本期進貨數 - (應付帳款期末餘額 - 應付帳款期初餘額) \quad \ldots (8)$$

$$本期付現數 = 本期進貨數 + (預付貨款期末餘額 - 預付貨款期初餘額) \quad \ldots (9)$$

歸結以上式 (7)、(8)、(9)，辨認「銷貨成本」相關營業活動現金流出之調整方式為：

$$\begin{aligned}本期付現數 = &\ 銷貨成本 + (存貨期末餘額 - 存貨期初餘額) \\ &+ (預付貨款期末餘額 - 預付貨款期初餘額) \\ &- (應付帳款期末餘額 - 應付帳款期初餘額)\end{aligned} \quad \ldots (10)$$

現金流量表

而於間接法下調整時，費損項目之相關調整項與直接法相較時須正負變號。故於間接法下，本期淨利之調整項中，關於「銷貨成本」此項費損之相關調整為：

存貨與預付貨款之增加(減少)由本期淨利中減去(加入)；應付帳款之增加(減少)均應由本期淨利中加入(減去)。

與前述「資產類之增加(減少)均應由本期淨利中減去(加入)；負債類之增加(減少)均應由本期淨利中加入(減去)」之結論一致。

甲公司×2年之營業活動現金流量為淨流入$50,340，其於直接法與間接法下之詳細計算過程呈現如下。實際之報表表達格式，則待說明投資與籌資活動現金流量後，一併呈現於甲公司×2年完整之現金流量表。

			調整之方向與幅度	營業活動現金流入(出)
直接法	收益	營業收入 $590,000	−$2,000 (應收款項之增加) −$2,000 (合約負債之減少)	$586,000
	費損	營業成本 $310,000	+$30,000 (存貨之增加) −$9,000 (應付款項之增加)	$(331,000)
		利息費用 $7,500		$(7,500)
		折舊費用 $32,000	−$32,000 (非現金性質之費損)	$(0)
		其他費用 $192,000	+$1,000 (預付費用之增加) −$4,000 (應付費用之增加)	$(189,000)
		處分設備損失 $500	−$500 (與投資活動有關之費損)	$(0)
		所得稅費用 $8,160		$(8,160)
	編表	營業活動現金流入(出) = $586,000 − $331,000 − $0 − $7,500 − $189,000 − $0 − $8,160 = $50,340		
間接法		本期淨利 $39,840	+$32,000 (非現金性質之費損) +$500 (與投資活動有關) −$2,000 (應收款項之增加) −$1,000 (預付費用之增加) −$30,000 (存貨之增加) +$9,000 (應付款項之增加) +$4,000 (應付費用之增加) −$2,000 (合約負債之減少)	$50,340

519

19.2.2.2　甲公司 ×2 年之投資活動現金流量

甲公司 ×2 年之資產項目變動中，非與營業活動相關者為機器設備增加 $490,000，累計折舊增加 $30,500。其中需首先注意到的是，×2 年既認列折舊費用 $32,000，故累計折舊必相應增加 $32,000，但期末餘額係增加 $30,500，此顯示另存在有使累計折舊減少 $1,500 之交易，加以綜合損益表中有出售設備損失項目 $500，故本期有處分機器設備之發生。另同步注意到的是，機器設備期末餘額增加 $490,000，但新購入機器設備數 ($500,000) 大於 $490,000，因處分機器設備之交易亦將減少機器設備，即機器設備此帳戶之變化包括因處分之減少，和新購之增加。

由其他相關資訊中可知，×2 年 7 月 1 日出售帳面金額為 $8,500 之機器設備一台，而綜合損益表中出售設備損失為 $500，故知處分機器設備得款 $8,000。另出售之機器設備為 ×1 年初購入，其耐用年限 10 年，無殘值，採成本模式衡量與直線法提列折舊，故其出售時之帳面金額為 $8,500 (成本 $10,000，累計折舊 $1,500)。

另其他相關資訊中亦說明 ×2 年 1 月 1 日以 $500,000 新購入機器設備，故流出現金 $500,000。該機器設備耐用年限 20 年，殘值 $50,000，採成本模式衡量與直線法提列折舊，故 ×2 年應提列折舊 $22,500 [= ($500,000 − $50,000) ÷ 20]，加上原有之機器設應提列折舊 $9,500 [= ($100,000 ÷ 10 年 × 0.5) + ($90,000 ÷ 10 年 × 0.5)]，即為 ×2 年認列之折舊費用 $32,000。

19.2.2.3　甲公司 ×2 年之籌資活動現金流量

甲公司 ×2 年長期借款項目增加 $300,000，其他相關資訊中說明係於 ×2 年 7 月 1 日向銀行舉借之 5 年期借款，利率 5%，故有 $300,000 之籌資活動現金流入。另該負債相關之利息費用為 $7,500 (= $300,000 × 5% × 0.5)，本釋例係選擇將其分類為營業活動現金流量，故其現金影響已於營業活動現金流量部分說明。

權益項目之變動則為普通股增加 $295,000，與保留盈餘增加 $24,840。由其他相關資訊中可知：普通股增加數中之 $5,000 係因宣告並發放以面額認列之股票股利之 500 股，其他則來自現金發行普通股，故得款 $290,000。而保留盈餘增加 $24,840，配合甲公司 ×2

年本期淨利 $39,840，可知該年宣告股利 $15,000，即扣除股票股利 $5,000 後，係宣告並發放現金股利 $10,000。而利息及股利支付之現金流量應以各期一致之方式分類為營業、投資或籌資活動，故本釋例同 ×1 年選擇將支付股利分類為籌資活動現金流量，有籌資活動之現金流出 $10,000。

19.2.2.4　甲公司 ×2 年之直接法與間接法現金流量表

綜合以上討論，甲公司 ×2 年之直接法與間接法現金流量表表達如下：

甲公司
×2 年現金流量表 (直接法)

營業活動之現金流量：		
從客戶收取現金	$586,000	
支付存貨供應商	(331,000)	
支付其他費用	(189,000)	
支付利息*	(7,500)	
支付所得稅	(8,160)	
營業活動之淨現金流入 (流出)		$ 50,340
投資活動之現金流量：		
出售機器設備	8,000	
購買機器設備	(500,000)	
投資活動之淨現金流入 (流出)		(492,000)
籌資活動之現金流量：		
舉借長期借款	300,000	
發行普通股	290,000	
發放現金股利*	(10,000)	
籌資活動之淨現金流入 (流出)		580,000
本期現金及約當現金增加 (減少) 數		138,340
期初現金及約當現金餘額		58,000
期末現金及約當現金餘額		$196,340

*利息及股利支付之現金流量應以各期一致之方式，選擇分類為營業或籌資活動。

甲公司
×2 年現金流量表 (間接法)

營業活動之現金流量：		
本期淨利		$ 39,840
調整		
收益費損項目：		
折舊費用	$ 32,000	
處分設備損失	500	
與營業活動相關之資產/負債變動數：		
應收款項增加	(2,000)	
存貨增加	(30,000)	
預付費用增加	(1,000)	
應付帳款增加	9,000	
應付費用增加	4,000	
合約負債減少	(2,000)	10,500
營業活動之淨現金流入(流出)		$50,340
投資活動之現金流量：		
出售機器設備	8,000	
購買機器設備	(500,000)	
投資活動之淨現金流入(流出)		(492,000)
籌資活動之現金流量：		
舉借長期借款	300,000	
發行普通股	290,000	
發放現金股利*	(10,000)	
籌資活動之淨現金流入(流出)		580,000
本期現金及約當現金增加(減少)數		138,340
期初現金及約當現金餘額		58,000
期末現金及約當現金餘額		$196,340

＊利息及股利支付之現金流量應以各期一致之方式，選擇分類為營業或籌資活動。

19.2.2.5　甲公司 ×2 年之「改良式間接法」現金流量表

　　對特定類別之現金流量，國際財務報導準則有應單獨揭露之規定：如 IAS 7.31 要求收取與支付利息及股利之現金流量應單獨揭露；

IAS 7.35 要求來自所得稅之現金流量應單獨揭露。而同時國際財務報導準則亦規定，利息及股利之收付得以各期一致之方式，選擇分類為營業、投資或籌資活動；來自所得稅之現金流量應分類為營業活動，除非其可明確辨認屬於籌資及投資活動。

> **中華民國金融監督暨管理委員會認可之 IFRS**
>
> **財務報告編製準則附表中之間接法現金流量表**
>
> 我國財務報告編製準則附表中，提供之現金流量表格式為「改良式間接法」下編製之現金流量表，且其於營業活動現金流量部分，係單行列示「繼續營業單位稅前淨利（損失）」與「停業單位稅前淨利（損失）」，而後加總得到「本期稅前淨利（淨損）」後，再就「本期稅前淨利（淨損）」進行相關調整。

故針對利息及股利之收付與所得稅支付之現金流量，若將其分類為投資活動及籌資活動時，因該兩部分之現金收取總額及現金支付總額需按主要類別分別報導，自能達成單獨揭露之要求；但若將其分類為營業活動時，直接法編製下亦是按現金收取總額及現金支付總額之主要類別分別報導；但採間接法編製時則無法於報表本體表達，需另行於附註揭露該等現金流量。

為使報表本體表達能兼顧此一揭露規範，國際財務報導準則提供一種稍有改良之以間接法編製之現金流量表，我國財務報告編製準則之附表亦採相同格式，本書以下以「改良式間接法」現金流量表稱之。

「改良式間接法」現金流量表與原本間接法現金流量表之主要差異，在其調整方式係先將與利息、股利與所得稅相關之收益費損項目對本期淨利之影響消除，再另就利息、股利與所得稅相關之現金流量單獨列示為營業活動現金流入或流出。

「改良式間接法」編製之現金流量表係由稅前淨利，亦即加回所得稅費用之本期淨利開始，其調整項目除包括間接法之原有項目外，尚須加回利息費用、減去利息與股利收入後，得到「營運產生之現金」一項，之後再加上收取股利與利息之現金流入，減去支付所得稅、股利與利息之現金流出後，即為營業活動之現金流量。

需特別注意的是，「改良式間接法」現金流量表在消除利息、股利與所得稅相關之收益費損項目對本期淨利之影響時，所採用的方式有二：利息、股利收入與利息費用係採個別減除與加回之方式；所得稅費用則係以「由稅前淨利開始調整」之方式予以加回。間接法與「改良式間接法」之差異彙示如表 19-4。

表 19-4　間接法與改良式間接法之差異

		調整項類別	兩方法下之表達		
間接法	本期淨利	非現金性質之收益費損	營業活動之淨現金流入(出)		
		與投資或籌資現金流量相關之收益費損			
		與過去或未來營業現金收支之遞延或應計項目，即相關之資產與負債項目			
改良式間接法	稅前淨利	非現金性質之收益費損	營運產生之現金	＋收取之股利 ＋收取之利息 －支付之股利 －支付之利息 －支付之所得稅	營業活動之淨現金流入(出)
		與投資或籌資現金流量相關之收益費損			
		＋利息費用－利息收入－股利收入			
		其他與過去或未來營業現金收支之遞延或應計項目，即相關之資產與負債項目			

甲公司×2年之營業活動現金流量為 $50,340，其於間接法與改良式間接法下之詳細計算過程呈現如下。另甲公司×2年之「改良式間接法」現金流量表亦列示如下以供比較。

		調整項類別	兩方法下之表達		
間接法	本期淨利 $39,840	＋$32,000（非現金性質之費損） ＋$500（非現金性質之費損） －$2,000（應收款項之增加） －$1,000（預付費用之增加） －$30,000（存貨之增加） ＋$9,000（應付帳款之增加） ＋$4,000（應付費用之增加） －$2,000（合約負債之減少）	$50,340（營業活動之淨現金流入）		
改良式間接法	稅前淨利 $48,000	＋$32,000（非現金性質之費損） ＋$500（非現金性質之費損） ＋$7,500（利息費用） －$2,000（應收款項之增加） －$1,000（預付費用之增加） －$30,000（存貨之增加） ＋$9,000（應付帳款之增加） ＋$4,000（應付費用之增加） －$2,000（合約負債之減少）	＝$66,000（營運產生之現金）	－支付利息 $7,500 －支付所得稅 $8,160	＝$50,340（營業活動之淨現金流入）

註：本例並無「應付利息」或「所得稅負債」之變動。

甲公司
×2 年現金流量表（改良式間接法）

營業活動之現金流量：		
稅前淨利		$48,000
調整		
收益費損項目：		
折舊費用	$ 32,000	
利息費用	7,500	
處分設備損失	500	
與營業活動相關之資產/負債變動數：		
應收帳款增加	(2,000)	
存貨增加	(30,000)	
預付費用增加	(1,000)	
應收款項增加	9,000	
應付費用增加	4,000	
合約負債減少	(2,000)	18,000
營運產生之現金		66,000
支付利息*		(7,500)
支付所得稅		(8,160)
營業活動之淨現金流入（流出）		50,340
投資活動之現金流量：		
出售機器設備	8,000	
購買機器設備	(500,000)	
投資活動之淨現金流入（流出）		(492,000)
籌資活動之現金流量：		
舉借長期借款	300,000	
發行普通股	290,000	
發放現金股利*	(10,000)	
籌資活動之淨現金流入（流出）		580,000
本期現金及約當現金增加（減少）數		138,340
期初現金及約當現金餘額		58,000
期末現金及約當現金餘額		$196,340

*利息及股利支付之現金流量應以各期一致之方式，選擇分類為營業或籌資活動。

19.2.3 甲公司 ×3 年現金流量表之編製

甲公司 ×3 年相關資訊如下：

甲公司
比較資產負債表

資產	×3 年底	×2 年底	×3 年增 (減)
現金	$150,528	$196,340	$(45,812)
應收款項	6,000	10,000	(4,000)
存貨	40,000	30,000	10,000
預付費用	2,000	4,000	(2,000)
以攤銷後成本衡量之債務工具投資	120,000	0	120,000
遞延所得稅資產	3,200	0	3,200
投資性不動產	56,380	0	56,380
機器設備	590,000	590,000	0
累計折舊	(94,500)	(40,500)	54,000
資產總計	$873,608	$789,840	
負債與權益			
應付帳款	$ 4,000	$9,000	$ (5,000)
應付費用	7,000	6,000	1,000
合約負債	2,000	5,000	(3,000)
本期所得稅負債	1,870	0	1,870
長期借款	300,000	300,000	0
應付公司債	100,000	0	100,000
應付公司債折價	(8,162)	0	8,162
普通股	435,000	435,000	0
保留盈餘	91,900	34,840	57,060
庫藏股票	(60,000)	0	60,000
負債與權益總計	$873,608	$789,840	

Chapter 19 現金流量表

甲公司
×3 年損益表

營業收入		$870,000
營業成本		(490,000)
營業毛利		380,000
營業費用		
利息費用	$16,820	
折舊費用	54,000	
其他費用	237,000	(307,820)
營業利益		72,180
營業外收入及支出		
利息收入	3,440	
投資性不動產評價利益	6,380	9,820
稅前淨利		82,000
所得稅費用		(13,940)
本期淨利		$68,060

其他相關資訊

1. ×3 年初以 $50,000 購入土地，分類為投資性不動產且 ×3 年底仍繼續持有。
2. ×3 年初以 $120,000 購入 1.2%，每年底付息，5 年到期之平價發行公司債，分類為按攤銷後成本衡量之債務工具投資。
3. ×3 年 7 月 1 日以 $91,018 之價格發行票面利率 2%，每年 6 月 30 日與 12 月 31 日付息之 5 年期公司債 $100,000。
4. ×3 年僅宣告並發放現金股利 $11,000，未宣告或發放股票股利。
5. ×3 年買回庫藏股 5,000 股，年底仍全數尚未售出。

19.2.3.1　甲公司 ×3 年之營業活動現金流量

　　甲公司 ×3 年之營業活動現金流量計算方式，和 ×1 年與 ×2 年大致相同，但增加了「投資性不動產評價利益」、「利息收入」、「應付公司債折價」、「遞延所得稅資產」與「本期所得稅負債」等影響營業活動現金流量之項目。「利息收入」係甲公司持有金融資產「按攤銷後成本衡量之債務工具投資」之收益，且假設其利息收入與所取之現金利息相等。購入與出售該等債券與不動產屬投資活動，但前者產生之利息得選擇歸類為營業或投資活動，甲公司選擇

將其歸類為營業活動。甲公司 ×3 年綜合損益表中之「利息收入」為 $3,440，因無相關資產負債項目調整項，故其現金流量影響即為現金流入 $3,440。「投資性不動產評價利益」$6,380 則為非現金性質之收益，現金流量影響為 $0。

「應付公司債折價」涉及利息費用之現金流量影響。「應付公司債折價」之攤銷，即損益表認列之利息費用高於支付之現金數。由其他相關資訊可知，甲公司於 ×3 年 7 月 1 日以 $91,018 之價格發行票面利率 2%，每年 6 月 30 日與 12 月 31 日付息之 5 年期公司債 $100,000，即發行時折價數為 $8,982。而 ×3 年底之應付公司債折價餘額為 $8,162，$820 之折價攤銷數即為利息費用高於支付現金數，亦即 ×3 年 12 月 31 日有相關分錄如下：

利息費用	1,820	
應付公司債折價		820
現金		1,000

採間接法調整時，則得依照先前歸納之直觀概念，「應付公司債折價」為負債減項，其減少數為負債之增加數，應由本期淨利中加入。

「遞延所得稅資產」與「本期所得稅負債」則涉及所得稅費用之現金流量影響。×3 年「遞延所得稅資產」餘額增加 $3,200，「本期所得稅負債」餘額增加 $1,870，亦即 ×3 年支付所得稅之現金流出為 $15,270，故 ×3 年認列所得稅費用之相關分錄如下：

遞延所得稅資產	3,200	
所得稅費用	13,940	
本期所得稅負債		1,870
現金		15,270

採間接法調整時，則得依照先前歸納之直觀概念，「遞延所得稅資產」為資產，其增加數應由本期淨利中減去，「本期所得稅負債」為負債，其增加數應由本期淨利中加入。

甲公司 ×3 年之營業活動現金流量為 $104,170，其於直接法與間接法下之詳細計算過程呈現如下。實際之報表表達格式，則待說

明投資與籌資活動現金流量後，一併呈現於甲公司×3年完整之現金流量表。

		調整之方向與幅度	營業活動現金流入(出)
直接法	收益 營業收入 $870,000	+$4,000(應收款項之減少) -$3,000(合約負債之減少)	$871,000
	利息收入 $3,440		$3,440
	投資性不動產評價利益 $6,380	-$6,380(非現金性質之收益)	$0
	費損 營業成本 $490,000	+$10,000(存貨之增加) +$5,000(應付帳款之減少)	$(505,000)
	利息費用 $16,820	-$820[應付公司債之增加(折價攤銷)]	$(16,000)
	折舊費用 $54,000	-$54,000(非現金性質之費損)	$(0)
	其他費用 $237,000	-$2,000(預付費用之減少) -$1,000(應付費用之增加)	$(234,000)
	所得稅費用 $13,940	+$3,200(遞延所得稅資產之增加) -$1,870(本期所得稅負債之增加)	$(15,270)
	編表	營業活動現金流入(出) = $871,000 + $1,440 + $2,000 - $505,000 - $0 - $16,000 - $234,000 - $15,270 = <u>$104,170</u>	
間接法	本期淨利 $68,060	+$54,000(非現金性質之費損) -$6,380(非現金性質之收益) +$4,000(應收款項之減少) +$2,000(預付費用之減少) -$10,000(存貨之增加) -$5,000(應付帳款之減少) +$1,000(應付費用之增加) -$3,000(合約負債之減少) +$820[應付公司債之增加(折價攤銷)] -$3,200(遞延所得稅資產之增加) +$1,870(本期所得稅負債之增加)	<u>$104,170</u>

19.2.3.2　甲公司 ×3 年之投資活動現金流量

甲公司 ×2 年之資產項目變動中，非與營業活動相關者為「以攤銷後成本衡量債務工具投資」增加 $120,000，「投資性不動產」增加 $56,380，與累計折舊增加 $54,000。累計折舊之增加數係來自 ×3 年認列之折舊費用，另兩項之增加則係購入金融資產。其他相關資訊中可知，甲公司 ×3 年初支付現金 $50,000 購入投資性不動產且 ×3 年底仍繼續持有。另 ×3 年初亦支付現金 $120,000 購入平價發行之公司債，分類為按攤銷後成本衡量債務工具投資。

19.2.3.3　甲公司 ×3 年之籌資活動現金流量

甲公司 ×3 年非流動負債之變動為「應付公司債」增加 $100,000 與「應付公司債折價」增加 $8,162。於營業活動現金流量部分分析時已說明，此係甲公司於 ×3 年 7 月 1 日以 $91,018 之價格發行公司債，其後並攤銷 $820 所致，故甲公司 ×3 年發行公司債造成現金流入 $91,018。

權益項目中保留盈餘增加 $57,060，庫藏股票增加 $60,000。保留盈餘增加數配合甲公司 ×3 年本期淨利 $68,060，且當年並未宣告發放股票股利，故知係宣告並發放現金股利 $11,000。另由其他相關資訊中可知，甲公司 ×3 年買回庫藏股票 5,000 股，且年底仍全數尚未售出，故知係以每股 $12 購入庫藏股票，共支付 $60,000。

19.2.3.4　甲公司 ×3 年之直接法與間接法現金流量表

綜合以上討論，甲公司 ×3 年之直接法與間接法現金流量表表達如下：

甲公司
×3 年現金流量表
（直接法）

營業活動之現金流量：		
從客戶收取現金	$871,000	
收取利息**	3,440	
支付存貨供應商	(505,000)	
支付其他費用	(234,000)	
支付利息*	(16,000)	
支付所得稅	(15,270)	
營業活動之淨現金流入（流出）		$104,170
投資活動之現金流量：		
購買投資性不動產	(50,000)	
購買按攤銷後成本衡量債務工具投資	(120,000)	
投資活動之淨現金流入（流出）		(170,000)
籌資活動之現金流量：		
舉借公司債	91,018	
買回庫藏股票	(60,000)	
發放現金股利*	(11,000)	
籌資活動之淨現金流入（流出）		20,018
本期現金及約當現金增加（減少）數		(45,812)
期初現金及約當現金餘額		196,340
期末現金及約當現金餘額		$150,528

*　利息及股利支付之現金流量應以各期一致之方式，選擇分類為營業或籌資活動。
**　利息及股利收取之現金流量應以各期一致之方式，選擇分類為營業或投資活動。

甲公司
×3 年現金流量表
(間接法)

營業活動之現金流量：		
本期淨利		$ 68,060
調整		
收益費損項目：		
折舊費用	$ 54,000	
投資性不動產評價利益	(6,380)	
與營業活動相關之資產/負債變動數：		
應收款項減少	4,000	
存貨增加	(10,000)	
預付費用減少	2,000	
遞延所得稅資產增加	(3,200)	
應付帳款減少	(5,000)	
應付費用增加	1,000	
合約負債減少	(3,000)	
本期所得稅負債增加	1,870	
應付公司債增加—折價攤銷	820	36,110
營業活動之淨現金流入(流出)		104,170
投資活動之現金流量：		
購買投資性不動產	(50,000)	
購買按攤銷後成本衡量債務工具投資	(120,000)	
投資活動之淨現金流入(流出)		(170,000)
籌資活動之現金流量：		
舉借公司債	91,018	
買回庫藏股票	(60,000)	
發放現金股利*	(11,000)	
籌資活動之淨現金流入(流出)		20,018
本期現金及約當現金增加(減少)數		(45,812)
期初現金及約當現金餘額		196,340
期末現金及約當現金餘額		$150,528

*利息及股利支付之現金流量應以各期一致之方式，選擇分類為營業或籌資活動。

19.2.3.5　甲公司 ×3 年之「改良式間接法」現金流量表

甲公司 ×3 年之營業活動現金流量為 $104,170，其於間接法與改良式間接法下之詳細計算過程呈現如下。另甲公司 ×3 年之「改良式間接法」現金流量表亦列示如後以供比較。

要特別注意的是，因「改良式間接法」現金流量表中，對利息與股利收付之現金流量係採單行揭露方式，故相關遞延資產負債 (如應付公司債折溢價、遞延所得稅資產負債) 及應計資產負債 (如本期所得稅資產負債) 之增減，即無須再列入調整。

表 19-5　「改良式間接法」現金流量表

		調整項類別	兩方法下之表達		
間接法	本期淨利 $68,060	+$54,000(非現金性質之費損) −$6,380(非現金性質之收益) +$4,000(應收款項之減少) +$2,000(預付費用之減少) −$10,000(存貨之增加) −$5,000(應付帳款之減少) +$1,000(應付費用之增加) −$3,000(合約負債之減少) +$820[應付公司債之增加(折價攤銷)] −$3,200(遞延所得稅資產之增加) +$1,870(本期所得稅負債之增加)	$104,170(營業活動之淨現金流入)		
改良式間接法	稅前淨利 $82,000	+$54,000(非現金性質之費損) +$16,820(利息費用) −$6,380(非現金性質之收益) −$3,440(利息收入) +$4,000(應收款項之減少) +$2,000(預付費用之減少) −$10,000(存貨之增加) −$5,000(應付帳款之減少) +$1,000(應付費用之增加) −$3,000(合約負債之減少)	=$132,000 (營運產生之現金)	−支付利息 $16,000 +收取利息 $3,440 −支付所得稅 $15,270	=$104,170 (營業活動之淨現金流入)

甲公司
×3年現金流量表（改良式間接法）

營業活動之現金流量：		
稅前淨利		$82,000
調整		
收益費損項目：		
折舊費用	$ 54,000	
投資性不動產評價利益	(6,380)	
利息費用	16,820	
利息收入	(3,440)	
與營業活動相關之資產/負債變動數：		
應收款項減少	4,000	
存貨增加	(10,000)	
預付費用減少	2,000	
應付帳款減少	(5,000)	
應付費用增加	1,000	
合約負債減少	(3,000)	50,000
營運產生之現金		132,000
支付利息*		(16,000)
支付所得稅		(15,270)
收取利息**		3,440
營業活動之淨現金流入(流出)		104,170
投資活動之現金流量：		
購買投資性不動產	(50,000)	
購買按攤銷後成本衡量債務工具投資	(120,000)	
投資活動之淨現金流入(流出)		(170,000)
籌資活動之現金流量：		
舉借公司債	91,018	
買回庫藏股票	(60,000)	
發放現金股利*	(11,000)	
籌資活動之淨現金流入(流出)		20,018
本期現金及約當現金增加(減少)數		(45,812)
期初現金及約當現金餘額		196,340
期末現金及約當現金餘額		$150,528

* 利息及股利支付之現金流量應以各期一致之方式，選擇分類為營業或籌資活動。
** 利息及股利收取之現金流量應以各期一致之方式，選擇分類為營業或投資活動。

19.3 編製現金流量表之進階討論

19.3.1 支付利息現金流量之分類

> **學習目標 3**
> 了解編製現金流量表之進階議題

國際財務報導準則要求利息支付之現金流量應單獨揭露，無論係認列為費用或依 IAS 23 規定予以資本化者，均應揭露。而 IAS 23 中對符合資本化要件之資產，除定義其為必須經一段相當長期間始達到預定使用或出售狀態之資產外，亦說明存貨、廠房、無形資產、投資性不動產，均可能為符合要件之資產。在支付之利息可能認列為資產成本情況下，除直接可歸屬於符合資本化要件資產之特定借款外，一般借款之利息支付即需適當分攤於認列為費用者與資本化者。

當符合資本化要件之資產為存貨時，資本化利息之支付造成之現金流出須分類為營業活動，但係認列於存貨成本中，故編製直接法與「改良式間接法」之現金流量表時須於「存貨」與「銷貨成本」之調整時辨認，不列入「支付給供應商之現金」而列入「支付利息之現金」中。但當符合資本化要件之資產為廠房、無形資產、投資性不動產時，資本化利息之支付造成之現金流出則須分類為投資活動。加以國際財務報導準則原本即允許利息支付之現金流量選擇分類為營業或籌資活動，是以利息支付現金流量可能分類為營業、投資或籌資活動。

19.3.2 支付所得稅現金流量之分類

國際財務報導準則要求來自所得稅之現金流量應單獨揭露，且通常分類為來自營業活動之現金流量，除非其可明確辨認屬於籌資及投資活動，亦即除非實務上可辨認所得稅之現金流量與產生分類為投資或籌資活動現金流量之個別交易有關。

所得稅係由現金流量表中分類為營業、投資或籌資活動現金流量之交易所致，但所得稅費用可能可以立即辨認是否與投資或籌資活動有關，如出售設備利益（損失）衍生的所得稅費用（利益），但相關所得稅現金流量之辨認經常在實務上不可行，且可能發生於與相關交易現金流量不同之期間。是以在 IAS 7 釋例與我國財務報告

編製準則附表之現金流量表中，雖均有出售設備列示於投資活動，但通常仍將支付所得稅全數分類為營業活動之現金流量。

19.3.3 應收款項預期信用減損損失之調整

以直接法與間接法編製現金流量表時，其調整項目中均含「非現金性質的收益費損」。評價應收款項時認列之預期信用減損損失屬「非現金性質的費損」，但其是否須列為調整項，則有以下三種情形：

1. 直接法下編製之現金流量表，需將預期信用減損損失轉換成營業活動現金流出為 $0，並減除當期沖銷之應收帳款。
2. 間接法 (含改良式間接法) 下編製之現金流量表，若調整應收款項之增減時，係就應收款項總額，亦即未減去備抵損失 (備抵呆帳) 前金額之增減，與當期沖銷之應收款項 (須減除) 分別處理，則需於本期淨利 (稅前淨利) 中加回預期信用減損損失。
3. 間接法 (含改良式間接法) 下編製之現金流量表，若調整應收款項之增減時，係就應收款項淨額，亦即應收款項減去備抵損失後所得金額之增減處理，則無須調整預期信用減損損失。

以下以簡例說明此概念。

丙公司本期應收帳款與備抵損失之期初期末餘額資料如下。該公司本期銷貨收入 $100 (均為賒銷)，收現 $70，沖銷無法收回之帳款 $3，提列信用減損損失 $4。假設該公司本期並無其他收益與費損項目，且不考慮所得稅，則丙公司本期淨利為 $96 (= 銷貨收入 $100 – 信用減損損失 $4)。

	期初餘額	期末餘額	本期增 (減)
應收帳款總額	$10	$37	$27
備抵損失	(5)	(6)	(1)
應收帳款淨額	$ 5	$31	$26

由上資料可知，丙公司本期應收帳款與備抵損失分類帳中之變動如下：

應收帳款			備抵損失	
$10（期初）				$5（期初）
100（賒銷）	$70（收現）	$3（沖銷）		4（提列信用減損損失）
	3（沖銷）			
$37（期末）				$6（期末）

丙公司本期之營業活動現金流量為 $70，其於直接法與間接法下之詳細計算過程如下。由其中間接法部分可知，加回信用減損損失並調整應收款項總額增減所得之調整數，與僅調整應收款項淨額增減完全相同。

			調整之方向與幅度	營業活動現金流入（出）
直接法	收益	銷貨收入 $100	－$27（應收帳款總額之增加） －$3（沖銷應收帳款）	$70
	費損	信用減損損失 $4	－$4（非現金性質之費損）	$(0)
	編表	營業活動現金流入（出）＝ $70 － $0 ＝ $70		
間接法	本期淨利 $96	總額	＋$4（非現金性質之費損） －$27（應收帳款**總額**之增加） －$3（沖銷應收帳款）	$70
		淨額	－$26（應收帳款**淨額**之增加）	

由上述簡例亦可知，在以直接法或間接法且就應收款項總額調整編製現金流量表時，應收款項沖銷數亦需調整而由銷貨收入或本期淨利中減除；但以間接法且應收款項淨額調整編製現金流量表時，應收款項沖銷數則無須調整。

19.3.4　存貨跌價損失之調整

根據 IAS 2，存貨需以成本與淨變現價值孰低衡量，且沖減至淨變現價值之跌價損失金額需列入銷貨成本中。此時銷貨成本中含有無現金流出之跌價損失，金額是否需將其由銷貨成本中獨立辨認出來，而後等同其他「非現金性質的費損」進行調整？

存貨跌價損失與應收款項呆帳的性質非常類似，均為資產減損之非現金性質的費損，故其於現金流量表編製時之處理亦雷同，有以下三種情形：

1. 直接法下編製之現金流量表，在將銷貨成本轉換為「支付存貨供應商之現金流出」時，先以就存貨淨額之增減轉換為本期進貨數，再就「應付帳款」與「預付貨款」等資產負債調整。
2. 間接法(含改良式間接法)下編製之現金流量表，若存貨之增減時，係就存貨總額，亦即未減去備抵跌價損失前金額之增減處理，則需於本期淨利(稅前淨利)中加回跌價損失金額。
3. 間接法(含改良式間接法)下編製之現金流量表，若調整存貨之增減時，係就存貨淨額，亦即存貨減去跌價損失後所得金額之增減處理，則無須加回跌價損失。

以下亦以簡例說明此概念。

丙公司本期存貨與備抵跌價損失之期初期末餘額資料如下。該公司本期進貨 $100 均為現金購買)，銷貨成本 $74 (其中 $70 係出售商品之成本，$4 係跌價損失)。

	期初餘額	期末餘額	本期增(減)
存貨總額	$10	$40	$30
備抵跌價損失	(5)	(9)	(4)
	$5	$31	$26

由上述資料可知，丙公司存貨、備抵跌損價損失與銷貨成本分類帳中之變動如下：

存貨		備抵跌價損失	銷貨成本
$10 (期初)	$70 (出售商品)	$5	$70 (出售商品)
100 (付現購貨)		4 (認列跌價損失)	4 (認列跌價損失)
$40		$9	$74

丙公司本期支付供應商之現金流出為 $100。故於直接法下編製現金流量表時，先將銷貨成本 $74 加計存貨淨額增加數 $26 得出本期進貨數 $100，而本期進貨均為現金購買 (即「應付帳款」與「預付貨款」並無變動)，故本期支付供應商之現金流出為 $100。

而於間接法 (含改良式間接法) 下編製現金流量表時，可減去存貨總額之增加數 $30，再加回跌價損失 $4，即將淨利中之銷貨成本 $74 轉成支付供應商之現金流出 $100 [$(74) − $30 + $4]；亦可直接減去存貨淨額之增加數 $26，將銷貨成本 $74 轉成支付供應商之現金流出 $100 ($(74) − $26)。

19.3.5 特殊之營業活動之現金流量

出售不動產、廠房及設備相關之現金流量，通常分類為來自投資活動之現金流量。但若企業之正常活動過程中，即包括持有以供出租之不動產、廠房及設備項目與例行性地對外銷售該資產，亦即不動產、廠房及設備項目符合 IAS 16.68A 條件時，則製造或取得該資產之現金支付，出租該資產收取之租金，後續出售該等資產之現金收取均應分類為屬來自營業活動之現金流量。如租車公司之正常活動為出租車輛及出售汰換下來的中古車，即符合此類情況。

另取得與出售金融資產之現金流量，亦通常分類為來自投資活動之現金流量。惟金融業可能因自營或交易目的而持有證券及放款。在此情形下該證券及放款與為專供再出售而取得之存貨類似，故取得及出售自營或交易目的證券之現金流量被分類為營業活動。同樣地，金融機構業之現金墊款及放款因與該企業主要營收活動相關，亦通常被分類為營業活動。

交易目的金融資產之相關現金流量既被分類為營業活動現金流量，則有間接法與直接法兩種表達方式。但須特別注意的是，交易目的金融資產之相關調整數或現金流量金額之方式，應如何由相關資產餘額變化與損益項目「翻譯」而得？交易目的金融資產在資產負債表中係以公允價值衡量，而其自買入至處分間每期均將公允價值變動數認列為評價損益計入本期淨利。一個直覺的處理是，將評價損益視為非現金之收益費損項目，故於間接法中之將評價利益由

本期淨利中減除，評價損失則由本期淨利中加回，再調整相關資產負債項目之增減。然此處理方式應用於交易目的金融資產，且該金融資產之處分損益亦列入評價損益時，將無法正確求出其相關之現金流量。

舉一簡例而言，交易目的金融資產 A 於 ×1 年中以 $10 買入，×1 年底公允價值為 $13，×2 年中以當時公允價值 $15 處分，則就該資產 ×1 年將認列評價利益 $3，×2 年將認列評價利益 $2。該資產之帳面金額 ×1 年初為 $0（尚未買入），×1 年底為 $13（公允價值），×2 年底為 $0（已處分），故以上述錯誤方式處理時，間接法中之調整為：

×1 年：本期淨利 – $3（評價利益）–（$13 – $0）（資產增加）
　　　　= 本期淨利 – $16

×2 年：本期淨利 – $2（評價利益）+（$13 – $0）（資產減少）
　　　　= 本期淨利 +$11

然仔細觀察此調整結果之意義，本期淨利中原已包含評價損益，若暫且以「其他部分淨利」代表不含評價利益之本期淨利部分，則此調整結果意謂：

×1 年：本期淨利 – $16 = 其他部分淨利 + $3（評價利益）– $16
　　　　= 其他部分淨利 – $13

×2 年：本期淨利 + $11 = 其他部分淨利 + $2（評價利益）+ $11
　　　　= 其他部分淨利 + $13

亦即代表交易目的金融資產 A 對營業活動現金流量之影響，在 ×1 年為現金流出 $13，×2 年為現金流入 $13？然由本例背景可輕易知道，應係 ×1 年為現金流出 $10，×2 年為現金流入 $15。此簡例明白顯示，「將評價（損）益由本期淨利中（加回）減除，再調整相關資產增減」之處理方式不適用於求出交易目的金融資產之相關現金流量。

正確作法是，間接法中交易目的金融資產之相關調整數為加（減）交易目的金融資產減少（增加）數，無須（加回）減除評價（損）益。此可以上述簡例數字先行初步印證。依此調整方式，間接法中

透過損益按公允價值衡量之金融資產之相關調整此交易目的金融資產相同；但透過損益按公允價值衡量之金融資產之現金流量應屬營業活動或投資活動。

之調整如下，可正確顯示就交易目的金融資產 A 對營業活動現金流量之影響而言，×1 年為現金流出 $10，×2 年為現金流入 ×1 年 $15：

×1 年：本期淨利 − ($13 − $0)（資產增加）
　　　　＝ 本期淨利 − $13
　　　　＝ 其他部分淨利 + $3（評價利益）− $13
　　　　＝ 其他部分淨利 − $10

×2 年：本期淨利 + ($13 − $0)（資產減少）
　　　　＝ 本期淨利 + $13
　　　　＝ 其他部分淨利 + $2（評價利益）+ $13
　　　　＝ 其他部分淨利 + $15

而直接法中，交易目的金融資產之相關淨現金流量為：評價損益 (利益為正數或損失為負數] − (期末交易目的金融資產 − 期初交易目的金融資產)，即評價損益 [(利益為正數或損失為負數] 減交易目的金融資產增加數，或加交易目的金融資產減少數。

此正確調整方式之導出過程說明如下：影響交易目的金融資產餘額之交易計有買入，評價與處分三個情況，其分錄分別為：

交易目的金融資產	A	評價損失	Y
現金	A	交易目的金融資產	Y
（買入交易目的金融資產）		（公允價值下降時之評價）	
交易目的金融資產	X	現金	B
評價利益	X	交易目的金融資產	B
（公允價值增加時之評價）		（處分交易目的金融資產）	

A，B，X，Y 分別代表本期中此類交易之總金額，則交易目的金融資產此項目本期之變化可表示為：(交易目的金融資產期末數 − 交易目的金融資產期初數) = A + X − B − Y (如下)。

交易目的金融資產

期初數	
A	B
X	Y
期末數	

而本期交易目的金融資產相關之現金流量為本期處分之現金流入減除本期買入之現金流出，即 B – A，故將上述交易目的金融資產本期之變化式移項整理可得：

$$B - A = (X - Y) - \left(\begin{array}{c}\text{交易目的}\\\text{金融資產期末數}\end{array} - \begin{array}{c}\text{交易目的}\\\text{金融資產期初數}\end{array}\right) \quad \ldots (11)$$

而 (X – Y) 即為本期之評價損益淨額，若 X > Y，即淨額為評價利益 (正數)；若 X < Y，即淨額為評價損失 (負數)；故得到：

$$\begin{array}{c}\text{交易目的}\\\text{金融資產相關}\\\text{淨現金流量}\end{array} = \left[\begin{array}{c}\text{評價損益}\\\text{利益為正數}\\\text{或損失為負數}\end{array}\right] - \left(\begin{array}{c}\text{交易目的}\\\text{金融資產}\\\text{期末數}\end{array} - \begin{array}{c}\text{交易目的}\\\text{金融資產}\\\text{期初數}\end{array}\right) \quad \ldots (12)$$

故於直接法下，直接表達以此調整方式 (式 (12)) 求出之交易目的金融資產相關淨現金流量；而於間接法下，因評價損益已計入本期淨利中，僅須調整交易目的金融資產餘額之增減即可。

此正確調整方式乍看與通常處理方式不同，然讀者可以與「第 19.3.3 節應收款項預期信用減損損失之調整」參照。預期信用減損損失亦為非現金之費損項目，然在間接法中以應收帳款淨額 (即應收帳款減備抵損失後之餘額) 調整時無須於本期淨利中加回；而交易目的金融資產在資產負債表中係以公允價值衡量，公允價值為原始成本加 (減) 備抵評價項目後之餘額，類同應收帳款之淨額，故無須於本期淨利中加回 (減除) 評價損益。

19.3.6　其他綜合損益項目於現金流量表編製時之考量

其他綜合損益項目之組成部分包括不動產、廠房及設備與無形資產之重估增值變動；透過其他綜合損益按公允價值衡量之債務工具投資評價損益；透過其他綜合損益按公允價值衡量之權益工具投資評價損益；確定福利計畫再衡量損益；現金流量避險中屬有效避險部分之避險工具利益及損失；國外營運機構財務報表換算之兌換差額等項目。其中前四項屬中級會計學之討論範圍，後兩項屬高等會計學之討論範圍，故以下即逐一討論其於現金流量表編製時之考量。

首先討論不動產、廠房及設備與無形資產之重估增值變動。因不動產、廠房及設備與無形資產得採重估價模式衡量，故當有重估增值變動之其他綜合損益項目存在時，即須辨認不動產、廠房及設備與無形資產等資產之增減，係源自購入與出售或重估增值變動，再決定其是否屬相關之投資活動之現金流量。此外，存在重估增值變動時，綜合損益表中本期淨利部分之折舊費用與處分損益均含重估增值變動之影響在內，如重估價增加會使折舊費用提高，處分前是否先進行重估價會使處分損益不同，惟於現金流量表編製時，折舊費用與處分損益因分屬「非現金性質的費損」及「與投資或籌資現金流量相關之收益費損」均係由營業活動現金流量中全數消除者，故無須另行調整。至於重估增值變動之其他綜合損益，則因其並無現金影響，且間接法（改良式間接法）下之本期淨利現金流量表係由本期淨利（稅前淨利）開始調整，而非由綜合損益總額開始調整，故亦無須另行處理。

在現金流量表編製時之考量上，透過其他綜合損益按公允價值衡量之債務工具投資評價損益與不動產、廠房及設備與無形資產之重估增值變動十分類似。當有透過其他綜合損益按公允價值衡量之債務工具投資評價損益之其他綜合損益時，即須該類金融資產之增減，係源自購入與出售或公允價值變動，再決定其是否屬投資活動之現金流量。此外，該類金融資產之處分損益因屬「與投資或籌資現金流量相關之收益費損」，須由營業活動現金流量中全數消除。至於該類金融資產未實現評價損益之其他綜合損益，亦同樣無須另行調整。至於透過其他綜合損益按公允價值衡量之權益工具投資則因評價及處分均不影響損益，而無須調整；其購入與處分則列入投資活動之現金流量。

確定福利計畫再衡量損益對現金流量表編製之影響較為複雜。確定福利費用與淨確定福利負債之關係如下式 (13) 及 (14)：

淨確定福利負債期初餘額 + 確定福利費用 + 再衡量其他綜合損失(利益) − 提撥計畫資產之付現 = 淨確定福利負債期末餘額 ... (13)

$$\text{提撥計畫資產之付現} = \text{確定福利費用} + \text{再衡量其他綜合損失(利益)} - \text{淨確定福利負債期末餘額} - \text{淨確定福利負債期初餘額} \quad \ldots (14)$$

此時若以直接法編製現金流量表，則應將確定福利費用金額中加上(減除)再衡量其他綜合損失(利益)金額，再減除(加上)淨確定福利負債之增加(減少)數；而間接法(含改良式間接法)下之現金流量表，則應於本期淨利(稅前淨利)中加上(減去)再衡量其他綜合利益(損失)，再加上(減除)淨確定福利負債之增加(減少)數。以簡例說明此概念如下：

丁公司本期淨確定福利負債期初餘額為 $80，本期提撥計畫資產支付 $70，並發生確定福利計畫再衡量損失 $30。若該公司確定福利義務現值與計畫資產公允價值之期末餘額分別為 $600 與 $400，則期末補列淨確定福利負債之分錄如下：

確定福利費用　　　　　　　160
其他綜合損益—再衡量損失　 30
　　現金　　　　　　　　　　　　70
　　淨確定福利負債 [($600 – $400) – $80]　120

直接法下：$70 (付現數) = $160 (確定福利費用) + $30 (再衡量損失) – $120 (淨確定福利負債增加)

間接法下：本期淨利 – $30 (再衡量損失) + $120 (淨確定福利負債增加)

19.3.7　股份基礎給付於現金流量表編製時之考量

公司以股份基礎給付交易取得商品或收取勞務時，得採權益交割或現金交割方式來支付對價。權益交割係公司以本身權益工具支付；現金交割係公司以現金或其他資產償付應付對價之負債，而負債金額由公司本身之股票或其他權益工具價值所決定。

在權益交割之股份基礎給付交易中，公司須以所取得商品或勞務之公允價值衡量，並據以衡量相對之權益增加。但當商品或勞務之公允價值無法可靠估計時，則依所給與權益工具於給與日之公允價值衡量；而其認列項目為借記資產或費用，貸記權益。故以權益交割之股份基礎給付取得商品或勞務時，其相應之資產或費用增加

並無現金之流出，編製現金流量表進行調整時須特別注意。例如，在以權益交割之股份基礎給付取得員工勞務時，就該員工薪資應認列為期間費用，存貨成本，或不動產、廠房及設備成本三種情況中，現金流量表編製時其相關的調整分別討論如下：

1. 員工薪資應認列為期間費用時：薪資費用之現金支付屬營業活動，但此時薪資費用之增加並無現金之流出，故採間接法編製時應將此部分薪資費用於淨利中加回；採直接法編製時應將此部分薪資費用由支付薪資之現金流出中排除。

2. 員工薪資應認列為存貨成本時：購貨之現金支付屬營業活動，但此時存貨之增加並非來自支付現金購貨，故採間接法編製時應將此部分存貨於淨利中加回；採直接法編製時應將此部分存貨由購貨之現金流出中排除。

3. 員工薪資應認列為不動產、廠房及設備成本時：購買不動產、廠房及設備之現金支付屬投資活動，但此時不動產、廠房及設備之增加並非以現金購買，故應將此部分不動產、廠房及設備由購買不動產、廠房及設備之現金流出中排除。

在現金交割之股份基礎給付交易中，公司須以所承擔負債之公允價值衡量所取得之商品或勞務，而負債之公允價值決定於公司本身之股票或其他權益之公允價值；且公司應於每一報導期間結束日及交割日再衡量負債之公允價值，並將公允價值之任何變動認列於本期損益直至負債交割。故交割日前原始與後續衡量時，認列項目為借(貸)記資產或費用，貸(借)記負債，其相應之資產或費用增減並無現金流量影響。交割日時則支付現金以償付相應負債。

以下同樣討論在以現金交割之股份基礎給付取得員工勞務時，就該員工薪資應認列為期間費用，存貨成本，或不動產、廠房及設備成本三種情況下，現金流量表編製之相關的調整：

1. 員工薪資應認列為期間費用時：薪資費用之現金支付屬營業活動，但發生於交割日前薪資費用之增加(減少)並無相關之現金流出增加(減少)，故採間接法編製時應將此部分薪資費用於淨利中加回(減除)；採直接法編製時應將此部分薪資費用由支付薪資之現金流出中排除(加回)。至於交割日時支付現金償付相應負債造成

之負債減少金額，故採間接法編製時應將其於淨利中減除；採直接法編製時應將其計入支付薪資之現金流出中。
2. 員工薪資應認列為存貨成本時：購貨之現金支付屬營業活動，但發生於交割日前存貨之增加(減少)並無相關之現金流出增加(減少)，故採間接法編製時應將此部分存貨於淨利中加回(減除)；採直接法編製時應將此部分存貨由購貨之現金流出中排除(加回)。至於交割日時支付現金償付相應負債造成之負債減少金額，故採間接法編製時應將其於淨利中減除；採直接法編製時應將其計入購貨之現金流出中。
3. 員工薪資應認列為不動產、廠房及設備成本時：購買不動產、廠房及設備之現金支付屬投資活動，但發生於交割日前不動產、廠房及設備之增加(減少)並無相關之現金流出增加(減少)，故應將此部分不動產、廠房及設備由購買不動產、廠房及設備之現金流出中排除(加回)。至於交割日時支付現金償付相應負債造成之負債減少金額，則應將其計入購買不動產、廠房及設備之現金流出中。

19.4　現金流量表之附註揭露

學習目標 4
了解現金流量之揭露

國際財務報導準則對現金流量表之附註揭露，有排除揭露、要求揭露及鼓勵揭露三種狀況，以下逐一分段說明。

19.4.1　不影響現金流量投資及籌資活動之排除揭露

許多投資及籌資活動雖然確實影響企業之資本及資產結構，但並不直接影響當期之現金流量。此類交易應於財務報表之其他部分揭露，而不應於現金流量表中表達揭露。此類交易例舉如下：

1. 以直接承擔相關負債或以租賃方式取得資產。
2. 以發行權益方式收購企業。
3. 債務轉換為權益。

19.4.2　來自籌資活動之負債之變動之要求揭露

現金流量表應揭露來自籌資活動之負債之變動，包括籌資現金

流量之變動，因對子公司或其他業務取得或喪失控制所產生之變動，匯率影響之變動與公允價值之變動。

19.4.3　現金及約當現金之組成部分之要求揭露

現金流量表應揭露現金及約當現金之組成部分，且應列報列於現金流量表之金額與列於資產負債表之約當項目間之調節。此外，下列相關資訊亦須揭露：

1. 決定現金及約當現金組成部分之政策，及其任何改變之影響。
2. 持有但無法供集團使用之重大現金及約當現金餘額，如子公司所持有之現金及約當現金餘額，因該子公司營運所處國家之外匯管制或其他法令限制，其餘額無法供母公司或其他子公司正常使用。

19.4.4　停業單位現金流量之要求揭露

IFRS 5.33 要求企業應揭露可歸屬至停業單位營業、投資及籌資活動之淨現金流量。此揭露得於附註或財務報表中表達。但若處分群組為新取得子公司且取得時即符合分類為待出售之條件，則無須作此揭露。

19.4.5　額外資訊之鼓勵揭露

額外之資訊對使用者了解企業之財務狀況及流動性可能具攸關性。國際財務報導準則鼓勵揭露此類額外資訊，其可能包括：

1. 可能供未來營業活動及履行資本承諾之未使用借款機制，並說明使用該等機制之任何限制。
2. 分別列示代表增加營運產能之現金流量彙總數及維持營運產能之現金流量彙總數，因其有助於使用者判斷企業是否適當投資於營運產能之維持。企業為當期流動性及分配予業主之原因而未適當投資於營運產能之維持，可能損及未來之獲利能力。
3. 各個報導部門來自營業、投資及籌資活動之現金流量金額，因其有助於使用者更加了解企業整體與其組成部分現金流量間之關係，及部門別現金流量之可利用性及變異性。

本章習題

問答題

1. 何謂現金流量表？
2. 何謂營業活動之現金流量？投資活動之現金流量？籌資活動之現金流量？
3. 試舉出三種與現金流量無關之會計交易。
4. 公司處分一帳面金額為 $60,000 之設備，其原始成本為 $125,000，處分設備損失為 $9,000，試說明這筆交易在使用間接法之現金流量表中如何表達？
5. 企業可採取直接法或間接法報導營業現金流量，何謂直接法？間接法？
6. 何謂「改良式間接法」？為何需要「改良式間接法」？
7. 請說明在何種情況下，本期經營結果為淨利，但仍有由營業活動產生的淨現金流出？
8. 試為下列項目各舉三個例子：
   (1) 在綜合損益表中列為費用但不造成現金流出的交易。
   (2) 在綜合損益表中列為收入但不造成現金流入的交易。
   (3) 在現金流量表中列為現金流入但不出現在綜合損益表中的交易。
9. 利息收入、利息支出、股利收入及分配之股利應如何表達於現金流量表上？

選擇題

1. 下列關於現金流量表的敘述，何者錯誤？
   (A) 現金流量表的「現金」包括約當現金
   (B) 得採用直接法或間接法編製，國際會計準則建議企業採用直接法
   (C) 營業活動的現金流量並不包括處分因「交易目的」而持有之權益證券所產生之現金
   (D) 籌資活動所產生之現金流出得包括支付股利　　　　　　　　　　［改編自 99 年會計師］

2. 根據國際財務報表準則，下列項目中有幾項屬於現金流量表之投資活動？(1) 收取股利、(2) 舉借債務、(3) 賣出因交易目的而持有之選擇權合約所產生之現金、(4) 承作貸款及取得債權憑證、(5) 購買庫藏股票。
   (A) 一項　　(B) 二項　　(C) 三項　　(D) 四項　［改編自 95 年會計師］

3. 甲公司本年度稅前淨利 $380,000，而本年度損益表中列有折舊費用 $12,000、出售固定資產利益 $5,000 及所得稅 $38,000，則該公司本年度由營業活動所產生的淨現金流入，為：
   (A) $349,000　　(B) $373,000　　(C) $342,000　　(D) $355,000　　［98 年高考］

4. 台北公司 ×6 年及 ×7 年 12 月 31 日的存貨餘額分別為 $2,000,000 及 $1,880,000，其應付帳款分別為 $800,000 及 $840,000，而 ×7 年度之銷貨成本為 $6,200,000。試問該公司於 ×7 年度為採購存貨共支付多少的現金？

(A) 6,040,000　　(B) 6,120,000　　(C) 6,200,000　　(D) 6,280,000　[97 年會計師]

5. 甲公司 ×1 年期初應收帳款總額為 $5,000,000，期末應收帳款總額為 $8,000,000，×1 年賒銷 $20,000,000，沖銷無法收回之應收帳款 $500,000，試問該等交易在間接法下對營業活動現金流量之影響及直接法下之銷貨收現數分別為多少？

   (A) 列為本期淨利加項 $3,000,000，銷貨收現 $16,500,000
   (B) 列為本期淨利減項 $3,500,000，銷貨收現 $16,500,000
   (C) 列為本期淨利加項 $3,000,000，銷貨收現 $17,000,000
   (D) 列為本期淨利減項 $3,500,000，銷貨收現 $17,000,000　[改編自 100 年特考]

6. 曉生企業 ×1 年度之折舊費用 $250,000，出售土地利益 $456,000，廠房徵收之利益 $380,000，稅率 25%，應付所得稅減少 $72,000，本期淨利 $2,000,000。曉生企業 ×1 年度營業活動之淨現金流量為何？

   (A) $1,581,000　(B) $1,486,000　(C) $1,437,000　(D) $1,342,000　[101 年會計師]

7. 台北公司 ×6 年度相關資料如下：

本期淨利	$200,000
支付所得稅	35,000
支付利息	135,000
出售機器得款 (含處分資產損失 $50,000)	170,000
折舊費用	45,000
信用減損損失	20,000
應收帳款淨額增加	30,000

   根據以上資料，台北公司 ×6 年度來自營業活動之現金流量為若干？

   (A) $285,000　(B) $265,000　(C) $225,000　(D) $130,000

   [改編自 97 年原住民特考]

8. 飛龍企業 ×4 年度現金流量表中顯示營業活動之淨現金流入 $654,000，遞延所得稅資產增加 $81,000，出售設備損失 $100,000，折舊費用 $76,000，支付股利 $98,000，發行公司債 $600,000。飛龍企業 ×4 年度淨利(損)為何？

   (A) $(41,000)　(B) $461,000　(C) $559,000　(D) $657,000　[100 年會計師]

9. 東方公司 ×5 年現金流量的相關資訊如下：購買辦公大樓 2,000 萬元，購買庫藏股票 500 萬元，支付利息 100 萬元，收到現金股利 200 萬元，購買北方公司股票 600 萬元，借款給南方公司 300 萬元，購買專利權 200 萬元。東方公司將利息、股利收付之現金皆列入營業活動之現金流量，試問東方公司 ×5 年投資活動之淨現金流出為何？

   (A) 2,800 萬元　(B) 2,900 萬元　(C) 3,100 萬元　(D) 3,500 萬元

   [改編自 99 年會計師]

10. 下列事項中有幾項屬於現金流量表之籌資活動？①收取股利；②舉借債務；③賣出因

交易目的而持有之選擇權合約所產生之現金；④承作貸款及取得債權憑證；⑤購買庫藏股票。

(A) 一項　　　　　(B) 二項　　　　　(C) 三項　　　　　(D) 四項　　　[100年會計師]

11. 下列為大甲公司×7年之部分交易：

以給予債券方式取得土地	$250,000
發行債券收到之金額	500,000
購買存貨	950,000
購回庫藏股花費之金額	150,000
購買其他企業之公司債分類為按攤銷後成本衡量之投資	350,000
支付予特別股股東之股利	100,000
發行特別股收到之金額	400,000
出售設備收取之金額	50,000

大甲公司將利息、股利之收取與支付分別列入投資活動與籌資活動。

請問：×7年大甲公司之投資活動淨現金流出為何：

(A) $50,000　　(B) $300,000　　(C) $550,000　　(D) $650,000

[改編自97年高考]

12. 承上題，×7年大甲公司之籌資活動淨現金流量為？

(A) $550,000　　(B) $650,000　　(C) $800,000　　(D) $900,000

練習題

1. 【分類】試分辨下列各項目於編製直接法下之現金流量表時，下列各項活動應如何歸類處理？對現金流量表之影響為何？

　　(1) 折舊費用　　　　　　　　　(2) 以現金買回庫藏股票
　　(3) 以現金支付保險費　　　　　(4) 應收帳款增加
　　(5) 自客戶收到之現金　　　　　(6) 支付貸款利息
　　(7) 提列信用減損損失　　　　　(8) 以現金購買機器
　　(9) 合約負債減少　　　　　　　(10) 出售設備利益
　　(11) 來自權益法投資之損失　　　(12) 發行公司債之現金收入
　　(13) 出售土地所得之現金　　　　(14) 預付費用增加
　　(15) 應付公司債折價攤銷　　　　(16) 支付現金股利
　　(17) 以現金購買其他公司公司債作為長期投資　(18) 應付薪資增加

2. 【分類】試分辨下列各項目於編製間接法下之現金流量表時，應歸類為何種活動中？請以 a. 至 d. 將下列各項分類，並以「+」代表現金之流入，以「-」代表現金之流出。

　　a. 營業活動之現金流量(屬本期損益調整項目)
　　b. 投資活動現金流量

c. 籌資活動現金流量
d. 不影響投資或籌資活動現金流量,但應於附註中揭露
e. 其他
  (1) 應付利息增加　　　　　　　　　　(2) 存貨減少
  (3) 折舊費用　　　　　　　　　　　　(4) 應付公司債溢價攤銷
  (5) 出售庫藏股票　　　　　　　　　　(6) 交易目的證券投資評價利益
  (7) 應付公司債轉換為普通股　　　　　(8) 採權益法認列之投資損失
  (9) 出售透過其他綜合損益按公允價值衡量之債務工具投資
  (10) 發行負債購買機器　　　　　　　 (11) 合約負債增加
  (12) 應付所得稅減少　　　　　　　　 (13) 攤銷費用
  (14) 交易目的金融資產增加　　　　　 (15) 預付保險費增加
  (16) 應收帳款減少
  (17) 透過其他綜合損益按公允價值衡量之債務工具投資評價損益
  (18) 發放現金股利　　　　　　　　　 (19) 出售專利權
  (20) 出售土地利益

3. 【直接法】甲公司 ×8 年度相關損益資料如下:

銷貨收入	$600,000
銷貨成本中原料與人工部分	450,000
銷貨成本中折舊費用部分	15,000
營業費用與所得稅費用(不含折舊,含信用減損損失 $2,000)	65,000

該公司 ×7 年底與 ×8 年底相關資產負債資料如下:

	×8 年 12 月 31 日	×7 年 12 月 31 日
現金及約當現金	$15,000	$25,000
應收帳款(總額)	90,000	80,000
存貨	50,000	40,000
預付費用	3,000	2,000
應付帳款	18,000	20,000
應付費用	7,000	5,000

其他相關資料如下:

(1) 發行普通股 $35,000,以換取機器設備。
(2) 以現金購買土地 $60,000。
(3) 發放現金股利 $15,000。
(4) ×8 年沖銷無法收回之應收帳款 $1,000,備抵損失之 ×7 年底與 ×8 年底餘額分別為 $5,000 及 $6,000。

試作:根據上列資料,採直接法編製現金流量表。　　　　　[改編自 98 年關稅特考]

4. 【編製損益表】下列是高雄牙醫診所 ×6 年度現金基礎下編製之損益表及相關資料:

高雄牙醫診所
損益表
×6 年度

門診收入	$ 310,000
營業費用	(152,000)
稅前淨利	158,000
所得稅費用	(58,000)
本期淨利	$100,000

根據帳冊，高雄牙醫診所營業用資產皆係低價值標的資產之租賃，且公司選擇不予以資本化，×6 年度相關資料如下：

	期初餘額	期末餘額
應收帳款	$ 50,000	$ 25,000
合約負債	24,000	38,000
應付費用	15,000	18,000
預付費用	3,000	5,000
本期淨利	100,000	100,000

試作：編製高雄牙醫診所 ×6 年度應計基礎(權責發生基礎)下之損益表。

[改編自 96 年高考]

5. **【間接法】** 三民公司會計年度採曆年制，該公司 ×2 年度之簡明損益表如下：

收入		$26,000
營業費損(含出售設備損失 $10,000，不含折舊費用)	$15,000	
折舊費用	5,000	(20,000)
稅前淨利		$ 6,000
所得稅費用		(1,000)
本期淨利		$ 5,000

又該公司 ×2 及 ×1 兩年底比較資產負債表中的相關資訊如下：

	×2 年	×1 年
現金	$1,000	$2,000
應收帳款	1,000	2,000
存貨	9,000	8,000
應付帳款	5,000	4,000
應付所得稅	1,000	1,000

試作：以間接法列示三民公司 ×2 年營業活動之現金流量。　　[改編自101年特種身心會計]

6. 【**不動產、廠房及設備**】美新公司 ×8 年度廠房設備之變動彙總如下：

	×8年12月31日	×7年12月31日
廠房設備	$801,250	$650,000
減：累計折舊	(312,750)	(215,000)
廠房設備淨額	$488,500	$435,000

美新公司 ×8 年度與廠房設備有關之交易如下：

(1) 一部於 ×6 年以 $34,000 購入之機器，以 $5,000 的價格出售，出售時機器之帳面金額為 $5,100。
(2) 以 3 年期票據支付購買新設備之價款。
(3) 本期支付 $35,000 對設備進行增添。

試分析在間接法下，上述交易對美新公司 ×8 年度現金流量表之影響。

7. 【**應收帳款**】魯卡公司 ×9 年度應收帳款餘額如下，已知魯卡公司 ×9 年賒銷金額為 $20,650,000，×9 年間共沖銷無法收回之應收帳款 $650,000，請分析在直接法及間接法下應收帳款對現金流量表之影響。

	×9年12月31日	×9年1月1日
應收帳款	$8,950,000	$7,120,000
備抵損失	(790,000)	(622,000)
	$8,160,000	$6,498,000

8. 【**退職後福利**】甲公司所採行確定福利退休金計畫於 ×2 年 1 月 1 日之相關資訊如下：

預計福利義務	$(100,000)
退休金計畫資產之公允價值	80,000

公司用以計算確定福利義務現值之折現值為 10%。

×2 年之相關資訊如下：

服務成本	$60,000
確定福利計畫資產之實際報酬	4,000
再衡量利益 (12/31 決定之金額)	18,000
×2 年基金支付員工退休金	30,000

試作：以下為獨立狀況

(1) 若甲公司×2年提撥計畫資產 $40,000，其直接法下×2年現金流量表營業活動現金流量部分之相關金額為何？其間接法下×2年現金流量表營業活動現金流量部分之相關調整為何？

(2) 若甲公司×2年底之淨確定福利負債餘額為 $18,000，其直接法下×2年現金流量表營業活動現金流量部分之相關金額為何？其間接法下×2年現金流量表營業活動現金流量部分之相關調整為何？　　　　　　　　　　　　　　　　〔改編自100年地特會計〕

9. 【間接法—改良式】下列為三順公司×5年度有關資料：

折舊和攤銷	32,300
出售設備利益	1,200
發行普通股收現	50,500
利息費用	13,000
銷貨收入	745,000
其他營業費用	42,000
出售設備收現	4,000
股利收現	5,000
銷貨成本	511,200
所得稅費用	13,600
支付股利	10,000
本期淨利	55,100
運用資金增(減)數：	
存貨	55,000
應收帳款	45,800
合約負債	12,600
應付帳款	24,800
預付費用	(5,200)
應付所得稅	(6,800)
應付利息	2,500

試作：若三順公司選擇將收付之利息及收取之股利列入營業活動，將支付之股利列入籌資活動，試以間接法與改良式間接法編製三順公司×5年度現金流量表之營業活動部分。

(1) 間接法。
(2) 改良式間接法。　　　　　　　　　　　　　　　　　　　　　　〔改編自97年原民特考〕

10. 【直接法 & 間接法】試依下列資料，求算平野公司：

(1) 平野公司當年沖銷無法收回之應收帳款 $5,000，其直接法呈現之營業活動現金流量。

(2) 其間接法呈現之營業活動現金流量。

平野公司當年之流動資產及流動負債當年變動如下：

	增	減
應收帳款（總額）		$16,000
備抵損失（貸餘）		1,000
存貨	$9,000	
預付費用	6,000	
應付帳款	18,000	
應計負債	3,000	

平野公司
損益表

銷貨	$540,000
銷貨成本	(285,000)
銷貨毛利	$255,000
營業費用（含信用減損損失 $4,000）	(105,000)
折舊費用	(30,000)
本期淨利	$120,000

[改編自 101 年特種身心特考]

應用問題

1. 【影響分類】甲公司 ×1 年的本期淨利為 $100,000。下列本期項目可能與其營業活動有關：

   (1) 確定福利費用為 $50,000，其他綜合損益－再衡量數（利益）$30,000，並提撥 $40,000 至退休金計畫資產。

   (2) 廠房減損損失 $60,000。

   (3) 交易目的金融資產評價利益為 $32,000，交易目的金融資產期末餘額較期初餘額增加 $20,000。

   (4) 透過其他綜合損益按公允價值衡量之債務工具投資評價利益為 $18,000。

   (5) 1 月 1 日，甲公司給予總經理 1,000 認股權，每股認購價格為 $50，總經理未來必須服務滿四年，才能行使該認股權。1 月 1 日公司股價為 $48，估計當日認股權之公允價值為 $16。

   (6) ×1 年 12 月 31 日應收帳款總額為 $50,000，備抵損失為 $3,000（貸餘）。×0 年 12 月 31 日應收帳款總額為 $60,000，備抵損失為 $4,000（貸餘）。×1 年之信用減損損失為 $7,500，並沖銷無法收回之應收帳款帳 $8,500。

   試求：甲公司以間接法編製現金流量表，在營業活動現金流量部分，上述各項目應做之相關調整金額分別為何？請註明係加回或減除。　　　　[改編自 100 年檢事官]

2. 【以現金流量表編資產負債表】以下為甲公司 ×1 年 1 月 1 日的資產負債表與該公司同年度的現金流量表。

甲公司
資產負債表
×1 年 1 月 1 日

現金	$ 2,000	應付帳款	$ 4,000
應收帳款	5,900	應付薪資	3,300
存貨	4,900	總負債	$ 7,300
土地	59,800	股本	64,500
廠房與設備	98,900	資本公積	11,200
減：累計折舊	(54,100)	保留盈餘	34,400
總資產	$117,400	總負債與權益	$117,400

甲公司
現金流量表
×1 年度

營業活動現金流量		
本期淨利	$ 10,000	
調整項		
加：折舊費用	2,980	
存貨減少數	3,000	
應付薪資增加數	2,590	
減：應收帳款淨額增加數	(9,000)	
應付帳款減少數	(3,000)	
營業活動現金流入		$ 6,570
投資活動現金流量		
出售土地	$ 30,000	
購買廠房	(53,900)	
投資活動現金流出		(23,900)
籌資活動現金流量		
支付股利	$(23,100)	
發行公司債	57,000	
發行新股	94,500	
籌資活動現金流入		128,400
現金增加數		$111,070
×1 年 1 月 1 日現金		2,000
×1 年 12 月 31 日現金		$113,070

其他與現金流量表有關的額外資訊如下：

×1 年 12 月 31 日發行長期應付公司債，其面額為 $60,000。
土地以原歷史成本出售。
購買廠房發生於 ×1 年 12 月 31 日。
發行普通股 9,000 股 (面額為 $10)。

試以前述資料編製 ×1 年 12 月 31 日的資產負債表。　　　　[改編自 98 年會計師]

3. **【以現金流量表編製綜合損益表】** 甲公司 ×9 年的現金流量表如下：

營業活動之現金流量		
銷貨收現數	$ 4,465,000	
證券投資股利收現數	120,000	
進貨付現數	(3,780,000)	
營業費用付現數	(410,000)	
利息費用付現數	(90,000)	
所得稅費用付現數	(175,000)	
營業活動之淨現金流入		$130,000
投資活動之現金流量		
出售設備	$ 150,000	
購買土地	(450,000)	
投資活動之淨現金流出		(300,000)
籌資活動之現金流量		
贖回公司債	$ (255,000)	
發行普通股	750,000	
發放股利	(180,000)	
籌資活動之淨現金流入		315,000
本期現金增加數		$145,000

×9 年各相關項目之變動情形如下：

(1) 應收帳款總額 (不含備抵損失) 增加 $120,000，備抵損失餘額增加 $25,000，沖銷無法收回之應收帳款 $150,000。
(2) 存貨餘額增加 $155,000，應付帳款餘額減少 $90,000。
(3) 證券投資為採用權益法之投資，餘額增加 $100,000。
(4) 應付公司債攤銷折價 $5,000，帳面金額減少 $240,000。
(5) 預付租金增加 $40,000，應付薪資增加 $25,000，應付利息減少 $7,500。

(6) 遞延所得稅資產增加 $25,000，應付所得稅減少 $5,625。

(7) 提列折舊 $210,000，不動產、廠房及設備帳面金額增加 $125,000，除購買土地及出售設備外，無其他不動產、廠房及設備相關交易發生。

請編製甲公司 ×9 年度之綜合損益表本期淨利以上之部分。　　　　　[改編自 100 年高考]

4. **【直接法與間接法】** 乙公司 ×4 年底與 ×3 年底資產負債表之相關金額比較如下：

	×4 年度增加(減少)
資產：	
現金及約當現金	$　　？
應收帳款 (總額)	17,000
備抵損失 (貸餘)	1,000
存貨	21,500
預付費用	1,000
廠房設備 (淨額)	31,500
負債：	
應付帳款	$ (23,000)
合約負債	20,000
短期應付票據	(10,000)
應計費用	14,050
應付所得稅	(1,500)
應付公司債	(16,000)
應付公司債折價	(700)
權益：	
普通股股本，面額 $10	$ 230,000
資本公積	120,000
未分配盈餘	(219,800)
指撥保留盈餘－備抵存貨跌價	15,000

其他資料如下：

a. ×4 年度銷貨收入為 $252,400，銷貨成本為 $98,000，其他費用為 $60,800 (包含折舊費用與信用減損損失)，利息費用 $9,000，所得稅費用 $3,600。

b. ×4 年度沖銷無法收回之應收帳款 $13,000。

c. 兩年度之廠房設備比較表如下：

	×4年12月31日	×3年12月31日
廠房設備	$ 310,250	$ 270,000
減：累計折舊	(122,750)	(114,000)
廠房設備淨額	$ 187,500	$ 156,000

×4 年底以 $35,500 買入一部機器，另一部成本 $20,000 之機器以 $6,000 的價格出售，出售時之帳面金額為 $5,800；年中尚購入一筆土地，包含於廠房設備中。

d. 應付公司債每年償還 $16,000。
e. ×4 年 1 月公司因員工行使認股權而以每股 $16 之價格，發行 5,000 股普通股。×4 年 5 月公司宣告並發放 5% 的股票股利與現金股利，股票股利按市價法處理；×4 年 12 月 31 日共有普通股 378,000 股流通在外。
f. 因預期存貨價格將下跌，而指撥保留盈餘。
g. 應付帳款與短期應付票據均係因向供應商購買存貨而發生。
h. ×4 年初現金及約當現金餘額為 $45,000。

試作：
(1) 以有列示信用減損損失之方式，編製 ×4 年度間接法下營業活動之現金流量部分
(2) 以不列示信用減損損失之方式，編製 ×4 年度間接法下營業活動之現金流量部分
(3) 編製 ×4 年度直接法下之現金流量表。

[改編自 94 年檢事官]

5. **【直接法與間接法—改良式】** 丁公司會計年度採曆年制，該公司 ×2 年度之簡明損益表如下：

銷貨收入		$ 146,000
營業費用 (含出售土地利益 $10,000，不含折舊費用)	$66,000	
利息費用	12,800	
信用減損損失	3,000	
折舊費用	20,000	
交易目的金融資產評價損失	8,200	(110,000)
稅前淨利		$ 36,000
所得稅費用		(9,000)
本期淨利		$ 27,000

又該公司 ×2 及 ×1 兩年底比較資產負債表中的相關資訊如下：

	×2 年	×1 年
應收帳款	$32,000	$25,000
交易目的金融資產	55,000	61,000
存貨	22,000	26,000
應付帳款	16,000	19,000
預付費用	1,000	2,500
應付利息	6,000	9,000
應付所得稅	1,000	0

試作：

(1) 以間接法列示丁公司 ×2 年營業活動之現金流量。

(2) 以改良式間接法列示丁公司 ×2 年營業活動之現金流量。

(3) 若丁公司 ×2 年沖銷無法收回之應收帳款 $2,000，備抵損失之 ×1 年底與 ×2 年底餘額分別為 $3,000 及 $4,000，以直接法列示丁公司 ×2 年營業活動之現金流量。

[改編自101年特種身心會計]

6. 【間接法】戊公司 ×9 年底與 ×8 年底資產負債表的比較如下：

	×9 年度增加（減少）
資產：	
現金及約當現金	$30,000
應收帳款	33,000
存貨	18,500
預付費用	1,000
廠房設備（淨額）	31,500
負債：	
應付帳款	$(23,000)
短期應付票據	(10,000)
應計負債	14,250
應付公司債	(14,000)
應付公司債折價	(600)
權益：	
普通股股本，面額 $10	$70,000
資本公積	20,000
未分配盈餘	41,150
指撥保留盈餘－備抵存貨跌價	15,000

其他資料如下：

(1) ×9 年本期淨利為 $86,150。
(2) ×9 年沖銷無法收回之應收帳款為 $13,200。
(3) 廠房設備比較表如下：

	×9年12月31日	×8年12月31日
廠房設備	$285,250	$255,000
減：累計折舊	(112,750)	(114,000)
廠房設備淨額	$172,500	$141,000

×9 年底以 $22,500 買入一部機器設備，另有一部機器設備成本 $24,000，以 $1,800 的價格出售，出售時機器設備的帳面金額為 $2,100；×9 年底亦購入一筆土地，並包含在廠房設備中。

(4) 應付公司債每年償還 $14,000。
(5) ×9 年 1 月公司因員工行使認股權而以每股 $14 的價格，發行 5,000 股普通股。
(6) ×9 年 5 月公司通過並發放 5% 的股票股利與現金股利；股票股利以面額法處理。
    ×9 年 12 月 31 日流通在外普通股共有 42,000 股。
(7) 因預期存貨價格將下跌，而指撥保留盈餘。
(8) 短期應付票據是因營業而產生。

試作：×9 年度的現金流量表 (戊公司採間接法編製)。　　　　[改編自 97 年關稅中會]

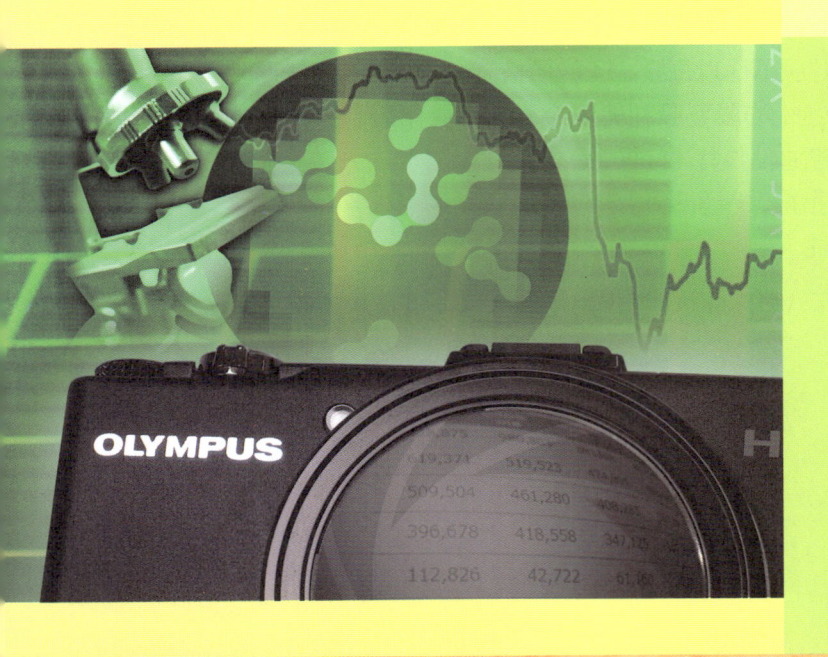

Chapter 20 會計政策、會計估計值變動及錯誤

學習目標

研讀本章後，讀者可以了解：
1. 會計變動之種類
2. 會計政策變動之會計處理
3. 會計估計值變動之會計處理
4. 錯誤更正之會計處理
5. 追溯適用及追溯重編之限制

本章架構

會計政策、會計估計值變動及錯誤

會計政策
- 選擇及適用
- 會計政策變動與非會計政策變動之差異
- 追溯適用

會計估計值變動
- 來源
- 推延適用

錯誤
- 重大性
- 追溯重編

限制
- 追溯適用
- 追溯重編

揭露
- 初次適用及新發布之準則
- 會計估計值及自願性變動
- 前期錯誤

錯誤更正與重編財務報表

　　日本相機及醫療設備製造商奧林巴斯公司 (Olympus Corp.)，於 2011 年底爆發長期財報舞弊事件，成為日本史上最大會計醜聞之一。奧林巴斯公司利用會計漏洞，隱藏約 15 億美元的商業及投資損失。奧林巴斯公司要求由五位律師及一位會計師所組成之獨立調查委員會進行調查，調查報告顯示，數名前奧林巴斯公司高階主管 13 年來刻意以複雜帳務手法隱瞞投資虧損、粉飾財報，導致奧林巴斯公司必須就此錯誤重編過去 5 年財務報表。

　　2011 年金管會進行一般檢查時發現，遠雄人壽將土地售出之後，買方又以該不動產向遠雄人壽貸款，但遠雄人壽在辦理放款業務，未確實考量借戶營運實績及狀況、償還來源、債權保障及放款展望等，即予核貸該鉅額資金。金管會表示，遠雄人壽出售不動產，並對買方融資提供部分的交易價款，依借戶償債能力評估，該不動產相關風險未移轉買方，其收入的認列未符合收入認列之會計處理準則，遠雄人壽必須在該項放款未回收前，應將不動產處分利益予以遞延認列並重編相關年度的財務報表。

章首故事引發之問題

- 錯誤更正導致重編財務報表對市場有重大影響。
- 錯誤更正與舞弊之關係。

為提升企業財務報表之**攸關性** (relevance) 與**可靠性** (reliability)，以及該等財務報表於不同期間及與其他企業財務報表之可比性，故國際財務報導準則規範企業選擇與變更**會計政策** (accounting policies) 之標準，以及**會計估計值** (accounting estimate) 變動與**錯誤** (error) 更正之會計處理與揭露。本章將分別介紹企業之會計政策、會計估計值變動及錯誤更正之處理。

20.1 會計政策

20.1.1 會計政策之選擇及適用

學習目標 1
了解會計政策的選擇及適用原則，並辨別會計政策變動與非會計政策變動之差異，以及了解會計政策變動追溯適用的會計處理

所謂會計政策係指企業編製及表達財務報表所採用之特定**原則** (principles)、**基礎** (bases)、**慣例** (conventions)、**規則** (rules) 及**實務** (practices)。會計政策之選擇，企業應依圖 20-1 的方式處理。

會計政策的選擇取決於是否明確適用於某項國際財務報導準則，若是則應適用該準則，否則依管理階層之判斷。

```
某項交易、其他事項或情況會計政策之選擇與適用
            ↓
    是否明確適用於
    某一國際財務報導準則
     ↙(是)         ↘(否)
適用該國際財務      管理階層運用其判斷
報導準則           以訂定會計政策
```

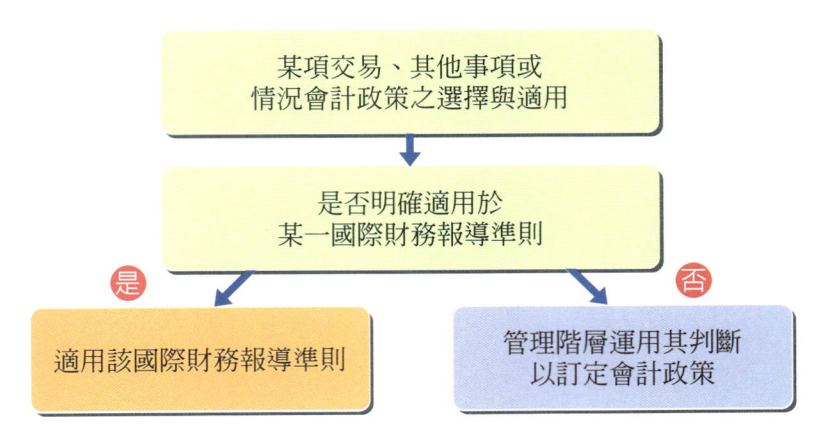

圖 20-1　會計政策之選擇與適用

依特定國際財務報導準則決定該項目應適用之會計政策

當某一國際財務報導準則明確適用於某項交易、其他事項或情況時，應依該國際財務報導準則決定適用該項目之會計政策。國際會計準則理事會 (IASB) 認為，其所產生之財務報表將包括有關適用該等政策之交易、其他事項或情況之攸關且可靠之資訊。當採用該等會計政策之影響不重大時，則無須採用。但企業若為達成特定財務狀況、財務績效或現金流量之特定表達，而蓄意作出 (或未更正) 非重大偏離國際財務報導準則規定時，則仍屬不適當之行為[1]。

管理階層應運用其判斷以訂定會計政策

若無某一特定國際財務報導準則明確可適用於企業之交易、其他事項或情況時，管理階層應運用其判斷以訂定並採用可提供下列資訊之會計政策：

1. 對使用者經濟決策之需求具攸關性；及
2. 具可靠性，即其財務報表具下列特性：

    (1) 忠實表述企業之財務狀況、財務績效及現金流量；
    (2) 反映交易、其他事項或情況之經濟實質，而非僅反映其法律形式；
    (3) 中立性 (即無偏誤)；
    (4) 審慎性；及
    (5) 於所有重大方面係屬完整。

管理階層在作上述判斷時，應依序參考下列來源並考量其適用性：

1. 國際財務報導準則對處理類似及相關議題之規定；及
2. 「財務報導之觀念架構」中對資產、負債、收益及費損之定義、認列條件及衡量觀念。

---

[1] 各號國際財務報導準則通常附有指引 (guidance) 以協助企業適用其規定。所有之指引均敘明其是否為國際財務報導準則整體之一部分。屬國際財務報導準則整體之一部分之指引為強制性規定。非屬國際財務報導準則整體之一部分之指引，則並非對財務報表之強制規定。

此外，管理階層作判斷時，在不與上述來源衝突之範圍內，管理階層亦可考量其他準則制定機構(惟該機構須係採類似之觀念架構制定其準則)所發布之最新公報、其他會計文獻及公認之產業實務(如我國財務會計準則委員會所發布之解釋函、問答集等)。

20.1.2　會計政策之一致性 (consistency)

企業對於類似交易、其他事項或情況應一致地選擇及適用會計政策，除非某一國際財務報導準則明確規定或允許將項目分類且不同類別宜採用不同會計政策。若某一國際財務報導準則規定或允許前述分類，則各類別應一致地選擇及採用適當之會計政策。

20.1.3　會計政策變動

會計政策變動係指由原採用之會計政策改用另一會計政策。會計政策之變動情況甚多，如存貨評價由加權平均法改為先進先出法等。企業僅於會計政策變動符合下列條件之一時，始應變動其會計政策：

1. 某一國際財務報導準則所規定；或
2. 能使財務報表提供交易、其他事項或情況對企業財務狀況、財務績效或現金流量之影響之可靠且更攸關之資訊。

財務報表使用者須能比較企業不同期間之財務報表，以辨認其財務狀況、財務績效及現金流量之**趨勢**。因此，除非會計政策變動符合上述之任一條件，各期內及各期間應採用相同之會計政策。

非屬會計政策變動

下列非屬會計政策變動：

會計政策變動或非屬會計政策變動經常混淆，讀者應審慎辨認其差異。

1. 交易、其他事項或情況之實質不同於先前發生者，所採用之會計政策；及
2. 對先前未發生或雖發生但不重大之交易、其他事項或情況，所採用之新會計政策。例如，以往性質不重要而採用權宜會計政策處理之交易事項，因交易量增加而改按更合理之會計政策處理。

會計政策、會計估計值變動及錯誤

值得特別注意的是，依國際會計準則第 16 號「不動產、廠房及設備」或國際會計準則第 38 號「無形資產」之規定，初次採用將資產重估價之政策亦為會計政策變動，但係應依國際會計準則第 16 號或國際會計準則第 38 號規定作為重估價處理，而非依本準則處理之會計政策變動。

釋例 20-1　非屬會計政策變動 (先前不重大之交易變為重大之交易)

甲公司於 ×3 年 12 月 31 日以前購買生產設備之金額若低於 $200,000，皆以費用列報。甲公司認為生產設備用於商品之生產且預期該設備使用期間雖然超過一期，符合不動產、廠房及設備之定義。但是對於資產總額為 $8,000,000,000 之甲公司而言，將該支出列為本期費用或資產處理對財務報表整體影響並不重大，故對此不重大之交易，甲公司決定將其購買成本作為本期費用。

後續於 ×4 年因全球經濟衰退影響甲公司業務大幅衰退；為因應經營環境之變化，甲公司進行組織調整，資產總額縮減為 $5,000,000，甲公司新會計政策規定，若購入 $200,000 以下之設備仍應認列為不動產、廠房及設備，並採用適當折舊方法予以攤銷，前述甲公司組織調整後所採用之新會計政策非屬會計政策變動。

釋例 20-2　非屬會計政策變動 (交易實質不同於先前發生者)

甲公司原是一個資產總額不大之小企業，於 ×3 年 12 月 31 日以前購買生產設備之金額即使低於 $200,000，皆依國際會計準則第 16 號「不動產、廠房及設備」之規定認列為不動產、廠房及設備，並採用適當折舊方法，於後續期間提列折舊費用。後續甲公司業務逐年擴展，於 ×4 年資產總額已成長至 $8,000,000,000，甲公司決定以後購買生產設備之金額若低於 $200,000，皆以費用列報，雖預期該設備使用期間超過一期，符合不動產、廠房及設備之定義，惟對於資產總額為 $8,000,000,000 之甲公司而言，將該支出列為本期費用或資產處理對財務報表整體影響並不重大，故對此不重大之交易，甲公司決定將其購買成本作為本期費用。因甲公司所購買 $200,000 之設備由實質重大變為實質不重大，針對不重大交易改採費用化之會計政策，非屬會計政策變動。

20.1.4　會計政策變動之應用

除實務上**不可行** (impracticable) 另有規定外，會計政策變動應依下列順序處理 (如圖 20-2)：

1. 企業對於初次適用某一國際財務導準則而產生之會計政策變

> 會計政策變動因初次適用某一國際財務報導準則而產生者，若該準則有特定之過渡規定則適用之；若無特定規定或該變動係為自願性而非因初次適用某一國際財務報導準則，則應採追溯適用。

動，其會計應依該國際財務報導準則特定之**過渡規定** (transitional provision) 處理；及

2. 企業初次適用某一國際財務報導準則所產生之會計政策變動，如該國際財務報導準則對該變動並無特定之過渡規定，或**自願變動** (voluntary change) 一項會計政策，則應**追溯適用** (retrospective application) 該變動。

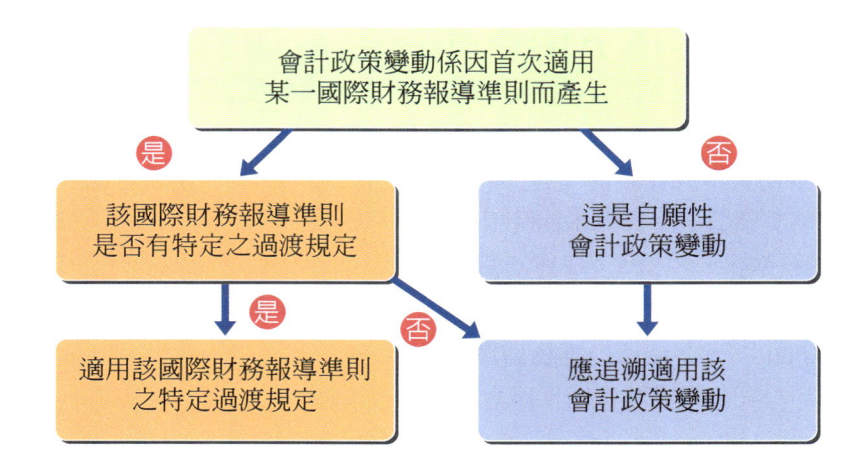

圖 20-2　會計政策變動之會計處理

所謂實務上不可行，係指當企業已盡所有合理之努力卻仍無法適用某項規定時，則適用該規定為實務上不可行。

企業提前適用某一國際財務報導準則，並非屬自願性會計政策變動。若無某一國際財務報導準則明確適用於企業之交易、其他事項或情況時，管理階層可依採類似觀念架構制定會計準則之其他準則制定機構所發布之最新公報。於此種公報修正之後，若企業選擇變動其會計政策，該變動應依自願性會計政策變動處理及揭露。

追溯適用

> 追溯適用即調整所表達最早期間及每一以前期間之其他比較金額，使前後期報表有比較性。

除實務上不可行另有規定外，企業若依上述會計政策變動之規定追溯適用其會計政策變動，則應調整所表達最早期間之各項受影響權益組成部分之初始餘額，及所表達每一以前期間之其他比較金額，視為自始即採用該新會計政策。

Chapter 20 會計政策、會計估計值變動及錯誤

IFRS 一點通

會計政策變動追溯適用之理由

依國際會計準則之規定，所有會計政策變動均應採追溯適用並重編報表，其主要理由為：

(1) 追溯適用重編法能使前後期比較報表採用相同會計原則，符合財務報表之主要品質特性中之比較性。

(2) 本期調整法將會計原則變動累積影響數列入損益表，可能對本期損益造成重大影響，誤導報表使用者。

釋例 20-3　會計政策變動—追溯適用（存貨）

甲公司於 ×1 年 1 月 1 日正式成立，其存貨一直以加權平均法作為編製財務報告之會計政策，甲公司於 ×3 年 1 月 1 日決定對其存貨改用先進先出法處理。甲公司認為此會計政策變動能提供使用者更具攸關性之資訊。甲公司之稅率為 30%。甲公司 ×3 年之銷貨收入為 $16,000、營業費用為 $6,000，此會計政策變動應採追溯適用之方法，會計政策變動對存貨金額與銷貨成本之影響如下：

年度	期末存貨金額 加權平均法	期末存貨金額 先進先出法	銷貨成本 加權平均法	銷貨成本 先進先出法
×1 年	$500	$400	$4,000	$4,100
×2 年	$1,000	$1,300	$5,000	$4,600*
×3 年	$1,600	$1,750	$5,650	$5,800**

*　[($5,000 + ($400 − $500) − ($1,300 − $1,000)]

**　[($5,650 + ($1,300 − $1,000) − ($1,750 − $1,600)]

甲公司 ×1 年與 ×2 年之比較綜合損益表及比較保留盈餘表如下 (以加權平均法報導之資訊)：

甲公司
比較綜合損益表

	×1 年	×2 年
銷貨收入	$15,000	$15,000
銷貨成本	(4,000)	(4,600)
營業費用	(5,000)	(5,000)
稅前淨利	$ 6,000	$ 5,400
所得稅費用	(1,800)	(1,620)
本期淨利	$ 4,200	$ 3,780

甲公司
比較保留盈餘表

	×1 年	×2 年
期初餘額	$ —	$4,200
淨利	4,200	3,500
期末餘額	$4,200	$7,700

試編製甲公司 ×2 年與 ×3 年之比較綜合損益表 (假設無其他綜合損益項目) 與比較保留盈餘表。

解析

甲公司 ×2 年與 ×3 年之比較綜合損益表：

甲公司
比較綜合損益表

	×2 年 (重編)	×3 年
銷貨收入	$15,000	$16,000
銷貨成本	(4,600)	(5,800)
營業費用	(5,000)	(6,000)
稅前淨利	$ 5,400	$ 4,200
所得稅費用	(1,620)	(1,260)
本期淨利	$ 3,780	$ 2,940

會計政策、會計估計值變動及錯誤

甲公司 ×2 年與 ×3 年之比較保留盈餘表：

甲公司
比較保留盈餘表

	×2 年 (重編)	×3 年
期初餘額	$ 4,200	$ 7,910
追溯適用及追溯重編之影響數—會計政策變動*	(70)	
重編後之期初餘額	$ 4,130	–
淨利**	3,780	2,940
期末餘額	$7,910	$10,850

* ×2 年 (調整後) 之追溯適用及追溯重編之影響數—會計政策變動為 ×1 年銷貨成本變動之稅後金額 [($4,000 − $4,100) × 70%]。

** ×2 年原報導之淨利為 $3,500，採新存貨會計政策減少銷貨成本 $400，以致增加淨利 $280，故 ×2 年採用先進先出法之淨利為 $3,780。

追溯適用之限制

企業依會計政策變動之規定應追溯適用時，除對於該變動在特定期間之影響數或累積影響數之決定，在實務上不可行以外，應追溯適用該會計政策之變動。反之，企業於表達以前一期或多期比較資訊時，若對於會計政策變動在特定期間影響數之決定，在實務上不可行時，則應自實務上可追溯適用最早期間 (可能為本期) 之開始日，對資產及負債帳面金額開始適用新會計政策，並對該期間每項受影響權益組成部分之初始餘額作相對應之調整。該項調整通常調整至保留盈餘，惟亦可能調整至另一權益組成部分 (如為遵循某一國際財務報導準則)。任何前期之其他資訊 (如財務資料之歷史彙總) 亦應調整至實務上最早可行之日。

企業於本期之開始日，若對於採用新會計政策之所有前期累積影響數之決定，在實務上不可行時，應調整比較資訊，以自實務上最早可行之日起**推延適用** (prospective application) 該新會計政策。例如，乙公司於 ×6 年間改變其對折舊性不動產、廠房及設備之會計政策，使其能採用更完整之組成部分作法並同時採用重估價模式。乙公司 ×6 年之前之資產帳冊記錄不夠詳細，故無法採用較完整之

當實務上不可行時，對於會計政策變動在特定期間的影響數以可追溯適用最早期間之開始日為基準；而對於會計政策變動之所有前期累積影響數則自最早可行之日起推延適用。

組成部分作法。於 ×5 年底，乙公司委託外界專業人士進行調查，以提供公司所持有之各資產組成部分之資訊，及 ×6 年 1 月 1 日各組成部分之公允價值、耐用年限、估計殘值及可折舊金額。惟該調查對之前未個別處理之組成部分之成本，無法提供足夠且可靠之估計基礎，且該調查之前的現存記錄亦無法提供重建之資訊。乙公司考量應如何處理此二方面之會計政策變動。乙公司確認追溯適用更完整之組成部分作法，或在 ×6 年之前之任一時點推延適用，在實務上均屬不可行。同時，根據 IAS 16，自成本模式改為重估價模式之變動亦須推延適用。因此，乙公司自 ×6 年起開始推延適用新會計政策。

釋例 20-4　推延適用新會計政策

甲公司於 ×5 年期間決定改採專案計畫方式作為生產及行銷之策略，並安裝一套全新之電腦自動化存貨管理資訊系統，使得甲公司第一次得以用個別認定之方式決定 ×5 年期末存貨之成本，但是無法以個別認定之方式決定 ×5 年以前期末存貨之成本；甲公司於 ×5 年決定改變其會計政策，從先進先出法改為個別認定法，甲公司認為此會計政策變動能提供更攸關的資訊。稅率為 50%，其他資訊如下：

	×4 年	×5 年
期末存貨金額 (先進先出法)	$500	$550
期末存貨金額 (個別認定法)	無法獲知	$ 650
銷貨成本 (先進先出法)	$1,500	$1,650
銷貨成本 (個別認定法)	無法獲知	$1,550
保留盈餘 (先進先出法)	$5,500	$6,000
保留盈餘 (個別認定法)	無法獲知	無法獲知

試問：甲公司如何報導此會計政策變動？

解析

因甲公司無法以個別認定之方式決定 ×5 年以前期末存貨之成本，故無需重編 ×4 年期末保留盈餘及 ×5 年期初保留盈餘，因此，此會計政策變動最早可行之日為 ×5 年期末資產負債表。此會計政策變動減少 ×5 年銷貨成本 $100，稅後損益與保留盈餘則會因此增加 $50 (= 100 × 50%)。

20.2 會計估計值變動

學習目標 2
了解會計估計值變動的來源,以及其會計處理

會計估計值係財務報表中受衡量不確定性影響之貨幣金額,會計政策可能使財務報表中之項目須以涉及衡量不確定性之方式衡量——亦即,會計政策可能使此等項目將須以無法直接觀察而必須估計之貨幣金額衡量。如表 20-1 貨幣金額無法直接觀察之原因,在此情況下,企業發展會計估計值以達成該會計政策所訂定之目的。

表 20-1　貨幣金額無法直接觀察之原因

類型一	類型二	類型三
實體或經濟障礙 (Physical or Economic barrier)	事前無法直接觀察,但事後可以直接觀察	性質與特性
石油蘊藏量 火災損失	產品保證 信用損失 訴訟損失 存貨過時	公允價值 減值損失 折舊費用

發展會計估計值涉及以最新可得且可靠之資訊為基礎之判斷或假設之運用。會計估計值之例包括:

1. 預期信用損失之備抵損失;
2. 存貨項目之淨變現價值;
3. 資產或負債之公允價值;
4. 不動產、廠房及設備項目之折舊費用;及
5. 保固義務之負債準備。

會計估計值係「財務報表中受衡量不確定性影響之貨幣金額」,企業發展會計估計值以達成會計政策所訂定之目的,會計估計值係衡量技術之產出而該衡量技術使企業須運用判斷或假設,並明定該等判斷或假設本身並非會計估計值。將「衡量不確定性」之用語引進會計估計值定義中,使該定義更加清楚其且與「2018 觀念架構」一致。此定義提及貨幣金額以與衡量不確定性之定義一致,無須提

及非貨幣數額(例如,折舊性資產之耐用年限)。企業使用非貨幣數額作為輸入值以估計財務報表中之貨幣金額,例如,企業使用資產之耐用年限(非貨幣數額)作為估計該資產折舊費用(貨幣金額)之輸入值。因發展會計估計值所使用之輸入值變動之影響數係會計估計值變動,因此,無須將非貨幣數額納入會計估計值之定義中。

> 會計估計值變動並非屬錯誤更正,亦非會計政策變動,讀者應明辨三者不同。

如圖 20-3 及圖 20-4,企業採用衡量技術及輸入值以發展會計估計值。衡量技術包括估計技術(例如,適用國際財務報導準則第 9 號衡量預期信用損失之備抵損失所採用之技術)及評價技術(例如,適用國際財務報導準則第 13 號衡量資產或負債之公允價值所採用之技術)。

圖 20-3　發展會計估計值所需之工具

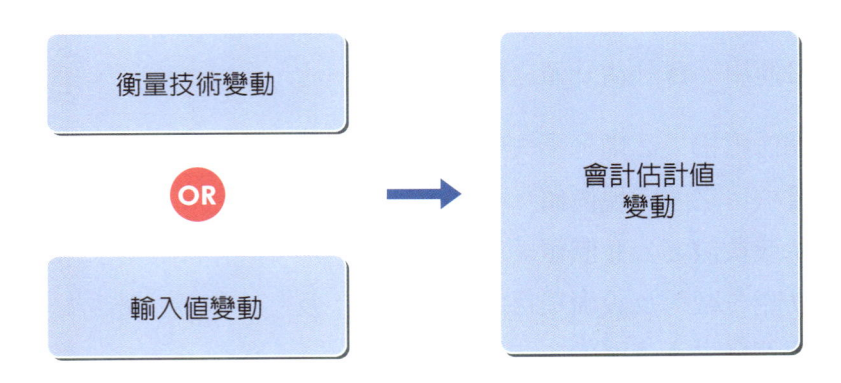

圖 20-4　會計估計值變動之內涵

　　合理會計估計值之使用係編製財務報表之必要部分,並不損害其可靠性。企業於作為會計估計值之基礎情況發生變動時或因新資訊、新發展或更多經驗,可能須改變會計估計值。就性質而言,會計估計值變動非與前期有關且非錯誤更正。若一項會計變動無法明顯區分是會計政策變動,還是會計估計值變動時,該變動應視為會

計估計值變動。

會計估計值變動之影響數應於下列期間推延認列於損益：

1. 變動本期，若變動僅影響本期；或
2. 變動本期及未來期間，若變動影響本期及未來期間。

但是，若會計估計值變動造成資產及負債之變動或與權益之某一項目有關，則應於變動本期透過調整相關資產、負債或權益項目之帳面金額，並加以認列。

會計估計值變動之影響數之推延認列，意指該變動自變動日起適用於交易、其他事項及情況。一項會計估計值變動可能僅影響變動本期之損益，或本期及未來期間之損益。例如，預期信用損失之備抵損失之變動僅影響本期損益且因而係於本期認列。

然而，折舊性資產之估計耐用年限或所含未來經濟效益之預期消耗型態變動，影響本期及該資產剩餘耐用年限內未來各期之折舊費用。於前述兩種情況下，變動之影響數與本期有關者於本期認列為收益或費損。對未來期間之影響（如有時），則應於未來期間認列為收益或費損。

例如，×1年甲公司以 $1,120,000 購入耐用年限 7 年的設備，採年數合計法提列折舊，估計無殘值。若 ×4 年初將折舊方法改為直線法，稅率為 25%，則甲公司 ×4 年與折舊有關之分錄為：

×4/12/31

折舊費用　　　　　　　　　　　100,000
　　累計折舊—設備　　　　　　　　　　100,000

×4 年初累計折舊為 $720,000 [= $1,120,000 × (7 + 6 + 5) ÷ 28]
($1,120,000 − $720,000) ÷ (7 − 3) = $100,000

例如，甲公司於 ×1 年初購置機器一部，成本 $2,200,000，原估耐用年限 10 年，殘值 $220,000，按直線法計提折舊。使用 4 年後於 ×5 年初發現該機器尚可使用 8 年，無殘值，假設折舊方法、耐用年限及殘值改變後並無財稅差異。此項估計變動影響本期及以後數期，其處理方式如下：

1. 不調整以前各期折舊，亦不計算累積影響數。

2. 本期及以後受影響各期按新估計值計提折舊：

按原估計數每年折舊額 $=\dfrac{\$2,200,000-\$220,000}{10}=\$198,000$，已提 4 年折舊，共計 $792,000，未折舊之帳面金額為 $1,408,000，因此改按新估計值每年應提之折舊 ($\dfrac{\$1,408,000-0}{8}$) 為 $176,000，故自第 5 年起每年應提折舊 $176,000。

3. 附註說明估計值變動對本期及未來淨利之影響：「本公司於 ×5 年初變更機器設備耐用年限之估計，以反映該機器之現時估計耐用年限，此估計值變更使本年度稅後淨利增加 $13,200 (所得稅稅率為 40%) [$13,200 = ($198,000 − $176,000) × (1 − 40%)]」。

會計估計值——投資性不動產之公允價值

甲公司擁有投資性不動產通用國際會計準則第 40 號「投資性不動產」中之公允價值模式作會計處理。自其取得該投資性不動產，甲公司已採用與國際財務報導準則第 13 號「公允價值衡量」所述之收益法一致之評價技術衡量該投資性不動產之公允價值。

然而，因前一報導期間後之市場狀況變動，甲公司將其採用之評價技術改變為與國際財務報導準則第 13 號所述之市場法一致之評價技術。甲公司已作出結論：所產生之衡量更能代表該投資性不動產於本報導期間結束日所存在之情況下之公允價值，且因此國際財務報導準則第 13 號允許此變動。甲公司亦已作出結論：評價技術變動並非前期錯誤更正。

投資性不動產之公允價值係會計估計值，因：

1. 投資性不動產之公允價值係財務報表中受衡量不確定性影響之貨幣金額。公允價值反映市場參與者間在假定性之出售或購買交易中所能收取或所需支付之價格。據此，其無法直接觀察而必須估計。

2. 投資性不動產之公允價值係適用會計政策 (公允價值模式) 時所採用之衡量技術 (評價技術) 之產出。

3. 於發展該投資性不動產之公允價值之估計值時，A 企業運用判斷

及假設例如：
(a) 於選擇衡量技術時：選擇於情況下適當之評價技術；及
(b) 於採用衡量技術時：建立市場參與者於採用該評價技術時將會使用之輸入值，諸如涉及可類比資產之市場交易所產生之資訊。

於此事實型態下，該評價技術變動係估計該投資性不動產公允價值所採用之衡量技術變動。此變動之影響數係屬會計估計值變動，因為按公允價值衡量該投資性不動產之會計政策並未改變。

現金交割之股份基礎給付負債之公允價值

於 20×0 年 1 月 1 日，甲公司給與員工每人 100 單位之股份增值權，其條件為員工未來三年於企業中繼續服務。現金股份增值權使員工有權取得未來之現金給付，其金額係以 20×0 年 1 月 1 日起 3 年既得期間內企業股價之上漲為基礎。適用國際財務報導準則第 2 號「股份基礎給付」，甲公司按現金交割之股份基礎給付交易對該股份增值權之給與作會計處理，其將股份增值權認列為負債並按其公允價值 (如國際財務報導準則第 2 號所定義) 衡量該負債。甲公司採用 Black-Scholes-Merton 公式 (一種選擇權定價模式) 衡量該股份增值權負債於 20×0 年 1 月 1 日及報導期間結束日之公允價值。

於 20×1 年 12 月 31 日，甲公司因自前一報導期間結束日後之市場狀況變動，於結束日估計該股份增值權負債之公允價值時，改變其對股價預期波動率之估計值——選擇權定價模式之輸入值。甲公司已作出結論：該輸入值變動並非前期錯誤更正。

該負債之公允價值係會計估計值，因：

1. 該負債之公允價值係財務報表中受衡量不確定性影響之貨幣金額。該公允價值係在假定性之交易中得以清償該負債之金額，據此，其無法直接觀察而必須估計。
2. 該負債之公允價值係適用會計政策 (按公允價值衡量現金交割之股份基礎給付負債) 時所採用之衡量技術 (選擇權定價模式) 之產出。
3. 為估計該負債之公允價值，甲公司運用判斷及假設，例如：

(a) 於選擇衡量技術時：選擇該選擇權定價模式；及
(b) 於採用衡量技術時：建立市場參與者於採用該選擇權定價模式時將會使用之輸入值，諸如股價預期波動率及股票之預期股利。

於此事實型態下，該股價預期波動率變動係衡量該股份增值權負債於 20×1 年 12 月 31 日之公允價值所使用之輸入值變動。此變動之影響數係屬會計估計值變動，因為按公允價值衡量該負債之會計政策並未改變。

20.3 錯　誤

學習目標 3
了解不同類型的錯誤更正的會計處理

錯誤可能發生於財務報表要素之認列、衡量、表達或揭露。財務報表若含有重大錯誤，或蓄意造成非重大錯誤以呈現企業特定財務狀況、財務績效或現金流量之特定表達時，均屬未遵循國際財務報導準則；常見之錯誤包括計算錯誤、會計原則使用錯誤、忽略事實條件、解讀事實資料錯誤及舞弊。錯誤更正與會計估計值變動有所區別。會計估計值其性質而言係屬近似值，可能因得知額外資訊而須加以修正。例如，對或有事項之結果所認列之利益或損失，並非錯誤更正。

重大性的評估應考慮其遺漏或誤述的大小及性質是否影響使用者之經濟決策。

所謂重大，係指某些項目之**遺漏** (omission) 或**誤述** (misstatement) 如果可能個別或集體影響使用者根據財務報表所作之經濟決策，則該遺漏或誤述為重大。**重大性** (materiality) 的評估應取決於其所處情況所判斷遺漏或誤述之大小及性質。遺漏或誤述項目之大小或性質 (或兩者之組合)，可能為重大性之決定因素。評估遺漏或誤述是否影響使用者之經濟決策 (如是則為重大) 時，須考量使用者之特性。

潛在本期錯誤於本期發現者，應於財務報表通過發布前更正。惟重大錯誤有時於後續期間始發現，該等**前期錯誤** (prior period error) 應於該後續期間財務報表所表達之比較資訊中予以更正。

除實務上不可行另有規定外，企業應於發現錯誤後之初次通過發布之整份財務報表中，按下列方式追溯更正重大前期錯誤：

1. 重編錯誤發生之該前期所表達之比較金額；或

會計政策、會計估計值變動及錯誤

2. 若錯誤發生在所表達最早期間之前,則應重編所表達最早期間之資產、負債及權益之初始餘額。

20.3.1 追溯重編之限制

除錯誤對於特定期間影響數或累積影響數之決定,在實務上不可行外,應以**追溯重編** (retrospective restatement) 方式更正前期錯誤。

特定期間影響數之重編限制

企業於表達以前一期或多期比較資訊時,若錯誤對於特定期間影響數之決定,在實務上不可行時,應重編比較資訊,則應自實務上可追溯重編之最早期間(可能為本期),重編資產、負債及權益之初始餘額。因此,企業不考慮於該日之前所產生之資產、負債及權益之累積重編部分。

> 追溯重編在實務上不可行時的處理方式與追溯適用類似。

累積影響數之重編限制

企業於本期之開始日,若認為某項錯誤對所有前期之累積影響數之決定在實務上不可行時,應重編比較資訊,以自實務上最早可行之日起推延更正該錯誤來重編比較資訊。前期錯誤之更正應排除於發現錯誤本期之損益之外。任何表達之前期資訊,包括歷史性彙總資訊,應重編至實務上最早可行之日。

20.3.2 會計錯誤之類型

1. **僅資產負債表錯誤**
   (1) 通常不影響損益。
   (2) 若係記錄有誤,於發現時作更正分錄並重編報表。
   (3) 若僅為報表表達或**會計項目分類之錯誤** (classification errors),如將廠房設備列為存貨,則不需作更正分錄,只需以**重分類** (reclassification) 方式重編報表。

2. **僅綜合損益表錯誤**
   (1) 通常不影響損益,多為會計項目分類之錯誤,如將租金收入列為利息收入。

(2) 本期之錯誤視情況作必要更正分錄。

(3) 前期錯誤不必作更正分錄，但編比較報表時，錯誤年度報表需重新更正編製。

3. 同時影響資產負債表及綜合損益表

(1) **互相抵銷之錯誤** (counterbalancing errors)

係指該錯誤之影響將於兩個會計年度內互相抵銷，例如應計事項期末未予調整之錯誤。若於第二個會計年度結帳後才發現錯誤，因已自動抵銷，故不需作更正分錄，但仍須重編兩個期間之財務報表。若於第二個會計年度結帳前發現錯誤，需作更正分錄並重編前一年度之報表。常見互相抵銷之錯誤，例如：應付費用漏記、預付費用誤作本期費用、預收收入低估、應計收入高估、期末存貨低估、進貨高估、進貨與存貨同時高估。

(2) **非互相抵銷之錯誤** (non-counterbalancing errors)

係指該錯誤需經兩個以上會計期間方能自動更正，例如，資本支出誤為收益支出這類的錯誤需作更正分錄，常見類型有折舊費用、預期信用損失的提列。或有時永遠不會自動更正，例如銷貨收到現金從未入帳。

互相抵銷之錯誤，例如，甲公司更正前期錯誤前×4年及×3年之比較綜合損益表如下：

	×3年	×4年
銷貨收入	$1,600,000	$2,000,000
銷貨成本	(1,360,000)	(1,500,000)
銷貨毛利	$ 240,000	$ 500,000
營業費用	(104,000)	(125,000)
稅前淨利	$ 136,000	$ 375,000
所得稅 (40%)	(54,400)	(150,000)
本期淨利	$ 81,600	$ 225,000

設甲公司×3年期末存貨漏記$100,000（該公司採用永續盤存制），則×3年銷貨成本虛增$100,000，稅後淨利減少$60,000。

甲公司於 ×4 年結帳前發現存貨錯誤時，應即作前期損益更正之分錄，如下：

存貨 (期初)	100,000	
追溯適用及追溯重編之影響數[2]—錯誤更正		60,000
遞延所得稅負債 (或應付所得稅)		40,000

×4 年之綜合損益表應按正確之存貨數額編製，「追溯適用及追溯重編之影響數」則列於保留盈餘表中作為期初餘額之調整。若甲公司編製 ×4 年及 ×3 年之比較財務報表時，×3 年之綜合損益表及保留盈餘表均應重編，×4 年期初保留盈餘亦應以按重編後餘額列示，或先列示原列報餘額，再加以調整，得出重編餘額。×3 年及 ×4 年流通在外普通股股數均為 1,000,000 股。×3 年及 ×4 年之比較報表列示如下：

甲公司
比較綜合損益表
×3 年及 ×4 年

	×3 年 (重編)	×4 年
銷貨收入	$1,600,000	$2,000,000
銷貨成本	(1,260,000)	(1,600,000)
銷貨毛利	$ 340,000	$ 400,000
營業費用	(104,000)	(125,000)
稅前淨利	$ 236,000	$ 275,000
所得稅 (40%)	(94,400)	(110,000)
本期淨利	$ 141,600	$ 165,000
每股盈餘	$ 0.14	$ 0.17

---

[2] IAS 8 並未明確規定該項目之使用文字，但我國證券發行人財務報告編製準則已將之前的「前期損益調整」項目名稱修改為「追溯適用及追溯重編之影響數」，故本文將使用該項目表達。

甲公司
比較保留盈餘表
×3 年及 ×4 年

	×3 年 (重編)	×4 年
期初餘額	$40,000	$51,600
加：追溯適用及追溯重編之影響數—×3年度存貨錯誤更正（減除所得稅 $40,000 後淨額）		60,000
調整後期初餘額		$111,600
加：本期淨利	141,600	165,000
減：股利	(70,000)	(150,000)
期末餘額	$111,600	$126,600

有時錯誤更正之情況較繁瑣時，可運用工作底稿方式進行前期損益調整之分析，例如，大安公司於 ×8 年底發現 ×6、×7、×8 年之帳務處理發生下列錯誤：(假設不考慮所得稅影響。)

年底列報之錯誤金額

	×6 年	×7 年	×8 年
未更正前之淨利	$520,000	$750,000	$820,000
(1) 預付保險費少計	1,000	800	1,600
(2) 預收租金少計	1,500	2,000	3,600
(3) 應收利息少計	500	900	700
(4) 應付薪資多列	1,400	1,600	1,000
(5) 折舊費用多列	1,500	1,500	1,500

對於以上錯誤，可用工作底稿來協助分析。如下所示：

Chapter 20 會計政策、會計估計值變動及錯誤

	綜合損益表之調整數				資產負債表之正確餘額		
	×6年	×7年	×8年	合計	借方	貸方	項目
未更正前淨利	$520,000	$750,000	$820,000	$2,090,000			
預付保險費	1,000	(1,000)		0			
		800	(800)	0			
			1,600	1,600	1,600		預付保險費
預收租金	(1,500)	1,500		0			
		(2,000)	2,000	0			
			(3,600)	(3,600)		3,600	預收租金
應收利息	500	(500)		0			
		900	(900)	0			
			700	700	700		應收利息
應付薪資	1,400	(1,400)		0			
		1,600	(1,600)	0			
			1,000	1,000		1,000	應付薪資
折舊費用	1,500	1,500	1,500	4,500		4,500	累計折舊
正確淨利	$522,900	$751,400	$819,900	$2,094,200			

若大安公司於結帳前發現錯誤，則更正分錄如下：

(1) 預付保險費　　　　　　　　　　　　　　　1,600
　　　保險費　　　　　　　　　　　　　　　　　　　　800
　　　追溯適用及追溯重編之影響數—錯誤更正　　　　800

(2) 租金收入　　　　　　　　　　　　　　　　1,600
　　追溯適用及追溯重編之影響數—錯誤更正　　2,000
　　　預收租金　　　　　　　　　　　　　　　　　　3,600

(3) 應收利息　　　　　　　　　　　　　　　　　700
　　利息收入　　　　　　　　　　　　　　　　　200
　　　追溯適用及追溯重編之影響數—錯誤更正　　　　900

(4) 應付薪資　　　　　　　　　　　　　　　　1,000
　　薪資費用　　　　　　　　　　　　　　　　　600
　　　追溯適用及追溯重編之影響數—錯誤更正　　　1,600

(5) 累計折舊　　　　　　　　　　　　　　　　4,500
　　　折舊費用　　　　　　　　　　　　　　　　　1,500
　　　追溯適用及追溯重編之影響數—錯誤更正　　　3,000

若大安公司於結帳後發現錯誤,則更正分錄如下:

(1) 預付保險費　　　　　　　　　　　　　　　　　1,600
　　　　追溯適用及追溯重編之影響數—錯誤更正　　　　　　1,600

(2) 追溯適用及追溯重編之影響數—錯誤更正　　　3,600
　　　　預收租金　　　　　　　　　　　　　　　　　　　3,600

(3) 應收利息　　　　　　　　　　　　　　　　　　 700
　　　　追溯適用及追溯重編之影響數—錯誤更正　　　　　　 700

(4) 應付薪資　　　　　　　　　　　　　　　　　 1,000
　　　　追溯適用及追溯重編之影響數—錯誤更正　　　　　　1,000

(5) 累計折舊　　　　　　　　　　　　　　　　　 4,500
　　　　追溯適用及追溯重編之影響數—錯誤更正　　　　　　4,500

釋例 20-5　錯誤更正──追溯適用及追溯重編之影響數

　　數位公司 ×7、×8、×9 年的淨利分別為 $17,400、$20,200、$11,300。×9 年底在檢查過去 3 年的會計帳後,發現下列錯誤:

1. 各年度 12 月份之員工薪資均於次年給付時才計入薪資費用中。×7、×8、×9 年底漏列之 12 月員工薪資分別為 $1,000、$1,400、$1,600。
2. ×7 年之期末存貨高估 $1,900。
3. ×8 年底預付 ×9 年之保險費 $1,200,全數認列為 ×8 年的保險費。
4. ×8 年底漏記應收利息 $240。
5. ×8 年 1 月初時出售一台機器,成本為 $3,900,累計折舊為 $2,400。得款 $1,800,簿記員以其他收入入帳,並且在 ×8 年及 ×9 年另按機器成本的 10% 提列折舊。

試作:
(1) 以如下工作底稿分析上述錯誤:(假設不考慮所得稅影響)

	綜合損益表之調整數 ×7年	×8年	×9年	合計	資產負債表之正確餘額 借方	貸方	影響項目
調整前淨利	$17,400	$20,200	$11,300	$48,900			
應付薪資—×7 年	(1,000)	1,000		0			

(2) 未結帳前之更正分錄。
(3) 結帳後之更正分錄。

解析

	綜合損益表之調整數				資產負債表之正確餘額		
	×7年	×8年	×9年	合計	借方	貸方	影響項目
調整前淨利	$17,400	$20,200	$11,300	$48,900			
應付薪資—×7年	(1,000)	1,000		0			
—×8年		(1,400)	1,400	0			
—×9年			(1,600)	(1,600)		$1,600	應付薪資
存貨高估	(1,900)	1,900		0			
預付保險費		1,200	(1,200)	0			
利息收入		240	(240)				應收利息
機器出售		(1,500)*		(1,500)	$2,400		累計折舊
						3,900	機器
折舊費用—×8年		390		390	390		累計折舊
—×9年			390	390	390		累計折舊
正確淨利	$14,500	$22,030	$10,050	$46,580			

```
* 成本          $3,900
  累計折舊      (2,400)
  帳面金額      $ 1,500
  售價          $ 1,800
   出售利得     $   300
  其他收入      (1,800)
  調整數        $(1,500)
```

(2) 未結帳前之更正分錄如下：

  a. 追溯適用及追溯重編之影響數—錯誤更正 1,400
    薪資費用   1,400
  b. 薪資費用   1,600
    應付薪資   1,600
  c. 保險費   1,200
    追溯適用及追溯重編之影響數—錯誤更正   1,200
  d. 利息收入   240
    追溯適用及追溯重編之影響數—錯誤更正   240
  e. 追溯適用及追溯重編之影響數—錯誤更正 1,500
    累計折舊   2,400
    機器   3,900
  f. 累計折舊   780
    追溯適用及追溯重編之影響數—錯誤更正   390
    折舊費用   390

(3) 結帳後之更正分錄如下：

a.	追溯適用及追溯重編之影響數—錯誤更正	1,600	
	應付薪資		1,600
b.	追溯適用及追溯重編之影響數—錯誤更正	1,500	
	累計折舊	2,400	
	機器		3,900
c.	累計折舊	780	
	追溯適用及追溯重編之影響數—錯誤更正		780

釋例 20-6　錯誤更正——追溯適用及追溯重編之影響數

成立於 ×0 年初之萬利公司是一小規模採定期盤存制之零售商，×1 年底未結帳前檢查過去 2 年帳簿時，發現以下錯誤：

a. ×1 年漏記現金銷貨 $1,000。

b. 各年度 12 月份之管理職員工薪資均於次年 1 月給付時才計入薪資費用中。×0、×1 年底漏計之 12 月員工薪資分別為 $2,500、$3,200。

c. ×0 年底有一批在途存貨未列入盤點，使得 ×1 年期初存貨低估 $5,400，但進貨分錄已於 ×0 年正確記錄。

d. 該公司自成立以來預期信用損失原採直接沖銷法，自 ×1 年度起決定改採備抵法，估計屬 ×0、×1 年之應收帳款其評價項目 (備抵損失) 於 ×1 年底應有之餘額分別為 $700、$1,500，即 ×1 年底備抵損失餘額共計 $2,200。×0、×1 年採直接沖銷法提列之預期信用損失如下：

	×0 年預期信用損失	×1 年預期信用損失
×0 年應收帳款	$400	$2,000
×1 年應收帳款		1,600

e. ×0 年底預付 ×1 年保險費 $600、×1 年底預付 ×2 年保險費 $400。全部的保險費於支付年度列入管理費用。

f. 應付票據 $6,000 誤以應付帳款入帳。

g. ×0 年 1 月初時出售一台機器，成本為 $10,000，帳面金額為 $4,000。得款 $7,000，簿記員以其他收入 $7000 入帳。

h. 簿記員仍對 ×0 年初出售之管理用機器提列折舊，×0、×1 年分別為 $800、$1,200。

i. ×1 年底期末存貨 $40,000。

試作：以試算表格式表現 ×1 年有關更正錯誤後之綜合損益表與資產負債表 (更正前試算表如以下解析提供之資訊)。

解析

會計政策、會計估計值變動及錯誤

×1年有關更正錯誤後之綜合損益表與資產負債表如下：

	試算表 借方	試算表 貸方	調整數 借方		調整數 貸方		更正後綜合損益表 借方	更正後綜合損益表 貸方	更正後資產負債表 借方	更正後資產負債表 貸方
現金	3,100		a	1,000					4,100	
應收帳款	17,600								17,600	
應收票據	8,500								8,500	
存貨	34,000		c	5,400			39,400			
不動產、廠房及設備	112,000				g	10,000			102,000	
累計折舊		83,500	g h	6,000 2,000						75,500
投資	24,300								24,300	
應付帳款		14,500	f	6,000						8,500
應付票據		10,000			f	6,000				16,000
股本		43,500								43,500
保留盈餘		20,000	d g b	2,700 4,000 2,500	c e h	5,400 600 800				17,600
銷貨收入		94,000			a	1,000		95,000		
進貨	21,000						21,000			
銷售費用	22,000				d	500	21,500			
管理費用	23,000		b e	700 600	e h	400 1,200	22,700			
小計	265,500	265,500								
應付薪資					b	3,200				3,200
備抵損失					d	2,200				2,200
預付保險費			e	400					400	
期末存貨							i	40,000	i 40,000	
淨利							30,400			30,400
總計				31,300		31,300	135,000	135,000	196,900	196,900

d.

	×0年應收帳款	×1年應收帳款
已認列預期信用損失	$2,400	$1,600
備抵損失	700	1,500
總額	$3,100	$3,100
已沖銷預期信用損失	(400)	(3,600)
調整數	$ 2,700	$ (500)

說明：(1) ×0年應收帳款已認列預期信用損失為 $400 + $2,000 = $2,400；(2) ×1年應收帳款已認列預期信用損失為 $1,600；(3) 屬 ×0年應認列之預期信用損失總額為 $3,100，但 ×0年只認列 $400，故差異之 $2,700 應調整前期損益 (保留盈餘)；(4) 屬 ×1年應認列之預期信用損失總額為 $3,100，但 ×1年認列 $3,600，故差異之 ($500) 應調整當年之預期信用損失 (假設列為銷售費用之減項)；(5) 備抵損失 ×1年底之餘額為 $1,500 + $700 = $2,200。

g.

機器售價	$7,000
帳面金額	(4,000)
處分資產利得	$3,000
誤記其他收入	(7,000)
保留盈餘調整數	$4,000

h. 累計折舊多提 $800 + $1,200 = $2,000，×0 年之 $800 調整前期損益，×1 年之 $1,200 調整 ×1 年之折舊費用 (管理費用)。

20.4 關於追溯適用及追溯重編之實務上不可行

學習目標 4
了解追溯適用及追溯重編在實務上可能不可行的原因

在某些情況下，調整以前一期或多期之比較資訊以達成與本期之可比性在實務上係不可行。例如，資料於前期並非按照足以使企業追溯適用新會計政策 (包括對前期之推延適用) 或追溯重編以更正前期錯誤之方式蒐集，而重建該資訊可能於實務上不可行。

採用某項會計政策於針對交易、其他事項或情況所認列或揭露之財務報表要素時，經常須作估計值。估計值在本質上是主觀的，且可能於報導期間之後才作。當追溯適用會計政策或更正前期錯誤而追溯重編時，由於受影響之交易、其他事項或情況自發生後可能已經過一段較長時間，因此發展作估計值時或許更加困難。惟對前期有關之估計值，其目的與對本期之估計值相同，亦即都是在使估計值能反映交易、其他事項或情況發生時所存在之情況。因此，追溯適用新會計政策或更正前期錯誤時，應區分出具下列性質之資訊：

1. 對交易、其他事項或情況發生之日已存在之情況提供證據，且
2. 該前期財務報表原先通過發布時已可得。

實務上不可行與否的判斷應以財報發布當時為基準。

對於某些估計值之類型而言 (例如使用重大之不可觀察之輸入值之公允價值衡量)，將前述類型之資訊與其他資訊區分在實務上不可行。當追溯適用或追溯重編須作重大估計值，而企業無法區分前述二類資訊時，則追溯適用新會計政策或更正前期錯誤在實務上

係不可行。

當對前期採用新會計政策或更正金額時，不論對管理階層在前期之意圖究屬如何作假設，或對前期所認列、衡量或揭露之金額作估計時，均不應有後見之明。例如，企業更正前期依國際會計準則第 19 號「員工福利」所計算之員工累積病假給付負債之錯誤時，應不考慮前期財務報表通過發布後始可取得關於次期發生異常嚴重流感季節之資訊。修正所表達前期比較資訊時經常須作重大估計值之事實並不妨礙對該比較資訊之可靠調整或更正。

20.5 揭 露

初次適用某一國際財務報導準則之揭露

學習目標 5
了解各種會計政策、會計估計值變動及錯誤的揭露

初次適用某一國際財務報導準則對本期或任何前期有一影響數、可能對本期或任何前期有影響 (除對於調整金額之決定，在實務上不可行外)，或可能對未來期間有影響時，企業應揭露下列資訊，惟後續期間之財務報表無須重複揭露：

1. 該國際財務報導準則之名稱；
2. 會計政策變動係依該準則之過渡規定所為 (於適用時)；
3. 會計政策變動之性質；
4. 對過渡規定之說明 (於適用時)；
5. 可能影響未來期間之過渡規定 (於適用時)；
6. 於實務上可行之範圍內，對所表達之本期及每一以前期間，揭露下列調整之金額：

    (1) 每一受影響之財務報表單行項目；及
    (2) 若企業適用國際會計準則第 33 號「每股盈餘」，其基本每股盈餘與稀釋每股盈餘；

7. 在實務上可行之範圍內，與所表達期間之前各期間有關之調整金額；及
8. 若對某特定前期或表達期間之前各期間追溯適用在實務上不可行，則應揭露導致實務上不可行存在之情況，並敘明如何及自何

時開始適用會計政策之變動。

自願性會計政策變動之揭露

當自願性會計政策變動對本期或任何前期有影響、可能對本期或任何前期有影響(除對於調整金額之決定,在實務上不可行外),或可能對未來期間有影響時,企業應揭露下列資訊,惟後續期間之財務報表無須重複揭露:

1. 會計政策變動之性質;
2. 採用新會計政策能提供可靠且更攸關資訊之理由;
3. 於實務上可行之範圍內,對所表達之本期及每一以前期間,揭露下列調整之金額:
   (1) 每一受影響之財務報表單行項目;及
   (2) 若企業適用國際會計準則第 33 號,其基本每股盈餘與稀釋每股盈餘;
4. 在實務上可行之範圍內,與所表達期間之前各期間有關之調整金額;及
5. 若對某特定前期或表達期間之前各期間追溯適用在實務上不可行,則應揭露導致實務上不可行存在之情況,並敘明如何及自何時開始適用會計政策之變動。

對新發布之國際財務報導準則即將適用之相關揭露

企業如還未採用已發布但尚未生效之新國際財務報導準則時,應予以揭露。企業應揭露其尚未採用國際財務報導準則,以及在評估適用新國際財務報導準則對初次適用期間之財務報表可能影響之已知或可合理估計之攸關資訊。

會計估計值之揭露

企業應揭露對本期有影響或預期對未來期間有影響之會計估計值變動之性質及金額,惟若估計未來期間之影響於實務上不可行時,則無須揭露,但應揭露該事實。

會計政策、會計估計值變動及錯誤

前期錯誤之揭露

企業應揭露下列各項,惟後續期間之財務報表無須重複揭露:

1. 前期錯誤之性質;
2. 於實務上可行之範圍內,對所表達之每一以前期間,揭露下列更正之金額:
   (1) 每一受影響之財務報表單行項目;及
   (2) 若企業適用國際會計準則第 33 號,其基本每股盈餘與稀釋每股盈餘;
3. 所表達最早以前期間之開始日更正金額;及
4. 若對某特定前期追溯重編在實務上不可行,則應揭露導致實務上不可行存在之情況,並敘明如何及自何時開始更正該錯誤。

本章習題

問答題

1. 何謂會計政策?什麼情況下企業始應變動其會計政策?
2. 原始採用之會計政策不符合國際財務報導準則,之後變動為符合國際財務報導準則,則此情況是屬於會計政策變動或屬於錯誤更正?
3. 何謂會計估計值變動?試舉出一個會計估計值變動的例子。
4. 採用追溯適用法有何優缺點?本期調整法有何優缺點?兩者之差異為何?
5. 什麼情況下可以採用推延適用法?亦即不計算以前年度累積影響數,亦不重編以前年度報表,自變動年度起,就剩餘帳面金額改接新原則或新估計處理。
6. 企業在哪兩種情況下始應變動會計政策?
7. 在評估會計錯誤時,何謂「重大」?
8. 會計估計值係財務報表中受衡量不確定性影響之貨幣金額。試舉出導致貨幣金額無法直接觀察之原因類型。

選擇題

1. 下列何者為會計政策變動?
   (A) 存貨計價基礎由先進先出法 (FIFO) 改為加權平均法
   (B) 不動產、廠房及設備折舊方法由年數合計法改為直線法
   (C) 資產總額超過 5 億元的公司原定金額低於 10 萬元的設備採費用化處理,後因金融風

暴組織調整後資產總額縮減為 300 萬元，認定即使低於 10 萬元的設備亦為重大交易，故更改會計政策訂定皆須資本化
   (D) 應收帳款提列呆帳方式由帳齡分析法改為應收帳款餘額百分比法

2. 所適用之衡量基礎變動時，應視為什麼？若會計政策變動及會計估計值變動同時發生且兩者無法截然劃分時，應視為什麼？
   (A) 會計估計值變動，會計估計值變動
   (B) 會計政策變動，會計估計值變動
   (C) 會計政策變動，會計政策變動
   (D) 會計估計值變動，會計政策變動

3. 下列何者非為會計估計值變動的條件？
   (A) 因新事項的發生、新資訊的獲得或新經驗的累積而修正以往的估計者
   (B) 原估計係經審慎判斷，後來發生變動者
   (C) 原估計時因蓄意或缺乏專業素養而發生估計偏差者
   (D) 以上皆是

4. 依照 IAS 8 規定，會計政策變動的損益調整方式為：
   (A) 原則上採用本期調整法，例外情況採用追溯適用法
   (B) 原則上採用追溯適用法，例外情況採用本期調整法
   (C) 一律採用追溯適用法
   (D) 一律採用本期調整法

5. 根據 IAS 8 規定，下列哪個情形應於綜合損益表上認列會計政策變動累積影響數？

	後進先出法改為加權平均法	先進先出法改為加權平均法
(A)	是	是
(B)	是	否
(C)	否	否
(D)	否	是

6. 根據目前財務會計準則，下列何者不是追溯適用及追溯重編之影響數項目？
   (A) 更正前期財務報表錯誤
   (B) 初次辦理公開發行而改變會計政策
   (C) 不動產、廠房及設備耐用年限之估計變動
   (D) 存貨計價方法由後進先出法改為加權平均法

7. 下列哪一項屬於前期財務報表錯誤之更正？
   (A) 存貨評價由先進先出法改為加權平均法
   (B) 暖氣設備剩餘耐用年限由原先會計帳上使用的 7 年改為報稅上同樣的 5 年
   (C) 由現金基礎改為應計基礎

(D) 前期應付所得稅之變動

8. 甲公司於 ×1 年初購入 $260,000，耐用年限 5 年，殘值 $50,000 之設備，採年數合計法折舊。×3 年改採直線法，並修正該設備的耐用年限為 7 年，殘值仍為 $50,000。若稅率為 30%，則此一折舊變動，對 ×3 年淨利影響為何？

   (A) 增加淨利 $11,760
   (B) 增加淨利 $17,640
   (C) 增加淨利 $25,200
   (D) 增加淨利 $42,000

9. 甲公司在 ×1 年初決定將存貨計價基礎由先進先出法 (FIFO) 改為加權平均法。下列列出採用各法之存貨餘額：

	先進先出法 (FIFO)	加權平均法
×1/1/1	$71,000	$77,000
×1/12/31	79,000	83,000

   假設不考慮所得稅之影響，試問甲公司對存貨計價方法改變，應作何調整？

   (A) 保留盈餘表：追溯適用及追溯重編之影響數—會計政策變動 $4,000
   (B) 綜合損益表：追溯適用及追溯重編之影響數—會計政策變動 $4,000
   (C) 保留盈餘表：追溯適用及追溯重編之影響數—會計政策變動 $6,000
   (D) 綜合損益表：追溯適用及追溯重編之影響數—會計政策變動 $6,000

10. 甲公司的存貨計價方法原採加權平均法，×1 年改採先進先出法，相關資料如下：

	加權平均法	先進先出法
×1 年期初存貨	$2,200,000	$2,400,000
×1 年期末存貨	2,250,000	2,500,000

    若稅率為 30%，且報稅時皆一貫採用先進先出法，則此一存貨計價方法之改變，下列敘述何者正確？

    (A) 遞延所得稅負債增加 $75,000
    (B) 遞延所得稅負債減少 $460,000
    (C) 遞延所得稅資產增加 $75,000
    (D) 遞延所得稅資產減少 $60,000

11. 甲公司的存貨計價方法原採加權平均法，×1 年改採先進先出法，相關資料如下：

	加權平均法	先進先出法
×1 年期初存貨	$400,000	$500,000
×1 年期末存貨	450,000	600,000

    若稅率為 30%，則此一存貨計價方式改變，對 ×1 年淨利影響為何？

    (A) 增加淨利 $105,000
    (B) 減少淨利 $105,000
    (C) 增加淨利 $35,000
    (D) 減少淨利 $35,000

12. 甲公司於 ×1 年 1 月 2 日購入機器一部，估計耐用年限 5 年，帳上採定率遞減法提列折

舊，報稅則用直線法提列折舊。×4 年 1 月 3 日，甲公司決定改用直線法提列折舊，報稅則續用直線法。則此會計變動對高雄公司 ×4 年報表之影響為何？

(A) 增加遞延所得稅資產
(B) 減少遞延所得稅資產
(C) 增加遞延所得稅負債
(D) 減少遞延所得稅負債

13. 甲公司於 ×1 年 1 月 1 日以現金 $900,000 購入機器一部，估計耐用年限 5 年，殘值 $100,000。帳上採年數合計法提列折舊，報稅則以直線法提列折舊。×4 年 1 月 1 日該公司決定改用直線法提列折舊，報稅則續用直線法。假設稅率為 20%，且無其他所得稅差異，則該公司 ×4 年底財務報表中所得稅相關項目之餘額何者正確？

(A) 遞延所得稅負債 $21,333
(B) 遞延所得稅資產 $16,000
(C) 遞延所得稅資產 $32,000
(D) 遞延所得稅資產或負債皆無餘額

14. 甲公司於 ×1 年 1 月 3 日以現金 $300,000 購入機器一部，估計耐用年限 5 年，無殘值，採倍數餘額遞減法折舊。×3 年 1 月 3 日甲公司決定改用直線法提列折舊，假設稅率為 30%，甲公司 ×3 年折舊前之稅前淨利為 $800,000，則甲公司 ×3 年之淨利應為：

(A) $560,000
(B) $518,000
(C) $534,800
(D) $568,400

15. 甲公司於 ×1 年 1 月 1 日取得一機器設備，並採用直線法提列折舊，估計耐用年限為 15 年，無殘值。×6 年 1 月 1 日，甲公司估計此機器設備的耐用年限只剩下 6 年，無殘值。試問此估計變動應採用何種會計處理？

(A) 作為錯誤更正
(B) 在 ×6 年財務報表上表達為追溯適用及追溯重編之影響數—會計政策變動
(C) 將未來每年折舊金額設為 ×6 年 1 月 1 日帳面金額的 1/6
(D) 繼續以原本估計 15 年的耐用年限提列折舊費用

16. 甲公司為一公開發行公司，其於 ×1 年度決定將銷貨收入認列方式，由不符合國際會計財務準則之現金基礎制，改正為應計基礎制，其累積影響數應如何列示？

(A) 列示於保留盈餘表，為追溯適用及追溯重編之影響數—錯誤更正
(B) 列示於綜合損益表，為追溯適用及追溯重編之影響數—錯誤更正
(C) 列示於保留盈餘表，為追溯適用及追溯重編之影響數—會計政策變動
(D) 列示於綜合損益表，為追溯適用及追溯重編之影響數—會計政策變動

17. 可自動抵銷之錯誤，其特性為何？

(A) 影響次期綜合損益表，但不影響本期綜合損益表
(B) 影響本期及次期資產負債表
(C) 影響本期綜合損益表，但不影響次期綜合損益表
(D) 影響本期資產負債表，但不影響次期資產負債表

18. 甲公司於 ×3 年 1 月 1 日以 $500,000 取得一台設備，該設備採直線法折舊且估計使用年限 5 年，無殘值。由於記帳疏忽，甲公司 ×3 年沒有提列折舊，這項疏失在甲公司編製

×4 年財務報表時被發現，則此台機器在甲公司 ×4 年財務報表上的折舊費用為若干？

(A) $0　　　　　　　　　　　　　　(B) $100,000
(C) $125,000　　　　　　　　　　　(D) $200,000

19. 永潔公司於 ×3 年底結帳前發現錯誤如下：

	×2/12/31	×3/12/31
期末存貨	高估 $1,000	低估 $8,000
折舊費用	低估 $2,000	低估 $2,000

若不考慮所得稅，試問以上錯誤對淨利影響為何？

(A) ×2 年淨利低估 $1,000　　　　　(B) ×3 年淨利低估 $6,000
(C) ×3 年淨利低估 $7,000　　　　　(D) ×2 年淨利低估 $3,000

20. 漏列應收收益將對財務報表產生何種影響？
    (A) 低估收入、本期淨利及流動資產
    (B) 低估本期淨利、權益及流動負債
    (C) 高估收入、權益及流動負債
    (D) 低估流動資產及高估權益

21. 涓涓公司原以直接沖銷法處理呆帳，自公司成立至 ×4 年底已認列呆帳 $1,300,000。該公司於 ×5 年初發現，採直接沖銷法處理呆帳不符國際財務報導準則。若估計呆帳率為期末應收帳款餘額之 6%，×4 年與 ×5 年底應收帳款餘額分別為 $2,100,000 與 $1,600,000，不考慮所得稅影響，則涓涓公司 ×5 年初發現此一事項之會計分錄應借記「追溯適用及追溯重編之影響數—錯誤更正」多少？

    (A) $96,000　　　　　　　　　　(B) $126,000
    (C) $48,000　　　　　　　　　　(D) $18,000

22. 明星公司以寄銷方式委請蘭舟公司代售商品，其售價為成本加計 25%，×3 年 12 月 29 日明星公司將一批寄銷品運送給蘭舟公司，並立即認列銷貨收入 $180,000，且未將該批商品列入 ×3 年期末存貨。若蘭舟公司於 ×4 年 1 月 6 日將該批商品出售，則明星公司 ×3 年度財務報表：

    (A) 應收帳款高估 $180,000；期末存貨低估 $180,000；稅前淨利高估 $36,000
    (B) 銷貨收入高估 $180,000；期末存貨低估 $144,000；稅前淨利高估 $36,000
    (C) 應收帳款與稅前淨利皆高估 $180,000
    (D) 期末存貨與稅前淨利皆低估 $150,000

23. 詠安公司採定期盤存制，×5 年底盤點時，漏點一批在途進貨，其交貨條件為起運地交貨。但已收到廠商的發票並已入帳，請問對於財務報表之影響下列選項何者正確？
    （＋：高估；－：低估；×：無影響）

	資產	負債	權益	淨利
(A)	－	＋	×	－
(B)	×	－	×	×
(C)	－	×	－	－
(D)	－	－	×	－

24. 承上題(第 23 題)，若詠安公司之進貨分錄亦尚未編製且未收到發票，則下列選項何者正確？(＋：高估；－：低估；×：無影響)

	資產	負債	權益	淨利
(A)	－	×	－	－
(B)	×	－	×	－
(C)	×	＋	×	＋
(D)	－	－	×	×

25. 泰山公司 ×5 年共支付廣告費 $107,000，並全數列為當年度的廣告費用。但經會計師查核後認為，應計基礎下相關項目金額為：

	×4/12/31	×5/12/31
應付廣告費	$12,000	$9,000
預付廣告費	$10,000	$8,600

請問 ×5 年財務報表上，下列項目之正確數字應該為何？

	廣告費用	預付廣告費	應付廣告費
(A)	$108,600	$8,600	$9,000
(B)	$107,000	$12,000	$10,000
(C)	$107,400	$10,000	$9,000
(D)	$105,400	$8,600	$9,000

26. 宏婕公司於 ×3 年 12 月 30 日銷售一批商品，交貨條件為目的地交貨，依據過去經驗估計商品將於 ×4 年 1 月 12 日送達客戶指定地點。該公司進行期末存貨盤點時，未將此批商品計入。會計部門則將此筆交易列為 ×3 年銷貨。請問該公司 ×3 年度財務報表會產生哪些錯誤？

(A) 期末存貨正確，本期損益正確　　(B) 期末存貨高估，本期損益高估
(C) 期末存貨低估，本期損益低估　　(D) 期末存貨低估，本期損益高估

27. 大亨公司 ×2 年淨利高估 $150,000，已知係由三種錯誤造成，其一為未認列預付費用 $70,000，另一為折舊費用低列 $80,000，試問第三個錯誤可能為下列何者？

(A) 期末存貨低估 $140,000　　(B) 期末存貨高估 $140,000
(C) 應收收益低估 $140,000　　(D) 應付費用高估 $140,000

28. 以下資料為優美公司 ×3 年度及 ×4 年度財務報表中之錯誤，優美公司採用曆年制：

	×3/12/31	×4/12/31
期末存貨	低估 $70,000	高估 $90,000
應付保險費	低估 $55,000	低估 $85,000

假設 ×3 年度錯誤已更正，但 ×4 年度錯誤尚未發現，試計算優美公司 ×4 年度稅前淨利高估或低估多少？

(A) 低估 $175,000　　(B) 高估 $175,000
(C) 低估 $105,000　　(D) 高估 $140,000

29. 承上題 (第 28 題)，假設所有錯誤皆未發現且未更正以前，試計算優美公司 ×4 年度保留盈餘高估或低估多少？

(A) 低估 $105,000　　(B) 高估 $140,000
(C) 低估 $175,000　　(D) 高估 $175,000

30. 承第 28 題，假設所有錯誤未發現且未更正以前，若 ×5 年度以來未再發生任何錯誤，試計算優美公司 ×5 年 12 月 31 日流動資產高估或低估多少？

(A) 低估 $160,000　　(B) 正確無誤
(C) 低估 $175,000　　(D) 高估 $160,000

31. 下列何者為會計估計值？

(A) 不動產、廠房及設備項目之殘值　　(B) 不動產、廠房及設備項目之折舊年限
(C) 不動產、廠房及設備項目之折舊方法　(D) 不動產、廠房及設備項目之折舊費用

32. 下列何者為會計估計值之輸入值？

(A) 不動產、廠房及設備項目之殘值　　(B) 存貨項目之淨變現價值
(C) 預期信用損失之備抵損失　　(D) 保固義務負債準備

33. 若會計估計值變動造成資產及負債之變動或與權益之某一項目有關，則應作何處理？

(A) 追溯調整前期相關資產、負債或權益項目之帳面金額，並加以認列
(B) 於本期透過調整相關資產、負債或權益項目之帳面金額，並加以認列
(C) 僅需調整會計估計值變動對本期，或本期及未來期間損益之影響數
(D) 無需調整

34. 下列何者並非導致貨幣金額無法直接觀察之原因？

(A) 實體或經濟障礙　　(B) 性質與特性
(C) 技術限制　　(D) 事前無法直接觀察，但事後可以直接觀察

練習題

1. 【會計估計值變動】×1 年德德公司購入耐用年限 7 年的設備，採年數合計法提列折舊，估計無殘值。×4 年初累計折舊為 $360,000。若 ×4 年初將折舊方法改為直線法，稅率

為 17%。

試作：德德公司 ×4 年與折舊有關之分錄。

2. 【會計政策變動】閔閔公司自 ×1 年初開業，過去存貨計價方法一直採加權平均法，報稅亦採加權平均法。今因事實需要，決定自 ×5 年起改採先進先出法評價存貨，各年期末存貨資料如下：

	×1 年	×2 年	×3 年	×4 年	×5 年
加權平均法	$30,000	$50,000	$ 70,000	$ 60,000	$ 30,000
先進先出法	68,000	48,000	106,000	120,000	100,000

閔閔公司 ×5 年度若採「加權平均法」，則比較綜合損益表如下：

	×5 年	×4 年
繼續營業單位淨利	$ 150,000	$250,000
停業單位損益	50,000	(50,000)
本期淨利	$ 200,000	$ 200,000

假設閔閔公司採定期盤存制，稅率為 20%。

試作：
(1) 會計政策變動之分錄。
(2) 編製 ×4 年與 ×5 年之比較綜合損益表。

3. 【會計估計值變動】允允公司於 ×1 年初購入一套設備，原採年數合計法提列折舊，估計耐用年數為 8 年，殘值 $120,000。自 ×3 年起決定改採直線法提列折舊，並評估該設備僅能再使用 4 年，殘值為 $80,000。已知會計變動後 ×3 年之折舊費用為 $45,000。

試作：
(1) 計算設備之成本。
(2) 計算 ×3 年底設備累計折舊項目之餘額。

4. 【會計估計值變動】勝勝公司 ×1 年 5 月 1 日購買一套設備，成本為 $316,800，當時估計可使用 8 年，且無殘值，採用直線法提列折舊。×4 年初重新估計，認為該設備之使用年限少於 8 年，殘值為 $43,200，自 ×4 年起改按新估計之使用年限提列折舊，×4 年結帳後，該設備累計折舊餘額為 $177,600。

試作：推算該設備新估計之使用年限。

5. 【會計政策變動】小林公司設於 ×1 年，其存貨計價方式採先進先出法，但報稅採加權平均法。×4 年小林公司認為同業間皆採加權平均法評價，為增加財務報表可比較性，遂將存貨計價方法亦改為加權平均法。兩種存貨計價方式下各年期末存貨資料如下：

年度	加權平均法	先進先出法
×1	$60,000	$ 90,000
×2	70,000	120,000
×3	80,000	150,000
×4	90,000	180,000

假設小林公司普通股流通在外股數為 100,000 股；所得稅稅率為 20%。

試作：

(1) 會計政策變動應有之分錄。

(2) 若 ×3 年小林公司列報稅後營業利益及淨利皆為 $100,000；×4 年稅後營業利益為 $200,000。根據上述資料，編製小林公司 ×3 年及 ×4 年比較綜合損益表，包括附註說明部分。

6. **【錯誤更正及會計估計值變動】** 軒軒公司 ×2 年初發現 ×1 年初購入的機器設備是以雜項費用項目入帳，該機器成本為 $740,000，估計耐用年限 8 年，殘值 $20,000，依公司會計政策應採年數合計法提列折舊，軒軒公司於 ×3 年初發現該機器每年之效益與維修費用大致相等，且估計剩餘可使用年限為 5 年而非 6 年，5 年後殘值僅剩 $10,000，遂決定由當年度起改用直線法提列折舊，假設所得稅率為 20%。

試作： ×2 年及 ×3 年之有關錯誤更正及估計值變動之分錄。

7. **【錯誤更正】** 大義公司於 ×2 年發現以下事項：

A. ×0 年 12 月 31 日之應收利息漏列了 $65,000。

B. ×1 年底之折舊 $54,000 重複記錄。

C. ×2 年底未提列呆帳，應收帳款因此高估了 $82,000。

D. ×2 年 4 月 1 日支付設備重大檢修費用 $400,000，誤以修理費用入帳，該公司採直線法計提折舊，機器預計自重大檢修日起，尚有 8 年之服務年限。

×2 年 1 月 1 日之保留盈餘為 $560,000，×2 年度未調整上述錯誤前之淨利為 $350,000。×2 年度發放了 $150,000 的股利。

試作：

(1) 假設 ×2 年度尚未結帳，×2 年錯誤更正的分錄。

(2) 編製 ×2 年度之保留盈餘表。

8. **【錯誤更正】** 詠潔公司專營皮鞋之製造與銷售，採曆年制，最近 3 年帳載之銷貨收入與稅前淨利如下：

	×2 年	×3 年	×4 年
銷貨收入	$500,000	$350,000	$460,000
稅前淨利	84,000	95,000	68,000

會計師於查核過程發現以下事項：

A. ×2 年底有牛皮商品一批交付於承銷商店時，並立即認列該批商品之銷貨收入 $7,200，銷貨價格為成本之 120%，詠潔公司各年底尚存之寄銷貨品均於次年出售。

B. ×2 年 7 月 1 日購置機器設備之成本為 $40,000，應採直線法提列折舊，估計使用年限為 8 年，殘值 $8,000，但購置當時將該筆支出費用化。

C. 詠潔公司之會計政策載明以銷貨百分比法提列呆帳，且呆帳率為銷貨之 3%，但會計人員採直接沖銷法沖銷呆帳，各年度之沖銷金額分別為 ×2 年 $10,600；×3 年 $9,400；×4 年 $12,000。

試作：×2 年、×3 年及 ×4 年度正確之稅前淨利。

9. 【錯誤更正】美嘉公司於 ×3 年 1 月 1 日購置機器一部，成本 $650,000，原估耐用年限 8 年，殘值 $110,000，按年數合計法計提折舊。該公司在 ×6 年 1 月 1 日重大檢修該機器支出 $297,000，該項支出可增強機器產能，產生額外經濟效用，並不延長耐用年限，但當時帳上誤列為修理費用，此項錯誤於 ×7 年初發現。假設無須考慮所得稅影響，且估計殘值不變。

試作：(1) 計算 ×6 年折舊費用。(2) ×7 年初之更正分錄。

10. 【錯誤更正】東台公司設立於 ×3 年初，會計師於 ×5 年底未結帳前進行查帳發現下列事項：

(1) ×3 年 7 月 1 日發行利率 9%，面額 $500,000 之 5 年期公司債，發生折價 $50,000，該公司記作本期利息費用，付息日為 6 月 30 日及 12 月 31 日，折價採直線法攤銷。

(2) ×4 年底存貨高估 $70,000。

若 ×3 年度帳上淨利為 $450,000，×4 年度淨利為 $630,000，×5 年度淨利為 $800,000。

試作：計算各年度正確淨利。

11. 【錯誤更正】下列為泰林公司之情況，假設所得稅率為 15%。該公司在 ×1 年初取得精英公司 40% 股權，應採權益法處理，但該公司歷年來皆以成本法處理該投資項目。精英公司各年度淨利及股利資料列示如下：

年度	淨利(損)	股　利
×1 年	$1,500,000	$600,000
×2 年	700,000	500,000
×3 年	(300,000)	400,000
×4 年	700,000	360,000

另外，泰林公司過去 3 年來期末存貨發生下列錯誤：

×2 年低估 $200,000

×3 年低估 360,000

×4 年高估 540,000

請根據下列狀況試作 ×4 年必要之更正分錄：

試作：

(1) 假設 ×4 年度的錯誤金額已入帳但尚未結帳，所得稅率 15%。
(2) 假設 ×4 年度的錯誤金額已入帳但尚未結帳，不考慮所得稅影響數。
(3) 假設 ×4 年度的錯誤金額已入帳已結帳，所得稅率 15%。
(4) 假設 ×4 年度的錯誤金額已入帳已結帳，不考慮所得稅影響數。

12.【錯誤更正】嘉美公司近 3 年帳務處理有下列錯誤：

A. 期末漏列預付保險費(下一年度)，×1 年 $50,000；×2 年 $35,000；×3 年 $70,000。
B. 期末應付薪資漏列，×1 年 $95,000；×2 年 $35,000；×3 年 $75,000。
C. 折舊 ×1 年少列 $55,000；×2 年多提 $40,000；×3 年少列 $65,000。
D. 期末存貨 ×1 年少計 $60,000；×2 年多計 $90,000；×3 年正確無誤。

假設上述錯誤是發現於 ×3 年結帳前，且不考慮所得稅影響。

試作：

(1) 計算上述錯誤共使 ×1 年度到 ×3 年度淨利高估或低估多少？
(2) 上述錯誤之更正分錄。

13.【錯誤之影響】×3 年度與 ×4 年度傑柏公司財務資料有下述錯誤事項：

A. ×3 年底存貨高估 $45,000，×4 年底存貨高估 $30,000。
B. ×3 年底折舊費用高列 $25,000。
C. ×3 年初預付 3 年保險費 $15,000，該筆金額全數列為該年度之費用。
D. ×4 年底出售已提盡折舊之機器設備乙部，得款 $50,000，該事項至 ×5 年初始入帳。

假設皆不考慮所得稅影響，且 ×4 年尚未結帳。

試作：

(1) 以上錯誤對傑柏公司 ×4 年度「淨利」之影響數。
(2) 以上錯誤對傑柏公司 ×4 年度保留盈餘表中「期初保留盈餘」之影響數。

14.【錯誤更正】思婕公司 ×2 年、×3 年、×4 年及 ×5 年帳列淨利依序為 $45,850、$75,400、$85,200、$32,100。該公司於 ×5 年底發現各年底資產負債表項目有下列錯誤：

年度	期末存貨高估	期末存貨低估	預付費用漏列	預收收入漏列
(1) ×2	$5,600			$ 250
(2) ×3		$7,500	$1,250	15,000
(3) ×4	6,900		3,700	3,250
(4) ×5		1,600		5,150

試作：思婕公司 ×2 年度至 ×5 年度正確之淨利。

應用問題

1.【會計政策變動及錯誤更正】阿丹公司於 ×3 年初決定將其會計上及報稅所採用的存貨計價方法均由加權平均法改為先進先出法，兩種方法下歷年的銷貨成本如下：

	加權平均法	先進先出法
×1年以前	$474,000	$429,000
×2年	183,000	178,000
×3年	190,000	182,000

另外阿丹公司於 ×1 年 7 月 1 日購買機器一部，成本 $200,000，記帳時將其記到土地帳戶，故 ×1 年並未提列折舊。×2 年初發現此錯誤後已予更正，估計該機器可使用 10 年，無殘值，採用直線法折舊，其他資料如下：

A. ×2 及 ×3 年度阿丹公司稅後淨利分別為 $76,000 及 $80,000。
B. ×1 年 12 月 31 日保留盈餘為 $120,000。
C. ×2、×3 年皆發放過現金股利 $50,000。
D. 假設各年所得稅稅率均為 40%。

試作：

(1) ×2 年錯誤更正及 ×3 年存貨計價方法改變之分錄。
(2) 編製 ×2 年度及 ×3 年度比較保留盈餘表。

2. 【錯誤更正】正義公司於 ×3 年底發現以下錯誤：

A. ×2 年以 $200,000 取得採成本法評價的股票投資，將其分類為透過其他綜合損益按公允價值衡量之權益工具投資，但該筆投資具有明確的公允價值，×2 年底公允價值為 $195,000，×3 年底公允價值為 $189,000。
B. ×2 年初買入一套辦公設備 $120,000，誤作其他費用入帳。該設備估計可使用 10 年，估計殘值 $20,000。
C. ×3 年底將一批成本為 $70,000，定價 $100,000 之商品委託乙公司代為銷售，銷貨收入已入帳，期末盤存不包括這批貨品。
D. ×3 年初將貨車送廠做重大檢修，以增強其性能，估計效益達 5 年 (等於其剩餘使用年限)，支付金額以修理費用 $30,000 入帳。
E. ×3 年以現金支付其他費用 $710 時，誤以 $91 入帳。
F. ×2 年初預付 3 年保險費 $210,000，全數於當年以保險費認列。
G. 應收帳款 $40,000 誤以應收票據入帳。
H. ×2 年底有一批在途存貨 $70,000，為目的地交貨，期末盤點未計入存貨中。

若正義公司採定期盤存制，×2 年及 ×3 年淨利分別為 $200,000 及 $320,000，假設不考慮所得稅影響。

試作：

(1) 計算 ×2 年度及 ×3 年度之正確淨利。
(2) ×3 年底結帳前發現錯誤之更正分錄。
(3) ×3 年底結帳後發現錯誤之更正分錄。

3. 【錯誤更正】×5 年底，新泰公司發現過去 3 年的帳冊有下列錯誤：

A. ×5 年底賒銷銷貨 $85,000，成本為 $60,000，為目的地交貨，客戶尚未收到貨物，但銷貨已入帳，期末存貨盤點不包括這批存貨。
B. 應收利息漏記，×3 年至 ×5 年底應收利息餘額應為 $55,000、$75,000、$82,000。
C. 新泰公司各年度 12 月份之員工薪資均於隔年度支付，但期末均未調整入帳，×3 年至 ×5 年底應付薪資餘額分別為 $65,000、$77,000、$85,000。
D. IFRS 規定期末存貨應以成本與淨變現價值孰低法評價，新泰公司皆以成本衡量。×3 年至 ×5 年底期末存貨成本分別為 $120,000、$140,000、$170,000，×3 年至 ×5 年底期末存貨淨變現價值分別為 $90,000、$110,000、$180,000。假設採用備抵法認列。

假設新泰公司採定期盤存制，且其 ×3 年至 ×5 年淨利分別為 $200,000、$400,000、$500,000。假設不考慮所得稅影響。

試作：

(1) 計算 ×3 年至 ×5 年各年度正確淨利。
(2) ×5 年底結帳前發現錯誤之更正分錄。
(3) ×5 年底結帳後發現錯誤之更正分錄。

索　引

SAYE　save as you earn　120

一劃

1 股分割成 3 股　3-for-1　148
一次到期公司債　term bond　6
一致性　consistency　566

二劃

人口統計假設　demographic assumptions　369

三劃

子公司　subsidiaries　461
工程進度請款金額　progress billing　239
已辨認資產　identified asset　281

四劃

不可行　impracticable　567
不可取消之租賃　Non-cancellable lease　276
不可取消期間　Non-cancellable period　289
互抵　offset　34, 35
互相抵銷之錯誤　counterbalancing errors　580
內含價值　intrinsic value　88
內含價值法　intrinsic value method　87, 103
內部直接成本　Internal Direct Cost　316
公允價值之選項（擇）　fair value option　25, 28
公允價值法　fair value method　87, 147
公司債　bond　5
分公司　branches　461
分期還本公司債　serial bond　6
反稀釋性　anti-dilutive　164

五劃

主契約　host contract　36
主理人　principal　251
代理人　agent　251
出租人　Lessor　274
可合理確定評估　reasonably certain assessment　291
可區分　distinct　212
可執行之權利　legally enforceable right　34
可提前清償公司債　prepayable bond　6
可減除金額　deductible amount　415
可減除暫時性差異　deductible temporary differences　418
可買回　callable　67
可買回公司債　callable bond　6, 36
可賣回　puttable　67, 156
可賣回公司債　puttable bond　6
可靠性　reliability　564
可轉換公司債　convertible bond, CB　6
市價條件　market condition　85
平均稅率　average tax rate　474
未使用所得稅抵減遞轉後期　carryforward of unused tax credits　445
未使用課稅損失虧損扣抵　unused tax losses　445
未保證殘值　unguaranteed residual value　278
未能履行　nonperformance　29
未賺得融資收益　Unearned finance income　316
本期所得稅　current income tax　412
本期認列法　flow-through method　444
永久性差異　permanent differences　414

六劃

任何租賃誘因　lease incentives receivable　296
企業合併　business combination　162
合成工具　synthetic instrument　36
合約成立日　Inception date　276
同期間所得稅分攤　intraperiod income tax allocation　473
如果發行法　if-issued method　167
如果轉換法　if-converted method　171
成本回收法　cost recovery　237
成本法　cost method　81
收購者　acquirer　162
有效利息法　effective interest method　4
有效稅率　effective tax rate　474
有記名公司債　registered bond　6

中文	英文	頁碼
有擔保品公司債	secured bond	6
自願變動	voluntary change	568

七劃

中文	英文	頁碼
利率交換	interest rate swap	36
完工比例法	percentage of completion	236
完全參加	fully participating	145
投資成本之收回	return of investment	150
投資抵減	investment tax credit	443
投資報酬	return on investment	150
攸關性	relevance	564
每股盈餘	earnings per share, EPS	141, 151
每增額股份盈餘	earnings per incremental share	169

八劃

中文	英文	頁碼
具強制性之轉換工具	mandatorily convertible instrument	162
使用之控制權	the right to control the use	281
使用權	right to use	233
供應者	Supplier	283
到期期間	maturity	39
固定金額換取固定股數	fixed for fixed	65
或有退回股份	contingently returnable share	163
或有發行股份	contingently issuable share	162
所得稅抵減	income tax credit	443
所得稅費用	income tax expense	413
承租人	Lessee	274
承租人增額借款利率	Lessee's incremental borrowing rate	280
抵銷權	right to set off	35
服務合約	service contract	289
法定解除	legal release	13
直接法	direct method	506
直接金融	direct financing	5
直接融資	Direct lease	314
直接融資型租賃	Direct Financing Lease	314
股份分割	share split	148, 159
股份反分割	reverse share split	159
股份合併	share consolidation	159
股份基礎給付	share-based payment	83
股利	dividends	144
股票股利	share dividend(s)	147, 159
金融工具	financial instrument	64
金額	amount	39
非互相抵銷之錯誤	non-counterbalancing errors	580
非以固定金額換取固定股數	not fixed for fixed	65
非市價條件	non-market condition	85
非既得條件	non-vesting condition	120
非參加	non-participating	145
非累積	non-cumulative	145
取用權	right to access	233

九劃

中文	英文	頁碼
信用衍生工具	credit derivative	45
信用風險	credit risk	28
保障性權利	protective rights	286
前期錯誤	prior period error	578
客戶	Customer	283
客戶忠誠計畫	customer royalty Program	252
宣告	declare	144, 146, 147
建造合約	construction contract	237
待履行合約	executory contracts	310
持有供交易	held-for-trading	25
指引	guidance	565
指定	designate	25
指定透過損益按公允價值衡量	designated PVPL	39
既得條件	vesting condition	85, 120
既得期間	vesting period	86
流通在外的期間	outstanding period	39
流通在外普通股加權平均股數	weighted average number of ordinary shares outstanding	158
科目單位	unit of account	212
紅利因子	bonus element	159
計畫資產	plan assets	369
重大性	materiality	578
重大差異	substantial difference	18
重分類	reclassification	579
重估減值	downward revaluation	453
重估價模式	revaluation model	452
重估增值	upward revaluation	452
重設	reset	65
重填特性	reload feature	122
重填認股權	reload option	122
限制性股票	restricted stock	101
面額法	par value method	147
風險	risk	37

十劃

個別金融工具為單位	instrument by instrument	30
原始直接成本	initial direct costs	294, 328
原則	principles	564
員工股份增值權	stock appreciation rights	107
員工認股計畫	employee share purchase plan	98
員工認股權	employee stock option	88
庫藏股票法	treasury stock method	167
時間性差異	timing differences	415
時間價值	time value	88
時點	timing	39
特別股	preferred share	66, 69
租賃	Leasing	275
租賃投資淨額	net investment in the lease	316
租賃投資總額	gross investment in the lease	315
租賃修改	lease modification	337
租賃期間	Lease term	276, 289
租賃開始日	Commencement date	276
租賃隱含利率	Interest rate implicit in the lease	279
租購合約	hire purchase contracts	275
訊號	signaling	81
財務保證	financial guarantee	45
財務假設	financial assumptions	369
追溯重編	retrospective restatement	579
追溯適用	retrospective application	568
退職後福利	post-employment benefits	367
除列	derecognition	35

十一劃

商譽	goodwill	459
執行價格	exercise price	88
基礎	bases	564
強制贖回	mandatory redemption	67
控制數	control number	165
推延適用	prospective application	571
淨資產	net asset	64
淨額交割總約定	master netting arrangement	35
混合工具	hybrid instrument	5, 36
混合稅率	blended tax rate	473
清算股利	liquidating dividends	150
清償	settlement	373
現金以外的財產	non-cash assets	149
現金股利	cash dividends	146
累進稅率	progressive tax rates	473
累積	cumulative	145
規則	rules	564
部分參加	partially participating	145

十二劃

嵌入式衍生工具	embedded derivatives	36
提前還款	prepayment	12, 39
普通股	common share	69
殘值保證	residual value guarantees	277
無記名公司債	unregistered bond	6
無擔保品公司債	unsecured bond	6
發放	distribute	147
剩餘法	residual method	222
稀釋每股盈餘	dilutive EPS	164
稀釋性	dilutive	164
稀釋性潛在普通股	potential dilutive ordinary share	164
稅前淨利	pretax income	414
稅率	tax rate	428
給與日	grant date	85
視同清償	in-substance Defeasance	13
買回	call	12, 39
買權	call (call option)	39
間接法	indirect method	506

十三劃

意圖	intend	34
會計估計值	accounting estimate	564
會計利潤	accounting profit	414
會計政策	accounting policies	564
會計配比不當	accounting mismatch	26, 28
會計項目分類之錯誤	classification errors	579
經濟特性	economic characteristics	37
經濟誘因	economic incentive	291
資產特定績效風險	asset-specific performance risk	29
過渡規定	transitional provision	568
預期回收或清償	expected manner of recovery or settlement	428

十四劃

實務	practices	564
實質固定給付	in-substance fixed	296
實質購買交易	in-substance purchase	310

慣例　conventions	564
精算利益　actuarial gains	373
精算假設　actuarial assumptions	369
精算損失　actuarial losses	373
認列使用權資產　right-of-use asset	294
認購權利　rights issues	159
誘導轉換　induced conversion	78
誤述　misstatement	578
遞延所得稅　deferred income tax	412
遞延所得稅負債　deferred tax liabilities	412
遞延所得稅資產　deferred tax assets	412
遞延法　deferred method	444
遞增股利率　increasing rate	152
遞轉前期　carryback	443
遞轉後期　carryforward	443

十五劃

增額直接成本　Incremental Direct Cost	316
履約成本　Executory Costs	277
履約義務　performance obligation	212
暫時性差異　temporary differences	415
暴險　exposures	38
標的資產　underlying asset	283
潛在普通股　potential share	151
確定提撥計畫　defined contribution plans	367
確定福利計畫　defined benefit plans	367
確定福利義務現值　present value of the defined benefit obligation	369
複合工具　compound instrument	5
複合金融工具　compound financial instrument	71, 110, 440
複雜資本結構　complex capital structure	151
課稅所得　taxable profit	412
課稅基礎　tax base	418
課稅損失　taxable loss	414
賣權　put	39
適用稅率　applicable tax rate	428
銷售型租賃　Sales Type Lease	314

十六劃

融資租賃　Finance Lease	309
衡量日　measurement date	85
遺漏　omission	578
錯誤　error	564
隨機漫步理論　random walk theory	177
整份財務報表　a complete set of financial statements	500

十七劃

應付所得稅　income tax payable	412
應收退稅款　income tax receivable	412
應課稅金額　taxable amount	415
應課稅經濟效益　taxable economic benefits	419
應課稅暫時性差異　taxable temporary differences	418
營業租賃　Operating Lease	309
營業虧損扣抵　operation loss carryforward or carryback	443
聯合協議權益　interests in joint arrangements	461
簡單資本結構　simple capital structure	151

十八劃

轉租　subleases	343
離職福利　termination benefits	367

十九劃

邊際稅率　marginal tax rate	473
關聯企業　associates	461

二十二劃

攤銷後成本　amortized cost	4

二十三劃

權益　equity	64
權益工具　equity instrument	64
變動租賃給付　variable lease Payments	296